Useful Data

Planetary data and gravity

M_e	Mass of the earth	5.98×10^{24} kg
R_e	Radius of the earth	6.37×10^6 m
g	Free-fall acceleration	9.80 m/s^2
G	Gravitational constant	6.67×10^{-11} N $\cdot$ m^2/kg^2

Thermodynamics

k_B	Boltzmann's constant	1.38×10^{-23} J/K
R	Gas constant	8.31 J/mol $\cdot$ K
N_A	Avogadro's number	6.02×10^{23} particles/mol
T_0	Absolute zero	$-273°$C
p_{atm}	Standard atmosphere	$101,300$ Pa

Speeds of sound and light

v_{sound}	Speed of sound in air at 20°C	343 m/s
c	Speed of light in vacuum	3.00×10^8 m/s

Particle masses

m_p	Mass of the proton (and the neutron)	1.67×10^{-27} kg
m_e	Mass of the electron	9.11×10^{-31} kg

Electricity and magnetism

K	Coulomb's law constant $\left(1/4\pi\epsilon_0\right)$	8.99×10^9 N $\cdot$ m^2/C^2
ϵ_0	Permittivity constant	8.85×10^{-12} C^2/N $\cdot$ m^2
μ_0	Permeability constant	1.26×10^{-6} T $\cdot$ m/A
e	Fundamental unit of charge	1.60×10^{-19} C

Quantum and atomic physics

h	Planck's constant	6.63×10^{-34} J $\cdot$ s	4.14×10^{-15} eV $\cdot$ s
$\hbar$	Planck's constant	1.05×10^{-34} J $\cdot$ s	6.58×10^{-16} eV $\cdot$ s
a_B	Bohr radius	5.29×10^{-11} m	

Common Prefixes

Prefix	Meaning
femto-	10^{-15}
pico-	10^{-12}
nano-	10^{-9}
micro-	10^{-6}
milli-	10^{-3}
centi-	10^{-2}
kilo-	10^3
mega-	10^6
giga-	10^9
terra-	10^{12}

Conversion Factors

Length
1 in = 2.54 cm
1 mi = 1.609 km
1 m = 39.37 in
1 km = 0.621 mi

Velocity
1 mph = 0.447 m/s
1 m/s = 2.24 mph = 3.28 ft/s

Mass and energy
1 u = 1.661×10^{-27} kg
1 cal = 4.19 J
1 eV = 1.60×10^{-19} J

Time
1 day = 86,400 s
1 year = 3.16×10^7 s

Force
1 lb = 4.45 N

Pressure
1 atm = 101.3 kPa = 760 mm Hg
1 atm = 14.7 lb/in^2

Rotation
1 rad = $180°/\pi$ = 57.3°
1 rev = 360° = 2π rad
1 rev/s = 60 rpm

Greek Letters Used in Physics

Alpha		α	Nu		ν
Beta		β	Pi		π
Gamma	Γ	γ	Rho		ρ
Delta	Δ	δ	Sigma	Σ	σ
Epsilon		ϵ	Tau		τ
Eta		η	Phi	Φ	ϕ
Theta	Θ	θ	Psi		ψ
Lambda		λ	Omega	Ω	ω
Mu		μ			

Mathematical Approximations

Binomial approximation:
$(1 + x)^n \approx 1 + nx$ if $x \ll 1$
Small-angle approximation:
$\sin\theta \approx \tan\theta \approx \theta$ and $\cos\theta \approx 1$ if $\theta \ll 1$ radian

College Physics
A Strategic Approach Third Edition

일반물리학 3판

| 역학편 |

Randall D. Knight · Brian Jones · Stuart Field 지음
김영태 외 옮김

Pearson

청문각

역자 머리말

본 교재는 미국의 Pearson사에서 출판한 《*College Physics: A Strategic Approach*》를 번역한 것이다. 저자인 Knight, Jones와 Field 교수는 모두 풍부한 물리학 교육 경험을 가진 분들로 학생들이 물리학을 쉽게 배울 수 있게 하려고 새로운 스타일의 물리학 교재를 출판하게 되었다.

물리학은 자연과학과 공학의 기초가 되는 학문이다. 이 때문에 대부분의 대학교에서는 모든 자연계—자연과학 및 공학—전공 학생들에게 대학교 1학년 필수 교양과목으로 적어도 한 학기 이상 일반물리학을 수강하도록 의무하고 있다. 하지만 신입생들에게 물리학 과목은 가장 배우기 어렵고 결과도 좋지 않은 과목으로 악명을 떨치고 있다. 이런 배경에는 수능, 대학수학능력시험이 큰 원인이라 할 수 있다. 물리학을 선택할 경우 생물학이나 지학을 선택한 경우에 비해 상대적으로 좋은 결과를 얻기 어렵다는 생각이 널리 퍼져 있어 물리학 배우기를 기피한다. 따라서 고교 과정에서 물리학2는 물론이고 물리학1조차 배우지 못하고 대학에 입학하는 신입생들이 늘어 대학에 입학한 후 갑자기 수준이 높은 물리학을 배우는 것이 학생들에게 큰 짐이 되고 있고 물리학을 가르치는 교육 담당자들에게도 큰 부담이 되고 있다.

대학교에서 물리학을 배우지 않고서도 자연과학과 공학을 전공하는 데 어려움이 없다면 문제가 되지 않겠지만, 전공에 들어가 학년이 올라갈수록 물리학 강의에서 배운 지식과 문제 해결 능력이 더 절실히 필요해지는 것을 학생들이 뒤늦게 실감한다면 문제가 아닐 수 없다. 특히 대학생들의 미래와 밀접한 관련이 있는 인공지능(AI), 자율주행, 빅데이터와 같은 현대 첨단과학기술들은 하루가 다르게 발전하고 있으며, 이를 따라가기 위해서는 좁은 영역의 지식을 가르치는 공학보다 공학의 기초가 되는 물리학을 충실히 공부하는 것이 유리하다는 사실이 점점 더 확실해지고 있다.

물리학을 제대로 공부하기 위해서는 좋은 교육자가 필요하고 좋은 교재 역시 못지않게 중요하다. 물리학을 배우기 위한 좋은 교재란 무엇일까? 수업 중에 이해하지 못한 부분을 교재를 읽음으로써 이해할 수 있게 해주고, 수업 중 시간이 없어 다루지 못한 물리학의 실제적 응용을 교재에서 보여주면 좋을 것이다. 더욱 중요한 점은 교재를 통해 학생들이 가장 어려워하는 물리학 문제를 스스로 정확히 풀 수 있도록 풀이 방법을 자세하고도 체계적으로 설명해줄 수 있어야 한다. 또 물리학을 단순히 교재에 적힌 이론으로만 배우는 것이 아니라 실험 동영상과 같은 시청각 자료를 통해 느낄 수 있게 해주어야 한다.

물리학을 배워야 하는 대학생의 수는 엄청나다. 따라서 이들을 대상으로 한 물리학 교재의 종류도 많으며 제각각 다른 특징을 가지고 있다. 국내 대학교에서도 다양한 교재들이 물리학 교육에 사용되고 있다. 본 교재를 번역하면서 이 교재가 다른 교재와 다른 점을 알 수 있었다.

첫째, 물리학의 여러 내용에 대한 설명이 여느 교재에 비해 더 친절하고 명료하다. 시간을 투자해 교재를 읽는다면 어떤 수준의 학생이더라도 물리학을 잘 이해할 수 있을 것이다.

둘째, 문제를 푸는 전략을 잘 제시하고 있다. 물리학 문제를 잘 풀기 위해서는 알고 있는 지식을 활용할 전략이 필요한데, 전략이 아주 구체적으로 제시되어 있어 어떤 문제라도 전략을 충실히 적용하면 반드시 승리할 수 있다.

셋째, 물리학이 어떻게 다른 분야, 특히 생명과학(교재에 BIO로 명시) 분야에서 응용되는지를 다양한 사례를 통해 보여준다. 이것은 여느 교재에서는 찾아보기 어렵다.

넷째, 교재에 있는 QR 코드를 스마트폰으로 스캔하면 내용과 관련된 실험 동영상이나 강의 동영상 등을 손쉽게 볼 수 있다. 장래에 물리학 교재가 추구해야 할 방향을 보여주고 있으니 꼭 활용하기 바란다.

미국인 교수들이 저자인 책을 여러 번역자들이 공동으로 우리말로 번역하는 것은 쉬운 일이 아니다. 국내 출판사인 청문각의 꼼꼼한 감수가 없었다면 번역과 출판이 불가능했을 것이다. 역자 대표로서 다른 물리학 번역교재에 비해 오류가 없도록 세심하게 살펴보았다고 자부하면서 학생들에게 이 교재를 권한다. 이 교재가 학생들의 물리학 공부에 도움이 된다면 그 이상 바랄 것이 없다.

2017년 10월
역자 대표 아주대학교 물리학과 김영태

저자 소개

랜디 나이트(Randy Knight) 교수는 물리학 명예교수로 있는 오하이오 주립대학교와 캘리포니아 폴리텍 대학교에서 32년간 일반물리학을 강의하였다. 나이트 교수는 캘리포니아 대학교 버클리 분교에서 물리학 박사학위를 받았으며 오하이오 주립대학교의 교수가 되기 전에 하버드-스미소니안 천체물리학 센터에서 박사 후 연구원으로 일했다. 오하이오 주립대학교에서 물리학 교육에 관한 연구를 시작했으며 여러 해가 지나 《*Five Easy Lessons: Strategies for Successful Physics Teaching*》과 《*Physics for Scientists and Engineers: A Strategic Approach*》을 저술하게 되었으며, 이 교재로 발전하였다. 나이트 교수는 레이저 분광학과 환경과학에 관심을 갖고 있다. 컴퓨터 앞에 앉아 있지 않을 때는 하이킹, 피아노 연주나 부인 샐리, 그리고 6마리의 고양이들과 놀기를 즐긴다.

브라이언 존스(Brian Jones) 교수는 콜로라도 주립대학교 물리학과에서 25년간 재직하면서 여러 교육상을 수상하였다. 최근에 그의 교육에서 중점을 두고 있는 과목은 대학 물리학이고 MCAT 시험(우리의 MEET 시험에 해당)의 문제 출제와 학생들이 이 시험 문제를 잘 풀 수 있도록 도와주는 일을 한다. 2011년 존스 교수는 과학을 알리는 프로그램인 작은 물리학 공작실(Little Shop of Physics)의 소장직을 잘 수행한 공로로 미국 물리학 교사 연합으로부터 로버트 A. 밀리컨 메달을 수상하였다. 존스 교수는 과학교육의 효율성을 높이는 방법과 대학 강의실에 이 교육방법을 적용하는 일을 활발히 연구하고 있다. 존스 교수는 미국 전역과 벨리스, 에티오피아, 아제르바이잔, 멕시코, 슬로베니아에서 열린 과학교수법에 관한 워크숍에 초대받았다. 존스 교수와 부인 캐롤은 정원에 수십 종의 과실수와 관목을 키우고 있다. 그 가운데는 뉴턴의 정원에 있던 사과나무의 후손도 포함되어 있다.

스튜어트 필드(Stuart Field) 교수는 그의 생애에 걸쳐 과학과 기술에 관심을 가져왔다. 재학 중에 망원경, 전자회로와 컴퓨터를 제작하기도 했다. 스탠포드 대학교를 다닌 후 시카고 대학교에서 극저온 물성을 연구하여 박사학위를 받았다. 매사추세츠 공과대학에서 박사 후 연구원으로 일한 후 미시간 대학교의 교수가 되었다. 필드 교수는 현재 콜로라도 주립대학교에서 근무하며 대수학 기반 일반물리학을 포함하여 여러 물리학 과목을 가르치고 있으며 나이트 교수가 저술한 《*Physics for Scientists and Engineers*》을 초기에 열정적으로 교재로 사용한 사람이기도 하다. 필드 교수는 초전도체 분야의 연구를 활발히 진행하고 있다. 필드 교수는 콜로라도에서 야외활동, 그중에서 산악자전거를 즐긴다. 또한 그는 지역 아이스하키 팀에서 활동하고 있다.

강의 담당자를 위한 머리말

2006년 대수학에 기반을 둔 새로운 물리학 교재인 《College Physics: A Strategic Approach》이 발간되었다. 이 교재는 생물학, 생명과학, 건축학, 자원과학 및 다른 학문을 전공하는 학생들을 대상으로 하였다. 학생들이 어떻게 해야 효율적으로 물리학을 배울 수 있는지에 대한 연구에 기반하여 만들어진 최초의 교재로, 이 교재는 곧바로 교수와 학생 모두에게 높은 평가를 받게 되었다. 2판, 그리고 이제 3판에서도 연구를 통해 증명된 1판의 교수법과 학생들이 더 많이 배울 수 있도록 해주는 수많은 사용자들의 피드백을 활용하여 교재를 만들어 나갈 것이다.

목표

《College Physics: A Strategic Approach》을 집필할 때 주요 목표는 다음과 같다.

- 학생들에게 적당한 두께의 교재를 제공한다. 백과사전식 나열을 피하고 배우기 쉽도록 한다.
- 물리교육 연구를 통해 증명된 기술들이 다양한 강의와 학습 형태를 통해 강의실에 적용되도록 한다.
- 학습에 어려움을 준다고 알려진 개념들에 특히 집중함으로써 학생들이 정량적인 논리 능력과 튼튼한 개념적 이해력을 개발할 수 있도록 도와준다.
- 구체적이고 일관된 전술과 전략을 체계적으로 사용하여 문제 풀이 기술과 자신감을 학생들이 가질 수 있도록 유도한다.
- 학생들의 전공—특히 생물학, 스포츠과학, 의학, 동물학—과 관련된 실제 예와 일상 경험과 관련된 예를 통해 학습을 유도한다.
- 교육 연구와 인지심리학을 통해 학생들의 학습과 기억을 개선시킨다고 알려진 영상 강의를 활용한다. 다양한 학습자 스타일에 대해서도 언급한다.

이런 목표에 대한 더 완벽한 설명 및 이런 목표를 세운 이유가 나이트 교수가 쓴 책 《Five Easy Lessons: Strategies for Successful Physics Teaching》(ISBN 978-0-805-38702-5)에 나와 있다.

3판의 새로운 점

3판으로 개정하면서 학생과 학생들이 배우는 방식에 대한 기본 생각을 새롭게 했다. 교재 본문, 그림과 각 장의 뒤에 나오는 문제를 보강하고 개선하기 위해 수십 명의 강의 담당자와 학생 자문단을 포함한 수천 명의 학생들로부터 받은 수많은 피드백을 참고하였다. 그 결과 다음과 같은 변화가 있었다.

- 더 강조된 **장의 개요**가 간단하고 시각적이며 비전문적인 개요를 제공하였다. 개요는 학생들이 생각을 정리하고 앞으로 나올 내용의 이해도를 높이는 데 도움을 준다는 것이 증명되었다.
- 새로워진 **종합**은 핵심 개념, 원리 및 방정식 사이의 연관성과 차이점을 강조하기 위해 이들 모두 담고자 하였다.
- 새로워진 **개념 확인 그림**은 학생들이 생각을 위해 멈추기와 관련된 논리적 사고를 할 수 있도록 핵심 또는 복잡한 그림을 능동적으로 그리게 하였다.
- **이 장의 배경**을 새롭게 본문에 삽입하여 학생들이 이전 장에서 배운 중요한 내용을 복습하게 만들었다. (흔히 이전의 중요 내용을 지나쳐 버리기 쉬운) 장을 시작할 때가 아닌 중요 내용이 필요한 지점에서 내용을 다시 보여주었다.
- 흡사 각 장에 대한 '큰 그림'을 장 미리보기가 보여주듯이 새로워진 **문제 풀이 전략**을 통해 학생들이 문제 풀이의 세부적인 내용에 들어가기 전에 전략의 '큰 그림'을 볼 수 있게 해주었다.
- **능률적인 본문과 그림**은 학생들의 요구에 더 잘 부응하도록 짧고 집중화된 표현을 사용하였다.
- **주석이 달린 방정식**을 확대 사용하여 방정식이 무엇을 '말해'주고 변수와 단위는 무엇인지 학생들이 쉽게 알 수 있도록 하였다.
- **현실적이고 실제적인 데이터**를 확대 사용하여 문제의 답이 실제 세계에 근거한 것임을 학생들이 느끼도록 하였다. 예제와 문제에는 실제 수치와 실제 데이터를 사용하였고 방정식, 비율과 그래프를 사용하여 여러 다른 종류의 생각하는 방법을 검증하였다.
- 관련 데모나 문제 풀이 전략에 대한 **수업 영상**(Class Video), **영상 학습 데모**(Video Tutor Demo), **영상 학습 풀이**(Video Tutor Solution)를 스캔 가능한 QR 코드를 통해 스마트폰이나 태블릿에서 직접 볼 수 있다.

교재 전체의 흐름에 많은 작은 변화가 생겼다. 유도와 논의의 능률을 높이고 복합 개념과 상황에 대한 설명을 추가하였으며 각 절과 각 장의 초점이 명확해지도록 내용의 순서와 구성을 바꿨다. 매 쪽마다 이런 작은 변화를 주었다. 더욱 중요한 내용 변화는 다음과 같다.

- 3, 6, 7장의 원운동 관련 내용들이 더 자연스럽게 소개되도록 다시 작업을 했다. 원운동의 가속도가 3장에서 소개되고 진동수와 주기는 6장에서 등장한다. 반면 각위치와 각속도는 7장에 나온다. 3장에 나온 원운동은 구심 가속도의 본질을 이해하기 위해 벡터 사용을 강조하였다. 6장은 동역학이 중심이고 7장은 회전 운동에 6장 내용을 사용했다.

- 10.6절에서 에너지 보존 법칙을 논의하면서 더 논리적이고 일관성 있는 흐름을 제공하도록 업데이트하였다. 에너지 보존 법칙의 가장 일반적인 형태로부터 더 특수화된 고립계의 형태를 거쳐 역학적 에너지만을 가진 계의 형태로 기술하였다.

- 이상 기체의 열에너지와 온도 사이의 미시적인 연결을 다루는 11장의 내용을 12장으로 이동하였다. 12장에서 제시하는 이상 기체의 원자 모형과 더 잘 어울리기 때문이었다.

- 초점을 흐리지 않기 위해 삭제한 사소한 주제들로는 16장의 음파의 배곡선, 17장의 회절격자의 밝은 무늬의 최대 세기, 19장의 노출과 21장의 고도 그래프를 들 수 있다.

- 전기 위치 에너지의 근원을 명확히 하기 위해 21장 처음 부분을 수정하였다. 전기 위치 에너지와 이보다 친숙한 중력 위치 에너지나 탄성 위치 에너지와 같은 위치 에너지 사이의 연결 고리를 더욱 확고히 하였다.

- 25장에서 전자기파를 다루면서 이 파동의 본질, 편광과 이런 내용을 실제 상황에서 어떻게 응용하고 있는지에 초점을 맞추었다.

- 29장과 30장은 전반적인 흐름을 개선하고 중요하지 않은 세부적인 내용을 삭제하여 학생들이 물리학에 집중할 수 있도록 크게 수정하였다.

학생들이 갈수록 교재 밖의 정보에 의존하며 강의 담당자들은 학생들을 수업에 적극적으로 참여시킬 양질의 자료를 찾고 있다는 것을 알게 되었다. 본문이 항상 교재의 중심이 되기는 하지만 본문과 밀접하게 관련된 미디어 자료들을 추가하여 학생들의 이해를 높이고 있다.

교재의 구성

《College Physics: A Strategic Approach》은 두 학기 과목의 교재로 사용하도록 30개 장으로 구성되어 있다. 교재는 7개 부분으로 나누어져 있다. I부는 힘과 운동, II부는 보존 법칙, III부는 물질의 성질, IV부는 진동과 파동, V부는 광학, VI부는 전기와 자기, VII부는 현대물리학을 다룬다.

I부에서는 뉴턴의 법칙과 응용을 다룬다. II부에서 2개의 기본적인 보존량, 운동량과 에너지를 다루는 데는 두 가지 이유가 있다. 첫째 이유는 보존 법칙으로 문제를 푸는 방법—이전(before) 상황을 이후(after) 상황과 비교하는—이 뉴턴 역학에서 사용한 문제 풀이 전략과 근본적으로 다르기 때문이다. 둘째 이유는 에너지 개념이 역학적 에너지(운동 에너지와 위치 에너지)를 훨씬 뛰어넘는 중요성을 갖기 때문이다. 특히 에너지는 열역학의 주요 개념이며 II부의 에너지 연구로부터 III부의 열물리학으로의 전이를 통해 중요한 개념인 에너지가 계속해서 발전하게 되었다.

광학(V부)은 진동과 파동(IV부) 뒤, 하지만 전기와 자기(VI부) 전에 다룬다. 더욱이 파동 광학을 광선 광학 전에 다룬다. 이런 구성을 따르게 된 동기는 두 가지이다.

첫째, 파동 광학은 주로 파동의 일반적 성질을 확정한 것에 지나지 않는다. 좀 더 전통적인 교재 구성에서 학생들이 파동 광학을 만날 때쯤 되면 이미 파동에 대해 배웠던 것의 대부분을 잊는다. 둘째, 일반물리학에서 광학을 다룰 때 전자기장의 성질을 활용하지 않는다. 광학에 대해 학생들이 가지는 어려움은 파동에 대해 가지는 어려움 때문이지 전기와 자기에 대한 어려움 때문은 아니다. 이런 어려움은 전통적으로 광학을 늦게 배운다는 것 이외에 다른 이유가 없다. 그러나 전통적 순서를 선호하는 강의 담당자라면 VI부를 다룬 후 광학에 관한 장을 강의해도 무방하다.

차례

I부 | 힘과 운동

훑어보기 왜 물체는 변하는가? • 17

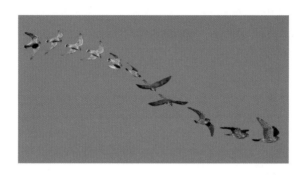

Ⅱ부 | **보존 법칙**

10장 **에너지와 일** ──────────────────────────── 275

11장 **에너지의 활용** ──────────────────────────── 307

Ⅲ부　물질의 성질

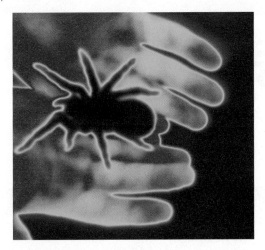

I 부

힘과 운동
Force and Motion

치타는 육지에서 가장 빠른 동물로 시속 96 km 이상으로 달릴 수 있다. 그럼에도 불구하고 토끼는 치타의 추격전에서 살아남을 수 있는 모종의 강점을 가지고 있다. 곧, 토끼는 재빨리 운동을 **변화**시킬 수 있기 때문에 쉽게 도망갈 수 있다. 사진을 보고 치타의 운동이 변하고 있다는 것을 어떻게 이야기할 수 있는가?

왜 물체는 변하는가?

이 교재의 일곱 부분 각각 훑어보기로 시작하는데, 이것은 다음에 나올 몇 개의 장에서 배우게 될 내용을 미리 간략하게 살펴볼 수 있도록 해준다. 보통 각 장을 정신없이 공부하다 보면 큰 그림을 보지 못하고 놓치기 쉽다. I부의 큰 그림을 한마디로 말한다면 **변화**(change)이다.

우리 주변의 세상을 단순하게 관찰해보면 대부분의 물체가 변하는 것을 볼 수 있다. 나이를 먹어가는 것은 생물학적인 변화이며, 커피에 설탕이 녹아들어가는 것은 화학적인 변화이다. 우리는 달리기와 높이뛰기, 공 던지기, 역기 들어올리기 등과 같은 여러 형태의 **운동**(motion)과 관련된 변화를 살펴볼 것이다.

운동에 의해 물체가 어떻게 변화하는지 연구하기 위해서 우리가 몰입해야 할 두 가지 중요한 질문이 있다.

- **운동을 어떻게 기술하는가?** 운동을 수학적으로 분석하길 원한다면, 그것을 어떻게 측정하거나 묘사해야만 하는가?

- **운동을 어떻게 설명하는가?** 왜 물체들은 특별한 운동을 하는가? 공을 위로 던졌을 때, 왜 이 공은 계속 올라가지 않고 올라가다가 다시 아래로 내려오는가? 물체의 운동을 예측하게 해 주는 '자연의 법칙'은 무엇인가?

이 질문들에 답하는 것을 도와줄 2개의 주요 개념은 힘(force)('원인')과 가속도(acceleration)('결과')이다. 기본적인 도구는 뉴턴(Isaac Newton)에 의해 이루어진 세 가지 운동 법칙일 것이다. 뉴턴의 법칙들은 힘을 가속도와 관련시키며, 우리는 광범위한 문제들을 다루고 설명하기 위해서 이 법칙들을 사용할 것이다. 운동을 다루는 문제들을 해결하는 것을 배워가면서, 이 교재의 모든 부분에서 적용할 수 있는 기본적인 기술들을 배울 것이다.

단순화시킨 모형

실제 세계는 매우 복잡하다. 우리가 모든 상황에서 모든 세부사항을 추적해야만 했다면 결코 과학을 발전시킬 수 없었을 것이다. 위로 던진 공의 운동을 분석한다고 가정하자. 이 경우, 공 안에 있는 원자들이 어떻게 연결되어 있는지 분석할 필요가 있을까? 우리가 아침에 무엇을 먹었고, 먹은 음식이 어떻게 근력으로 전환되었는가 하는 생화학을 분석할 필요가 있을까? 물론 이들도 흥미로운 질문들이기는 하다. 그러나 만일 우리의 과제가 공의 운동을 이해하는 것이라면, 단순하게 만들 필요가 있다!

우리가 공을 둥근 고체로 보고 손은 이 공에 힘을 주는 또 다른 고체라고 취급한다면 완벽하게 자세한 분석을 할 수 있다. 이것이 이 상황에 대한 **모형**(model)이다. 모형 비행기가 실제 비행기를 간단하게 만든 모형인 것처럼, 모형은 실제 세계를 간단하게 기술한 것으로서 문제가 분석되고 이해될 수 있는 지점까지 그 복잡성을 감소시키기 위해서 이용된다.

모형을 만드는 것은 이 교재의 모든 부분에서 문제 풀이를 위해 개발하게 될 전략의 주요한 부분이다. 우리는 서로 다른 부분에서 서로 다른 모형을 소개할 것이다. 어디에서 그리고 왜 간단하게 하는 가정들이 이루어지는지 주의를 기울일 것이다. 상황을 어떻게 단순하게 만드는지 공부하는 것이 성공적인 모형 만들기와 성공적인 문제 풀이의 핵심이다.

1 운동 표현하기
Representing Motion

송골매가 공중에서 우아한 곡선을 그리면서 움직일 때, 그 운동의 방향과 각 위치들 사이의 거리는 계속해서 변한다. 이 운동을 기술하기 위해서 사용해야 하는 언어는 무엇인가?

학습목표 ▶

운동의 기본적인 개념들을 소개하고 연관된 기본적인 수학적 원리들을 복습한다.

미리보기

각 장은 그 장에서 다루게 될 주요 주제들과 각 주제에 대해서 배우게 될 내용을 요약하는 미리보기로 시작한다.

각각의 미리보기는 여러분의 기억을 되살리도록 도와주는 질문과 함께, 중요한 예전 주제를 돌아보도록 한다.

운동 기술하기

스키 선수의 모습을 연속으로 보여주는 이 그림은 이 선수의 운동을 명확하게 보여준다. 이렇게 그림으로 나타내는 것은 운동을 기술하는 훌륭한 첫 단계이다.

이 장에서, 물체의 운동에 대한 단순화한 관점을 제공하는 **운동 도형**(motion diagram)을 만드는 법을 배운다.

숫자와 단위

정량적인 기술은 숫자들을 포함하며, 숫자는 단위를 필요로 한다. 이 속도계는 속력을 mph와 km/h 단위로 보여준다.

과학에서 사용되는 단위들을 배운다. 이들과 더 친숙한 단위들 사이의 변환을 공부한다.

이 장의 배경 ◀

삼각법

여러분은 이전 교과에서 삼각형의 변들과 각도들 사이에 성립하는 수학적 관계식들을 배웠다.

이 교과에서는 운동과 다른 문제들을 분석하기 위해서 이들 관계식들을 이용할 것이다.

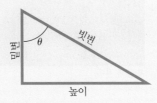

1.1 운동: 대강 살펴보기

운동의 개념은 이 교재의 전체를 통해서 하나의 또는 다른 형태로 나타나게 될 주제이다. 여러분은 자신의 경험들에 기반을 둔 운동에 대한 잘 발달된 직관을 가지고 있지만, 운동의 가장 중요한 측면들 중 어떤 것들은 약간 미묘할 수도 있다는 것을 알게 될 것이다. 운동을 설명하고 이해하는 데 도움이 되는 약간의 도구를 개발할 필요가 있고, 그래서 곧바로 많은 수학과 계산들을 시도해보기보다는, 이 첫 번째 장에서는 운동을 시각화하고 움직이는 물체를 기술하는 데 필요한 개념들과 친숙해지는 데 집중한다.

물리학과 다른 과학들 사이의 중요한 차이는 문제를 어떻게 설정하고 풀어내는가 하는 것이다. 운동 문제들을 풀기 위해서 보통 2단계의 과정을 사용한다. 첫째 단계는 주요 요소들이 드러나도록 운동을 간단하게 하는 **표현**(representation)을 만드는 것이다. 예를 들면, 이번 장의 시작 부분에 있는 송골매의 사진은 많은 연속적인 시간들에서 송골매의 위치를 관찰할 수 있도록 한다. 둘째 단계는 운동을 수학이라는 언어로 분석하는 것이다. 자연에 숫자를 대입하는 과정은 보통 여러분이 풀게 될 문제들의 가장 도전적인 측면이다. 이 단원에서, 우리는 운동의 기본적인 개념들을 도입하면서 이 과정에서 각 단계들을 탐구할 것이다.

운동의 유형

우선 **운동**(motion)을 물체의 위치 또는 방향의 시간에 따른 변화라고 정의하자. 운동의 예를 드는 것은 쉽다. 자전거, 야구공, 자동차, 비행기, 로켓 등은 모두 운동하는 물체들이다. 어떤 물체가 직선이나 곡선으로 운동하는 경로를 물체의 **궤적**(trajectory)이라고 한다.

그림 1.1 네 가지 종류의 기본적인 운동

직선 운동

원운동

포물체 운동

회전 운동

그림 1.1은 이 교재에서 공부할 네 가지 종류의 기본적인 운동을 보여준다. 이 장에서는 그림에 있는 첫 번째 형태인 직선 운동으로 시작할 것이다. 다음 장들에서는 원형 경로를 따라 운동하는 물체의 원운동, 공중에서 물체가 날아가는 포물체 운동, 그리고 한 축을 중심으로 물체가 회전하는 회전 운동에 대해서 공부할 것이다.

그림 1.2 자동차의 비디오에 찍힌 몇 개의 프레임

운동 도형 만들기

운동을 공부하는 쉬운 방법 중 하나는 정지해 있는 카메라로 움직이는 물체의 비디오를 찍는 것이다. 비디오카메라는 정해진 속도로 영상을 촬영하는데, 보통 매초 30개를 찍는다. 독립된 각각의 영상을 **프레임**(frame)이라고 한다. 예를 들면, **그림 1.2**는 카메라를 고정하고 빠르게 지나가는 자동차를 촬영한 비디오 중에서 몇 개의 프레임을 보여준다. 별로 놀라운 것은 아니지만 자동차는 각 프레임에서 서로 다른 위치에 있다.

각 프레임 위에 다른 프레임들을 올려놓아 비디오를 편집하고 최종 결과를 본다고 가정하자. 그러면 결국 **그림 1.3**을 얻게 된다. 물체의 위치들을 몇 개의 같은 간격을 가진 시간의 순간들에서 보여주는 이러한 합성 영상을 **운동 도형**(motion diagram)이라고 한다. 운동 도형들은 간단하게 보이지만, 이들은 운동을 분석하는 강력한 도구가 될 것이다.

이제 비디오카메라를 들고 밖으로 나가서 운동 도형을 몇 개 만들어 보자. 다음 표는 운동 도형이 서로 다른 운동의 중요한 특징들을 어떻게 보여주는지 설명해준다.

그림 1.3 어떤 자동차의 운동 도형이 모든 프레임을 동시에 보여주고 있다.

각 영상과 다음 영상 사이에 같은 양의 시간이 경과한다.

운동 도형들의 여러 예

	같은 간격인 영상들은 일정한 속력으로 움직이는 물체를 보여준다. **인도를 따라 내려오는 스케이트보드 타는 사람**
	영상들 사이의 늘어나는 거리는 물체가 빨라지고 있다는 것을 보여준다. **100 m 달리기를 시작한 단거리 선수**
	영상들 사이의 줄어드는 거리는 물체가 느려지고 있다는 것을 보여준다. **빨간색 신호등에서 멈추는 자동차**
	더 복잡한 이 운동 도형은 속력과 방향에서 변화를 보여준다. **자유투로 던진 농구공**

움직이는 물체가 운동 도형에서 어떻게 나타나는지를 가지고 몇 가지 개념들(일정한 속력, 빨라지고, 느려지고)을 정의하였다. 이들은 **조작적 정의**(operational definitions)라고 하는데, 개념들이 특별한 과정이나 조작으로 정의된다는 것을 의미한다. 예를 들면, '이 비행기가 빨라지고 있는가?'라는 질문에 대하여, 비행기의 운동 도형에서 영상들이 점점 멀리 떨어져 있는지 여부를 확인함으로써 답을 할 수 있다. 물리학에서 개념들 중 많은 것은 조작적 정의로 소개될 것이다. 이것은 물리학이 실험과학이라는 것을 일깨워준다.

입자 모형

그림 1.4 입자 모형을 사용하여 단순화한 운동 도형

(a) 정지하는 자동차의 운동 도형

(b) 입자 모형을 사용한 동일한 운동 도형

각 프레임과 다음 프레임 사이에 같은 양의 시간이 경과한다.

숫자들은 각 프레임이 촬영된 순서를 보여 준다.

물체를 표현하기 위해서 하나의 점이 이용되었다.

많은 물체들의 경우에, 물체의 운동은 **전체적으로** 물체의 크기와 모양의 세부사항에 의해서 영향을 받지 않는다. 물체의 운동을 기술하기 위해서 우리가 정말로 따라갈 필요가 있는 것은 한 점의 운동이다. 물체의 옆면에 찍힌 점의 운동을 관찰하는 것을 상상할 수 있다.

사실상 운동을 분석할 목적이라면 흔히 물체를 단지 하나의 점인 **것처럼** 간주할 수 있다. 또한 물체의 질량이 이 한 점에 몰려 있는 **것처럼** 취급할 수도 있다. 공간의 한 점에 있는 질량으로 나타낼 수 있는 물체를 **입자**(particle)라고 한다.

만약에 물체를 입자로 취급한다면, 물체를 운동 도형의 각 프레임에서 간단한 점으로 나타낼 수 있다. **그림 1.4**는 물체가 입자로 표현될 때 얼마나 더 간단한 운동 도형이 되는지 보여준다. 각 프레임들이 드러나는 순서를 알려주기 위해서 점들에 0, 1, 2, …로 번호를 매긴 것에 주목하라. 이 도형들은 여전히 물체의 운동에 대한 완벽한 이해를 제공한다.

물론 물체를 입자로 취급하는 것은 실제 세계를 단순화한 것이다. 이러한 단순화를 **모형**(model)이라고 한다. 모형은 단지 사소한 역할을 하는 측면들을 배제함으로써 현상의 중요한 측면들에 집중하도록 해준다. 운동의 **입자 모형**(particle model)은 단순화인데, 여기에서 움직이는 물체를 모든 질량이 한 점에 집중되어 있는 것처럼 취급하는 것이다. 입자 모형의 이용은 확대된 실제 물체의 모든 부분을 조사하면 모호하거나 잃어버리게 되는 매우 중요한 관계를 알 수 있게 해준다. **그림 1.5**에 나타낸 두 물체의 운동을 생각하자. 두 물체는 매우 다르지만 정확하게 같은 운동 도형을 갖는다. 알게 되겠지만, 중력의 영향 아래서 떨어지는 모든 물체들은 다른 힘들이 작용하지 않는다면 정확하게 같은 방식으로 움직인다. 입자 모형의 단순화는 이들 두 가지 상황의 바탕이 되는 물리학에 관한 무엇인가를 보여준다.

그림 1.5 떨어지는 두 물체의 입자 모형

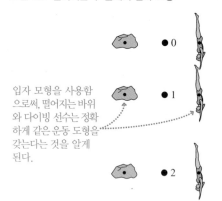

입자 모형을 사용함으로써, 떨어지는 바위와 다이빙 선수는 정확하게 같은 운동 도형을 갖는다는 것을 알게 된다.

1.2 위치와 시간: 자연현상을 숫자로 표현하기

운동에 관한 이해를 더 발전시키기 위해서는 정량적인 측정을 할 수 있어야 한다. 이 때문에 숫자를 사용할 필요가 있다. 운동 도형을 분석할 때 물체가 어디에 있고(위치)

물체가 그 위치에 있을 때가 언제인지(시간) 아는 것이 유용하다. 직선을 따라서 움직일 수 있는 물체의 운동을 고려함으로써 시작하자. 이러한 **1차원** 또는 '1-D' 운동의 예들은 도로를 따라 움직이는 자전거, 곧게 뻗은 철길 위를 움직이는 기차, 그리고 수직축을 따라 위아래로 움직이는 승강기 등이다.

위치와 좌표계

여러분이 **그림 1.6**에 있는 것처럼 길고 곧은 시골길을 따라 운전하고 있고, 친구가 전화해서 어디에 있는지 물었다고 가정하자. 이에 우체국에서 동쪽으로 4 km 지점에 있다고 답을 했다면, 친구는 여러분이 정확하게 어디에 있는지 알게 된다. 어느 특정한 순간에(친구가 전화를 했을 때) 여러분이 있는 장소를 여러분의 **위치**(position)라고 한다. 길을 따라 여러분의 위치를 알기 위해서 친구는 세 가지 정보가 필요했다. 첫째, 모든 거리들이 측정되는 기준점(우체국)을 주어야 한다. 이 고정된 기준점을 **원점**(origin)이라고 한다. 둘째, 여러분이 기준점 또는 원점으로부터 얼마나 멀리 떨어져 있는지(이 경우에는 4 km) 알려줄 필요가 있다. 마지막으로, 친구는 여러분이 있는 곳이 원점으로부터 어느 쪽인지 알 필요가 있다. 여러분은 우체국의 서쪽으로 4 km 또는 동쪽으로 4 km에 있을 수 있다.

직선을 따라 운동하는 물체의 위치를 지정하기 위해서 이들 세 가지 정보가 필요하다. 먼저 원점을 정하고, 그곳으로부터 물체의 위치를 측정한다. 원점의 위치는 임의적이어서 원하는 곳에다 자유롭게 정할 수 있다. 그러나 보통은 (잘 알려진 우체국처럼) 다른 곳들보다 더 편리한 지점이 있다.

원점으로부터 물체가 얼마나 멀리 떨어져 있는지 지정하기 위해서는, 물체가 운동하는 선을 따라서 그린 가상의 축을 놓는다. 줄자처럼, 이 축에는 다루는 문제에 따라서 달라지는 인치, 미터, 마일 등 같은 간격의 거리로 나누어진 눈금이 표시되어 있다. 이 자의 0 표시를 원점에 놓고 자의 눈금을 읽어서 물체의 위치를 지정할 수 있다.

마지막으로 물체가 원점의 어느 쪽에 있는지를 정할 수 있어야 한다. 이것을 정하기 위해서는, 원점의 어느 한쪽으로 양(+)의 숫자가 증가하는 축을 상상한다. 다른 쪽으로는, 이 축에 증가하는 음(−)의 숫자가 표시된다. 양수 또는 음수로 위치를 알려줌으로써, 물체가 원점의 어느 쪽에 있는지 알게 된다.

원점과 양(+)과 음(−)의 두 방향으로 표시된 축으로 이루어진 이 요소들은 물체의 위치를 명확하게 지정하는 일에 사용된다. 이것을 **좌표계**(coordinate system)라고 한다. 이 교재 전체를 통하여 좌표계를 사용할 것이고, 단순히 직선을 따라가는 것보다 더 복잡한 방법으로 움직이는 물체들의 위치를 기술하기 위해서 사용될 수 있는 좌표계로 곧 발전시킬 것이다. **그림 1.7**은 앞에서 논의됐던 시골길을 따라 운동하는 다양한 물체들을 위치시키기 위해 사용될 수 있는 좌표계를 보여준다.

좌표계는 축을 따라 놓인 물체의 위치를 기술하기에는 적합하지만, 이 표시법은 약

그림 1.6 여러분의 위치 기술

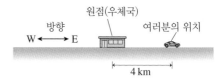

이 계기의 수직 눈금은 눈이 내릴 때 눈의 높이를 측정한다. 이것의 자연스러운 원점은 도로면이다.

그림 1.7 시골길을 따라가는 물체를 기술하기 위해 사용된 좌표계

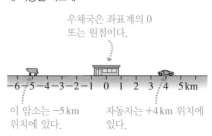

우체국은 좌표계의 0 또는 원점이다.

이 암소는 −5 km 위치에 있다.   자동차는 +4 km 위치에 있다.

간 귀찮다. '자동차가 +4 km 지점에 있다.'처럼 계속 말해야 한다. 더 나은 표기법은, 2차원에서 운동을 공부할 때 중요한 것인데, 축을 따라가는 위치를 표시하기 위해서 x 또는 y와 같은 기호를 사용하는 것이다. 그러면 '암소가 $x = -5$ km에 있다.'라고 말할 수 있다. 한 축을 따라가면서 위치를 표현하는 기호를 **좌표**(coordinate)라고 한다. 위치(그리고 나중에 속도와 가속도)를 나타내기 위해서 기호를 도입하는 것은 또한 이 양들을 수학적으로 다루도록 허용해준다.

　　그림 1.8은 50 m('m'은 미터를 나타내는 표준 기호이다) 경주를 하는 단거리 선수를 위한 좌표계를 어떻게 정하는지 보여준다. 이와 같은 수평 운동을 위해서는 위치를 나타내기 위해 보통 좌표 x를 사용한다.

그림 1.8 50 m 경주를 위한 좌표계

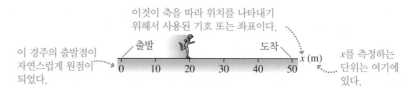

직선을 따라가는 운동이 꼭 수평선이 될 필요는 없다. **그림 1.9**에서 보여준 것처럼, 수직으로 아래로 떨어지는 바위와 곧은 경사로를 따라 미끄러지는 스키 선수도 또한 직선 운동 또는 1차원 운동의 예들이다.

시간

그림 1.9에서 그림은 어떤 순간에서 물체의 위치를 보여준다. 그러나 전체 운동 도형은 시간이 진행됨에 따라 물체가 어떻게 움직이는지 보여준다. 지금까지는 운동 도형에서 프레임들이 노출된 순서를 나타내기 위해서 점들에 0, 1, 2, …와 같은 숫자를 붙였다. 그러나 운동을 완전히 기술하기 위해서는, 비디오의 각 프레임이 만들어졌을 때 시계 또는 스톱워치에서 읽는 **시간**(time)을 표시할 필요가 있다. **그림 1.10**에 있는 정지하고 있는 자동차의 운동 도형에서 볼 수 있는 것처럼, 이것은 중요하다. 만약 프레임들이 1 s 간격으로 촬영되었다면, 이 운동 도형은 자동차가 천천히 정지하는 것을 보여준다. 만약 간격이 1/10 s라면, 이것은 날카로운 소리를 내며 정지하는 것을 나타낸다.

　　완전한 운동 도형을 위해서는, 시계에서 시간을 읽었을 때 대응하는 시간(기호 t)을 각 프레임에 표시할 필요가 있다. 그러나 언제 시계를 작동시켜야 하는가? 어떤 프레임이 $t = 0$으로 표시되어야만 하는가? 이러한 선택은 좌표계의 원점 $x = 0$을 선택하는 것과 비슷하다. 여러분은 운동에서 어떤 임의의 점을 선택할 수 있고 그곳에 '$t = 0$ s'라고 표시할 수 있다. 이것은 간단히 여러분의 시계 또는 스톱워치를 작동시키기 위해서 결정한 순간이고, 그러면 이 순간이 시간 좌표의 원점이 된다. '$t = 4$ s'라고 표시된 비디오 프레임은 여러분이 스톱워치를 작동시키고 4 s 후에 이것이 촬영되

그림 1.9 1차원 운동의 예들

수직 운동을 위해서 좌표 y를 사용할 것이다.

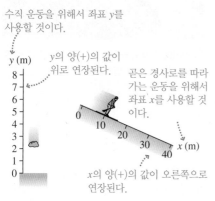

그림 1.10 이것은 천천히 정지하는 것인가 아니면 날카로운 소리를 내며 정지하는 것인가?

었다는 것을 의미한다. 일반적으로 어떤 문제의 '시작'을 표현하기 위해서 $t = 0$을 선택하지만, 물체는 그 전부터 이미 움직이고 있었을 수도 있다.

예를 들어 설명하면, **그림 1.11**은 일정한 속력으로 움직이다가 정지하기 위해 브레이크를 밟은 자동차의 운동 도형을 보여준다. $t = 0$ s로 표시한 프레임을 위한 두 가지 가능한 선택이 나타나 있다. 선택은 관심을 갖는 운동의 부분이 무엇인가에 따라 달라진다. 각각의 연속되는 자동차의 위치는 초(기호 's'로 단축한) 단위로 읽은 시간으로 표시한다.

위치의 변화와 변위

이제 위치와 시간을 측정하는 방법을 알았으니, 운동 문제로 되돌아가 보자. 운동을 기술하기 위해서는 시간에 따라 일어나는 위치의 **변화**를 측정할 필요가 있다. 다음을 생각해보자.

샘이 12번가와 바인로의 교차로에서 동쪽으로 50 m 떨어진 곳에 서 있다. 잠시 후 샘은 바인로로부터 동쪽으로 150 m 지점까지 걸어서 두 번째 지점으로 간다. 샘의 위치 변화는 무엇인가?

그림 1.12는 지도 위에서 샘의 운동을 보여준다. 좌표 x를 사용해서 지도 위에 좌표계를 놓았다. 원하는 곳 어디에나 좌표계의 원점을 자유롭게 놓을 수 있으므로 교차로에 원점을 놓았다. 그러면 샘의 초기 위치는 $x_i = 50$ m이다. x_i가 양(+)의 값인 것은 샘이 원점의 동쪽에 있다는 것을 알려준다.

샘의 나중 위치는 $x_f = 150$ m이며, 이것은 그가 원점의 동쪽 150 m 지점에 있다는 것을 보여준다. 여러분은 샘이 위치를 변화시켰다는 것을 알 수 있고, 위치의 **변화**를 **변위**(displacement)라고 한다. 샘의 변위는 그림 1.12에서 Δx로 표시된 거리이다. 그리스 문자 델타(Δ)는 어떤 양의 **변화**를 나타내기 위해서 수학과 과학에서 사용된다. 그래서 Δx는 위치 x의 변화를 보여준다.

50 m 지점으로부터 150 m 지점까지 도달하기 위해서 샘은 분명히 100 m를 걸어야만 했고, 그의 위치에서 변화인 그의 변위는 100 m이다. 그러나 좀 더 일반적인 방법으로 변위에 관하여 생각할 수 있다. 변위는 나중 위치 x_f와 초기 위치 x_i의 **차이**(difference)이다. 그래서 다음과 같이 쓸 수 있다.

$$\Delta x = x_f - x_i = 150 \text{ m} - 50 \text{ m} = 100 \text{ m}$$

변위는 **부호가 있는 양**(signed quantity)이다. 다시 말하면, 이것은 양(+) 또는 음(−)일 수 있다. 만약 **그림 1.13**에 보인 것처럼, 샘의 나중 위치 x_f가 150 m 표시 대신 원점에 있었더라면, 그의 변위는 다음과 같았을 것이다.

$$\Delta x = x_f - x_i = 0 \text{ m} - 50 \text{ m} = -50 \text{ m}$$

음(−)의 부호는 샘이 x축을 따라 **왼쪽**으로 또는 **서쪽**으로 50 m 움직였다는 것을 알려준다.

그림 1.11 일정한 속력으로 움직이다가 정지하기 위해 브레이크를 밟은 자동차의 운동 도형

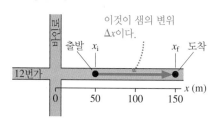

그림 1.12 샘은 위치 x_i로부터 위치 x_f까지 변위 Δx를 경험한다.

변위의 크기와 방향이 모두 중요하다. (위 사진에서 팀 동료인 베니 롬이 따라가고 있는) 로이 리겔즈는 1928년 로즈 볼에서 이것을 극적인 형태로 보여주었는데, 그는 떨어뜨린 공을 잡아서 자기 팀의 엔드 존으로 63 m를 달렸다. 인상적인 거리이긴 했지만, 잘못된 반대 방향이었다.

그림 1.13 변위는 부호가 있는 양이다. 여기에서 Δx는 음(−)수이다.

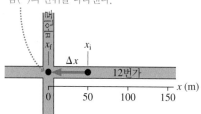

시간의 변화

그림 1.14 일정한 속력으로 오른쪽으로 움직이는 자전거의 운동 도형

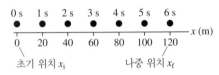

초기 위치 x_i 나중 위치 x_f

변위는 위치의 변화이다. 운동을 정량화하기 위해서 **시간 간격**(time interval)이라고 하는 시간의 변화 또한 고려할 필요가 있다. 스톱워치에 의해 정해지는 것처럼, 특정한 시간을 운동 도형의 각 프레임에 어떻게 표기할 수 있는지를 알아보았다. **그림 1.14**는 일정한 속력으로 움직이는 자전거의 측정된 점들의 시간을 표시한 자전거의 운동 도형이다.

초기 위치 x_i와 나중 위치 x_f 사이의 변위는 다음 식과 같다.

$$\Delta x = x_f - x_i = 120 \text{ m} - 0 \text{ m} = 120 \text{ m}$$

마찬가지로, 이들 두 점 사이의 시간 간격은 다음 식이 된다.

$$\Delta t = t_f - t_i = 6 \text{ s} - 0 \text{ s} = 6 \text{ s}$$

시간 간격 Δt는 물체가 시간 t_i에서 초기 위치 x_i로부터 시간 t_f에서 나중 위치 x_f까지 움직일 때 경과한 시간을 측정한다. Δx와는 다르게 t_f는 t_i보다 항상 더 크기 때문에 Δt는 항상 양(+)이다.

예제 1.1 **얼마나 오래 타는가?**

캐롤은 급수탑을 지나서 동쪽에서 서쪽으로 뻗어있는 시골길 위에서 자전거 타기를 즐긴다. x가 증가하는 것이 동쪽으로 움직이는 것을 의미하도록 좌표계를 정의하자. 정오에 캐롤은 급수탑의 동쪽 3 km 떨어진 곳에 있었다. 30분 후에 그녀는 급수탑의 서쪽 2 km 지점에 있다. 30분 동안 그녀의 변위는 얼마인가?

준비 이러한 단순한 문제에 과잉 대응하는 것처럼 보이지만, **그림 1.15**에 있는 것처럼, 길을 따라 x축을 그려서 시작해야 한다. 거리는 급수탑으로부터 측정되고, 그래서 자연스럽게 급수탑이 좌표계의 원점이다. 일단 좌표계가 설정되면, 캐롤의 초기 위치와 나중 위치, 그리고 이 둘 사이에서 그녀의 변위를 보여줄 수 있다.

풀이 그림에서 캐롤의 초기 위치와 나중 위치에 대한 값을 지정했다. 그러므로 그녀의 변위를 계산할 수 있다.

$$\Delta x = x_f - x_i = (-2 \text{ km}) - (3 \text{ km}) = -5 \text{ km}$$

검토 일단 문제 풀이를 완전히 마쳤으면 이 풀이가 이치에 맞는지 살펴보기 위해서 되돌아갈 필요가 있다. 캐롤이 서쪽으로 움직였으므로, 그녀의 변위가 음(−)이라는 것을 예상하는데, 정말 그렇다. 그림 1.15에 있는 그림으로부터 알 수 있는 것처럼 그녀는 그녀의 출발 위치로부터 5 km 움직였고, 그러므로 답은 타당해 보인다. 검토 단계의 일부분으로, 답이 물리적으로도 타당한지 점검한다. 캐롤은 30분에 5 km를 달렸는데, 이는 자전거 타는 사람에게는 꽤 타당한 속도이다.

그림 1.15 캐롤의 운동 그림

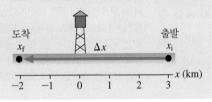

도착   출발
x_f Δx x_i

1.3 속도

우리 모두는 어떤 물체가 매우 빨리 움직이고 있는지 또는 단지 천천히 움직이는지에 대한 직관적인 감각을 가지고 있다. 이러한 직관적 생각을 더 정확하게 하기 위하여, 물체가 점점 빨라지거나 점점 느려지지 않는, 일정한 속력으로 직선을 따라 움직이는 어떤 물체의 운동 도형을 살펴보자. 일정한 속력으로 움직이는 운동을 **등속 운동**

(uniform motion)이라 한다. 1.1절에 있는 등속 운동을 하는 스케이트보드 타는 사람의 경우처럼 운동 도형의 연속적인 프레임들은 **같은** 간격이다. 따라서 물체의 변위 Δx는 연속적인 프레임들 사이에서 동일하다.

연속적인 프레임들 사이에서 물체의 변위가 속력과 어떻게 관련되는지 알기 위해 **그림 1.16**에 보여준 것과 같이 같은 길을 달리는 자동차와 자전거의 운동 도형을 고려하자. 명백하게 자동차가 자전거보다 더 빨리 움직이고 있다. 어떤 1 s 시간 간격이 지나면, 자전거 변위는 단지 20 ft인 반면에, 자동차 변위는 40 ft이다.

어떤 주어진 시간 간격 동안 물체가 움직인 거리가 크면 클수록, 그 속력은 더 커진다. 이 개념은 물체의 속력을 다음 식처럼 정의하도록 인도한다.

그림 1.16 자동차와 자전거의 운동 도형

매초 자동차는 자전거의 두 배 멀리 움직인다. 그러므로 자동차는 더 빠른 속력으로 움직인다.

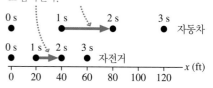

$$\text{속력} = \frac{\text{어떤 주어진 시간 동안 움직인 거리}}{\text{시간 간격}} \qquad (1.1)$$

등속 운동에서 물체의 속력

자전거의 경우, 이 식은 다음과 같이 된다.

$$\text{속력} = \frac{20\ \text{ft}}{1\ \text{s}} = 20\ \frac{\text{ft}}{\text{s}}$$

자동차의 경우, 다음 식이 된다.

$$\text{속력} = \frac{40\ \text{ft}}{1\ \text{s}} = 40\ \frac{\text{ft}}{\text{s}}$$

자동차의 속력이 자전거의 두 배인데, 이것은 타당해 보인다.

물체의 운동을 완전히 기술하기 위해서, 물체의 속력뿐만 아니라 물체가 움직이는 **방향**을 명확하게 말해야 한다. **그림 1.17**은 20 ft/s로 움직이는 두 자전거의 운동 도형을 보여준다. 두 자전거는 같은 속력을 가지지만, 그들의 운동에서 무엇인가 다른 것이 있다. 운동의 **방향**이 다르다.

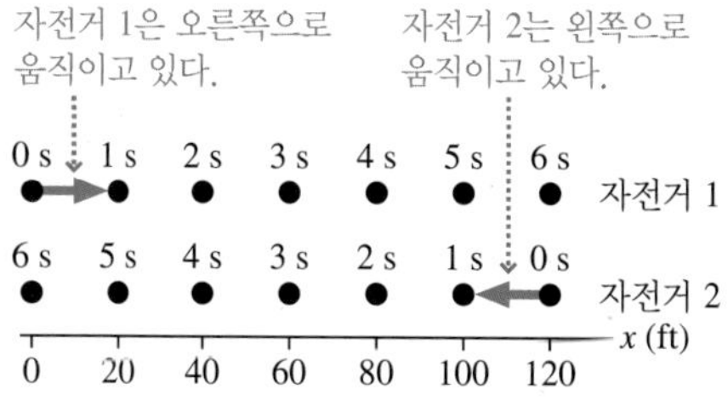

식 (1.1)에서 '움직인 거리'는 움직인 방향에 대한 어떤 정보도 가지지 않는다. 그러나 물체의 **변위**는 이 정보를 포함하고 있다는 것을 알고 있다. 그래서 **속도**(velocity)라고 하는 새로운 양을 다음 식과 같이 도입할 수 있다.

그림 1.17 같은 속력이지만 다른 속도로 움직이는 두 자전거

자전거 1은 오른쪽으로 움직이고 있다.　자전거 2는 왼쪽으로 움직이고 있다.

$$\text{속도} = \frac{\text{변위}}{\text{시간 간격}} = \frac{\Delta x}{\Delta t} \qquad (1.2)$$

움직이는 물체의 속도

그림 1.17에서 $t = 2$ s와 $t = 3$ s 사이의 1 s 시간 간격을 이용하여 계산된 자전거 1의 속도는 다음 식과 같다.

$$v = \frac{\Delta x}{\Delta t} = \frac{x_3 - x_2}{3\ \text{s} - 2\ \text{s}} = \frac{60\ \text{ft} - 40\ \text{ft}}{1\ \text{s}} = +20\ \frac{\text{ft}}{\text{s}}$$

같은 시간 간격 동안에 자전거 2의 속도는 다음 식이 된다.

$$v = \frac{\Delta x}{\Delta t} = \frac{x_3 - x_2}{3\ \text{s} - 2\ \text{s}} = \frac{60\ \text{ft} - 80\ \text{ft}}{1\ \text{s}} = -20\ \frac{\text{ft}}{\text{s}}$$

두 자전거가 반대방향으로 달리고 있기 때문에 두 속도는 서로 반대부호를 갖는다. **속력은 단지 물체가 얼마나 빨리 움직이는지를 알려주지만, 속도는 물체의 속력과 함께 그 방향도 알려준다.** 이 교재에서는, 오른쪽으로의 운동을 나타내기 위해서 양(+)의 속도를 이용할 것이고, 수직 운동의 경우에는 위쪽을 양(+)으로 나타낸다. 우리는 왼쪽 또는 아래쪽으로 움직이는 물체를 위해서 음(−)의 속도를 이용할 것이다.

식 (1.2)로 정의된 속도는 실제로는 **평균** 속도라고 한다. 평균적으로, 매 1 s의 간격 동안 20 ft를 움직이지만, 이 자전거가 이 시간 간격 동안 모든 순간 정확하게 같은 속력으로 움직였는지 알 수는 없다. 2장에서 시간적으로 어떤 특정한 순간에서 물체의 속도인 순간(instantaneous) 속도의 개념을 발전시킬 것이다. 이번 장의 목표는 운동을 운동 도형으로 시각화하는 것이기 때문에, 평균과 순간 둘 사이의 차이를 약간 분명하지 않게 할 것이고, 2장에서 이들 정의를 개선하게 된다.

예제 1.2　**바닷새의 속도 알아내기**

알바트로스는 먹이를 찾아 바다 위를 날면서 생의 대부분을 보내는 바닷새이다. 알바트로스는 강한 바람을 타고 빠른 속력으로 날 수 있다. 특별히 빠른 한 알바트로스에 대한 위성 자료는 이 새가 오후 3시에 둥지의 동쪽 60 km 지점에 있다가 오후 3시 15분에 둥지의 동쪽 80 km 지점으로 이동했다는 것을 보여준다. 이 새의 속도는 얼마인가?

준비 이 문제의 지문은 자연스러운 좌표계를 제공한다. 둥지를 기준으로 거리를 재고 있는데, 동쪽을 양(+)으로 잡고 있다. 이 좌표계를 사용한다면, 알바트로스 운동은 **그림 1.18**에서와 같다. 이 새

그림 1.18 바다에서 알바트로스 운동

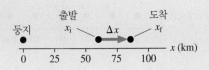

의 운동은 오후 3시와 오후 3시 15분 사이로, 시간 간격은 15분 또는 0.25시간이다.

풀이 초기 위치와 나중 위치를 알고 있고, 시간 간격도 알기 때문에, 속도를 다음과 같이 계산할 수 있다.

$$v = \frac{\Delta x}{\Delta t} = \frac{x_\text{f} - x_\text{i}}{0.25\ \text{h}} = \frac{20\ \text{km}}{0.25\ \text{h}} = 80\ \text{km/h}$$

검토 이 속도는 양(+)이고, 이것은 타당한데 그 이유는 그림 1.18이 보여주는 것처럼 운동이 오른쪽으로 이루어지기 때문이다. 80 km/h 속력은 확실히 빠르기는 하지만, 이 문제는 '특별히 빠른' 알바트로스라고 말했기 때문에, 답은 적절해 보인다. (정말로 알바트로스가 남대양의 매우 빠른 바람을 타면 이런 속력으로 날아가는 것으로 관찰되었다. 이 교재에 있는 일반적인 연습문제처럼, 이 문제는 실제 관찰을 기초로 만들어진 것이다.)

---

m/s에서 'per'의 의미

속력과 속도의 단위는 거리의 단위(ft, m, mi)를 시간의 단위(s, h)로 나눈 것이다. 그래서 m/s 또는 mph 단위로 속도를 측정할 수 있는데, 이들은 'meters per second'와 'miles per hour'라고 발음한다. 단어 'per'는 물리학에서 두 양의 비를 고려할 때 흔히 나타난다. 정확하게 'per'는 무엇을 의미하는가?

만약 어떤 자동차가 23 m/s의 속력으로 움직인다면, 이것은 경과된 시간의 각 초

마다 23 m를 이동한다는 것을 의미한다. 그래서 단어 'per'는 분모의 한 단위(1 s)에 대한 분자 단위의 숫자(23 m)와 관련이 있다. 이 교재를 공부해나가면서 이러한 개념의 다른 많은 예들을 보게 될 것이다. 여러분은 이미 밀도(density)에 관하여 약간 알고 있을 수 있다. 금의 밀도를 찾아보면 그 값은 19.3 g/cm³('grams per cubic centimeter')인데, 이것은 금이 각 cm³마다 19.3 g의 질량을 갖는다는 것을 의미한다.

1.4 눈금의 개념: 유효 숫자, 과학적 표기법, 단위

물리학은 매우 작은 자연계에서부터 엄청나게 큰 자연계까지 설명하려고 시도한다. 그리고 세상을 이해하기 위해서는, 작거나 큰 양들을 **측정**할 필요가 있다. 제대로 보고된 측정은 세 가지 요소들을 갖추어야 한다. 첫째, 단지 특정한 정밀도를 갖는 양을 측정할 수 있다. 이 측정을 명백하게 달성하기 위해서는, 측정값을 올바른 **유효 숫자**(significant figures)의 수로 보고하는지 명확하게 할 필요가 있다.

둘째, 물리학에서 종종 나오는 실제로 크거나 작은 수를 그대로 적는 것은 이상하게 보일 수 있다. 이들 0을 모두 적는 것을 피하기 위해서, 과학자들은 큰 수와 작은 수를 모두 표기할 수 있는 **과학적 표기법**(scientific notation)을 사용한다.

마지막으로 어떤 양에 대해서 적절한 **단위**(units)를 선택해야 한다. 속력을 나타내기 위해서는, 일반적인 단위는 m/s와 km/h를 포함한다. 질량을 위해서는 kg이 가장 일반적으로 사용되는 단위이다. 측정할 수 있는 모든 물리량은 관련된 단위계를 갖는다.

측정과 유효 숫자

뼈의 길이나 시료의 무게와 같은 어떤 양을 측정할 때, 단지 특정한 **정밀도**(precision)로 이 양을 측정할 수 있다. **그림 1.19**에 있는 디지털 캘리퍼스는 길이를 ±0.01 mm 내에서 측정할 수 있고, 그러므로 이것은 0.01 mm의 정밀도를 갖는다. 만약 자를 가지고 측정한다면, 아마도 대략 ±1 mm보다 더 잘 측정할 수 없을 것이고, 그래서 이 자의 정밀도는 약 1 mm이다. 또한 측정의 정밀도는 측정을 수행하는 사람의 기술과 판단에 의해서도 영향을 받을 수 있다. 스톱워치는 0.001 s의 정밀도를 가질 수 있지만, 반응 시간 때문에 단거리 선수의 시간 측정은 훨씬 덜 정확할 수도 있다.

실제적인 정밀도를 반영하여 측정을 보고하는 것이 중요하다. 어떤 특별한 개구리의 길이를 측정하고자 자를 사용한다고 가정하자. 그러면 대략 1 mm, 곧 0.1 cm의 정밀도로 측정할 수 있다. 이 경우 개구리의 길이를 6.2 cm라고 보고하였다. 그러면 개구리의 실제 길이는 6.15 cm와 6.25 cm 사이에 있는데 6.2 cm로 반올림했다고 해석한다. 개구리의 길이를 간단히 6 cm라고 보고한다면 알고 있는 것보다 덜 말하는 것이다. 즉 정보를 제대로 주지 않는 것이다. 다른 한편으로, 6.213 cm라고 보

그림 1.19 측정의 정밀도는 측정을 위해 사용되는 도구에 의존한다.

이 캘리퍼스는 0.01 mm의 정밀도를 갖는다.

고하는 것도 잘못된 것이다. 여러분의 연구를 심사하는 사람은 이 숫자 6.213 cm를 실제 길이가 6.2125 cm와 6.2135 cm 사이에 있는데 6.213 cm로 반올림했다고 해석할 것이다. 이 경우에 실제 가지고 있지 않은 지식과 정보를 가지고 있다고 주장하게 되는 것이다.

아는 바를 정확하게 진술하는 방법은 **유효 숫자**의 적절한 사용을 통해서이다. 유효 숫자는 신뢰할 수 있는 자릿수로 생각할 수 있다. 6.2 cm의 측정값은 2개의 유효 숫자를 갖는데, 이는 6과 2이다. 소수점 아래 두 번째 자리의 값은 신뢰할 수 있게 알려진 값이 아니므로 유효 숫자가 될 수 없다. 마찬가지로, 34.62 s의 시간 측정은 4개의 유효 숫자를 갖는데, 이는 소수점 이하 두 번째 자리에 있는 2가 신뢰할 수 있는 값이라는 것을 의미한다.

2개 이상의 측정값을 서로 더하거나 곱하는 계산을 수행할 때, 처음 측정에서 존재했던 것보다 더 높은 결과의 정밀도를 주장할 수 없다. 적절한 수의 유효 숫자를 결정하는 것은 명확하지만, 따라야 할 몇 가지 확실한 규칙이 있다. 기술적인 세부사항을 '풀이 전략'에서 자세하게 설명할 것이다.

월터 데이비스의 가장 좋은 멀리뛰기 기록은 8.24 m로 보고되었다. 이것은 이 멀리뛰기의 실제 길이가 8.235 m와 8.245 m 사이에 있다는 것을 의미하는데, 단지 0.01 m, 즉 1 cm의 간격을 갖는다. 이런 정밀도가 적절하다고 보는가?

풀이 전략 1.1 유효 숫자의 사용

❶ 여러 개의 숫자를 곱하거나 나눌 때, 또는 제곱근을 구할 때, 답의 유효 숫자 개수는 계산에서 사용한 **가장 덜** 정확하다고 알려진 유효 숫자 개수와 같아야 한다.

3개의 유효 숫자

$$3.73 \times 5.7 = 21$$

2개의 유효 숫자

답은 둘 중 더 적은 값인 2개의 유효 숫자를 가져야만 한다.

❷ 여러 개의 숫자를 더하거나 뺄 때, 답의 소수점 아래 자릿수는 계산에서 사용된 숫자의 소수점 아래 자릿수가 **가장 작은** 수의 자릿수와 같아야 한다.

$$\begin{array}{r} 18.54 \\ +106.6 \\ \hline 125.1 \end{array}$$ — 소수점 아래 두 자리

— 소수점 아래 한 자리

답은 둘 중 더 적은 값인 소수점 아래 한 자리의 유효 숫자를 가져야만 한다.

❸ **정확한 숫자**(exact numbers)는 불확실성이 없으며, 계산에서 사용될 때 측정된 숫자의 유효 숫자 개수를 변화시키지 않는다. 정확한 숫자의 예는 π와 원의 지름과 반지름 사이의 관계인 $d = 2r$에서 숫자 2이다.

이들 규칙들에서 한 가지 주목할 만한 예외가 있다.

■ 계산에서 반올림 오차를 최소화하기 위해서 계산의 **중간** 단계에서 하나 또는 2개의 숫자를 남겨두는 것은 수용할 수 있다. 그러나 **최종적인** 답은 적절한 수의 유효 숫자로 표시하여야 한다.

예제 1.3 자동차 속도 측정하기

자동차 속도를 측정하기 위해서, 그림 1.20에 보여준 것처럼 길을 따라 두 지점에 시계 A와 B가 설치되어 있다. 시계 A는 0.01 s의 정밀도를 갖는 반면에, 시계 B는 0.1 s의 정밀도를 갖는다. 두 시계 사이의 거리는 124.5 m로 조심스럽게 측정된다. 자동차가 길에 있는 트리거 장치를 통과할 때 두 시계는 자동적으로 작동한다. 자동차가 시계를 통과할 때 각 시계는 자동적으로 멈춘다. 자동차가 두 시계를 모두 지나간 후에 시계 A는 $t_A = 1.22$ s이고 시계 B는 $t_B = 4.5$ s이었다. 덜 정확한 시계 B가 측정한 시각은 시계 A가 측정한 것보다 더 적은 유효 숫자를 갖는 것으로 보고된다. 자동차 속도는 얼마이고, 그것은 올바른 수의 유효 숫자로 어떻게 보고되어야 하는가?

그림 1.20 자동차 속도 측정하기

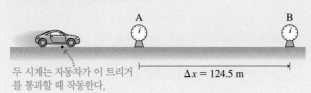

두 시계는 자동차가 이 트리거를 통과할 때 작동한다.

$\Delta x = 124.5$ m

준비 속도를 계산하기 위해서 두 시계 사이를 자동차가 움직일 때 변위 Δx와 시간 간격 Δt가 필요하다. 변위는 $\Delta x = 124.5$ m로 주어지고, 측정된 두 시각의 차이로 시간 간격을 계산할 수 있다.

풀이 시간 간격은 다음과 같다.

이 숫자는 소수점 아래 한 자리를 갖는다.　　이 숫자는 소수점 아래 두 자리를 갖는다.

$$\Delta t = t_B - t_A = (4.5 \text{ s}) - (1.22 \text{ s}) = 3.3 \text{ s}$$

풀이 전략 1.1의 규칙 2에 의하면, 결과는 소수점 아래 한 자리를 가져야 한다.

이제 이 변위와 시간 간격을 가지고 속도를 계산할 수 있다.

변위는 4개의 유효 숫자를 갖는다.

$$v = \frac{\Delta x}{\Delta t} = \frac{124.5 \text{ m}}{3.3 \text{ s}} = 38 \text{ m/s}$$

시간은 2개의 유효 숫자를 갖는다.　　풀이 전략 1.1의 규칙 1에 의하면, 결과는 2개의 유효 숫자를 가져야 한다.

검토 최종값은 2개의 유효 숫자를 갖는다. 이런 방법으로 자동차의 속력을 측정하여 37.72 m/s로 보고했다고 가정하자. 결과를 보는 누군가가 이 값에 이르기 위해서 사용했던 측정이 4개의 유효 숫자까지 정확하고, 그래서 0.001 s까지 시간을 측정했다고 가정하는 것이 타당할 것이다. 우리의 답인 38 m/s는 우리가 주장할 수 있는 정밀도의 전체이고, 더 이상은 알 수 없다.

과학적 표기법

키는 1.72 m이고, 사과의 무게는 154 g이라고 하는 것처럼 보통의 크기를 갖는 물체의 측정을 적는 것은 쉽다. 그러나 수소 원자의 반지름은 0.000 000 000 053 m이고, 달까지의 거리는 384,000,000 m이다. 모든 0들을 제대로 점검하는 것은 굉장히 성가신 일이다.

모든 0들을 다루도록 요구하는 것을 넘어서, 이런 방법으로 양들을 적는 것은 얼마나 많은 유효 숫자가 연관되었는지 불분명하게 만든다. 위에 주어진 달까지의 거리에서 유효 숫자는 몇 개인가? 3자리? 4자리? 9자리 모두?

과학적 표기법을 사용해서 숫자를 적으면 이 문제들을 둘 다 피할 수 있다. 과학적 표기법에서 어떤 값은 소수점 왼쪽에 숫자 하나와 소수점 오른쪽에 숫자가 없거나 여러 개를 가진 숫자에 10의 거듭제곱을 곱하여 나타낸다. 이는 모든 0들의 문제를 해결하며 유효 숫자 개수를 곧바로 분명하게 만든다. 과학적 표기법에서, 태양까지의 거리를 1.50×10^{11} m로 쓰는 것은 유효 숫자가 3개라는 것을 의미한다. 이를 1.5×10^{11} m로 쓰면 유효 숫자가 단지 2개라는 것을 의미한다.

더 작은 값들에 대해서도, 과학적 표기법은 유효 숫자 개수를 명확하게 할 수 있다.

어떤 거리가 1200 m로 보고되었다고 가정하자. 이 측정은 몇 개의 유효 숫자를 가지고 있는가? 이것은 모호하지만, 그러나 과학적 표기법을 사용하면 모호함을 제거할 수 있다. 만일 이 거리가 1 m 이내로 알려졌다면, 1.200×10^3 m로 표기할 수 있으며, 유효 숫자는 총 4개이다. 만일 이 값이 단지 100 m 또는 그 정도까지 정확하다면, 이것을 1.2×10^3 m로 보고할 수 있으며, 2개의 유효 숫자를 표시한다.

풀이 전략 1.2 과학적 표기법 사용

어떤 수를 과학적 표기법으로 바꾸는 방법:

❶ 10보다 더 큰 수에 대해서는, 소수점 왼쪽에 오직 하나의 숫자만 남을 때까지 소수점을 왼쪽으로 이동한다. 그리고 남은 수에 10의 거듭제곱을 곱한다. 이 거듭제곱은 소수점이 이동했던 걸음의 수로 주어진다. 예를 들어 지구의 지름을 과학적 표기법으로 바꿔보자.

소수점 왼쪽에 오직 하나의 숫자만 남을 때까지 소수점을 왼쪽으로 이동하고, 그 걸음의 수를 센다.

소수점을 여섯 걸음 이동시켰기 때문에 10의 거듭제곱은 6이다.

$$6\,370\,000 \text{ m} = 6.37 \times 10^6 \text{ m}$$

이 수의 개수가 여기에서는 유효 숫자 개수와 같다.

❷ 1보다 작은 수에 대해서는, 0이 아닌 최초의 숫자를 지나갈 때까지 소수점을 오른쪽으로 이동한다. 그리고 남은 수에 10의 음(−)의 거듭제곱을 곱한다. 이 거듭제곱은 소수점이 이동했던 걸음의 수로 주어진다. 적혈구 세포의 지름에 대해서 다음과 같이 된다.

0이 아닌 최초의 숫자를 지날 때까지 소수점을 이동하고, 그 걸음의 수를 센다.

소수점을 여섯 걸음 이동시켰기 때문에 10의 거듭제곱은 −6이다.

$$0.000\,007\,5 \text{ m} = 7.5 \times 10^{-6} \text{ m}$$

이 수의 개수가 여기에서는 유효 숫자 개수와 같다.

유효 숫자의 적절한 사용은 과학 '문화'의 일부이다. 이러한 '문화적 주제'들을 자주 강조할 것인데, 왜냐하면 우리가 효과적으로 소통하기를 원한다면 동일한 언어를 원어민처럼 말하는 것을 배워야만 하기 때문이다!

단위

앞에서 보았던 것처럼, 어떤 양을 측정하기 위해서는 이 양에 수치를 줄 필요가 있다. 그러나 측정은 단지 숫자 이상의 것이고, 그것은 단위가 주어져야 한다. 조제 식품을 파는 곳에 가서 '치즈 3/4 조각'을 달라고 말할 수 없다. 숫자에 더해 단위를 사용할 필요가 있는데, 여기에서는 무게의 단위인 파운드 같은 것이다.

일상생활에서 미국인은 길이 단위로 인치, 피트, 그리고 마일 같은 영국 단위계

단위의 중요성 1999년에, 1억 2500만 달러의 화성 기후 탐사선(Mars Climate Orbiter)이 관측을 수행할 수 있는 안전한 궤도에 진입하지 못하고 화성 대기에서 불타버렸다. 문제는 잘못된 단위들 때문이었다! 기술팀은 영국 단위계로 우주선 수행에 필요한 중요한 데이터를 제공했지만, 항공팀은 이 데이터가 미터 단위계라고 가정했다. 결과적으로, 항공팀은 우주선이 행성에 너무 가깝게 날도록 했고, 우주선은 대기 중에서 불타버렸다.

를 사용한다. 이 단위들은 일상생활에서 잘 적용될 수 있지만, 과학적 연구에서는 거의 사용되지 않는다. 과학은 국제적인 분야라는 것을 고려해볼 때, 전 세계적으로 인정되는 단위계를 갖는 것이 또한 중요하다. 이러한 이유로, 과학자들은 **국제단위계**(*le Système Internationale d'Unités*)라고 하는 단위계를 사용하는데, 보통 **SI 단위계**(SI units)라고 언급한다. 이 단위계는 **미터 단위계**(metric units)라고도 하는데, 이는 미터가 길이의 기본적인 표준이기 때문이다.

3개의 기본적인 SI 양들은, 표 1.1에 보인 것처럼 시간, 길이(또는 거리), 그리고 질량이다. 운동을 이해하기 위해서 필요한 다른 양들은 이들 기본 단위들의 조합으로 표현할 수 있다. 예를 들면, 속력과 속도는 '초당 미터' 또는 m/s로 표현한다. 이 조합은 길이 단위(m)와 시간 단위(s)의 비이다.

표 1.1 보통의 SI 단위들

물리량	단위	약자
시간	초	s
길이	미터	m
질량	킬로그램	kg

접두어 사용

표준 단위인 1 m, 1 s, 1 kg보다 더 작거나 더 큰 길이, 시간, 질량을 사용해야 하는 여러 경우가 있을 것이다. 여러 가지 10의 거듭제곱을 나타내기 위해 **접두어**(prefixes)를 사용해서 이 문제를 해결할 것이다. 예를 들면, 접두어 'kilo'(약자로 k)는 10^3을 의미하며, 1000을 곱하는 것이다. 그래서 1 km는 1000 m와 같고, 1 MW는 10^6 W와 같으며, 1 μV는 10^{-6} V와 같다. 표 1.2는 이 교재에서 주로 사용할 보통의 접두어들을 모아 놓은 것이다.

접두어들은 양들을 더 쉽게 말할 수 있도록 만들지만, 적절한 SI 단위들은 미터, 초, 킬로그램이다. 접두어 단위를 가진 양들은 계산이 이루어지기 전에 보통 기본 SI 단위로 바꾸어진다. 그래서 23.0 cm는 계산 시작 전에 0.230 m로 바꾸어야 한다. 예외는 kg인데, 이것은 이미 기본 SI 단위이다.

표 1.2 보통의 접두어들

접두어	약자	10의 거듭제곱
메가(mega-)	M	10^6
킬로(kilo-)	k	10^3
센티(centi-)	c	10^{-2}
밀리(milli-)	m	10^{-3}
마이크로(micro-)	μ	10^{-6}
나노(nano-)	n	10^{-9}

단위 변환

비록 SI 단위가 표준이지만, 미국이 여전히 영국 단위계를 사용한다는 것을 기억해야 한다. 교실에서는 미터 단위계에 반복적으로 노출되어 있는데도, 대부분의 미국인은 영국 단위계로 '생각'한다. 그래서 SI 단위계와 영국 단위계 사이에서 서로 오고가면서 변환할 수 있어야 한다. 표 1.3은 편리하게 자주 사용되는 변환 관계를 보여준다.

단위 변환을 수행하는 효과적인 방법 하나를 예를 들어 보자. 1 mi = 1.609 km이므로, 단위까지 포함하여 이 두 거리의 비를 1로 놓는 것인데, 그러므로 다음 식이 성립한다.

표 1.3 유용한 단위 변환들

1 inch (in) = 2.54 cm
1 foot (ft) = 0.305 m
1 mile (mi) = 1.609 km
1 mile per hour (mph) = 0.447 m/s
1 m = 39.37 in
1 km = 0.621 mi
1 m/s = 2.24 mph

$$\frac{1 \text{ mi}}{1.609 \text{ km}} = \frac{1.609 \text{ km}}{1 \text{ mi}} = 1$$

비가 1이 되는 두 값의 비를 **변환 인자**(conversion factor)라고 한다. 다음의 풀이 전략은 단위 변환을 어떻게 하는지 보여준다.

풀이 전략 1.3 단위 변환하기

❶ 바꾸고 싶은 양을 가지고 시작한다.

❷ 적절한 변환 인자를 곱한다. 이 변환 인자가 1이므로, 이것을 곱하는 것은 양의 값을 바꾸지 않고 오직 단위만 바꾼다.

❺ 최종 답을 올바른 개수의 유효 숫자로 변환하는 것을 기억하라.

$$60 \text{ mi} = 60 \text{ mi} \times \frac{1.609 \text{ km}}{1 \text{ mi}} = 96.54 \text{ km} = 97 \text{ km}$$

❸ 분자와 분모 모두에 나타나기 때문에 원래의 단위(여기에서는 mi)를 지울 수 있다.

❹ 답을 계산한다. 이것은 원하는 단위로 되어 있다. 60 mi과 96.54 km가 같은 거리임을 기억하라. 이들은 단지 서로 다른 단위로 되어 있다.

다음 예제에서 보는 것처럼, 여러 개의 연속적인 변환 인자의 곱하기를 함으로써 더 복잡한 변환이 행해질 수 있다.

예제 1.4 자전거가 그렇게 빨리 달릴 수 있을까?

1.3절에서, 어떤 자전거의 속력이 20 ft/s라고 계산했다. 이 속력이 자전거의 속력으로 타당한가?

준비 이 속력이 타당한지 또는 타당하지 않은지 결정하기 위해서, 이것을 좀 더 친숙한 단위로 변환할 것이다. 속력에 사용하는 가장 친숙한 단위는 아마도 km/h 이다.

풀이 먼저 필요한 단위 변환들을 모은다.

$$1 \text{ km} = 3280 \text{ ft} \qquad 1 \text{ hour } (1 \text{ h}) = 60 \text{ min} \qquad 1 \text{ min} = 60 \text{ s}$$

단위를 변환하기 위해서 원래의 값에 연속되는 변환 인자 1을 곱한다.

분자에 있는 ft를 삭제하고 싶다.

분모에서 ft를 얻기 위해서 $1 = \frac{1 \text{ km}}{3280 \text{ ft}}$ 를 곱한다.

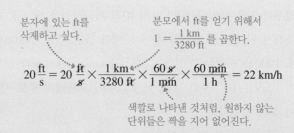

$$20 \frac{\text{ft}}{\text{s}} = 20 \frac{\text{ft}}{\text{s}} \times \frac{1 \text{ km}}{3280 \text{ ft}} \times \frac{60 \text{ s}}{1 \text{ min}} \times \frac{60 \text{ min}}{1 \text{ h}} = 22 \text{ km/h}$$

색깔로 나타낸 것처럼, 원하지 않는 단위들은 짝을 지어 없어진다.

검토 최종값인 22 km/h는 자전거로는 매우 타당한 속력이고, 이것은 우리의 대답에 자신감을 준다. 만일 계산 결과가 225 km/h 라고 계산되었더라면, 실수를 했다고 의심했을 것이다. 왜냐하면 이것은 보통의 자전거 타는 사람이 낼 수 있는 속력보다 너무 크기 때문이다.

추정

과학자와 공학자들이 어떤 문제를 처음으로 접근할 때, 그들은 연관된 대략적인 물리적 크기를 정하기 위해서 빠른 측정이나 추정을 해볼 수도 있다. 이것은 더 정밀한 측정을 행하기 위해 이용되어야만 하는 과정을 수립하도록 도와줄 것이고, 또는 어림 계산이 필요한 모든 것일 수도 있다.

절벽에서 떨어지는 바위를 보고 있고, 이것이 땅에 부딪칠 때 얼마나 빨리 떨어지는지 알고 싶다고 가정하자. 자동차나 자전거와 같은 친숙한 물체들의 속력을 비교해

◀ 이 남자는 70 kg의 질량을 가진다. 그의 옆에 서 있는 코끼리의 질량은 얼마인가? 둘의 상대적인 크기에 관하여 생각함으로써, 타당한 한 자리 유효 숫자의 추정(estimate)을 할 수 있다.

봄으로써, 이 바위가 약 30 km/h로 떨어졌다고 판단할 수 있다. 이것이 한 자리 유효 숫자 어림이다. 여러분은 아마도 30 km/h를 10 km/h 또는 50 km/h와 구별할 수도 있겠지만, 단지 눈으로 보아서는 30 km/h와 31 km/h를 확실하게 구별할 수는 없다. 이런 속력의 추정처럼, 한 자리 유효 숫자의 추정 또는 계산은 **자릿수 크기 추정**(order-of-magnitude estimate)이라고 한다. 자릿수 크기 추정은 기호 ~로 표시되는데, 이것은 '근사적으로 같은' 기호인 ≈보다 훨씬 덜 정밀하다는 것을 표시한다. 그러므로 떨어지는 바위 속력의 추정값은 $v \sim 30$ km/h이다.

알려진 정보(또는 인터넷에서 발견되는 정보), 간단한 사유, 그리고 상식 등에 기반을 두고 믿을 만한 자릿수 크기 추정을 하는 것은 유용한 기술이다. 이러한 추정을 행하는 것이 SI 단위계로부터 더 친숙한 다른 단위계로 변환하는 것을 도와줄 수 있다. 또한 SI 단위계로 주어진 문제 해답을 평가하기 위해서 이것을 할 수도 있다. 표 1.4에 그러한 경우에 적용하는 근사적인 변환 인자들을 나열하였다.

표 1.4 몇 가지 근사적인 변환 인자들

물리량	SI 단위	근사 변환
질량	kg	1 kg ≈ 2 lb
길이	m	1 m ≈ 3 ft
	cm	3 cm ≈ 1 in
	km	5 km ≈ 3 mi
속력	m/s	1 m/s ≈ 2 mph
	km/h	10 km/h ≈ 6 mph

예제 1.5 얼마나 빨리 걸었을까?

여러분이 얼마나 빨리 걸었는지 m/s 단위로 추정하시오.

준비 속력을 계산하기 위해서는 거리와 시간이 필요하다. 만약 여러분이 캠퍼스까지 1.6 km 걸었다면, 이것은 얼마나 걸렸을까? 아마도 30분, 곧 반시간이라고 말할 수 있다. 우리의 추정에서 이러한 대략적인 숫자를 사용하도록 하자.

풀이 이 추정이 주어지면, 속력을 다음과 같이 계산한다.

$$속력 = \frac{거리}{시간} \sim \frac{1.6 \text{ km}}{1/2 \text{ hour}} = 3.2 \frac{\text{km}}{\text{h}}$$

그러나 m/s 단위로 속력을 원한다. 우리의 계산은 단지 추정이기 때문에, 표 1.4로부터 근사적인 변환 인자를 이용한다.

$$1 \frac{\text{km}}{\text{h}} \sim 0.3 \frac{\text{m}}{\text{s}}$$

이것은 근사적인 걷는 속력 1 m/s를 준다.

검토 이것이 타당한 값인가? 또 다른 추정을 구해보자. 여러분의 한 걸음은 아마도 대략 1 m 정도일 것이다. 매초 대략 한 걸음씩 걷는다. 다음에 여러분이 걸으면서, 걸음을 헤아려 보면 알 수 있다. 그러므로 걷는 속력인 1 m/s 값은 꽤 타당해 보인다.

1.5 벡터와 운동: 대강 살펴보기

시간, 온도, 무게와 같은 많은 물리량들은 단위를 가진 하나의 숫자로 완전하게 기술될 수 있다. 예를 들면, 어떤 물체의 질량은 6 kg이고 온도는 30℃이다. 어떤 물리량이 (단위를 가진) 하나의 숫자로 기술될 때, 이것을 **스칼라 양**(scalar quantity)이라고 한다. 스칼라는 양(+), 음(−), 또는 0이 될 수 있다.

그렇지만 많은 다른 양들은 방향성을 가지고 있고 하나의 숫자로 기술될 수 없다. 예를 들어, 어떤 자동차의 운동을 기술하기 위해서는 이 자동차가 얼마나 빨리 움직이는지를 알아야 할 뿐만 아니라 이 자동차가 어느 **방향**으로 움직이는지도 알아야 한다. **벡터양**(vector quantity)은 크기(얼마나 멀리? 또는 얼마나 빨리?)와 방향(어느 방향?)을 둘 다 가지는 양이다. 벡터의 크기 또는 길이를 벡터의 **크기**(magnitude)라고

벡터와 스칼라

스칼라

시간, 온도, 그리고 무게는 모두 스칼라양들이다. 여러분의 몸무게, 집 밖의 온도, 또는 현재 시간을 말하기 위해서는 단지 하나의 숫자만 있으면 된다.

벡터

경주용 자동차의 속도는 벡터양이다. 속도를 완전하게 나타내기 위해서는, 그 크기(예를 들면, 193 km/h)와 함께 방향(예를 들면, 서쪽)을 줄 필요가 있다.

소년이 친구를 미는 힘은 벡터양의 또 다른 예이다. 이 힘을 완벽하게 표현하기 위해서는, 소년이 친구를 얼마나 세게 밀었는지(크기) 뿐만 아니라 어느 방향으로 미는지를 알아야 한다.

보트의 변위는 초기 위치에서 나중 위치를 연결한 직선이다.

한다. 벡터의 크기는 양(+)이거나 0일 수는 있지만 음(−)일 수는 없다.

속도와 힘 벡터에 대해서 보게 되듯이, **벡터는 화살표를 그려서 나타낸다.** 화살표는 벡터양의 방향으로 향하도록 나타내고, 화살표의 길이는 벡터양의 크기에 비례한다.

벡터양을 기호로 표시하고 싶을 때는, 이 기호가 스칼라가 아닌 벡터임을 나타내도록 할 필요가 있다. 우리는 양을 나타내는 문자 위에 화살표를 그려서 벡터양을 나타낸다. 그래서 $\vec{r}$과 $\vec{A}$는 벡터를 위한 기호이고, 반면에 화살표가 없는 r과 A는 스칼라를 위한 기호이다. 익숙해질 때까지는 이상하게 보일 수도 있지만 매우 중요한데, 왜냐하면 우리는 가끔 같은 문제 내에서 r과 $\vec{r}$, 또는 A와 $\vec{A}$를 둘 다 사용할 것이고, 이들은 서로 다른 것을 의미하기 때문이다!

변위 벡터

직선을 따라 움직이는 운동의 경우에, 변위는 물체가 얼마나 멀리 움직이는지 뿐만 아니라 왼쪽 또는 오른쪽 등 방향도 지정하는 양이라고 1.2절에서 배웠다. 변위는 크기(얼마나 멀리?)와 방향 둘 다 갖는 양이기 때문에 벡터로 나타낼 수 있으며, 이것이 **변위 벡터**(displacement vector)이다. **그림 1.21**은 앞서 논의하였던 샘의 움직임에 대한 변위 벡터를 보여주는 그림이다. 우리는 간단하게 샘의 초기 위치로부터 나중 위치까지 화살표를 그렸고, 그것에 기호 $\vec{d}_S$를 부여하였다. $\vec{d}_S$는 크기와 방향을 둘 다 가지고 있기 때문에, 샘의 변위를 $\vec{d}_S$ = (100 m, 동쪽)으로 쓰는 것이 편리하다. 괄호에서 첫 번째 값은 이 벡터의 크기(곧 변위의 크기)이고, 두 번째 값은 그것의 방향을 명시한다.

또한 제인의 변위 벡터 $\vec{d}_J$도 그림 1.21에 그려있는데, 제인은 12번가에서 출발해서 바인로에서 끝냈다. 샘의 경우처럼, 제인의 변위 벡터를 그녀의 초기 위치로부터 나중 위치까지 화살표로 그렸다. 이 경우 $\vec{d}_J$ = (100 m, 북동방향으로 30°)이다.

제인의 이동은 변위 벡터에 관한 중요한 점을 보여준다. 제인은 12번가에서 출발해서 바인로에서 끝냈고, 변위 벡터가 이를 보여준다. 그러나 제인이 초기 위치로부터 나중 위치까지 도달하기 위해서, $\vec{d}_J$로 표시된 직선 경로를 따라서 걸을 필요는 없다. 만일 그녀가 12번가를 따라서 동쪽으로 교차로까지 걸어가고 나서 그 후에 바인로에서 북쪽으로 향했다면, 그녀의 변위는 여전히 보여준 벡터가 될 것이다. **어떤 물**

그림 1.21 두 변위 벡터들

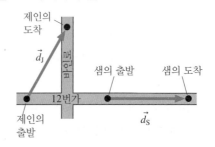

체의 변위 벡터는 그 물체의 초기 위치로부터 나중 위치까지 이들 두 점 사이를 이동한 실제 경로와는 관계없다.

벡터 더하기

샘의 또 다른 이동을 고려하자. **그림 1.22**에서 샘은 교차로에서 출발해서 동쪽으로 50 m 걷는다. 그 후에 공터를 통과하여 북동쪽으로 100 m 걷는다. 그의 두 번의 이동에 대한 변위 벡터를 그림에서 $\vec{d}_1$과 $\vec{d}_2$로 표기하였다.

샘의 이동은 두 벡터 $\vec{d}_1$과 $\vec{d}_2$로 표현될 수 있는 2개의 변으로 구성되지만, 샘의 이동을 최초 출발 위치로부터 나중 위치까지 $\vec{d}_{net}$로 표기된 하나의 **알짜**(net) 변위 벡터로 나타낼 수 있다. 샘의 알짜 변위는 어떤 점에서 그것을 구성하는 두 변위의 합 (sum)이고, 따라서 아래 식처럼 쓸 수 있다.

$$\vec{d}_{net} = \vec{d}_1 + \vec{d}_2$$

샘의 알짜 변위는 두 벡터의 더하기(addition)를 요구하지만, 벡터 더하기는 두 스칼라 양의 더하기와는 다른 규칙을 따른다. 두 벡터의 크기뿐만 아니라 두 벡터의 방향도 고려되어야 한다. 샘의 이동은 한 벡터의 '꼬리'를 다른 벡터의 머리에 놓음으로써 벡터를 함께 더할 수 있다는 것을 보여준다. 이 개념이 변위 벡터에 대해서는 타당한데, 사실 이것은 다른 어떤 두 벡터라도 더하는 규칙이 된다. 풀이 전략 1.4는 두 벡터 $\vec{A}$와 $\vec{B}$를 어떻게 더하는지 보여준다.

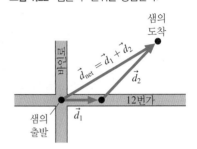

그림 1.22 샘은 두 변위를 경험한다.

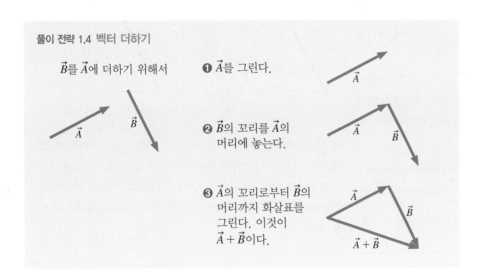

벡터와 삼각법

1차원 이상에서 변위 벡터 또는 다른 벡터들을 더할 필요가 있을 때, 삼각형의 길이와 각도를 계산하여 끝낼 수 있다. 이것은 삼각법이다. **그림 1.23**은 삼각법의 기본적인 개념을 보여준다.

그림 1.23 삼각법을 이용하여 삼각형의 변과 각을 관련짓기

직각삼각형의 변을 각과 관련지어 명시한다.	각 θ의 사인, 코사인, 탄젠트는 변 길이의 비로 정의된다.	빗변의 길이와 각 하나가 주어지면, 변 길이를 구할 수 있다.	삼각 함수의 역함수는 길이가 주어지면 각을 구하도록 해준다.	삼각형 변의 길이가 주어지면 각을 구할 수 있다.

직각의 맞은편에 있는 가장 긴 변이 **빗변**이다.

각 θ의 맞은편 변이다.

H

O

θ

A

각 θ에 인접한 변이다.

$$\sin \theta = \frac{O}{H}$$

$$\cos \theta = \frac{A}{H}$$

$$\tan \theta = \frac{O}{A}$$

이 식들을 유용한 방법으로 재배열할 수 있다.

$$O = H \sin \theta$$

$$A = H \cos \theta$$

y는 각의 맞은편 변이고, 사인 공식을 이용한다.

20 cm

30°

y

x

x는 각에 인접한 변이고, 코사인 공식을 이용한다.

$$x = (20 \text{ cm}) \cos (30°) = 17 \text{ cm}$$

$$y = (20 \text{ cm}) \sin (30°) = 10 \text{ cm}$$

$$\theta = \sin^{-1}\left(\frac{O}{H}\right)$$

$$\theta = \cos^{-1}\left(\frac{A}{H}\right)$$

$$\theta = \tan^{-1}\left(\frac{O}{A}\right)$$

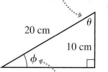

θ는 10 cm 변에 인접하고, 아크코사인 공식을 이용한다.

20 cm

θ

10 cm

ϕ

ϕ는 10 cm 변의 맞은편 각이고, 아크사인 공식을 이용한다.

$$\theta = \cos^{-1}\left(\frac{10 \text{ cm}}{20 \text{ cm}}\right) = 60°$$

$$\phi = \sin^{-1}\left(\frac{10 \text{ cm}}{20 \text{ cm}}\right) = 30°$$

예제 1.6   **북쪽과 동쪽으로 얼마나 멀리?**

나침반을 사용하여 알렉스가 길을 찾는다고 가정하자. 알렉스는 동쪽의 북쪽 60° 방향으로 걷기 시작하여 총 100 m를 걷는다. 알렉스는 출발점으로부터 얼마나 멀리 북쪽에 있는가? 동쪽으로는 얼마나 멀리 있는가?

준비 알렉스의 운동이 **그림 1.24(a)**에 주어져 있다. 북쪽과 동쪽을 하나의 지도 위에 있도록 보였고, 알렉스의 변위를 크기와 방향을 갖는 벡터로 표시했다. **그림 1.24(b)**는 이 변위를 빗변으로 갖는 삼각형을 보여준다. 알렉스의 출발점으로부터 그녀의 북쪽 거리와 동쪽 거리는 이 삼각형의 변들이다.

풀이 사인과 코사인 함수는 앞에서 보았던 것처럼 직각삼각형의 변들의 비이다. 언급된 각 60°를 가지고 계산하면, 출발점의 북쪽 거리는 이 삼각형의 맞은편 변이고, 동쪽 거리는 인접한 변이다. 그러므로 아래 식과 같은 결과를 얻는다.

출발점에서 북쪽으로 이동한 거리 = (100 m) sin(60°) = 87 m

출발점에서 동쪽으로 이동한 거리 = (100 m) cos(60°) = 50 m

검토 여기서 계산한 거리는 둘 다 100 m보다 짧고, 그림 1.24(b)

그림 1.24 알렉스의 운동 분석하기

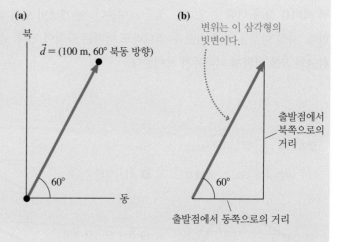

(a)

북

$\vec{d}$ = (100 m, 60° 북동 방향)

60°

동

(b)

변위는 이 삼각형의 빗변이다.

출발점에서 북쪽으로의 거리

60°

출발점에서 동쪽으로의 거리

에 있는 그림이 보여주는 것처럼 동쪽 길이가 북쪽 길이보다 짧다. 따라서 답은 타당해 보인다. 이 문제의 답을 구하면서, 변위를 북쪽과 동쪽 2개의 서로 다른 거리로 '나누었다.' 이것은 벡터의 **성분**(components)이라는 개념을 암시하며, 이는 다음 장에서 공부할 것이다.

예제 1.7   **안나는 얼마나 멀리 갔는가?**

안나는 동쪽으로 90 m 걸어간 후 다시 북쪽으로 50 m 더 걸었다. 출발점으로부터 그녀의 변위는 얼마인가?

준비 그림 1.25(a)에 있는 그림으로 시작하자. 안나의 원래 위치를

원점으로 하는 좌표계를 잡고, 안나의 연속적인 2개의 운동을 두 변위 벡터 $\vec{d}_1$과 $\vec{d}_2$로 그린다.

풀이 한 벡터의 꼬리를 앞의 벡터의 머리에서 시작하도록 2개의

그림 1.25 안나의 운동 분석하기

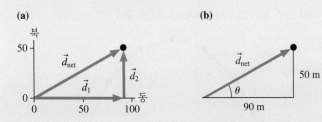

(a)

(b)

벡터 변위를 그리는데, 이것이 바로 벡터합을 만드는 데 필요한 것이다. 그림 1.25(a)에 있는 벡터 $\vec{d}_{net}$는 연속적인 변위들의 벡터합이고, 그러므로 원점으로부터 안나의 알짜 변위를 나타낸다.

원점으로부터 안나의 거리는 이 벡터 $\vec{d}_{net}$의 길이이다. **그림 1.25(b)**는 이 벡터가 50 m(왜냐하면 안나가 북쪽으로 50 m 걸었기 때문에)와 90 m(왜냐하면 안나가 동쪽으로 90 m 걸었기 때문에) 변을 가진 직각삼각형의 빗변이라는 것을 보여준다. (직각삼각형의 빗변의 길이의 제곱은 다른 두 변의 길이의 제곱의 합과 같다는) 피타고라스 정리를 이용해서, 안나의 알짜 변위인 이 벡터의 크기를 다음 식과 같이 계산할 수 있다.

$$d_{net}^2 = (50 \text{ m})^2 + (90 \text{ m})^2$$

$$d_{net} = \sqrt{(50 \text{ m})^2 + (90 \text{ m})^2} = 103 \text{ m} \approx 100 \text{ m}$$

여기서 유효 숫자의 근사적인 수로 반올림을 하여 이 변위 벡터의 크기는 100 m가 되었다. 방향은 어떠한가? 그림 1.25(b)는 안나의 변위의 북동 방향으로의 각을 준다. 이 직각삼각형에서, 50 m는 맞은편 변이고 90 m는 인접한 변이므로, 각은 아래 식으로 계산된다.

$$\theta = \tan^{-1}\left(\frac{50 \text{ m}}{90 \text{ m}}\right) = \tan^{-1}\left(\frac{5}{9}\right) = 29°$$

이것을 모두 모으면, 다음의 알짜 변위를 얻는다.

$$\vec{d}_{net} = (100 \text{ m, 북동 방향 } 29°)$$

검토 결과를 검토하기 위해서 그림을 이용할 수 있다. 만일 이 삼각형의 두 변이 50 m와 90 m라면, 빗변의 길이 100 m는 옳은 것으로 보인다. 각은 분명히 45°보다 작지만, 너무 많이 작은 것은 아니므로 29°는 타당해 보인다.

속도 벡터

어떤 물체의 운동을 기술하는 기본적인 양이 이 물체의 속도라는 것을 알았다. 속도는 벡터인데, 왜냐하면 속도의 명시는 어떤 물체가 얼마나 빨리 움직이는지(속력)뿐만 아니라 그 물체가 움직이는 방향도 연관되기 때문이다. 그러므로 어떤 물체의 속도를 물체의 운동의 방향으로 향하고 크기가 물체의 속력인 **속도 벡터**(velocity vector) $\vec{v}$로 나타낸다.

그림 1.26(a)는 정지 상태로부터 출발하여 가속하는 어떤 자동차의 운동 도형을 보여준다. 이 운동 도형에서 연속적인 위치들 사이에서 자동차의 변위를 보여주는 벡터들을 그렸다. 속도 벡터를 그리기 위해서, 먼저 변위 벡터의 방향이 운동 도형에서 연속적인 점들 사이에서 운동의 방향임을 주목하자. 어떤 물체의 속도 또한 운동의 방향으로 향하고, 그래서 속도 벡터는 변위 벡터와 같은 방향으로 향한다. 다음으로는, 물체의 속도 벡터의 크기(얼마나 빠른가?)가 물체의 속력이라는 것에 주목하자. 더 빠른 속력은 더 큰 변위를 암시하므로, 속도 벡터의 길이는 운동 도형에서 연속적인 점들 사이에 있는 변위 벡터의 길이에 비례해야만 한다. 이 모든 것은 운동 도형에서 각 점을 다음 점과 연결한 (변위 벡터라고 이름 붙인) 벡터들이 **그림 1.26(b)**에 보여준 것처럼 속도 벡터들과 동일한 것으로 간주할 수 있다. **지금부터 운동 도형 위에 변위 벡터 대신 속도 벡터를 표시하고 보여줄 것이다.**

그림 1.26 정지 상태로부터 출발하는 어떤 자동차의 운동 도형

변위 벡터의 길이가 길어지고 있다. 이것은 이 자동차가 가속되고 있다는 것을 의미한다.

더 길어진 속도 벡터 또한 이 자동차가 가속되고 있다는 것을 의미한다.

예제 1.8　　공의 운동 도형 그리기

제이크가 수평면과 60° 각도로 어떤 공을 쳤다. 이 공을 짐이 잡았다. 변위 벡터 대신 속도 벡터를 보여주는 이 공의 운동 도형을 그리시오.

준비 이 예제는 과학과 공학의 많은 문제들이 어떻게 말로 표현되는지 보여주는 전형적인 예이다. 이 문제는 어디에서 운동이 시작하거나 끝나는지 명확한 설명을 주지 않는다. 이 공이 제이크와 짐 사이에 허공에 머무는 시간 동안만 이 공의 운동에 흥미가 있는가? 제이크가 공을 칠 때(공이 빠르게 가속되고 있음) 또는 짐이 공을 받을 때(공이 빠르게 감속되고 있음)의 운동에 관해서는 어떠한가? 짐이 공을 잡은 후에 공을 떨어뜨리는 것을 포함시켜야만 하는가? 요지는 여러분이 보통 문제에 대한 **타당한** 해석을 하도록 요구를 받게 된다는 것이다. 이 문제에서, 공을 치고 받는 세부사항은 복잡하다. 허공을 통과하는 이 공의 운동을 기술하는 것이 더 쉽고, 이것이 바로 여러분이 물리 수업에서 배울 운동이다. 그래서 우리의 해석은 이 운동 도형이 공이 제이크의 배트를 떠날 때(공은 이미 운동하고 있음) 시작해야만 하고 공이 짐의 손에 닿는 순간(공은 아직도 운동하고 있음)에 끝나야 한다는 것이다. 이 공을 입자로 보는 모형을 만든다.

풀이 이러한 해석을 마음에 두면서, **그림 1.27**은 이 공의 운동 도형을 보여준다. 이 운동 도형이 시작될 때 그림 1.26의 자동차와는

그림 1.27 제이크로부터 짐에게로 이동하는 공의 운동 도형

제이크

짐

대조적으로 이 공이 이미 움직이고 있다는 것에 주목하라. 앞에서처럼, 점들을 화살표로 연결하는 것으로 속도 벡터들을 보여준다. 속도 벡터들이 점점 짧아지고(공이 감속되고 있음), 점점 길어지고(공이 가속되고 있음), 그리고 방향을 바꾸는 것을 알 수 있다. 각 $\vec{v}$는 서로 다르고, 그래서 이것은 등속 운동이 아니다.

검토 공의 운동에 대하여 상세한 해석을 할 정도로 충분히 공부하지 않았지만, 빠른 검토를 하는 것은 여전히 가치가 있다. 운동 도형은 합리적인가? 공의 속도에 대해 생각해보면, 공이 출발할 때는 위로 움직이고 끝에서는 아래로 움직이는 것을 볼 수 있다. 이것은 공을 위로 던지고 받을 때 일어나는 현상과 잘 일치하므로, 답은 타당해 보인다.

1.6 앞으로 배울 내용

이 첫 장에서는 운동에 대한 근본적인 개념들의 일부와 이 과정의 나머지 부분에서 여러분이 사용하게 될 기본적인 기법의 일부를 소개하였다. 어떤 물리적 상황의 **모형**들을 만드는 방법의 예를 보았고, 그것으로 그 본질적인 요소들에 초점을 맞추었다. 양들을 한 종류의 단위로부터 다른 단위로 변환하는 방법과 같은 약간의 실제적인 개념들도 배웠다. 이 교재의 나머지 부분에서 이 주제들을 확장할 것이다.

이 교재의 각 장에서, 새로운 원리들과 더 많은 도구와 방법을 배울 것이다. 여러분은 앞으로 나아가면서 각각의 새로운 장 앞에 나왔던 장들에 의존한다는 것을 발견하게 될 것이다. 이 장에서 배웠던 원리들과 문제 해결 전략들은 다른 단원에서도 여전히 필요하게 될 것이다.

앞 장에 나온 새로운 개념들을 통합할 수 있도록 약간의 도움을 여러분에게 줄 것이다. 각 장을 시작할 때 **훑어보기**는 복습을 위해 어떤 주제가 특별히 중요한지 알도록 해줄 것이다. 그리고 각 장의 마지막 부분에는 여러분이 전에 배웠던 것들과 방금 배웠던 원리와 기법을 함께 이용하는 **종합형 예제**를 제시한다. 이 종합형 예제들은

실제 세계의 문제들과 비슷하게 복잡하고, 그러한 문제들을 해결하기 위해서는 이런 종류의 통합이 필요하다는 것을 생각나게 하는 유용한 것이 될 것이다.

첫 번째 종합형 예제는 아직은 종합할 것이 많지 않기 때문에 간단하다. 앞으로 나올 장들에 있는 예제들은 훨씬 복잡할 것이다.

종합형 예제 1.9 | **거위의 방향 찾기**

이동하는 거위들은 지역의 지형지물을 인지하거나, 강과 도로를 따라가거나, 하늘에 있는 태양의 위치를 이용하는 등 많은 서로 다른 수단들을 이용해서 방향을 결정한다. 날이 흐려서 방향을 잡기 위해 태양의 위치를 이용할 수 없을 때, 거위들은 낮에 날면서 잘못된 방향으로 이동을 시작할 수 있다. 그림 1.28은 올바른 직각 회전을 하기 전에 약간의 시간 동안 직선으로 날아갔던 캐나다 거위의 경로를 보여준다. 출발 후 한 시간이 지나서 거위들은 원래 위치의 동쪽에 있는 호수 위에서 잠시 멈추었다.

그림 1.28 방향을 잘못 잡은 거위의 경로

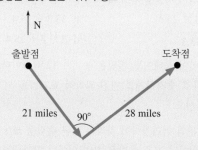

a. 처음에 거위가 날아가는 방향을 잘못 잡는 실수를 했기 때문에 거위가 더 날아간 거리는 얼마인가? 다시 말하면, 거위가 호수 위의 최종 위치까지 똑바로 직선으로 날아갈 경우보다 얼마나 더 날았는가?

b. 거위의 비행 속력은 얼마인가?

c. 이동하는 거위의 전형적인 비행 속력은 80 km/h이다. 이것이 주어진다면, 여러분의 결과가 타당해 보이는가?

준비 그림 1.28은 거위의 경로를 보여주지만, 그림 1.28을 다시 그려서 이 경로의 처음과 끝의 변위를 주목할 필요가 있다. 이것은 거위가 날았을 가장 짧은 거리이다. (이 장에서 예제들은 지금까지 전문적으로 표현된 그림들을 이용했지만, 이 그림들은 여러분이 그리는 것보다 더 세심하고 상세한 것이다. 그림 1.29는 여러분 스스로 문제를 해결할 때 실제로 그릴 것 같은 그림이다.) 그림 1.29에서 출발점과 도착점 사이의 변위는 직각삼각형의 빗변이며, 답을 구하기 위해 삼각형에 대한 규칙들을 이용할 수 있다.

그림 1.29 전형적인 학생 그림은 거위의 운동과 변위를 보여준다.

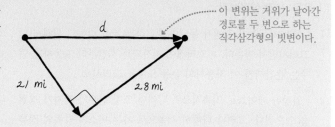

이 변위는 거위가 날아간 경로를 두 변으로 하는 직각삼각형의 빗변이다.

풀이

a. 만일 거위가 호수로 똑바로 날아갔다면 이 거위가 날아갈 수 있었을 최소 거리는 21 mi과 28 mi을 변으로 하는 삼각형의 빗변이다. 이 직선 거리는 다음 식과 같다.

$$d = \sqrt{(21 \text{ mi})^2 + (28 \text{ mi})^2} = 35 \text{ mi}$$

거위가 날아갔던 실제 거리는 두 경로로 날아간 거리의 합이다.

$$\text{이동한 거리} = 21 \text{ mi} + 28 \text{ mi} = 49 \text{ mi}$$

더 날아간 거리는 실제로 날아간 거리와 직선 거리의 차이이며, 14 mi이다.

b. 비행 속력을 계산하기 위해서는, 이 새가 실제로 날았던 거리를 고려할 필요가 있다. 비행 속력은 날았던 총 거리를 비행의 총 시간으로 나눈 것이며, 아래 식처럼 계산된다.

$$v = \frac{49 \text{ mi}}{1.0 \text{ h}} = 49 \text{ mi/h}$$

c. 계산된 속력을 전형적인 비행 속력과 비교하기 위해서는 답을 km/h 단위로 변환해야 한다. 올바른 유효 숫자 개수로 반올림을 하면 다음 식이 된다.

$$49 \frac{\text{mi}}{\text{h}} \times \frac{1.61 \text{ km}}{1.00 \text{ mi}} = 79 \frac{\text{km}}{\text{h}}$$

계산기는 더 많은 숫자들을 주겠지만, 그러나 원래의 데이터가 오직 2개의 유효 숫자를 가지고 있으므로, 최종 결과를 이 정확도로 표시한다.

검토 이 경우에, 검토는 문제의 답 속에 주어져 있다. 계산된 비행 속력은 거위의 경우에 예측된 값들과 잘 일치하는데, 이것은 답이 올바르다는 확신을 준다. 더 점검하면, 계산된 알짜 변위인 35 mi은 그림 1.29에 있는 삼각형의 빗변으로 옳은 것으로 보인다.

문제의 난이도는 ┃(쉬움)에서 ┃┃┃┃(도전)으로 구분하였다. INT로 표시된 문제는 지난 장의 내용이 복합된 문제이고, BIO는 생물학적 또는 의학적 관심 분야를 의미한다.

 QR 코드를 스캔하여 이 장의 문제를 해결하는 데 도움이 되는 영상 학습 풀이를 시작하시오.

연습문제

1.1 운동: 대강 살펴보기

1. ┃ 어떤 자동차가 길에서 물체와 충돌하는 것을 피하기 위해서 미끄러지면서 멈춘다. 미끄러짐이 시작되는 시간부터 자동차가 멈추는 순간까지 이 자동차의 운동 도형을 그리시오.

2. ┃ 일정한 페이스로 지속적으로 달리던 조깅 선수가 갑자기 경련을 일으켰다. 그러나 다행히 서쪽으로 가는 버스가 앞쪽의 정류장에 서 있었다. 선수는 이 버스를 타고 급히 집으로 갔다. 여기에서 기술된 전체 운동에 대한 선수의 운동 도형을 그리기 위하여 입자 모형을 사용하라. 시작점을 0으로 하고 점들에 순서대로 번호를 적으시오.

1.2 위치와 시간: 자연현상을 숫자로 표현하기

3. ┃ 키이라는 위치 $x = 23$ m에서 좌표축을 따라 출발한다. 그 후에 그녀는 -45 m의 변위를 경험한다. 키이라의 나중 위치는 무엇인가?

4. ┃ 일벌은 보통 벌집으로부터 그리고 벌집을 향하여 직선 방향으로 움직인다. 어떤 벌이 벌집에서 출발하여 동쪽으로 500 m 날아가고, 그 후에 서쪽으로 400 m 날아가서, 그 다음에 다시 동쪽으로 700 m 날아간다. 이 벌은 벌집으로부터 얼마나 멀리 떨어져 있는가?
BIO

1.3 속도

5. ┃┃ 다음에 주어진 항목들 중 속력이 가장 큰 것부터 가장 작은 것까지 줄어드는 순서대로 나열하시오. (i) 2.5 s 동안 0.15 m 움직이는 태엽으로 가동하는 장난감 자동차, (ii) 0.55 s 동안 2.3 m 구르는 축구공, (iii) 0.075 s 동안 0.60 m 움직이는 자전거, (iv) 2.0 s 동안 8.0 m 달리는 고양이.

6. ┃┃ 해리가 $x = -12$ m부터 $x = -47$ m까지 걷는 데 35 s가 걸렸다. 해리의 속도는 얼마인가?

7. ┃ 직선을 따라 속도 0.35 m/s로 구르는 공이 $x = 2.1$ m부터 $x = 7.3$ m까지 간다. 시간은 얼마나 걸리겠는가?

1.4 눈금의 개념: 유효 숫자, 과학적 표기법, 단위

8. ┃ 다음을 SI 단위로 바꾸시오.
   a. 8.0 in   b. 66 ft/s
   c. 60 mph

9. ┃┃ 다음의 숫자들 각각은 유효 숫자가 몇 개인가?
   a. 6.21   b. 62.1
   c. 0.620   d. 0.062

10. ┃ 다음의 숫자들을 유효 숫자 3개까지 계산하시오.
    a. 33.3×25.4 b. $33.3 - 25.4$
    c. $\sqrt{33.3}$ d. $333.3 \div 25.4$

11. ┃ 엠파이어 스테이트 빌딩은 높이가 1250 ft이다. 이 빌딩의 높이를 유효 숫자 3개를 가진 과학적 표기법을 써서 미터 단위로 표현하시오.

12. ┃┃ 여러분의 머리카락이 자라는 평균 속력을 m/s 단위로 추정하시오. 얼마나 자주 이발을 하며 얼마나 잘라내는지 주의하면서, 경험으로부터 이 속력을 추정하시오. 결과를 과학적 표기법을 써서 표현하시오.
BIO

1.5 벡터와 운동: 대강 살펴보기

13. ┃ 콜로라도 주의 러브랜드는 포트콜린스의 남쪽으로 18 km 떨어진 지점에 있고 그릴리의 서쪽으로 31 km 떨어진 지점에 있다. 포트콜린스와 그릴리 사이의 거리는 얼마인가?

14. ┃┃ 어떤 도시가 한 덩어리의 길이가 135 m인 정사각형 격자무늬로 놓인 길들을 가지고 있다. 만약 여러분이 북쪽으로 세 블록을 차로 달리고, 다시 그 후에 서쪽으로 두 블록을 달렸다면, 여러분은 출발점으로부터 얼마나 멀리 떨어져 있는가?

15. ┃┃┃ 어떤 정원이 반지름 50 m인 원 모양의 길을 가지고 있다. 존은 이 길의 동쪽 끝에서 출발하고, 길을 따라 반시계 방향으로 걸어서 남쪽 끝에 도착한다. 존의 변위는 얼마인가? 답에 크기와 방향을 함께 표시하라.

16. | 이동하는 거위들은 근사적으로 일정한 속력으로 직선 경로를
BIO 따라 이동하는 경향이 있다. 어떤 거위가 남쪽으로 32 km를 날
아가고, 다시 서쪽으로 20 km를 날아갔다. 이 거위는 결국 출발
점으로부터 얼마나 멀리 갔는가?

17. | 어떤 도보 여행자가 동쪽에서 북쪽 25° 방향으로 200 m를 걷
는다. 그는 출발점으로부터 북쪽으로 그리고 동쪽으로 얼마나
멀리 있는가?

18. ‖‖‖‖ 베란다 위에 있는 공 하나가 베란다의 가장자리까지 60 cm
를 굴러가서 40 cm 떨어진 후에 잔디 위에서 계속 굴러서, 결
국에는 베란다의 가장자리로부터 80 cm 떨어진 곳에서 멈춘다.
이 공의 알짜 변위의 크기는 센티미터 단위로 얼마인가?

문제 19는 날다람쥐의 활강 비행
과 연관되어 있다. 날다람쥐는 한
나무로부터 다른 나무까지 일정한
속력으로 수직 아래로 기울어진 직
선을 따라서 앞으로 움직이며 일정

하게 고도를 낮추는 비행을 한다. 짧은 비행과 긴 비행은 서로 다른
모습을 가진다.

19. ‖ 짧은 비행을 하는 날다람쥐가 수평면 아래 40° 기울어진 직선
BIO 경로를 따라서 움직인다. 날다람쥐가 지면 위 9.0 m에 있는 나
무의 꼭대기에서 출발해서 수평 거리가 3.5 m인 두 번째 나무로
활강 비행을 한다.
   a. 날다람쥐의 경로의 길이는 얼마인가?
   b. 날다람쥐가 두 번째 나무에 왔을 때 지면 위 높이는 얼마인가?

2 1차원 운동
Motion in One Dimension

말은 56 km/h 속력으로 달릴 수 있어서 사람보다 훨씬 더 빠르다. 그러나 만일 경주 코스가 직각으로 되어 있다면, 놀랍게도 사람이 말을 이길 수 있다. 언제 그리고 어떻게 사람이 말을 추월할 수 있을까?

학습목표 ▶

직선 운동을 기술하고 분석한다.

등속 운동

아래 사진에서 타는 사람의 연속적인 영상들은 같은 거리만큼 떨어져 있어 속도는 일정하다. 이것이 **등속 운동**이다.

거리와 속도 같은 양들로 운동을 기술하는 법을 배운다. 이것은 운동을 분석하는 일에서 중요한 첫 과정이다.

가속도

치타는 매우 **빠른** 속력으로 달릴 수 있고, 더욱 중요한 것은 속력의 빠른 **변화**를 만들 수 있다. 다시 말하면 큰 **가속도**를 갖는다.

경주 또는 먹이를 추격하는 약탈자와 같이 속도가 변하는 문제를 해결하기 위해서 가속도 개념을 이용한다.

자유 낙하

동전을 던질 때, 이 운동은 올라갈 때와 내려올 때 모두 중력에 의해서만 결정된다. 이것을 **자유 낙하**라고 한다.

동전이 올라가고 내려오는 데 얼마의 시간이 걸릴까? 이것이 우리가 배우게 될 자유 낙하 문제의 한 유형이다.

이 장의 배경 ◀

운동 도형

앞의 1.5절에서 배운 것처럼, 운동을 분석하는 첫 과정은 운동 도형을 그리는 것인데, 이것은 일정한 시간 간격으로 물체의 위치를 표시하는 것이다.

이 장에서 직선을 따라 움직이는 서로 다른 유형의 운동에 대하여 운동 도형을 만드는 법을 배운다. 그림을 그리는 것은 문제를 해결하는 좋은 출발점이다.

2.1 운동 기술하기

운동을 수학적으로 기술하는 것을 **운동학**(kinematics)이라고 한다. 이는 '움직임'을 의미하는 그리스어 단어인 *kinema*에서 온 것으로, 여러분은 이것의 영어 변형인 움직이는 사진, 즉 영화를 의미하는 *cinema*를 통해서 이 단어를 알고 있을 것이다.

위치 표현하기

1장에서 보았던 것처럼, 위치 또는 속도와 같은 운동학 변수들은 계에서 가정한 축을 가진 좌표계에 대해서 측정된다. 수평 운동과 경사로에서의 운동을 분석하기 위해서 x축을 사용할 것이며, 수직 운동을 위해서는 y축을 사용할 것이다. x축의 양(+)의 끝은 오른쪽으로 하고 y축의 양(+)의 끝은 위쪽으로 하는 관례를 택할 것이다. 이러한 관례가 **그림 2.1**에 설명되어 있다.

이제 실제적인 문제를 살펴보자. **그림 2.2**는 등교하는 학생을 다루는 간단한 상황의 운동 도형이다. 이 학생은 수평으로 걸어가고 있고, 따라서 학생의 운동을 기술하기 위해서 변수 x를 사용한다. 좌표계의 원점을 정해서 출발 위치를 $x = 0$으로 놓고, 학생의 위치를 미터 단위로 측정한다. 1장에서 했던 것처럼, 운동 도형 위에서 연속적인 위치들을 연결하는 속도 벡터를 함께 표시한다. 이 운동 도형은 $t = 0$분에 학생이 집을 떠나서 잠시 일정하게 걸어갔다는 것을 보여준다. 다음으로 $t = 3$분에서 시작하여 각 시간 간격 동안에 이동한 거리가 더 짧아진 구간이 있는데, 아마도 학생이 친구와 이야기를 하면서 천천히 걸어갔기 때문인 것 같다. 다음으로 $t = 6$분에는 각 시간 간격 동안에 이동한 거리가 더 길어지는데, 이것은 아마도 학생이 늦었다는 것을 알고 매우 빠르게 걷기 시작한 것 같다.

그림 2.1 위치에 대한 부호 관례

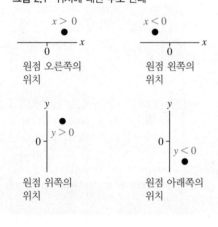

원점 오른쪽의
위치

원점 왼쪽의
위치

원점 위쪽의
위치

원점 아래쪽의
위치

표 2.1 등교하는 학생의 측정된 위치들

시간 t(min)	위치 x(m)	시간 t(min)	위치 x(m)
0	0	5	220
1	60	6	240
2	120	7	340
3	180	8	440
4	200	9	540

그림 2.2 등교하는 학생의 운동 도형과 측정을 하기 위한 좌표축

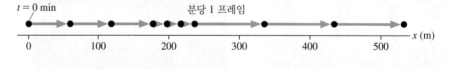

그림 2.2의 운동 도형에서 각 점은 특정한 시각에서 학생의 위치를 나타낸다. 예를 들면, 이 학생은 $t = 2$분에서 $x = 120$ m 위치에 있다. 표 2.1은 운동 도형에서 각 점에 대한 학생 위치를 적은 것이다.

그림 2.2의 운동 도형은 이 학생의 운동을 표현하는 하나의 방법이다. 표 2.1에서처럼 데이터를 나타내는 것은 운동을 표현하는 두 번째 방법이다. 운동을 표현하는 세 번째 방법은 그래프를 그리기 위해서 데이터를 사용하는 것이다. **그림 2.3**은 서로 다른 시각에서 학생의 위치에 대한 그래프인데, 이것을 학생에 대한 x-t 그래프라고 한다.

그림 2.3 학생의 운동에 대한 그래프

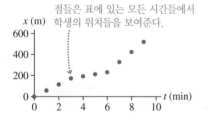

점들은 표에 있는 모든 시간들에서 학생의 위치들을 보여준다.

하지만 그림 2.3의 그래프를 더 구체화할 수 있다. 학생이 공간 사이에 있는 모든 점들을 통과해서 **연속적으로** 움직인다고 가정할 수 있고, 그래서 **그림 2.4**에 나타낸 것처럼 측정된 점들을 통과하는 연속적인 곡선으로 학생의 운동을 표현할 수 있다. 이렇게 어떤 물체의 위치를 시간의 함수로 보여주는 연속적인 곡선을 **위치–시간 그래프** (position-versus-time graph) 또는 위치 그래프(position graph)라고 한다.

그림 2.4 그림 2.3의 그래프를 확장한 위치–시간 그래프

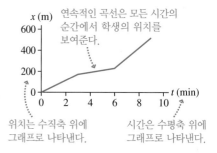

개념형 예제 2.1 **자동차의 위치–시간 그래프 해석하기**

그림 2.5에 있는 그래프는 직선 도로를 따라 움직이는 자동차의 운동을 나타낸 것이다. 자동차의 운동을 (말로) 기술하시오.

그림 2.5 자동차에 대한 위치–시간 그래프

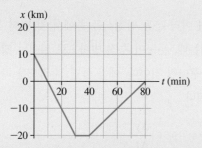

판단 그림 2.5에서 수직축은 'x(km)'라고 표시되어 있고, 위치는 km 단위로 측정된다. 그림 2.1에 주어진 x축을 따라가는 운동에 대한 관례는 자동차가 오른쪽으로 움직이면 x가 증가하고 왼쪽으로 움직이면 x가 감소한다는 것을 말해준다. 그러므로 이 그래프는 자동차가 30분 동안 왼쪽으로 움직이고, 10분 동안 정지했다가, 40분 동안 오른쪽으로 이동함을 보여준다. 자동차는 출발했던 곳의 왼쪽으로 10 km 지점에서 멈춘다. **그림 2.6**은 이 판단에 대한 전체적인 설명을 보여준다.

그림 2.6 위치–시간 그래프를 상세하게 살펴보기

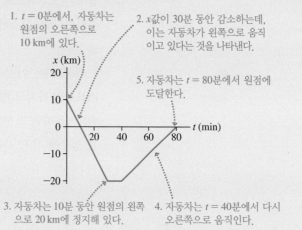

1. $t=0$분에서, 자동차는 원점의 오른쪽으로 10 km에 있다.
2. x값이 30분 동안 감소하는데, 이는 자동차가 왼쪽으로 움직이고 있다는 것을 나타낸다.
5. 자동차는 $t=80$분에서 원점에 도달한다.
3. 자동차는 10분 동안 원점의 왼쪽으로 20 km에 정지해 있다.
4. 자동차는 $t=40$분에서 다시 오른쪽으로 움직인다.

검토 자동차는 30분 동안 왼쪽으로 움직이고 40분 동안 오른쪽으로 이동한다. 그럼에도 불구하고, 자동차는 출발했던 곳의 왼쪽에서 멈춘다. 이것은 자동차가 오른쪽으로 움직였을 때보다 왼쪽으로 움직였을 때 더 빠르게 움직였다는 것을 의미한다. 이는 다음 절에서 알 수 있는 것처럼 그래프로부터 추론할 수 있다.

속도 표현하기

속도는 벡터이며, 크기와 방향을 모두 가진다. 그림에서 속도 벡터를 그릴 때, 크기와 방향을 표현하기 위해서 화살표를 붙인 기호 $\vec{v}$를 사용한다. 1차원에서 이루어지는 운동을 위해서는, 벡터들이 수평 운동의 경우에는 '앞쪽' 또는 '뒤쪽'으로만(또는 수직 운동의 경우에는 '위쪽' 또는 '아래쪽'으로만) 향하도록 제한된다. 이러한 제한은 1차원 운동에서 벡터에 대한 표기를 간단하게 해준다. x축을 따라서 이루어지는 운동에 관한 문제들을 해결할 때, 기호 v_x로 속도를 나타낼 것이다. 위치와 마찬가지로, 비록 다른 선택을 자유롭게 할 수도 있겠지만, 속도에 대해서 통상적인 부호 관례를 가

그림 2.7 속도에 대한 부호 관례

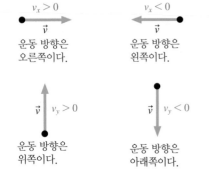

$v_x > 0$
운동 방향은
오른쪽이다.

$v_x < 0$
운동 방향은
왼쪽이다.

$v_y > 0$
운동 방향은
위쪽이다.

$v_y < 0$
운동 방향은
아래쪽이다.

질 것이다. **그림 2.7**에 보여준 것처럼, 오른쪽 또는 왼쪽으로 향하는 운동에 대응해서, v_x가 양(+) 또는 음(−)이 될 것이다. y축을 따라서 움직이는 운동의 경우에는 속도를 나타내기 위해서 기호 v_y를 사용할 것이다. 부호 관례는 그림 2.7에 그림으로 설명하였다. 어떤 물체의 속력을 나타내기 위해서 아래 첨자가 없는 기호 v를 사용할 것이다. **속력은 속도 벡터의 크기**이며 항상 양수이다.

직선을 따라서 움직이는 운동의 경우, ◀1.3절로부터 속도의 정의는 다음 식으로 쓸 수 있다.

$$v_x = \frac{\Delta x}{\Delta t} \tag{2.1}$$

이것은 그림 2.7에 있는 부호 관례와 일치한다. 만일 Δx가 양수라면, x는 증가하고, 물체는 오른쪽으로 움직이며, 식 (2.1)은 속도에 대한 양의 값을 준다. 만일 Δx가 음수라면, x는 감소하고, 물체는 왼쪽으로 움직이며, 식 (2.1)은 속도에 대한 음의 값을 준다.

식 (2.1)은 이번 장에서 보게 될 여러 운동 방정식들 중에서 첫 번째 식이다. 보통 좌표 x를 가지고 방정식을 나타내는데, 운동이 수직 방향으로 일어날 경우에는 좌표 y를 사용하면 방정식들이 쉽게 바꾸어질 것이다. 예를 들면, 수직축을 따라서 운동하는 경우에 식 (2.1)은 다음 식이 된다.

$$v_y = \frac{\Delta y}{\Delta t} \tag{2.2}$$

위치에서 속도로

등교하는 학생의 운동 도형을 다른 각도에서 보기로 하자. 그림 2.2의 운동 도형을 다시 그린 **그림 2.8**에서 알 수 있는 것처럼, 학생의 운동은 분명하게 정의된 세 단계를 갖는다. 각 단계에서 학생의 속력은 일정하지만(왜냐하면 속도 벡터들이 같은 길이를 가지므로) 한 단계에서 다른 단계로 가면서 속력이 변한다.

학생의 운동은 3개의 서로 다른 단계를 갖는다. 마찬가지로, **그림 2.9(a)**에 다시 그린 위치−시간 그래프는 기울기가 서로 다른 3개의 기울기를 가지는 3개의 명확하게 정의된 부분을 갖는다. 학생의 속력과 그래프의 기울기 사이에 어떤 관계가 있다는

그림 2.8 등교하는 학생의 운동 도형 다시 보기

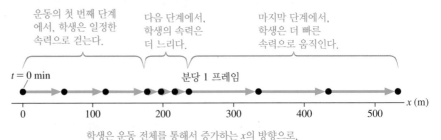

운동의 첫 번째 단계에서, 학생은 일정한 속력으로 걷는다.

다음 단계에서, 학생의 속력은 더 느리다.

마지막 단계에서, 학생은 더 빠른 속력으로 움직인다.

$t = 0$ min

분당 1 프레임

x (m)

학생은 운동 전체를 통해서 증가하는 x의 방향으로, 오른쪽으로 움직인다. 학생의 속도는 항상 양(+)이다.

것을 알 수 있다. **더 빠른 속력은 더 가파른 기울기에 대응된다.**

이 대응관계는 이보다 실제적으로는 더 밀접하다. **그림 2.9(b)**에서 보는 것처럼 위치-시간 그래프의 세 번째 부분의 기울기를 보도록 하자. 어떤 그래프의 기울기는 수직의 변화인 '높이'를 수평의 변화인 '밑변거리'의 비율로 정의된다. 그림에서 보여준 그래프의 부분에 대해서, 기울기는 아래 수식으로 표현할 수 있다.

$$\text{그래프의 기울기} = \frac{\text{높이}}{\text{밑변거리}} = \frac{\Delta x}{\Delta t}$$

이 비율은 물리적인 의미를 갖는 속도이고, 식 (2.1)에서 정의했다. 여기서는 특정한 하나의 그래프에 대하여 이러한 대응관계를 살펴보았지만, 이것은 일반적인 원리이다. 곧 **어떤 물체의 위치-시간 그래프의 기울기는 운동 중인 그 점에서 물체의 속도이다.** 이 원리는 또한 음(−)의 기울기인 경우에도 성립하는데, 이것은 속도가 음(−)인 경우에 대응한다. 기하학적 양인 위치-시간 그래프의 기울기를 물리적 양인 속도와 연관 지을 수 있다.

풀이 전략 2.1 위치-시간 그래프 해석하기

운동에 대한 정보는 아래와 같이 위치-시간 그래프로부터 얻을 수 있다.
❶ 어떤 시각 *t*에서 그래프를 읽어서 물체의 **위치**를 결정한다.
❷ 그 점에서 위치 그래프의 기울기를 구하여 시각 *t*에서 물체의 **속도**를 결정한다. 더 가파른 기울기가 더 빠른 속력에 대응한다.
❸ 기울기의 부호를 검토하여 **운동 방향**을 결정한다. 양(+)의 기울기는 양(+)의 속도에 대응하고, 오른쪽(또는 위쪽)으로의 운동에 해당한다. 음(−)의 기울기는 음(−)의 속도에 대응하고, 왼쪽(또는 아래쪽)으로의 운동에 해당한다.

그림 2.4에서 보았던 학생의 위치-시간 그래프를 분석하기 위해서 풀이 전략 2.1의 접근법을 이용할 수 있다. 학생의 운동 첫 번째 단계 동안에 직선의 기울기를 측정해서 학생의 속도를 다음 식으로 결정할 수 있다.

$$v_x = \text{기울기} = \frac{\Delta x}{\Delta t} = \frac{180 \text{ m}}{3 \text{ min}} = 60 \frac{\text{m}}{\text{min}} \times \frac{1 \text{ min}}{60 \text{ s}} = 1.0 \text{ m/s}$$

이 계산을 끝내면서, 속력에 관한 더 일상적인 단위인 m/s로 바꾸었다. 운동의 이 단계에서 학생의 속도는 일정하며, 그래서 속도-시간 그래프는 **그림 2.10**에 보인 것처럼 1.0 m/s에서 수평선으로 나타나 있다. 학생의 운동 두 번째 단계 동안에 학생의 속도가 +0.33 m/s이고, 마지막 단계 동안에는 +1.7 m/s로 증가한다는 것을 보이기 위해서 유사한 계산을 할 수 있다. 그림 2.10에서 보인 **속도-시간 그래프**(velocity-versus-time graph)를 그리기 위해서 이 정보를 결합한다.

속도-시간 그래프를 조사해보면 그것은 학생의 운동에 대한 우리의 이해와 잘 맞는다는 것을 보여준다. 이 운동에는 세 단계가 있으며 각 단계는 일정한 속력을 갖는

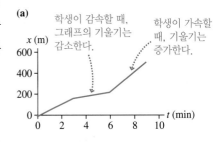

그림 2.9 등교하는 학생의 운동에 대한 그래프 다시 보기

(a) 학생이 감속할 때, 그래프의 기울기는 감소한다. 학생이 가속할 때, 기울기는 증가한다.

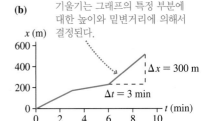

(b) 기울기는 그래프의 특정 부분에 대한 높이와 밑변거리에 의해서 결정된다.

$\Delta x = 300$ m
$\Delta t = 3$ min

그림 2.10 위치-시간 그래프로부터 속도-시간 그래프 추론하기

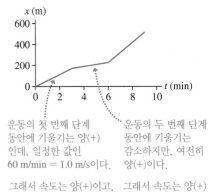

운동의 첫 번째 단계 동안에 기울기는 양(+)인데, 일정한 값인 60 m/min = 1.0 m/s이다.

운동의 두 번째 단계 동안에 기울기는 감소하지만, 여전히 양(+)이다.

그래서 속도는 양(+)이고, 일정한 값 1.0 m/s이다.

그래서 속도는 양(+)이지만, 더 작은 크기를 갖는다.

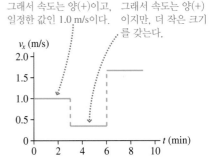

다. 각 단계에서 속도는 양(+)인데, 왜냐하면 학생은 항상 오른쪽으로만 움직이고 있기 때문이다. 두 번째 단계는 느리고(낮은 속도) 세 번째 단계는 빠르다(높은 속도). 이 모든 것은 속도–시간 그래프에서 명백하게 알 수 있는데, 이것은 학생의 운동을 표현하는 또 다른 방법이다.

예제 2.2 **자동차의 위치 그래프 분석하기**

그림 2.11은 자동차의 위치–시간 그래프를 보여준다.
a. 자동차의 속도–시간 그래프를 그리시오.
b. 자동차의 운동을 (말로) 기술하시오.

그림 2.11 자동차의 위치–시간 그래프

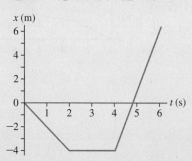

준비 그림 2.11은 이 운동에 대한 그래프 표현이다. 자동차의 위치–시간 그래프는 연속한 3개 직선이다. 이들 3개 직선들의 각각은 일정한 속도의 등속 운동을 나타낸다. 직선의 기울기를 측정함으로써 각 시간 간격 동안의 자동차의 속도를 구할 수 있다.

풀이

a. 자동차의 변위는 $t = 0$ s에서 $t = 2$ s까지($\Delta t = 2$ s) $\Delta x = -4$ m $- 0$ m $= -4$ m이다. 이 시간 간격 동안 속도는 아래 식과 같다.

$$v_x = \frac{\Delta x}{\Delta t} = \frac{-4 \text{ m}}{2 \text{ s}} = -2 \text{ m/s}$$

자동차의 위치는 $t = 2$ s에서 $t = 4$ s까지 변하지 않으므로($\Delta x = 0$ m), $v_x = 0$ m/s이다. 마지막으로 $t = 4$ s에서 $t = 6$ s($\Delta t = 2$ s)

사이의 변위는 $\Delta x = 10$ m이다. 그러므로 이 시간 간격 동안의 속도는 아래 식과 같다.

$$v_x = \frac{10 \text{ m}}{2 \text{ s}} = 5 \text{ m/s}$$

이 속도들은 그림 2.12에 그래프로 표현되어 있다.

그림 2.12 자동차에 대한 속도–시간 그래프

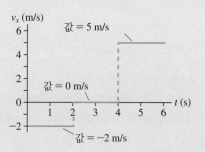

b. 그림 2.12의 속도–시간 그래프로 운동을 기술할 수 있다. 자동차는 2 m/s의 속도로 2 s 동안 후진한 후에, 2 s 동안 정지해 있다가, 다시 2 s 동안 5 m/s의 속도로 전진하였다.

검토 속도 그래프와 위치 그래프는 완전히 다르다는 것에 주목하자. 이 둘은 그래야만 한다. 어떤 순간에 속도 그래프의 값은 위치 그래프의 기울기와 같다. 위치 그래프는 일정한 기울기의 조각들로 만들어지기 때문에, 속도 그래프는 일정한 값의 조각으로 만들어져야만 하고, 실제로 그렇다. 이것은 여러분이 그린 그래프가 옳다는 확신을 준다.

속도에서 위치로

이제 등속 운동의 서로 다른 표현 사이에 어떻게 바뀔 수 있는지 살펴본다. 여러분이 답해야 하는 마지막 문제가 있다. 만일 어떤 속도–시간 그래프가 있다면 위치 그래프를 어떻게 결정할 수 있을까?

한 학생이 강의실을 떠나서 다음 수업을 위해 서쪽 방향 아래 쪽에 있는 강의실을 향해 걷기 시작했다고 가정하자. 그런데 (수업에 항상 가져가는) 교과서를 자리에 두고 왔다는 것을 알았다. 학생은 교과서를 다시 가져오기 위해 뒤돌아서 강의실로 뛰어간다. 학생의 운동에 대한 속도–시간 그래프는 **그림 2.13**에 있는 그래프처럼 보인다. 이 운동에는 2개의 명백한 단계가 있는데, 강의실에서 멀어지면서 걷는 것(속도 +1.0 m/s)과 되돌아 뛰는 것(속도 −3.0 m/s)이다. 이 운동에 대한 위치–시간 그래프를 어떻게 추론할 수 있을까?

앞에서처럼, 그래프 각 부분을 분석할 수 있다. 이 과정은 그림 2.13에서 보여주는데, 여기에서 위쪽 속도–시간 그래프가 아래쪽 위치–시간 그래프를 추론하기 위해 이용된다. 이 운동의 두 부분 각각에 대해서 속도의 부호는 그래프의 기울기가 양(+) 또는 음(−)인지 여부를 알려준다. 속도의 크기는 이 기울기가 얼마나 가파른지 알려준다. 최종 결과는 합리적이다. 그것은 천천히 증가하는 위치(멀어지면서 걷는 것) 15 s와 빠르게 감소하는 위치(뒤돌아 뛰는 것) 5 s를 보여준다. 그리고 학생은 출발했던 곳으로 되돌아와서 운동을 끝낸다.

앞서 언급하지 않았던 한 가지 중요한 세부사항이 있다. 위치 그래프가 $x = 0$ m에서 출발했다는 것을 어떻게 알았을까? 속도 그래프는 위치 그래프의 **기울기**를 알려주기는 하지만, 위치 그래프가 어디에서 출발해야 하는지 알려주는 것은 아니다. 비록 좌표계의 원점으로 선택하는 점을 임의로 선택할 수 있지만, 여기에서는 강의실에 있는 학생의 출발점을 $x = 0$ m로 정하는 것이 합리적으로 보인다. 강의실에서 멀어지면서 학생의 위치가 증가한다.

그림 2.13 속도–시간 그래프로부터 위치 그래프 추론하기

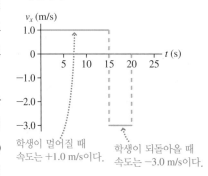

학생이 멀어질 때 속도는 +1.0 m/s이다.   학생이 되돌아올 때 속도는 −3.0 m/s이다.

그래서 위치 그래프의 기울기는 +1.0 m/s이다.   그래서 위치 그래프의 기울기는 −3.0 m/s이다.

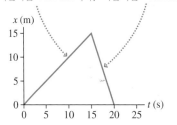

2.2 등속 운동

만약 직선 도로를 따라서 자동차를 일정한 100 km/h 속력으로 운전한다면, 처음 1시간 동안에 100 km를 갈 것이고, 다음 1시간 동안에도 100 km, 그 다음 1시간 동안에도 계속해서 역시 100 km를 갈 것이다. 이것이 등속 운동이라고 하는 운동의 한 예이다. **어떤 연속적인 같은 시간 간격 동안에 같은 변위가 발생하는 직선 운동을 등속 운동 또는 등속도 운동이라고 한다.**

그림 2.14는 등속 운동을 하는 어떤 물체에 대한 운동 도형과 그래프를 보여준다. 등속 운동에 대한 위치–시간 그래프가 직선이라는 것을 주목하자. 이것은 같은 값의 Δt에 대응하는 모든 Δx의 값들이 같아야만 한다는 요구조건에서 나온 것이다. 사실상, 등속 운동에 대한 또 다른 정의는 다음과 같다. **어떤 물체의 위치–시간 그래프가 직선일 때에만 그 물체의 운동은 등속 운동이다.**

등속 운동의 방정식

어떤 물체가 **그림 2.15**에 보인 것처럼 직선인 위치–시간 그래프를 가지고 x축을 따라서 등속 운동을 하고 있다. 시간 t_i에서 물체의 초기 위치를 x_i로 표기한 1장을 기억하자. '초기'라는 용어는 분석의 시작점 또는 문제에서 언급한 출발점을 말한다. 물체는

그림 2.14 등속 운동에 대한 운동 도형과 위치–시간 그래프

연속적인 프레임들 사이의 변위들은 같다. 점들은 같은 거리만큼 떨어져 있다. v_x는 일정하다.

위치–시간 그래프는 직선이다. 이 직선의 기울기가 v_x이다.

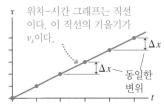

그림 2.15 등속 운동을 하는 물체에 대한 위치– 시간 그래프

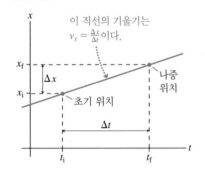

이 직선의 기울기는 $v_x = \frac{\Delta x}{\Delta t}$ 이다.

나중 위치

x_f

Δx

x_i

초기 위치

Δt

t_i 이전에 운동 중일 수도 있고 또는 운동을 하지 않았을 수도 있다. 분석의 끝점 또는 문제에서 언급한 끝점에 대해서 '나중'이라는 용어를 사용할 것이며, 시간 t_f에서 물체의 나중 위치 x_f로 표기한다. 앞서 보았던 것처럼, x축을 따라서 운동하는 이 물체의 속도 v_x는 그래프의 기울기를 구함으로써 아래 식과 같이 결정될 수 있다.

$$v_x = \frac{높이}{밑변거리} = \frac{\Delta x}{\Delta t} = \frac{x_f - x_i}{t_f - t_i} \tag{2.3}$$

식 (2.3)은 다시 배열하여 다음 식과 같이 쓸 수 있다.

$$x_f = x_i + v_x \, \Delta t \tag{2.4}$$

등속 운동을 하는 물체의 위치 방정식(v_x는 상수이다)

여기에서 $\Delta t = t_f - t_i$는 물체가 위치 x_i로부터 위치 x_f로 운동하는 시간 간격이다. 식 (2.4)는 속도가 일정한 경우 어떠한 시간 간격 Δt에나 적용된다. 또한 이 식을 물체의 변위 $\Delta x = x_f - x_i$를 이용하여 다음 식으로 쓸 수 있다.

$$\Delta x = v_x \, \Delta t \tag{2.5}$$

등속 운동을 하는 물체의 속도는 이 물체의 위치가 매초 얼마만큼 변하는지 알려 준다. 20 m/s의 속도로 움직이는 물체는 운동하는 동안 그 위치가 매초 20 m씩 **변한** 다. 운동의 처음 1초 동안 20 m 움직이고, 다음 1초 동안에도 20 m를 움직인다. 즉 위치가 20 m/s의 비율로 변한다. 만일 물체가 $x_i = 10$ m에서 출발한다면, 운동 1 s 후에 물체는 $x = 30$ m에 있을 것이고, 2 s 후에는 $x = 50$ m에 있을 것이다. 이처럼 속도를 생각하는 것은 속도와 위치 사이의 관계를 직관적으로 이해하는 데 도움이 될 것이다.

물리학이 온통 방정식들로 채워진 것처럼 보이지만, 대부분의 방정식들은 몇 개의 기본적인 형태를 따른다. 식 (2.5)의 수학적 형식은 다시 보게 될 형태이다. 즉 변위 Δx는 시간 간격 Δt에 비례한다.

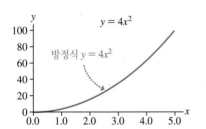

$y = 4x^2$

방정식 $y = 4x^2$

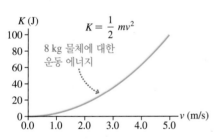

$K = \frac{1}{2}mv^2$

8 kg 물체에 대한 운동 에너지

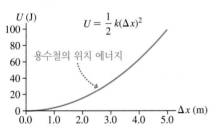

$U = \frac{1}{2}k(\Delta x)^2$

용수철의 위치 에너지

수식의 형태 이들 세 그래프는 방정식, 물체의 속력과 물체의 운동 에너지, 그리고 용수철 한 끝의 변위와 용수철의 위치 에너지의 그래프를 나타낸다. 셋 모두 겉모습은 같다. 그들의 변수는 다르지만, 셋 모두 **수식의 형태**는 같다. 이 교재에서는 몇몇 다른 수식만 다룰 것이다. 각각의 형태가 처음 나타날 때 개요를 설명하고, 다시 나타나면 아이콘을 달아서 개요를 다시 보도록 하여 스스로 요점을 되새겨 보도록 하였다.

비례 관계

만일 x와 y가 다음 형태의 방정식에 의해 연관 된다면 y는 x에 **비례하는**(proportional) 것이라 고 한다.

$$y = Cx$$

y는 x에 비례한다.

C는 **비례 상수**(proportionality constant)라 한 다. y 대 x의 그래프는 원점을 지나가는 직선 이다.

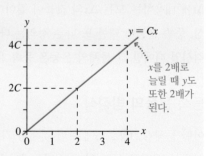

$y = Cx$

x를 2배로 늘릴 때 y도 또한 2배가 된다.

축척 만일 x의 초기값이 x_1이면 y의 초기값은 $y_1 = Cx_1$이다. x를 x_1으로부터 x_2로 변화시키면 y는 y_1으로부터 y_2로 변화한다. y_2와 y_1의 비율은 아래 식으로 표현된다.

$$\frac{y_2}{y_1} = \frac{Cx_2}{Cx_1} = \frac{x_2}{x_1}$$

y_2와 y_1의 비율은 정확하게 x_2와 x_1의 비율과 같다. 만일 y가 x와 비례하면 보통 $y \propto x$로 표기하며, x와 y는 같은 인수에 의해서 변화한다.

■ 만일 x를 2배로 하면, y도 2배가 된다.

■ 만일 x를 1/3로 줄이면, y도 1/3로 줄어든다.

만일 두 변수가 비례 관계를 갖는다면, 비례 상수 C의 값을 알지 않아도 비율로부터 중요한 결론을 끌어낼 수 있다. 보통 이러한 비율을 바라보고 매우 직접적인 방법으로 문제를 해결할 수 있다. 이것이 바로 **비율 추론**이라 하는 중요한 기술이다.

예제 2.3 **만일 기차가 2시에 서울을 떠난다면…**

기차가 일정한 속력으로 서쪽을 향해서 움직인다. 이 기차의 승객이 12 km 이동하는 데 10 min 걸린다는 것을 알았다. 그렇다면 이 기차로 60 km를 이동하면 시간이 얼마나 걸리겠는가?

준비 등속 운동을 하는 물체에 대해서 식 (2.5)는 이동한 거리 Δx가 시간 간격 Δt에 비례한다는 것을 보여준다. 그래서 이것은 비율 추론을 이용해서 해결하는 좋은 문제이다.

풀이 12 km 이동하는 데 걸린 시간과 60 km 이동하는 데 걸리는 시간의 두 가지 경우를 비교한다. Δx가 Δt에 비례하기 때문에, 시간의 비율은 거리의 비율과 같을 것이다. 거리의 비율은 아래 식으로 표현된다.

$$\frac{\Delta x_2}{\Delta x_1} = \frac{60 \text{ km}}{12 \text{ km}} = 5$$

이것은 다음 식으로 표현되는 시간의 비율과 같다.

$$\frac{\Delta t_2}{\Delta t_1} = 5$$

$$\Delta t_2 = 60 \text{ km를 이동하는 데 걸린 시간} = 5\Delta t_1$$
$$= 5 \times (10 \text{ min}) = 50 \text{ min}$$

12 km 이동하는 데 10 min 걸렸으므로, 60 km를 이동하려면(5배만큼 긴 시간인) 50 min 걸릴 것이다.

검토 등속 운동을 하는 물체의 경우, 5배의 거리가 5배의 시간을 요구한다는 것은 합리적이다. 비율 추론을 이용하는 것이 이 문제를 해결하는 직접적인 방법임을 알 수 있다. 이때 비례 상수(이 경우에는 속도)는 알 필요가 없고, 단지 거리와 시간의 비율만 필요하다.

속도로부터 위치로, 한 번 더 살펴보기

어떤 물체의 속도를 위치 그래프의 기울기를 측정해서 추론할 수 있음을 알았다. 역으로 만일 속도 그래프를 가지고 있다면, 이 그래프의 기울기를 살펴보는 것이 아니라 그래프 아래의 면적을 살펴봄으로써 위치에 관한 무엇인가를 말할 수 있다. 예를 들어보자.

자동차가 12 m/s 속도로 등속 운동을 하고 있다. $t = 1.0$ s와 $t = 3.0$ s의 시간 간격 동안에 이 자동차가 이동한 거리, 다시 말하면 변위는 얼마인가?

식 (2.5)의 $\Delta x = v_x \Delta t$는 수학적으로 변위를 기술한다. 그래프 해석을 위해서 **그림 2.16**에 있는 속도–시간 그래프를 고려하자. 그림에서 높이는 속도 v_x이고 밑변은 시간 간격 Δt인 어두운 직사각형을 만들었다. 직사각형의 면적은 $v_x \Delta t$이다. 식 (2.5)

그림 2.16 변위는 속도–시간 그래프 아래의 면적이다.

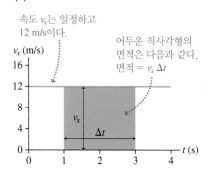

를 살펴보면, 이 양이 또한 자동차의 변위와 같다는 것을 알 수 있다. 직사각형의 면적은 축과 속도를 나타내는 직선 사이의 면적이고, 이것을 '그래프 아래의 면적'이라고 한다. **변위 Δx가 시간 간격 Δt 동안에 속도 그래프 아래의 면적과 같다**는 것을 알 수 있다.

식 (2.5)를 이용하던지 또는 변위를 계산하기 위해서 그래프 아래의 면적을 사용하던지 간에 다음 식과 같은 동일한 결과를 얻는다.

$$\Delta x = v_x \, \Delta t = (12 \text{ m/s})(2.0 \text{ s}) = 24 \text{ m}$$

비록 속도가 일정한 등속 운동일 경우에 대해서만 변위가 그래프 아래의 면적이라는 것을 보였지만, 이 결과가 어떤 1차원 운동에 대해서도 적용된다는 것을 곧 알게 될 것이다.

2.3 순간 속도

고속 경주용 자동차가 급속히 빠르게 바꾸며 움직인다.

지금까지 공부했던 물체들은 변하지 않고 일정한 속도로 움직이거나, 또는 예제 2.1에 있는 자동차처럼, 어떤 일정한 속도로부터 다른 속도로 갑자기 바꾸었다. 이것은 실제적인 상황은 아니다. 실제로 움직이는 물체는 속도를 증가시키기도 하고 감소하기도 하면서 속도를 **변화시킨다.** 자동차 경주에서 선수는 정지 상태에서 출발하지만, 1초 후에 40 km/h 이상의 속도로 움직인다.

1차원 운동에 있어서, 속도가 변하는 물체는 시간에 따라 속도가 빨라지거나 느려진다. 속도를 증가시키거나 감소시키면서(속도를 바꾸면서) 자동차를 운전할 때 차의 속도계를 살펴보면 그 순간에 얼마나 빨리 달리는지 알 수 있다. 어느 특정한 시각 t의 순간의 물체의 속도(속력과 방향)를 그 물체의 **순간 속도**(instantaneous velocity)라고 한다.

그러나 물체가 '어느 순간'에 어떤 속도를 가진다는 것은 무슨 의미인가? 순간 속도의 크기가 100 km/h라는 것은, 만일 변화 없이 그 비율로 계속 간다면, 1시간 후에는 100 km의 거리를 움직이게 되는 그러한 비율로 자동차의 위치가 (바로 그 순간에) 바뀌고 있다는 것을 의미한다. 만일 여러분이 탄 자동차가 일정한 속도 100 km/h로 움직이는 다른 자동차의 속도와 어떤 순간에 일치한다면, 여러분이 탄 차의 순간 속도는 100 km/h이다. **지금부터 '속도'라는 단어는 항상 순간 속도를 의미할 것이다.**

등속 운동의 경우에는, 물체의 위치–시간 그래프는 직선이며 이 물체의 속도는 그 직선의 기울기이다. 대조적으로, **그림 2.17**은 고속 경주용 자동차의 위치–시간 그래프가 **굽은** 곡선이라는 것을 보여준다. 자동차의 속도가 증가하면서 같은 시간 간격 동안 변위 Δx는 점점 커진다. 비록 그럴더라도, 이 자동차의 속도를 측정하기 위해서 위치 그래프의 기울기를 이용할 수 있다. 따라서 아래 식과 같이 말할 수 있다.

시각 t에서 순간 속도 v_x = 시각 t에서 위치 그래프의 기울기 (2.6)

그림 2.17 고속 경주용 자동차의 위치–시간 그래프

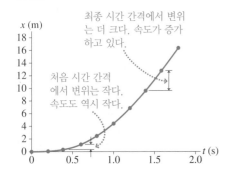

그러나 어떤 특정한 점에서 곡선의 기울기를 어떻게 결정할까?

순간 속도 구하기

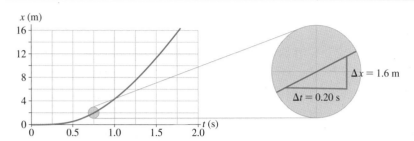

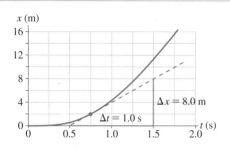

만일 속도가 변하면, 위치 그래프는 곡선이다. 그러나 그래프의 작은 부분을 고려함으로써 어떤 점에서 기울기를 계산할 수 있다. $t = 0.75$ s 근처의 매우 작은 시간 간격에서 운동을 살펴보자. 이것은 원으로 강조되어 있으며, 다음 그래프에서 자세하게 살펴본다.

위치 그래프를 확대하면 곡선 대신 직선처럼 보인다. 앞에서 했던 것처럼 아래 식과 같이 높이와 밑변거리를 계산함으로써 기울기를 발견할 수 있다.

$$v_x = (1.6 \text{ m})/(0.20 \text{ s}) = 8.0 \text{ m/s}$$

이것이 $t = 0.75$ s에서 기울기이며 이 순간의 속도이다.

그래프로 보았을 때, 어떤 점에서 곡선의 기울기는 그 점에서 그 곡선에 접하는 직선의 기울기와 같다. 이 접선의 높이와 밑변거리를 계산하면 다음 식을 얻는다.

$$v_x = (8.0 \text{ m})/(1.0 \text{ s}) = 8.0 \text{ m/s}$$

이것은 확대한 그림으로부터 얻었던 값과 같다. **접선의 기울기는 그 순간의 순간 속도이다.**

개념형 예제 2.4   하키 선수의 위치 그래프 분석하기

하키 선수가 경기 중에 얼음 위에서 직선으로 움직인다. 링크의 중심으로부터 위치를 측정한다. **그림 2.18**은 하키 선수의 운동에 대한 위치–시간 그래프를 보여준다.

a. 근사적인 속도–시간 그래프를 그리시오.

b. 어느 점 또는 점들에서 선수가 가장 빨리 움직이는가?

c. 선수는 정지한 적이 있는가? 만약 그렇다면 어느 점 또는 점들인가?

그림 2.18 하키 선수에 대한 위치–시간 그래프

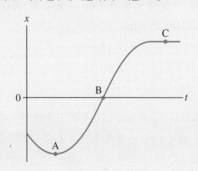

판단

a. 어떤 특정한 순간의 속도는 그 시간에 위치–시간 그래프에 접하는 직선의 기울기이다. 위치–시간 그래프를 따라서 점에서 점으로 움직일 수 있고, 각 점에서 속도를 구하기 위해 그 점에서 접선의 기울기를 주목한다.

처음에 점 A의 왼쪽에서 기울기가 음(−)이고, 그러므로 속도는 음(−)이다(다시 말하면 선수가 왼쪽으로 움직이고 있는 것이다). 그러나 곡선이 평평해지면서 기울기는 감소하며, 그래프가 점 A에 도달하는 시간이 되면 기울기가 0이다. 다음에는 기울기가 증가하면서 점 B에서 최댓값이 되고, 다시 감소하면서 점 C 약간 전에서 0이 되며, 그 후에는 0으로 남게 된다. 이 추론 과정이 **그림 2.19(a)**에 설명되어 있으며, **그림 2.19(b)**는 결과적으로 얻게 되는 근사적인 속도–시간 그래프이다.

b. 이 선수는 위치 그래프의 기울기가 가장 가파른 점 B에서 가장 빠르게 움직인다.

c. 만일 선수가 정지하면 $v_x = 0$이다. 그래프로 살펴보면, 이것은 위치–시간 그래프의 접선이 평평해서 기울기가 0인 점들에서 일어난다. 그림 2.19는 점 A와 C에서 기울기가 0이라는 것을

그림 2.19 위치 그래프로부터 속도 그래프 발견하기

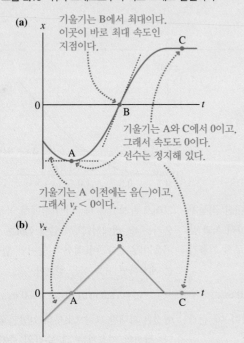

(a) x

기울기는 B에서 최대이다. 이곳이 바로 최대 속도인 지점이다.

C

0 B t

기울기는 A와 C에서 0이고, 그래서 속도도 0이다. 선수는 정지해 있다.

A

기울기는 A 이전에는 음(−)이고, 그래서 $v_x < 0$이다.

(b) v_x

B

0 A C t

보여준다. 점 A에서 속도는 순간적으로 0이며, 선수는 왼쪽으로 움직이다가 오른쪽으로 운동 방향을 바꾸고 있는 것이다. 점 C에서 그는 움직임을 멈추었고 정지한 상태로 있다.

검토 이 운동을 점검하는 가장 좋은 방법은 속도와 위치 그래프가 잘 부합하는지 운동의 다른 부분을 살펴보는 것이다. 점 A까지 x는 감소하고 있다. 선수는 왼쪽으로 움직이고 있으며, 그래서 속도는 음(−)이 되어야 하는데, 그래프는 그렇다는 것을 보여준다. 점 A와 C 사이에서 x는 증가하고 있고, 그래서 속도는 양(+)이 되어야 하는데, 이것 또한 그래프의 모습이다. 가장 가파른 기울기는 점 B에 있으며, 그래서 이 점이 속도 그래프에서 가장 높은 점이 되어야 하는데, 그러하다.

그림 2.20 먹이를 추격하는 사자의 속도−시간 그래프

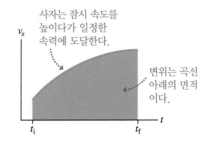

사자는 잠시 속도를 높이다가 일정한 속력에 도달한다.

v_x

변위는 곡선 아래의 면적이다.

t_i t_f t

그림 2.20은 먹이를 추격하기 위해서 속도를 높이는 사자의 전형적인 속도−시간 그래프를 보여준다. 비록 속력은 변하지만, 시간 간격 t_i에서 t_f 동안에 사자가 얼마나 움직이는지 결정하기 위해서 여전히 그래프를 사용할 수 있다. 등속 운동의 경우에 변위 Δx가 이 시간 간격 동안에 속도−시간 그래프 아래의 면적이라는 것을 보였다. 그러나 운동의 유형에 관한 특별한 것은 없었다. 이 생각을 속력이 변하는 물체의 경우로 일반화할 수 있다. 만일 어떤 운동에 대한 속도 그래프를 그릴 수 있다면, 그 물체의 변위는 아래 식으로 주어진다.

$$x_f - x_i = (t_i 와\ t_f\ 사이에서\ 속도\ 그래프\ 아래의\ 면적) \qquad (2.7)$$

그림 2.20에서 그래프 아래의 면적은 사자가 추격하는 동안 얼마나 달렸는지 알려준다.

많은 경우 다음 예제에서처럼, 그래프 아래의 면적은 쉽게 계산할 수 있는 간단한 모양이 될 것이다. 하지만 만일 그 모양이 복잡하다면, 그것에 꼭 맞게 일치하는 더 간단한 모양을 이용해서 면적을 근사할 수 있다.

예제 2.5 **빠른 출발 동안의 변위**

그림 2.21은 정지 상태로부터 움직이기 시작하는 자동차의 속도−시간 그래프를 보여준다. 이 자동차는 처음 3.0 s 동안에 얼마나 움직였는가?

준비 그림 2.21은 이 운동을 그래프로 표현한 것이다. '얼마나?'라는 질문은 위치 x보다는 오히려 변위 Δx를 구해야 한다는 것을 말해준다. 식 (2.7)에 따르면, $t = 0$ s와 $t = 3$ s 사이에 자동차의

그림 2.21 예제 2.5의 자동차에 대한 속도-시간 그래프

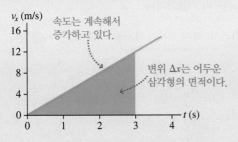

속도는 계속해서 증가하고 있다.

변위 Δx는 어두운 삼각형의 면적이다.

변위 $\Delta x = x_f - x_i$는 $t = 0$ s로부터 $t = 3$ s까지 곡선 아래의 면적이다.

풀이 이 경우에 곡선은 경사진 직선이므로, 면적은 아래 식과 같은 삼각형의 면적이다.

$$\Delta x = t = 0 \text{ s와 } t = 3 \text{ s 사이의 삼각형 면적}$$
$$= \tfrac{1}{2} \times 밑변 \times 높이 = \tfrac{1}{2} \times 3 \text{ s} \times 12 \text{ m/s} = 18 \text{ m}$$

자동차는 처음 3 s 동안에 그 속도가 0으로부터 12 m/s로 변함에 따라 18 m를 움직였다.

검토 물리적으로 의미가 있는 면적은 s와 m/s의 곱이고, Δx는 적합한 단위인 m를 갖는다. 숫자들이 물리적으로 타당한지 알기 위해서 숫자들을 점검해보자. 나중 속도인 12 m/s는 약 43 km/h이다. 정지 상태로부터 움직이기 시작하면 약 3 s 지나서 이 속력에 도달할 것으로 기대할 수 있으며, 만일 좋은 자동차라면 이 값은 타당해 보인다. 만약 이 자동차가 3 s 동안에 일정한 속도(나중 속도) 12 m/s로 움직였다면, 거리는 36 m가 될 것이다. 3 s 동안에 움직인 실제 거리는 18 m이고 36 m의 절반이다. 이 문제의 출발에서 속도는 0 m/s였고 꾸준히 12 m/s로 증가했기 때문에, 이것은 이치에 맞는다.

2.4 가속도

이 장의 목표는 운동을 기술하는 것이다. 속도는 물체가 위치를 변화시키는 비율을 기술하는 것임을 보았다. 이 기술을 완성하기 위해서 한 가지 더 운동 개념이 필요한데, 그것은 속도가 변하는 물체를 기술하는 개념이다.

예를 들면, 자동차의 성능을 측정하기 위해 자주 언급되는 척도를 하나 살펴보자. 이것은 자동차가 0으로부터 100 km/h 속력에 도달하기까지 걸리는 시간이다. 표 2.2는 두 가지 서로 다른 자동차에 대한 이 시간을 보여준다.

그림 2.22에서 콜벳과 소닉에 대한 운동 도형을 살펴보자. 이 운동에 대한 두 가지 중요한 사실을 알 수 있다. 첫째, 속도 벡터의 길이가 증가하고 있고, 속력이 증가하고 있다. 둘째, 콜벳의 속도 벡터가 소닉의 속도 벡터보다 더욱 빠르게 그 길이가 증가하고 있다. 여기서 찾는 양은 물체의 속도 벡터가 얼마나 빨리 그 길이에서 변하는지 측정하는 양이다.

표 2.2 자동차가 0으로부터 100 km/h까지 도달하는 데 걸리는 시간

자동차	소요 시간
2011 쉐보레 콜벳	3.6 s
2012 쉐보레 소닉	9.0 s

그림 2.22 소닉과 콜벳에 대한 운동 도형

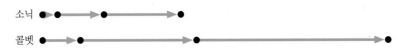

위치에서 변화를 측정하고 싶을 때 비율 $\Delta x/\Delta t$가 유용하다. 속도라고 정의하는 이 비율은 **위치의 변화율**이다. 마찬가지로, 어떤 물체의 속도가 얼마나 빨리 변하는지를 비율 $\Delta v_x/\Delta t$를 가지고 측정할 수 있다. 속도에 대한 지식을 안다면, 이 새로운 비율에 관한 몇 가지 사항을 말할 수 있다.

수업 영상

- 비율 $\Delta v_x / \Delta t$는 속도의 변화율이다.
- 비율 $\Delta v_x / \Delta t$는 속도–시간 그래프의 기울기이다.

이 비율은 **가속도**(acceleration)라고 하며, 다음 식처럼 기호 a_x를 사용한다.

$$a_x = \frac{\Delta v_x}{\Delta t} \qquad (2.8)$$

속도의 변화율로 정의한 가속도

마찬가지로 수직 운동에 대해서는 $a_y = \Delta v_y / \Delta t$이다.

하나의 예를 들면, 앞의 콜벳과 소닉에 대하여 가속도를 계산해보자. 두 경우 모두에서, 초기 속도 $(v_x)_i$는 0이고 나중 속도 $(v_x)_f$는 100 km/h이다. 그러므로 속도 변화는 $\Delta v_x = 100$ km/h이다. 속도의 SI 단위인 m/s로 나타내면 $\Delta v_x = 27$ m/s이다.

이제 가속도를 계산하기 위해서 식 (2.8)을 사용할 수 있다. $\Delta t = 3.6$ s가 지나서 27 m/s로 속도가 높아진 콜벳에 대해 계산하면 아래 식과 같은 결과를 얻는다.

$$a_{\text{Corvette}\,x} = \frac{\Delta v_x}{\Delta t} = \frac{27 \text{ m/s}}{3.6 \text{ s}} = 7.5 \frac{\text{m/s}}{\text{s}}$$

쿠션 운동학 자동차가 장애물과 정면충돌할 때, 가능한 가속도를 작게 함으로써 자동차와 동승자의 피해를 줄일 수 있다. 식 (2.8)로부터 알 수 있듯이 가능한 한 시간당 자동차 속도변화를 줄임으로써 가속도를 줄일 수 있다. 이것이 고속도로의 긴급수리 구간에다 교통사고 방지용 노랑 플라스틱 쿠션을 설치하는 이유이다. 이 쿠션은 자동차가 충돌하여 멈추는 시간을 늘려준다.

마지막 숫자의 의미는, 매초 콜벳의 속도는 7.5 m/s만큼 변한다는 뜻이다. 운동의 첫 1 s가 지나면, 콜벳의 속도가 7.5 m/s만큼 증가한다. 다음 1 s가 지나면 또 7.5 m/s만큼 증가하며, 이렇게 계속된다. 결국 1 s 후에는 속도가 7.5 m/s가 되고, 2 s 후에는 15 m/s가 되는 것이다. 그래서 단위를 7.5 m/s/s, 다시 말하면 7.5 (m/s)/s로 해석한다.

소닉의 가속도는 다음 식과 같다.

$$a_{\text{Sonic}\,x} = \frac{\Delta v_x}{\Delta t} = \frac{27 \text{ m/s}}{9.0 \text{ s}} = 3.0 \frac{\text{m/s}}{\text{s}}$$

매초 소닉은 속력을 3.0 m/s만큼 변화시킨다. 이것은 콜벳의 가속도의 단지 2/5이다. 콜벳이 더 큰 가속도를 만들 수 있는 이유는 이 운동을 일으키는 원인과 관련이 있다. 가속도의 원인은 4장에서 공부할 것이다. 지금으로서는 이유가 궁금하겠지만, 간단하게 콜벳이 더 큰 가속도를 만들 수 있다는 것에 주목하자.

예제 2.6 **동물의 가속도** BIO

포식 동물인 사자는 매우 빠른 출발을 할 수 있다. 정지 상태로부터 사자는 1 s 동안 9.5 m/s²의 가속도를 유지할 수 있다. 사자가 정지 상태로부터 출발해서 전형적인 취미로 달리는 경주자의 최고 속력인 10 mph까지 도달하는 데 얼마나 걸리겠는가?

준비 SI 단위로 변환하는 것으로 시작한다. 사자가 도달해야 하는 속력은 아래 식과 같다.

$$v_f = 10 \text{ mph} \times \frac{0.45 \text{ m/s}}{1.0 \text{ mph}} = 4.5 \text{ m/s}$$

사자는 9.5 m/s²으로 가속할 수 있고, 9.5 m/s까지 도달하는 데 충분히 긴 시간인 단지 1.0 s 동안에 매초 9.5 m/s만큼 속력을 변화시킨다. 사자가 4.5 m/s까지 도달하기 위해서는 1.0 s보다 적은 시간이 걸릴 것이고, 풀이에서 $a_x = 9.5$ m/s²을 이용할 수 있다.

풀이 가속도와 속도에서 원하는 변화를 알고 있고, 그래서 시간을 발견하기 위해서 식 (2.8)을 다음 식처럼 다시 쓸 수 있다.

$$\Delta t = \frac{\Delta v_x}{a_x} = \frac{4.5 \text{ m/s}}{9.5 \text{ m/s}^2} = 0.47 \text{ s}$$

검토 사자는 1 s가 지나면 속력을 9.5 m/s만큼 변화시킨다. 그러므로 1/2 s보다 약간 적은 시간이 지나서 4.5 m/s까지 도달할 것이라는 결론은 타당하다.

가속도 표현하기

앞에서 고려했던 콜벳와 소닉에 대한 속도들의 표를 만들기 위해서 가속도를 위해 계산했던 값들을 이용하자. 표 2.3은 콜벳의 속도가 매초 7.5 m/s만큼 증가하는 반면에 소닉의 속도는 매초 3.0 m/s만큼 증가한다는 개념을 사용한다. 표 2.3에 있는 데이터는 **그림 2.23**에 있는 속도-시간 그래프를 위한 토대가 된다. 그림에 보인 것처럼, 일정한 가속도를 경험하는 물체는 직선 모양의 속도 그래프를 갖는다.

표 2.3 소닉과 콜벳에 대한 속도 데이터

시간(s)	소닉의 속도 (m/s)	콜벳의 속도 (m/s)
0	0	0
1	3.0	7.5
2	6.0	15.0
3	9.0	22.5
4	12.0	30.0

그림 2.23 두 자동차에 대한 속도-시간 그래프

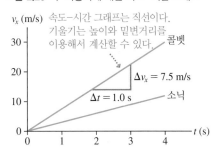

이 직선들 각각의 기울기는 높이 나누기 밑변거리로 $\Delta v_x / \Delta t$이다. 이것을 식 (2.8)과 비교하면 기울기에 대한 방정식이 가속도에 대한 식과 같다는 것을 알 수 있다. 다시 말하면, 아래 식과 같이 **어떤 물체의 가속도는 속도-시간 그래프의 기울기이다.**

시각 t에서 가속도 a_x = 시각 t에서 속도 그래프의 기울기　　　(2.9)

소닉은 가속도가 더 작으며, 그래서 속도 그래프의 기울기가 더 작다.

　　자동차의 속도 그래프 분석하기

그림 2.24(a)는 자동차의 속도-시간 그래프이다. 이 자동차의 가속도-시간 그래프를 개략적으로 그리시오.

판단 이 그래프는 3개 부분으로 나눌 수 있다.

■ 처음 부분에서 속도는 일정한 비율로 증가한다.
■ 중간 부분에서 속도는 일정하다.
■ 마지막 부분에서 속도는 일정한 비율로 감소한다.

각 부분에서, 가속도는 속도-시간 그래프의 기울기이다. 그러므로 처음 부분은 일정한 양(+)의 가속도를 가지고, 중간 부분의 가속도는 0이며, 마지막 부분은 일정한 음(-)의 가속도를 갖는다. 이 가속도 그래프는 **그림 2.24(b)**에 나타내었다.

검토 이 과정은 위치 그래프의 기울기로부터 속도 그래프를 구하는 것과 유사하다. 가속도가 0인 중간 부분은 속도가 0이라는 것을 의미하는 것은 아니다. 속도는 일정하고, 이것은 속도가 변하지 않으며, 그래서 자동차가 가속되지 않는다는 것을 의미한다. 자동차는 처음과 마지막 부분에서 가속을 한다. 가속도의 크기는 속도 가 얼마나 빨리 변하고 있는지의 척도이다. 부호에 관해서는 어떠한가? 이것은 다음 절에서 다루게 될 주제이다.

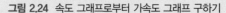

그림 2.24 속도 그래프로부터 가속도 그래프 구하기

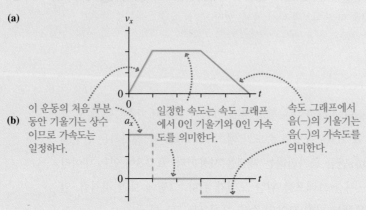

(a)

(b)

이 운동의 처음 부분 동안 기울기는 상수이므로 가속도는 일정하다.

일정한 속도는 속도 그래프에서 0인 기울기와 0인 가속도를 의미한다.

속도 그래프에서 음(−)의 기울기는 음(−)의 가속도를 의미한다.

가속도의 부호

a_x 또는 a_y의 양(+)의 값은 속력이 증가하는 물체를 기술하고 음(−)의 값은 속력이 감소하는 물체를 기술한다고 생각하는 것이 자연스럽다. 유감스럽게도, 이러한 간단한 해석은 잘 적용되지 않는다.

물체는 가속 또는 감속되는 반면에 오른쪽 또는 왼쪽으로 (또는 동등하게 위쪽 또는 아래쪽으로) 움직일 수 있기 때문에, 고려해야 하는 네 가지 상황이 있다. **그림 2.25**는 이 상황들 각각에 대한 운동 도형과 속도 그래프를 보여준다. 가속도는 속도와 같이 벡터양이다. 가속도 벡터는 속력이 증가하고 있는 물체에 대한 속도 벡터와 같은 방향을 가리키고, 속력이 감소하고 있는 물체에 대한 속도 벡터와는 반대방향을 가리킨다.

그림 2.25 가속도의 부호 결정하기

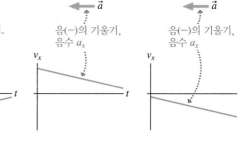

물체는 오른쪽으로 움직이고 있고 ($v_x > 0$) 가속되고 있다.

물체는 왼쪽으로 움직이고 있고 ($v_x < 0$) 감속되고 있다.

물체는 오른쪽으로 움직이고 있고 ($v_x > 0$) 감속되고 있다.

물체는 왼쪽으로 움직이고 있고 ($v_x < 0$) 가속되고 있다.

양(+)의 기울기, 양수 a_x

양(+)의 기울기, 양수 a_x

음(−)의 기울기, 음수 a_x

음(−)의 기울기, 음수 a_x

우리가 보았던 것처럼, 물체의 가속도는 속도 그래프의 기울기이고, 그래서 양(+)의 기울기는 양(+)의 가속도를 의미하며 음(−)의 기울기는 음(−)의 가속도를 의미한다. 수평 운동의 경우에는 오른쪽으로 움직이는 운동을 증가하는 x와 양(+)의 속도 v_x에 대응되는 것으로 하는 규칙을 채택하였다. 이 규칙에 의하면, 오른쪽으로 움직이면서 속력이 증가하는 물체는 양(+)의 가속도를 가지지만, 그러나 왼쪽으로 움직이면서(음(−)의 v_x) 속력이 증가하는 물체는 음(−)의 가속도를 갖는다.

2.5 등가속도 운동

등속 운동(일정한 속도를 가진 운동)의 경우에 위치와 시간 사이에 간단한 관계식을 식 (2.3)에서 구했다. 일정한 가속도 운동에서 또한 여러 가지 운동학적 변수들을 연결하는 간단한 관계식들이 있다는 것은 전혀 놀랍지 않다. 구체적인 예로 시작할 것인데, 1960년대와 1970년대에 아폴로 우주선을 달로 실어 보냈던 것과 같은 새턴 V 로켓의 발사이다. 그림 2.26은 발사 기지를 이륙하는 로켓을 찍은 비디오의 한 프레임을 보여준다. 붉은 점들은 이 비디오의 이전 프레임들에서 일정한 시간 간격에 따라 로켓의 앞머리 부분의 위치들을 보여준다. 이것은 로켓의 운동 도형이며, 속도가 증가하고 있다는 것을 알 수 있다. 그림 2.27에 있는 속도−시간 그래프는 속도가 상당히 일정한 비율로 증가한다는 것을 보여준다. 이 로켓의 운동을 등가속도 운동으로 근사할 수 있다.

로켓의 가속도를 구하기 위해서 그림 2.27에 있는 그래프의 기울기를 이용할 수 있으며, 아래 식과 같은 결과를 얻는다.

$$a_y = \frac{\Delta v_y}{\Delta t} = \frac{27 \text{ m/s}}{1.5 \text{ s}} = 18 \text{ m/s}^2$$

이 가속도는 콜벳의 가속도보다 두 배 이상 크고, 상당히 오랜 시간 동안(발사의 첫 단계가 2분 넘게 지속) 계속된다. 이러한 가속도로 가속하면 가속이 끝날 때 로켓이 얼마나 빨리 움직이며, 또 얼마나 멀리 움직이겠는가? 이러한 질문들에 답을 하기 위해서는 먼저 등가속도 운동에 대한 몇 가지 기본적인 운동학 공식들을 유도할 필요가 있다.

그림 2.26 빨간 점들은 발사 동안 일정한 시간 간격에서 새턴 V 로켓의 머리 위치들을 보여준다.

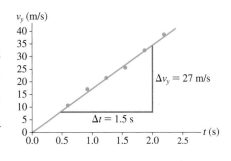

그림 2.27 로켓의 속도−시간 그래프

등가속도 방정식들

시간 간격 $\Delta t = t_f - t_i$ 동안에 가속도 a_x가 일정하게 유지되는 물체를 고려하자. 이 간격의 처음 시점에서 물체는 초기 속도 $(v_x)_i$와 초기 위치 x_i를 갖는다. 보통 t_i는 0이지만, 꼭 그래야만 할 필요는 없다는 것에 주목하라. 그림 2.28(a)는 가속도−시간 그래프를 보여준다. 이것은 t_i와 t_f 사이에서 수평선이고, 일정한 가속도를 표시한다.

물체는 가속되고 있기 때문에 물체의 속도는 변하고 있다. 나중 시간 t_f에서 $(v_x)_f$

그림 2.28 등가속도 운동에 대한 가속도와 속도 그래프

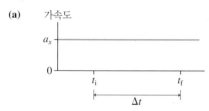

(a) 가속도

(b) 속도

변위 Δx는 곡선 아래의 면적이고, 삼각형과 사각형 면적의 합이다.

를 구하기 위해서 가속도를 이용할 수 있다. 가속도는 아래 식처럼 정의할 수 있고

$$a_x = \frac{\Delta v_x}{\Delta t} = \frac{(v_x)_\mathrm{f} - (v_x)_\mathrm{i}}{\Delta t} \tag{2.10}$$

이 식은 다시 정리하면 아래 식이 된다.

$$(v_x)_\mathrm{f} = (v_x)_\mathrm{i} + a_x\,\Delta t \tag{2.11}$$

등가속도로 움직이는 물체의 속도 방정식

그림 2.28(b)에 보여준 것처럼 등가속도 운동에 대한 속도−시간 그래프의 기울기는 a_x이고, 시간 t_i에서 $(v_x)_\mathrm{i}$ 값을 갖는 직선이다.

또한 시간 t_f에서 물체의 위치 x_f를 알기를 원한다. 전에 배웠듯이, 시간 간격 Δt 동안에 변위 Δx는 속도−시간 그래프 아래의 면적이다. 그림 2.28(b)에 있는 어두운 부분의 면적은 면적 $(v_x)_\mathrm{i}\,\Delta t$의 직사각형과 면적 $\frac{1}{2}(a_x\,\Delta t)(\Delta t) = \frac{1}{2}a_x(\Delta t)^2$의 삼각형으로 나누어지며, 이들을 더하여 얻는다.

$$x_\mathrm{f} = x_\mathrm{i} + (v_x)_\mathrm{i}\,\Delta t + \frac{1}{2}a_x(\Delta t)^2 \tag{2.12}$$

등가속도로 움직이는 물체의 위치 방정식

그림 2.29 새턴 V 로켓 발사에 대한 위치−시간 그래프

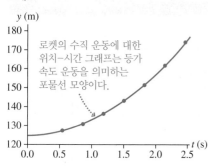

y (m)

로켓의 수직 운동에 대한 위치−시간 그래프는 등가속도 운동을 의미하는 포물선 모양이다.

여기에서 $\Delta t = t_\mathrm{f} - t_\mathrm{i}$는 경과된 시간이다. 시간 간격 Δt가 방정식에서 $(\Delta t)^2$으로 나타난다는 사실은 등가속도 운동에 대한 위치−시간 그래프가 포물선 모양을 갖도록 한다. 그림 2.26의 로켓 발사에 대해서는 로켓의 앞머리 부분의 위치−시간 그래프가 **그림 2.29**에 있는 것처럼 나타난다.

식 (2.11)과 (2.12)는 등가속도 운동에 대한 기본적인 운동학 방정식들 중에서 2개이다. 이들은 미래의 시간에 물체의 위치와 속도를 예측하도록 한다. 완전한 구성을 위해서는 방정식 하나가 더 필요한데, 이는 변위와 속도 사이의 직접적인 관계식이다. 이 관계식을 유도하기 위해서, 먼저 $\Delta t = ((v_x)_\mathrm{f} - (v_x)_\mathrm{i})/a_x$를 쓰기 위해 식 (2.11)을 이용한다. 이 식을 식 (2.12)에 대입해서 다음 식을 얻는다.

$$(v_x)_\mathrm{f}^2 = (v_x)_\mathrm{i}^2 + 2a_x\,\Delta x \tag{2.13}$$

등가속도 운동에서 속도와 변위를 연결하는 식

식 (2.13)에서 $\Delta x = x_\mathrm{f} - x_\mathrm{i}$는 변위(거리가 아니다!)이다. 식 (2.13)은 시간 간격 Δt를 아는 것을 요구하지 않는다는 것에 주목하라. 이것은 시간에 관한 정보가 주어지지 않은 문제들에서 중요한 방정식이다.

이 시점에서, 지금까지 알아본 운동학 변수들 사이의 관계식들을 요약하는 것은 가치가 있다. 이것은 문제 풀이에서 이용하게 될 가장 중요한 정보를 함께 모아 놓음으

로써 문제를 해결하도록 도와줄 것이다. 그러나 더 중요한 것은, 이 정보를 함께 모아 놓는 것은 이 장의 서로 다른 부분으로부터 얻은 그래프, 방정식, 세부사항을 한 눈에 비교하도록 해준다는 것이다. 이것은 중요한 연결을 할 수 있도록 도와준다. 강조는 **종합**에 있으며, 대부분의 장들에서 다른 이러한 종합 상자를 발견하게 될 것이다.

종합 2.1 1차원에서 운동 기술하기

위치, 속도, 가속도 운동을 기술한다.

모든 운동에 대해서:

속도는 m/s 단위로, 위치의 변화율이다. $v_x = \dfrac{\Delta x}{\Delta t}$

가속도는 m/s² 단위로, 속도의 변화율이다. $a_x = \dfrac{\Delta v_x}{\Delta t}$

등속 운동에 대해서:
- 가속도는 0이다.
- 속도는 상수이다.
- 위치는 꾸준히 변한다.

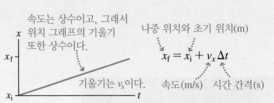

속도는 상수이고, 그래서 위치 그래프의 기울기 또한 상수이다.

나중 위치와 초기 위치(m)

$x_f = x_i + v_x \Delta t$

기울기는 v_x이다. 속도(m/s) 시간 간격(s)

등가속도 운동에 대해서:
- 가속도는 일정하고 변하지 않는다.

가속도는 상수이고, 그래서 속도 그래프의 기울기는 상수이다.

기울기는 a_x이다.

- 속도는 꾸준히 변한다.

나중 속도와 초기 속도 (m/s)

$(v_x)_f = (v_x)_i + a_x \Delta t$ **(1)**

가속도 (m/s²) 시간 간격 (s)

- 위치는 시간 간격의 제곱으로 변한다.

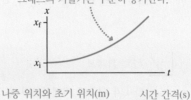

속도는 꾸준히 증가하고, 그래서 위치 그래프의 기울기는 꾸준히 증가한다.

나중 위치와 초기 위치(m) 시간 간격(s)

$x_f = x_i + (v_x)_i \Delta t + \tfrac{1}{2} a_x (\Delta t)^2$ **(2)**

초기 속도 (m/s) 가속도 (m/s²)

- **속도의 변화를 시간이 아닌 거리로도 표현할 수 있다.**

이것은 세 번째 방정식을 주며, 많은 운동학 문제들을 푸는 데 유용하다.

나중 속도와 초기 속도(m/s)

$(v_x)_f^2 = (v_x)_i^2 + 2a_x \Delta x$ **(3)**

가속도 (m/s²) 위치에서 변화(m)

예제 2.8 **정지 상태에 이르는 운동**

15 m/s의 속도(56 km/h보다 약간 느린 속도)로 자동차를 운전하다가, 한 어린이의 공이 자동차 앞으로 굴러오는 것을 보고 브레이크를 밟아서 최대한 빨리 멈춘다. 이 경우에, 1.5 s가 지나면 정지한다. 브레이크를 밟아 멈출 때까지 자동차는 얼마나 움직였을까?

준비 이 문제 설명은 운동의 기술을 말로 해준다. 상황을 상상하도록 도와주기 위해서, **그림 2.30**은 이 운동의 핵심 특징들을 운동 도형과 속도 그래프로 설명한다. 그래프는 1.5 s가 지나서 자동차가 15 m/s로부터 0 m/s로 감속하는 것에 기초하고 있다.

풀이 자동차가 오른쪽으로 움직이고 있다고 가정했고, 그래서 초기 속도는 $(v_x)_i = +15$ m/s이다. 정지에 이른 후에 나중 속도는 $(v_x)_f = 0$ m/s이다. 종합 2.1로부터 가속도의 정의를 이용해서 아

그림 2.30 정지에 이르는 자동차의 운동 도형과 속도 그래프

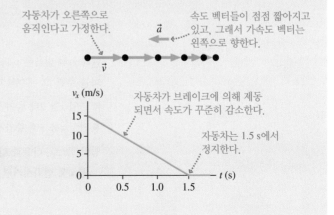

자동차가 오른쪽으로 움직인다고 가정한다.

속도 벡터들이 점점 짧아지고 있고, 그래서 가속도 벡터는 왼쪽으로 향한다.

자동차가 브레이크에 의해 제동되면서 속도가 꾸준히 감소한다.

자동차는 1.5 s에서 정지한다.

래 식을 얻는다.

$$a_x = \frac{\Delta v_x}{\Delta t} = \frac{(v_x)_f - (v_x)_i}{\Delta t} = \frac{0 \text{ m/s} - 15 \text{ m/s}}{1.5 \text{ s}} = -10 \text{ m/s}^2$$

가속도 -10 m/s^2(실제로는 -10 m/s/s)은 자동차가 매초 10 m/s 느려진다는 것을 의미한다.

이제 가속도를 알기 때문에, 종합 2.1에 있는 두 번째 등가속도 방정식을 이용해서 자동차가 정지하기까지 움직인 거리를 다음 식과 같이 계산할 수 있다.

$$x_f - x_i = (v_x)_i \Delta t + \tfrac{1}{2} a_x (\Delta t)^2$$
$$= (15 \text{ m/s})(1.5 \text{ s}) + \tfrac{1}{2}(-10 \text{ m/s}^2)(1.5 \text{ s})^2 = 11 \text{ m}$$

검토 정지 거리인 11 m는 조금 길다. 이는 약 56 km/h로 움직이다가 빠르게 멈추는 경우 타당한 거리이다. 이 검토 단계의 목적은 답이 옳다는 것을 증명하는 것은 아니고 명백하게 틀린 답을 인지하기 위해서 상식을 이용하는 것이다. 계산 실수를 해서 1.1 m라는 답으로 끝냈다면, 잠깐의 생각으로도 이것은 옳지 않다는 것을 지적할 수 있어야 한다.

속력에 다다르기 BIO 새는 날아오르기 위해 최소의 속력이 필요하다. 일반적으로는 새가 크면 클수록 이륙 속력은 더 커야 한다. 작은 새는 다양하게 뛰어올라서 날아오를 수 있지만 큰 새는 매우 빠른 속력으로 달리다가 날아올라야 한다. 백조는 큰 속력을 얻기 위하여 먼 거리에서 가속할 필요가 있다. 그 때문에 백조는 얼어붙은 연못을 가로질러서 거세게 달려 나가다 날아오른다. 백조가 이륙하려면 오래도록 물이나 땅을 박차고 나아갈 필요가 있다.

등가속도 운동의 경우에는 위치가 시간 간격의 제곱으로 변한다. 만일 $(v_x)_i = 0$이고 $x_i = 0$이라면, 종합 2.1에 있는 두 번째 등가속도 방정식은 아래 식으로 바뀐다.

$$x_f = \tfrac{1}{2} a_x (\Delta t)^2$$

이것은 새로운 수학적 형식이고, 이후에 다시 보게 될 것이며, 문제들을 해결하기 위한 추론의 기초로 이용할 수 있다. 이것은 2차 관계식의 한 예이다.

2차 관계식

만일 y가 x의 제곱에 비례한다면 두 양은 **2차 관계식**을 갖는다고 한다. 이 수학적 관계식을 다음 식과 같이 쓴다.

$$y = Ax^2$$

y는 x^2에 비례한다.

2차 관계식의 그래프는 포물선이다.

축척 만일 x의 초기값이 x_1이라면 y의 초기값은 $y_1 = A(x_1)^2$이다. x를 x_1에서 x_2로 변화시키면 y는 y_1에서 y_2로 변한다. y_2와 y_1의 비율은 다음 식으로 계산된다.

$$\frac{y_2}{y_1} = \frac{A(x_2)^2}{A(x_1)^2} = \left(\frac{x_2}{x_1}\right)^2$$

y_2와 y_1의 비율은 x_2와 x_1의 비율의 제곱이다. 만일 y가 x의 2차 함수이면, x에서 몇 배 변화를 주면 그 배수의 제곱만큼 y가 변한다.

- 만일 x를 2배 증가시키면 y는 $2^2 = 4$배 증가한다.
- 만일 x를 3배 증가시키면 y는 $3^2 = 9$배 증가한다.

일반적으로, 다음과 같이 말할 수 있다.

x를 c배 변화시키면 y는 c^2배 변한다.

(그래프 설명)
$y = Ax^2$
$4A$
x가 2배로 변하면 y가 4배로 변한다
A
0 　 1 　 2 　 x

고속 경주용 자동차의 변위

고속 경주용 자동차는 정지 상태로부터 출발하여 1.0 s가 지나면 6.0 m를 이동한다. 자동차가 4.0 s를 이러한 가속도로 계속 진행한다고 가정하자. 자동차는 출발선으로부터 얼마나 멀리 이동할 것인가?

준비 가속도가 일정하고, 초기 속도가 0이라고 가정한다. 그러면 변위는 시간의 제곱에 비례할 것이다.

풀이 1.0 s 후에 경주용 자동차가 6.0 m 이동했다. 또 4.0 s 후에

는 총 5.0 s가 경과할 것이다. 처음에 경과된 시간은 1.0 s였고, 그러므로 경과된 시간은 5배 증가한다. 따라서 변위는 5^2인 25배 증가한다. 총 변위는 아래 식으로 계산된다.

$$\Delta x = 25(6.0 \text{ m}) = 150 \text{ m}$$

검토 이것은 짧은 시간에 이동한 거리로는 길지만, 고속 경주용 자동차는 고속으로 이동하므로, 답은 타당하다.

2.6 1차원 문제 풀기

물리 문제를 풀 때 큰 도전은 말로 된 문제를 조작하고, 계산하고, 그래프를 그릴 수 있는 기호로 다시 표현하는 것이다. 이렇게 말을 기호로 전환하는 것이 물리에서 문제 풀기의 핵심이다. 모호한 단어들과 문구들은 명료하게 하고, 부정확한 것은 정확하게 만들어야 하며, 문제가 묻는 것을 정확하게 이해해야 한다.

문제 풀이 전략

복잡하게 보이는 문제를 해결하는 첫 번째 단계는 이 문제를 일련의 더 작은 단계로 쪼개는 것이다. 이 교재에서 풀이를 했던 문제들은 **준비, 풀이, 검토** 등 세 단계로 이루어진 문제 풀이 전략을 이용했다. 이 단계들은 각각 여러분이 스스로 문제를 풀 때 따라야만 하는 중요한 요소들을 가지고 있다.

준비 풀이의 준비 단계는 문제의 중요한 요소들을 확인하고 정보를 모으는 것이다. 곧바로 풀이 단계로 넘어가고 싶겠지만, 숙련된 문제 풀이를 하는 사람은 대부분의 시간을 준비에 소모할 것이다. 이 단계는 다음 사항들을 포함한다.

- **그림 그리기** 이것은 보통 문제의 가장 중요한 부분이다. 그림은 문제를 모형으로 만들고 중요한 요소들을 확인하도록 한다. 그림에 정보를 추가하면서 풀이의 윤곽이 모습을 갖출 것이다. 이 장에서 있었던 문제들에 대해서, 그림은 운동 도형 또는 그래프일 수 있고 아마도 둘 다 일 수도 있다.
- **필요한 정보 모으기** 문제의 설명에서 변수들 중 어떤 변수의 값을 준다. 다른 정보가 암시될 수 있고, 또는 표에서 찾아볼 수 있으며, 또는 추산되거나 측정될 수 있다.
- **예비 계산하기** 단위 환산과 같은 약간의 계산은 미리 해두는 것이 최선이다.

풀이 문제 풀이 단계는 필요한 답에 도달하기 위해서 실제로 수학 계산 또는 필요한 추론을 하는 과정이다. 이 과정이 바로 여러분이 '문제 풀이'라고 생각할 것 같은 문제 풀이 전략의 한 부분이다. 그러나 여기에서 시작하는 실수를 저지르면 안 된다. 준비 단계는 방정식들에 숫자를 대입하는 것을 시작하기 전에 문제를 이해하도록 도와주는 단계이다.

검토 풀이의 검토 단계는 매우 중요하다. 일단 답을 얻으면, 이 답이 타당한지 여부를 알기 위해서 점검해야 한다. 스스로에게 다음과 같은 것을 물어보라.

- **풀이가 물어본 질문에 답을 하고 있는가?** 질문의 모든 부분들에 대하여 답하였고 풀이를 명확하게 썼는지 확인하라.
- **답이 올바른 단위와 유효 숫자를 가지고 있는가?**
- **계산한 값이 물리적으로 타당한가?** 이 교재에서 모든 계산들은 물리적으로 타당한 숫자들을 사용한다. 답이 타당하지 않은 것으로 보이면, 되돌아가서 다시 살펴보고 검토하라.
- **답을 점검하기 위해서 정답은 무엇이 되어야 하는지 어림으로 계산할 수 있는가?**
- **지금 배우고 있는 내용의 맥락에서 최종 답이 타당한가?**

멀리 있는 먹잇감 BIO 카멜레온의 혀는 먹이를 잡는 매우 강력한 도구이다. 카멜레온은 0.1 s 이내에 30 cm 이상까지 혀를 내밀어 먹이를 잡는다! 카멜레온 혀의 운동에 대한 운동학을 연구해보면 이 혀는 빠른 가속도 구간을 지나서 등속도 구간에 도달한다는 것을 알 수 있다. 이러한 정보는 카멜레온과 다른 동물들 사이의 진화론적 관계를 분석하는 데 매우 유용한 실마리를 제공한다.

그림 표현

1차원 운동 문제들을 포함해서 많은 물리 문제들은 보통 몇 개의 변수들과 놓치지 않고 따라가야 하는 다른 정보들을 가지고 있다. 이러한 문제들을 푸는 가장 좋은 방법은, 일반적인 문제 풀이 전략에서 소개한 것처럼 그림을 그리는 것이다. 그러나 어떤 종류의 그림을 그려야 할까?

이 절은 문제 풀이에 도움을 주는 **그림 표현**(pictorial representation)을 그리는 것으로 시작할 것이다. 그림 표현은 중요한 세부 사항들 모두를 보여주며, 운동 문제를 해결하는 일에 매우 중요할 것이다.

풀이 전략 2.2 그림 표현 그리기

❶ **상황을 개략적으로 그린다.** 아무 그림이나 되는 것은 아니다. 운동의 시작에서, 끝에서, 그리고 운동 특성이 변하는 모든 점에서 물체를 보여준다. 매우 간단한 그림이 적당하다.

❷ **좌표계를 설정한다.** 운동과 일치하도록 축과 원점을 결정한다.

❸ **기호를 정의한다.** 위치, 속도, 가속도, 시간 등과 같은 양을 표시하는 기호들을 정의하기 위해서 그림을 이용한다. 나중에 수학적인 풀이에서 사용되는 모든 변수는 그림 위에 정의되어 있어야 한다.

일반적으로 그림 표현과 값들의 **목록**을 결합할 것인데, 이 목록은 다음 사항들을 포함할 것이다.

■ **알려진 정보** 문제 설명으로부터 그 값을 결정할 수 있는 양들과 단순한 기하학 또는 단위 변환으로 빠르게 발견할 수 있는 양들을 표로 만든다.

■ **구하고자 하는 미지수들** 어떤 양 또는 양들이 문제에 답할 수 있도록 해주겠는가?

다음 문제에 대해서 그림 표현과 값들의 목록을 완성하시오. 로켓 썰매가 5 s 동안 50 m/s²으로 가속한다. 이동한 총 거리와 나중 속도는 얼마인가?

준비 그림 2.31(a)는 이 교재에 있는 그림들처럼 전문가에 의해서 그려진 그림 표현이다. 이것은 학생들 스스로 문제를 풀 때 그리

게 될 그림보다 확실히 더 산뜻하고 예술적이다! 그림 2.31(b)는 학생이 실제로 그릴 것 같은 그림을 보여준다. 이것은 덜 공식적이지만, 학생이 문제를 풀기 위해 필요한 중요한 정보를 모두 포함하고 있다.

이 그림들이 어떻게 만들어졌는지 살펴보자. 이 운동은 명확한

그림 2.31 그림 표현과 값들의 목록 만들기

(a) 전문가의 그림 표현

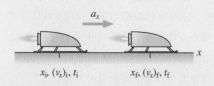

$x_i, (v_x)_i, t_i$ $x_f, (v_x)_f, t_f$

값들의 목록
주어진 값
$x_i = 0$ m
$(v_x)_i = 0$ m/s
$t_i = 0$ s
$a_x = 50$ m/s²
$t_f = 5$ s
구할 값
$x_f, (v_x)_f$

(b) 학생의 그림

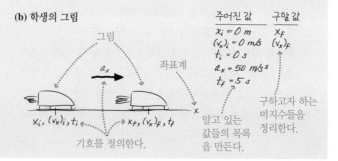

그림

좌표계

$x_i, (v_x)_i, t_i$ $x_f, (v_x)_f, t_f$

기호를 정의한다.

주어진 값   구할 값
$x_i = 0$ m x_f
$(v_x)_i = 0$ m/s $(v_x)_f$
$t_i = 0$ s
$a_x = 50$ m/s²
$t_f = 5$ s

알고 있는 값들의 목록을 만든다.

구하고자 하는 미지수들을 정리한다.

시작과 끝이 있고, 이것들이 그려지는 점들이다. 시작점을 원점으로 하는 좌표계가 선택되었다. 두 점에서 모두 x, v_x, t가 필요하고, 그래서 이들이 그림 위에서 정의되었고 아래 첨자에 의해서 구별되었다. 가속도는 이 점들 사이의 간격과 연관이 있다. 이 양들 중 2개에 관한 값들이 문제 설명에 주어진다. $x_i = 0$ m와 $t_i = 0$ s 같은 값들은 좌표계 선택으로부터 추정된다. $(v_x)_i = 0$ m/s 값은 이

문제에 대한 해석의 일부이다. 마지막으로, x_f와 $(v_x)_f$를 문제에 답해야 할 양으로 확인한다. 이제 문제에 관하여 약간 이해하였으며 정량적인 분석을 시작할 준비가 되었다.

검토 문제를 풀지 않았다. 문제를 푸는 것이 목표가 아니었다. 그림 표현과 값들의 목록을 만드는 것은 문제를 해석하고 수학적인 풀이를 위한 준비를 하는 것에 이르는 체계적인 접근의 일부이다.

개요도

그림 표현과 값들의 목록은 운동 도형과 지금껏 보았던 문제를 살펴보는 다른 방법들을 보완하는 좋은 방법이다. 이처럼 문제를 풀 수 있는 여러 형태로 전환할 때, 이 요소들을 결합하여 **개요도**(visual overview)라고 하는 것을 얻는다. 개요도는 다음 요소들의 일부 또는 모두로 구성된다.

수업 영상

- **운동 도형** 운동 문제를 풀기 위한 좋은 전략은 운동 도형을 그리면서 시작하는 것이다.
- **그림 표현** 위에서 정의한 것과 같다.
- **그래프 표현** 운동 문제들에 있어서 위치나 속도 그래프를 포함하는 것이 종종 매우 유용하다.
- **값들의 목록** 문제에서 중요한 값들을 모두 요약해서 목록으로 만든다.

앞으로 나올 장들은 다른 요소들을 물리학의 개요도에 더하게 될 것이다.

예제 2.11 로켓 발사의 운동학

새턴 V 로켓이 일정한 가속도 18 m/s²으로 수직 위쪽 방향으로 발사되었다. 150 s 후에 로켓은 얼마나 빨리 움직이고 있고, 또 얼마나 멀리 이동했는가?

준비 그림 2.32는 운동 도형, 그림 표현, 값들의 목록을 포함하는 로켓 발사의 개요도이다. 이 개요도는 전체 문제를 간단하게 보여준다. 운동 도형은 로켓의 운동을 설명한다. 그림 표현은 (풀이 전

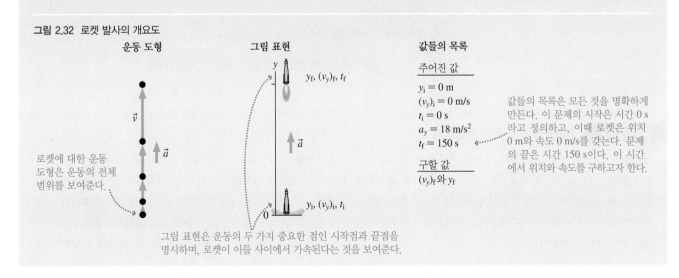

그림 2.32 로켓 발사의 개요도

략 2.2에 따라 만들어진) 축들을 보여주고, 이 운동의 중요한 점들을 확인하고, 변수들을 정의한다. 마지막으로, 알려진 양과 알려지지 않은 양을 정리하여 값들의 목록을 작성한다. 이 개요도에서 말로 된 문제 설명을 택하여 그것을 훨씬 더 정확하게 만들었다. 이 개요도는 문제에 관하여 알 필요가 있는 모든 것을 포함한다.

풀이 첫 번째 과제는 나중 속도를 구하는 것이다. 값들의 목록은 초기 속도, 가속도, 그리고 시간 간격을 포함하고 있으며, 그래서 나중 속도를 구하기 위해 종합 2.1의 첫 번째 운동학 방정식을 이용할 수 있다.

$$(v_y)_f = (v_y)_i + a_y \, \Delta t = 0 \text{ m/s} + (18 \text{ m/s}^2)(150 \text{ s})$$
$$= 2700 \text{ m/s}$$

이동한 거리는 종합 2.1의 두 번째 방정식을 이용하면 아래와 같이 구해진다.

$$y_f = y_i + (v_y)_i \, \Delta t + \tfrac{1}{2} a_y (\Delta t)^2$$
$$= 0 \text{ m} + (0 \text{ m/s})(150 \text{ s}) + \tfrac{1}{2}(18 \text{ m/s}^2)(150 \text{ s})^2$$
$$= 2.0 \times 10^5 \text{ m} = 200 \text{ km}$$

검토 가속도가 매우 크고, 긴 시간 동안 계속해서 가속되었기 때문에, 빠른 나중 속도와 긴 이동 거리는 타당해 보인다.

등가속도 운동에 대한 문제 풀이 전략

이 절의 앞쪽에서 일반적인 문제 풀이 전략을 소개하였다. 이 장과 앞으로 공부할 장들에서 특정한 형태의 문제에 이 일반적인 전략을 채택할 것이다.

문제 풀이 전략 2.1 등가속도 운동

일정한 가속도와 연관된 문제들은 (가속, 감속, 수직 운동, 수평 운동) 모두 같은 문제 풀이 전략으로 다룰 수 있다.

준비 문제의 개요도를 그린다. 여기에는 운동 도형, 그림 표현, 값들의 목록을 포함해야 한다. 어떤 문제에 대해서는 그래프 표현이 유용할 수 있다.

풀이 수학적인 풀이는 종합 2.1에 있는 3개의 방정식에 기초한다.

- 비록 방정식들이 변수 x로 표현되었지만, 수직 방향으로 운동하는 경우에는 변수 y를 사용하는 것이 관례이다.
- 알고 있는 것과 구할 필요가 있는 것에 가장 잘 일치하는 방정식을 이용한다. 예를 들면, 만일 가속도와 시간을 알고 속도의 변화를 구하고 싶다면, 첫 번째 방정식이 가장 좋은 식이다.
- 등속 운동은 $a = 0$을 가진다.

점검 결과는 믿을만한가? 적절한 단위를 가지는가? 타당한가?

예제 2.12 활주로의 최소 길이 계산하기

화물을 가득 실은 보잉 747 비행기가 모든 엔진을 켜고 최대의 추진력을 받아 2.6 m/s²으로 가속되고 있다. 이 비행기의 최소 이륙 속도는 70 m/s이다. 이 비행기가 이륙 속도에 도달하기 위해서는 시간이 얼마나 걸리겠는가? 이 비행기가 이륙하려면 활주로의 길이는 최소 얼마이어야 하는가?

준비 그림 2.33의 개요도는 문제의 중요한 세부사항들을 요약하고 있다. 비행기가 정지하고 있고 가속이 시작될 때, 운동의 시작점에서 x_i와 t_i를 0으로 놓는다. 이 운동의 최종점은 비행기가 이륙에 필요한 속력 70 m/s을 얻었을 때이다. 비행기는 오른쪽으로 가속되고 있고, 그래서 이 비행기가 70 m/s의 속도에 도달하는 시

그림 2.33 가속되는 비행기에 대한 개요도

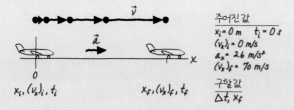

주어진 값
$x_i = 0 \text{ m} \quad t_i = 0 \text{ s}$
$(v_x)_i = 0 \text{ m/s}$
$a_x = 2.6 \text{ m/s}^2$
$(v_x)_f = 70 \text{ m/s}$

구할 값
$\Delta t, x_f$

$x_i, (v_x)_i, t_i \qquad x_f, (v_x)_f, t_f$

간과 이 시각에 비행기의 위치를 계산할 것이며, 그러면 활주로의 최소 길이가 구해진다.

풀이 먼저 비행기가 이륙 속도에 도달하기 위하여 필요한 시간을 구한다. 이 시간을 계산하기 위하여 종합 2.1에 있는 첫 번째 방정식을 이용할 수 있다.

$$(v_x)_f = (v_x)_i + a_x \Delta t$$
$$70 \text{ m/s} = 0 \text{ m/s} + (2.6 \text{ m/s}^2) \Delta t$$
$$\Delta t = \frac{70 \text{ m/s}}{2.6 \text{ m/s}^2} = 26.9 \text{ s}$$

이 결과를 다음 단계인 계산에서 이용해야 하므로 여분의 유효 숫자를 준다.

비행기가 이륙 속도에 도달하기 위해 필요한 시간을 구했다면, 종합 2.1에 있는 두 번째 방정식을 이용해서 이 속력에 도달할 때 비행기의 위치를 아래 식과 같이 계산할 수 있다.

$$x_f = x_i + (v_x)_i \Delta t + \tfrac{1}{2} a_x (\Delta t)^2$$
$$= 0 \text{ m} + (0 \text{ m/s})(26.9 \text{ s}) + \tfrac{1}{2}(2.6 \text{ m/s}^2)(26.9 \text{ s})^2$$
$$= 940 \text{ m}$$

따라서 최종 답은 이 비행기가 이륙 속도에 도달하기 위해서는 27 s가 걸리며, 이를 위한 활주로의 최소 길이는 940 m라는 것이다.

검토 마지막으로 비행기를 탔었던 때를 생각해보자. 27 s는 비행기가 이륙을 위해 가속하기에 타당한 시간으로 보인다. 주요 공항들에서 실제 활주로 길이는 3000 m 또는 그 이상으로, 최소 길이보다 몇 배 더 긴데, 왜냐하면 중지된 이륙의 경우에 비상 정지를 허락할 수 있어야 하기 때문이다. (만일 3000 m보다 더 긴 거리라고 계산했다면, 무엇인가 잘못되었다는 것을 알아야 한다.)

예제 2.13 **제동 거리 구하기**

자동차가 전형적인 고속도로 속력인 30 m/s의 속력으로 젖은 고속도로를 달리고 있다. 운전자가 앞쪽의 장애물을 보고 멈추기로 결정한다. 이 순간으로부터 브레이크를 밟기 시작할 때까지 0.75 s가 걸린다. 일단 브레이크가 작동되면 자동차는 −6.0 m/s²의 가속도로 감속된다. 운전자가 장애물을 인지한 순간부터 정지할 때까지 자동차는 얼마나 이동하겠는가?

준비 이 문제는 앞서 풀었던 이전의 문제들보다 더 복잡하기 때문에 그림 2.34에 있는 개요도를 가지고 더 주의를 기울어야 할 것이다. 운동 도형과 그림 표현에 더하여, 그래프 표현을 포함한다. 이 운동의 두 가지 서로 다른 단계가 있다는 것에 주목하자. 제동 시작 전의 등속도 단계와 브레이크가 작동되어 속도가 느려지는 단계가 그것이다. 각 단계에 대해서 하나씩 두 가지 서로 다른 계산을 할 필요가 있다. 결과적으로, 단순하게 i와 f를 아래 첨자로 사용하기보다는 숫자를 아래 첨자로 사용한다.

풀이 t_1에서 t_2까지 속도는 30 m/s로 일정하게 유지된다. 이것은 등속 운동이고, 그래서 시간 t_2에서 위치는 식 (2.4)를 이용해서 다음과 같이 계산된다.

$$x_2 = x_1 + (v_x)_1(t_2 - t_1) = 0 \text{ m} + (30 \text{ m/s})(0.75 \text{ s})$$
$$= 22.5 \text{ m}$$

그림 2.34 브레이크를 밟아 정지에 이르는 자동차에 대한 개요도

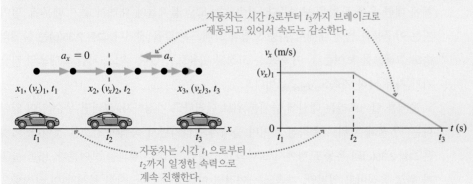

자동차는 시간 t_2로부터 t_3까지 브레이크로 제동되고 있어서 속도는 감소한다.

자동차는 시간 t_1으로부터 t_2까지 일정한 속력으로 계속 진행한다.

주어진 값
$t_1 = 0 \text{ s}$
$x_1 = 0 \text{ m}$
$(v_x)_1 = 30 \text{ m/s}$
$t_2 = 0.75 \text{ s}$
$(v_x)_2 = 30 \text{ m/s}$
$(v_x)_3 = 0 \text{ m/s}$
t_2와 t_3 사이에서 $a_x = -6.0 \text{ m/s}^2$

구할 값
x_3

자동차는 t_2에서 속도가 계속해서 -6.0 m/s^{2}으로 감소하기 시작하고, t_3에서 정지에 이른다. 이 시간 간격은 종합 2.1에 있는 첫 번째 방정식 $(v_x)_3 = (v_x)_2 + a_x \Delta t$를 이용해서 계산할 수 있으며, 아래 식이 된다.

$$\Delta t = t_3 - t_2 = \frac{(v_x)_3 - (v_x)_2}{a_x} = \frac{0 \text{ m/s} - 30 \text{ m/s}}{-6.0 \text{ m/s}^2} = 5.0 \text{ s}$$

시각 t_3에서 위치는 종합 2.1에 있는 두 번째 방정식을 이용해서 계산할 수 있다. 운동의 이 단계에서 점 2를 초기 지점으로, 점 3을 나중 지점으로 하고, $\Delta t = t_3 - t_2$를 이용하면 다음 식을 얻는다.

$$x_3 = x_2 + (v_x)_2 \, \Delta t + \tfrac{1}{2} a_x (\Delta t)^2$$
$$= 22.5 \text{ m} + (30 \text{ m/s})(5.0 \text{ s}) + \tfrac{1}{2}(-6.0 \text{ m/s}^2)(5.0 \text{ s})^2$$
$$= 98 \text{ m}$$

x_3는 이 운동 끝에서의 자동차 위치이므로 자동차는 정지에 이르기 전에 98 m를 이동한다.

검토 반응 시간과 젖은 고속도로 위에서 가속도에 대한 숫자들은 좋은 타이어를 가진 자동차 안에 있는 민첩한 운전자의 경우에 타당한 값들이다. 마지막 거리는 꽤 길어서, 미식축구장의 길이보다도 더 길다.

2.7 자유 낙하

만일 망치와 깃털을 떨어뜨린다면 어떤 일이 발생할지 알고 있다. 망치는 금방 땅에 닿을 것이고, 깃털은 날아서 떠다니다가 잠시 후에 내려앉는다. 만일 달에서 이 실험을 한다면 결과는 현저하게 다를 것이다. 망치와 깃털이 모두 정확하게 같은 가속도를 경험하고, 정확하게 같은 운동을 해서, 같은 시각에 땅에 닿는다.

달에는 대기가 없고, 따라서 달 표면 위에서 운동하는 물체는 공기 저항을 경험하지 못한다. 한 가지 힘만 문제가 되는데, 바로 중력이다. 만일 물체가 다른 힘은 없고 중력의 영향만 받으면서 움직이면, 그 운동을 **자유 낙하**(free fall)라고 한다. 초기 연구자들은 **자유 낙하 중인 두 물체는 그들의 질량에도 불구하고 같은 가속도를 갖는다**고 올바른 결론을 내렸다. 그러므로 만일 두 물체를 떨어뜨리고 둘 다 자유 낙하 중이라면, 두 물체는 같은 시각에 땅에 닿는다.

지구에서는 공기 저항이 한 요소이다. 그러나 망치를 떨어뜨리면 공기 저항이 매우 작고, 그래서 **만일 마치** 망치를 자유 낙하 중인 것처럼 취급하더라도 단지 약간의 오차만 생기게 된다. 공기 저항이 있는 운동은 5장에서 공부할 것이다. 그때까지 공기 저항이 무시될 수 있는 상황만 생각할 것이며, 낙하하는 물체가 자유 낙하 중이라는 타당한 가정을 할 것이다. **그림 2.35(a)**는 정지 상태로부터 놓여 자유롭게 떨어지는 물체에 대한 운동 도형을 보여준다. 가속도는 모든 물체들에 대해서 같기 때문에, 떨어지는 야구공과 돌에 대해서 운동 도형과 그래프는 같을 것이다. **그림 2.35(b)**는 물체의 속도 그래프를 보여준다. 이 속도는 고정된 비율로 변한다. 속도–시간 그래프의 기울기가 자유 낙하 가속도 $a_{\text{free fall}}$이다.

물체를 떨어뜨리는 대신에 물체를 위로 던진다고 가정하자. 그러면 무슨 일이 일어나는가? 물체는 위로 움직일 것이며 물체가 올라가면서 속력이 감소할 것이다. 이것은 **그림 2.35(c)**의 운동 도형에서 설명되고 있는데, 놀라운 결과를 보여준다. 비록 물체가 위로 움직이고 있지만, 가속도는 여전히 아래로 향한다. 사실 물체가 어느 방향으

자유 낙하를 하는 깃털 아폴로 15호 달 우주인 데이비드 스콧은 달 위에서 고전적인 실험을 수행하였는데, 같은 높이에서 망치와 깃털을 동시에 떨어뜨리는 것이었다. 둘은 모두 같은 시각에 바닥에 닿았는데, 이것은 지구의 대기에서는 일어나지 않을 일이었다.

그림 2.35 자유 낙하 중인 물체의 운동

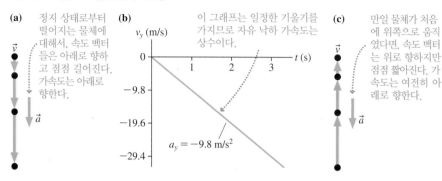

(a) 정지 상태로부터 떨어지는 물체에 대해서, 속도 벡터들은 아래로 향하고 점점 길어진다. 가속도는 아래로 향한다.

(b) 이 그래프는 일정한 기울기를 가지므로 자유 낙하 가속도는 상수이다.

$a_y = -9.8 \text{ m/s}^2$

(c) 만일 물체가 처음에 위쪽으로 움직였다면, 속도 벡터는 위로 향하지만 점점 짧아진다. 가속도는 여전히 아래로 향한다.

수업 영상

로 움직이더라도 **자유 낙하 가속도는 항상 아래로 향한다.**

자유 낙하 가속도의 값은 지구 위의 서로 다른 장소에서 약간씩 변하지만, 이 교재에서 계산을 위하여 다음과 같은 평균값을 사용할 것이다.

$$\vec{a}_{\text{free fall}} = (9.80 \text{ m/s}^2, \text{수직 아래 방향}) \tag{2.14}$$

자유 낙하하는 물체의 가속도에 대한 표준값

일부 아이들은 위로 올라가고 다른 아이들은 아래로 떨어지지만 모두 자유 낙하하고 있다. 그래서 아이들은 모두 9.8 m/s^2의 크기로 아래 방향을 향해서 가속되고 있다.

자유 낙하 가속도(free-fall acceleration)의 크기는 아래와 같은 특별한 기호인 g로 나타낸다.

$$g = 9.80 \text{ m/s}^2$$

일반적으로 2개의 유효 숫자를 사용하여 계산할 것이므로 $g = 9.8 \text{ m/s}^2$을 사용할 것이다.

자유 낙하에 관한 다음의 몇 가지 점은 주목할 가치가 있다.

■ 정의에 의해 g는 항상 양수이다. **g에 관한 음(−)의 값을 사용하는 문제는 결코 없을 것이다.**

■ 그림 2.35(b)의 속도 그래프는 음(−)의 기울기를 갖는다. 비록 떨어지는 물체는 가속되지만, 이 물체는 음(−)의 가속도를 갖는다. 바꾸어 말하면, 가속도 벡터 $\vec{a}_{\text{free fall}}$는 아래로 향한다. 그러므로 g는 물체의 가속도가 아니고, 단순히 가속도의 크기이다. 1차원 가속도는 다음과 같다.

$$a_y = a_{\text{free fall}} = -g$$

■ 자유 낙하는 등가속도 운동이기 때문에 $a_y = -g$를 가지는 일정한 가속도에 대한 운동학 방정식들을 이용할 수 있다.

■ g는 '중력'이라고 하지 않는다. 중력은 힘이고, 가속도가 아니다. g는 자유 낙하 가속도이다.

■ $g = 9.8 \text{ m/s}^2$은 단지 지구 위에서의 값이다. 다른 행성들은 다른 g 값을 갖는다. 6장에서 다른 행성에 관해서는 g를 어떻게 결정하는지 배울 것이다.

■ 가끔 g의 단위로 가속도를 계산할 것이다. 9.8 m/s²의 가속도는 $1g$의 가속도이고, 19.6 m/s²의 가속도는 $2g$의 가속도이다. 일반적으로 다음과 같이 계산할 수 있다.

$$가속도(g의 단위로) = \frac{가속도(m/s^2의 단위로)}{9.8 \text{ m/s}^2} \tag{2.15}$$

이것은 특정한 물리적 기준을 갖는 단위로 가속도를 표현하도록 해준다.

예제 2.14 낙하하는 바위

무거운 바위가 절벽 꼭대기에서 정지 상태로부터 떨어져서 땅에 닿기 전에 100 m를 낙하한다. 바위가 땅에 떨어지는 데 얼마나 걸리며, 땅에 닿을 때 바위의 속도는 얼마인가?

준비 그림 2.36은 필요한 모든 데이터를 적은 개요도를 보여준다. 땅이 원점이므로, $y_i = 100$ m이다.

풀이 자유 낙하는 특정한 상수 가속도 $a_y = -g$를 갖는 운동이다. 첫 번째 질문은 시간과 거리 사이의 관계와 관련되는 것으로, 종합 2.1에 있는 두 번째 방정식으로 표현되는 관계이다. $(v_y)_i = 0$ m/s 와 $t_i = 0$ s를 이용하면 다음 식을 얻는다.

$$y_f = y_i + (v_y)_i \, \Delta t + \tfrac{1}{2} a_y \, (\Delta t)^2 = y_i - \tfrac{1}{2} g \, (\Delta t)^2 = y_i - \tfrac{1}{2} g t_f^2$$

그림 2.36 낙하하는 바위의 개요도

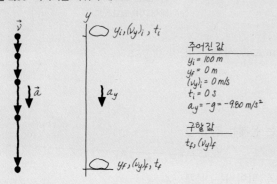

따라서 t_f에 관하여 아래 식과 같이 풀 수 있다.

$$t_f = \sqrt{\frac{2(y_i - y_f)}{g}} = \sqrt{\frac{2(100 \text{ m} - 0 \text{ m})}{9.80 \text{ m/s}^2}} = 4.52 \text{ s}$$

이제 낙하 시간을 알고 있으므로, $(v_y)_f$를 구하기 위해서 첫 번째 운동학 방정식을 이용할 수 있고 다음 식을 얻는다.

$$(v_y)_f = (v_y)_i - g \, \Delta t = -g t_f = -(9.80 \text{ m/s}^2)(4.52 \text{ s})$$
$$= -44.3 \text{ m/s}$$

검토 답들은 타당한가? 100 m는 대략 30층 건물의 높이이다. 물체가 30층에서 떨어지는 데 얼마나 걸리는가? 4~5 s는 꽤 타당해 보인다. 땅에 닿을 때 속도는 얼마일까? 변환 인자의 근사적인 값인 1 m/s를 이용하면, 44.3 m/s라는 것을 알 수 있다. 물체가 30층에서 떨어졌다면 이것도 또한 꽤 타당한 속력으로 보인다. 실수를 했다고 가정하자. 만일 소수점을 오른쪽으로 잘못 찍었다면 443 m/s의 속력으로 계산하였을 것인데, 이것은 명백하게 타당하지 않다. 만일 소수점을 왼쪽으로 잘못 찍었다면, 4.43 m/s의 속력으로 계산하였을 것이다. 이것은 또 하나의 타당하지 않은 결과인데, 왜냐하면 이것은 전형적인 자전거 속력보다도 더 느리기 때문이다.

개념형 예제 2.15 위로 던진 공의 운동 분석하기

공을 허공에서 수직 위쪽으로 던졌을 때, 공이 손을 떠나는 점으로부터 다시 손으로 공을 잡기 직전까지, 이 공의 운동 도형과 속도−시간 그래프를 그리시오.

판단 공의 운동이 어떻게 보인다는 것을 안다. 공은 위로 올라갔다가 다시 아래로 내려온다. 이것은 운동 도형을 그리는 것을 약간 복잡하게 만드는데, 왜냐하면 공은 떨어지면서 그 경로를 따라 다시 내려오기 때문이다. 문자로 표현된 운동 도형은 각각의 위에 위로의 운동과 아래로의 운동을 보여주는데, 이것은 혼동으로 이

어질 수 있다. 위로의 운동 도형과 아래로의 운동 도형을 수평 방향으로 분리함으로써 이 어려움을 피할 수 있다. 이것은 벡터들중 어느 것도 변화시키지는 않기 때문에 결론에 영향을 주지 않는다. 운동 도형과 속도−시간 그래프는 **그림 2.37**에 나타냈다.

검토 공의 운동에서 가장 높은 지점은 운동 방향이 바뀌는 지점인데, **반환점**(turning point)이라고 한다. 이 지점에서 속도와 가속도는 얼마인가? 운동 도형으로부터 속도 벡터들이 위로 향하지만 공이 꼭대기에 접근하면서 점점 더 짧아지는 것을 볼 수 있다. 공

그림 2.37 허공에서 위로 던진 공의 운동 도형과 속도 그래프

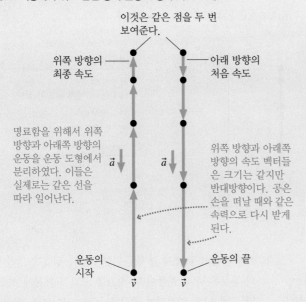

이것은 같은 점을 두 번 보여준다.

위쪽 방향의 최종 속도

아래 방향의 처음 속도

명료함을 위해서 위쪽 방향과 아래쪽 방향의 운동을 운동 도형에서 분리하였다. 이들은 실제로는 같은 선을 따라 일어난다.

$\vec{a}$ $\vec{a}$

위쪽 방향과 아래쪽 방향의 속도 벡터들은 크기는 같지만 반대방향이다. 공은 손을 떠날 때와 같은 속력으로 다시 받게 된다.

운동의 시작

$\vec{v}$

운동의 끝

$\vec{v}$

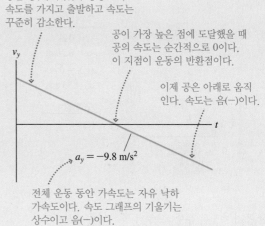

공은 양(+)의 (위쪽 방향으로) 속도를 가지고 출발하고 속도는 구준히 감소한다.

공이 가장 높은 점에 도달했을 때 공의 속도는 순간적으로 0이다. 이 지점이 운동의 반환점이다.

이제 공은 아래로 움직인다. 속도는 음(−)이다.

v_y

t

$a_y = -9.8 \text{ m/s}^2$

전체 운동 동안 가속도는 자유 낙하 가속도이다. 속도 그래프의 기울기는 상수이고 음(−)이다.

이 떨어지기 시작하면서 속도 벡터들은 아래로 향하고 점점 더 길어진다. $\vec{v}$가 위쪽으로 향하는 것으로부터 아래로 향하는 순간의 속도는 0이 되어야 한다. 정말로 운동의 정확한 꼭대기에 있는 순간의 경우, 공의 속도는 0이다. 또한 속도 그래프에서 $v_y = 0$인 순간이 있다는 것을 알 수 있다. 이것이 반환점이다.

그러나 꼭대기에서 가속도는 얼마인가? 많은 사람들은 가장 높은 점에서 가속도는 0이 될 것으로 기대한다. 그러나 꼭대기 점에서 속도는 위쪽에서 아래쪽으로 변한다는 것을 기억하자. 만일 속

도가 변하고 있다면, 가속도가 있어야 한다. $v_y = 0$인 순간에, 다시 말하면 가장 높은 점에서 속도 그래프의 기울기는 운동의 다른 어떤 점에서와 다르지 않다. 공은 여전히 가속도 $a_y = -g$를 가지는 자유 낙하 중인 것이다.

이것에 관하여 생각하는 또 다른 방법은 0의 가속도는 속도의 변화가 없음을 의미한다는 것이다. 공이 꼭대기에서 0의 속도에 도달했을 때, 만일 가속도 또한 0이었다면 공은 거기에 머무를 것이다.

예제 2.16   **도약한 높이 구하기** BIO

스프링복(springbok)은 남아프리카에서 발견되는 영양의 일종으로, 남다른 점프 능력으로부터 그 이름을 얻었다. 스프링복이 놀라면 공중으로 도약할 텐데, 이를 '프롱크(pronk)'라고 한다. 이 영양은 프롱크를 수행하기 위해서 몸을 웅크린다. 그리고 다리를 힘차게 뻗는데, 다리가 곧게 펴지면서 0.70 m를 35 m/s²으로 가속하게 된다. 다리가 완전히 펴지면, 스프링복은 땅을 박차고 허공으로 올라간다.

a. 스프링복은 얼마의 속력으로 땅을 박차는가?

b. 스프링복은 얼마나 높이 올라가는가?

준비 그림 2.38에서 보여준 개요도로 시작하며, 여기에서 운동의

두 가지 서로 다른 단계를 확인하였는데, 영양이 땅을 밀어내는 단계와 공중으로 올라가는 단계이다. 이것을 차례대로 해결하는 2개의 분리된 문제들로 다루자. 운동의 두 단계들에 대하여 변수 y_i, y_f, $(v_y)_i$, $(v_y)_f$ 등을 '다시 사용'할 것이다.

풀이의 처음 단계를 위해서, 그림 2.38(a)에서 몸을 웅크렸을 때 영양의 위치를 y축의 원점으로 선택하였다. 나중 위치는 영양이 다리를 뻗어 가속하는 동안 이동한 위치이다. 이 위치가 바로 영양이 땅을 박찰 때의 속도를 알려주기 때문에 이 위치에서 속도를 구하기를 원한다. 그림 2.38(b)는 본질적으로 다시 시작하는데, 땅에 원점을 가진 새로운 수직축을 정의했으며, 그래서 영양의 운동에서 가장 높은 점은 땅으로부터의 거리이다. 여러 값들의 목록은 이 문제의 두 번째 부분에 대한 주요 정보를 보여준다. 문항 b에

그림 2.38 스프링복의 도약에 대한 개요도

(a) 땅을 박차고 오를 때

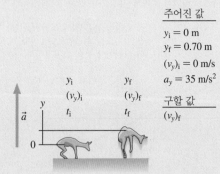

주어진 값
$y_i = 0$ m
$y_f = 0.70$ m
$(v_y)_i = 0$ m/s
$a_y = 35$ m/s^2

구할 값
$(v_y)_f$

(b) 공중으로 올라갈 때

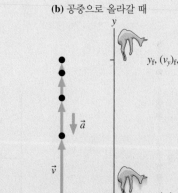
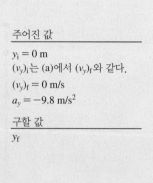

$y_f, (v_y)_f, t_f$

$y_i, (v_y)_i, t_i$

주어진 값
$y_i = 0$ m
$(v_y)_i$는 (a)에서 $(v_y)_f$와 같다.
$(v_y)_f = 0$ m/s
$a_y = -9.8$ m/s^2

구할 값
y_f

대한 초기 속도는 문항 a로부터 얻은 나중 속도이다.

영양이 땅을 박찬 후에, 오직 중력의 영향 아래에서 움직이고 있기 때문에 이것은 자유 낙하 문제이다. 도약의 높이를 알고 싶다면 이 운동의 꼭대기 점에서 높이를 구해야 한다. 이것은 이 운동의 반환점이며, 순간 속도가 0이 되는 점이다. 그러므로 도약의 높이 y_f는 $(v_y)_f = 0$인 순간에 영양의 위치이다.

풀이

a. 땅을 박차는 첫 번째 단계에 관해서 변위, 초기 속도, 그리고 가속도에 관한 정보를 알고 있지만 시간 간격에 관해서는 어느 것도 알지 못한다. 종합 2.1에 있는 세 번째 방정식이 이 상황에 꼭 맞는다. 영양이 땅을 박차고 오르는 속도를 알기 위해서 이것을 다시 쓰면 다음 식을 얻는다.

$$(v_y)_f^2 = (v_y)_i^2 + 2a_y\Delta y = (0 \text{ m/s})^2 + 2(35 \text{ m/s}^2)(0.70 \text{ m})$$
$$= 49 \text{ m}^2/\text{s}^2$$
$$(v_y)_f = \sqrt{49 \text{ m}^2/\text{s}^2} = 7.0 \text{ m/s}$$

영양은 7.0 m/s의 속력으로 땅을 박차 오른다.

b. 이제 운동의 두 번째 단계를 위한 준비가 되었다. 땅을 박찬 후의 운동은 수직 운동이다. 시간을 모르기 때문에 종합 2.1에 있는 세 번째 방정식이 적당하다. $y_i = 0$이므로, 영양의 변위는 $\Delta y = y_f - y_i = y_f$이고, 수직 도약의 높이이다. 문항 a로부터, 초기 속도는 $(v_y)_i = 7.0$ m/s이고, 나중 속도는 $(v_y)_f = 0$이다. 이것은 $a_y = -g$를 가지는 자유 낙하 운동이다. 그러므로 아래 식이 성립한다.

$$(v_y)_f^2 = 0 = (v_y)_i^2 - 2g\Delta y = (v_y)_i^2 - 2gy_f$$

이 식은 다음 식으로 된다.

$$(v_y)_i^2 = 2gy_f$$

y_f에 관하여 풀면, 다음 식과 같은 도약 높이를 얻는다.

$$y_f = \frac{(7.0 \text{ m/s})^2}{2(9.8 \text{ m/s}^2)} = 2.5 \text{ m}$$

검토 2.5 m는 상당한 도약이지만, 스프링복은 점프 능력으로 유명하고, 그래서 이것은 타당해 보인다.

이 장의 시작 부분에 있는 사진에 수반되는 설명에서 동물들과 그들의 육상 능력에 관한 질문 "말과 사람 사이의 경주에서 누가 이길까?"를 제시하였다. 놀라운 대답은 "경우에 따라 다르다"는 것이다. 구체적으로 말하면 승자는 경주의 길이에 의존한다.

어떤 동물은 빠른 속력을 낼 수 있다. 반면에 어떤 동물은 가속도를 크게 할 수 있다. 말은 사람보다 훨씬 더 빨리 달릴 수 있지만, 정지 상태에서 출발할 때는 사람이 말보다 훨씬 더 큰 초기 가속도를 낼 수 있다. **그림 2.39**는 매우 뛰어난 남자 단거리 달리기 선수와 우수한 경주마에 대한 속도와 위치 그래프를 보여준다. 말의 최대 속

그림 2.39 BIO 사람과 말 사이의 단거리 경주에 대한 속도–시간 그래프와 위치–시간 그래프

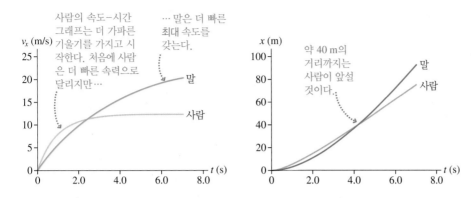

도는 사람의 약 두 배지만, 처음에 시간의 속도 그래프의 기울기인 사람의 초기 가속도는 말의 초기 가속도보다 더 크다. 두 번째 그래프가 보여주는 것처럼, 사람은 매우 짧은 경주에서는 이길 수 있다. 더 긴 장거리 경주에서는 말의 더 높은 최대 속도가 말을 앞서 가도록 만들 것이다. 사람의 세계 신기록 시간은 1.6 km에 4분 약간 안 되지만, 말은 이 거리를 2분보다 짧은 시간에 쉽게 달릴 수 있다.

거리가 더 늘어난 여러 경주에 대해서는, 에너지 등 다른 요인들이 경기에 개입된다. 매우 긴 경주는 속도와 가속도보다는 지구력이 더 중요한데, 이것은 긴 시간 동안 에너지를 계속해서 소비하는 능력이다. 이러한 지구력 시험에서는 보통 사람이 이긴다. 이러한 에너지 문제는 11장에서 공부할 것이다.

종합형 예제 2.17   **속력 대 지구력** BIO

치타는 어떤 육상 동물보다 더 빠른 속력을 가지고 있지만, 지구력이 제한적이기 때문에 먹이를 잡으려는 시도에서 종종 실패한다. 치타는 그들의 최대 속력인 30 m/s를 그들이 멈출 필요가 있기 전까지 단지 약 15 s 동안 유지할 수 있다.

치타가 선호하는 먹이인 톰슨가젤은 치타보다 더 낮은 최고 속력을 가지지만, 그들은 이 속력을 몇 분 동안 유지할 수 있다. 치타가 가젤을 뒤쫓을 때, 성공 또는 실패 여부는 간단한 운동학의 문제이다. 치타가 지치기 전에 먹이에 도달할 수 있도록 치타가 높은 속력을 유지할 수 있는가 하는 것이다. 다음 문제는 그러한 추격에 대한 현실적인 데이터를 사용한다.

치타가 가젤을 겨냥했다. 치타는 뛰기 시작하고, 몇 초 안에 최고 속력인 30 m/s에 도달한다. 이 순간에 달리는 치타로부터 160 m 떨어져 있는 가젤은 위험을 알아채고 즉시 도망을 친다. 가젤은 6.0 s 동안 4.5 m/s²으로 가속하고, 그 후에는 일정한 속력으로 계속해서 달린다. 최고 속력에 도달한 후에, 치타는 단지 15 s 동안만 계속해서 달릴 수 있다. 치타가 가젤을 잡을까 아니면 가

젤이 달아날까?

준비 이 예제는 이렇게 질문한다. "치타가 가젤을 잡을까?" 가장 도전적인 임무는 이 말을 이 장의 기법들을 이용하여 해결할 수 있는 그래프와 수학적인 문제로 전환하는 것이다.

두 가지 관련된 문제가 있는데, 치타의 운동과 가젤의 운동이며, 각각에 대해서 'C'와 'G'라는 아래 첨자를 사용할 것이다. 가젤이 치타를 인지하고 달아나기 시작하는 순간을 시작 시간 $t_1 = 0$ s로 정하자. 이 순간에 치타의 위치를 좌표계의 원점으로 택할 것이고, 그래서 $x_{1C} = 0$ m이고 $x_{1G} = 160$ m이다(가젤은 치타를 인지했을 때 160 m 떨어져 있다). **그림 2.40**에 개요도를 그리기 위해서 이 정보를 이용하였는데, 이것은 치타와 가젤에 대한 운동 도형과 속도 그래프를 포함한다. 개요도는 문제에 관해서 알고 있는 모든 것을 요약한다.

이 상황의 명확한 그림을 가지고, 이제 문제를 이렇게 바꾸어 말할 수 있다. 치타와 가젤의 위치를 치타가 추격을 멈출 필요가 있는 시간인 $t_3 = 15$ s에서 계산하시오. 만일 $x_{3G} \geq x_{3C}$라면, 가젤이

그림 2.40 치타와 가젤에 대한 개요도

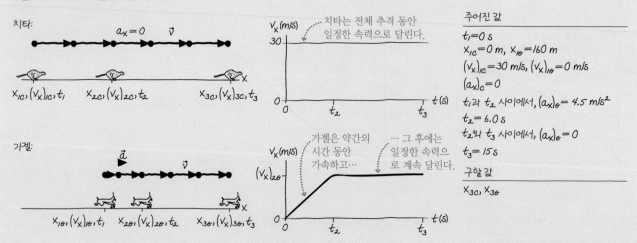

치타:

$a_x = 0$ $\vec{v}$

$x_{1C}, (v_x)_{1C}, t_1$ $x_{2C}, (v_x)_{2C}, t_2$ $x_{3C}, (v_x)_{3C}, t_3$

치타는 전체 추격 동안 일정한 속력으로 달린다.

가젤:

$\vec{a}$ $\vec{v}$

$x_{1G}, (v_x)_{1G}, t_1$ $x_{2G}, (v_x)_{2G}, t_2$ $x_{3G}, (v_x)_{3G}, t_3$

가젤은 약간의 시간 동안 가속하고…   … 그 후에는 일정한 속력으로 계속 달린다.

주어진 값

$t_1 = 0 \text{ s}$

$x_{1C} = 0 \text{ m}, \ x_{1G} = 160 \text{ m}$

$(v_x)_{1C} = 30 \text{ m/s}, \ (v_x)_{1G} = 0 \text{ m/s}$

$(a_x)_C = 0$

t_1과 t_2 사이에서, $(a_x)_G = 4.5 \text{ m/s}^2$

$t_2 = 6.0 \text{ s}$

t_2와 t_3 사이에서, $(a_x)_G = 0$

$t_3 = 15 \text{ s}$

구할 값

$x_{3C}, \ x_{3G}$

앞에 있게 되어 달아날 수 있다. 만일 $x_{3G} < x_{3C}$라면, 치타가 경주에서 이기고 먹이를 얻는다.

풀이 치타는 문제의 전체 시간 동안 등속 운동 상태에 있고, 그래서 $t_3 = 15 \text{ s}$에서 그 위치를 알기 위해서 식 (2.4)를 이용할 수 있다.

$$x_{3C} = x_{1C} + (v_x)_{1C}\Delta t = 0 \text{ m} + (30 \text{ m/s})(15 \text{ s}) = 450 \text{ m}$$

가젤의 운동은 두 단계를 갖는데, 등가속도와 그 후의 등속도의 단계이다. 종합 2.1에 있는 처음 2개의 방정식들을 이용하여 첫 번째 단계의 마지막인 t_2에서 위치와 속도에 대하여 풀 수 있다. 속도를 먼저 구해보자.

$$(v_x)_{2G} = (v_x)_{1G} + (a_x)_G\Delta t = 0 \text{ m/s} + (4.5 \text{ m/s}^2)(6.0 \text{ s}) = 27 \text{ m/s}$$

t_2에서 가젤의 위치는 아래 식과 같다.

$$x_{2G} = x_{1G} + (v_x)_{1G}\Delta t + \tfrac{1}{2}(a_x)_G(\Delta t)^2$$

$$= 160 \text{ m} + 0 + \tfrac{1}{2}(4.5 \text{ m/s}^2)(6.0 \text{ s})^2 = 240 \text{ m}$$

가젤은 앞에서 출발하며, $x_{1G} = 160 \text{ m}$에서 시작한다.

Δt는 운동의 이 단계에 대한 시간이며, $t_2 - t_1 = 6.0 \text{ s}$이다.

가젤은 t_2에서 t_3까지 일정한 속력으로 움직이며, 그래서 나중 위치를 구하기 위해서 등속 운동 방정식인 식 (2.4)를 이용한다.

가젤은 $x_{2G} = 240 \text{ m}$에서 운동의 이 단계를 시작한다.

운동의 이 단계에 대한 Δt는 $t_3 - t_2 = 9.0 \text{ s}$이다.

$$x_{3G} = x_{2G} + (v_x)_{2G}\,\Delta t = 240 \text{ m} + (27 \text{ m/s})(9.0 \text{ s}) = 480 \text{ m}$$

x_{3C}는 450 m이고 x_{3G}는 480 m이다. 치타가 추격을 멈추어야 할 때 가젤이 치타보다 30 m 앞에 있고, 따라서 가젤은 달아난다.

검토 풀이는 타당한가? 최종 결과를 살펴보자. 이 문제 설명에 있는 숫자들은 현실적이고, 그래서 결과들이 실제 삶을 반영할 것으로 기대한다. 가젤의 경우 속력이 치타의 속력에 가까운데, 이것은 빠른 속력으로 유명한 두 동물에 대해서 타당해 보인다. 그리고 이 결과는 보통 일어나는 일인데, 추격이 아슬아슬했지만 가젤은 달아난다.

문제의 난이도는 I(쉬움)에서 IIII(도전)으로 구분하였다. INT로 표시된 문제는 지난 장의 내용이 복합된 문제이고, BIO는 생물학적 또는 의학적 관심 분야를 의미한다.

QR 코드를 스캔하여 이 장의 문제를 해결하는 데 도움이 되는 영상 학습 풀이를 시작하시오.

연습문제

2.1 운동 기술하기

1. IIII 그림 P2.1은 길을 따라 아래로 이동하는 자동차의 운동 도형을 보여준다. 이 카메라는 1초마다 하나의 프레임을 찍었다. 거리 눈금이 주어져 있다.
   a. 각 점들에서 자동차의 x값을 측정하시오. 데이터를 표 2.1과 유사한 표에 기록하시오. 이 표는 각 사건이 일어났던 위치와 순간을 보여준다.
   b. 표에 있는 데이터를 이용해서 x 대 t의 그래프를 만드시오. 단지 특정한 시간의 순간들에서 데이터를 가지고 있기 때문에, 그래프는 함께 연결되지 않은 점들로 구성되어야 한다.

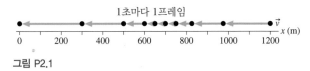

그림 P2.1

2. II 그림 P2.2에 있는 위치 그래프는 개가 다람쥐에게 느리게 살금살금 다가가다가 갑자기 속력을 내서 달려드는 것을 나타낸 것이다.
   a. 개는 몇 초 동안 느린 속력으로 움직이는가?
   b. 개의 속도-시간 그래프를 그리시오. 두 축 모두 위에 숫자 눈금을 표시하시오.

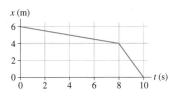

그림 P2.2

3. II 그림 P2.3의 속도-시간 그래프에 대해서

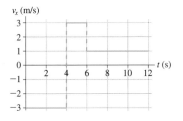

그림 P2.3

a. 대응하는 위치-시간 그래프를 그리시오. $t = 0$ s에서 $x = 0$ m 라고 가정한다.
b. $t = 12$ s에서 물체의 위치는 어디인가?
c. 이 그래프를 보이는 운동 물체를 기술해 보시오.

2.2 등속 운동

4. I 메이저리그 야구에서 투수의 마운드는 타석으로부터 60 ft 거리에 있다. 만약 투수가 95 mph의 빠른 공을 던진다면, 공이 투수의 손을 떠나 타석에 도착할 때까지 얼마의 시간이 경과하는가?

5. II 앨런은 오전 8시에 LA를 출발해서 400 mi 떨어진 샌프란시스코까지 운전한다. 그는 일정한 속력 50 mph로 이동한다. 베스는 오전 9시에 LA를 출발해서 일정한 속력 60 mph로 이동한다.
   a. 누가 먼저 샌프란시스코에 도착하는가?
   b. 먼저 도착한 사람은 다음 사람을 얼마나 기다려야 하는가?

6. IIII 두 명의 프로 달리기 선수가 100 m 달리기에서 각각 23 mph와 22 mph의 일정한 속력으로 경주를 끝마친다. 그들이 경주를 끝마치기 위해 걸리는 시간 차이는 얼마인가?

7. II 자동차가 직선 도로를 따라 등속도로 달린다. 그 위치는 $t_1 = 0$ s에서 $x_1 = 0$ m이고 $t_2 = 3.0$ s에서 $x_2 = 30$ m이다. 자동차의 속도를 계산하지 말고, 비율을 고려함으로써 다음에 답하시오.
   a. $t = 1.5$ s에서 자동차의 위치는 어디인가?
   b. $t = 9.0$ s에서 자동차의 위치는 어디인가?

2.3 순간 속도

8. I 그림 P2.8은 어떤 입자의 위치 그래프를 보여준다.
   a. 구간 0 s $\leq t \leq 4$ s에 대한 입자의 속도 그래프를 그리시오.
   b. 입자는 반환점 또는 반환점들을 가지는가? 만약 그렇다면 어떤 시간 또는 시간들에서인가?

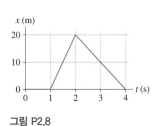

그림 P2.8

9. ▥ 자동차가 $t_i = 0$ s에서 $x_i = 10$ m로부터 출발하여 그림 P2.9에 보여준 속도 그래프를 따라서 움직인다.

a. $t = 2$ s, $t = 3$ s, $t = 4$ s에서 자동차의 위치는 어디인가?

b. 자동차는 방향을 바꾼 적이 있는가? 만약 그렇다면 어떤 시간에 바꿨는가?

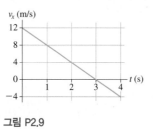

그림 P2.9

2.4 가속도

10. ▥ 그림 P2.10은 자전거의 속도 그래프를 보여준다. 구간 0 s $\leq t \leq 4$ s에 자전거의 가속도 그래프를 그리시오. 두 축 모두에 적당한 숫자 눈금을 표시하시오.

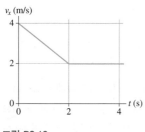

그림 P2.10

11. ▮ 그림 P2.11에서 보여준 각 운동 도형에 대해서 가속도의 부호(양 또는 음)를 결정하시오.

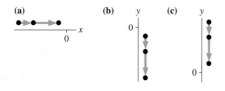

그림 P2.11

12. ▮ 그림 P2.12는 100 m 경주에 출전하는 올림픽 단거리 육상선수인 칼루이스에 대해 약간 단순하게 만든 속도 그래프이다. 구간 A, B, C의 각 구간 동안에 그의 가속도를 추정하시오.

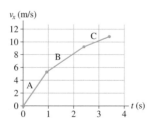

그림 P2.12

13. ▮ 영양은 3.0 s 후에 13 m/s의 속력에 도달할 수 있다. 사자는 1.0 s 후에 9.5 m/s의 속력에 도달할 수 있다. 송어는 0.12 s 후에 2.8 m/s의 속력에 도달할 수 있다. 어떤 동물이 가장 큰 가속도를 가지는가?

2.5 등가속도 운동

14. ▮ a. 자동차가 0으로부터 60 mph까지 10 s 안에 도달하기 위해서 가져야 하는 일정한 가속도는 SI 단위로 얼마인가?

b. 이 값은 g의 몇 배인가?

c. 자동차는 60 mph에 도달할 때 얼마나 멀리 움직였는가? SI 단위와 ft 단위로 답하시오.

15. ▮ 속력 v로 움직이는 자동차는 브레이크가 작동한 후에 멈추기 위해서 거리 d가 필요하다. 만약 자동차가 초기에 속력 $2v$로 움직인다면 멈추기 위한 거리는 얼마인가? 브레이크로 인한 가속도는 두 경우에 모두 같다고 가정한다.

16. ▥ 크로스컨트리 스키 선수가 8.0 m/s의 아주 빠른 속력으로 스키를 타고 있다. 스키 선수는 미는 것을 멈추고 단지 5.0 m를 미끄러진 후에 6.0 m/s의 속력으로 감속하였다. 스키 선수가 감속할 때 선수의 가속도의 크기는 얼마인가?

17. ▮ 포뮬러원 선수들은 보통의 차보다 훨씬 신속하게 가속하고, 또한 훨씬 짧은 거리 안에서 차를 멈출 수 있다. 100 m/s의 속력으로 달리던 포뮬러원 선수가 150 m의 거리 안에서 멈출 수 있다면, 제동되는 동안 이 자동차의 가속도의 크기는 얼마인가?

2.6 1차원 문제 풀기

18. ▮ 자동차 운전사는 1 s의 반응 시간을 가지며, 운전사의 자동차 최대 감속은 10.0 m/s²이다. 운전사가 30 m/s의 속력으로 운전하고 있는데 운전사 앞쪽 60 m 길에 있는 장애물을 갑자기 보게 된다. 충돌을 피하기 위해서 운전사는 시간 안에 차를 멈출 수 있는가?

19. ▥ 여러분이 밤에 고속도로를 20 m/s의 속력으로 달리고 있는데 사슴 한 마리가 전방 35 m 길 위에서 걷고 있는 것을 보았다. 브레이크를 밟기 전에 여러분의 반응 시간은 0.50 s이고, 여러분 차의 최대 감속은 10 m/s²이다.

a. 여러분이 멈추었을 때 여러분과 사슴 사이의 거리는 얼마인가?

b. 사슴을 치지 않기 위한 여러분의 최대 속력은 얼마인가?

20. ▮ 자동차가 50 km/h 구역에서 80 km/h의 일정한 속력으로 달리고 있다. 자동차가 지나치는 순간에 교통경찰 오토바이가 출발해서 8.0 m/s²의 일정한 가속도로 가속을 한다.

a. 오토바이가 자동차만큼 빠르게 움직일 때까지 경과한 시간은 얼마인가?

b. 오토바이가 이 속력에 도달했을 때 자동차로부터 얼마나 멀리 떨어져 있는가?

21. ⫼ 100 m 달리기를 하는 선수에 대한 간단한 모형은, 최대 속력에 도달할 때까지 이 선수가 등가속도로 달리고 그 후에는 결승선까지 이 속력을 유지하는 것이라고 가정하는 것이다. 만약 이 단거리 육상 선수가 2.14 s만에 11.2 m/s의 최대 속력에 도달한다면, 100 m 주파 시간은 얼마가 되겠는가?

2.7 자유 낙하

22. ⫼ 여러분이 친구에게 할 수 있
BIO 는 재미있는 도전이 있다. 1달러 지폐의 위쪽 모서리를 잡는다. 친구에게 손가락을 지폐 가까이에 놓기는 하지만 지폐에 닿지는 않도록 해서 아래쪽 모서리를 잡을 준비를 하도록 한다. 여러분이 지폐를 떨어뜨릴 때 친구에게 손가락으로 지폐를 잡으라고 알려준다. 이것은 쉬운 것처럼 보이지만 그렇

지 않다. 여러분이 지폐를 놓는 것을 친구가 본 후에, 친구가 반응해서 손가락으로 지폐를 잡기 위해서는 0.25 s의 시간이 걸릴 것이고, 이것은 지폐를 잡을 만큼 충분히 빠르지 않다. 친구가 지폐를 잡지 못하도록 하기 위해서는 얼마의 시간이 걸리는가? 지폐 길이는 16 cm이다.

23. ⏐ 부비새는 높은 곳에서 다이빙을 해서 물고기를 잡는 바닷새이
BIO 다. 만약 부비새가 32 m/s의 속력으로 물에 부딪힌다면, 이 새는 얼마의 높이에서 다이빙을 해야 하는가? 부비새는 다이빙을 시작하기 전에 정지해 있었다고 가정한다.

24. ⫼ 훌륭한 도약 선수는 땅으로부터 110 cm의 높이까지 뛰어 오
BIO 를 수 있다. 이 높이에 도달하기 위해서 이 선수가 땅을 박차는 속력은 얼마나 될 것인가?

25. ⫼⫼ 액션 영화에서 악당은 헬리콥터에 매달린 사다리를 잡고 바다에서 구조된다. 그가 사다리를 잡는 일에 집중하느라 물 위의 130 m 지점에 있을 때 위조지폐가 들어있는 서류 가방을 떨어뜨린다. 만약 서류 가방이 6.0 s 후에 물에 닿는다면, 헬리콥터가 상승하고 있는 속력은 얼마인가?

26. ⫼⫼ 암벽 등반가가 50 m 높이의 절벽 꼭대기 위에 서 있고 절벽 바닥에는 물웅덩이가 있다. 그는 1.0 s 간격으로 2개의 돌멩이를 연직 아래로 던지고 나서 물웅덩이에서 물이 한 번만 뛰어 오르는 것을 관찰한다. 첫 번째 돌멩이의 초기 속력은 2.0 m/s이었다.

a. 첫 번째 돌멩이를 던진 후 두 번째 돌멩이가 물에 닿을 때까지 시간이 얼마나 걸리는가?

b. 두 번째 돌멩이의 초기 속력은 얼마인가?

c. 두 돌멩이가 물에 닿을 때 각각의 속력은 얼마인가?

3 2차원에서 벡터와 운동
Vectors and Motion in Two Dimensions

일단 표범이 도약하면 그 궤적은 초기 속력과 도약 각도에 의해서 결정된다. 표범의 착지점을 어떻게 알 수 있을까?

학습목표 ▶

벡터를 배우고 벡터를 도구로 사용해서 2차원 운동을 분석한다.

벡터와 성분

진한 녹색 벡터는 공의 초기 속도이다. 밝은 녹색 **성분 벡터**는 처음의 수평과 수직 속도를 나타낸다.

벡터의 성분을 어떻게 찾고 그 성분을 이용해서 어떻게 문제를 해결할지를 배운다.

포물체 운동

뛰어오르는 물고기가 그리는 포물선은 **포물체 운동**의 예이다. 자세한 내용에 있어 물고기나 농구공은 동일하다.

포물체 문제를 어떻게 풀고, 물체가 얼마나 오래 공중에 떠 있고 얼마나 멀리 날아가는지를 배운다.

원운동

탑승객은 일정한 속력으로 원운동하지만, 운동 방향이 계속 변하기 때문에 가속도를 갖는다.

원운동하는 물체에 대한 가속도의 크기와 방향을 어떻게 구하는지를 배운다.

◀ 이 장의 배경

자유 낙하

위로 똑바로 던져 올린 공이 자유 낙하한다는 것을 2.7절에서 배웠다. 물체가 위로 올라가거나 다시 내려오거나 가속도는 같다.

포물체 운동하는 물체의 수직 운동 또한 자유 낙하이다. 자유 낙하에 대한 이해를 바탕으로 포물체 운동 문제를 해결할 것이다.

3.1 벡터 활용하기

앞 장에서 우리는 직선 경로를 따라서 움직이는 물체에 관한 문제들을 다루었다. 이번 장에서는 굽은 경로를 따라서 움직이는 물체의 2차원 운동을 살펴보기로 하자. 운동 방향이 매우 중요하기 때문에 그것을 기술할 수 있는 수학 용어, 즉 벡터를 도입해야 한다.

◀◀1.5절에서 벡터 개념을 소개했지만, 다음 절에서 2차원 운동을 배우는 데 있어 하나의 도구로써 벡터를 다루는 기술을 전개할 것이다. 벡터는 크기와 방향을 가진 양이다. **그림 3.1**은 한 입자의 속도를 벡터 $\vec{v}$로 어떻게 나타내는지를 보여준다. 이때 입자의 속력은 5 m/s이고 운동 방향은 화살표가 가리키는 방향이다. 벡터의 크기는 화살표 없는 문자로 표현한다. 이 경우, 입자의 속도 벡터 $\vec{v}$의 크기인 속력은 $v = 5$ m/s이다. 스칼라 양인 벡터의 크기는 음수가 될 수 없다.

물체의 변위는 초기 위치와 나중 위치를 잇는 벡터임을 1장에서 보여준 바 있다. 변위는 이해하기 쉬운 개념이기 때문에 이것을 통해 벡터의 특성을 소개할 것이다. **이번 장에서 공부할 모든 특성(덧셈, 뺄셈, 곱셈, 성분)은 변위뿐만 아니라 모든 벡터에도 적용된다.**

1장에서 소개한 우리의 친구 샘이 자기 집 앞문에서 출발해서 길을 건넌 후에 북동쪽으로 200 m 떨어진 지점에 도착했다고 하자. 샘의 변위 $\vec{d}_S$는 **그림 3.2(a)**와 같다. 변위 벡터는 출발점과 도착점을 잇는 직선이지만, 그렇다고 실제 경로일 필요는 없다. 점선은 샘이 걸어간 실제 경로인 반면, 변위는 벡터 $\vec{d}_S$이다.

벡터를 기술하려면 크기와 방향을 표시해야 한다. 샘의 변위는

$$\vec{d}_S = (200 \text{ m, 북동쪽})$$

과 같이 쓸 수 있는데, 처음 숫자는 크기이고, 나중 것은 방향을 나타낸다. 샘의 변위 크기는 $d_S = 200$ m로, 출발점과 도착점 사이의 직선거리이다.

샘의 이웃인 베키는 자기 집 앞문을 나와서 북동쪽으로 200 m를 걸어갔다. 베키의 변위 $\vec{d}_B = (200 \text{ m, 북동쪽})$은 샘의 변위 $\vec{d}_S$와 같은 크기와 방향을 갖는다. 벡터는 자신의 크기와 방향만으로 정의되기 때문에 **크기와 방향이 같은 두 벡터는 동일한 벡터이다.** 이것은 벡터 개개의 시작점과는 무관함을 의미한다. 따라서 **그림 3.2(b)**의 두 변위는 서로 같으며, $\vec{d}_B = \vec{d}_S$라고 쓴다.

벡터의 덧셈

1장에서 보았듯이 연속적으로 이어진 변위들을 벡터의 덧셈을 통해서 결합시킬 수 있다. **그림 3.3**은 P점을 출발해서 S점에 도착한 보행자의 변위를 보여준다. 보행자는 먼저 동쪽으로 4 km를 걸어간 후, 북쪽으로 3 km를 갔다. 보행자의 초기 변위는 벡터 $\vec{A} = (4 \text{ km, 동쪽})$으로 쓸 수 있으며, 둘째 변위는 $\vec{B} = (3 \text{ km, 북쪽})$이다. 보행자의 **알짜 변위**(net displacement)는 정의에 따라 출발점 P점에서 도착점 S점까지 잇는

그림 3.1 속도 벡터 $\vec{v}$는 크기와 방향을 동시에 갖는다.

벡터 크기 · 벡터 방향
$v = 5$ m/s
벡터 이름 $\vec{v}$
벡터는 이 지점에서의 입자의 속도를 나타낸다.

그림 3.2 변위 벡터

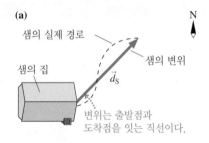

(a)
샘의 실제 경로
샘의 집
샘의 변위
$\vec{d}_S$
변위는 출발점과 도착점을 잇는 직선이다.
N

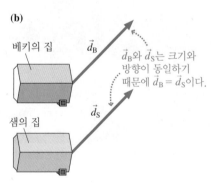

(b)
베키의 집
$\vec{d}_B$
$\vec{d}_B$와 $\vec{d}_S$는 크기와 방향이 동일하기 때문에 $\vec{d}_B = \vec{d}_S$이다.
샘의 집
$\vec{d}_S$

그림 3.3 두 변위 $\vec{A}$와 $\vec{B}$가 만든 알짜 변위 $\vec{C}$

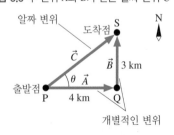

알짜 변위
도착점 S
$\vec{C}$
$\vec{B}$ 3 km
출발점 θ $\vec{A}$
P 4 km Q
개별적인 변위
N

벡터로서 그림에서 $\vec{C}$로 표시되어 있다.

단어 '알짜(net)'는 덧셈을 의미한다. 알짜 변위 $\vec{C}$는 초기 변위 $\vec{A}$와 둘째 변위 $\vec{B}$의 덧셈, 즉

$$\vec{C} = \vec{A} + \vec{B} \tag{3.1}$$

이다. 두 벡터의 합을 **합벡터**(resultant vector)라고 한다. 벡터의 덧셈은 교환 가능하기 때문에 덧셈 순서를 마음대로 바꿔도 좋다. 즉, $\vec{A} + \vec{B} = \vec{B} + \vec{A}$이다.

◀◀**풀이 전략 1.4**를 보면, 두 벡터를 더하는 세 단계 과정이 나와 있다. 그림 3.3과 같이 화살표의 시작과 끝을 연결해서 $\vec{C} = \vec{A} + \vec{B}$를 구하는 덧셈 과정을 두미연결법(tip-to-tail method) 또는 덧셈작도법(graphical addition)이라고도 한다.

두 벡터의 덧셈에서 **그림 3.4(a)**처럼 벡터의 시작점이 일치하도록 그리는 것이 편리할 때가 있다. $\vec{D} + \vec{E}$를 구하기 위해서 $\vec{E}$의 시작점을 $\vec{D}$의 끝점으로 평행 이동시킨 후, $\vec{D}$의 시작과 $\vec{E}$의 끝을 잇는 두미연결법을 사용하면, **그림 3.4(b)**처럼 $\vec{F} = \vec{D} + \vec{E}$를 얻는다. 다른 방법으로, **그림 3.4(c)**처럼 $\vec{E}$와 $\vec{D}$가 만드는 평행사변형의 대각선이 벡터의 덧셈 $\vec{D} + \vec{E}$가 된다. 이것을 **평행사변형법**(parallelogram method)이라고 한다.

그림 3.4 두 벡터는 두미연결법이나 평행사변형법을 사용하여 더할 수 있다.

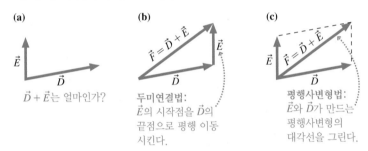

(a)
$\vec{E}$
$\vec{D}$
$\vec{D} + \vec{E}$는 얼마인가?

(b)
$\vec{F} = \vec{D} + \vec{E}$
$\vec{E}$
$\vec{D}$
두미연결법:
$\vec{E}$의 시작점을 $\vec{D}$의 끝점으로 평행 이동시킨다.

(c)
$\vec{F} = \vec{D} + \vec{E}$
$\vec{E}$
$\vec{D}$
평행사변형법:
$\vec{E}$와 $\vec{D}$가 만드는 평행사변형의 대각선을 그린다.

스칼라 곱하기

그림 3.3의 한 보행자가 $\vec{A}_1$ = (4 km, 동쪽)만큼 이동하였고, 둘째 보행자는 동쪽으로 두 배 더 갔다고 하면, 둘째 보행자의 변위는 $\vec{A}_2$ = (8 km, 동쪽)이어야 한다. 단어 '2배'는 곱하기를 의미하기 때문에

$$\vec{A}_2 = 2\vec{A}_1$$

라고 표현한다. **벡터에 양(+)의 스칼라를 곱하면 방향은 같고, 크기만 다른 벡터가 된다.**

벡터 $\vec{A}$의 크기를 A, 방향을 θ_A라고 하면 $\vec{A} = (A, \theta_A)$로 쓸 수 있다. c가 양(+)의 스칼라라고 하면, $\vec{B} = c\vec{A}$는

$$(B, \theta_B) = (cA, \theta_A) \tag{3.2}$$

를 의미한다. 따라서 원래 벡터를 c배만큼 늘이거나 줄일 수 있다. **그림 3.5**에서 볼 수 있듯이, 벡터 $\vec{B}$의 크기는 $B = cA$이지만 방향은 $\vec{A}$와 같다.

벡터 $\vec{A}$에 0을 곱했다고 생각해 보자. 식 (3.2)에 따라

그림 3.5 벡터와 양(+)의 스칼라 곱하기

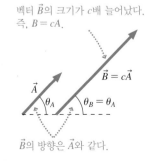

벡터 $\vec{B}$의 크기가 c배 늘어났다. 즉, $B = cA$.

$\vec{A}$
$\vec{B} = c\vec{A}$
θ_A
$\theta_B = \theta_A$

$\vec{B}$의 방향은 $\vec{A}$와 같다.

$$0 \cdot \vec{A} = \vec{0} = (0 \text{ m, 방향 알 수 없음}) \tag{3.3}$$

이다. 0의 곱은 크기가 0인 벡터가 된다. 이것을 $\vec{0}$으로 쓰고, **영벡터**(zero vector)라고 한다. 길이가 0인 화살표의 방향은 알 수 없기 때문에 영벡터의 방향은 무의미하다.

벡터에 음수를 곱하면 어떻게 될까? $c < 0$이면, 식 (3.2)가 성립하지 않는다. 왜냐하면 벡터 $\vec{B}$의 크기가 음수일 수는 없기 때문이다. 벡터 $\vec{A}$에 -1을 곱한 결과인 $-\vec{A}$를 살펴보자. 벡터 $-\vec{A}$란 $\vec{A}$를 더했을 때, 영벡터 $\vec{0}$가 되는 벡터를 의미한다. 즉,

$$\vec{A} + (-\vec{A}) = \vec{0} \tag{3.4}$$

이다. 말하자면, **그림 3.6**과 같이 $-\vec{A}$의 **끝점**이 $\vec{A}$의 **시작점**으로 돌아와야 한다. 이렇게 되려면 $-\vec{A}$는 $\vec{A}$와 크기는 같고, 방향이 반대여야 한다. 결과적으로

$$-\vec{A} = (A, \vec{A}\text{의 반대방향}) \tag{3.5}$$

이 된다. 벡터에 -1을 곱하면 그 벡터의 길이는 변하지 않고 방향이 반대가 된다.

한 예로써, **그림 3.7**은 $\vec{A}$와 $2\vec{A}$, 그리고 $-3\vec{A}$를 보여준다. 2를 곱하면 길이는 두 배로 늘어나지만 방향은 그대로이다. -3을 곱하면 길이가 세 배로 늘어남과 동시에 방향도 반대가 된다.

벡터의 뺄셈

벡터 $\vec{A}$에서 벡터 $\vec{B}$를 뺀 값 $\vec{A} - \vec{B}$는 무슨 의미일까? 숫자의 뺄셈은 음수의 덧셈과 같다. 즉, $5 - 3 = 5 + (-3)$이다. 마찬가지로 $\vec{A} - \vec{B} = \vec{A} + (-\vec{B})$이다. 따라서 벡터의 뺄셈 규칙을 얻기 위해서 벡터의 덧셈 규칙과 $-\vec{B}$가 $\vec{B}$와 방향이 반대인 점을 이용하면 된다.

그림 3.6 벡터 $-\vec{A}$

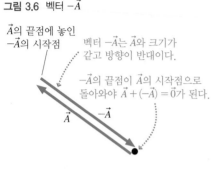

$\vec{A}$의 끝점에 놓인 $-\vec{A}$의 시작점

벡터 $-\vec{A}$는 $\vec{A}$와 크기가 같고 방향이 반대이다.

$-\vec{A}$의 끝점이 $\vec{A}$의 시작점으로 돌아와야 $\vec{A} + (-\vec{A}) = \vec{0}$가 된다.

그림 3.7 벡터 $\vec{A}$, $2\vec{A}$ 그리고 $-3\vec{A}$

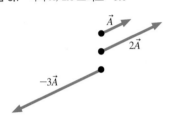

풀이 전략 3.1 벡터의 뺄셈

$\vec{A}$에서 $\vec{B}$를 빼려면

❶ $\vec{A}$를 그린다.

❷ $\vec{A}$의 끝점에 $-\vec{B}$의 시작점을 겹쳐 놓는다.

❸ $\vec{A}$의 시작점에서 $-\vec{B}$의 끝점을 잇는 화살표를 그리면 $\vec{A} - \vec{B}$가 된다.

3.2 운동 도형에서 벡터 활용하기

2장에서 물체의 위치 변화, 즉 변위를 시간 간격으로 나눈 값을 1차원 운동에 대한 속도라고 정의하였다.

$$v_x = \frac{\Delta x}{\Delta t} = \frac{x_f - x_i}{\Delta t}$$

2차원에서 물체의 변위는 벡터이다. 물체가 Δt시간 동안 $\vec{d}$만큼 변위를 일으켰다면, 물체의 속도 벡터는 다음과 같이 정의된다.

$$\vec{v} = \frac{\vec{d}}{\Delta t} = \left(\frac{d}{\Delta t}, \ \vec{d}\text{와 같은 방향} \right) \tag{3.6}$$

2차원 이상에서 속도의 정의

식 (3.6)은 벡터에 스칼라를 곱한 것임을 주목해야 한다. 속도 벡터는 단순히 변위 벡터에 스칼라 $1/\Delta t$를 곱한 것이다. 결과적으로 **속도 벡터는 변위의 방향을 가리킨다**. 따라서 속도를 가시적으로 나타내기 위해서 운동 도형(motion diagram)에 두 점을 이은 벡터를 사용할 수 있다.

예제 3.1 **비행기의 속도 구하기**

소형 비행기가 덴버의 동쪽 100 km 지점을 출발해서 일정한 방향과 일정한 속력으로 1시간 동안 비행한 후에 덴버의 북쪽 200 km 지점에 도착하였다. 비행기의 속도는 얼마인가?

준비 그림 3.8은 비행기의 초기와 나중 위치를 보여준다. 변위 $\vec{d}$는 초기 위치에서 나중 위치로 향하는 벡터이다.

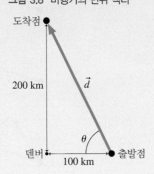

그림 3.8 비행기의 변위 벡터

풀이 변위 벡터의 길이는 직각삼각형의 빗변이다.

$$d = \sqrt{(100 \text{ km})^2 + (200 \text{ km})^2} = 224 \text{ km}$$

그림 3.8에 주어진 각도 θ가 변위 벡터의 방향을 나타낸다.

$$\theta = \tan^{-1}\left(\frac{200 \text{ km}}{100 \text{ km}} \right) = \tan^{-1}(2.00) = 63.4°$$

따라서 비행기의 변위 벡터는

$$\vec{d} = (224 \text{ km, 서북방향 } 63.4°)$$

이고, 1시간 동안 발생한 것이므로 비행기의 속도는

$$\vec{v} = \left(\frac{d}{\Delta t}, \ \vec{d}\text{와 같은 방향} \right) = \left(\frac{224 \text{ km}}{1 \text{ h}}, \ \text{서북방향 } 63.4° \right)$$
$$= (224 \text{ km/h, 서북방향 } 63.4°)$$

이다.

검토 비행기의 속력은 속도의 크기로서 $v = 224$ km/h이다. 이 속도는 소형 비행기의 속력과 걸맞은 속력이다.

1차원 운동에서 물체의 가속도는 $a_x = \Delta v_x / \Delta t$로 정의하였다. 2차원 운동에서 가속도를 나타내려면 벡터를 사용해야 한다. 가속도 벡터의 정의는 1차원 표현을 곧바로 확장한 것이다.

직진-선회 BIO 빠르게 가속하며, 즉 빠르게 속력을 변화하며 먹이를 잡는 꼬치고기(위). 꼬치고기의 몸통 형태는 직선 공격에 알맞게 되어 있다. 다른 형태의 나비고기(아래)는 속력을 빨리 변화시킬 수 없는 대신 방향을 빠르게 바꿀 수 있다.

$$\vec{a} = \frac{\vec{v}_f - \vec{v}_i}{t_f - t_i} = \frac{\Delta\vec{v}}{\Delta t} \tag{3.7}$$
2차원 이상에서 가속도 정의

속도의 **변화**가 생기면 언제나 가속도가 존재한다. 속도는 벡터이기 때문에 다음 둘 중 하나 또는 둘 모두에 의해 변할 수 있다.

1. 속력의 변화를 의미하는 속도의 크기가 변할 수 있다.
2. 운동 방향이 변할 수 있다.

2장에서 공부한 가속도는 직선 운동하는 물체의 속력이 증가하거나 감소하는 상황, 즉 첫째 경우에 대한 것이었다. 이번에는 물체의 운동 방향이 변하는 둘째 경우를 살펴보자.

초기 시간 t_i에서 물체의 속도가 $\vec{v}_i$이고, 나중 시간 t_f에서 물체의 속도를 $\vec{v}_f$라고 하자. 속도가 **변했다**는 사실은 시간 구간 $\Delta t = t_f - t_i$ 동안 물체가 가속되었다는 것을 의미한다. 식 (3.7)에서 알 수 있듯이 가속도는 벡터 $\Delta\vec{v}$와 같은 방향이다. 이 벡터는 속도 벡터의 변화 $\Delta\vec{v} = \vec{v}_f - \vec{v}_i$이다. 따라서 가속도 벡터의 방향을 알기 위해서는 속도의 뺄셈 $\vec{v}_f - \vec{v}_i$를 살펴보아야 한다. 풀이 전략 3.1에서 벡터의 뺄셈법을 공부하였다. 풀이 전략 3.2는 벡터의 뺄셈법을 이용해서 가속도 벡터를 구하는 과정을 보여준다.

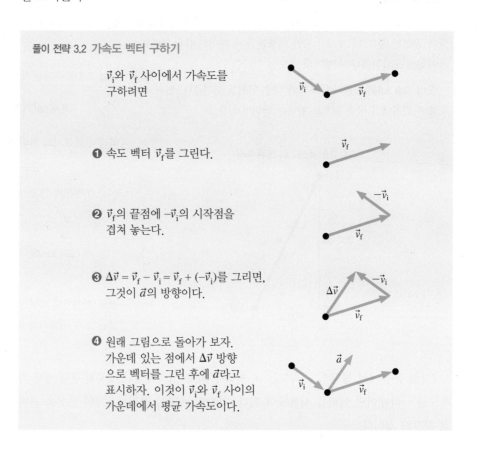

풀이 전략 3.2 가속도 벡터 구하기

$\vec{v}_i$와 $\vec{v}_f$ 사이에서 가속도를 구하려면

❶ 속도 벡터 $\vec{v}_f$를 그린다.

❷ $\vec{v}_f$의 끝점에 $-\vec{v}_i$의 시작점을 겹쳐 놓는다.

❸ $\Delta\vec{v} = \vec{v}_f - \vec{v}_i = \vec{v}_f + (-\vec{v}_i)$를 그리면, 그것이 $\vec{a}$의 방향이다.

❹ 원래 그림으로 돌아가 보자. 가운데 있는 점에서 $\Delta\vec{v}$ 방향으로 벡터를 그린 후에 $\vec{a}$라고 표시하자. 이것이 $\vec{v}_i$와 $\vec{v}_f$ 사이의 가운데에서 평균 가속도이다.

이제 우리는 가속도 벡터의 계산법을 공부했기 때문에 물체의 위치를 나타내는 점들, 점들을 화살표로 연결해서 구한 평균 속도 벡터, 그리고 풀이 전략 3.2에 따라서 얻은 가속도 벡터를 사용해서 완전한 운동 도형을 그릴 수 있다. 연속되는 두 속도 벡터를 연결해 주는 하나의 가속도 벡터가 있고, 두 속도 벡터를 연결시켜 주는 점에다 $\vec{a}$를 그렸다.

예제 3.2 **화성 착륙을 위한 가속도 그리기**

우주선이 화성 표면에 안전하게 착륙하기 위해서 속도를 줄이고 있다. 착륙 직전 수 초 동안의 운동을 도형으로 나타내시오.

준비 그림 3.9의 두 가지 도형 가운데 하나는 교과서에서 흔히 볼 수 있는 전문가 그린 것이고, 다른 하나는 학생들이 숙제할 때 그린 것이다. 우주선은 착륙하는 동안에 속도가 줄어든다. 점 사이의 간격이 점점 더 가까워지고 속도 벡터는 점점 더 짧아진다.

풀이 그림 3.9의 설명은 풀이 전략 3.2를 적용해서 한 점에서 가속도를 구하는 방법을 기술하고 있다. 연속되는 한 쌍의 속도 벡터에서 초기 속도 벡터가 나중 것보다 더 길기 때문에 모든 가속도 벡터는 거의 같다.

검토 우주선의 속도가 줄어들기 때문에 속도 벡터와 가속도 벡터는 서로 반대로 향한다. 이것은 2장에서 배운 가속도의 부호와 일치한다.

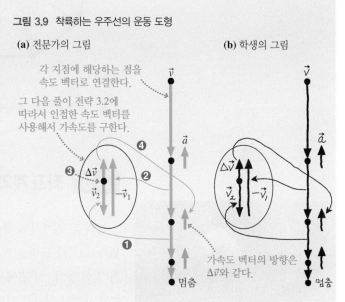

그림 3.9 착륙하는 우주선의 운동 도형

(a) 전문가의 그림

각 지점에 해당하는 점을 속도 벡터로 연결한다.

그 다음 풀이 전략 3.2에 따라서 인접한 속도 벡터를 사용해서 가속도를 구한다.

(b) 학생의 그림

가속도 벡터의 방향은 $\Delta\vec{v}$와 같다.

벡터와 원운동

32개의 관람차가 달린 런던 아이 페리스 관람차는 반지름 65 m인 수직 원궤도를 따라서 0.5 m/s의 일정한 속력으로 회전한다. 관람차의 속력은 일정하지만, 속도는 일정하지 않다. 속도는 물체의 속력과 운동 방향에 따라 변하는 벡터이며, 원운동의 방향은 계속 변한다. 속력은 일정하지만 운동 방향이 지속적으로 변하는 것이 **등속 원운동**(uniform circular motion)의 특징이다. 이 절에서는 원운동의 기본 성질만을 살펴보고, 더욱 상세한 설명은 6장에서 다룰 것이다.

그림 3.10은 관람차가 완전히 한 바퀴 도는 동안 지나간 지점을 10개의 점으로 나타내는 등속 원운동에 대한 운동 도형이다. 관람차의 탑승객은 일정한 속력으로 원운동을 하기 때문에 인접한 점 사이의 거리는 동일하다. 전과 같이 속도 벡터는 한 점과 다음 점을 연결하면 되는데, 연결선은 곡선이 아니고 직선이다. 속도 벡터의 길이는 모두 같지만, 방향이 모두 다르기 때문에 탑승객은 속도가 변하는 가속도를 갖게 됨을 알 수 있다. 이것은 속력이 '증가하거나 줄어드는 방식'의 가속도가 아니고, '방향이 바뀌는' 가속도이다. 그림 3.10에서 보여주는 단계를 거쳐 가속도의 방향을 유추할 수 있다. 점 1과 2 사이에 속도의 변화, 즉 가속도는 원궤도의 중심을 향한다.

런던 아이 페리스 관람차

그림 3.10 등속 원운동의 운동 도형

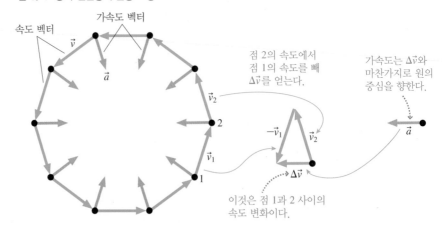

운동 도형에 있는 점들을 어떻게 선택하더라도 가속도가 원의 중심을 향하도록 속도가 변한다.

3.3 좌표계와 벡터 성분

앞의 두 절에서 도형을 이용한 벡터의 덧셈과 뺄셈, 그리고 운동의 기술 방법을 배웠다. 그러나 도형을 이용한 벡터의 연산 방법은 정량적인 결과를 얻고자 할 때 불편한 점이 많다. 이 절에서 우리는 벡터 연산의 기본이 되는 벡터를 좌표로 표현하는 방법에 대해서 살펴볼 것이다.

고고학 발굴을 위한 좌표계 설정

그림 3.11 직각 좌표계

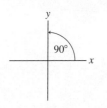

좌표계

1장에서 보았듯이, 좌표계가 본래부터 세상에 있었던 것은 아니다. 정량적인 계측을 위해서 문제의 지점에 인위적으로 설정한 그물선(grid)이 바로 좌표계이다. 좌표계를 올바르게 선택하면 문제를 더 쉽게 풀 수 있다. 일반적으로 우리는 **그림 3.11**과 같이 수직인 축을 가진 직사각형 그물선으로 이루어진 **직각 좌표**(Cartesian coordinates)를 사용한다.

좌표축은 0의 값을 갖는 축의 교차점을 기준으로 양(+)의 끝과 음(−)의 끝이 있다. 좌표계를 설정할 때, 축의 이름을 붙이는 것은 매우 중요하다. 그림 3.11처럼, 축의 양(+)의 끝에 x와 y라고 표시한다.

그림 3.12 좌표축과 평행한 성분 벡터 $\vec{A}_x$와 $\vec{A}_y$. 따라서 $\vec{A} = \vec{A}_x + \vec{A}_y$이다.

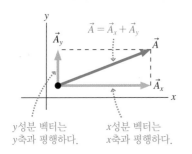

성분 벡터

그림 3.12는 우리가 선택한 xy좌표계와 벡터 $\vec{A}$를 보여준다. 일단 축의 방향이 결정되면, 그 축에 평행한 2개의 새로운 벡터를 정의할 수 있고, 이 벡터를 $\vec{A}$의 **성분 벡터**(component vector)라고 한다. x성분 벡터 $\vec{A}_x$는 x축 위에 $\vec{A}$를 투영시킨 것이고, y성분 벡터 $\vec{A}_y$는 y축 위에 $\vec{A}$를 투영시킨 것이다.

평행사변형법을 이용하면 $\vec{A}$는 두 성분 벡터의 합과 같음을 알 수 있다.

$$\vec{A} = \vec{A}_x + \vec{A}_y \qquad (3.8)$$

원리적으로 보면, $\vec{A}$가 좌표축에 평행하며 서로 수직인 두 벡터로 분해된 셈이다. 우리는 이것을 $\vec{A}$가 두 성분 벡터로 **분해되었다**고 말한다.

성분

1차원 운동 변수 v_x는 속도 벡터 $\vec{v}$가 $+x$축을 가리키면 양(+)의 부호를 갖고, $-x$축을 가리키면 음(−)의 부호를 갖는다. 그 이유는 v_x가 $\vec{v}$의 x성분이기 때문이다. 이와 같은 개념을 일반화시켜 보자.

만일 벡터 $\vec{A}$를 좌표축에 평행한 성분 벡터 $\vec{A}_x$와 $\vec{A}_y$로 분해했다면, 각 성분 벡터는 하나의 스칼라 숫자로 나타낼 수 있다. 이것을 **성분**(component)이라고 한다. 벡터 $\vec{A}$의 x성분과 y성분인 A_x와 A_y는 다음과 같이 결정된다.

그림 3.13 벡터의 성분 구하기

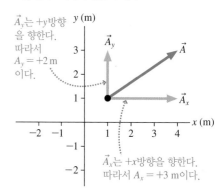

풀이 전략 3.3 벡터의 성분 결정하기

❶ x성분 A_x의 절댓값 $|A_x|$는 성분 벡터 $\vec{A}_x$의 크기이다.

❷ $\vec{A}_x$가 $+x$축(또는 $-x$축)을 가리키면, A_x의 부호는 양(또는 음)이다.

❸ 같은 방법으로 y성분 A_y를 결정할 수 있다.

다시 말하면, 성분 A_x는 두 가지 사실을 포함하고 있다. 첫째는 $\vec{A}_x$의 크기이고, 둘째는 $\vec{A}_x$가 가리키는 방향이다. **그림 3.13**은 벡터 성분을 결정하는 세 가지 보기를 보여준다.

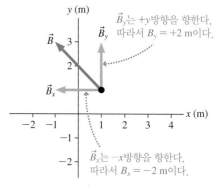

물리량은 대부분 벡터로 표현된다. 도형이나 좌표를 사용해서 벡터를 성분으로 분해하거나, 성분으로부터 벡터를 '재조합'해야 하는 상황이 빈번히 발생한다.

먼저 벡터를 x 및 y성분으로 분해시키는 문제를 살펴보자. **그림 3.14(a)**는 수평과 θ 각도를 이루는 벡터 $\vec{A}$를 나타낸다. 벡터의 방향을 정의하기 위해서 도형이나 그림을 사용할 수밖에 없다. $\vec{A}$는 오른쪽 위를 가리킨다. 따라서 풀이 전략 3.3에 의해서 성분 A_x와 A_y는 모두 양수이다.

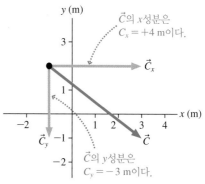

그림 3.14 벡터를 성분으로 분해하기

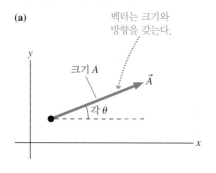

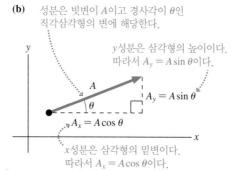

삼각법을 이용해서 벡터 성분을 구할 수 있다. **그림 3.14(b)**의 경우

$$A_x = A\cos\theta$$
$$A_y = A\sin\theta$$

(3.9)

이다. 여기에서 A는 벡터 $\vec{A}$의 길이 또는 크기를 의미한다. 위 식은 벡터의 길이와 각도를 벡터 성분으로 변환시키는 방정식이다. 식 (3.9)는 θ를 수평선으로부터 측정하였을 때만이 올바른 표현이다.

반대로, 벡터 성분이 주어진다면, x성분과 y성분으로부터 벡터의 길이와 각도를 결정할 수 있다. 그림 3.15에서 A는 직각삼각형의 빗변이므로 피타고라스 정리로부터

$$A = \sqrt{A_x^2 + A_y^2}$$

(3.10)

을 얻는다. 각도 θ의 탄젠트는 높이를 밑변의 길이로 나눈 값과 같다.

$$\theta = \tan^{-1}\left(\frac{A_y}{A_x}\right)$$

(3.11)

식 (3.10)과 (3.11)은 식 (3.9)의 '역변환'으로 볼 수 있다.

한편, 벡터가 오른쪽 위 방향을 가리키지 않는다면, 즉 벡터의 한쪽 성분이 음수이면 어떻게 될까? **그림 3.16**은 벡터 $\vec{C}$가 오른쪽 아래 방향을 가리키는 경우를 보여준다. 여기서 성분 벡터 $\vec{C}_y$는 $-y$방향(아래)을 향한다. 따라서 y성분 C_y는 음수이다. $\vec{C}$가 y축과 이루는 각도를 ϕ라고 두면, $\vec{C}$의 성분은

$$C_x = C\sin\phi$$
$$C_y = -C\cos\phi$$

(3.12)

와 같다. 위 식에서 사인과 코사인의 역할은 식 (3.9)와 반대이다. 그 이유는 각도 ϕ가 수평축이 아닌 수직축을 기준으로 측정된 값이기 때문이다.

다음으로, 성분이 주어진 경우에 벡터의 길이와 방향을 결정하는 '역변환' 문제를 살펴보자. 성분의 부호는 길이에 영향을 주지 않는다. 벡터의 길이 또는 크기를 구할 때 항상 피타고라스 정리가 사용된다. 이때 성분을 제곱해야 하므로 부호에 대한 걱정이 사라진다. 그림 3.16에서 벡터의 길이는 단순히

$$C = \sqrt{C_x^2 + C_y^2}$$

(3.13)

이다. 성분으로부터 벡터의 방향을 결정할 경우, 성분의 부호를 염두에 두어야 한다. 그림 3.16에서 벡터 $\vec{C}$의 각도를 구하려면 C_y의 음(−)의 부호를 **제외한** 길이가 필요하다.

$$\phi = \tan^{-1}\left(\frac{C_x}{|C_y|}\right)$$

(3.14)

x와 y성분의 역할이 식 (3.11)에서와 다르다는 점을 주목할 필요가 있다.

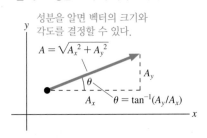

그림 3.15 성분으로부터 벡터 나타내기

성분을 알면 벡터의 크기와 각도를 결정할 수 있다.

$A = \sqrt{A_x^2 + A_y^2}$

A_y

θ

A_x $\theta = \tan^{-1}(A_y/A_x)$

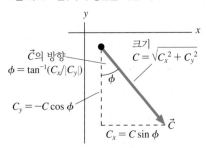

그림 3.16 음(−)의 성분을 가진 벡터

$\vec{C}$의 방향
$\phi = \tan^{-1}(C_x/|C_y|)$

크기
$C = \sqrt{C_x^2 + C_y^2}$

$C_y = -C\cos\phi$

ϕ

$C_x = C\sin\phi$

$\vec{C}$

예제 3.3 가속도 벡터의 성분 구하기

그림 3.17에 주어진 가속도 벡터 $\vec{a}$의 x와 y성분을 구하시오.

그림 3.17 예제 3.3에서 가속도 벡터 $\vec{a}$

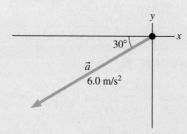

그림 3.18 가속도 벡터의 성분

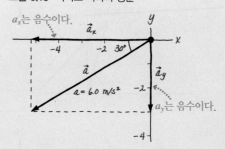

$$a_x = -a\cos 30° = -(6.0 \text{ m/s}^2)\cos 30° = -5.2 \text{ m/s}^2$$
$$a_y = -a\sin 30° = -(6.0 \text{ m/s}^2)\sin 30° = -3.0 \text{ m/s}^2$$

준비 문제를 풀기 위해서 벡터의 도형을 그리는 것이 필요하다. 그림 3.18은 원래 벡터 $\vec{a}$를 좌표축에 평행한 성분 벡터로 분해한 모습을 보여준다.

풀이 가속도 벡터 $\vec{a}$ = (6.0 m/s², −x축 아래로 30°)는 왼쪽(−x방향)과 아래쪽(−y방향)을 가리킨다. 따라서 a_x와 a_y는 모두 음수이다.

검토 그림 3.18에서 볼 수 있듯이 y성분의 크기는 x성분보다 작다. a_x와 a_y의 단위는 $\vec{a}$의 단위와 같다. 벡터가 아래 왼쪽을 향하고 있기 때문에 인위적으로 음(−)의 부호를 넣었다는 점을 주목해야 한다.

성분을 이용한 계산

지금까지 우리는 도형을 이용한 벡터의 덧셈을 공부했지만, 성분을 이용하면 덧셈이 더 쉬워진다. 예를 들어, **그림 3.19**에서 $\vec{C} = \vec{A} + \vec{B}$를 계산해보자. 그림에서 $\vec{C}$의 성분 벡터들이 $\vec{A}$와 $\vec{B}$의 성분 벡터들의 합과 같다는 것을 알 수 있다. 이것은 성분의 경우도 마찬가지이다. $C_x = A_x + B_x$, $C_y = A_y + B_y$이다.

일반적으로, $\vec{D} = \vec{A} + \vec{B} + \vec{C} + \cdots$의 경우를 살펴보면, 합벡터 $\vec{D}$의 x성분과 y성분은

그림 3.19 성분을 이용한 벡터의 덧셈

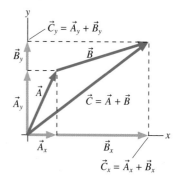

$$D_x = A_x + B_x + C_x + \cdots$$
$$D_y = A_y + B_y + C_y + \cdots$$

(3.15)

와 같다. 이와 같은 벡터 덧셈 방법을 대수적 덧셈(algebraic addition)이라고 한다.

예제 3.4 대수적 덧셈을 이용한 새의 변위 구하기

새가 동쪽으로 100 m를 날아간 후, 다시 북서쪽(서쪽에서 북쪽으로 45° 기울어진 방향)으로 200 m를 이동했다. 출발점에서 도착점까지 새의 알짜 변위는 얼마인가?

준비 그림 3.20(a)는 변위 벡터 $\vec{A}$ = (100 m, 동쪽) 및 $\vec{B}$ = (200 m, 북서쪽)과 알짜 변위 $\vec{C} = \vec{A} + \vec{B}$를 보여준다. 화살표를 연결해서 합벡터를 구할 수 있지만, 대수적 덧셈을 사용하기 위해서 **그림 3.20(b)**와 같이 변위 벡터를 모두 원점에서 출발하도록 그리는 것이 좋다.

풀이 대수적 방법을 사용하려면 성분을 알아야 한다. 그림에서

$$A_x = 100 \text{ m}$$
$$A_y = 0 \text{ m}$$
$$B_x = -(200 \text{ m})\cos 45° = -141 \text{ m}$$
$$B_y = (200 \text{ m})\sin 45° = 141 \text{ m}$$

이다. 그림에서 볼 수 있듯이 $\vec{B}$의 x성분은 음수이다. $\vec{A}$와 $\vec{B}$의 성분끼리 더하면

그림 3.20 알짜 변위 구하기

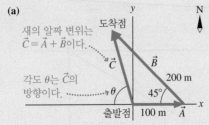

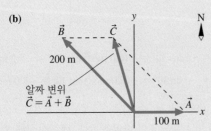

$$C_x = A_x + B_x = 100 \text{ m} - 141 \text{ m} = -41 \text{ m}$$
$$C_y = A_y + B_y = 0 \text{ m} + 141 \text{ m} = 141 \text{ m}$$

와 같다. 따라서 알짜 변위 벡터 $\vec{C}$의 크기는

$$C = \sqrt{C_x^2 + C_y^2} = \sqrt{(-41 \text{ m})^2 + (141 \text{ m})^2} = 147 \text{ m}$$

이고, **그림 3.20**에서 각도 θ는

$$\theta = \tan^{-1}\left(\frac{C_y}{|C_x|}\right) = \tan^{-1}\left(\frac{141 \text{ m}}{41 \text{ m}}\right) = 74°$$

이다. 결과적으로 새의 알짜 변위는 $\vec{C} = (147 \text{ m}, 서북쪽 74°)$이다.

검토 C_x와 C_y의 값은 그림 3.20의 도형에서 보여준 것과 잘 일치한다. 대수적 덧셈 결과를 기하학적 덧셈 결과와 비교해보는 것은 가치 있는 일이다.

벡터의 **뺄셈**과 벡터에 스칼라를 곱하는 과정도 성분을 이용하면 쉽게 할 수 있다. $\vec{D} = \vec{P} - \vec{Q}$를 구하려면

$$D_x = P_x - Q_x$$
$$D_y = P_y - Q_y \qquad (3.16)$$

를 계산하면 된다. 마찬가지로 $\vec{T} = c\vec{S}$는

$$T_x = cS_x$$
$$T_y = cS_y \qquad (3.17)$$

이다.

다음 몇몇 장에서 **벡터 방정식**이 자주 사용될 것이다. 예를 들면, 자동차가 정지할 때까지 받는 힘을 구하는 방정식은

$$\vec{F} = \vec{n} + \vec{w} + \vec{f} \qquad (3.18)$$

이다. 식 (3.18)은 실제로 2개의 연립 방정식

$$F_x = n_x + w_x + f_x$$
$$F_y = n_y + w_y + f_y \qquad (3.19)$$

를 함축하여 적은 표현방법이다. 다시 말해서, 벡터 방정식은 등호 양변의 x성분에 대한 등식과 y성분에 대한 등식이 함축된 표현이라고 볼 수 있다.

기울어진 좌표축

우리는 대개 x축을 수평 방향으로 설정한다. 그러나 꼭 그럴 필요는 없다. 1장의 경사면 운동에서 x축을 경사면과 평행한 방향으로 선택하는 것이 더 편리하다는 것을

보았다. 그것에 y축을 추가하면, **그림 3.21**과 같이 기울어진 좌표축을 얻을 수 있다.

기울어진 축 방향의 성분을 구하는 과정은 지금까지 우리가 해온 것과 다르지 않다. 그림 3.21의 벡터 $\vec{C}$는 성분 벡터 $\vec{C}_x$와 $\vec{C}_y$로 분해할 수 있으며, 성분은 각각 $C_x = C\cos\theta$, $C_y = C\sin\theta$이다.

그림 3.21 기울어진 좌표계

$\vec{C}$의 성분 벡터를 기울어진 좌표축에 관하여 구하였다.

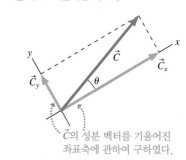

수업 영상

3.4 경사면에서의 운동

이 절에서, 우리는 경사면에서의 물체의 운동 문제를 다룬다. 이 문제를 살펴보는 이유는 세 가지이다. 첫째는 벡터 사용법을 연습할 수 있고, 둘째로는 정확한 해답을 구할 수 있는 간단한 문제이며, 셋째는 추상적인 것처럼 보이지만 실제적이고 중요한 응용 문제이기 때문이다.

일반적인 가속도 운동을 살펴보기 전에, 먼저 등속도 운동 문제를 통해서 벡터 및 그 성분을 다루는 연습부터 시작해보자.

예제 3.5 **경사면의 높이 구하기**

자동차가 10°의 경사면을 일정한 속력 15 m/s로 올라간다. 10 s 후에 자동차가 올라간 높이는 얼마인가?

준비 그림 3.22는 x축과 y축을 정의한 개요도를 나타낸다. 속도 벡터 $\vec{v}$는 경사로의 위쪽을 가리킨다. 자동차가 수직 방향으로 움직인 거리를 구하기 위해서 $\vec{v}$를 성분 벡터 $\vec{v}_x$와 $\vec{v}_y$로 분해한다.

그림 3.22 경사면을 올라가는 자동차의 개요도

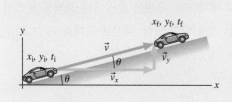

주어진 값
$x_i = y_i = 0$ m
$t_i = 0$ s, $t_f = 10$ s
$v = 15$ m/s
$\theta = 10°$
구할 값
Δy

풀이 필요한 속도 성분은 자동차의 수직 운동을 기술하는 v_y이다. 앞에서 언급한 규칙에 따라 성분을 구하면 다음과 같다.

$$v_y = v\sin\theta = (15 \text{ m/s})\sin 10° = 2.6 \text{ m/s}$$

속도는 일정하므로 10 s 동안 자동차의 수직 변위(즉, 올라간 높이)는

$$\Delta y = v_y\,\Delta t = (2.6 \text{ m/s})(10 \text{ s}) = 26 \text{ m}$$

이다.

검토 자동차는 경사로를 따라서 50 km/h보다 약간 빠른 15 m/s로 올라가서 10 s에 상당한 높이를 올라간다. 그러므로 26 m는 타당하다.

경사면에서의 가속운동

그림 3.23(a)는 각도 θ만큼 기울어진 마찰이 없는 경사면을 따라서 미끄러지는 나무상자의 모습이다. 나무상자는 중력 때문에 가속되지만, 운동 방향은 경사면과 평행하다. 가속도는 얼마일까?

그림 3.23(b)의 나무상자 운동 도형에서 볼 수 있듯이 속도가 변하기 때문에 가속운동이며, 가속도와 속도 벡터는 경사면과 평행하다. 벡터의 성질을 이용하면 나무상자의 가속도를 구할 수 있다. 이를 얻기 위해서, **그림 3.23(c)**와 같이 경사면과 평행하게 x축을 선택하고, 경사면에 수직한 방향으로 y축을 정하면, 모든 운동은 x축 방향

그림 3.23 경사면에서의 가속도

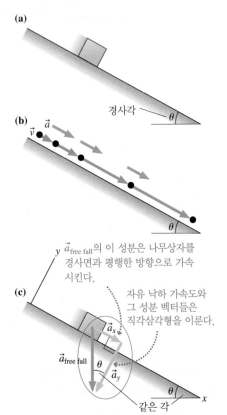

(a)

경사각

(b)

$\vec{v}$ $\vec{a}$

θ

y $\vec{a}_{\text{free fall}}$의 이 성분은 나무상자를 경사면과 평행한 방향으로 가속시킨다.

(c)

자유 낙하 가속도와 그 성분 벡터들은 직각삼각형을 이룬다.

$\vec{a}_x$

$\vec{a}_{\text{free fall}}$ θ $\vec{a}_y$

같은 각 x

으로 발생한다.

경사면을 순간적으로 제거하면, 물체는 자유 낙하 가속도 $\vec{a}_{\text{free fall}}$를 갖게 된다. 이 가속도 벡터는 그림 3.23(c)처럼 경사면에 **평행한** 성분 벡터 $\vec{a}_x$와 경사면에 수직인 성분 벡터 $\vec{a}_y$로 분해할 수 있다. 앞에서 공부한 벡터의 덧셈 규칙에 따르면 $\vec{a}_{\text{free fall}}$ $= \vec{a}_x + \vec{a}_y$이다.

운동 도형에서 알 수 있듯이 물체의 실제 가속도 $\vec{a}_x$는 경사면과 평행하다. 경사진 면은 가속도의 성분 벡터 $\vec{a}_x$를 방해하지 않는 대신에 성분 벡터 $\vec{a}_y$를 '차단한다(5장 참조)'. 따라서 물체를 가속시키는 것은 $\vec{a}_{\text{free fall}}$의 경사면에 평행한 성분이다.

삼각법을 이용하면 평행한 방향의 가속도 성분을 구할 수 있다. 그림 3.23(c)에 주어진 바와 같이 $\vec{a}_{\text{free fall}}$와 $\vec{a}_x$ 및 $\vec{a}_y$는 각도 θ를 가진 직각삼각형을 이룬다. 이 각도는 경사면의 각도와 동일하다. 정의에 따르면, $\vec{a}_{\text{free fall}}$의 크기는 g이고, 직각삼각형의 빗변에 해당한다. 이때 필요한 벡터는 각도 θ가 마주하고 있는 $\vec{a}_x$이다. 따라서 마찰이 없는 경사면에 평행한 가속도 값은

$$a_x = \pm g \sin \theta \qquad (3.20)$$

이다.

식 (3.20)이 의미가 있는지를 살펴보자. 의미가 있는지를 알아보기 위한 좋은 방법은 경사각에 **극한의 경우**(limiting cases)를 생각해보는 것이다. 이렇게 하면, 물리적 의미가 명확해지고, 결과를 쉽게 확인할 수 있다. 두 가지 가능성을 살펴보자.

1. 평면을 $\theta = 0°$인 완전한 수평면이라고 하자. 수평면에 물체를 놓으면, 물체가 가속되지 않고 정지한 상태로 있을 거라고 기대할 수 있다. 예상했던 대로 식 (3.20)은 $\theta = 0°$에서 $a_x = 0$이 된다.

2. 경사각을 $\theta = 90°$까지 기울였다고 생각하자. 우리는 수직면에 물체를 놓으면, 수직면과 평행하게 자유 낙하한다는 것을 알고 있다. 예상했던 대로 식 (3.20)은 $\theta = 90°$에서 $a_x = g$가 된다.

영상 학습 데모

◀ **극한의 물리학** 마찰이 적은 스키를 탄 선수가 공기 저항을 최소화하려고 공기역학적으로 설계한 헬멧을 쓰고 낮은 자세로 경사면에서 직선로를 따라 내려오고 있다. 이 모습은 마찰이 없는 경사로를 내려오는 물체와 유사하다. 경사로 끝에서 스키 선수는 최대 속도를 얻는다.

예제 3.6 **스키 선수의 최대 속력**

오리건 주의 윌래메트 패스(Willamette Pass) 스키장은 1993년 전미 스키 대회가 열렸던 장소이다. 스키 선수들은 정지 상태에서 출발하여 비교적 기울기가 일정한 면을 내려온 후, 끝에 도달했을 때 가능한 한 최대 속력에 도달하고자 노력한다. 경사로의 길이는 360 m이고 수직 하강 거리는 170 m이다. 경사면을 내려왔을 때 스키 선수가 얻을 수 있는 가능한 최대 속력은 얼마인가?

그림 3.24 가속을 받아 경사면을 내려오는 스키 선수의 개요도

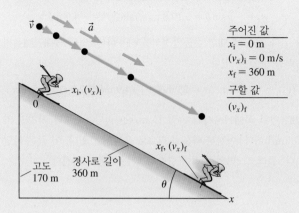

주어진 값
$x_i = 0$ m
$(v_x)_i = 0$ m/s
$x_f = 360$ m
구할 값
$(v_x)_f$

$$\sin\theta = \frac{170 \text{ m}}{360 \text{ m}}$$

가 된다. 즉, $\theta = \sin^{-1}(170/360) = 28°$이다. 따라서 식 (3.20)으로부터 가속도는

$$a_x = +g\sin\theta = (9.8 \text{ m/s}^2)(\sin 28°) = 4.6 \text{ m/s}^2$$

가 된다. 등가속도 직선운동이므로 종합 2.1의 세 번째 운동방정식 $(v_x)_f^2 = (v_x)_i^2 + 2a_x\Delta x$를 사용할 수 있다. 초기 속도 $(v_x)_i$가 0이므로 스키 선수가 도달할 수 있는 최대 속력은

이것은 경사로를 따라 지나온 거리이다.

$$(v_x)_f = \sqrt{2a_x\Delta x} = \sqrt{2(4.6 \text{ m/s}^2)(360 \text{ m})} = 58 \text{ m/s}$$

준비 그림 3.24는 스키 선수의 가속도와 경사면의 규모를 포함하여 문제를 개괄적으로 나타낸 개요도이다. 전과 마찬가지로, 경사면을 따라서 x축을 설정한다.

풀이 공기 저항과 경사면의 마찰이 전혀 없을 때, 가능한 최대 속력을 얻을 수 있다. 이때 가속도는 식 (3.20)과 같다. 가속도는 $+x$ 방향을 향하기 때문에 양(+)의 부호를 가져야 한다. 식 (3.20)의 각도는 얼마인가? 그림 3.24에서 경사로의 거리는 360 m이고 수직 하강 거리는 170 m이므로, 삼각법을 사용하면

이다. 공기 저항이나 마찰이 존재한다면, 이 속력보다 감소할 것이다.

검토 우리가 계산한 최종 속력은 58 m/s로, 약 240 km/h에 해당하는 이 속력은 스키 경기에서 기대할 수 있는 타당한 값이다. 실제 경기에서 우승자의 속력은 179 km/h이었으며, 우리가 계산한 값보다 그다지 작지 않다. 분명히 공기 저항과 마찰을 줄인 노력이 효과를 본 셈이다.

스키는 눈 위에서 마찰이 매우 작다. 그러나 면 사이의 마찰을 줄이는 다른 방법이 있다. 예를 들면, 롤러코스터는 마찰이 작은 바퀴로 트랙을 따라서 움직인다. 첫 번째 언덕을 내려온 후에 차량에는 아무런 힘도 가해지지 않는다. 속력의 변화는 오직 중력에 따라서 변한다. 언덕을 내려갈 때는 속력이 증가하고, 올라갈 때는 속력이 감소한다.

예제 3.7 ▪ **롤러코스터의 속력**

구형 목재 롤러코스터에서 차량은 가장 높은 첫 번째 언덕을 내려오면서 가속이 된다. 그 다음 경사각이 30°인 두 번째 언덕을 올라간다. 바닥에서 차량 속력이 25 m/s일 때, 두 번째 꼭대기에 도달하는데 걸리는 시간은 2.0 s이다. 꼭대기에서 차량의 속력은 얼마인가?

그림 3.25 언덕을 올라갈 때, 롤러코스터의 속력은 감소한다.

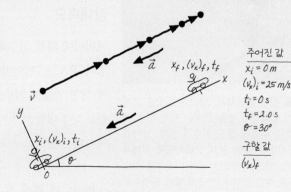

주어진 값
$x_i = 0$ m
$(v_x)_i = 25$ m/s
$t_i = 0$ s
$t_f = 2.0$ s
$\theta = 30°$

구할 값
$(v_x)_f$

준비 그림 3.25는 차량의 운동에 관한 도형과 경사면의 실제 값을 보여준다. 이전에 했던 방법으로 스케치하였다. 그림 3.25의 운동

도형이 예제 3.6과 어떻게 다른지를 살펴보아야 한다. 차량은 언덕을 올라가면서 속도가 감소한다. 따라서 가속도 벡터는 속도 벡터의 방향과 반대이다. 전과 마찬가지로, x축을 따라서 운동하지만, 가속도 벡터는 $-x$방향을 가리킨다. 따라서 성분 a_x는 음수이다. 운동 도형에서 가속도 벡터를 오직 하나만 그린 점에 주목하기 바란다. 그 이유는 가속도가 일정하다는 것을 알고 있기 때문이다. 한 개의 벡터가 전체 운동에 대한 가속도를 나타낸다.

풀이 최종 속력을 구하려면 가속도를 알아야 한다. 우리는 공기 저항과 마찰이 없다고 가정한다. 롤러코스터의 가속도의 크기는

식 (3.20)의 음(−)의 부호를 사용하여

$$a_x = -g\sin\theta = -(9.8 \text{ m/s}^2)\sin 30° = -4.9 \text{ m/s}^2$$

가 된다. 속도에 대한 운동방정식을 사용하면, 언덕 꼭대기에서의 속력을 구할 수 있다.

$$(v_x)_f = (v_x)_i + a_x\,\Delta t = 25 \text{ m/s} + (-4.9 \text{ m/s}^2)(2.0 \text{ s}) = 15 \text{ m/s}$$

검토 언덕 꼭대기에서의 속력 15 m/s는 바닥에서보다 작지만 약 60 km/h이다. 여전히 빠른 속력으로 움직이고 있다. 이 값은 타당하다. 롤러코스터의 속력이 클수록 타는 기쁨도 커진다.

3.5 상대운동

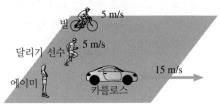

그림 3.26 에이미, 빌, 카를로스가 각각 달리기 선수(Runner)의 속도를 측정한다. 그림에 표시된 속도는 에이미가 측정한 것이다.

"자동차가 30 m/s로 달린다." 혹은 "비행기가 300 m/s로 날아간다." 등과 같이 시작하는 문제를 많이 다루어왔다. 그러나 이들과는 조금 다른 형태의 문제를 공부할 필요가 있다.

그림 3.26에서 에이미와 빌, 그리고 차를 타고 달리는 카를로스가 달리기 선수(Runner)를 바라보고 있다. 에이미가 측정한 선수의 속도는 $v_x = 5$ m/s이다. 그러나 자전거를 타고 선수와 나란히 달리고 있는 빌의 입장에서 보면, 선수는 제자리에서 다리를 들었다 놓았다 할 뿐이다. 따라서 빌이 측정한 선수의 속도는 $v_x = 0$ m/s이다. 카를로스가 거울을 통해서 보니 선수가 $-x$축 방향으로 후퇴하고 있고, 매초마다 10 m씩 멀어지고 있다. 카를로스의 관점에서 선수의 속도는 $v_x = -10$ m/s이다. 과연 선수의 **진짜** 속도는 얼마인가?

속도는 옳고 그름을 판단할 수 있는 개념이 아니다. 에이미에 대한 선수의 속도는 5 m/s이다. 말하자면, 정지해 있는 에이미에 고정된 좌표계에서 측정한 선수의 속도는 5 m/s인 셈이다. 빌에 대한 선수의 속도는 0 m/s이고, 카를로스에 대한 선수의 속도는 −10 m/s이다. 이들은 모두 선수의 운동을 기술하는 올바른 표현이다.

상대속도

금메달을 향한 창던지기 달리면서 창을 던지는 선수. 달리면서 창을 던지는 것은 더 어렵지만, 그럴 수밖에 없는 이유가 있다. 날아간 거리는 지면에 대한 창의 상대속도에 의해서 결정된다. 이 상대속도는 던지는 속도와 선수의 속도를 더한 값이다. 따라서 빨리 달릴수록 창은 더 멀리 날아간다.

에이미에 대한 선수의 속도를 5 m/s라 하고, 이것을 $(v_x)_{RA}$라고 부르기로 하자. 아래 첨자 'RA'는 "에이미(Amy)에 대한 달리기 선수(Runner)"를 의미한다. 또한 에이미에 대한 카를로스의 속도 15 m/s는 $(v_x)_{CA} = 15$ m/s라고 쓸 수 있다. 마찬가지로 카를로스에 대한 에이미의 속도를 같은 방법으로 계산할 수 있다. 카를로스의 관점에서 에이미는 왼쪽으로 15 m/s로 운동하므로, 카를로스에 대한 에이미의 속도는 $(v_x)_{AC} = -15$ m/s라고 쓸 수 있다. 따라서 $(v_x)_{AC} = -(v_x)_{CA}$가 성립한다.

에이미에 대한 선수의 속도와 카를로스에 대한 에이미의 속도를 알고 있다면, 이

둘을 결합시켜서 카를로스에 대한 선수의 속도를 계산할 수 있다. 우리가 붙인 아래 첨자를 길잡이로 삼아서 결합시키면

$$(v_x)_{RC} = (v_x)_{RA} + (v_x)_{AC} \qquad (3.21)$$

첫째 항은 첨자에서 'A'가 뒤에 나오고, 둘째 항에서는 앞에 나온다. 이들 속도를 결합시킬 때 'A'를 소거하여 $(v_x)_{RC}$를 얻을 수 있다.

가 된다.

일반적으로 식 (3.21)과 같이 인접한 첨자를 소거하면 두 상대속도를 더할 수 있다.

예제 3.8 바다새의 속력

남쪽 바다에 사는 신천옹 새(albatross)의 이동 경로를 연구하던 사람은 이 새가 35 m/s의 일정한 속력으로 날아가는 것을 발견하였다. 이것은 매우 놀랄 정도로 빠른 것이었다. 이 새가 23 m/s의 속력으로 이동하는 바람을 타고 있음을 나중에 알게 되었다. 공기에 대한 새의 상대속력은 얼마인가? 이것이 날고 있는 새의 실제 속력이다.

준비 그림 3.27은 오른쪽으로 이동하는 바람과 신천옹 새의 모습

그림 3.27 예제 3.8에 대한 바람과 새의 상대속도

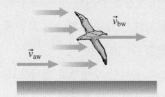

주어진 값
$(v_x)_{bw}$ = 35 m/s
$(v_x)_{aw}$ = 23 m/s
구할 값
$(v_x)_{ba}$

이다. 모든 속도는 양수이다. 새의 비행속력을 의미하는 물에 대한 새의 상대속도는 $(v_x)_{bw}$이고 바람의 속력을 의미하는 물에 대한 공기의 상대속도는 $(v_x)_{aw}$이다. 우리는 새의 비행속력, 즉 공기에 대한 새의 상대속력을 구하고자 한다.

풀이 식 (3.21)에 따라서 $(v_x)_{bw}$에 대한 상대속도를 적으면

$$(v_x)_{bw} = (v_x)_{ba} + (v_x)_{aw}$$

이다. 위 식을 $(v_x)_{ba}$에 대해 풀면

$$(v_x)_{ba} = (v_x)_{bw} - (v_x)_{aw} = (35 \text{ m/s}) - (23 \text{ m/s}) = 12 \text{ m/s}$$

가 된다.

검토 12 m/s(40 km/h)는 새의 비행속력으로 타당하다. 이것은 새가 바람을 타고 날아가기 때문에 관측된 새의 비행속력보다 더 작다.

상대속도를 구하는 이러한 방법은 벡터를 활용하는 2차원 상황이나 연습문제에도 잘 적용된다.

예제 3.9 비행기 지상 속력 구하기

클리블랜드는 시카고에서 동쪽으로 약 500 km 떨어져 있다. 비행기가 시카고에서 출발해 500 km/h로 정동쪽으로 날아간다. 비행사가 날씨를 확인하는 것을 깜박해서 바람이 100 km/h로 남쪽으로 부는 것을 모르고 있다. 지면에 대한 비행기의 속도는 얼마인가?

준비 그림 3.28은 현재 상황의 개요도이다. 공기에 대한 비행기의 상대속력이 $(\vec{v}_{pa})$이고 지상에 대한 공기의 상대속력이 $(\vec{v}_{ag})$이면, 지면에 대한 비행기의 상대속력은

$$\vec{v}_{pg} = \vec{v}_{pa} + \vec{v}_{ag}$$

이다. 그림 3.28은 이 벡터의 덧셈을 보여준다.

풀이 지면에 대한 비행기의 상대속력은 그림 3.28에서 직각삼각형의 빗변이므로

$$v_{pg} = \sqrt{v_{pa}^2 + v_{ag}^2} = \sqrt{(500 \text{ km/h})^2 + (100 \text{ km/h})^2}$$
$$= 510 \text{ km/h}$$

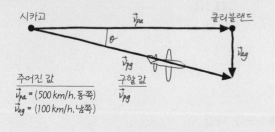

그림 3.28 바람이 정동쪽으로 날아가는 비행기를 지면에 대해 남동쪽으로 움직이게 한다.

주어진 값
$\vec{v}_{pa}$ = (500 km/h, 동쪽)
$\vec{v}_{ag}$ = (100 km/h, 남쪽)

구할 값
$\vec{v}_{pg}$

이고, 비행기의 방향은 정동쪽으로부터 측정한 각도 θ

$$\theta = \tan^{-1}\left(\frac{100 \text{ km/h}}{500 \text{ km/h}}\right) = \tan^{-1}(0.20) = 11°$$

를 얻는다. 따라서 지면에 대한 비행기의 속도는

$$\vec{v}_{pg} = (510 \text{ km/h, 동남쪽 } 11°)$$

이다.

검토 좋은 점은 바람이 비행기를 지면에 대해 더 빨리 날아가게 하는 것이고, 반면 나쁜 점은 바람이 비행기를 잘못된 방향으로 움직이게 하는 것이다.

3.6 2차원 운동: 포물체 운동

공중을 날아가는 공, 멀리뛰기 선수, 스턴트 점프하는 자동차 등의 운동은 모두 **포물체 운동**(projectile motion)이라고 하는 2차원 운동의 예이다. 포물체 운동은 ◀2.7절에서 배운 자유 낙하 운동을 2차원 공간으로 확장한 것이다. **포물체는 오직 중력의 영향을 받으면서 2차원 공간에서 운동하는 물체이다.** 실제로 물체들은 공기 저항을 받지만, 보통 속력으로 움직이는 밀도가 큰 물체의 경우에 공기 저항의 영향은 작기 때문에 이 장에서는 그것을 무시할 것이다. 공기 저항을 무시할 경우, 포물체의 궤적은 모두 포물선 형태이다. 운동 형태가 항상 동일하기 때문에 하나의 포물체 문제를 해결하면 그 방법을 다른 경우에도 똑같이 적용할 수 있다.

그림 3.29는 두 공의 스트로보(strobo) 사진으로, 하나는 수평으로 발사하고 다른 것은 동시에 정지 상태에서 가만히 놓은 것이다. 두 공의 수직 운동은 같고 동시에 바닥에 닿는다. 수직 방향으로 초기 운동이 없기 때문에 두 공은 같은 시간 동안 같은 거리 h만큼 떨어진다.

두 공은 바닥에 동시에 닿는다. 이것은 수평 방향으로 발사된 노란 공의 수직 운동이 공이 수평으로 운동한다는 사실에 영향을 받지 않음을 의미한다. 각 공의 수직 운동은 2장에서 배운 바와 같이 모든 물체에 똑같이 적용되는 자유 낙하이다. 노란 공의 수평 운동을 주의 깊게 살펴보면, 등속도 운동으로 마치 공이 떨어지고 있지 않은 것처럼 수평 운동을 지속한다.

그래서 포물선 운동하는 물체에 대해 초기 수평 속도는 수직 방향의 운동에 영향을 주지 않는다. 임의의 포물선 운동을 자세히 살펴보면 다음의 일반적인 규칙을 얻을 수 있다. **포물선 운동하는 물체의 수평과 수직 성분은 서로 독립적이다.**

그림 3.29 동시에 닿은 두 공의 운동

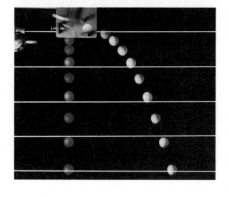

개념형 예제 3.10 탁자에서 굴러 떨어진 공의 시간과 거리

두 공이 탁자 가장자리를 향해 구르고 있는데, 공 1은 공 2보다 두 배 빨리 구르고 있다. 두 공은 동시에 탁자 가장자리를 떠난다. 어떤 공이 먼저 지면에 닿을까? 어떤 공이 더 멀리 갈까?

판단 두 공의 수직 운동은 자유 낙하로 같고 같은 높이에서 떨어진다. 두 공은 같은 시간 간격 동안 공중에 떠 있고 정확히 동시에 지면에 닿는다. 이 시간 간격 동안, 두 공이 탁자를 벗어나는 속력은 수평 방향이고 공 2는 공 1에 비해 두 배이므로, 공 2가 두 배

멀리 갈 것이다.

검토 이 결과는 타당하다. 수평과 수직 운동은 서로 독립적이라서 두 운동을 분리해서 분석할 수 있다. 만약 두 물체를 같은 높이에서 떨어뜨리면 둘은 동시에 지면에 닿는다. 더 빨리 수평으로 움직이는 물체는 떨어지면서 그 속력을 유지하기 때문에 더 멀리 갈 것이다.

수평 방향으로 출발한 공의 경우에 수평과 수직 운동이 독립적이라는 것을 알아본 것과 같이, 일정한 각도로 출발한 포물체에 대해서도 이 결과가 적용된다. **그림 3.30**은 어떤 각도를 갖고 공중으로 던진 공에 대한 운동 도형이다. 가속도 벡터는 속도 변화의 방향을 가리키며, 풀이 전략 3.2의 방법을 활용해서 계산할 수 있다. 가속도 벡터는 똑바로 아래 방향을 향하고 있다. 자세히 분석해보면 가속도는 9.8 m/s^2의 크기임을 알 수 있다. 포물체의 가속도는 직선의 아래쪽으로 떨어지는 물체의 가속도, 즉 자유 낙하 가속도와 같다.

포물체가 운동할 때, 자유 낙하 가속도는 속도의 수직 성분을 변화시키지만 속도의 수평 성분을 바꾸지는 않는다. **포물체의 가속도의 수직 성분 a_y는 자유 낙하의 $-g$이고 수평 성분 a_x는 영(0)이다.**

그림 3.30 공중으로 던진 공의 운동

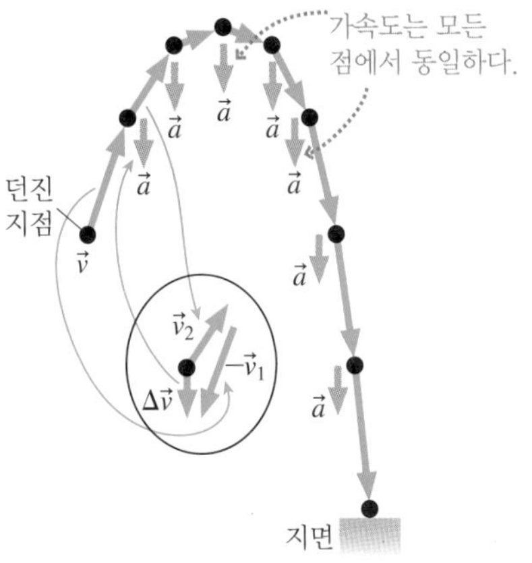

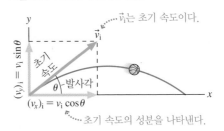

가속도는 모든 점에서 동일하다.

던진 지점

지면

포물체 운동의 분석

그림 3.31처럼 농구공을 코트에 던진 경우를 생각해보자. 포물체 운동을 분석하기 위해서 수평 방향으로 x축, 수직 방향으로 y축 좌표계를 설정한다. 공의 출발 상황을 발사라고 한다. 초기 속도가 수평축 위로 기울어진 각도 θ를 **발사각**(launch angle)이라고 한다. 3.3절에서 배웠듯이 초기 속도 벡터는 x축 및 y축 성분으로 분해할 수 있다.

일단 농구공이 손을 떠나면, 이어지는 운동은 속도와 가속도의 초기 성분에 의해 결정된다. 이들이 운동에 어떤 영향을 미치는지 구체적인 수치를 사용하여 알아보자. **그림 3.32**에 주어진 바와 같이, 수평축에서 $63°$ 기울어진 방향으로 초기 속력 22.0 m/s로 발사된 공의 운동을 통해서 가속도의 영향을 살펴보기로 하자. **그림 3.32(a)**는 초기 속도 벡터를 수평 및 수직 성분으로 분해한 모습이고, **그림 3.32(b)**는 1.0 s 간격으로 측정한 속도 및 성분 벡터를 나타내고 있다. 수평 방향의 가속도가 없기 때문에($a_x = 0$) v_x값은 변하지 않는다. 반면에 v_y는 매초 9.8 m/s씩 감소한다. 이것은 가속도가 $a_y = -9.8 \text{ m/s}^2$임을 의미한다. 포물체의 궤적 방향으로 밀어주는 힘은 없다. 그 대신 아래쪽을 향한 가속도가 있기 때문에 속도 벡터는 아래쪽으로 증가하게 된다. 출발점과 같은 높이에 도달하는 마지막 순간에 $v_y = -19.6 \text{ m/s}$이며, 이는 초기 속력에 음(−)의 부호를 붙인 값이다. 2장에서 공부한 1차원 자유 낙하 운동의 경우와 마찬가지로, **공을**

그림 3.31 포물체의 발사와 운동

$\vec{v}_i$는 초기 속도이다.

$(v_y)_i = v_i \sin\theta$

초기 속도

θ 발사각

$(v_x)_i = v_i \cos\theta$ ····· 초기 속도의 성분을 나타낸다.

그림 3.32 포물체의 속도와 가속도

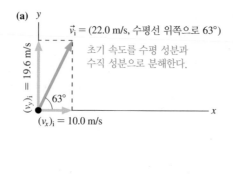
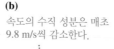

(a)

$\vec{v}_i = (22.0 \text{ m/s, 수평선 위쪽으로 } 63°)$

초기 속도를 수평 성분과
수직 성분으로 분해한다.

$(v_y)_i = 19.6 \text{ m/s}$

$63°$

$(v_x)_i = 10.0 \text{ m/s}$

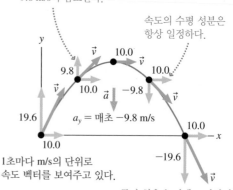

(b)

속도의 수직 성분은 매초
9.8 m/s씩 감소한다.

속도의 수평 성분은
항상 일정하다.

$a_y = $ 매초 -9.8 m/s

1초마다 m/s의 단위로
속도 벡터를 보여주고 있다.

공이 처음 높이에 도달하면,
v_y는 처음 값과 부호만 반대이다.

쏘아올린 순간과 마지막 순간의 속력은 동일하다.

그림 3.32로부터 **포물체 운동은 두 가지 독립적인 운동, 즉 수평 방향으로 균일한 등속 운동과 수직 방향으로 자유 낙하 운동이 결합된 것**임을 알 수 있다. 앞으로 알게 되겠지만, 두 운동은 독립적이지만 함께 발생하기 때문에 분석도 함께 해야 한다.

2장에서 등속도 운동과 등가속도 운동에 대한 운동 방정식을 공부했으므로 이들을 현재 경우에 적용하면 된다. 수평 운동은 초기 속도가 $(v_x)_i$인 등속도 운동이고, 수직 운동은 초기 속도가 $(v_y)_i$이고 가속도가 $a_y = -g$인 등가속도 운동이다.

수평과 수직 운동에 대해 2장에서 배운 방정식을 포함하여 지금까지 배운 포물체 운동의 모든 것을 요약하여 정리해보자. 다음 절에서 몇몇 문제 풀이에서 이러한 종합지식을 사용할 것이다.

종합 3.1 포물체 운동

포물체 운동의 수평과 수직 운동은 독립적이지만 함께 분석해야 한다.

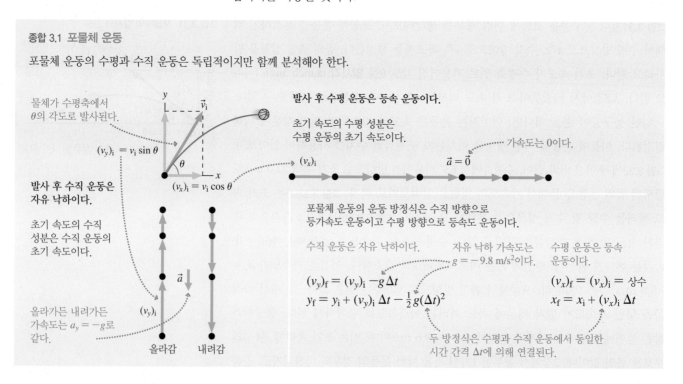

물체가 수평축에서
θ의 각도로 발사된다.

$(v_y)_i = v_i \sin \theta$

θ

$(v_x)_i = v_i \cos \theta$

**발사 후 수직 운동은
자유 낙하이다.**

초기 속도의 수직
성분은 수직 운동의
초기 속도이다.

올라가든 내려가든
가속도는 $a_y = -g$로
같다.

$(v_y)_i$

올라감   내려감

발사 후 수평 운동은 등속 운동이다.

초기 속도의 수평 성분은
수평 운동의 초기 속도이다.

가속도는 0이다.

$(v_x)_i$ $\vec{a} = \vec{0}$

포물체 운동의 운동 방정식은 수직 방향으로
등가속도 운동이고 수평 방향으로 등속도 운동이다.

수직 운동은 자유 낙하이다.   자유 낙하 가속도는
$g = -9.8$ m/s^{2}이다.

수평 운동은 등속
운동이다.

$(v_y)_f = (v_y)_i - g\Delta t$
$y_f = y_i + (v_y)_i \Delta t - \frac{1}{2} g(\Delta t)^2$

$(v_x)_f = (v_x)_i = $ 상수
$x_f = x_i + (v_x)_i \Delta t$

두 방정식은 수평과 수직 운동에서 동일한
시간 간격 Δt에 의해 연결된다.

3.7 포물체 운동: 문제 풀이

포물체 운동의 분석에 대한 충분한 지식을 갖게 되었다. 실제적인 2차원 포물체 운동 문제에 적용해보자.

예제 3.11 독 점핑(Dock jumping)

독 점핑 스포츠에서 개가 물웅덩이 위로 수 미터 높이에 있는 부두의 가장자리에서 전속력으로 뛰어내린다. 부두 가장자리에서 가장 멀리 착지하는 개가 우승하는 경기이다. 만약 개가 물 위로 높이 0.61 m의 부두 가장자리에서 8.5 m/s의 속력으로 서슴없이 뛰어내리면 물에 닿기 전까지 얼마나 멀리 갈까?

준비 그림 3.33은 상황의 개요도로 부두 밑을 좌표계의 원점으로 설정한다. 개는 부두 가장자리에서 수평 방향으로 뛰어내리므로 속도의 초기 성분은 $(v_x)_i = 8.5$ m/s와 $(v_y)_i = 0$ m/s이다. 이 경우에 포물체 운동 문제로 처리하여 종합 3.1에서 제시한 방정식들을 사용할 수 있다.

수평과 수직 운동은 독립적이라는 것을 알기 때문에 개가 물 아래로 떨어진다는 사실이 수평 운동에 영향을 주지 않는다는 것을 알 수 있다. 개가 부두 끝을 떠난 후, 계속해서 8.5 m/s의 속력으로 운동할 것이다. 수직 운동은 자유 낙하이다. 개가 0.61 m 아래 있는 물에 닿을 때 점프는 끝난다. 우리는 개가 최종적으로 얼마나 멀리 가는가에 관심이 있지만, 개가 공중에 떠 있는 시간 Δt가 얼마나 되는지를 구해야 할 것이다.

풀이 개가 공중에 떠 있는 시간 Δt를 푸는 것부터 시작하자. 이 시간 간격은 초기 속도 $(v_y)_i = 0$ m/s를 갖는 자유 낙하인 수직 운동을 통해 결정되므로, 종합 3.1의 수직 위치 방정식을 사용해서 구한다. 즉,

$$y_f = y_i + (v_y)_i\,\Delta t - \frac{1}{2}g(\Delta t)^2$$

$$0\text{ m} = 0.61\text{ m} + (0\text{ m/s})\Delta t - \frac{1}{2}(9.8\text{ m/s}^2)(\Delta t)^2$$

이고, Δt에 대해 풀면

$$\Delta t = 0.35\text{ s}$$

를 얻는다. 이것은 개의 수직 운동이 물에 도달하는 데 걸리는 시간이다. 이 시간 간격 동안, 개의 수평 운동은 초기 속도를 지속하는 등속 운동이다. 초기 속력과 $\Delta t = 0.35$ s를 갖는 수평 위치 방정식을 사용해서 개가 이동한 수평거리도 구할 수 있다.

$$x_f = x_i + (v_x)_i\,\Delta t$$
$$= 0\text{ m} + (8.5\text{ m/s})(0.35\text{ s}) = 3.0\text{ m}$$

개는 부두 끝으로부터 3.0 m의 물에 닿는다.

검토 3.0 m는 0.6 m 높이의 부두 끝에서 굉장히 빠른 속도로 뛰어내리는 경주에 참여한 개에게는 합당한 거리이다.

그림 3.33 예제 3.11의 개요도

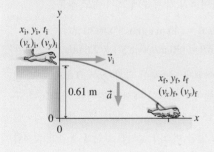

주어진 값
$x_i = 0$ m
$(v_y)_i = 0$ m/s
$t_i = 0$ s
$y_i = 0.61$ m, $y_f = 0$ m
$(v_x)_i = v_i = 8.5$ m/s
$a_x = 0$ m/s^2
$a_y = -g$

구할 값
x_f

예제 3.11에서 개는 부두 끝에서 수평 방향으로 달렸다. 만약 개가 공중에 더 오래 있도록 부두 끝에서 수평축 위로 뛰어오른다면, 훨씬 더 먼 거리를 갈 수 있을 것이다. 임의의 각도로 출발할 경우 초기 수직 속도를 포함하게 되지만, 여전히 포물체 운동의 예이고, 일반 문제 풀이 전략에는 차이가 없다.

문제 풀이 전략 3.1 포물체 운동 문제

우리는 포물체 운동 문제를 수평과 수직 운동으로 분리하지만 연관된 문제로 생각해서
풀 수 있다.

준비 포물체 운동 문제를 풀기 위한 준비 과정은 다음과 같다.

■ 문제를 단순화시킨다. 자동차 또는 농구공처럼 물체의 종류에 상관없이 운동은 동일
하다.

■ 운동의 시작점과 끝점을 포함하는 개요도를 그린다.

■ 수평 방향이 x축 그리고 수직 방향이 y축인 좌표계를 정한다. 이때 수평 가속도는 0이
고, 수직 가속도는 자유 낙하 가속도이다. 따라서 $a_x = 0$과 $a_y = -g$이다.

■ 주어진 변수의 값을 정리하고, 미지수가 무엇인지를 표시한다.

풀이 포물체 운동은 수평과 수직 성분에 대한 두 개의 운동 방정식으로 기술된

수평	수직
$x_f = x_i + (v_x)_i \, \Delta t$	$y_f = y_i + (v_y)_i \, \Delta t - \frac{1}{2} g (\Delta t)^2$
$(v_x)_f = (v_x)_i = $ 상수	$(v_y)_f = (v_y)_i - g \, \Delta t$

Δt는 운동의 수평과 수직 성분에 대해 동일하다. 먼저 운동의 수평 또는 수직 성분에 대
해 풀어서 Δt를 구한 후, 이것을 이용해서 다른 성분에 대한 해를 얻는다.

검토 결과는 단위가 맞는지와 값이 합당한지, 그리고 질문에 답을 했는지를 점검한다.

예제 3.12 **헐리우드 스턴트 묘기의 가능성 점검**

영화 〈스피드〉에서 주연 배우들은 속력이 50 mph 아래로 떨어지
면 터지는 폭탄이 설치된 버스에 타고 있다. 그런데 전방에서 고
속도로의 50 ft 정도가 끊어지는 문제가 발생했다. 그들은 버스를
탄 채로 끊어진 부분을 뛰어넘기로 결정하였다. 끊어지기 직전의
도로 경사각은 5°이고, 버스의 속력은 67 mph이었다. 영화에서
버스는 성공적으로 뛰어넘었다. 이것이 실제로 가능한가? 아니면
영화 속의 이야기일까?

준비 먼저 SI 단위계로 환산하면 초기 속력은 $v_i = 30$ m/s이고,
끊어진 도로의 길이는 $L = 15$ m이다. 문제 풀이 전략에 따라 **그림**

그림 3.34 끊어진 부분을 넘어가는 버스의 개요도

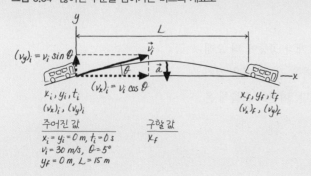

3.34와 같이 개요도를 그리고 주어진 변수의 값을 표시한다. 버스
가 점프를 시작하는 지점에 좌표계의 원점을 둔다. 초기 속도 벡
터는 수평에서 5° 기울어져 있기 때문에 초기 속도 성분은

$$(v_x)_i = v_i \cos \theta = (30 \text{ m/s})(\cos 5°) = 30 \text{ m/s}$$
$$(v_y)_i = v_i \sin \theta = (30 \text{ m/s})(\sin 5°) = 2.6 \text{ m/s}$$

이다. 문제의 '목표'를 어떻게 설정해야 할까? $y_f = 0$ m로 두고, 버
스가 점프한 후 처음 높이에 도달할 때까지 진행한 거리 x_f를 구
하면 된다. 만일 x_f가 15 m보다 크면, 버스가 성공적으로 끊어진
부분을 통과한 것이다. 일단 버스가 끊어진 부분을 통과한 것처럼
긍정적으로 도형을 그리자.

풀이 문제 풀이 전략 3.1에 따르면, 한 성분에 대한 운동 방정식을
풀어서 Δt를 구해야 한다. 먼저 수직 성분의 운동을 살펴보자. 수
직 성분 운동 방정식은

$$y_f = y_i + (v_y)_i \, \Delta t - \frac{1}{2} g (\Delta t)^2$$

이다. $y_f = y_i = 0$ m이므로, Δt에 관해서 인수분해하면

$$0 = \Delta t \left((v_y)_i - \frac{1}{2} g \, \Delta t \right)$$

이다. 이 방정식의 한 가지 해는 $\Delta t = 0$ s이다. 이것은 $y = 0$에서

점프를 시작하는 순간을 의미한다. 그러나 우리는 점프한 버스가 다시 착지하는 $y = 0$에 대한 두 번째 풀이를 원한다. 즉,

$$0 = (v_y)_i - \tfrac{1}{2}g\,\Delta t = (2.6 \text{ m/s}) - \tfrac{1}{2}(9.8 \text{ m/s}^2)\,\Delta t$$

로부터

$$\Delta t = \frac{2 \times (2.6 \text{ m/s})}{9.8 \text{ m/s}^2} = 0.53 \text{ s}$$

를 얻는다. 0.53 s 동안 버스는 수직으로뿐만 아니라 수평으로도 움직인다. 버스의 수평이동거리는 $x_f = x_i + (v_x)_i\,\Delta t$, 즉

$$x_f = 0 \text{ m} + (30 \text{ m/s})(0.53 \text{ s}) = 16 \text{ m}$$

이다. 이것이 점프한 버스가 처음 높이에 도달할 때까지 이동한 수평거리이다. 16 m는 끊어진 도로의 폭보다 약간 길다. 따라서 5°의 경사면을 주어진 속력으로 달리면 버스는 끊어진 부분을 통과할 수 있다.

검토 버스가 같은 높이에서 이착륙한다는 사실에 근거해서 간단히 검산할 수 있다. 그림 3.32(b)에서 알 수 있듯이, 이착륙 시 y 방향의 속도는 부호만 서로 반대이다. 따라서 수직 방향의 속도 방정식을 사용해서 나중 속도를 구하면

$$(v_y)_f = (v_y)_i - g\,\Delta t$$
$$= (2.6 \text{ m/s}) - (9.8 \text{ m/s}^2)(0.53 \text{ s}) = -2.6 \text{ m/s}$$

가 된다. 영화를 촬영하는 동안 영화 제작자는 버스가 실제로 이 끊어진 부분을 통과하도록 하였다. 그러나 실제 상황은 예제보다 약간 더 복잡했다. 왜냐하면 버스가 점이 아닌 크기를 가진 물체여서 점프하는 동안 버스의 앞부분이 회전하는 현상이 발생했기 때문이다. 그래서 실제 촬영에서는 버스의 앞부분을 더 들어 올릴 수 있게 경사를 높였다. 그럼에도 불구하고 영화 제작자는 물리학 이론에 합당한 상황을 잘 연출했다고 결론지을 수 있다.

포물체의 도달거리

운동장에서 쿼터백이 공을 던지면 얼마나 멀리 날아갈까? 이 공의 **도달거리**(range)는 얼마일까?

예제 3.12는 버스 속력과 각도가 주어진 상황에서 도달거리를 구하는 문제였다. 속력과 각도는 도달거리를 결정짓는 두 변수이다. 말할 것도 없이 속력이 빠르면 멀리 날아간다. 그렇다면 각도와 거리 사이에는 어떤 관계가 있을까?

그림 3.35는 각도를 달리해서 100 m/s의 속력으로 쏘아올린 포물체의 궤적을 보여준다. 각도가 매우 작거나 매우 크면 도달거리가 매우 짧다. 예를 들어, 75°로 공을 던지면, 수직으로 높이 올라갔다가 떨어지는 대신에 수평 방향으로는 멀리 가지 못한다. 15°의 각도로 공을 던질 경우도 공기 중에 머무는 시간이 짧아서 멀리 가지 못한다. 두 경우 모두 그림 3.35에서처럼 동일한 도달거리를 갖는다.

각도가 너무 크거나 너무 작으면 갈 수 있는 거리는 더 짧아진다. 그림 3.35에서 보면, 45°로 발사했다가 같은 높이로 떨어질 때, 도달한 거리가 최대이다.

골프공이나 야구공 같은 실제 포물체의 경우에는 공기 저항 때문에 최적의 각도가 45°보다 작다. 지금까지 공기 저항을 무시했지만, 빠른 속력으로 날아가는 작은 물체의 경우 공기 저항은 운동에 큰 영향을 미친다. 공기 저항력은 공의 궤적을 포물선에서 벗어나게 한다. 골프를 쳐본 사람은 45°보다 훨씬 작은 각도로 칠 때 가장 멀리 날아간다는 것을 정확히 알고 있을 것이다.

▶ **멀리뛰기** 포물체에 있어 45°의 각도가 가장 큰 도달 거리를 주는데, 멀리뛰기 선수는 왜 훨씬 낮은 각도로 도약할까? 45°가 최적의 각도라는 2개의 가정이 여기서는 적용되지 않는다. 운동선수는 공중에서 다리의 위치를 바꾸고 도약할 때의 높이로 착지하지도 않는다. 또한 운동선수는 다른 각도에서 동일한 도약 속력을 유지할 수 없고 더 작은 각도로 더 빨리 도약할 뿐이다. 더 빠른 속력의 이점이 더 작은 각도의 효과를 능가한다.

그림 3.35 공기 저항이 없을 때 여러 각도로 쏘아올린 포물체의 궤적

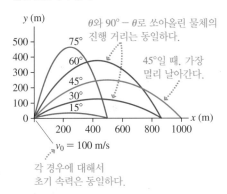

영상 학습
데모

3.8 2차원 운동: 원운동

그림 3.36 원운동의 속도와 가속도 벡터

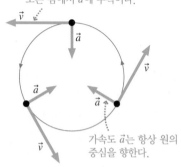

속도 $\vec{v}$는 원의 접선 방향이고, 모든 점에서 $\vec{a}$에 수직이다.

가속도 $\vec{a}$는 항상 원의 중심을 향한다.

일정한 속력으로 움직이는 물체가 가속운동 중이라고 하는 말은 이상하게 들릴 수 있다. 그러나 등속 원운동을 하는 물체가 바로 그러한 운동을 한다. 이 경우, 운동 방향이 변하면서 속도가 변하기 때문에 가속운동이다. 이 경우 가속도는 무엇인가? 3.2절에서 보았듯이 일정한 속력의 원운동에서 **가속도 벡터 $\vec{a}$는 원의 중심을 향한다.** 이것은 꼭 기억해야 할 개념이다. **그림 3.36**에 주어진 바와 같이, 속도는 원의 접선 방향이고, $\vec{v}$와 $\vec{a}$는 원 위의 모든 점에서 서로 수직이다.

항상 원의 중심을 향하는 가속도를 **구심 가속도**(centripetal acceleration)라고 한다. '구심'이라는 단어는 "중심을 찾아 간다"는 의미이다.

원운동에 관한 설명을 마무리하기 위해서 가속도의 크기 a와 속력 v 사이의 관계식을 유도할 필요가 있다. 대회전 관람차로 되돌아가보자. 관람차는 Δt 동안 원둘레의 점 1에서 점 2로 이동한다. **그림 3.37(a)**는 이동한 각도 θ와 변위 $\vec{d}$를 보여준다. 명확히 볼 수 있도록 하기 위해서 각도를 크게 그렸다. 그러나 각도가 매우 작을 경우, 변위는 관람차가 실제로 이동한 거리와 같아질 것이다.

그림 3.37 원운동하는 물체의 위치와 속도의 변화

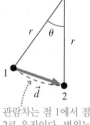

(a)

관람차는 점 1에서 점 2로 움직인다. 변위는 $\vec{d}$이다.

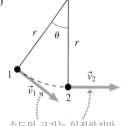

(b)

속도의 크기는 일정하지만 방향은 변한다.

(c) 속도의 변화는 원의 중심을 향하는 벡터이다.

$$\vec{v}_2 \qquad \vec{v}_1 \qquad \Delta\vec{v} = \vec{v}_2 - \vec{v}_1$$

이 삼각형은 회전된 것만 빼고 원래와 같다.

두 삼각형은 닮은꼴이다.

영상 학습 데모

수업 영상

그림 3.37(b)는 관람차가 움직이는 동안 속도가 어떻게 변하는지를 나타내며, **그림 3.37(c)**는 속도 변화에 대한 벡터 계산을 보여준다. 이때 사용된 삼각형은 변위를 나타내는 삼각형과 기하학적으로 닮아 있다. 이 삼각형이 핵심 정보를 포함하고 있다. 닮은꼴 삼각형에 대한 비례 관계식을 사용하면

$$\frac{\Delta v}{v} = \frac{d}{r} \tag{3.22}$$

를 얻는다. 위 식에서 Δv는 속도 변화 벡터 $\Delta\vec{v}$의 크기이며, 삼각형 한 변의 길이를 아래 첨자가 없는 v로 나타낸 이유는 $\vec{v}_1$과 $\vec{v}_2$의 크기가 같기 때문이다.

이제 가속도를 계산할 준비가 되었다. 변위는 속력 v에 시간 간격 Δt를 곱한 것이므로

$$d = v\Delta t$$

이다. 이것을 식 (3.22)에 대입하면,

$$\frac{\Delta v}{v} = \frac{v\Delta t}{r}$$

가 된다. 이것을 다시 정리하면

$$\frac{\Delta v}{\Delta t} = \frac{v^2}{r}$$

을 얻는다. 위 식의 왼쪽은 바로 가속도의 크기이므로

$$a = \frac{v^2}{r}$$

이 된다. 이 크기를 앞에서 언급한 방향과 결합시키면, 구심 가속도는 다음과 같다.

$$\vec{a} = \left(\frac{v^2}{r}, \text{원의 중심 방향}\right) \qquad (3.23)$$

이것이 반지름 r인 원을 따라 속력 v로 운동하는 물체의 구심 가속도이다.

이차 관계 그래프: 세로축 a, 가로축 v

개념형 예제 3.13　　**그네의 가속도**

아이가 놀이터에서 그네를 타고 있다. 그네를 매단 점을 중심으로 그네가 원을 그린다. 그네의 속력은 바닥 점 근처에서 변하지 않고, 방향만 변한다. **그림 3.38**에 주어진 바와 같이 그네는 가속도가 위쪽을 향하는 원운동을 한다. 가속도가 커질수록 아이는 더욱 짜

그림 3.38 그네를 타고 가장 낮은 위치에 있는 아이

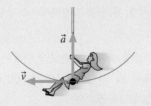

릿함을 느낀다. 가속도를 높이려면 어떻게 해야 하는가?

판단 아이가 느끼는 가속도는 식 (3.23)에 주어진 원운동의 '방향을 바꾸는' 가속도이다. 그 가속도는 속력과 원의 반지름에 따라 변한다. 원의 반지름은 그네 줄의 길이와 같다. 따라서 가속도를 높이는 유일한 방법은 속력을 증가시키는 것이다. 이를 위해서 그네를 높이 차고 올라가야 한다. 가속도는 속력의 제곱에 비례하기 때문에 속력이 2배가 되면 가속도는 4배로 증가한다.

검토 그네를 타면 속력이 빨라질수록 가속도가 더 커지는 것을 느낄 수 있다.

예제 3.14　　**회전하는 가속도**

세계 정상급 쇼트트랙 스케이트 선수는 500 m 경주에서 45 s에 완주할 수 있다. 경주에서 가장 도전적인 요소는 회전, 즉 반지름이 11 m인 급회전에 있다. 회전할 때 선수의 구심 가속도의 크기를 산출하시오.

준비 구심 가속도는 둘레의 반지름(11 m)과 속력에 좌우된다. 속력은 경주 중에 변하지만, 근사적으로 총 거리와 시간을 이용해서 계산할 수 있다.

$$v \simeq \frac{500 \text{ m}}{45 \text{ s}} = 11 \text{ m/s}$$

풀이 가속도의 크기를 계산하면

$$a = \frac{v^2}{r} \simeq \frac{(11\text{m/s})^2}{11 \text{ m}} = 11 \text{ m/s}^2$$

을 얻는다.

검토 이 값은 g를 넘어서는 매우 큰 가속도이고, 사진을 통해 스 케이트 선수가 비스듬히 누워 회전하는 것을 볼 수 있기 때문에 그와 같은 큰 가속도는 합당한 것 같다.

다음에 다룰 주제: 힘

운동은 눈에 보이고 익숙하기 때문에 운동을 수학적으로 기술하는 운동학(kinematics)을 물리 공부에 있어 우선적으로 살펴보았다. 그러나 무엇이 실제로 운동을 유발하는가? 위의 예제처럼 스케이트 선수가 '상당히 비스듬히 누워 회전하는' 것은 선수에게 작용하는 힘, 즉 회전 가속도를 유발하는 힘의 필요성에 대해 말하고 있다. 다음 장에서는 폭넓은 문제를 다룰 수 있도록 힘의 성질과 운동과의 연계성을 배우게 될 것이다.

종합형 예제 3.15 멀리뛰기 세계기록 보유자 BIO

강하고 긴 다리를 가진 개구리는 훌륭한 멀리뛰기 선수이다. 캘리포니아 캘라베라스 시는 마크 트웨인의 작품을 기념해서 매년 개구리 멀리뛰기 시합을 개최한다. 우승한 개구리 기록이 보관되어 있는데, 현재 기록은 6.5 m로 로지 더 리베터(Rosie the Ribeter)라는 황소개구리가 세운 것이다. 이것은 사람의 기록 3.7 m에 비하면 엄청난 것이다.

황소개구리의 도약 과정을 살펴보면, 먼저 움츠린 상태에서 수평면으로부터 30° 기울어진 각도로 다리를 15 cm 가량 뻗으면서 뛰어오른다. 도약한 후 0.68 s 동안 공중에 머무르다가 같은 높이

의 바닥에 착지한다. 도약 시 개구리의 가속도는 얼마일까? 개구리는 얼마나 멀리 뛸 수 있을까?

준비 이 문제는 공중도약 과정과 이를 위한 가속 과정으로 분리해서 생각해야 한다. 먼저 포물체 운동인 공중도약 과정을 분석해서 초기 속력과 도약거리를 구한다. 일단 개구리가 지면을 떠나는 순간의 속도를 구하면, 지면을 밀어내는 과정에서의 가속도를 계산할 수 있다. 이들 두 과정이 **그림 3.39**에 그려져 있다. 경사면 운동의 경우처럼, 두 번째 과정에서 x축 방향을 다르게 설정한 것에 주의하라.

풀이 그림 3.39(a)에 주어진 '공중도약 단계'는 포물체 운동이다. 개구리가 지면에서 30° 기울어진 각도로 속력 v_i로 도약하였다면, 초기 속도의 x축 및 y축 성분은

그림 3.39 개구리의 멀리뛰기에 관한 개요도

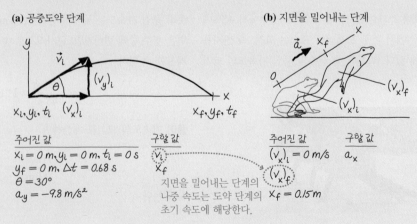

(a) 공중도약 단계

주어진 값
$x_i = 0\ m, y_i = 0\ m, t_i = 0\ s$
$y_f = 0\ m, \Delta t = 0.68\ s$
$\theta = 30°$
$a_y = -9.8\ m/s^2$

구할 값
v_i
x_f

(b) 지면을 밀어내는 단계

지면을 밀어내는 단계의 나중 속도는 도약 단계의 초기 속도에 해당한다.

주어진 값
$(v_x)_i = 0\ m/s$
$(v_x)_f$
$x_f = 0.15\ m$

구할 값
a_x

$$(v_x)_i = v_i \cos 30°$$

$$(v_y)_i = v_i \sin 30°$$

가 된다. 예제 3.12와 같이 수직 운동을 먼저 분석하면, 운동 방정식은

$$y_f = y_i + (v_y)_i \Delta t + \tfrac{1}{2} a_y (\Delta t)^2$$

이다. $y_f = y_i = 0$이므로 초기 속도의 y축 성분은

$$(v_y)_i = -\tfrac{1}{2} a_y \Delta t = -\tfrac{1}{2}(-9.8 \text{ m/s}^2)(0.68 \text{ s}) = 3.3 \text{ m/s}$$

와 같다. 속도의 y축 성분과 각도를 알고 있으므로 속도의 크기와 x축 성분을 구할 수 있다.

$$v_i = \frac{(v_y)_i}{\sin 30°} = \frac{3.3 \text{ m/s}}{\sin 30°} = 6.6 \text{ m/s}$$

$$(v_x)_i = v_i \cos 30° = (6.6 \text{ m/s}) \cos 30° = 5.7 \text{ m/s}$$

수평 운동은 등속 운동이므로 개구리가 착지하는 순간의 수평거리는

$$x_f = x_i + (v_x)_i \Delta t = 0 + (5.7 \text{ m/s})(0.68 \text{ s}) = 3.9 \text{ m}$$

와 같다. 이것이 개구리가 뛴 거리이다.

이제 개구리가 지면을 떠나는 순간의 속도를 알았다. 그림 3.39(b)에 주어진 개구리가 '지면을 밀어내는 단계'에서 이 속도에 도달하기 위한 가속도를 구해보자. 경사면 운동과 마찬가지로 개구리의 운동 방향을 따라서 x축을 새롭게 선택하자. 여기서 시간을 모르지만, 변위 Δx를 알고 있으므로 종합 2.1의 세 번째 방정식을 사용할 수 있다.

$$(v_x)_f^2 = (v_x)_i^2 + 2a_x \Delta x$$

초기 속도는 0이고 나중 속도는 $(v_x)_f = 6.6 \text{ m/s}$이며 변위는 개구리가 뻗은 다리의 길이 15 cm(또는 0.15 m)이다. 따라서 개구리가 지면을 밀어내는 동안의 가속도는

$$a_x = \frac{(v_x)_f^2}{2\,\Delta x} = \frac{(6.6 \text{ m/s})^2}{2(0.15 \text{ m})} = 150 \text{ m/s}^2$$

이다.

검토 수평거리 3.9 m는 인간이 뛸 수 있는 거리보다 크지만, 개구리의 최고 기록보다는 작다. 따라서 이 결과는 타당하다. 이렇게 멀리 뛸 수 있으려면, 지면을 밀어내는 동안 가속도가 커야 함을 알 수 있다.

문제의 난이도는 |(쉬움)에서 ||||(도전)으로 구분하였다. INT로 표시된 문제는 지난 장의 내용이 복합된 문제이고, BIO는 생물학적 또는 의학적 관심 분야를 의미한다.

QR 코드를 스캔하여 이 장의 문제를 해결하는 데 도움이 되는 영상 학습 풀이를 시작하시오.

연습문제

3.1 벡터 활용하기

1. || 그림 P3.1에 주어진 벡터를 종이에 그리시오. 두미연결법을 사용해서 (a) $\vec{A} + \vec{B}$, (b) $\vec{A} - \vec{B}$를 나타내시오.

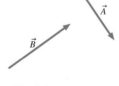

그림 P3.1

3.2 운동 도형에서 벡터 활용하기

2. | 일정한 속력으로 달리던 자동차가 모퉁이를 돌 때 원호를 그린다. 위치와 속도 벡터, 그리고 가속도 벡터를 나타내는 운동 도형을 그리시오.

3.3 좌표계와 벡터 성분

3. || 크기가 16 m인 위치 벡터는 오른쪽 위 방향을 향하고 x성분은 8.0 m이다. y성분의 값은 얼마인가?

4. || 잭과 질이 8.0 m/s로 언덕을 달려 올라간다. 질의 속도 벡터의 수직 성분은 3.5 m/s이다.
   a. 언덕의 경사각은 얼마인가?
   b. 질의 속도의 수평 성분 값은 얼마인가?

5. || 위쪽으로 30°로 기울인 대포가 100 m/s의 속력으로 포탄을 쏜다. 그 순간, 포탄 속도 벡터의 지면과 평행한 성분 값은 얼마인가?

6. | 다음 벡터를 그리고 x성분과 y성분을 구하시오.

   a. $\vec{d} = (100 \text{ m}, +x$축 아래쪽 $45°)$

   b. $\vec{v} = (300 \text{ m/s}, +x$축 위쪽 $20°)$

   c. $\vec{a} = (5 \text{ m/s}^2, -y$축$)$

7. | 아래에 주어진 x축 및 y축 성분을 가진 벡터를 그린 후 방향을 나타내는 각도를 표시하고, 크기와 방향을 결정하시오.

   a. $v_x = 20 \text{ m/s}, v_y = 40 \text{ m/s}$

   b. $a_x = 2.0 \text{ m/s}^2, a_y = -6.0 \text{ m/s}^2$

8. ‖ 야생 연구원이 기러기 떼를 추적하고 있다. 기러기는 서쪽으로 4.0 km 날아간 후, 북쪽을 향해 40° 방향을 틀어 4.0 km를 더 날아간다. 기러기는 초기 위치로부터 얼마나 멀리 있는가? 변위의 크기는 얼마인가?

3.4 경사면에서의 운동

9. ‖‖ 10.0°의 경사면을 25 m/s의 속력으로 올라가던 택시의 연료가 바닥났다. 택시가 뒤로 밀리기 전까지 진행한 거리는 얼마인가?

10. ‖ 짐칸에 피아노를 싣기 위해서 트럭 뒤의 경사면을 따라 꼭대기까지 피아노를 밀었다. 작업자들이 안전할 것으로 믿고 자리를 비운 순간, 피아노가 미끄러져 내리기 시작했다. 트럭의 높이는 1 m이고 경사면은 지면에서 20° 기울어져 있다. 피아노가 바닥에 닿기 전에 작업자들이 돌아오려면, 시간 여유는 얼마나 되는가?

3.5 상대운동

11. | 그림 P3.11은 오른쪽으로 5 m/s로 달리고 있는 애니타의 모습이다. 지면에 서 있던 친구들이 그녀를 향해서 10 m/s로 공 1과 공 2를 던졌다. 애니타가 본 공의 속력은 각각 얼마인가?

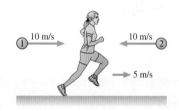

그림 P3.11

12. | 그림 P3.12는 오른쪽으로 5 m/s로 달리고 있는 애니타의 모습이다. 지면에 서 있던 친구들이 그녀를 향해서 공 1과 공 2를 던졌다. 애니타가 본 공의 속력은 둘 다 10 m/s이다. 친구들이 본 공의 속력은 각각 얼마인가?

그림 P3.12

13. ‖‖ 배가 강을 50 km 내려가는 데 4.0 h가 걸리고 거슬러 올라오는 데 6.0 h가 걸렸다. 강물은 얼마나 빨리 흐르는가?

3.6 2차원 운동: 포물체 운동

3.7 포물체 운동: 문제 풀이

14. ‖‖ 높이 20 m인 건물 꼭대기에서 수평으로 속력 5.0 m/s로 공을 던졌다.

   a. 공의 궤적을 그리시오.

   b. 시간에 따른 수평 속도 성분 v_x의 변화를 그리시오. 축의 단위를 표시하시오.

   c. 시간에 따른 수직 속도 성분 v_y의 변화를 그리시오. 축의 단위를 표시하시오.

   d. 공은 얼마나 멀리 날아가서 바닥에 닿는가?

15. ‖ 관에서 빗물이 개울로 방류된다. 물은 수평 방향으로 1.5 m/s로 흘러나오고 파이프 끝은 개울 위로 2.5 m에 위치해 있다. 물줄기가 개울에 닿는 지점은 관 끝으로부터 얼마나 멀리 떨어져 있을까?

16. | 두 공이 1.0 m 높이의 탁자로부터 수평 방향으로 발사되었다. 공 A는 5.0 m/s의 초기 속력으로, 공 B는 2.5 m/s의 초기 속력으로 발사되었다.

   a. 공이 바닥에 닿는 시간은 각각 얼마인가?

   b. 공이 움직인 거리는 탁자 끝으로부터 얼마인가?

17. ‖‖ 회색의 캥거루는 매번 뛸 때마다 10 m씩 이동하여 평지를 껑충껑충 달릴 수 있다. 캥거루가 지면에 대해 20°의 각도로 도약한다면, (a) 도약 속력과 (b) 수평 방향의 속력은 얼마인가?
BIO

18. ‖ 지상에 설치된 스프링클러는 수평 경사각 60°로 물을 방출한다. 물은 15 m/s의 속력으로 노즐을 벗어난다. 물이 지면에 닿기 전 얼마나 멀리 날아갈까?

3.8 2차원 운동: 원운동

19. | 경주용 그레이하운드는 매우 빠른 속력으로 둘레를 돌 수 있다. 보통 그레이하운드 트랙은 지름 45 m의 반호의 둘레로 이루어져 있다. 그레이하운드는 15 m/s의 일정한 속력으로 둘레를 달린다. 그레이하운드의 가속도는 몇 m/s²이고 몇 g인가?
BIO

20. | Scion iQ는 지름 8 m인 원둘레를 회전할 수 있을 정도로 급회전이 가능한 소형 자동차이다. 운전자가 5 m/s로 그러한 원둘레를 돌 때, 가속도의 크기는 얼마인가?

21. ‖ 원운동하는 입자의 구심 가속도가 $a = 10.0 \text{ m/s}^2$이다.

   a. 속력을 그대로 두고, 반지름을 반으로 줄이면 a는 얼마일까?

   b. 반지름을 그대로 두고, 속력을 반으로 줄이면 a는 얼마일까?

22. ‖ 원궤도를 선회하는 매의 구심 가속도는 자유 낙하 가속도의 1.5배에 이른다. 매의 속력이 20 m/s이면, 회전 반지름은 얼마인가?
BIO

4 힘과 뉴턴의 운동 법칙
Forces and Newton's Laws of Motion

일반적으로 거북이 빠르다고 생각하지 않지만, 뱀목거북은 놀랍도록 빠르게 머리를 가속시켜 먹이를 잡는 매복 포식자이다. 거북이 어떻게 이런 묘기를 부릴 수 있을까?

학습목표 ▶

힘과 운동 사이의 관계를 정립한다.

힘

힘은 밀거나 당기는 것이다. 힘은 **원인**(여자)과 **물체**(자동차) 사이의 상호작용이다.

힘을 구별하는 방법과 힘의 특성을 배운다.

힘과 운동

가속도는 힘에 기인한다. 썰매가 앞방향으로 가속하기 위해서는 앞방향을 향하는 힘이 필요하다.

힘

가속도

큰 가속도는 큰 힘이 필요하다. 뉴턴의 제2법칙을 다룰 때 힘과 운동 사이의 관계를 배운다.

반작용력

망치가 못에게 아래로 향하는 힘을 작용하고 있다. 놀랍게도, 못은 위를 향하는 방향으로 망치에게 같은 힘을 작용한다.

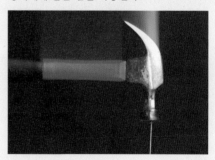

힘의 **작용·반작용 쌍**(action/reaction pairs)을 구별하는 법과 그 이유를 배운다.

이 장의 배경 ◀

가속도

2장과 3장에서, 가속도는 속도가 변하는 방향을 가리키는 벡터임을 배웠다.

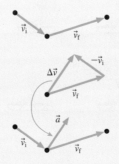

속도가 변하면 가속도가 생긴다. 이 장에서 배우겠지만, 가속도가 생기려면 알짜힘이 작용해야 한다.

4.1 운동과 힘

이 장 도입 부분 사진의 뱀목거북은 $40 \, m/s^2$의 가속도로 먹잇감을 향해 머리를 움직일 수 있다. 앞 장에서 그림, 그래프, 수식을 이용하여 다양한 형태의 운동을 기술하는 것을 배웠으므로 약 $4g$에 해당하는 이 가속도가 매우 놀라운 크기라는 것을 알 수 있다. 그러나 지금까지는 거북이 어떻게 이런 재주를 부릴 수 있는지에 대해 아무런 설명도 하지 않았다. 이 장에서는 운동의 원인인 **힘**에 대해 살펴본다. 이 주제는 **동역학**(dynamics)이라고 하는데, 동역학은 운동학과 더불어 운동에 관한 일반적 과학인 **역학**(mechanics)을 구성한다. 이 장에서는 동역학을 정성적으로 다루고 이후 여러 장에서 정량적으로 자세히 다룰 것이다.

성간 이동 뉴턴의 제1법칙에 관한 완벽에 가까운 실험은 1977년에 발사된 보이저 우주 탐사선의 운동이다. 탐사선은 오래전에 연료를 모두 소진했으며, 지금은 마찰이 없는 진공에 가까운 우주를 관성으로 나아가고 있다. 태양의 중력으로부터 완전히 벗어나지는 않았지만, 거리가 너무 멀기 때문에 중력이 거의 0에 가까우며, 앞으로 수십억 년 동안 운행해나갈 것이다.

운동의 원인은 무엇인가?

기본적인 질문으로 시작하자. 무언가를 계속 움직이기 위해서는 계속 밀어주어야 하는가, 즉 힘을 계속 주어야 하는가? 일상 경험에 의하면 그렇다고 할 것이다. 탁자 위에서 책을 밀다가 미는 것을 멈추면 책은 금방 정지할 것이다. 어떤 물체들은 꽤 오랫동안 움직일 수도 있다. 얼음 위에서 미끄러지는 하키 퍽은 오랜 시간 동안 움직이지만, 이 역시 어느 지점에서 멈추게 된다. 이러한 생각이 정밀하게 조사하여도 유효한지 자세히 살펴보자.

그림 4.1은 일련의 운동 실험을 보여준다. **그림 4.1(a)**에서 보여주듯이, 테일러가 썰매를 타고 언덕을 내려와 부드러운 눈으로 덮인 수평면을 통과한다. 눈이 아주 부드럽더라도, 썰매와 눈 사이의 마찰 때문에 썰매는 곧 정지할 수밖에 없다. 만약 **그림 4.1(b)**에서 보는 바와 같이 테일러가 언덕을 내려와 미끄러운 얼음판 위를 지나간다면 어떻게 될까? 마찰이 훨씬 적기 때문에 썰매는 멈추기 전까지 꽤 멀리 미끄러질 것이다. 이제 **그림 4.1(c)**와 같이 마찰이 없는 이상적인 얼음판 위를 지나가는 상황을 상상해

그림 4.1 점점 더 매끄러운 면에서 미끄러지는 썰매

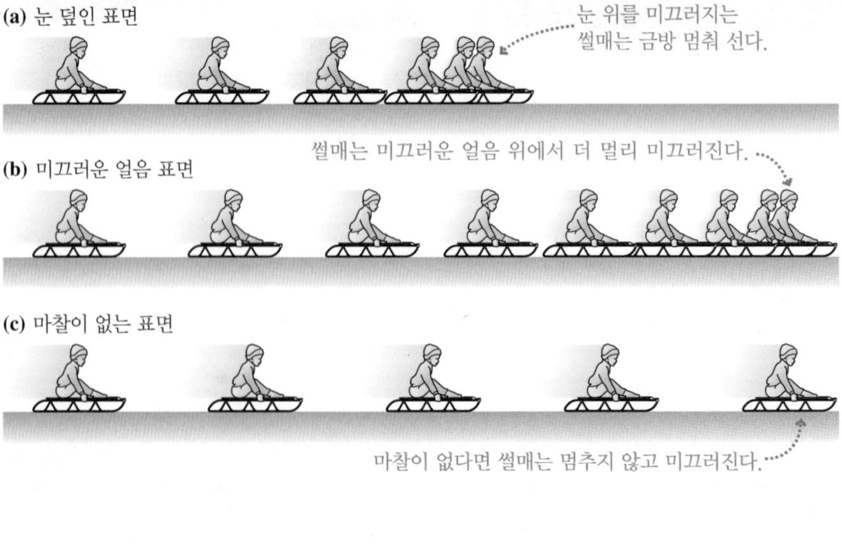

(a) 눈 덮인 표면

눈 위를 미끄러지는 썰매는 금방 멈춰 선다.

(b) 미끄러운 얼음 표면

썰매는 미끄러운 얼음 위에서 더 멀리 미끄러진다.

(c) 마찰이 없는 표면

마찰이 없다면 썰매는 멈추지 않고 미끄러진다.

보자. 이 경우 썰매는 속력이 전혀 변하지 않은 채 계속해서 직선 운동을 할 것이다.

마찰이 없는 경우, **움직이고 있는 썰매는 운동을 계속할 것이다.** 움직이지 않고 있는 썰매는 스스로 움직이기 시작하지 않는다는 것 또한 사실이다. 즉, 정지해 있는 썰매는 계속 정지해 있게 된다. 지난 몇 세기 동안, 특히 갈릴레오와 뉴턴이 수행한 신중한 실험들은 이것이 자연의 작동 방식임을 입증했다. 썰매에 대해 내린 결론은 사실 다른 유사한 상황에도 적용되는 일반적인 법칙이다. 이와 같은 일반화된 법칙을 뉴턴의 제1법칙이라고 한다.

> **뉴턴의 제1법칙** 어떤 물체에 외부에서 작용하는 힘이 없다고 가정해보자. 만약 그 물체가 정지해 있다면 계속 정지해 있을 것이고, 움직이고 있었다면 일정한 속력을 가지고 직선상에서 계속 운동할 것이다.

뉴턴의 제1법칙의 중요한 적용으로, **그림 4.2**에서 보인 충돌 실험을 생각해보자. 차가 벽에 닿으면, 벽은 차에 힘을 가하기 시작하고 차는 느려지기 시작한다. 벽은 **차**에 힘을 가하지만 인체 모형에는 힘을 가하지 않는다. 뉴턴의 제1법칙에 따르면, 안전벨트를 하지 않은 인체 모형은 원래 속력으로 앞으로 움직일 것이다. 그러나 조만간 인체 모형에 힘이 작용하여 인체 모형을 정지시킬 것이다. 문제는 얼마나 큰 힘이 언제 작용하는가 하는 것이다. 그림에 보인 경우에는 인체 모형이 정지한 차량 내부의 계기판과 짧고 격렬한 충돌을 하며 멈출 것이다. 안전벨트와 에어백은 인체 모형이나 탑승자가 훨씬 안정적으로 정지하도록 도와준다.

그림 4.2 뉴턴의 제1법칙은 안전벨트를 꼭 착용해야 한다는 것을 설명해준다.

충돌 순간, 자동차와 운전자는 같은 속력으로 운동하고 있다.

자동차는 벽에 충돌하면서 속력이 감소하지만, 운전자는 같은 속력을 유지하는데…

…이것은 운전자가 정지한 계기판과 충돌할 때까지 계속된다.

힘

뉴턴의 제1법칙은 운동하는 물체에 외부 힘이 작용하지 않으면, 물체는 직선상에서 영원히 운동을 계속한다는 것을 알려준다. 그러나 이 법칙은 힘이 무엇인지에 대해서는 자세히 설명해주지 않는다. 힘의 개념을 가장 쉽게 이해할 수 있는 방법은 일반적인 힘들이 공통적으로 갖는 기본 특성을 살펴보는 것이다. 우선 다음 표에 있는 것처럼, 모든 힘들이 가지고 있는 기본 특성을 살펴보자.

힘이란 무엇인가?

힘은 밀거나 당기는 것이다.

상식적인 생각으로 **힘**은 밀거나 당기는 것이다. 앞으로 이러한 생각을 재정립하겠지만, 일단 이러한 생각은 힘에 대한 적절한 출발점이다. 먼저 단어 선택을 보자. 단순한 '힘'이 아닌 '개별적인 힘'이란 무엇인지 알아보자. 개별적인 힘이란 매우 한정적인 의미의 특별한 작용을 의미한다. 따라서 개별적인 힘들은 서로 다른 형태로 작용하게 되고, 여러 힘들 중에서 '개별적인 힘'이 하나의 물체에 어떻게 작용하는지 구분할 수 있어야 한다.

물체 ——

힘은 물체에 작용한다.

은연중에 많은 사람들이 생각하는 힘의 개념 중 하나가 바로 **힘은 물체에 작용한다**는 것이다. 다시 말해서, 밀거나 당기는 것이 물체에 작용한다는 것이다. 물체의 관점에서 보면, 물체에는 자신에게 **작용하는** 힘이 있다. 그러므로 힘을 느끼는 대상으로부터 힘을 따로 분리해서 생각할 수 없다.

원인

힘은 원인(agent)이 필요하다.

모든 힘은 밀고 당기는 것과 같이 힘을 가하는 **제공자**(agent)가 있다. 즉, 힘은 구체적이고 명확한 원인(cause)이 있다. 공을 던지는 경우, 공과 접촉하는 동안 공에 힘을 작용하는 원인은 손이다. 만약 물체에 힘이 작용하고 있다면 그 힘의 구체적인 원인(즉, 제공자)을 명확히 할 수 있어야 한다. 반대로, 구체적인 원인을 명확히 알 수 없는 한 물체에는 힘이 작용하지 않는다. 탁자 윗면이나 벽과 같은 것도 힘의 원인이 될 수 있음에 유의하라. 이러한 제공자들은 일반적인 여러 힘들의 원인이 되기도 한다.

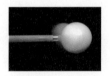

힘은 벡터 물리량이다.

물체를 미는 경우, 약하게 밀거나 세게 밀 수도 있다. 마찬가지로 오른쪽이나 왼쪽, 아래쪽이나 위쪽으로 밀 수도 있다. 물체를 미는 것을 정량적으로 이야기하려면 크기와 방향을 함께 말해 주어야 한다. 따라서 힘이 벡터 물리량이라는 것은 놀라운 일이 아니다. 힘을 나타내는 보편적인 기호는 벡터 기호 $\vec{F}$이다. 힘 $\vec{F}$의 크기 또는 세기는 F이다.

힘은 접촉힘이던가…

힘의 제공자와 물체와의 접촉 여부에 따라 힘을 두 종류로 구분한다. **접촉힘**(contact force)은 접촉점에서 물체와 접촉함으로써 물체에 작용하는 힘이다. 야구방망이가 공을 치기 위해서는 공과 접촉해야 한다. 물체를 당기기 위해서는 줄이 물체에 묶여야만 한다. 앞으로 다루게 될 대부분의 힘은 접촉힘이다.

… 장거리힘일 수 있다.

장거리힘(long range force)은 물체와 실제로 접촉하지 않으면서 작용하는 힘이다. 장거리힘의 한 예로 자기력이 있다. 자석을 종이 클립 위로 가져가면 클립이 자석을 향해 튀어오르는 것을 보았을 것이다. 손에 들고 있다가 놓은 커피잔은 장거리힘인 중력에 의해 지구로 당겨진다.

힘에 대한 또 다른 중요한 개념이 있다. 만약 여러분이 문을 닫기 위해 문(물체)을 밀면, 문도 여러분의 손(제공자)을 반대 방향으로 밀게 된다. 만약 견인차가 견인줄로 자동차(물체)를 당기면, 자동차도 견인줄로 견인차(제공자)를 잡아당기게 된다. 일반적으로, 제공자가 물체에 힘을 작용하면 물체도 제공자에게 힘을 작용한다. 실제로 힘을 두 물체 사이의 **상호작용**으로 이해해야 한다. 비록 상호작용이라는 관점에서 힘을 이해하는 것이 정확하기는 하지만, 지금 단계에서 이를 고려하면 복잡하기 때문에 다음으로 미루어 두기로 한다. 여기서 고려하는 것은 여러 힘이 한 물체에 가해질 때 그 물체가 어떻게 반응하는지에 대해서만 초점을 맞추고 시작해보자. 둘 이상의 물체 가 어떻게 상호작용하는가 하는 더 큰 주제는 이 장의 끝에서 다룰 것이다.

힘 벡터

간단한 그림을 이용하여 물체에 힘이 어떻게 작용하는지 살펴볼 수 있다. 물체를 질 점으로 취급하는 입자 모형(particle model)을 사용하면, 힘 벡터를 그리는 과정은 간 단하다.

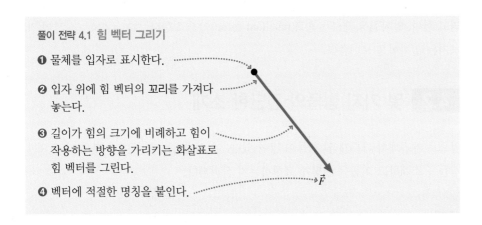

풀이 전략 4.1 힘 벡터 그리기

❶ 물체를 입자로 표시한다.

❷ 입자 위에 힘 벡터의 **꼬리**를 가져다 놓는다.

❸ 길이가 힘의 크기에 비례하고 힘이 작용하는 방향을 가리키는 화살표로 힘 벡터를 그린다.

❹ 벡터에 적절한 명칭을 붙인다.

$\vec{F}$

풀이 전략 2단계를 보면, 물체를 '미는 것'과는 반대인 것처럼 보일 수도 있지만(화 살표가 물체를 미는 것이 아니라 **당기고** 있는 것처럼 보일 수도 있다), 벡터의 크기와 방향을 바꾸지만 않으면 벡터를 이동해도 변하지 않는다는 것을 상기하라. 입자에 벡 터 $\vec{F}$의 머리가 놓이든 꼬리가 놓이든 상관없다. 다만 꼬리를 놓은 이유는 여러 힘을 더하는 방법을 생각할 때 분명해질 것이다.

그림 4.3은 힘 벡터에 대한 세 개의 예를 보여준다. 하나는 당기는 힘이고, 다른 하 나는 미는 힘, 그리고 나머지는 장거리힘인데, 세 경우 모두 힘 벡터의 **꼬리**가 물체를 나타내는 입자에 놓이도록 하였다.

그림 4.3 세 가지 힘 벡터

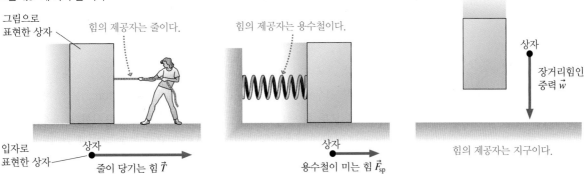

그림으로 표현한 상자

힘의 제공자는 줄이다.

힘의 제공자는 용수철이다.

상자

장거리힘인 중력 $\vec{w}$

입자로 표현한 상자

상자
줄이 당기는 힘 $\vec{T}$

상자
용수철이 미는 힘 $\vec{F}_{sp}$

힘의 제공자는 지구이다.

그림 4.4　상자에 작용하는 두 힘

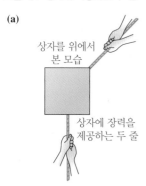

(a)

상자를 위에서
본 모습

상자에 장력을
제공하는 두 줄

(b)

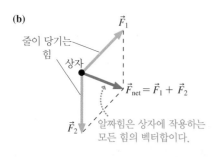

$\vec{F}_1$

줄이 당기는
힘

상자

$\vec{F}_{net} = \vec{F}_1 + \vec{F}_2$

$\vec{F}_2$

알짜힘은 상자에 작용하는
모든 힘의 벡터합이다.

여러 힘의 합력

힘은 벡터 물리량이다. ◀◀3.1절에서는 변위 벡터의 합성뿐만 아니라 벡터 덧셈 기법을 다른 모든 벡터에 대해서도 똑같이 적용할 수 있음을 배웠다. **그림 4.4(a)**는 두 줄에 의해 힘이 가해지며 끌려가고 있는 상자의 모습을 위에서 본 것이다. 이 경우 상자는 어떻게 될까? 실험으로 알고 있는 것처럼, 여러 힘 $\vec{F}_1, \vec{F}_2, \vec{F}_3, \cdots$이 한 물체에 작용할 때, 이 힘들은 결합하여 그들의 벡터합(vector sum)인 **알짜힘**(net force)을 형성한다. 곧,

$$\vec{F}_{net} = \vec{F}_1 + \vec{F}_2 + \vec{F}_3 + \cdots \tag{4.1}$$

다시 말해서, 알짜힘 $\vec{F}_{net}$가 일으킨 운동은 여러 힘 $\vec{F}_1, \vec{F}_2, \vec{F}_3, \cdots$이 일으킨 운동을 모두 합친 것과 정확하게 같다. 수학적으로는 이러한 합을 힘의 **중첩**(superposition)이라고 한다. 알짜힘을 때로는 **합력**(resultant force)이라고 한다. **그림 4.4(b)**는 상자에 가해지는 알짜힘을 보여준다.

4.2 몇 가지 힘들의 간단한 소개

앞으로 계속해서 다루게 될 힘들이 많이 있다. 이 절에서는 그 중에서 몇 가지 중요한 힘들을 소개하고 이들을 어떻게 표현하는지 살펴본다.

무게

그림 4.5　무게는 항상 연직 방향을 가리킨다.

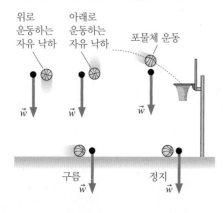

위로
운동하는
자유 낙하

아래로
운동하는
자유 낙하

포물체 운동

$\vec{w}$　　$\vec{w}$　　$\vec{w}$

구름
$\vec{w}$

정지
$\vec{w}$

용수철은 형태가 다양하다. 용수철이 변형되면, 밀거나 당기는 힘이 용수철 힘으로 작용한다.

낙하하는 돌멩이는 장거리힘인 중력에 의해 지구로 당겨진다. 중력은 사람들이 의자에 앉아 있도록 하며, 행성들이 태양 주변에서 궤도 운동을 하도록 하며, 우주의 거대 규모 구조를 유지하도록 한다. 중력은 6장에서 자세히 살펴볼 것이다. 지금은 표면이나 지표면 근처의 물체에 집중하여 살펴보자.

지표면이나 지표면 근처에 있는 물체를 잡아당기는 중력을 **무게**(weight)라고 하며, 무게의 기호는 $\vec{w}$로 표시한다. 무게는 앞으로 몇몇 장에서 만나게 될 유일한 장거리힘이다. 무게의 원인을 제공하는 것은 물체를 당기는 **지구 전체**이다. 사실 어떤 면에서 보면 무게는 우리가 다루게 될 힘 중에서 가장 간단한 힘이다. **그림 4.5**에서 보는 바와 같이, 물체가 어떤 운동을 하고 있던지 **물체의 무게 벡터는 항상 연직 방향을 가리킨다.**

용수철 힘

용수철 힘은 가장 대표적인 접촉힘 중의 하나이다. 용수철은 밀거나(압축되었을 경우) 당길(늘어났을 경우) 수 있다. **그림 4.6**은 **용수철 힘**(spring force)을 보여준다. 밀거나 당기는 경우 모두 힘 벡터의 꼬리는 힘 도형에서 입자에 표시한다. 용수철 힘을 표시하는 특별한 기호가 없으므로 아래 첨자를 사용하여 힘 벡터를 $\vec{F}_{sp}$로 나타낸다.

용수철을 압축하거나 늘일 수 있는 금속 코일 정도로 생각하기 쉬운데, 금속 코일

그림 4.6 용수철 힘은 용수철에 평행하다.

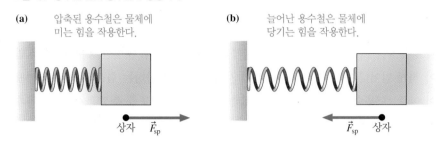

(a) 압축된 용수철은 물체에 미는 힘을 작용한다.

상자 $\vec{F}_{sp}$

(b) 늘어난 용수철은 물체에 당기는 힘을 작용한다.

$\vec{F}_{sp}$ 상자

은 용수철의 한 형태일 뿐이다. 자 또는 얇은 나무 조각이나 금속 조각의 끝을 잡고 구부리면 쉽게 구부려진다. 잡고 있던 것을 놓으면, 이들은 원래 모양으로 되돌아간 다. 그러므로 이것들도 금속 코일과 다를 바 없는 용수철의 특성을 가지고 있다.

장력

실이나 줄 또는 도선 등이 물체를 당길 때, **장력**(tension force)이라 하는 접촉힘이 작 용하며, 이것을 $\vec{T}$ 라고 표시한다. **그림 4.7**에서 보는 바와 같이, **장력은 항상 실이나 줄 의 방향으로 작용한다.** 줄의 '장력'이 작용하고 있다고 말할 때, 그것은 장력의 크기 T 를 의미한다. 장력은 오로지 줄의 방향으로 당기기만 할 수 있음을 명심하자. 만약 줄 을 가지고 물체를 밀려고 한다면, 줄은 느슨하게 되어 힘이 작용할 수 없다.

미시적인 관점에서 장력을 생각해보자. 만약 분해능이 우수한 현미경으로 줄의 내 부를 들여다 볼 수 있다면, 줄이 **분자 결합**(molecular bonds)에 의해 연결된 **원자**들로 구성되어 있음을 볼 수 있을 것이다. 분자 결합은 원자들 간의 단단한 결합이 아니다. **그림 4.8**에서 보는 것처럼 원자들이 작은 **용수철**들로 연결되어 있다고 보는 것이 더 정 확한 해석이다. 실이나 줄의 끝을 당기면 분자 용수철들이 팽팽해진다. 그러므로 줄 의 끝에 있는 물체가 받는 장력은 수많은 분자 용수철들에 작용되는 용수철 힘의 합 력으로 나타난다.

원자 수준의 관점에서 본 장력은 수많은 원자로 구성된 **거시적인**(macroscopic) 물 체의 특성과 거동을 이해할 수 있는 미시적인 **원자 모형**이라는 새로운 개념을 소개 한다. 이와 같은 원자 모형은 앞으로 관측되는 현상들을 깊이 있게 설명하기 위해 자 주 사용될 것이다.

장력의 원자 모형은 줄이나 실의 기본적인 특성 중의 하나를 설명하는 데 큰 도움 을 준다. 무거운 상자에 묶인 줄을 당기면, 줄은 상자에 장력을 작용한다. 줄을 더 세 게 당길수록 상자에 작용하는 장력은 점점 커진다. 사람이 줄의 한쪽 끝을 힘껏 당기 고 있다는 사실을 상자가 어떻게 "알까?" 원자 모형에 의하면, 줄을 세게 잡아당길 수록 줄 내부의 분자 용수철은 더욱 팽팽해진다. 그 결과, 분자 용수철의 용수철 힘 이 줄을 구성하는 원자들 사이에 전달되면서 최종적으로 상자에게 장력을 작용하게 된다.

그림 4.7 장력은 줄과 평행하다.

줄이 썰매에 장력을 작용한다.

썰매 $\vec{T}$

그림 4.8 장력의 원자 모형

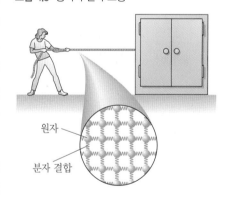

원자

분자 결합

수직 항력

만약 여러분이 침대 위에 앉아 있다고 하면, 침대 매트리스의 용수철은 압축되고, 그 결과 용수철은 여러분에게 위로 향하는 힘을 작용할 것이다. 뻣뻣한 용수철일수록 압축이 적게 일어나지만 여전히 침대 위의 사람에게 위로 향하는 힘을 작용한다. 뻣뻣함이 아주 큰 용수철일지라도 정교한 계측장비로 압축 정도를 측정할 수 있다. 용수철이 아무리 적게 압축되었다 하더라도 용수철은 위로 힘을 작용한다.

그림 4.9는 튼튼한 탁자 위에 놓인 책을 보여준다. 눈으로 보기에 탁자는 처짐이 없어 보이지만 침대의 경우와 마찬가지로 책이 탁자의 분자 용수철을 압축시킨다. 압축은 매우 작은 크기지만 없는 것은 아니다. 따라서 압축된 분자 용수철은 책에 위 방향으로 미는 힘을 작용한다. '탁자'가 위 방향의 미는 힘을 작용한다고 하지만 **사실**은 물체 내부의 분자 용수철이 힘을 작용하는 것으로 이해하는 것이 중요하다. 마찬가지로, 바닥에 놓인 물체는 바닥을 이루고 있는 분자 용수철을 압축하며, 그 결과 바닥이 물체를 밀게 된다.

이러한 개념을 더욱 확장해서 생각해보자. **그림 4.10**과 같이 여러분이 벽에 손을 대고 기대어 있다고 가정하자. 벽이 손에 힘을 작용할까? 벽에 기대고 있으므로 손이 벽 내부의 분자 용수철을 압축시키며, 그 결과 벽은 손을 밀게 된다. 따라서 질문에 대한 답은 '그렇다'이며, 벽은 여러분에게 힘을 작용한다. 여러분의 손바닥을 자세히 살펴보면 더 쉽게 이해된다. 즉, 벽을 미는 손바닥은 약간 눌린 상태가 되는데, 벽을 더 세게 밀수록 손바닥이 더욱 눌리는 것을 쉽게 볼 수 있다. 이런 눌림 현상은 벽이 손에 힘을 작용하고 있다는 직접적인 증거이다. 벽이 갑자기 사라지면 어떤 일이 생길까 생각해보자. 여러분을 밀던 벽이 없어지면 여러분은 곧바로 앞으로 넘어지게 될 것이다.

탁자 표면이 가하는 힘은 수직 방향이고, 벽이 가하는 힘은 수평 방향이다. 어떤 경우이든, 물체에 가해지는 힘은 표면을 누르는 방향에 수직인 방향으로 작용한다. 표면을 누르는 물체에 대해, 표면이 물체에 작용하는 힘을 **수직 항력**(normal force)이라고 정의하며, $\vec{n}$으로 표시한다.

여기서 '수직(normal)'이라는 단어는 힘이 '정상적(ordinary)'임을 의미하거나 '비정상적인 힘(abnormal force)'과 구별하기 위해 사용되는 것이 아니다. 표면을 이루는 분자 용수철이 밖을 향해 밀기 때문에 수직 항력은 표면에 수직으로 작용한다. **그림 4.11**은 경사진 표면에 있는 물체의 일반적인 상황을 보여준다. 수직 항력 $\vec{n}$이 어떻게 표면에 수직으로 작용하는지 알아보자.

수직 항력은 분자 결합을 실제로 누름으로써 나타나는 매우 실제적인 힘이다. 수직 항력은 본질적으로 용수철 힘으로, 미시적인 수많은 분자 용수철이 한꺼번에 작용하는 힘이다. 수직 항력은 고체의 '견고함(solidness)'을 유지하는 역할을 한다. 이 견고함 때문에 의자에 앉을 때 의자가 견디고 문에 머리를 부딪쳤을 때 머리에 혹이 나서 아픈 것이다. 문에 부딪히고 아픔을 느끼는 것은 바로 수직 항력이 실제 힘임을 말해준다.

그림 4.9 탁자에 작용하는 힘의 원자 모형

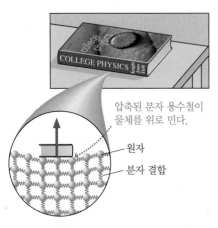

압축된 분자 용수철이 물체를 위로 민다.

원자

분자 결합

그림 4.10 벽이 손을 밖으로 밀어낸다.

벽을 구성하는 분자 용수철이 손바닥을 밖으로 밀어낸다.

그림 4.11 수직 항력은 표면에 수직이다.

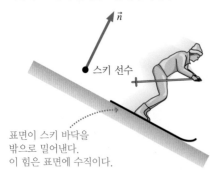

$\vec{n}$

스키 선수

표면이 스키 바닥을 밖으로 밀어낸다. 이 힘은 표면에 수직이다.

마찰력

외부에서 미는 힘이 없이 구르거나 미끄러지는 물체는 속력이 서서히 줄다가 결국에는 멈춰서는 것을 알 수 있다. 또한 아스팔트길보다는 얼음판 위에서 더 잘 미끄러지는 것도 알고 있다. 그리고 탁자 위에 놓인 대부분의 물체는 탁자가 조금 기울어지더라도 미끄러지지 않고 제자리를 유지한다는 것도 알고 있다. 이런 종류의 특성을 나타내는 힘을 **마찰력**(friction)이라 하고, $\vec{f}$로 표현한다.

수직 항력과 마찬가지로 마찰력도 표면에서 작용한다. 하지만 표면에 수직인 수직 항력과는 달리, **마찰력은 항상 표면과 평행하다.** 많은 경우 표면은 수직 항력과 마찰력을 동시에 작용한다. 미시적 관점에서 보면, 마찰력은 힘을 받는 물체의 구성 원자와 표면을 이루는 원자 사이의 상호작용으로 나타난다. 표면이 거칠수록 물체와 표면의 원자들은 더욱 근접하게 되고, 그 결과 마찰력이 커지게 된다. 다음 장에서 마찰력의 간단한 모형을 살펴보기 전에 이 장에서는 두 종류의 마찰력을 구분하는 데 중점을 둔다.

- $\vec{f_k}$로 표현되는 **운동 마찰력**(kinetic friction)은 표면에서 미끄러지는 물체에 작용한다. 미끄러지는 물체에 작용하는 운동 마찰력 $\vec{f_k}$는 항상 물체의 움직임에 반대인 방향을 가리키는, '운동을 방해하는' 힘이다.
- $\vec{f_s}$로 표현되는 **정지 마찰력**(static friction)은 물체가 표면에 계속 '정지'하도록 작용하며, 표면에 대한 상대적인 운동을 방해하는 힘이다. $\vec{f_s}$의 방향을 찾는 것은 $\vec{f_k}$의 방향을 찾는 것보다 조금 더 복잡하다. 정지 마찰력의 방향은 마찰이 없을 때 물체의 움직임이 예측되는 방향과 반대방향이다. 즉, 정지 마찰력의 방향은 물체의 운동을 방해하는 데 필요한 방향이다.

그림 4.12는 운동 마찰력과 정지 마찰력의 예를 보여준다.

그림 4.12 운동 마찰력과 정지 마찰력은 표면과 평행하다.

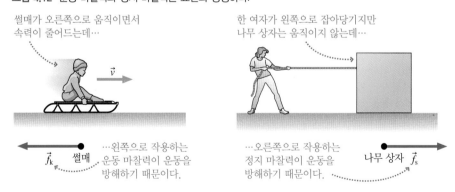

끌림힘

표면에서의 마찰력은 운동을 방해하거나 저항하는 **저항력**의 한 가지 예이다. 저항력은 물체가 기체(공기)나 액체(물)와 같은 유체를 통과하여 움직일 때에도 받게 되는

그림 4.13 공기 저항력은 끌림힘의 한 예이다.

떨어지는 나뭇잎에는 공기 저항력이 중요하게 작용한다. 공기 저항력은 운동을 방해하는 방향으로 작용한다.

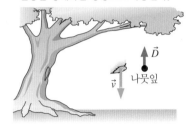

힘이다. 이와 같이 유체가 움직이는 물체에 작용하는 힘을 **끌림힘**(drag)이라고 하며 $\vec{D}$로 표시한다. 운동 마찰력과 마찬가지로 **끌림힘은 운동을 방해하는 방향으로 작용한다.** 그림 4.13은 끌림힘의 한 예이다.

매우 빠른 속력으로 움직이거나 밀도가 큰 유체 내에서 움직이는 물체에는 매우 큰 끌림힘이 작용한다. 달리는 차 안에서 손을 창밖으로 내밀어서 공기가 손을 얼마나 강하게 미는가를 느껴보라. 또 자동차의 속력이 증가할수록 손에 작용하는 공기 저항력이 얼마나 빨리 증가하는지 느껴보라. 작고 가벼운 구슬을 물이 담긴 비커에 떨어뜨린 후, 구슬이 비커 바닥에 얼마나 천천히 가라앉는지 살펴보아라. 구슬에 대한 물의 끌림힘이 큰 것을 알 수 있을 것이다.

반면에, 무겁고 속이 꽉 찬 물체가 공기 중에서 천천히 움직일 때, 공기 저항에 의한 끌림힘은 매우 작게 된다. 가능하면 문제를 간단히 만들기 위해, **모든 문제에서 공기 저항을 고려하라는 말이 없으면 공기 저항력을 무시한다.** 이런 근사에 의한 계산 오차는 일반적으로 무시할 수 있을 만큼 작다.

추력

그림 4.14 로켓의 추력은 분출되는 기체의 방향에 반대방향이다.

분출되는 기체에 의한 추력이 로켓에 작용한다.

$\vec{F}_{\text{thrust}}$

그림 4.14의 로켓에서와 마찬가지로 제트기는 앞으로 추진시키는 힘을 가지고 있다. 이러한 힘을 **추력**(thrust)이라고 하며, 제트기와 로켓처럼 기체 분자를 고속으로 분출시킬 때 나타난다. 추력은 분출되는 기체 분자들이 엔진을 미는 힘의 원인이 되는 접촉힘이다. 추력이 발생하는 과정은 다소 미묘하며, 이번 장의 마지막에 소개할 뉴턴의 제3법칙에 대한 이해를 필요로 한다. 여기에서는 단지 **추력은 기체가 분출되는 방향과 반대방향으로 작용하는 힘**이라고 이해하면 된다. 추력에 대한 특별한 표기법이 없으므로 $\vec{F}_{\text{thrust}}$이라고 표시하자.

◀ **로켓 과학만 있는 게 아니다.** BIO 로켓만이 아니라 많은 동물들도 추력을 이용해 앞으로 나간다. 가리비(scallop)는 발과 지느러미가 없는 갑각류이지만 제트 추진 방식을 이용해서 포식자로부터 탈출하거나 새로운 영토로 이동할 수 있다. 가리비는 껍질 뒷부분에서 물을 강하게 분출하여 자신을 앞으로 이동하게 하는 추력을 얻는다.

전기력과 자기력

중력과 마찬가지로 전기력과 자기력은 장거리힘이다. 전기력과 자기력은 전하를 띤 입자에 작용한다. 전기력과 자기력은 Ⅵ부에서 자세히 다룰 것이다. 두 힘뿐만 아니라 나중에 배우게 될 핵 내부에서 작용하는 힘은 이후 여러 장에서 다루게 될 동역학 문제들에 있어서 중요하지 않다.

4.3 힘 파악하기

전형적인 물리학 문제는 여러 방향으로 미는 힘 또는 당기는 힘이 작용하고 있는 물체를 기술하는 것이다. 어떤 힘들은 명확하게 주어지지만, 어떤 힘들은 암시적으로 주어진다. 문제를 풀기 위해서는 물체에 작용하는 모든 힘들을 명확하게 파악해야 한다. 또한 실제로 존재하지 않는 힘을 포함시키지 않도록 주의해야 한다. 지금까지 힘의 특성과 전형적인 힘들을 소개했으므로 문제에서 각각의 힘을 확인하는 단계적 방법을 만들 수 있다. 이후 여러 장에서 다루게 될 대표적인 힘들이 표 4.1에 주어져 있다.

풀이 전략 4.2 힘 파악

❶ **고려할 물체를 확인한다.** 이 물체는 우리가 운동을 알아보려고 하는 물체이다.

❷ **상황을 그림으로 그린다.** 고려할 물체뿐만 아니라 이 물체와 접촉한 줄, 용수철, 표면과 같은 모든 물체를 함께 나타낸다.

❸ **고려할 물체 주위에 폐곡선을 그린다.** 고려할 물체만 폐곡선 안에 그리고 나머지 물체는 밖에 나타내도록 한다.

❹ **고려할 물체와 나머지 물체가 접촉하고 있는 모든 지점을 곡선 위에 표시한다.** 이렇게 표시된 점들에서 접촉힘이 물체에 작용한다.

❺ **물체에 작용하는 각 접촉힘의 명칭을 정한다.** 접촉점에 한 개 이상의 접촉힘이 작용한다. 필요하다면 첨자를 사용하여 같은 종류의 힘들을 구별한다.

❻ **물체에 작용하는 각 장거리힘의 명칭을 정한다.** 지금까지의 유일한 장거리힘은 무게뿐이다.

표 4.1 대표적인 힘과 표기법

힘	표기법
일반적인 힘	$\vec{F}$
무게	$\vec{w}$
용수철 힘	$\vec{F}_{sp}$
장력	$\vec{T}$
수직 항력	$\vec{n}$
정지 마찰력	$\vec{f}_s$
운동 마찰력	$\vec{f}_k$
끌림힘	$\vec{D}$
추력	$\vec{F}_{thrust}$

개념형 예제 4.1 **번지점프 하는 사람에게 작용하는 힘**

번지점프 하는 사람이 다리에서 뛰어내려서 바닥에 가까이 내려왔다. 이 사람에게 어떤 힘들이 작용하고 있는가?

판단

그림 4.15 번지점프 하는 사람에게 작용하는 힘

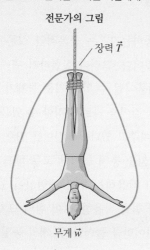

전문가의 그림

장력 $\vec{T}$

무게 $\vec{w}$

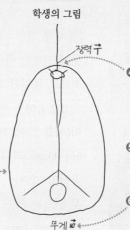

학생의 그림

장력 $\vec{T}$

무게 $\vec{w}$

❶ 고려할 물체를 확인한다. 여기서 물체는 번지점프 하는 사람이다.

❷ 상황을 묘사하는 그림을 그린다.

❸ 고려할 물체 주위에 폐곡선을 그린다.

❹ 고려할 물체가 외부의 물체와 접촉하는 모든 점을 표시한다. 여기에서 접촉점은 발목을 묶은 줄뿐이다.

❺ 각 접촉힘의 명칭을 정하고 표시한다. 줄에 작용하는 힘은 장력이다.

❻ 장거리힘의 명칭을 정하고 표시한다. 무게가 유일한 장거리힘이다.

개념형 예제 4.2　　스키 선수에게 작용하는 힘

두 줄이 스키 선수를 눈 덮인 언덕 위로 끌어 올리고 있다. 스키 선수에게 어떤 힘들이 작용하고 있는가?

판단　그림 4.16　스키 선수에게 작용하는 힘

장력 $\vec{T}$

수직 항력 $\vec{n}$
운동 마찰력 $\vec{f}_k$

무게 $\vec{w}$

❶ 고려할 물체를 확인한다. 여기서 물체는 스키 선수이다.

❷ 상황을 묘사하는 그림을 그린다.

❸ 고려할 물체 주위에 폐곡선을 그린다.

장력 $\vec{T}$

❹ 고려할 물체가 외부 물체와 접촉하는 모든 점을 표시한다. 여기에서는 줄과 바닥이 스키 선수와 접촉한다.

❺ 각 접촉힘의 명칭을 정하고 표시한다. 줄은 장력을 작용하고, 바닥은 수직 항력과 운동 마찰력을 작용한다.

수직 항력 $\vec{n}$
운동 마찰력 $\vec{f}_k$

무게 $\vec{w}$

❻ 장거리힘의 명칭을 정하고 표시한다. 무게가 유일한 장거리힘이다.

개념형 예제 4.3　　로켓에 작용하는 힘

로켓을 공중으로 높이 발사한다. 공기 저항력을 무시하지 않을 경우 로켓에 어떤 힘이 작용하고 있는가?

판단　　그림 4.17　로켓에 작용하는 힘

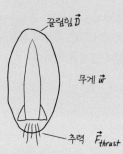

끌림힘 $\vec{D}$

무게 $\vec{w}$

추력 $\vec{F}_{thrust}$

그림 4.18　재생 가능한 힘

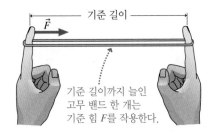

기준 길이

$\vec{F}$

기준 길이까지 늘인 고무 밴드 한 개는 기준 힘 F를 작용한다.

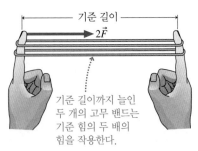

기준 길이

$2\vec{F}$

기준 길이까지 늘인 두 개의 고무 밴드는 기준 힘의 두 배의 힘을 작용한다.

4.4 힘은 무슨 일을 하는가?

"물체에 힘이 가해질 때, 물체가 어떻게 운동하는가?"는 근본적인 질문이다. 이 질문에 답하는 유일한 방법은 실험을 해보는 것이다. 그러나 실험하기 위해서는, 반복적으로 동일한 힘을 가하는 방법과 실험이 되풀이될 수 있는 기준 물체가 필요하다.

　그림 4.18은 손가락을 사용하여 고무 밴드의 길이를 자로 측정할 수 있을 정도의 길이(예를 들어, 10 cm)만큼 늘이는 방법을 보여주고 있다. 이 길이를 **기준 길이**(standard length)라고 하자. 손가락이 당겨지는 느낌을 통해 늘어난 고무 밴드가 힘을 작용하고 있다는 것을 알 수 있다. 고무 밴드가 작용하는 힘은 재현성이 있다. 즉, 고무 밴드는 기준 길이만큼 늘일 때마다 동일한 힘을 작용한다. 이 힘의 크기를 **기준 힘**(standard force) F라고 하자. 각각이 기준 길이만큼 늘어난 두 개의 동일한 고무 밴드는 한 개의 고무 밴드보다 두 배의 힘을 작용하고, 세 개, 네 개, …의 고무 밴드는

세 배, 네 배, …의 힘을 작용한다.

힘을 받는 여러 개의 동일한 기준 물체도 필요하다. 1장에서 배웠듯이, 질량의 SI 단위는 킬로그램(kg)이다. 각각의 질량이 1 kg인 여러 개의 기준 물체의 복제품을 준비하자.

이제 가상 실험을 시작해보자. 우선 1 kg의 벽돌을 마찰이 없는 표면에 놓는다(실제 실험에서는 벽돌을 에어쿠션으로 띄워 마찰을 거의 제거할 수 있다). 다음은 고무 밴드를 벽돌에 묶은 다음, 고무 밴드를 기준 길이만큼 늘인다. 그러면 벽돌은 손가락이 느끼는 것과 동일한 힘을 느낄 것이다. 벽돌이 움직이기 시작할 때, 당기는 힘을 일정하게 유지하기 위하여 고무 밴드의 기준 길이가 일정하게 유지되면서 **일정한 힘이 작용하도록** 손을 움직인다. **그림 4.19**는 실험이 수행되는 것을 보여준다. 벽돌의 운동이 끝나고 나면, 운동 도형과 운동학을 사용하여 벽돌의 운동을 분석할 수 있다.

그림 4.19 일정한 힘으로 당겨지고 있는 1kg의 벽돌 운동 측정

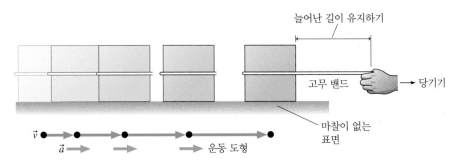

그림 4.19의 운동 도형을 보면 벽돌의 속도 벡터가 점점 길어지며 속도가 증가하고 있다. 즉, 벽돌은 가속되고 있다. 더구나 운동 도형을 주의 깊게 보면 가속도 벡터가 일정하다는 것을 알 수 있다. 이것이 이 실험에서 발견한 중요한 첫째 결과이다. **일정한 힘으로 당겨지는 물체는 일정한 가속도로 운동한다.** 이러한 발견은 미리 예측하기 힘든 면이 있다. 사실 물체가 잠시 동안 속력이 증가하다가 일정한 속력으로 움직인다고 상상하기가 더 쉽다. 아니면 속력은 증가하지만, 속력이 증가하는 **정도**, 즉 가속도가 감소할 것이라고 예측하기가 더 쉽다. 그러나 이러한 예측은 실제 관측되는 현상과 다르다. 실제로는 일정한 힘이 가해지는 한 물체는 **일정한 가속도로 운동한다.** 이것을 고무 밴드 한 개에 의해 당겨진 벽돌 한 개의 가속도 a_1이라고 하자.

고무 밴드의 수를 늘려 같은 실험을 하면 어떤 일이 발생할까? 먼저 2개의 고무 밴드일 경우를 살펴보자. 힘이 $2F$가 되도록 두 고무 밴드를 기준 길이만큼 늘인 후 가속도를 측정해보자. 고무 밴드의 개수를 증가시키면서 가속도를 측정한 결과는 **그림 4.20**에서 보는 그래프와 같다. 힘은 독립 변수이므로 가로축에 놓고 가속도–힘 그래프를 그렸다. 그래프로부터 **가속도는 힘에 정비례한다**는 중요한 둘째 결과를 얻는다.

가상 실험의 마지막 질문은 물체의 가속도가 물체의 질량과 어떤 관계가 있는가하는 것이다. 이 질문에 답하기 위해 1 kg인 벽돌 2개를 붙여 2 kg의 벽돌을 만든다.

그림 4.20 가속도–힘 그래프

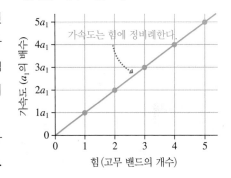

그림 4.21 가속도-벽돌 수 그래프

벽돌 1개의
가속도는 a_1이다.

벽돌이 2개일 때의
가속도는 1개일 때의
1/2이다.

벽돌이 3개일
때의 가속도는
1개일 때의
1/3이다.

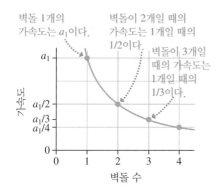

이 벽돌에 고무 밴드 하나로 1 kg의 벽돌 1개에 가했던 힘과 같은 힘을 작용해보자. 그림 4.21에서 보는 바와 같이 가속도는 벽돌 1개였을 때의 절반이 된다. 1 kg의 벽돌 3개를 붙여 만든 3 kg 벽돌의 가속도를 측정해보면 가속도가 1/3의 크기로 줄어들게 된다. 일반적으로 가속도는 물체의 질량에 반비례한다. 따라서 **가속도는 물체의 질량에 반비례한다**는 중요한 셋째 결과를 얻는다.

반비례

한 물리량이 다른 물리량의 역수에 비례한다면, 두 물리량은 서로 **반비례**한다고 한다. 수학적으로는 다음을 의미한다.

$$y = \frac{A}{x}$$

y는 x에 반비례한다.

여기서, A는 비례 상수이다. 때로는 이 관계를 $y \propto 1/x$로 표현한다.

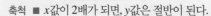

$y = \frac{A}{x}$

x가 절반이 되면
y는 2배가 된다.

최초의 점 x, y

x가 2배가 되면
y는 절반이 된다.

축척 ■ x값이 2배가 되면, y값은 절반이 된다.

■ x값이 3배가 되면, y값은 1/3배가 된다.

■ x값이 절반이 되면, y값은 2배가 된다.

■ x값이 1/3배가 되면, y값은 3배가 된다.

비율 임의의 x_1과 x_2에 대해

$$y_1 = \frac{A}{x_1}, \qquad y_2 = \frac{A}{x_2}$$

가 성립할 때, y_1을 y_2로 나누면

$$\frac{y_1}{y_2} = \frac{A/x_1}{A/x_2} = \frac{A}{x_1}\frac{x_2}{A} = \frac{x_2}{x_1}$$

가 된다. 즉, y값들의 비율은 그에 대응하는 x값들의 비율의 역수가 된다.

극한 ■ x값들이 매우 커지면, y값들은 0에 수렴한다.

■ x값들이 0에 가까워지면, y값들은 매우 커진다.

밀어서 자전거를 굴리는 것보다 자동차를 굴리는 것이 더 어렵고, 스케이트보드를 정지시키는 것보다 채소를 가득 실은 수레를 정지시키는 것이 더 어렵다는 것을 잘 알고 있을 것이다. 이처럼 속도 변화에 대해 저항하는(즉, 속력의 증가 또는 감소에 저항하는) 경향을 **관성**(inertia)이라고 한다. 따라서 질량이 큰 물체일수록 관성이 크다고 할 수 있다.

◀ **차이 느끼기** 보통의 탄산음료 캔에는 다이어트 음료 캔보다 설탕이 많이 포함되어 있기 때문에 질량이 4% 정도 더 크다. 양손에 두 음료 캔을 들고 어느 것의 질량이 더 큰가를 판단하는 것은 쉽지 않다. 그러나 음료를 들고 손을 위아래로 흔들어 움직여 보면 그 차이를 알 수 있는데, 그 이유는 질량에 의한 무게 자체보다는 질량이 물체의 가속을 방해하는 정도를 더 쉽게 알 수 있기 때문이다.

예제 4.4 **벽돌의 질량 구하기**

고무 밴드를 이용해서 일정한 힘으로 1 kg의 벽돌을 잡아당길 때, 벽돌의 가속도가 3.0 m/s²으로 측정되었다. 같은 고무 밴드를 이용해서 질량을 모르는 벽돌에 동일한 힘을 작용하였더니 벽돌의 가속도가 5.0 m/s²이 되었다. 벽돌의 질량은 얼마인가?

준비 벽돌의 가속도는 질량에 반비례한다.

풀이 반비례 관계식을 이용해서 문제를 풀면

$$\frac{3.0 \text{ m/s}^2}{5.0 \text{ m/s}^2} = \frac{m}{1.0 \text{ kg}}$$

를 얻는다. 이로부터 질량을 구하면

$$m = \frac{3.0 \text{ m/s}^2}{5.0 \text{ m/s}^2} \times (1.0 \text{ kg}) = 0.60 \text{ kg}$$

이다.

검토 동일한 힘이 작용할 때, 질량을 모르는 벽돌의 가속도가 1 kg의 벽돌의 가속도보다 크다. 그러므로 가속도에 대한 저항을 나타내는 질량은 1 kg보다 작은 것이 타당하다.

수업 영상

4.5 뉴턴의 제2법칙

앞의 실험 결과를 정리해보자. **힘이 물체를 가속시키는 원인**이라는 것을 살펴보았다. **가속도 _a_는 힘 _F_에 정비례하고 질량 _m_에 반비례한다.** 이 관계를 식으로 표현하면 다음과 같다.

수업 영상　영상 학습
데모

$$a = \frac{F}{m} \tag{4.2}$$

힘의 크기가 2배가 되면 가속도 _a_는 2배가 되고, 질량 _m_이 3배가 되면 가속도는 1/3로 줄어든다는 것을 실험적으로 확인해보았다.

식 (4.2)는 물체의 가속도 크기가 물체의 질량과 물체에 작용한 힘으로 표현될 수 있음을 보여준다. 이 식은 가속도의 **방향**은 힘의 방향과 같다는 또 다른 중요한 내용을 포함하고 있다. 이 모든 내용을 포함해서 식 (4.2)를 벡터 형태로 쓰면 다음과 같다.

$$\vec{a} = \frac{\vec{F}}{m} \tag{4.3}$$

마지막으로, 앞의 실험은 한 방향으로만 작용하는 하나의 힘에 대한 물체의 반응에 국한되었다. 현실적으로는 물체가 여러 방향으로 작용하는 여러 개의 힘 $\vec{F}_1, \vec{F}_2, \vec{F}_3, \cdots$ 을 받는 상황에 놓이는 것이 더 일반적이다. 이런 상황에서는 어떤 일이 일어날 것인가? 한 물체의 가속도는 그 물체에 작용하는 **알짜힘**에 의해 결정되며, **그림 4.4**와 식 (4.1)로부터, 알짜힘은 물체에 작용하는 모든 힘의 벡터합이라는 사실을 상기하자. 그러면 여러 힘이 작용할 때에는 식 (4.4)와 같이 **알짜힘**을 적용하여 문제를 풀어야 한다.

영상 학습
데모

힘과 운동 사이의 이러한 관계에 대해 처음으로 인식한 사람은 뉴턴이었다. 오늘날 그 관계식은 뉴턴의 제2법칙으로 알려져 있다.

영상 학습
데모

> **뉴턴의 제2법칙** 질량 m인 물체에 여러 개의 힘 $\vec{F}_1, \vec{F}_2, \vec{F}_3, \cdots$ 이 작용할 때, 물체의 가속도 $\vec{a}$는 다음과 같이 주어진다.
>
> $$\vec{a} = \frac{\vec{F}_{\text{net}}}{m} \qquad (4.4)$$
>
> 여기서 알짜힘 $\vec{F}_{\text{net}} = \vec{F}_1 + \vec{F}_2 + \vec{F}_3 + \cdots$ 은 물체에 작용하는 모든 힘의 벡터합이다. **가속도 벡터 $\vec{a}$의 방향은 알짜힘 벡터 $\vec{F}_{\text{net}}$의 방향과 같다.**

어떤 관계식들은 특수한 상황에서만 적용되는 반면, 어떤 관계식들은 모든 상황에서 적용되는 것으로 보인다. 언제 어떤 상황에서든 항상 적용되는 식들을 '자연의 법칙'이라고 한다. 뉴턴의 제2법칙은 자연의 법칙이며, 계속해서 이 교재에서 다룰 것이다.

뉴턴의 제2법칙은

$$\vec{F}_{\text{net}} = m\vec{a} \qquad (4.5)$$

의 형태로도 쓸 수 있는데, 이 식은 여러 물리책에서 뉴턴의 제2법칙으로 표현되고 있으며 실제로 사용되는 식이다. 식 (4.4)와 (4.5)는 수학적으로 동등한 표현이지만, 물체에 작용한 힘은 물체를 가속시키는 원인이며 가속도는 알짜힘의 방향과 같다는 뉴턴 역학의 핵심을 더 잘 기술하는 것은 식 (4.4)이다.

◀ **크기가 중요한가?** 경주용 자동차 선수인 다니카 패트릭은 45 kg에 불과한 몸무게 때문에 몸무게가 무거운 다른 선수들보다 유리하다는 항의를 받았다. 모든 자동차는 질량이 같지만, 패트릭이 탄 자동차의 총 질량은 다른 선수들이 탄 자동차의 총 질량보다 작기 때문에 패트릭의 자동차가 더 큰 가속도를 낼 수 있다고 예상되었기 때문이다.

개념형 예제 4.5 **바람에 날아가는 농구공의 가속도**

정지해 있던 농구공을 오른쪽으로 부는 강한 바람 속에서 놓는다. 농구공은 어느 방향으로 가속되는가?

판단 바람은 공기의 운동이다. 공기가 농구공에 대해 **오른쪽으로** 움직인다면, 농구공은 공기에 대해 **왼쪽**으로 움직이므로 공기에 대한 농구공의 속도에 반대방향인 오른쪽으로 끌림힘이 생긴다. 따라서 **그림 4.22(a)**에서 보는 것처럼 농구공에는 두 힘이 작용한다. 즉, 무게 $\vec{w}$는 아래쪽을 향하고, 끌림 $\vec{D}$는 오른쪽을 향한다. 뉴턴의 제2법칙에 의하면, 가속도 방향은 알짜힘 $\vec{F}_{\text{net}}$의 방향과 같다. **그림 4.22(b)**에 $\vec{w}$와 $\vec{D}$의 벡터합인 $\vec{F}_{\text{net}}$를 작도법을 이용해서 나타내었다. 따라서 $\vec{F}_{\text{net}}$와 $\vec{a}$는 오른쪽 아래로 향하는 것을 알 수 있다.

그림 4.22 강한 바람 속에서 떨어지는 농구공

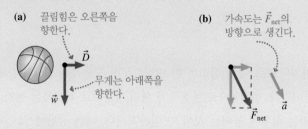

(a) 끌림힘은 오른쪽을 향한다.
무게는 아래쪽을 향한다.

(b) 가속도는 $\vec{F}_{\text{net}}$의 방향으로 생긴다.

검토 이 결과는 일상 경험과 일치한다. 무게는 공을 아래로 당기고, 바람은 공을 오른쪽으로 민다. 그 결과 가속도는 오른쪽 아래를 향한다.

힘의 단위

$\vec{F}_{net} = m\vec{a}$에 의해서 힘의 단위는 질량 단위와 가속도 단위의 곱이 되어야 한다. 앞에서 질량의 SI 단위는 킬로그램으로 나타냈다. 그러므로 "1 kg의 질량을 $1 m/s^2$으로 가속시키는 힘"을 힘의 기본 단위로 정의할 수 있다. 이 힘은 뉴턴의 제2법칙으로부터

$$1힘의 기본 단위 = (1 \text{ kg}) \times (1 \text{ m/s}^2) = 1 \frac{\text{kg} \cdot \text{m}}{\text{s}^2}$$

이다. 힘의 기본 단위를 뉴턴(newton)이라 한다. **1뉴턴**은 1 kg의 질량을 1 m/s^2으로 가속시키는 힘이다. 뉴턴을 줄인 것이 N이다. 수학적으로는 1 N = 1 kg · m/s^2이 된다. 표 4.2는 대표적인 힘의 크기를 보여준다.

뉴턴(N)은 유도 단위인데, 이는 기본 단위인 kg, m, s로 정의되는 것을 의미한다.

영미식 단위로 힘의 단위는 **파운드**(pound, 줄여서 lb)이다. 파운드의 단위는 시대에 따라 변해왔지만, 오늘날에는

$$1파운드 = 1 \text{ lb} = 4.45 \text{ N}$$

으로 정의한다. 보통 파운드를 뉴턴보다는 킬로그램과 연계시키려 한다. 일상생활에서 질량과 무게 개념을 혼동하는 경우가 있지만, 두 개념 사이의 차이를 명확히 할 필요가 있다. 이에 대해서는 다음 장에서 좀 더 다룰 것이다.

표 4.2 대표적인 힘들의 대략적인 크기

힘	대략적인 크기(N)
5센트짜리 미국 동전의 무게	0.05
설탕 1/4 컵의 무게	0.5
500그램 물체의 무게	5
보통 집고양이의 무게	50
50 킬로그램 사람의 몸무게	500
자동차의 추력	5000
작은 제트 엔진의 추력	50,000
견인차의 끄는 힘	500,000

예제 4.6 **활주로 달리기**

질량이 51,000 kg으로 가볍고 짧은 제트기인 보잉 737기가 정지해 있다. 조종사가 한 쌍의 제트 엔진을 전속력으로 작동시키면, 엔진의 추력으로 비행기가 활주로에서 가속된다. 940 m를 이동한 후 이륙 속도인 70 m/s에 도달한 비행기가 비행하기 시작할 때, 각 엔진의 추력은 얼마인가?

준비 비행기의 가속도가 일정하다고 가정하면(타당한 가정), 운동학을 이용하여 가속도 크기를 구할 수 있다. 이와 더불어 뉴턴의 제2법칙을 이용하여 가속도를 만든 추력을 구할 수 있다. **그림 4.23**은 비행기 운동의 개요도를 나타낸 것이다.

그림 4.23 가속하는 비행기의 개요도

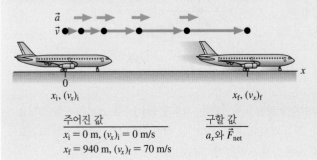

주어진 값
$x_i = 0$ m, $(v_x)_i = 0$ m/s
$x_f = 940$ m, $(v_x)_f = 70$ m/s

구할 값
a_x와 $\vec{F}_{net}$

풀이 비행기가 이륙 속도에 도달하는 데 걸리는 시간이 얼마인지 알 수는 없지만 비행기가 940 m를 이동한 것은 알고 있다. 종합 2.1의 세 번째 등가속도 식을 이용하면 가속도를 구할 수 있다. 즉,

$$(v_x)_f^2 = (v_x)_i^2 + 2a_x \Delta x$$

변위는 $\Delta x = x_f - x_i = 940$ m이고, 초기 속도는 0이다. 이 식을 가속도에 대해 정리하면

$$a_x = \frac{(v_x)_f^2}{2\Delta x} = \frac{(70 \text{ m/s})^2}{2(940 \text{ m})} = 2.61 \text{ m/s}^2$$

이 된다. 뉴턴의 제2법칙에 의해, 추력은

$$F = ma_x = (51,000 \text{ kg})(2.61 \text{ m/s}^2) = 133,000 \text{ N}$$

이다. 따라서 엔진 하나의 추력은 67,000 N = 67 kN이다.

검토 비행기의 가속도가 $g/4$인 것은 타당성이 있다. 비행기가 속도감이 있기는 하지만 스릴 넘치는 정도는 아니다. 각 엔진의 추력에 대한 계산 값은 표 4.2에 주어진 값에 근접한다. 이것은 최종 결과가 물리적으로 타당하다는 확신을 준다.

4.6 자유 물체 도형

동역학 문제를 풀 때, 물체에 작용하는 힘들의 모든 정보를 **자유 물체 도형**(free-body diagram)이라 하는 하나의 그림에 모으는 것은 매우 유용한 방법이다. 자유 물체 도형이란 물체를 입자로 표현하고, 그 물체에 작용하는 모든 힘을 나타내는 그림이다. 정확한 자유 물체 도형을 그리는 것은 매우 중요한 기술이며, 이 기술은 다음 장에서 여러 가지 운동에 관한 문제를 푸는 데 가장 핵심이 되는 전략이 될 것이다.

풀이 전략 4.3 자유 물체 도형 그리기

❶ **물체에 작용하는 모든 힘을 확인한다.** 이 단계는 풀이 전략 4.2에서 설명되었다.
❷ **좌표계를 그린다.** 풀이 전략 2.2의 그림 그리기에서 정의된 좌표축을 사용한다. 좌표 축이 빗면을 따라 기울어져 있다면, 자유 물체 도형의 축도 기울여서 그린다.
❸ **물체를 좌표계의 원점에 입자로 표시한다.** 이것이 입자 모형이다.
❹ **물체에 작용하는 각각의 힘을 그린다.** 이것은 풀이 전략 4.1에서 설명되었다. 각 힘 벡터의 표시를 확실히 한다.
❺ **알짜힘 벡터 $\vec{F}_{net}$를 표기한다.** 이 벡터는 입자에 표시하는 것이 아니라 도형 옆에 표시한다. 그리고 물체의 가속도 벡터 $\vec{a}$의 방향과 알짜힘 벡터 $\vec{F}_{net}$의 방향이 일치하는 지 확인한다. 적당하다면 $\vec{F}_{net} = \vec{0}$도 적어 넣는다.

예제 4.7   **승강기에 작용하는 힘**

밧줄에 매달린 승강기가 1층으로부터 가속되면서 위로 움직인다. 승강기의 자유 물체 도형을 그리시오.

준비 승강기가 위로 올라가면서 속력이 증가하고 있는데, 이는 가속도가 위를 향하고 있음을 의미한다. 이 문제를 푸는 데 있어서는 가속도 방향을 아는 것만으로도 충분하다. **그림 4.24**는 풀이 전략 4.3에서 설명한 자유 물체 도형을 그리는 순서를 나타내고 있다. 가속도가 위를 향하는 방향이므로 $\vec{F}_{net}$의 방향도 위를 향하는 방향이어야 한다.

그림 4.24 위로 가속하는 승강기의 자유 물체 도형

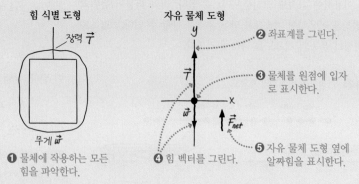

검토 그림을 살펴보고 이치에 맞는지 확인한다. 좌표계에서 y축은 물체의 운동 방향을 나타낸다. 알짜힘 $\vec{F}_{net}$는 위를 향한다. 이를 위해서는 장력 $\vec{T}$의 크기는 무게 $\vec{w}$의 크기보다 커야 한다. 그러므로 자유 물체 도형은 잘 그려졌다.

예제 4.8   이산화탄소 경주용 자동차에 작용하는 힘

어느 고등학교 학생들이 이산화탄소 용기로부터 얻는 추력에 의해 달릴 수 있는 경량 모델 자동차를 제작하였다. 학생들은 경주에 참가할 자동차의 마찰과 끌림힘을 최소화하기 위해 최선의 노력을 다하였다. 마찰력과 끌림힘은 추력에 비해 매우 작으므로 두 힘을 무시할 수 있다. 추진 실린더에 구멍이 뚫린 자동차가 정지 상태에서 출발하여 트랙을 따라 가속한다. 자동차에 대한 운동 도형, 힘 식별 도형, 자유 물체 도형을 나타내는 개요도를 그리시오.

준비 자동차를 입자로 취급할 수 있다. 개요도는 가속도 벡터 $\vec{a}$를 결정하는 운동 도형, 힘 식별 도형, 그리고 자유 물체 도형으로 구

성된다. 마찰력과 끌림힘은 무시한다. 문제 풀이 전략 1.1을 이용하여 운동 도형을 그리고, 풀이 전략 4.2를 이용하여 입자에 작용하는 힘 식별 도형을 그리며, 풀이 전략 4.3을 이용하여 자유 물체 도형을 그린다. 이 세 가지 그림이 **그림 4.25**에 주어져 있다.

검토 운동 도형에 따르면 가속도 방향은 $+x$ 방향이다. 이는, 벡터 덧셈 규칙에 의하면 위를 향하는 $\vec{n}$과 아래를 향하는 $\vec{w}$의 크기가 같아서 서로 상쇄되어야만 성립된다. 이를 반영하여 벡터들을 그렸으며, 알짜힘 벡터의 방향은 가속도 방향과 일치하는 방향을 가리킨다.

그림 4.25 이산화탄소 경주 자동차의 개요도

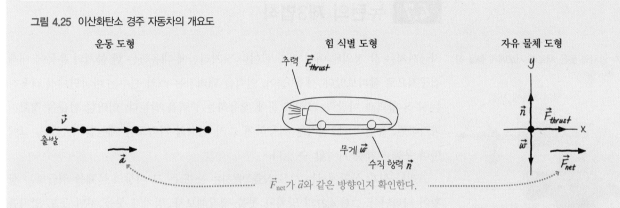

예제 4.9   끌려 올라가는 스키 선수에게 작용하는 힘

눈 덮인 언덕 위로 줄에 매달린 스키 선수가 일정한 속력으로 끌려가고 있다. 이 선수에 관한 개요도를 그리시오.

준비 이 문제는 예제 4.2에서 스키 선수가 일정한 속력으로 위로 향하고 있다는 정보가 추가된 문제이다. 눈 덮인 경사면을 x축으

로 잡은 좌표계를 사용하여 운동학 문제를 다루고 있으므로, 자유 물체 도형에서도 같은 좌표계를 사용하자. 운동 도형과 힘 식별 도형, 그리고 자유 물체 도형에 대한 정답은 **그림 4.26**에 나타냈다.

검토 장력 $\vec{T}$는 경사면과 평행하고, 운동 방향에 반대인 운동 마찰

그림 4.26 일정한 속력으로 끌려 올라가는 스키 선수의 개요도

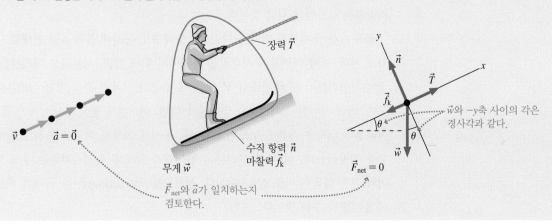

력 $\vec{f}_k$는 경사면의 아래를 향한다. 수직 항력 $\vec{n}$은 경사면에 수직인 y축 방향을 가리킨다. 마지막으로, 무게 $\vec{w}$는 $-y$축이 아니라 연직 아래 방향이라는 사실이 중요하다.

스키 선수가 일정한 속력으로 직선을 따라 운동하므로 $\vec{a} = \vec{0}$이

다. 뉴턴의 제2법칙에 따라 $\vec{F}_{net} = m\vec{a} = \vec{0}$가 성립한다. 그러므로 힘의 합이 0이 되도록 힘 벡터들을 그렸다. 이와 관련해서는 5장 에서 좀 더 자세히 배울 것이다.

자유 물체 도형은 이후 여러 장에서 중요한 도구로 사용될 것이다. 그러므로 이 장의 문제, 예제 등을 통해 익숙해져야 한다. 자유 물체 도형을 완벽하게 그릴 줄 알면 문제의 반 이상을 풀었다고 해도 과언이 아니다.

4.7 뉴턴의 제3법칙

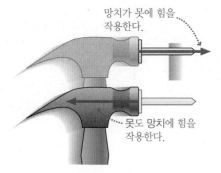

그림 4.27 망치와 못은 서로가 서로에게 힘을 작용한다.

망치가 못에 힘을 작용한다.

못도 망치에 힘을 작용한다.

지금까지는 잘 정의된 여러 가지 힘이나 장거리힘에 대응하는 한 물체의 운동에 대해 집중적으로 살펴보았다. 예를 들어, 언덕을 내려가는 스키 선수는 바닥면에서 작용하는 수직 항력과 마찰력, 그리고 몸에 작용하는 중력을 받는다. 이러한 힘들을 정확히 파악하면, 뉴턴의 제2법칙을 적용하여 스키 선수의 가속도를 계산할 수 있고, 그에 따라 운동 전체를 파악할 수 있다.

그러나 실제 상황에서는 서로 **상호작용하는** 둘 또는 그 이상의 물체를 취급하는 상황이 나타난다. **그림 4.27**의 망치와 못을 생각해보자. 망치가 못을 치면 못도 망치를 뒤로 민다. 야구방망이와 야구공, 발과 축구공, 지구와 달은 상호작용하는 물체들의 또 다른 예이다. 이와 같이 상호작용하는 물체에 작용하는 힘 사이에 어떤 관계가 있는지 살펴볼 필요가 있다.

상호작용하는 물체

그림 4.27의 망치와 못을 다시 생각해보자. 분명히 망치가 못에 힘을 작용해서 못이 앞으로 움직이도록 한다. 동시에 못도 망치에 힘을 작용한다. 만약 이 말이 이해되지 않는다면, 유리망치로 못을 세게 박는다고 가정해보자. 못이 작용하는 힘 때문에 유리망치는 산산이 부서질 것이다.

물체 A가 물체 B를 밀거나 당길 때, 물체 B도 동시에 물체 A를 반대로 밀거나 당기게 된다. 만약 여러분이 서류함을 움직이기 위해 밀면, 서류함도 여러분을 뒤로 밀 것이다(여러분이 문에 기대어 서 있을 때 누군가 갑자기 문을 열면 여러분이 넘어지듯이, 만약 서류함이 여러분을 밀지 않는다면, 여러분도 앞으로 넘어지게 될 것이다). 여러분이 의자를 아래로 누르며 앉을 때, 동시에 의자도 여러분을 위로 밀어 올리는 힘을 작용하는데, 이 힘이 여러분이 떨어지지 않도록 유지시켜주는 수직 항력이다. 이와 같은 예들이 바로 상호작용이다. **상호작용**(interaction)은 두 물체가 서로가 서로에게 영향을 주는 것이다.

위의 예들은 두 물체의 상호작용에 포함되는 힘들은 항상 **쌍**으로 나타난다는 상호작용의 핵심 요소를 잘 설명해주고 있다. 좀 더 정확히 말하면, 물체 A가 물체 B에 힘 $\vec{F}_{A \to B}$를 가하면, 물체 B도 물체 A에 힘 $\vec{F}_{B \to A}$를 가하게 된다. **그림 4.28**에 보인 힘의 쌍을 **작용·반작용 쌍**(action/reaction pair)이라고 한다. 두 물체는 작용·반작용 쌍의 힘을 서로에게 가하며 상호작용한다. 힘 벡터의 첨자 표기 의미에 유의하라. 첨자의 첫 문자는 힘을 제공하는 제공자(agent)이고, 둘째 문자는 힘을 받는 대상(object)을 표시한다. 따라서 $\vec{F}_{A \to B}$라고 적으면 A가 B에게 작용하는 힘을 의미한다.

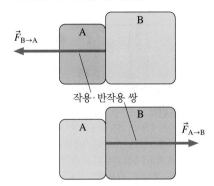

그림 4.28 힘의 작용·반작용 쌍

작용·반작용 쌍

뉴턴의 제3법칙의 추론

두 물체는 항상 작용·반작용 쌍의 힘으로 상호작용한다. 작용·반작용 쌍의 힘이 어떻게 서로 연관되어 있는지를 처음 인지한 사람은 뉴턴으로, 오늘날 이것을 뉴턴의 제3법칙이라고 한다.

> **뉴턴의 제3법칙** 모든 힘은 작용·반작용 쌍의 하나로 일어난다.
> - 작용·반작용 쌍인 두 힘은 각각 **서로 다른 물체**에 작용한다.
> - 작용·반작용 쌍인 두 힘은 서로 반대방향을 가리키고 **크기는 같다**.

영상 학습
데모

영상 학습
데모

때때로 뉴턴의 제3법칙을 "모든 작용에는 크기가 같고 방향이 반대인 반작용이 있다"고 설명한다. 이 표현은 외우기는 편하지만 부정확한 측면이 있다. 특히 이 표현은 작용·반작용 쌍이 **서로 다른 물체**에 작용한다는 근본적인 특성을 포함하지 않고 있다. 이 특성은 **그림 4.29**에 나타나 있는데, 못을 때리는 망치가 힘 $\vec{F}_{망치 \to 못}$을 못에 작용하고 있을 때, 뉴턴의 제3법칙에 의해 못도 망치에 힘 $\vec{F}_{못 \to 망치}$를 작용해야만 작용·반작용 쌍이 완성된다.

그림 4.29는 두 힘이 서로 반대방향을 가리키고 있다는 것도 잘 보여준다. 뉴턴의 제3법칙의 이 특성은 일상 경험과도 잘 맞아 떨어진다. 만약 망치로 못을 오른쪽으로 때리면, 못은 망치를 왼쪽으로 밀어낸다. 앉아 있는 의자가 여러분을 위로 밀어 올리면, 여러분이 의자에 가하는 힘은 아래로 눌러주는 힘이다.

마지막으로 그림 4.29는 작용·반작용 쌍인 두 힘은 크기가 같다는 뉴턴의 제3법칙에 따라 $\vec{F}_{망치 \to 못} = \vec{F}_{못 \to 망치}$임을 보여준다. 이는 새로운 사실이지만 자명하지는 않다.

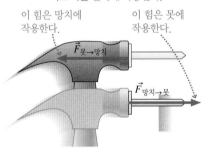

그림 4.29 뉴턴의 제3법칙

작용·반작용 쌍의 각 힘은 서로 다른 물체에 작용한다.

이 힘은 망치에 작용한다.

이 힘은 못에 작용한다.

$\vec{F}_{못 \to 망치}$

$\vec{F}_{망치 \to 못}$

작용·반작용 쌍의 힘은 서로 크기는 같지만 방향은 반대이다.

개념형 예제 4.10 **충돌에서 작용하는 힘들**

10,000 kg의 트럭이 1000 kg의 소형차와 정면충돌한다. 충돌하는 동안 트럭이 소형차에 작용하는 힘은 소형차가 트럭에 작용하는 힘보다 클까, 작을까, 아니면 같을까?

판단 뉴턴의 제3법칙에 의하면 소형차가 트럭에 작용하는 힘의 크기는 트럭이 소형차

목표물의 반격 총알이 표적을 타격하는 경우 일반적으로 총알의 힘이 표적에 끼친 손상에 대해서만 생각한다. 그러나 뉴턴의 제3법칙에 의하면, 표적도 총알로부터 받은 힘과 같은 크기의 힘을 총알에 작용한다. 제일 왼쪽의 총알은 발사되기 전의 모습이다. 오른쪽의 총알들은 속력을 증가하여 표적에 발사된 모습으로, 상호작용에 의해 손상된 정도를 보여준다.

에 작용하는 힘의 크기와 같아야 한다. 소형차가 트럭에 비해 작은데 어떻게 두 힘이 같을 수 있을까? 이런 곤혹스런 문제는 두 물체의 가속도가 아니라 힘의 크기가 같다는 뉴턴의 제3법칙으로부터 해결된다. 뉴턴의 제2법칙에 의하면, 물체의 가속도는 자신에게 가해지는 힘뿐만 아니라 자신의 질량에도 의존한다. 소형차와 트럭은 서로에게서 같은 크기의 힘을 받지만, 질량이 작은 소형차가 질량이 더 큰 트럭보다 훨씬 더 크게 가속된다.

검토 이런 질문은 여러분의 직관이 수정될 필요가 있는 유형의 질문이다. 이런 종류의 질문에 대해 생각할 때에는 결과(가속도)를 원인(힘)과 분리해야 함을 명심하라. 상호작용하는 두 물체의 질량이 다르기 때문에 가속도가 다를 수 있다. 상호작용하는 두 힘의 크기는 서로 같음을 잊지 마라.

달리기 선수와 로켓

달리기 선수가 정지 상태에서 출발하여 트랙을 따라 달리기 시작하였다. 선수가 가속 중이므로 가속되는 방향으로 어떤 힘이 작용하고 있을 것이다. 신체를 움직이게 만드는 에너지는 선수의 몸에서 나온다(이런 형태의 문제에 대해서는 11장에서 자세히 다룰 것이다). 그렇다면 힘은 어디에서 오는 것일까?

마찰이 없는 바닥 위를 걸으려 하면, 발이 미끄러져서 **뒤로** 넘어질 것이다. 바닥 위를 걷기 위해서는, 발을 뻗었을 때 그 발이 바닥을 내딛을 수 있도록 바닥에 마찰이 있어야 한다. 미끄러지지 못하게 하는 마찰을 **정지**(static) 마찰이라고 한다. 정지 마찰은 미끄러짐을 방지하는 방향으로 작용하므로 정지 마찰력 $\vec{f}_{\text{바닥}\rightarrow\text{사람}}$은 뒤로 미끄러지는 발바닥의 반대방향인 **앞으로** 작용한다. **그림 4.30(a)**에서 보는 바와 같이, 앞으로 향하는 정지 마찰력이 사람을 앞으로 진행하게 한다! 사람이 바닥을 미는 힘 $\vec{f}_{\text{사람}\rightarrow\text{바닥}}$은 작용·반작용 쌍의 다른 절반으로 사람의 진행 방향과 반대이다. 따라서 달리기 선수가 트랙을 달릴 때나 사람이 바닥 위를 걸을 때, 사람을 가속시키는 힘은 지면과 사람 사이의 정지 마찰력이다. 이러한 사실은 매우 놀라워 보이지만, 빙판 연못에서 시합이 열린다고 상상해보라. 선수는 출발부터 곤경에 빠질 것이다.

그림 4.30(b)에서 보는 바와 같이, 자동차도 정지 마찰력을 이용하여 앞으로 나아간다. 자동차는 엔진을 이용하여 바퀴를 돌리는데, 바퀴가 도로 바닥에 뒤로 미는 힘 ($\vec{f}_{\text{바퀴}\rightarrow\text{바닥}}$)을 작용하는 것이다. 그러면 도로 바닥은 작용·반작용 쌍에 의해 바퀴에

그림 4.30 전진의 예

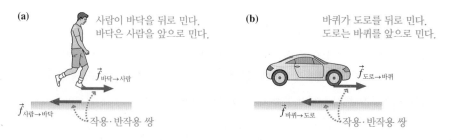

앞으로 미는 마찰력($\vec{f}_{바닥 \to 바퀴}$)을 작용한다. 여기서도 마찰력은 **정지** 마찰력이다. 바퀴가 구를 때, 도로 바닥과 접촉한 바퀴는 순간적으로 정지해 있다. 만약 그렇지 않다면, 자동차를 운전할 때 바닥에 큰 스키드 마크(skid mark)가 남게 되고, 바퀴는 얼마 가지 않아 닳아서 없어질 것이다.

내부 에너지원이 있는 계에서 계를 구동하는 힘을 추력이라고 한다. 로켓 모터도 추력을 주지만, 앞의 경우와는 다른 점이 있다. 로켓은 지면이나 대기와 같은 외부 물체를 밀어줄 필요가 없다. 로켓 추력이 진공에서 작동하는 것은 이 때문이다. **그림 4.31**에서 보는 바와 같이, 로켓 엔진은 팽창된 뜨거운 기체를 로켓 밖으로 밀어낸다. 이에 대한 반작용으로 방출되는 기체는 **추력**이라 하는 힘으로 로켓을 앞으로 밀어낸다.

로켓은 뜨거운 기체를 뒤로 밀어냄으로써 전진하는 힘을 얻는다. 이제 반대 상황, 즉 **밖으로** 미는 것 대신 **안으로** 미는 상황을 생각해보자. 이 장은 뱀목거북의 사진과 함께 시작하였다. 거북의 목 근육은 관찰된 가속도로 머리가 앞으로 튀어나오게 할 정도로 강하지 않다. 그래서 거북은 다른 방식을 사용한다. 거북은 입을 벌려 목구멍으로 물을 강하게 빨아들인다. 거북의 머리와 물은 작용·반작용 쌍을 형성한다. 물이 뒤로 밀리면서 그 결과 거북의 머리에 앞으로 향하는 힘이 작용하게 된다. 이는 로켓과 정반대 상황으로, 거북이 많은 포식 어류보다 더 빨리 공격할 수 있게 하는 놀랍도록 효과적인 기술이다.

이제 동역학 문제를 풀기 위한 모든 준비를 마쳤다. 지금까지 힘은 무엇이며, 힘을 어떻게 정의할 것인지, 그리고 뉴턴의 제2법칙에 따라 힘이 어떻게 물체를 가속시키는지 배웠다. 또 뉴턴의 제3법칙으로 두 물체 사이에 상호작용의 힘이 작용한다는 것도 알아보았다. 이후 여러 장에서 직선 운동 및 원운동과 관련된 다양한 문제들에 뉴턴의 법칙을 적용하게 될 것이다.

그림 4.31 로켓 추력

로켓은 뜨거운 기체를 뒤로 민다.
기체는 로켓을 앞으로 민다.

$\vec{F}_{기체 \to 로켓}$

작용·반작용 쌍

$\vec{F}_{로켓 \to 기체}$

종합형 예제 4.11 **유람 열차 끌기**

엔진이 두 차량으로 구성된 유람 열차를 산으로 끌어 올리면서 속도가 느려지고 있다. 엔진 바로 뒤에 있는 차량에 대한 개요도(운동 도형, 힘 식별 도형, 자유 물체 도형)를 그리시오. 마찰은 무시한다.

준비 열차의 속력이 느려지므로 운동 도형을 그릴 때 물체를 나타내는 입자가 시간이 지남에 따라 점점 가까워져야 하며, 그에 따른 속도 벡터들도 점점 짧아져야 한다. 차량에 작용하는 힘 식별 도형을 그리기 위해서는 풀이 전략 4.2의 단계들을 사용한다. 마지막으로, 풀이 전략 4.3을 이용해서 자유 물체 도형을 그린다.

풀이 차량 1에 작용하는 힘을 구할 때에는 신중을 기해야 한다. 엔진은 자신과 접촉하고 있는 차량 1에 힘 $\vec{F}_{엔진 \to 1}$을 작용한다. 차량 1은 차량 2와 접촉하고 있으므로 차량 2도 차량 1에 힘을 작용한다. 이 힘의 방향은 뉴턴의 제3법칙으로 알 수 있다. 차량 1은 차량 2를 산으로 오르도록 하기 위해서 위로 향하는 힘을 작용한다. 그러므로 뉴턴의 제3법칙에 의해서, 차량 2는 차량 1에게 아래 방향의 힘 $\vec{F}_{2 \to 1}$을 작용한다. **그림 4.32**에 완전한 개요도를 구성하는 세 도형들이 주어져 있다.

검토 이 예제를 설명하는 세 도형을 정확히 그리는 것은 뉴턴의 법칙을 활용해서 문제를 푸는 핵심이 된다. 운동 도형은 가속도와 알짜힘 $\vec{F}_{net}$의 방향을 결정해준다. 힘 식별 도형을 이용하면 물체에 작용하는 모든 힘을 파악할 수 있고, 관련 없는 힘을 더하는 실수를 하지 않게 된다. 힘 벡터들을 자유 물체 도형에 적절히 그릴 수 있다면, 5장의 핵심인 뉴턴의 법칙의 양적인 응용에 대한 준비가 된 것이다.

그림 4.32 산으로 올라가며 감속하는 열차의 개요도

운동 도형

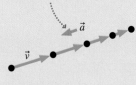

열차가 감속하므로 가속도 벡터는 열차의 운동에 반대방향을 향한다.

$\vec{a}$

$\vec{v}$

힘 식별 도형
(풀이 전략 4.2에 따른 단계)

❶ 고려할 차량은 1이다.
❷ 그림을 그린다.
❸ 차량 1 주위에 폐곡선을 그린다.
❹ 차량 1이 접촉하는 다른 물체와의 접촉점을 표시한다.
❺ 각 접촉힘의 명칭을 정하고 표시한다.
❻ 무게는 유일한 장거리힘이다.

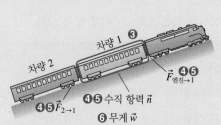

차량 1 ❸

차량 2

❹❺$\vec{F}_{2\to1}$

$\vec{F}_{엔진\to1}$ ❹❺

❹❺ 수직 항력 $\vec{n}$

❻ 무게 $\vec{w}$

자유 물체 도형
(풀이 전략 4.3에 따른 단계)

❶ 이미 알아낸 모든 힘을 표시한다.
❷ 좌표계를 그린다. 운동이 경사면에서 일어나므로 x축을 경사면에 맞춘다.
❸ 좌표계의 원점에 물체를 입자로 표시한다.
❹ 각각의 힘을 나타내는 벡터를 그린다.
❺ 알짜힘 벡터를 그린다. 이 벡터가 가속도 벡터 $\vec{a}$의 방향과 같은지 확인한다.

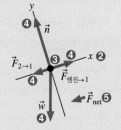

y

❹ $\vec{n}$

$\vec{F}_{2\to1}$　❸　x ❷

❹ ❹ $\vec{F}_{엔진\to1}$

$\vec{w}$ ❹

$\vec{F}_{net}$ ❺

문제의 난이도는 |(쉬움)에서 ||||(도전)으로 구분하였다. INT로 표시된 문제는 지난 장의 내용이 복합된 문제이고, BIO는 생물학적 또는 의학적 관심 분야를 의미한다.

QR 코드를 스캔하여 이 장의 문제를 해결하는 데 도움이 되는 영상 학습 풀이를 시작하시오.

연습문제

4.1 운동과 힘

1. | 자동차 사고에서 목뼈 골절은 머리의 관성 때문에 발생한다.
BIO 안전벨트를 착용하고 있으면, 몸은 좌석과 함께 움직이려고 한다. 그러나 머리는 목이 잡아당길 때까지 자유롭게 움직일 수 있는데, 이것이 목 부분에 심한 상해를 가져오며 뇌손상까지 발생시킨다.

　그림 P4.1은 교통사고에서 승객의 머리와 목 운동의 연속 그림을 보여준다. 하나는 정면충돌이고, 다른 하나는 추돌이다. 어느 것이 정면충돌이고 어느 것이 추돌인지 설명하시오.

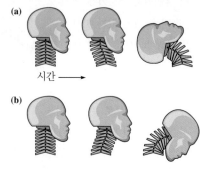

(a)

시간 ───→

(b)

그림 P4.1

2. | 정면충돌에서, 유아를 앉히는 안전 좌석을 사진과 같이 뒤로 장착하는 것이 앞으로 장착하는 것보다 유아에게 안전하다. 그 이유를 설명하시오.

3. ‖ 그림 P4.3은 정지해 있는 한 물체에 두 힘이 작용하고 있는 것을 보여준다. 셋째 힘 $\vec{F}_3$이 가해졌을 때 물체가 여전히 정지한 상태를 유지하도록 힘 식별 도형을 다시 그리시오.

그림 P4.3

4.2 몇 가지 힘들의 간단한 소개

4.3 힘 파악하기

4. ‖ 한 산악인이 지면과 바위 꼭대기 양쪽으로부터 모두 멀리 떨어진 지점에서 수직 줄에 매달려 있다. 이 산악인에게 어떤 힘이 작용하는지 밝히시오.

5. ‖‖ 골키퍼는 공을 막기 위해 지면을 따라 다이빙도 하고 슬라이딩도 한다. 골키퍼에게 어떤 힘이 작용하는지 밝히시오.

6. | 어떤 사람이 20°의 경사로에서 스키를 타고 있다. 마찰력을 무시할 수 없다. 이 사람에게 어떤 힘이 작용하는지 밝히시오.

4.4 힘은 무슨 일을 하는가?

7. ‖‖ 그림 P4.7은 고무 밴드에 의해 당겨지는 세 물체에 대한 가속도-힘 그래프를 나타낸다. 물체 2의 질량은 0.20 kg이다. 물체 1과 물체 3의 질량은 얼마인가? 추정한 이유를 설명하시오.

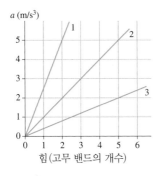

그림 P4.7

8. ‖ 운전자만 탑승을 하고 총 질량이 5000 kg일 때 6.0 m/s²의 최대 가속도를 내는 다용도 차량이 있다. 6명의 승객과 그들의 짐을 실어서 질량 800 kg이 추가된 차량의 최대 가속도는 얼마인가?

9. | 일정한 힘을 받아서 10.0 m/s²으로 가속되는 물체가 있다. 다음 각각의 경우 가속도는 얼마인가?
   a. 힘이 두 배가 되었을 때
   b. 물체의 질량이 두 배가 되었을 때
   c. 힘과 물체의 질량이 모두 두 배가 되었을 때
   d. 힘과 물체의 질량이 모두 절반이 되었을 때

10. | 최대 가속도가 10.0 m/s²인 트럭이 있다. 트럭보다 질량이 절반인 자동차를 끌 때 트럭의 최대 가속도는 얼마인가?

4.5 뉴턴의 제2법칙

11. | 그림 P4.11은 물체의 힘-가속도 그래프를 나타낸 것이다. 이 물체의 질량은 얼마인가?

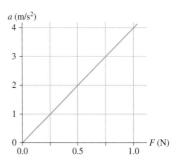

그림 P4.11

12. ‖ 두 아이가 500 g의 장난감 자동차를 두고 다투고 있다. 30 kg인 아이는 12 N의 힘으로 오른쪽으로 당기고 있고, 25 kg인 아이는 15 N의 힘으로 왼쪽으로 당기고 있다. 장난감 자동차에 작용하는 무게 등의 다른 모든 힘은 무시한다.
   a. 이 순간, 장난감 자동차의 속도는 크기가 얼마이고 방향은 어느 방향인지 말할 수 있는가?
   b. 이 순간, 장난감 자동차의 가속도는 크기가 얼마이고 방향은 어느 방향인지 말할 수 있는가?

13. ‖ 매우 무거운 물체의 운동은 상당히 큰 힘에도 미미한 영향을 받을 수 있다. 질량이 3.0 × 10⁸ kg인 초대형 유조선을 생각하자. (표 4.2에 주어진 추력의) 제트 엔진 2개를 유조선의 양쪽 측면에 묶었다고 가정한다. (실제로 매우 좋은 근사는 아니지만) 물의 끌림힘을 무시할 때, 유조선이 정지 상태에서 출발해서 일반적인 순항 속력인 6.0 m/s에 도달하는 데 걸리는 시간은 얼마인가?

4.6 자유 물체 도형

문제 14-15는 자유 물체 도형을 나타낸다. 각 문제에 대해서 (a) 자유 물체 도형을 다시 그리고, (b) 이런 자유 물체 도형에 해당하는 실제 물체의 예를 드시오. 개념형 예제 4.1, 4.2, 4.3에서 기술한 상황을 이용하라.

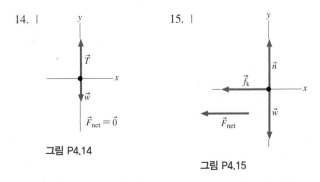

14. |

그림 P4.14

15. |

그림 P4.15

문제 16-19는 어떤 상황을 설명하고 있다. 각 상황에 대해서 물체에 작용하는 모든 힘을 구하고 물체의 자유 물체 도형을 그리시오.

16. ‖정지해 있던 자동차가 가속된다.

17. ‖물리책이 탁자 위에서 미끄러지고 있다.

18. |고속도로를 달리다가 가파른 내리막 구간을 만났다. 내리막 구간을 지날 때 연료 페달에서 발을 떼었다. 마찰은 무시할 수 있지만 공기 저항은 무시할 수 없다.

19. |상자가 수평 방향으로 잡아당기는 줄에 묶여 일정한 속력으로 마루 위에서 끌려가고 있다. 마찰은 무시할 수 없다.

4.7 뉴턴의 제3법칙

20. ‖1번, 2번, 3번을 달고 있는 스케이트 선수 세 명이 번호순으로 일렬로 서서 앞 선수의 어깨에 손을 얹고 있다. 제일 뒤에 있는 3번 선수가 2번 선수를 밀었다. 세 선수 사이에 작용하는 힘 중에 작용·반작용 쌍을 모두 찾으시오. 또 중간에 있는 2번 선수에 관한 자유 물체 도형을 그리시오. 빙판은 마찰이 없다고 가정한다.

21. ‖자동차가 평평한 도로에서 미끄러지며 멈출 때 도로면과 자동차 사이에 작용하는 힘의 작용·반작용 쌍을 모두 찾고, 자동차의 자유 물체 도형을 그리시오.

5 뉴턴의 법칙의 응용
Applying Newton's Laws

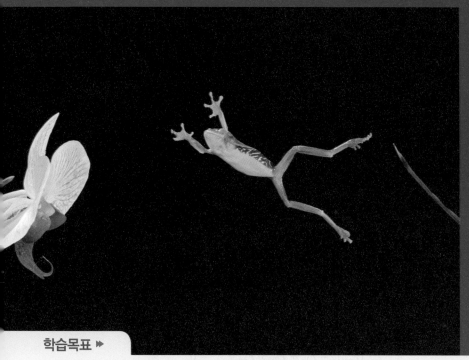

개구리는 나무에서 뛰어내리지만 가볍게 떠서 안전하게 땅에 착지한다. 왜 발과 발가락을 이런 식으로 유지하면 천천히 떨어지게 될까?

학습목표 ▶

뉴턴의 법칙을 이용하여 평형 문제와 동역학 문제를 풀어본다.

힘의 작용

5장에서 다양한 힘에 대한 표현을 익히고 어떤 방법으로 문제를 풀 것인지 배운다.

스카이다이버의 무게와 끌림힘 사이의 균형을 통하여 최대 속력을 얻는 방법을 배운다.

평형 문제

소년이 힘껏 밀고 있으나 소파는 움직이지 않는다. **평형 상태**란 작용하는 힘의 합이 0일 때를 말한다.

알짜힘이 0이라는 사실을 이용하여 평형 상태 문제를 푸는 방법을 배운다.

동역학 문제

뉴턴의 법칙은 물체에 작용하는 힘에 의한 운동과 관련되어 있다. 그래서 다양한 **동역학** 문제를 풀 수 있다.

스키 선수가 속도를 높이고 있다. 가속도는 그녀에게 작용하는 힘에 의해 정해진다.

이 장의 배경 ◀

자유 물체 도형

4.6절에서 물체에 작용하는 힘의 크기와 방향을 나타내는 자유 물체 도형 그리기를 배웠다.

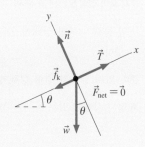

이 장에서는 단일 물체와 서로 상호작용하는 물체에 대한 문제 풀이에 필수적인 도구로써 자유 물체 도형을 사용할 것이다.

각자에게 작용하는 알짜힘이 0이기 때문에 이 사람들이 쌓은 탑은 평형 상태에 있다.

5.1 평형

5장에서는 힘과 운동하는 물체에 관한 문제를 해결할 때 뉴턴의 법칙을 사용할 것이다. 직선상에 정지해 있거나 운동하는 물체를 다룰 텐데, 우선 정지된 물체로부터 시작한다. 이것은 아주 흥미로운 문제이다.

정지 상태에 있는 물체를 **정적 평형**(static equilibrium) 상태에 있다고 하고, 가속도 $\vec{a} = \vec{0}$이거나 물체가 직선상에서 일정한 속력으로 운동하는 경우 **동역학적 평형**(dynamic equilibrium) 상태에 있다고 한다.

두 가지 평형 상태에 있어 뉴턴의 제2법칙 $\vec{F} = m\vec{a}$는 알짜힘이 물체에 작용하지 않는 것을 말해준다. 두 경우 모두 $\vec{F}_{\text{net}} = \vec{0}$이다. 알짜힘 $\vec{F}_{\text{net}}$가 벡터의 합으로 나타남을 상기하라.

$$\vec{F}_{\text{net}} = \vec{F}_1 + \vec{F}_2 + \vec{F}_3 + \cdots$$

여기서 $\vec{F}_1$, $\vec{F}_2$, $\vec{F}_3$, …은 개별적 힘으로 물체에 작용하는 장력, 마찰력 등이다. ◀3.3절에서 벡터의 합은 x성분, y성분으로 나누어 구할 수 있다. 즉, 알짜힘의 x성분은 $(F_{\text{net}})_x = F_{1x} + F_{2x} + F_{3x} + \cdots$이다. 만일 모든 힘이 xy평면에 있는 문제를 고려할 경우 평형 조건 $\vec{F}_{\text{net}} = \vec{0}$는 다음 식을 만족한다.

$$(F_{\text{net}})_x = F_{1x} + F_{2x} + F_{3x} + \cdots = 0$$
$$(F_{\text{net}})_y = F_{1y} + F_{2y} + F_{3y} + \cdots = 0$$

수학 시간에 배운 '~의 합'을 대신하는 그리스 문자 $\sum$(시그마)를 사용하면 모든 힘의 x성분의 합을 다음과 같이 편리하게 나타낼 수 있다.

$$F_{1x} + F_{2x} + F_{3x} + \cdots = \sum F_x$$

이러한 표시법으로 가속도 $\vec{a} = \vec{0}$인 평형 물체의 뉴턴의 제2법칙은 2개의 방정식으로 쓸 수 있다.

$$\sum F_x = ma_x = 0 \quad \text{그리고} \quad \sum F_y = ma_y = 0 \qquad (5.1)$$

평형 상태에서 힘의 x, y성분의 합은 0이다.

이 방정식은 평형 문제 풀이 전략의 기본이 된다.

문제 풀이 전략 5.1 평형 문제

만일 물체가 평형 상태에 있다면, 뉴턴의 제2법칙으로 평형 상태를 유지하는 힘을 구할 수 있다.

준비 먼저 물체가 평형 상태에 있는지 살펴본다. $\vec{a} = \vec{0}$인가?

■ 정지 상태에 있는 물체는 정적 평형 상태에 있다.

■ 일정한 속도로 움직이는 물체는 동역학적 평형 상태에 있다.

그러고 나서 물체에 작용하는 모든 힘을 찾아서 자유 물체 도형에 나타낸다. 아는 힘이 무엇이고 어떻게 풀 것인지를 결정한다.

풀이 평형 상태에 있는 물체는 $\vec{a} = \vec{0}$인 경우의 뉴턴의 제2법칙을 만족해야 한다. 성분 형태에서 다음 조건을 만족한다.

$$\sum F_x = ma_x = 0 \quad \text{그리고} \quad \sum F_y = ma_y = 0$$

자유 물체 도형으로부터 직접 힘의 성분을 구할 수 있다. 두 식으로부터 문제의 모르는 힘을 구할 수 있다.

검토 결과로부터 단위가 맞는지, 합리적인지 검토 후 답을 쓴다.

정적 평형

예제 5.1 오랑우탄을 지탱하는 힘

무게가 500 N인 오랑우탄이 수직 밧줄에 매달려 있다. 밧줄에 작용하는 장력은 얼마인가?

준비 오랑우탄이 정지해 있으므로 정적 평형 상태이며, 오랑우탄에 작용하는 알짜힘은 0이다. **그림 5.1**은 첫째, 오랑우탄에 작용하는 힘을 나타낸다. 위쪽으로 작용하는 힘은 장력이고 아래 방향의 장거리힘은 중력이다. 이 힘들이 자유 물체 도형에 표시되어 있고, 평형이므로 알짜힘 $\vec{F}_{net} = \vec{0}$를 만족함을 알 수 있다.

그림 5.1 오랑우탄에 작용하는 힘

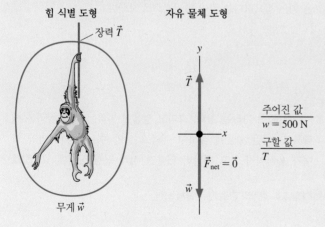

풀이 x성분의 힘이 없으므로 y성분만 생각하면 된다. 이 경우 뉴턴의 제2법칙에 의해

$$\sum F_y = T_y + w_y = ma_y = 0$$

이다. 여기서 $T_y - w_y$가 아닌 것은 무게가 아래 방향으로 작용하기 때문이다. 중요한 것은 T_y와 w_y가 벡터 성분이므로 양(+)의 값($\vec{T}$가 위 방향의 벡터) 또는 음(−)의 값($\vec{w}$가 아래 방향의 벡터)이다. 무게 $\vec{w}$가 아래 방향이라는 사실은 힘을 계산할 때 고려되었으므로 벡터 $\vec{T}$와 $\vec{w}$의 크기에 해당하는 T와 w로 나타낼 수 있다.

장력 벡터 $\vec{T}$가 위쪽 y축의 (+)값이므로 y성분은 $T_y = T$이다. 무게 벡터 $\vec{w}$는 아래쪽 y축의 (−)값이므로 y성분은 $w_y = -w$가 된다. 이제 부호를 넣은 성분으로 표시하면 뉴턴의 제2법칙은 다음과 같이 된다.

$$T - w = 0$$

이 식으로 밧줄의 장력을 계산할 수 있다.

$$T = w = 500 \text{ N}$$

검토 밧줄에 걸린 장력이 오랑우탄의 무게와 같다는 사실은 놀랍지 않다. 따라서 이 답을 믿을 수 있다.

예제 5.2 건물 철거용 철구 준비

무게 2500 N인 철구가 케이블에 매달려 있다. 흔들기에 앞서, 수평 케이블을 20° 뒤로 잡아당겼다. 수평 케이블에 작용하는 장력

은 얼마인가?

준비 철구가 움직이지 않았으므로 풀리기까지는 가속도 $\vec{a} = \vec{0}$인

그림 5.2 풀리기 직전 철구의 개요도

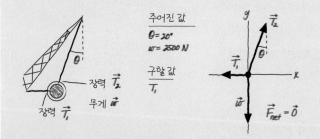

힘	x성분의 기호	x성분의 값	y성분의 기호	y성분의 값
$\vec{T_1}$	T_{1x}	$-T_1$	T_{1y}	0
$\vec{T_2}$	T_{2x}	$T_2\sin\theta$	T_{2y}	$T_2\cos\theta$
$\vec{w}$	w_x	0	w_y	$-w$

정적 평형 상태로 매달려 있게 된다. **그림 5.2**는 철구에 작용하는 모든 힘, 즉 각 케이블에 작용하는 장력 $\vec{T_1}$과 $\vec{T_2}$, 철구의 무게를 나타낸다. 알짜힘 $\vec{F}_{net} = m\vec{a} = \vec{0}$임을 고려하여 3개의 힘에 대해 자유 물체 도형을 그릴 수 있다. 수평 케이블에 걸린 장력 $\vec{T_1}$의 크기 T_1을 구한다.

풀이 평형 조건은 $\vec{F}_{net} = m\vec{a} = \vec{0}$이다. 성분으로 나누면 2개의 식이 된다.

$$\sum F_x = T_{1x} + T_{2x} + w_x = ma_x = 0$$
$$\sum F_y = T_{1y} + T_{2y} + w_y = ma_y = 0$$

항상 그렇듯이, 힘의 성분을 더한다. 이제 힘 벡터의 성분을 벡터의 크기와 방향을 고려해 나타내보자. 이미 3.3절에서 자유 물체 도형에서 직접적으로 성분을 해석하는 방법을 배웠다. 하지만 성분을 표로 정리하여 보도록 한다.

자유 물체 도형에서 $\vec{T_1}$은 $-x$축을 향하고 있으므로 $T_{1x} = -T_1$이고 $T_{1y} = 0$이다. $\vec{T_2}$성분은 삼각법으로 구한다. 직각삼각형에서 밑변은 코사인과 관계되므로 $\vec{T_2}$의 수직 성분(y축)은 $T_2\cos\theta$가 된다. 같은 방법으로 $\vec{T_2}$의 수평 성분(x축)은 $T_2\sin\theta$이다. 무게 벡터는 바닥을 향하므로 y축 성분은 $-w$이다. 음(−)의 방향인 '−' 표시는 벡터 성분을 계산할 때 사용되지만 뉴턴의 제2법칙에서는 사용할 필요가 없다. 이것은 힘과 운동 문제를 풀 때 중요한 문제이다. 이런 관점으로 뉴턴의 제2법칙은 다음과 같이 된다.

$$-T_1 + T_2\sin\theta + 0 = 0 \quad \text{그리고} \quad 0 + T_2\cos\theta - w = 0$$

다시 정리하면 다음과 같다.

$$T_2\sin\theta = T_1 \quad \text{그리고} \quad T_2\cos\theta = w$$

두 식은 미지의 값 T_1과 T_2에 대한 연립 방정식이다. T_2를 소거하기 위해 둘째 식을 풀면 $T_2 = w/\cos\theta$를 얻는다. 그리고 T_2를 첫째 식에 대입하여 T_1을 구하면

$$T_1 = \frac{w}{\cos\theta}\sin\theta = \frac{\sin\theta}{\cos\theta}w = w\tan\theta = (2500\ \text{N})\tan 20° = 910\ \text{N}$$

이 된다. 이 계산에서 $\tan\theta = \sin\theta/\cos\theta$를 이용하였다.

검토 철구를 적당한 각도로 잡아당기려면 철구 무게보다 아주 작은 힘이 필요하다는 것이 합리적으로 보인다.

개념형 예제 5.3 **정적 평형의 힘**

막대가 마찰이 없는 얼음판 위에 놓여 있다. 막대 한쪽 끝이 줄에 매달려 끌어올려 진다. 만약 막대가 정지해 있다면 **그림 5.3**에서 줄의 방향을 바르게 나타낸 것은 어느 것인가?

판단 막대에 작용하는 힘을 확인하는 것부터 시작하자. 무게와

더불어 줄이 가하는 장력, 그리고 얼음이 가하는 수직 항력을 생각하자. 이런 힘들에 대하여 뭐라고 말할 수 있을까? 만약 막대가 움직이지 않고 매달려 있다면 정적 평형 상태에 있으므로

그림 5.4 각각의 경우 자유 물체 도형

그림 5.3 줄의 각도를 정확히 나타낸 것은 어느 것인가?

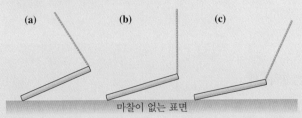

마찰이 없는 표면

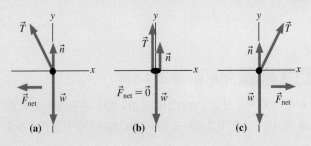

$\sum F_x = ma_x = 0$과 $\sum F_y = ma_y = 0$이다. **그림 5.4**는 줄의 세 방향에 대한 연결된 자유 물체 도형을 보여준다. 장력은 줄의 방향을 따라 작용하고 무게는 아래 방향으로 작용하고 있음을 염두에 두어야 한다. 얼음은 표면에 수직 항력을 작용하고 마찰이 없으므로 수평 방향의 힘은 없다. 만약 줄이 어느 정도의 각도를 이룬다

면 수평 성분은 막대에 작용하는 알짜힘임을 알 수 있다. 그래서 장력과 줄이 수직한 (b)의 경우에만 알짜힘이 0이 된다.

검토 만일 마찰이 있다면 막대는 (a)와 (c)의 경우처럼 매달려 있게 된다. 그러나 마찰이 없다면 (b)에서의 경우처럼 줄이 수직이 될 때까지 미끄러지게 된다.

동역학적 평형

예제 5.4 자동차를 끄는 줄의 장력

질량이 1500 kg인 자동차가 수평에서 20°인 줄에 매달려 일정한 속력으로 끌려간다. 320 N의 마찰력이 자동차가 움직이는 반대방향으로 작용한다면 줄의 장력은 얼마인가?

준비 자동차가 일정한 속력($\vec{a} = \vec{0}$)으로 일직선으로 움직이면 동역학적 평형 상태이고 $\vec{F}_{net} = m\vec{a} = \vec{0}$이다. **그림 5.5**는 자동차에 작용하는 장력 $\vec{T}$, 마찰력 $\vec{f}$, 수직 항력 $\vec{n}$과 장거리힘인 무게 $\vec{w}$를 자유 물체 도형으로 나타낸다.

풀이 자동차가 움직이고 있지만 평형 상태 문제로써 문제 풀이 과정은 변함이 없다. 평형 상태를 만족하는 네 힘은 다음과 같다.

$$\sum F_x = n_x + T_x + f_x + w_x = ma_x = 0$$
$$\sum F_y = n_y + T_y + f_y + w_y = ma_y = 0$$

자유 물체 도형을 '해석'함으로써 힘의 수평 및 수직 성분을 결정할 수 있다. 그 결과는 아래 표와 같다.

이러한 성분을 뉴턴의 제2법칙에 적용하면

$$T\cos\theta - f = 0$$
$$n + T\sin\theta - w = 0$$

이 된다. 첫째 식에서 장력을 구하면

$$T = \frac{f}{\cos\theta} = \frac{320\text{ N}}{\cos 20°} = 340\text{ N}$$

이다. 이 문제를 푸는 데는 y성분 방정식은 필요하지 않다. 그러나 수직 항력 $\vec{n}$을 구하는 데 필요하다.

검토 자동차를 수평 줄로 끌었다면 320 N의 마찰력과 같은 장력이 필요했을 것이다. 하지만 일정한 각도로 자동차를 끌고 있으므로 줄의 장력은 위로 올리는 데 일부 사용될 것이다. 따라서 일정한 각도로 자동차를 끌 때에는 더 큰 장력이 필요하다는 사실이 합리적이다.

힘	x성분의 기호	x성분의 값	y성분의 기호	y성분의 값
$\vec{n}$	n_x	0	n_y	n
$\vec{T}$	T_x	$T\cos\theta$	T_y	$T\sin\theta$
$\vec{f}$	f_x	$-f$	f_y	0
$\vec{w}$	w_x	0	w_y	$-w$

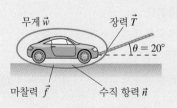

그림 5.5 끌려가는 자동차의 개요도

무게 $\vec{w}$　　장력 $\vec{T}$

마찰력 $\vec{f}$　　수직 항력 $\vec{n}$

$\theta = 20°$

주어진 값

$\theta = 20°$
$m = 1500$ kg
$f = 320$ N

구할 값

T

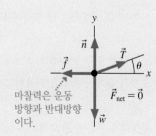

마찰력은 운동 방향과 반대방향 이다.

$\vec{F}_{net} = \vec{0}$

5.2 동역학과 뉴턴의 제2법칙

뉴턴의 제2법칙은 힘과 운동 사이를 연결하는 핵심고리이다. 뉴턴 역학의 핵심은 다음 두 단계로 표현된다.

- 물체에 작용하는 힘은 물체의 가속도 $\vec{a} = \vec{F}_{\text{net}}/m$을 결정한다.
- 물체의 운동은 운동 방정식에 가속도 $\vec{a}$를 사용하여 알 수 있다.

수업 영상

다양한 역학 문제를 풀기 위한 전략을 개발하기 원한다면 우선 제2법칙을 벡터 성분으로 표현해야 한다. 그렇게 하려면 먼저 뉴턴의 제2법칙을 다음과 같이 표현해야 한다.

$$\vec{F}_{\text{net}} = \vec{F}_1 + \vec{F}_2 + \vec{F}_3 + \cdots = m\vec{a}$$

여기서 $\vec{F}_1, \vec{F}_2, \vec{F}_3, \cdots$ 등은 물체에 작용하는 힘이다. 제2법칙을 성분으로 표시하려면 우선 가속도를 x성분, y성분으로 분리해서 표현해야 한다. 즉, 뉴턴의 제2법칙 $\vec{F}_{\text{net}} = m\vec{a}$는 다음과 같이 된다.

$$\sum F_x = ma_x \quad \text{그리고} \quad \sum F_y = ma_y \qquad (5.2)$$

성분 형태로 표현한 뉴턴의 제2법칙

첫째 식은 x**방향의 가속도 성분이 물체에 작용하는 힘들의 x방향 성분의 합으로 결정됨**을 의미한다. y방향 성분에도 같은 방법이 적용된다.

문제 풀이 전략 5.2 동역학 문제

역학에서 문제를 풀기 위해서는 두 가지 방법이 있다. 첫째, 물체의 가속도를 구해 힘을 얻거나(운동학을 이용하여 위치와 속도를 구함), 또는 가속도를 구해 운동학을 얻는 것(미지의 힘을 구하는 방법)이다. 두 경우에 있어 문제를 푸는 전략은 동일하다.

준비 다음과 같이 구성된 개요를 그려 보자.

- 정량적으로 주어진 값과 구하고자 하는 값이 무엇인지 나타낸 목록
- 물체에 작용하는 모든 힘을 구별하는 데 도움이 되는 힘 식별 도형
- 물체에 작용하는 모든 힘을 보여주는 자유 물체 도형

만약 속도나 위치를 구하기 위해 운동학을 사용하고자 한다면 다음을 그려볼 필요가 있다.

- 가속도의 방향을 결정하기 위한 운동 도형

- 좌표계를 설정하여 운동에서 중요한 점을 표시하고 기호를 정의하기

상황 판단을 하기 위해 이들 단계를 반복하는 것은 무방하다.

풀이 뉴턴의 제2법칙을 성분 형태로 쓴다.

$$\sum F_x = ma_x \quad \text{그리고} \quad \sum F_y = ma_y$$

그리고 자유 물체 도형으로부터 직접 힘의 성분을 구할 수 있다. 문제에 따라

- 가속도를 구하려면 속도와 위치를 구할 수 있는 운동학을 사용한다.
- 가속도를 결정하기 위해 운동학을 사용하고 미지의 힘을 구한다.

검토 얻은 결과가 올바른 단위로 표현되었는지, 합리적인지 검토 후 답을 쓴다.

골프공의 퍼팅

한 골프 선수가 46 g 골프공을 3.0 m/s 속력으로 퍼팅하였다. 마찰력이 0.020 N 작용하여 속력이 서서히 감소하였다. 이 공이 10 m 떨어진 홀컵에 들어갈 수 있을까?

준비 그림 5.6은 이 문제의 개요도이다. 알고 있는 정보를 모아서 밑그림을 그리고, 구하고자 하는 값을 표시한다. 운동 도형은 골프공이 오른쪽 방향으로 굴러 서서히 감속되는 것을 보여주므로 가속도 방향은 왼쪽으로 향한다. 다음으로, 공에 작용하는 힘을 정의하고 그것들을 자유 물체 도형으로 표현한다. 알짜힘이 왼쪽으로 향하는 것은 가속도 방향이 왼쪽을 향하기 때문이다.

풀이 뉴턴의 제2법칙에 의한 성분은

$$\sum F_x = n_x + f_x + w_x = 0 - f + 0 = ma_x$$
$$\sum F_y = n_y + f_y + w_y = n + 0 - w = ma_y = 0$$

이다. 평형 문제를 해결할 때와 마찬가지로 합의 식으로 쓸 수 있는데, 자유 물체 도형으로부터 힘의 성분 값을 '읽어낼' 수 있다. 이 문제에서 각 힘의 성분이 간단하므로 표로 보여줄 필요는 없다. 둘째 식에서 $a_y = 0$으로 둔 것은 매우 중요하다. 왜냐하면 골프공이 y방향으로 움직이지 않으므로 y방향의 가속도는 없다. 이런 해석은 많은 문제를 해결할 때 매우 중요한 단계이다.

위의 첫째 식에서 $-f = ma_x$이므로,

$$a_x = -\frac{f}{m} = \frac{-(0.020 \text{ N})}{0.046 \text{ kg}} = -0.435 \text{ m/s}^2$$

이다. 반올림 오류를 피하려면 계산 중간 과정에서 여분의 숫자를 그대로 유지한다. 음(−)의 값은 가속도 방향이 예상대로 왼쪽임을 보여준다.

이제 가속도를 알았으므로 골프공이 멈출 때까지 얼마나 멀리 굴러갈지 운동학을 사용할 수 있다. 공이 멈출 때까지 시간에 대한 정보가 없으므로 운동학 방정식 $(v_x)_f^2 = (v_x)_i^2 + 2a_x(x_f - x_i)$를 사용하여

$$x_f = x_i + \frac{(v_x)_f^2 - (v_x)_i^2}{2a_x} = 0 \text{ m} + \frac{(0 \text{ m/s})^2 - (3.0 \text{ m/s})^2}{2(-0.435 \text{ m/s}^2)} = 10.3 \text{ m}$$

가 된다. 골프 선수의 의도가 맞는다면 골프공은 홀컵으로 들어갈 것이다.

검토 잔디 위에서 골프공을 초속 3 m/s로 퍼팅(조깅하는 속력과 유사함)하면 대략 10 m 정도 굴러간다는 것은 합리적이다.

그림 5.6 퍼팅한 골프공의 개요도

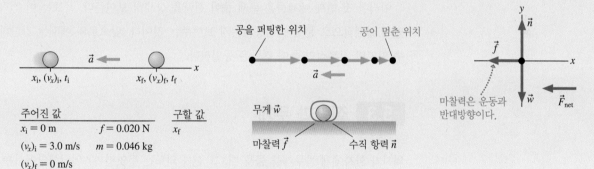

주어진 값		구할 값
$x_i = 0$ m	$f = 0.020$ N	x_f
$(v_x)_i = 3.0$ m/s	$m = 0.046$ kg	
$(v_x)_f = 0$ m/s		

가속하는 자동차 견인

질량 1500 kg인 자동차가 수평과 20° 각도를 이루며 밧줄에 의해 견인된다. 자동차 운동 방향의 반대방향으로 320 N의 마찰력이 작용한다. 만약 자동차가 정지 상태에서 10초 동안에 12 m/s의 속력으로 증가한다면 밧줄의 장력은 얼마인가?

준비 이 문제는 예제 5.4와 매우 유사하다. 차이점은 자동차가 가속하고 있다는 점이다. 따라서 평형 상태가 아니다. 이것은 **그림**

5.7에서 보여주는 것처럼 알짜힘이 0이 아니다. 이미 예제 5.4에서 모든 힘에 대하여 정의했다.

풀이 뉴턴의 제2법칙을 성분으로 표현하면

$$\sum F_x = n_x + T_x + f_x + w_x = ma_x$$
$$\sum F_y = n_y + T_y + f_y + w_y = ma_y = 0$$

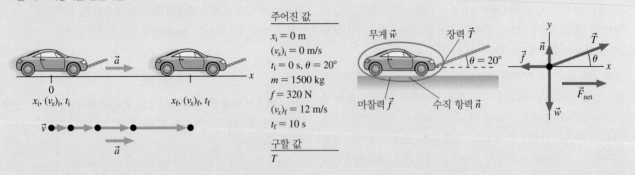

그림 5.7 자동차를 견인하는 개요도

이다. 자동차의 운동이 x축으로만 움직이므로 $a_y = 0$이라는 사실을 다시 이용하자. 힘의 성분은 예제 5.4에서 이미 다루었다. 뉴턴의 제2법칙에 따라 성분으로 표현하면

$$T\cos\theta - f = ma_x$$
$$n + T\sin\theta - w = 0$$

이다. 자동차가 10초 동안에 12 m/s로 증가하였으므로 운동학을 이용하여 가속도를 구하면

$$a_x = \frac{\Delta v_x}{\Delta t} = \frac{(v_x)_f - (v_x)_i}{t_f - t_i} = \frac{(12 \text{ m/s}) - (0 \text{ m/s})}{(10 \text{ s}) - (0 \text{ s})} = 1.2 \text{ m/s}^2$$

이다. 이 가속도를 뉴턴의 제2법칙의 첫째 식에 대입하여 장력을 구하면 다음과 같다.

$$T = \frac{ma_x + f}{\cos\theta} = \frac{(1500 \text{ kg})(1.2 \text{ m/s}^2) + 320 \text{ N}}{\cos 20°} = 2300 \text{ N}$$

검토 밧줄의 장력은 예제 5.4에서 구한 장력 340 N보다 다소 크다. 자동차를 일정한 속력으로 견인할 때보다 가속할 때 힘이 더 많이 든다.

이러한 첫 번째 예제들은 문제 풀이 전략을 상세히 보여준다. 목표는 이 전략이 어떻게 실제적으로 문제에 적용되는지 보여주는 것이다. 앞으로의 예제는 간단하게 풀 수 있지만 기본적인 풀이 전략은 동일하다.

5.3 질량과 무게

의사가 환자에게 몸무게를 물을 때, 그 진짜 의도는 무엇일까? 일상생활에서는 '무게'와 '질량'을 따로 구분하여 사용하지 않지만 물리학에서는 그 차이가 매우 중요한 의미를 갖는다.

4장에서 배웠듯이 질량은 물체의 관성을 기술하는 물리량으로 가속하는 것을 방해하는 성향을 나타낸다. 대략적으로 질량은 물체에서 물질의 양을 나타낸다. 킬로그램(kg)으로 표현되는 질량은 물체의 고유한 특성이다. 즉, 물체가 장소에 따라 무관하고, 물체에 어떤 힘이 작용하던지 관계없이 일정한 값을 갖는다.

한편, 무게는 힘이다. 정확히 말하면 행성이 물체에 작용하는 중력이다. 무게는 스칼라가 아닌 벡터량이다. 이 벡터 방향은 항상 아래 방향을 향한다. 무게의 단위는 뉴턴(N)이다.

질량과 무게는 같은 것은 아니지만 서로 연관되어 있다. **그림 5.8**은 자유 낙하하는

물체에 대한 자유 물체 도형을 보여준다. 이 물체에 작용하는 유일한 힘은 중력에 의해 아래 방향으로 향하는 무게 $\vec{w}$이다. 그래서 물체의 자유 낙하는 ◀2.7절에서 본 것처럼 $a_y = -g$인 수직한 가속도로써 g는 자유 낙하 가속도 9.8 m/s²이다. 따라서 이 물체에 대한 뉴턴의 제2법칙은

$$\sum F_y = -w = -mg$$

이므로

$$w = mg \qquad (5.3)$$

라고 할 수 있다. 간단히 '무게'라고 하는 중력의 크기는 직접 질량에 비례하고 비례 상수는 g이다.

물체의 무게는 g에 의존하고, g값이 행성에 따라 달라지기 때문에 무게는 정해진 같은 특성을 갖지 않는다. 달 표면에서 g값은 지구의 6분의 1 가량이어서 달에서 물체의 무게는 지구에서의 무게의 6분의 1이다. 목성에서의 무게는 지구에서보다 더 크다. 그러나 질량은 같다. 물질의 양은 변하지 않지만 물질에 가해지는 중력이 달라진다.

그러므로 의사가 몸무게가 얼마인가 물었을 때 실질적으로는 **질량**이 얼마인지 알고자 하는 것이다. 그것은 몸에 대한 물질의 양을 묻는 것이므로 달에 갔을 때 비록 무게가 줄었더라도 '몸무게가 줄었어요'라고 말하면 안 된다!

여기서 설명이 필요하다. 몸무게를 말할 때 파운드(lb) 단위를 쓰기도 하는데 그것은 영국권에서 사용하는 힘의 단위이기 때문이다(4장에서 파운드는 1 lb = 4.45 N임을 알았다). 이것을 킬로그램으로 '환산해야' 한다. 그러나 킬로그램은 힘의 단위가 아닌 질량 단위이다. 1파운드 물체의 무게는 $w = mg = 4.45$ N이므로 질량은

$$m = \frac{w}{g} = \frac{4.45 \text{ N}}{9.80 \text{ m/s}^2} = 0.454 \text{ kg}$$

이다. 이런 계산은 피트(feet)를 미터로 바꾸는 것과 다르다. 피트나 미터는 길이의 단위이고, 1 m = 3.28 ft이다. 여러분은 파운드를 킬로그램으로 '환산'할 때, 어떤 무게(즉 두 가지 기본적으로 다른 물리량)가 어느 정도의 질량인지 결정해야 하고, 이 계산은 g 값에 따라 달라진다. 그러나 통상 $g = 9.80$ m/s²으로 주어지는 지구 위에서 적용하므로, 이 경우 주어진 질량은 동일한 무게와 일치한다. 표 5.1에 열거된 관계를 사용할 수 있다.

그림 5.8 자유 낙하하는 물체의 자유 물체 도형

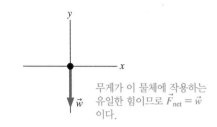

무게가 이 물체에 작용하는 유일한 힘이므로 $\vec{F}_{net} = \vec{w}$ 이다.

달 표면에서 우주 비행사 영(John Young)은 지구에서 무게가 370파운드(168 kg) 되는 우주복을 입고 있음에도 불구하고 2피트(60 cm)나 점프하였다. 왜냐하면 $g = 1.6$ m/s²인 달에서 우주복을 포함한 그의 무게는 90파운드(41 kg)에 불과하기 때문이다.

표 5.1 질량, 무게, 힘

힘의 단위 환산:
$$1 \text{ lb} = 4.45 \text{ N}$$
$$1 \text{ N} = 0.225 \text{ lb}$$
질량과 무게 사이의 변환($g = 9.80$ m/s²):
$$1 \text{ kg} \leftrightarrow 2.20 \text{ lb}$$
$$1 \text{ lb} \leftrightarrow 0.454 \text{ kg} = 454 \text{ g}$$

예제 5.7 **일반적인 질량과 무게**

90 lb의 체조 선수와 150 lb의 교수, 그리고 240 lb의 축구 선수의 무게(N)와 질량(kg)은 얼마인가?

준비 표 5.1에 있는 환산표에 의해 계산할 수 있다.

풀이 다른 힘들 사이에 환산 계수를 활용할 수 있는 것처럼 질량과 무게 사이의 변환에도 이용할 수 있다.

$$w_{\text{gymnast}} = 90 \text{ lb} \times \frac{4.45 \text{ N}}{1 \text{ lb}} = 400 \text{ N} \qquad m_{\text{gymnast}} = 90 \text{ lb} \times \frac{0.454 \text{ kg}}{1 \text{ lb}} = 41 \text{ kg}$$

$$w_{\text{prof}} = 150 \text{ lb} \times \frac{4.45 \text{ N}}{1 \text{ lb}} = 670 \text{ N} \qquad m_{\text{prof}} = 150 \text{ lb} \times \frac{0.454 \text{ kg}}{1 \text{ lb}} = 68 \text{ kg}$$

$$w_{\text{player}} = 240 \text{ lb} \times \frac{4.45 \text{ N}}{1 \text{ lb}} = 1070 \text{ N} \qquad m_{\text{player}} = 240 \text{ lb} \times \frac{0.454 \text{ kg}}{1 \text{ lb}} = 110 \text{ kg}$$

검토 이 문제에서 얻은 정보는 앞으로의 문제 결과를 검토하는 데 사용할 수 있다. 만일 답이 1000 N이라면 대략 축구 선수 무게에 해당하며, 이를 검토하는 데 사용할 수 있을 것이다.

겉보기 무게

물체의 무게는 물체에 작용하는 중력이다. 중력에 대해 생각하지 않았지만 중력은 느끼거나 직접 감지할 수 있는 힘이 아니다. 무겁다고 느끼는 무게에 대한 감각은 누르는 **접촉힘**에 의한 것이다. 알고 있는 것처럼 무게는 앉아 있는 의자에 작용하는 수직 항력으로 감지된다. 의자가 여러분과 접촉하고, 피부의 말단 신경을 자극한다. 여러분은 이 힘의 크기를 느끼게 되는 것이고, 이것이 무게로 감지된다. 서 있는 사람은 발바닥이 마룻바닥과 접촉하는 힘을 느낀다. 만약 밧줄에 매달려 있다면 밧줄과 손 사이의 마찰력을 느끼게 되는 것이다.

이제 여러분이 느끼는 **겉보기 무게**(apparent weight) w_{app}를 정의하면

물리과 학생들은 점프를 못한다 여러분이 승강기를 타고 승강기가 출발할 때 뛰어올라본다면 뛰어오르기 힘들다는 것을 느낄 것이다. 왜냐하면 겉보기 무게가 실제 무게보다 더 크기 때문이다. 큰 가속도를 가진 빠른 승강기에서는 30~40 lb(14~18 kg) 정도 무게가 더 나갈 때 뛰는 것과 같다!

$$w_{\text{app}} = \text{지탱하는 접촉힘의 크기} \qquad (5.4)$$

겉보기 무게의 정의

만약 평형 상태에 있다면 일반적으로 무게와 겉보기 무게는 같다. 그러나 가속하고 있다면 두 무게가 달라진다. 예를 들어 타고 있는 승강기가 위로 갑자기 가속되면 '무겁게' 느껴질 것이고, 위로 움직이던 승강기가 급정거하면 정상보다 더 가볍게 느껴질 것이다. 실제 무게 $w = mg$는 그 사이 변하지 않지만 **감각으로 느끼는 무게**는 다르다.

이제 이 경우를 상세히 살펴보도록 하자. 위로 가속되는 승강기에 서 있는 사람을 생각한다. **그림 5.9**는 사람에게 작용하는 힘은 위로 향하는 수직 항력과 아래로 향하는 몸무게뿐이다. 사람은 $\vec{a}$로 가속되고 있으므로, 뉴턴의 제2법칙에 따라 $\vec{a}$ 방향으로 사람에게 작용하는 알짜힘이 있어야 한다.

그림 5.9의 자유 물체 도형에서 뉴턴의 제2법칙의 y성분은 다음과 같다.

$$\sum F_y = n_y + w_y = n - w = ma_y = ma \qquad (5.5)$$

여기서 m은 사람의 질량이다. 식 (5.5)를 n에 대해 풀면

$$n = w + ma \qquad (5.6)$$

그림 5.9 가속되는 승강기 안의 사람

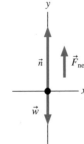

위로 가속되는 승강기에서는 평소보다 무겁게 느껴진다.

가 된다. 수직 항력은 사람을 받치고 있는 접촉힘이고 식 (5.4)의 정의에 따라서 식 (5.6)을 다시 쓰면 다음과 같다.

$$w_{app} = w + ma$$

따라서 $w_{app} > w$이고 사람은 평소보다 더 무겁게 느낀다. 만약 승강기가 아래로 가속된다면 가속도 벡터 $\vec{a}$는 아래 방향을 나타내고 $a_y = -a$이다. 이러한 계산을 반복하면 $w_{app} = w - ma < w$, 즉 사람은 무게가 줄어든 것처럼 느끼게 된다.

겉보기 무게는 단순한 느낌이 아니다. 그것은 크기를 수치로 측정할 수 있다. 사람이 체중계 위에 올라서면 체중계 눈금이 위로 향하는 힘으로 나타난다. 만약 가속되지 않는다면(일반적으로 아주 좋은 가정이지만!) 체중계에 나타난 위쪽 방향의 힘은 몸무게와 같게 된다. 체중계에 나타난 눈금은 진짜 몸무게이다. 만약 사람이 가속된다면 이런 주장이 성립하지 않는다. 앞선 예에서 사람이 승강기 안에 있는 체중계에 올라선다면 그를 받치고 있는 접촉힘은 위쪽 방향의 힘으로 나타날 것이다. 이러한 힘은 체중계에서 나타날 것이므로, 만약 승강기가 위쪽으로 가속되면 체중계에서 체중이 증가하였음을 보여줄 것이다. 이때 체중계 눈금은 겉보기 무게 w_{app}와 같게 된다.

겉보기 무게는 체중계로 측정할 수 있어서 겉보기 무게는 사실이고 물리적 결과이다. 우주 비행사는 a가 g보다 훨씬 더 커지게 되는 로켓 발사 순간에 우주 비행사는 겉보기 무게로 거의 짓눌리게 된다. 롤러코스터와 같은 놀이기구를 탈 때 느끼는 스릴도 겉보기 무게의 급격한 변화로부터 비롯된다.

예제 5.8   승강기 안의 겉보기 무게

질량이 70 kg인 학생이 5.0 m/s로 움직이는 승강기 안의 체중계 위에 서 있다. 승강기가 멈췄을 때 눈금이 750 N이었다. 그렇다면 승강기가 멈추기 전에 위, 또는 아래 어디로 움직이고 있었을까? 승강기가 멈추는 데 걸리는 시간은 얼마나 될까?

준비 승강기가 멈췄을 때 체중계의 눈금 750 N은 학생의 겉보기 무게이다. 그의 실제 무게는

$$w = mg = (70 \text{ kg})(9.80 \text{ m/s}^2) = 686 \text{ N}$$

이다. 이것은 중간 단계의 계산이므로 나머지 의미 있는 계산을 거쳐야 한다. 체중계의 위 방향으로 나타난 학생의 겉보기 무게는 실제 몸무게보다 더 크다. 이것은 그가 위쪽으로 알짜힘을 받고 있으며, 따라서 결국 가속 방향은 위쪽이어야 한다. 이러한 정확한 상황이 그림 5.9에 표현되어 있는데, 그림을 이번 문제에 대한 자유 물체 도형으로 이용할 수 있다. 학생에 작용하는 알짜힘을 구할 수 있고, 알짜힘을 이용하여 그의 가속도를 정하는 데 사용할 수 있다. 일단 가속도를 알았으므로, 운동학을 이용하여 승강기가 멈추는 데 걸리는 시간을 구할 수 있다.

풀이 그림에서 벡터 성분을 알 수 있다. 학생의 운동에 대한 뉴턴의 제2법칙의 수직 성분은

$$\sum F_y = n - w = ma_y$$

이다. 여기서 n은 수직 항력으로 학생의 체중계에 나타난 힘 750 N이고 w는 그의 몸무게 686 N이다. 따라서 y성분 가속도 a_y는

$$a_y = \frac{n - w}{m} = \frac{750 \text{ N} - 686 \text{ N}}{70 \text{ kg}} = +0.91 \text{ m/s}^2$$

이 된다. 예상했듯이 가속도 값이 양(+)이므로 위쪽 방향을 나타낸다. 승강기의 속력이 느려지지만 가속도 방향은 위쪽을 향하고 있다. 이것은 승강기가 멈추기까지 **아래로 움직이므로** 음(−)의 속도를 가지고 있음을 뜻한다.

멈추는 데 걸리는 시간을 구하기 위하여 운동학에서 배운 방정식

$$(v_y)_f = (v_y)_i + a_y \Delta t$$

를 이용하면, 승강기가 처음 아래 방향으로 움직이므로 $(v_y)_i = -5.0$ m/s이고 멈춰 설 때 $(v_y)_f = 0$이 된다. 따라서 가속도를 알고

있으므로 멈추기까지의 시간은

$$\Delta t = \frac{(v_y)_\text{f} - (v_y)_\text{i}}{a_y} = \frac{0 - (-5.0 \text{ m/s})}{0.91 \text{ m/s}^2} = 5.5 \text{ s}$$

가 된다.

검토 여러분이 승강기를 탈 때를 생각해보자. 만약 승강기가 아

래로 내려가서 멈추게 되었을 때 '무겁게 느껴졌'을 것이다. 이것은 운동 분석이 옳았다는 사실에 확신을 준다. 5.0 m/s는 매우 빠른 승강기이다. 이 속력으로 승강기는 1초에 1개 층 이상 지나게 된다. 만약 여러분이 고층 빌딩에서 빠른 승강기를 타 본 경험이 있다면, 승강기가 멈춰 서는 데 걸리는 시간 5.5 s가 합리적임을 알 수 있다.

무중력

무중력 상태 경험하기 3장에서 배운 것처럼 포물체 운동을 하는 물체도 자유 낙하를 하고 있다. 공기 저항이 없을 때의 포물체 운동과 동일하게 움직이는 특수한 비행기를 가정하자. 비행기 안의 승객들과 같은 물체들은 자유 낙하를 따라 움직인다. 그들은 비행기 안에서 무중력을 느끼고 비행기가 30초 정도 후 정상 비행 상태가 될 때까지 공중에 떠다니게 된다.

앞서 승강기 문제를 되돌아보자. 학생의 겉보기 무게가 0 N이라 가정하자. 즉 체중계 눈금이 0을 의미한다. 어떻게 이런 일이 나타날까? 학생의 겉보기 무게가 그를 떠받치고 있는 접촉힘이라 하면 체중계의 위쪽 힘이 0임을 말하는 것이다. 만일 가속도 방정식에 $n = 0$을 대입하면 $a_y = -9.8 \text{ m/s}^2$을 얻는다. 이것이 전에 보았던 경우, 즉 자유 낙하이다! **사람이 자유 낙하하면 겉보기 무게가 0이라는 뜻이다.**

이것을 주의 깊게 생각해보자. 승강기가 자유 낙하한다고 가정하고 승강기 안에 있는 사람이 손에 들고 있는 공을 놓는다고 가정하자. 사람과 공은 둘 다 똑같이 떨어질 것이다. 사람의 직관으로 공은 그 곁에 '떠 있는' 것처럼 보일 것이다. 마찬가지로 사람 밑에 있는 체중계도 발의 눌림을 받지 않게 된다. 그가 처한 상태를 **무중력** 상태라 한다.

'무중력'이란 '무게가 없다'는 뜻이 아니다. **무중력**(weightless) 상태인 물체는 겉보기 무게가 없는 것이다. 그 차이는 아주 의미가 있다. 사람 몸무게는 중력이 여전히 아래로 당기고 있기 때문에 mg이지만, 자유 낙하하므로 무게에 대한 느낌이 없다. '무중력'이라는 용어는 그것이 물체가 무게가 없다는 뜻을 암시하므로 매우 부적절한 말이다. 여러분이 알고 있는 것과 같은 그런 경우가 아니다.

여러분은 우주 비행사와 여러 물체들이 지구 궤도를 돌고 있는 국제 우주 정거장 안에 떠 있는 영상을 본 일이 있을 것이다. 만일 우주 비행사가 체중계에 서면 발에 가해지는 힘이 없으므로 체중계 눈금이 0으로 나타난다. 그는 무중력이라 할 수 있다. 그렇다면 자유 낙하하는 물체가 무중력 상태에 있다고 말한 앞의 설명과 우주 비행사의 무중력 상태는 어떻게 다를까? 이것은 6장에서 다룰 흥미로운 문제이다.

5.4 수직 항력

4장에서 탁자 위에 정지한 물체는 탁자로부터 위쪽으로 작용하는 힘을 받는다는 것을 알았다. 이 힘을 **수직 항력**이라 하는데, 그것은 항상 접촉하는 면에 대해 수직으로 작용하기 때문이다. 이미 배웠듯이 수직 항력의 근본 원인은 표면을 구성하고 있는 원자 '용수철'에 의한 것이다. 표면을 구성하고 있는 물체가 단단할수록 이 용수철을

더 강하게 누르게 되므로 용수철은 더 강하게 반발하게 된다. 따라서 수직 항력은 물체가 바닥을 뚫어 떨어지지 않고 바닥에 남을 수 있게 스스로 **조절**한다. 이러한 사실이 수직 항력을 풀 수 있는 열쇠이다.

예제 5.9 | **책을 누르고 있는 수직 항력**

1.2 kg의 책이 탁자 위에 있다. 책을 15 N 힘으로 누른다면 탁자가 책에 작용하는 수직 항력은 얼마인가?

준비 책은 움직이지 않으므로 정적 평형 상태에 있다. 책에 작용하는 힘들을 정의하고 이런 힘들을 보여주는 자유 물체 도형을 준비한다. 이런 과정이 **그림 5.10**에 표현되어 있다.

풀이 책은 정적 평형 상태에 있기 때문에 책에 작용하는 알짜힘

그림 5.10 위에서 책을 누를 때 수직 항력 구하기

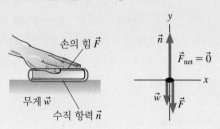

은 0이다. 작용하는 힘이 y축 방향뿐이므로 뉴턴의 제2법칙은 다음과 같다.

$$\sum F_y = n_y + w_y + F_y = n - w - F = ma_y = 0$$

앞 절에서 무게는 $w = mg$인 것을 배웠다. 따라서 책의 무게는

$$w = mg = (1.2 \text{ kg})(9.8 \text{ m/s}^2) = 12 \text{ N}$$

이다. 이 값을 이용하면 탁자에 작용하는 수직 항력은

$$n = F + w = 15 \text{ N} + 12 \text{ N} = 27 \text{ N}$$

이 된다.

검토 수직 항력의 크기는 책의 무게보다 **크다**. 탁자의 관점에서 보면 손이 가하는 여분의 힘이 탁자의 원자 용수철에 작용하기 때문이다. 따라서 용수철이 더 세게 반발하여 수직 항력이 책의 무게보다 커지게 된다.

램프나 경사면에 있는 물체에 대한 일반적인 상황을 생각해보자. 마찰을 무시하면 물체에 작용하는 힘은 중력과 수직 항력 두 가지뿐이다. 그러나 동역학 문제를 풀기 위해서 이 두 힘의 성분을 상세히 살펴볼 필요가 있다. **그림 5.11(a)**는 그것이 어떤 것인지 보여주고 **그림 5.11(b)**는 피해야 할 두 가지 일반적인 실수를 보여준다.

그림 5.11 경사면에 있는 물체에 작용하는 힘

(a) 경사면에 작용하는 힘의 분석

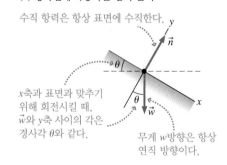

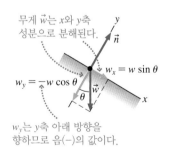

(b) 피해야 할 두 가지 실수

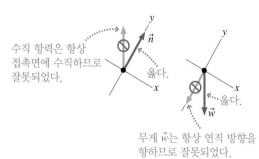

예제 5.10 | **활강하는 스키 선수의 가속도**

스키 선수가 27° 비탈진 경사면을 미끄러지고 있다. 비탈 경사면에서 마찰은 아주 작아서 무시한다면 스키 선수의 가속도는 얼마인가?

준비 그림 5.12는 이 문제의 개요도이다. x축을 경사면 방향으로

그림 5.12 활강하는 스키 선수의 개요도

스키 선수의 가속도는
언덕 아래 방향을 향한다.

무게 $\vec{w}$

수직 항력 $\vec{n}$

좌표계를 잡아주면 $a_y = 0$이므로 문제는 아주 간단해진다(스키 선수는 y축으로 전혀 움직이지 않는다). 그림 5.11에 주어진 정보를 바탕으로 자유 물체 도형은 그림 5.12와 같다.

풀이 스키 선수의 가속도를 구하기 위한 뉴턴의 제2법칙의 성분은

$$\sum F_x = w_x + n_x = ma_x$$
$$\sum F_y = w_y + n_y = ma_y$$

이다. $\vec{n}$은 y축의 양(+)의 방향이므로 $n_y = n$이고 $n_x = 0$이다. 그림 5.11(a)는 $\vec{w}$와 y축의 음(−)의 방향의 경사각 θ와 같다. 이런 점에서 $\vec{w}$의 성분은 $w_x = w \sin\theta = mg \sin\theta$와 $w_y = -w \cos\theta = -mg \cos\theta$이다. 여기서 $w = mg$이다. 이런 성분 값으로 뉴턴

의 제2법칙은

$$\sum F_x = w_x + n_x = mg \sin\theta = ma_x$$
$$\sum F_y = w_y + n_y = -mg \cos\theta + n = ma_y = 0$$

이 된다. 둘째 식에서 $a_y = 0$을 이용하였다. 이 식에서 m을 소거하여 풀면

$$a_x = g \sin\theta$$

가 된다. 이것은 마찰이 없는 표면에 대한 가속도를 표현한 것으로 3장에서 증명 없이 사용하였다. 이제 앞에서의 주장이 정당화되었다. 이 식을 사용하여 스키 선수의 가속도를 구할 수 있다.

$$a_x = g \sin\theta = (9.8 \text{ m/s}^2)\sin 27° = 4.4 \text{ m/s}^2$$

검토 앞서 그랬던 것과 같이 결과는 $\theta = 0$일 때, 즉 경사가 수평일 때 스키 선수의 가속도는 0임을 보여준다. 더더욱 $\theta = 90°$(수직)일 때 가속도는 g가 되는데, 이것은 자유 낙하의 경우로 이해된다. 질량이 소거되므로 스키 선수의 질량은 알 필요가 없다. ◀3.4절의 가속도 식을 먼저 배웠지만 이제는 그 뒤에 숨겨진 물리적인 근거를 알게 되었다.

5.5 마찰

수업 영상

일상생활에서 마찰은 모든 곳에 존재한다. 마찰력은 여러분이 하는 많은 일에 절대적으로 필요하다. 마찰력이 없다면 걷고, 운전하거나 앉아 있는 것(의자에서 미끄러져 떨어진다!)조차 할 수 없다. 때로는 마찰이 없는 이상적인 상황을 고려하는 것도 유용하지만 현실 세계에서는 마찰이 있는 상황을 고려해야만 한다. 비록 마찰력이 복잡한 힘임에는 틀림없지만, 여러 가지 마찰에 대한 개념을 간단한 모형으로 설명하고자 한다.

그림 5.13 물체가 미끄러지지 않게 지탱하는 정지 마찰력

(a) 힘의 선별

미는 힘 $\vec{F}_{\text{push}}$

무게 $\vec{w}$

수직 항력 $\vec{n}$

마찰력 $\vec{f}_{\text{s}}$

(b) 자유 물체 도형

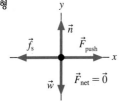

정지 마찰력

4장에서 정지 마찰력 $\vec{f}_{\text{s}}$를 표면이 물체에 작용하여 물체가 미끄러지는 것을 막는 힘으로 정의하였다. 만약 **그림 5.13(a)**와 같이 한 여성이 상자를 밀고 있다고 가정하자. 상자는 바닥에 대해서 움직이지 않기 때문에 그녀가 오른쪽으로 미는 것과 왼쪽으로 작용하는 정지 마찰력 $\vec{f}_{\text{s}}$가 균형을 이룬다. 이것이 $\vec{f}_{\text{s}}$의 **방향**을 구하는 일반적인 규칙이다. 다시 말하면 만약 마찰이 없다면 물체가 어떤 방향으로 움직이는지 결정된다. 정지 마찰력 $\vec{f}_{\text{s}}$는 물체가 표면에서 움직이는 것을 방해하는 방향으로 나타난다.

$\vec{f}_{\text{s}}$의 **크기**를 측정하려면 약간 까다롭다. 왜냐하면 상자가 정지해 있으므로 정적 평

형 상태에 있기 때문이다. **그림 5.13(b)**의 자유 물체 도형에서 정지 마찰력은 미는 힘과 정확히 균형을 이루고 있으므로 $f_s = F_{push}$를 의미한다. **그림 5.14(a)**와 **5.14(b)**에서 보는 바와 같이 여성이 상자를 강하게 밀면 밀수록 바닥에서 밀어내는 마찰력도 더 커진다. 만약 미는 힘을 줄이면 마찰력도 자연히 줄어들게 되는 것이다. 정지 마찰력은 가해지는 힘에 **반응**하여 작용한다.

그러나 $\vec{f}_s$가 커지는 데는 분명히 한계가 있다. 만약 여성이 열심히 상자를 밀면 상자는 미끄러지게 되고 바닥을 가로질러 움직이기 시작한다. 다른 말로, 정지 마찰력은 **그림 5.14(c)**에서 보는 것처럼 크기의 **최댓값** $f_{s\,max}$를 갖는다. 정지 마찰 실험에서 최대 정지 마찰 $f_{s\,max}$는 표면과 물체 사이에 작용하는 수직 항력의 크기에 비례한다. 즉,

$$f_{s\,max} = \mu_s\,n \tag{5.7}$$

이 된다. 이 식에서 μ_s는 **정지 마찰 계수**(coefficient of static friction)라 한다. 이 계수는 물체와 표면을 이루는 재료에 따라 달라지는 값이다. 정지 마찰 계수가 클수록 물체와 표면 사이의 '밀착도'가 커져, 물체가 미끄러지는 게 힘들어진다. 표 5.2는 몇 가지 재료들의 대략적인 마찰 계수 값을 보여준다.

따라서 정지 마찰력에 관한 규칙은 다음과 같다.

■ 정지 마찰력의 방향은 물체가 움직이는 방향의 반대이다.
■ 정지 마찰력의 크기 f_s는 알짜힘이 0이고, 물체가 움직이지 않도록 조절된다.
■ 정지 마찰력의 크기는 식 (5.7)로 주어진 대로 최댓값 $f_{s\,max}$보다 클 수 없다. 정지 상태를 유지하는 데 필요한 마찰력이 $f_{s\,max}$ 값보다 더 커지면 물체가 미끄러지면서 움직이기 시작한다.

운동 마찰력

그림 5.15와 같이 일단 상자가 미끄러지기 시작하면 정지 마찰력은 운동(또는 미끄럼) 마찰력 $\vec{f}_k$로 대체된다. 운동 마찰력은 정지 마찰력보다 조금 간단하다. $\vec{f}_k$의 방향은 물체가 표면을 따라 미끄러지는 방향의 반대이고, 실험을 통해 정지 마찰력과 달리 운동 마찰력은 거의 **일정한** 크기를 가지며,

그림 5.15 운동 마찰력은 운동 방향과 반대로 작용한다.

운동 마찰력은 물체가 얼마나 빠르게 미끄러지는가 하는 문제와 관계없이 같다.

그림 5.14 가해진 힘에 반응하는 정지 마찰력

(a) 가볍게 밀면 마찰은 가볍게 작용한다.

$\vec{f}_s$와 $\vec{F}_{push}$는 균형을 이루고 상자는 움직이지 않는다.

(b) 세게 밀면 마찰도 세게 작용한다.

$\vec{F}_{push}$가 증가하면 $\vec{f}_s$가 커지지만 아직 두 힘은 상쇄되어 상자는 여전히 정지 상태이다.

(c) 아주 세게 밀면 $\vec{f}_s$는 최댓값까지 증가한다.

이 경우 $\vec{f}_s$의 크기가 최댓값 $f_{s\,max}$에 이르게 되고, 만약 이보다 큰 $\vec{F}_{push}$가 가해지면 두 힘이 상쇄되지 않기 때문에 상자가 가속되면서 출발한다.

표 5.2 마찰 계수

재료	정지 μ_s	운동 μ_k	굴림 μ_r
콘크리트와 고무	1.00	0.80	0.02
강철과 강철 (건조)	0.80	0.60	0.002
강철과 강철 (윤활)	0.10	0.05	
나무와 나무	0.50	0.20	
눈과 나무	0.12	0.06	
얼음과 얼음	0.10	0.03	

$$f_k = \mu_k n \qquad (5.8)$$

로 주어짐을 알 수 있다. 여기서 μ_k는 **운동 마찰 계수**(coefficient of kinetic friction)라 한다. 또한 식 (5.8)은 운동 마찰력이 정지 마찰력과 같이 수직 항력의 크기 n에 비례함을 보여준다. **운동 마찰력의 크기는 물체가 얼마나 빠르게 미끄러지는가 하는 것과는 무관하다**는 점을 주목해야 한다.

표 5.2는 대략적인 운동 마찰 계수 μ_k값을 보여준다. $\mu_k < \mu_s$값을 갖는 것은 상자가 움직임을 시작하는 것보다 움직임을 그대로 유지시키는 것이 더 쉽다는 것을 설명해준다.

굴림 마찰력

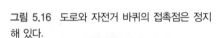

그림 5.16 도로와 자전거 바퀴의 접촉점은 정지해 있다.

자동차에서 급브레이크를 밟으면 자동차 바퀴는 도로면을 미끄러지면서 스키드 마크를 남기게 된다. 이것은 타이어와 도로가 서로 **미끄러지기** 때문에 생기는 운동 마찰력 때문이다. 차바퀴가 도로 표면을 **굴러갈 때**도 마찰력이 작용하지만 이는 운동 마찰력이 아니다. 바닥과 접촉하는 바퀴 부분은 미끄러지지 않고 바닥면에 대하여 정지해 있다.

그림 5.16은 달리는 자전거를 순간 촬영한 사진이다. 바닥과 접촉한 바퀴 부분이 흐릿하지 않고 땅에서 움직이지 않는 것처럼 나타나 있다.

굴러가는 바퀴와 도로 사이의 상호작용은 둘 사이에 접착력과 표면의 변형을 포함하고 있어 복잡하다고 할 수 있지만 많은 경우에 있어서 운동을 방해하는 또다른 형태의 마찰력이며, 이것을 **굴림 마찰 계수**(coefficient of rolling friction) μ_r를 사용하여

$$f_r = \mu_r n \qquad (5.9)$$

이라고 정의할 수 있다. 굴림 마찰력은 운동 마찰력처럼 작용한다. 그러나 μ_r값(표 5.2 참조)은 운동 마찰 계수 μ_k보다 훨씬 작다. 그것은 미끄러지는 것보다 굴러가는 것이 더 쉽기 때문이다!

마찰력의 이해

미끄러지거나 그렇지 않거나 만약 자동차에서 갑작스레 급브레이크를 밟으면 바퀴가 잠기어 미끄러짐 없이 멈추게 되는데, 그것은 타이어와 도로 사이의 정지 마찰력 때문이다. 이런 정지 마찰력은 운동 마찰력보다 커서 만약 자동차가 미끄러지게 되면 자동차를 조종할 수 없을 뿐만 아니라 짧은 거리에서 멈추는 것 또한 불가능해진다. ABS(잠금 없는 제동장치) 제동장치는 급제동 시 미끄러짐이 없고 가능한 단거리에서 운전 조종을 가능하게 해주는 장치이다.

이런 생각들을 다음과 같이 마찰 모형으로 요약할 수 있다.

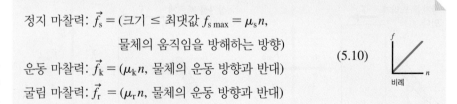

정지 마찰력: $\vec{f}_s = $ (크기 $\leq$ 최댓값 $f_{s\,max} = \mu_s n$,
　　　　　　　　물체의 움직임을 방해하는 방향)

운동 마찰력: $\vec{f}_k = (\mu_k n$, 물체의 운동 방향과 반대)

굴림 마찰력: $\vec{f}_r = (\mu_r n$, 물체의 운동 방향과 반대) $\qquad (5.10)$

여기에서 '운동'은 '바닥면에 대한 상대적 운동'을 의미한다. 정지 마찰력의 최댓값 $f_{s\,max} = \mu_s n$은 물체가 정지한 상태에서 움직이기 직전에 작용하는 마찰력이다.

풀이 전략 5.1 마찰력 문제

❶ 만약 물체가 접촉한 바닥면에 대해서 움직이고 있지 않다면 마찰력은 **정지 마찰력** (static friction)이다. 물체의 자유 물체 도형을 그린다. 마찰력의 방향은 물체가 바닥면에 대해서 미끄러지려는 방향의 반대방향이다. 정지 마찰력 f_s를 풀기 위해서 문제 풀이 전략 5.1을 사용한다. 만약 f_s가 $f_{s\,max} = \mu_s n$보다 크면 정지 마찰력은 더 이상 물체를 정지시킬 수 없다. 물체가 정지해 있다는 가정이 타당하지 않으므로 운동 마찰력을 이용해서 문제를 다시 풀어야 한다.

❷ 만약 물체가 바닥면에 대하여 미끄러지고 있다면 그때는 **운동 마찰력**(kinetic friction)이 작용한다. 뉴턴의 제2법칙으로부터 수직 항력 n을 구한다. 식 (5.10)을 이용하여 마찰력의 크기와 방향을 구한다.

❸ 만약 물체가 바닥면을 굴러간다면 그때는 **굴림 마찰력**(rolling friction)이 작용한다. 뉴턴의 제2법칙으로부터 수직 항력 n을 구한다. 식 (5.10)을 이용하여 마찰력의 크기와 방향을 구한다.

예제 5.11 **소파를 미끄러지게 하는 힘 구하기**

캐롤은 34 kg인 소파를 다른 방으로 옮기려고 한다. 그녀는 카펫 위 마찰 계수 $\mu_k = 0.080$인 미끄러운 디스크를 소파 다리 밑 '소파 슬라이더'에 올려놓는다. 그리고 마루를 가로질러 소파를 0.40 m/s의 안정된 속력으로 밀었다. 소파에 가해진 힘은 얼마일까?

준비 소파가 오른쪽으로 미끄러지고 있다고 가정하자. 이 경우 운동 마찰력 $\vec{f}_k$는 왼쪽으로 작용하게 된다. 그림 5.17에서 소파에 작용하는 힘을 확인하고 자유 물체 도형을 그릴 수 있다.

풀이 소파가 일정한 속력으로 움직이므로 $\vec{F}_{net} = \vec{0}$인 동역학적 평형 상태이다. 이것은 알짜힘의 x성분과 y성분이 각각 0임을 의미한다.

$$\sum F_x = n_x + w_x + F_x + (f_k)_x = 0 + 0 + F - f_k = 0$$
$$\sum F_y = n_y + w_y + F_y + (f_k)_y = n - w + 0 + 0 = 0$$

그림 5.17 마루를 가로질러 밀려가는 소파에 작용하는 힘

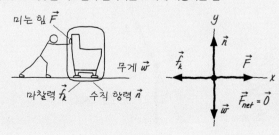

첫째 식에서 $\vec{f}_k$의 x성분은 $\vec{f}_k$가 왼쪽 방향이므로 $-f_k$가 된다. 마찬가지로 무게가 아래 방향이므로 $w_y = -w$이다.

첫째 식에서, 캐롤이 미는 힘은 $F = f_k$임을 알 수 있다. f_k를 구하기 위해서 운동 마찰력 모형을 이용하면

$$f_k = \mu_k n$$

이 된다. 먼저 수직 운동을 보자. 둘째 식은 궁극적으로 다음과 같이 된다.

$$n - w = 0$$

무게는 $w = mg$이므로 다음과 같다.

$$n = mg$$

이러한 일반적인 결과는 다시 보게 될 것이다. 캐롤이 마찰력과 같은 힘으로 밀고, 또한 이것이 수직 항력에 의존하고 운동 마찰 계수 $\mu_k = 0.080$이므로

$$F = f_k = \mu_k n = \mu_k mg$$
$$= (0.080)(32\,\text{kg})(9.80\ \text{m/s}^2) = 25\ \text{N}$$

이 된다.

검토 캐롤이 소파를 밀고 있는 속력은 답을 구하는 데 사용되지 않았다. 이것은 운동 마찰이 속력과 무관하다는 의미가 된다. 마지막 결과 25 N은 다소 작은 힘이다. 이것은 캐롤이 소파를 이동하는 데 미끄러운 디스크를 사용하였기 때문이라 할 수 있다.

개념형 예제 5.12 잔디 고르개 밀기 또는 당기기

잔디 고르개는 **그림 5.18**에서 보는 바와 같이 고르지 못한 잔디를 평평하게 할 때 사용하는 무거운 장비이다. 이 잔디 고르개를 미는 것 또는 당기는 것 중 어느 것이 쉬운가? 잔디를 고르게 하려면 미는 것 또는 당기는 것 중 어느 것이 효과적일까? 미는 힘 또는 당기는 힘이 잔디 고르개의 손잡이 방향으로 작용한다고 가정한다.

그림 5.18 잔디 고르개 밀기와 당기기

판단 그림 5.19는 두 경우에 대한 자유 물체 도형을 보여준다. 잔디 고르개를 일정한 속력으로 밀고 있다고 가정한다면 $\vec{F}_{net} = \vec{0}$인 동역학적 평형 상태이다. 고르개가 y방향으로는 움직이지 않기 때문에 y방향의 알짜힘은 0이다. 모형에 따르면 굴림 마찰력 f_r의 크기가 수직 항력의 크기 n에 비례한다. 만약 잔디 고르개를 민다면 미는 힘 $\vec{F}$는 아래 방향의 y성분을 갖는다. 이것을 보상하기 위해 수직 항력은 증가해야 하고, 마찬가지로 $f_r = \mu_r n$ 굴림 마찰력도 증가한다. 이것이 잔디 고르개를 움직이는 것을 힘들게 만든다. 만약 잔디 고르개를 끌어당긴다면 힘 $\vec{F}$의 y성분은 위 방향이므로 n

그림 5.19 잔디 고르개의 자유 물체 도형

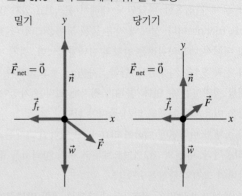

의 값이 줄어들고, 이 때문에 f_r도 작아진다. 따라서 잔디 고르개를 미는 것보다 당기는 것이 더 용이하다.

하지만 잔디 고르개의 목적은 땅을 고르게 하는 데 있다. 만약 잔디 고르개에 대한 땅의 수직 항력 n이 커질수록 뉴턴의 제3법칙에 의해 잔디 고르개가 잔디를 누르는 힘도 더 커지게 될 것이다. 그래서 잔디밭을 더욱 고르게 하기 위해서는 잔디 고르개를 미는 것이 더욱 효과적이다.

검토 아마도 여러분은 똑바로 세운 진공청소기를 사용할 때 이러한 경험을 했을 것이다. 청소기를 뒤로 당기는 것이 앞으로 미는 것보다 쉽다.

예제 5.13 서류함 버리기

50.0 kg의 철제 서류함이 덤프트럭 뒤에 실려 있다. 강철로 만든 트럭 짐칸을 천천히 기울인다. 트럭 짐칸의 경사가 20°일 때 서류함의 정지 마찰력은 얼마인가? 서류함이 미끄러지는 경사각을 구하시오.

준비 정지 마찰 모형을 사용해보자. 서류함은 정지 마찰력이 가능한 최댓값 $f_{s\,max}$일 때 미끄러질 것이다. **그림 5.20**은 트럭의 짐칸이 각도 θ로 기울어지는 모습의 개요도이다. 좌표계를 트럭 짐칸이 기울어진 각도와 맞춰보면 분석이 더 용이할 것이다. 서류함이 미끄러지는 것을 방지하기 위해서는 정지 마찰력이 경사면 **위**로 향해야 한다.

그림 5.20 기울어진 덤프트럭에 실린 서류함의 개요도

주어진 값
$\mu_s = 0.80$ $m = 50.0$ kg
$\mu_k = 0.60$

구할 값
$\theta = 20°$일 때 f_s
서류함이 미끄러지는 θ

수직 항력 $\vec{n}$
마찰력 $\vec{f}_s$ 무게 $\vec{w}$

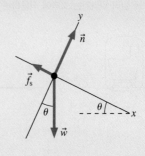

풀이 서류함이 미끄러지기 전에는 정적 평형 상태에 있다. 뉴턴의 제2법칙은

$$\sum F_x = n_x + w_x + (f_s)_x = 0$$
$$\sum F_y = n_y + w_y + (f_s)_y = 0$$

이다. 자유 물체 도형으로부터 f_s는 음(−)의 x성분만 있고 수직 항력 n은 양(+)의 y성분만 갖는다. 또한 $w_x = w \sin\theta$, $w_y = -w \cos\theta$이므로, 뉴턴의 제2법칙은

$$\sum F_x = w \sin\theta - f_s = mg \sin\theta - f_s = 0$$
$$\sum F_y = n - w \cos\theta = n - mg \cos\theta = 0$$

이 된다. x성분 방정식으로부터 $\theta = 20°$일 때 정지 마찰력의 크기를 구할 수 있다.

$$f_s = mg \sin\theta = (50.0\ \text{kg})(9.80\ \text{m/s}^2)\sin 20° = 168\ \text{N}$$

이다. 이 값을 구할 때 μ_s는 알 필요가 없다. 정지 마찰 계수는 서류함이 미끄러지는 각도를 구하려 할 때만 필요하다. 정지 마찰력이 최댓값일 때 미끄러짐이 발생하므로

$$f_s = f_{s\,\text{max}} = \mu_s n$$

이 된다. 뉴턴의 제2법칙의 y성분으로부터 $n = mg \cos\theta$임을 알 수 있으므로 결국

$$f_{s\,\text{max}} = \mu_s mg \cos\theta$$

이다. 뉴턴의 제2법칙의 x성분은

$$f_s = mg \sin\theta$$

임을 알려준다. $f_s = f_{s\,\text{max}}$로 놓고 계산하면

$$mg \sin\theta = \mu_s mg \cos\theta$$

가 되고, mg를 소거하면

$$\frac{\sin\theta}{\cos\theta} = \tan\theta = \mu_s$$
$$\theta = \tan^{-1}\mu_s = \tan^{-1}(0.80) = 39°$$

를 구할 수 있다.

검토 윤활유를 칠하지 않은 강철 위에서 강철은 잘 미끄러지지 않기 때문에 놀라울 정도로 큰 각도가 필요하다. 따라서 답은 합당해 보인다. 이번 문제에서 $n = mg \cos\theta$가 유용하게 사용되었는데, 일반적으로 단순히 $n = mg$로 놓는 실수가 있을 수 있다. 수직 항력을 구할 때는 각 문제의 맥락을 확인해서 값을 구해야 한다.

마찰력의 원인

마찰력의 원인에 대해서 다시 한번 살펴볼 필요가 있다. 접촉면이 아주 매끈하더라도 모든 면은 미시적 관점에서 보면 매우 거칠다. 두 물체가 접촉하고 있을 때 그것이 정확히 매끈하게 맞아떨어질 수는 없다. 대신 **그림 5.21**은 한 면의 높은 부분과 다른 면의 높은 부분이 서로 맞닿아 접촉하고 있음을 보여준다. 반면에 들어간 부분은 전혀 접촉하지 않고 있다. 실제로 매우 좁은 접촉면에서만 매우 작은 마찰(보통 10^{-4})이 일어난다. 접촉 정도는 접촉하면서 서로 밀고 있는 면이 얼마나 단단한가에 따라 변한다. 그러므로 마찰력은 수직 항력 n에 비례한다.

물체를 미끄러지게 하려면 이 접촉점에 가해지는 힘을 능가할 만큼 충분한 힘으로 밀어야만 한다. 일단 두 면이 서로 미끄러지면 접촉면의 높은 지점들이 계속적인 충돌과 변형, 심지어는 약한 결합을 하게 되므로 운동 마찰력에 저항하는 힘으로 작용하게 된다.

그림 5.21 마찰력의 미시적 관점

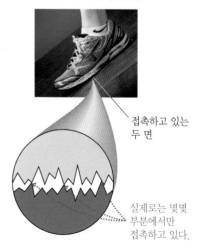

접촉하고 있는 두 면

실제로는 몇몇 부분에서만 접촉하고 있다.

5.6 끌림힘

물체가 공기를 지나갈 때 공기는 끌림힘을 작용한다. 조깅할 때나, 스키를 탈 때, 또는 자동차를 운전할 때도 끌림힘을 경험한다. 끌림힘 $\vec{D}$의 특징은 다음과 같다.

■ 끌림힘의 방향은 물체의 속도 $\vec{v}$의 방향과 반대이다.

■ 끌림힘의 크기는 물체의 속력의 크기가 증가할수록 커진다.

상대적으로 낮은 속력에서 공기 끌림힘은 작기 때문에 무시할 수 있다. 그러나 속력이 증가하면 끌림힘은 중요한 역할을 한다. 다행스럽게도 다음 세 가지 조건을 만족할 때 끌림힘의 간단한 **모형**을 사용할 수 있다.

■ 물체의 크기(지름)가 수 밀리미터(mm)에서 수 미터(m)일 때

■ 물체의 속력이 초당 수백 미터보다 작을 때

■ 물체가 지표면 가까이 공기 속에서 움직일 때

이런 조건들은 보통 공, 사람, 자동차, 그리고 일상생활에서 경험하는 많은 물체들에서 만족된다. 이러한 조건들에서 끌림힘을 다음과 같이 쓸 수 있다.

$$\vec{D} = \left(\tfrac{1}{2}C_D\rho Av^2, \text{물체의 움직임과 반대방향}\right) \tag{5.11}$$

여기서 ρ는 공기 밀도($\rho = 1.2 \text{ kg/m}^3$, 해수면 기준)이며, A는 물체의 단면적으로 세곱미터(m^2) 단위이고, **끌림힘 계수**(drag coefficient) C_D는 물체의 상세한 모양에 따라 변하는 값이다. 그러나 모든 움직이는 물체의 C_D값은 대략 1/2이므로 끌림힘의 근삿값은 다음과 같다.

$$D = \tfrac{1}{4}\rho Av^2 \tag{5.12}$$

단면적이 A이고 속력 v로 움직이는 물체에 작용하는 끌림힘

이러한 끌림힘의 크기에 대한 표현은 이 장에서 계속 사용될 것이다.

공기 중에서 끌림힘의 크기는 물체 속력의 제곱에 비례한다. 만약 속력이 2배가 되면 끌림힘은 4배가 된다. 이러한 끌림힘 모형은 매우 작거나(먼지 같은 입자) 매우 빠른 물체(제트 비행기), 또는 다른 매질(물)에서 움직이는 물체에는 적용되지 않는다.

그림 5.22는 식 (5.12)에 있는 물체의 단면적 A가 '바람에 맞서서 움직이는' 물체에서 어떻게 적용되는지 보여준다. 공기 중 끌림힘의 크기는 물체의 크기와 모양에 따

그림 5.22 단면적 A를 계산하는 방법

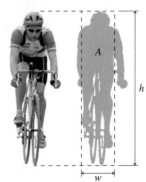

구형 물체의 경우 단면적은 원이다. 축구공의 경우 $A = \pi r^2$이다.

자전거 선수의 단면적 A는 보이는 전면부이다. 면적은 대략 직사각형이다. 즉 $A = h \times w$이다.

라 변하지만 **질량**과는 무관하다. 이것은 낙하하는 물체의 움직임에 대한 중요한 결
과이다.

종단 속력

그림 5.23(a)와 같이 물체가 정지 상태에서 벗어난 직후 그 속력은 느리고 끌림힘도 작
다. 알짜힘은 거의 무게와 같기 때문에 물체는 g보다 약간 작은 값으로 낙하하게 된
다. 낙하가 더 진행되면 속력과 더불어 끌림힘도 증가한다. 이제 알짜힘이 더 작아짐
으로써 가속도도 작아진다. 결국 속력은 끌림힘의 크기가 무게와 **같아질 때까지** 증가
한다[그림 5.23(b)]. 이때 알짜힘과 가속도의 크기는 0이 되며, 물체는 **일정한** 속력으로
낙하한다. 위로 향하는 끌림힘과 아래로 향하는 중력이 균형을 이루게 되어 물체가
가속도가 없이 낙하하는 속력을 **종단 속력**(terminal speed)이라 한다. **한 번 물체가
종단 속력에 도달하면, 물체는 땅에 떨어질 때까지 그 속력으로 낙하한다.**

그림 5.23 낙하하는 물체가 최후에는 종단 속력
에 도달한다.

(a) 속력이 느릴 때 D는
작고 공은 $a \approx g$로
낙하한다.

(b) 결과적으로 속력 v가
$D = w$가 되는 최종값에
도달한다. 이때 알짜힘이
0이 되고 공은 일정한
속력으로 낙하한다.

예제 5.14 **스카이다이버와 생쥐의 종단 속력**

스카이다이버와 그의 애완 쥐가 비행기에서 뛰어내렸다. 둘 다 팔
다리를 벌려 엎드린 자세로 떨어진다고 했을 때 종단 속력을 계
산하시오.

준비 사람과 쥐가 종단 속력에 도달하면 알짜힘은 없다. 그림
5.23(b)는 끌림힘 D와 무게 w의 크기가 같아진 상황을 보여준다.
이러한 두 힘이 같아졌을 때의 식을 표현하면

$$\frac{1}{4}\rho A v^2 = mg$$

가 된다. 사람과 쥐의 종단 속력을 풀기 위해서 각각의 질량 m
과 단면적 A가 얼마가 되는지 알 필요가 있는데, 그림 5.24에서 이
를 보여준다. 일반적인 스카이다이버는 키 1.8 m와 0.4 m의 폭
($A = 0.72$ m^2)과 75 kg의 질량을 가지며, 쥐는 길이 7 cm, 폭 3 cm
($A = 0.07$ m $\times$ 0.03 m $= 0.0021$ m^2), 20 g(0.020 kg)의 질량을

갖는다.

풀이 식을 다시 정리해서 속도를 표현하면

$$v = \sqrt{\frac{4mg}{\rho A}}$$

가 된다. 수면에서의 대략적인 공기 밀도값을 감안해서 종단 속력
을 구하면 다음과 같은 값을 갖게 된다.

$$v_{\text{man}} \approx \sqrt{\frac{4(75 \text{ kg})(9.80 \text{ m/s}^2)}{(1.2 \text{ kg/m}^3)(0.72 \text{ m}^2)}} = 60 \text{ m/s}$$

$$v_{\text{mouse}} \approx \sqrt{\frac{4(0.020 \text{ kg})(9.80 \text{ m/s}^2)}{(1.2 \text{ kg/m}^3)(0.0021 \text{ m}^2)}} = 20 \text{ m/s}$$

검토 스카이다이버에 대하여 계산한 종단 속력은 이 활동에 대한
예상 속력을 구한 것과 비슷할 것이다. 하지만 쥐의 경우는 어떠
한가? 종단 속력은 단면적에 대한 질량의 비 m/A에 의존한다. 종
단 속력은 이러한 비율의 값이 작아질수록 더 느려진다. 작은 동
물은 이러한 비율이 더 작기 때문에 종단 속력이 작아지는 것을
경험하게 된다. m/A의 값이 아주 작은 (그래서 종단 속력이 크지
않은) 쥐는 어떤 높이에서 떨어져도 별 탈 없이 살아남을 수 있다.
작은 동물은 단면적 A를 증가시킴으로써 종단 속력을 더욱 더 줄
일 수 있다. 이 때문에 이 장 처음에 있는 사진 속의 개구리는 발
가락을 펼쳐서 땅으로 활공한다.

그림 5.24 스카이다이버와 쥐의 단면적

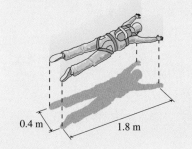

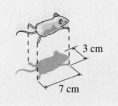

0.4 m   1.8 m

3 cm

7 cm

비록 낙하하는 물체에 대하여 초점을 맞췄지만 수평으로 움직이는 물체에 대해서도 똑같은 생각을 적용할 수 있다. 만약 물체를 던지거나 수평으로 발사시키면 $\vec{D}$ 가 물체 속력이 줄어드는 원인이 된다. 비행기가 최대 속력에 도달하면, 종단 속력과 같아지는데, 끌림힘이 추력과 크기는 같고($D = F_{\text{thrust}}$) 방향이 반대이기 때문이다. 이때 알짜힘은 0이고 비행기는 더 이상 빨라지지 않는다.

특별히 문제에서 끌림힘을 고려해야 한다고 하지 않는 이상 끌림힘은 무시한다.

힘의 종류 다시 보기

계속하기 전에, 지금까지 ◀4.2절에서 다루어 온 몇 가지 힘들의 세부사항에 대하여 요약해보도록 하자.

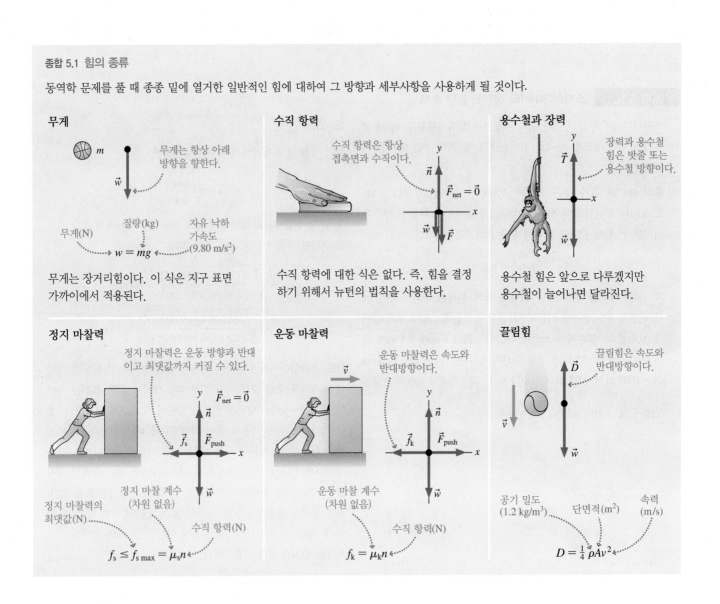

종합 5.1 힘의 종류

동역학 문제를 풀 때 종종 밑에 열거한 일반적인 힘에 대하여 그 방향과 세부사항을 사용하게 될 것이다.

무게

무게는 항상 아래 방향을 향한다.

질량(kg)

무게(N)

자유 낙하 가속도 (9.80 m/s²)

$w = mg$

무게는 장거리힘이다. 이 식은 지구 표면 가까이에서 적용된다.

수직 항력

수직 항력은 항상 접촉면과 수직이다.

$\vec{F}_{\text{net}} = \vec{0}$

수직 항력에 대한 식은 없다. 즉, 힘을 결정하기 위해서 뉴턴의 법칙을 사용한다.

용수철과 장력

장력과 용수철 힘은 밧줄 또는 용수철 방향이다.

용수철 힘은 앞으로 다루겠지만 용수철이 늘어나면 달라진다.

정지 마찰력

정지 마찰력은 운동 방향과 반대이고 최댓값까지 커질 수 있다.

$\vec{F}_{\text{net}} = \vec{0}$

정지 마찰력의 최댓값(N)

정지 마찰 계수 (차원 없음)

수직 항력(N)

$f_{\text{s}} \leq f_{\text{s max}} = \mu_{\text{s}} n$

운동 마찰력

운동 마찰력은 속도와 반대방향이다.

운동 마찰 계수 (차원 없음)

수직 항력(N)

$f_{\text{k}} = \mu_{\text{k}} n$

끌림힘

끌림힘은 속도와 반대방향이다.

공기 밀도 (1.2 kg/m³)

단면적(m²)

속력 (m/s)

$D = \frac{1}{4} \rho A v^2$

5.7 상호작용하는 물체

지금까지 다른 물체들이 가하는 힘에 대한 단일 물체의 동역학에 대하여 공부하였다. 예를 들어 예제 5.11에서 소파에는 마룻바닥, 지구와 미는 사람에 의한 마찰력과 수직 항력, 무게, 그리고 미는 힘이 작용한다. 이러한 문제들은 작용하는 모든 힘을 밝힌 후 뉴턴의 제2법칙을 적용하여 풀 수 있었다.

그러나 4장에서 배웠듯이, 현실 세계에서는 종종 두 가지 이상의 물체가 상호작용하는 운동을 볼 수 있다. 더 나아가 뉴턴의 제3법칙과 관련된 작용·반작용 쌍의 형태로 나타나는 힘을 발견하게 된다. 뉴턴의 제3법칙을 다시 정리하면 다음과 같다.

- 모든 힘은 작용·반작용 쌍의 형태로 나타난다. 쌍이 되는 두 힘은 언제나 다른 물체에 작용한다.
- 작용·반작용 쌍의 두 힘은 방향이 서로 반대이지만 크기는 같다.

이 절을 통해서 상호작용하는 물체에 뉴턴의 제2법칙과 제3법칙을 어떻게 적용할 것인지 배운다.

접촉하고 있는 물체

두 물체가 상호작용하는 방법 중 하나는 두 물체 사이에 직접적인 접촉힘이 작용하는 것이다. 예를 들어 **그림 5.25**에서 보는 것처럼 2개의 벽돌을 마찰 없이 밀고 있는 상황을 고려하자. 벽돌 A의 운동을 분석하기 위해 그것에 작용하는 모든 힘을 알 필요가 있으므로 자유 물체 도형을 그려야 한다. 벽돌 B에 대한 운동도 같은 단계를 반복한다. 그러나 A와 B 벽돌에 작용하는 힘은 서로 독립적이지 않다. B가 A에 작용하는 힘 $\vec{F}_{\text{B on A}}$와 A가 B에 작용하는 힘 $\vec{F}_{\text{A on B}}$는 작용·반작용 쌍으로 힘의 크기가 같다. 더 나아가 두 벽돌이 접촉하고 있으므로 **가속도가 같아야** 하기 때문에 $a_{\text{A}x} = a_{\text{B}x} = a_x$ 가 된다. 두 벽돌의 가속도가 같으므로 아래 첨자 A, B를 쓰는 대신 가속도 a_x로 쓸 수 있다.

이러한 관측은 다른 벽돌의 움직임을 고려하지 않으면 또 다른 벽돌의 운동에 관한 문제를 풀 수 없다는 것을 말한다. 따라서 하나의 운동 문제를 풀 수 있다면 동시에 두 문제를 풀 수 있다.

그림 5.25 같은 가속도로 함께 움직이는 2개의 벽돌

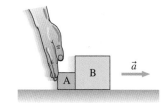

풀이 전략 5.2 접촉하고 있는 물체에 관한 문제

두 물체가 접촉하고 운동이 연결되어 있을 때, 운동을 분석하려면 어떠한 단계를 반복할 필요가 있다.

❶ 각 물체를 분리해서 그리고, 각 물체에 대하여 힘 식별 도형을 분리해서 나타낸다.
❷ 각 물체에 대한 자유 물체 도형을 그린다.
❸ 각 물체에 대하여 뉴턴의 제2법칙을 성분 형태로 적는다.

접촉하고 있는 두 물체는 서로에게 힘을 작용한다.

❹ 작용·반작용 쌍의 힘을 확인한다. 물체 A가 물체 B에 힘 $\vec{F}_{\text{A on B}}$를 작용할 때 물체 B가 물체 A에 작용하는 힘 $\vec{F}_{\text{B on A}}$를 찾는다.

❺ 뉴턴의 제3법칙은 작용·반작용 쌍의 두 힘의 크기가 같다는 것을 말해준다.

물체들이 접촉하고 있다는 사실은 운동학을 단순화시킨다.

❻ 접촉하고 있는 물체는 같은 가속도를 갖는다.

예제 5.15 두 벽돌 밀기

그림 5.26은 5.0 kg의 벽돌 A를 3.0 N 힘으로 밀고 있는 것을 보여준다. 이 벽돌 앞에는 10 kg의 벽돌 B가 있다. 두 벽돌이 함께 움직일 때 벽돌 A가 벽돌 B에 가하는 힘은 얼마인가?

준비 그림 5.27은 알고 있는 정보와 구하고자 하는 분리된 힘 $\vec{F}_{\text{A on B}}$의 개요도를 보여준다. 풀이 전략 5.2의 다음 단계에 따라 각 물체의 힘 식별 도형을 그리고 두 벽돌에 대한 자유 물체 도형을 그린다. 두 벽돌은 무게와 수직 항력이 작용하므로 그 힘을 구별하기 위해 아래 첨자 A와 B를 사용한다.

힘 $\vec{F}_{\text{A on B}}$는 접촉하였을 때 벽돌 A가 벽돌 B에 가하는 힘이다. 다시 말하면 벽돌 B가 벽돌 A에 가한 힘 $\vec{F}_{\text{B on A}}$의 작용·반작용 쌍의 힘이다. **힘 벡터는 항상 힘이 작용하는 물체의 자유 물체 도형에만 나타난다.** 작용·반작용 쌍은 반대방향으로 작용하므로 힘 $\vec{F}_{\text{B on A}}$는 벽돌 A를 뒤로 밀며 A의 자유 물체 도형에 나

그림 5.26 두 벽돌을 한 손으로 밀고 있다.

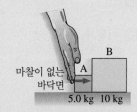

마찰이 없는 바닥면
5.0 kg 10 kg

타난다.

풀이 각 벽돌에 대해 뉴턴의 제2법칙을 성분 형태로 쓰는 것으로 시작한다. x방향으로만 움직이므로 뉴턴의 제2법칙은 x성분만 필요하다. 벽돌 A에 대해서

$$\sum F_x = (F_H)_x + (F_{\text{B on A}})_x = m_A a_{Ax}$$

가 되고 힘의 성분은 자유 물체 도형에서 '읽을' 수 있는데, $\vec{F}_H$는 오른쪽을 향하고 $\vec{F}_{\text{B on A}}$는 왼쪽을 향한다. 따라서

$$F_H - F_{\text{B on A}} = m_A a_{Ax}$$

가 된다. 벽돌 B에 대해서는

$$\sum F_x = (F_{\text{A on B}})_x = F_{\text{A on B}} = m_B a_{Bx}$$

이다.

여기에 두 가지 추가 정보가 있는데, 첫째, 뉴턴의 제3법칙은 $F_{\text{B on A}} = F_{\text{A on B}}$임을 말해준다. 둘째, 벽돌이 서로 접촉하고 있으므로 가속도 a_x는 같다. 즉, $a_{Ax} = a_{Bx} = a_x$가 된다. 이러한 결과를 바탕으로 2개의 x성분의 식을 쓰면 다음과 같다.

그림 5.27 두 벽돌의 개요

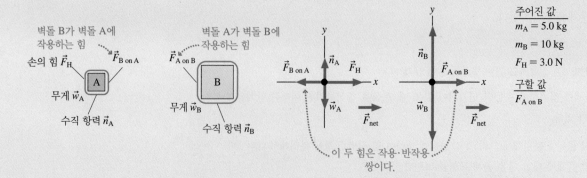

벽돌 B가 벽돌 A에 작용하는 힘
손의 힘 $\vec{F}_H$ $\vec{F}_{\text{B on A}}$
A
무게 $\vec{w}_A$
수직 항력 $\vec{n}_A$

벽돌 A가 벽돌 B에 작용하는 힘
$\vec{F}_{\text{A on B}}$
B
무게 $\vec{w}_B$
수직 항력 $\vec{n}_B$

$\vec{F}_{\text{B on A}}$ $\vec{n}_A$ $\vec{F}_H$
$\vec{w}_A$
$\vec{F}_{\text{net}}$

$\vec{n}_B$
$\vec{F}_{\text{A on B}}$
$\vec{w}_B$
$\vec{F}_{\text{net}}$

이 두 힘은 작용·반작용 쌍이다.

주어진 값
$m_A = 5.0$ kg
$m_B = 10$ kg
$F_H = 3.0$ N

구할 값
$F_{\text{A on B}}$

$$F_H - F_{A\,on\,B} = m_A a_x$$
$$F_{A\,on\,B} = m_B a_x$$

$F_{A\,on\,B}$를 구하는 것이 목적이므로 a_x를 소거할 필요가 있다. 둘째 식으로부터 $a_x = F_{A\,on\,B}/m_B$이므로, 이것을 첫째 식에 대입하면

$$F_H - F_{A\,on\,B} = \frac{m_A}{m_B} F_{A\,on\,B}$$

가 된다. 이것으로 벽돌 A가 벽돌 B에 작용하는 힘을 구할 수 있다.

$$F_{A\,on\,B} = \frac{F_H}{1 + m_A/m_B} = \frac{3.0\,\text{N}}{1 + (5.0\,\text{kg})/(10\,\text{kg})} = \frac{3.0\,\text{N}}{1.5} = 2.0\,\text{N}$$

검토 힘 F_H는 총 질량이 15 kg인 두 벽돌을 가속하지만 힘 $F_{A\,on\,B}$는 질량 10 kg인 벽돌 B만 가속시킨다. 따라서 $F_{A\,on\,B} < F_H$이다.

5.8 밧줄과 도르래

많은 물체들은 끈, 밧줄, 케이블로 연결되어 있다. **그림 5.28**처럼 밧줄에 의해 끌려가는 상자를 고려함으로써 밧줄과 장력에 대한 몇 가지 중요한 사실을 배울 수 있다. 손으로 끄는 밧줄에 힘 $\vec{F}$를 가하고 있다.

상자가 밧줄에 연결되어 있으므로 상자의 자유 물체 도형은 장력 $\vec{T}$를 보여준다. 밧줄은 두 가지 수평 방향의 힘을 받게 된다. 즉, 손으로 잡고 있는 밧줄에 작용하는 힘 $\vec{F}$와 상자가 뒤로 당기는 힘 $\vec{F}_{box\,on\,rope}$이다. 문제에서 밧줄의 질량은 물체의 질량에 비해 아주 작아서 $m_{rope} = 0$인 **줄의 질량을 무시하는 근사**(massless string approximation)를 사용할 수 있다. 밧줄에 작용하는 무게가 없기 때문에 밧줄을 지탱할 힘도 없다. 따라서 수직으로 작용하는 힘이 없다. $\vec{T}$와 $\vec{F}_{box\,on\,rope}$는 작용·반작용 쌍으로써 그 크기가 같다. 곧 $F_{box\,on\,rope} = T$이다. 밧줄의 뉴턴의 제2법칙은

$$\sum F_x = F - F_{box\,on\,rope} = F - T = m_{rope} a_x = 0 \tag{5.13}$$

이다. $m_{rope} = 0$인 근사를 사용했다. 일반적으로 **줄의 질량을 무시하면 줄의 장력은 줄의 끝을 당기는 힘과 크기가 같다.** 따라서 결론은 다음과 같다.

- 질량을 무시한 끈과 밧줄에서 힘은 한쪽 끝에서 다른 쪽 끝으로 줄어들지 않고 '전달'된다. 만약 줄의 한쪽 끝을 힘 F로 잡아당기면 다른 쪽 끝에 매달린 물체에 같은 크기의 힘 F가 작용한다.
- 질량을 무시한 줄의 장력은 한쪽 끝과 다른 쪽 끝에서 똑같다.

그림 5.28 밧줄에 끌려가는 상자

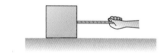

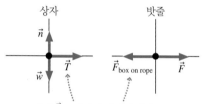

장력 $\vec{T}$는 밧줄이 상자에 가하는 힘이다. $\vec{T}$와 $\vec{F}_{box\,on\,rope}$는 작용·반작용 쌍이고 같은 크기이다.

개념형 예제 5.16 밧줄 당기기

그림 5.29(a)는 한 학생이 벽에 걸려 있는 밧줄을 100 N의 힘으로 수평 방향으로 잡아당기고 있는 그림이다. **그림 5.29(b)**는 두 학생이 100 N의 힘을 가해서 서로 줄을 잡아당기며 줄다리기를 하고 있다. 두 번째 밧줄에 작용하는 장력이 첫 번째 밧줄의 장력보다 더 큰지, 작은지 혹은 같은지 설명하시오.

판단 양쪽 끝에서 밧줄을 잡아당기는 것이 한쪽에서 잡아당기는

것보다 더 큰 장력을 가지고 있음이 확실하다. 이 말은 옳은가? 결론을 내리기에 앞서 이 상황을 주의 깊게 분석해보자. 앞서 밧줄을 당기고 있는 힘, 즉 학생이 가하는 100 N의 힘과 밧줄에 걸리는 장력이 같다는 사실을 알았다. 따라서 밧줄 1에 걸린 장력은 100 N이고 이 힘은 학생이 밧줄을 당기는 힘이다.

두 번째 밧줄에 걸린 장력을 구하기 위해서 첫 번째 밧줄에서 벽

그림 5.29 밧줄 잡아당기기. 더 큰 장력은 어느 쪽일까?

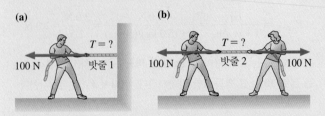

(a)   (b)

이 줄에 작용하는 힘을 고려해야 한다. 첫 번째 밧줄은 평형 상태에 있으므로 학생이 가한 100 N의 힘과 벽이 밧줄에 작용하는 힘

이 균형을 이루고 있어야 한다. 첫 번째 밧줄은 양 끝에 100 N의 힘을 받고 있는데, 두 번째 밧줄도 마찬가지로 학생이 잡아당기는 것과 똑같은 상황이다. 밧줄은 벽이 잡아당기든, 학생이 당기든 문제가 되지 않으므로 두 번째 밧줄의 장력 역시 첫 번째 밧줄의 장력과 마찬가지로 100 N이 된다.

검토 이 개념적 문제는 밧줄에 대해 배운 것을 보강해준다. 밧줄을 양 끝에 있는 물체를 장력과 동일한 크기로 끌어당기고 밧줄 양 끝에 가한 외부 힘과 밧줄의 장력은 동일한 크기를 갖는다.

도르래

그림 5.30 이상적인 도르래는 작용하는 장력의 방향은 변화시키지만 그 크기는 변화시키지 않는다.

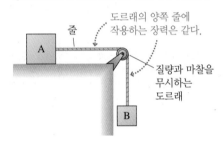

도르래의 양쪽 줄에 작용하는 장력은 같다.

줄

A

질량과 마찰을 무시하는 도르래

B

밧줄이 도르래에 걸려 있다. **그림 5.30**은 벽돌 B가 아래로 움직이면서 벽돌 A가 탁자 위에서 움직이는 간단한 상황을 보여준다. 줄이 움직일 때 줄과 도르래 사이의 정지 마찰력이 도르래를 회전시킨다. 만약

■ 줄과 도르래의 질량을 모두 무시하고,

■ 도르래가 축에서 회전할 때 마찰이 없다고

가정하면 줄을 가속시키거나 도르래를 회전시키는 데 필요한 알짜힘은 없다. 이럴 경우 **질량을 무시한 줄의 장력은 질량과 마찰이 없는 도르래를 지나가더라도 변하지 않는다.** 이 장에서 이와 같은 이상적인 도르래 문제를 만나게 될 것이다.

풀이 전략 5.3 줄과 도르래 문제

질량이 없는 줄, 그리고 질량과 마찰을 무시한 도르래에 대하여

■ 만일 어떤 힘으로 줄의 끝을 잡아당기면 줄의 장력은 당기는 힘과 크기가 같다.

■ 만약 두 물체가 한 줄에 연결되어 있다면 양쪽 끝에 걸리는 장력은 같다.

■ 만약 줄이 도르래에 걸려 있다면 줄의 장력은 변함이 없다.

예제 5.17 **다리 지지대 설치** BIO

심각한 다리 골절이 일어난 상황에서 골절된 뼈를 견고하게 하고 다리 근육이 심하게 수축되는 것을 막아주기 위해서 근육을 늘여주는 힘이 요구된다. 이런 경우 종종 **그림 5.31**에서 보는 바와 같이 줄과 추, 도르래를 이용한 견인장치를 사용한다. 줄은 도르래 양쪽이 같은 각도 θ를 이루게 하여 도르래에 가해지는 알짜힘을 수평으로 오른쪽 방향을 향하도록 하되, 각도 θ는 견인력을 조절할 수 있도록 해준다. 의사는 환자에게 4.2 kg의 추를 매달아서 50 N

의 견인력이 생기도록 처방하였다. 이에 알맞은 각도 θ는 얼마가 되어야 할까?

준비 환자 다리에 부착시킨 도르래는 정적 평형 상태이므로 알짜힘이 0이다. **그림 5.32**는 도르래의 자유 물체 도형을 보여주는데, 마찰이 없음을 가정한다. $\vec{T}_1$과 $\vec{T}_2$의 힘은 도르래를 통하여 당기는 줄의 장력이다. 장력의 크기는 같고, 합력은 수평 오른쪽 방향을 향한다. 이 힘은 환자 다리가 왼쪽으로 당기는 힘 $\vec{F}_{\text{leg on pulley}}$와 균

그림 5.31 다리 지지대

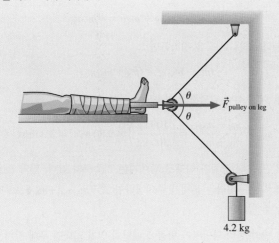

4.2 kg

그림 5.32 도르래의 자유 물체 도형

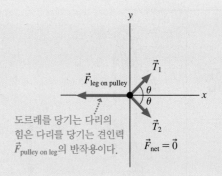

도르래를 당기는 다리의 힘은 다리를 당기는 견인력 $\vec{F}_{\text{pulley on leg}}$의 반작용이다.

형을 이룬다. 견인력 $\vec{F}_{\text{pulley on leg}}$은 $\vec{F}_{\text{leg on pulley}}$과 작용·반작용 쌍을 형성하므로 50 N으로 견인한다는 것은 $\vec{F}_{\text{leg on pulley}}$ 역시 50 N의 크기를 가짐을 의미한다.

풀이 줄의 두 가지 중요한 특성은 풀이 전략 5.3에서 주어진 대로 (1) 장력이 줄을 당기는 힘의 크기와 같고, (2) 그 장력이 줄 전체에서 동일하다는 것이다. 따라서 도르래에 매달린 질량 m이 줄을 무게 mg로 당기면 전체 줄에 걸린 장력은 $T = mg$가 된다. 예를 들어 질량이 4.2 kg이면 장력 T는 $T = mg = 41.2$ N이 된다.

평형 상태인 도르래는 $\vec{a} = \vec{0}$인 뉴턴의 제2법칙을 만족해야 한다. 따라서

$$\sum F_x = T_{1x} + T_{2x} + (F_{\text{leg on pulley}})_x = ma_x = 0$$

이다. 두 줄의 장력은 같은 크기 T와 수평 방향의 각도 θ를 갖는다. 다리에 걸리는 힘의 x성분은 음(−)의 값을 가지는데, 이것은 왼쪽 방향을 향하기 때문이다. 그래서 뉴턴의 제2법칙은

$$2T\cos\theta - F_{\text{leg on pulley}} = 0$$

이 되므로

$$\cos\theta = \frac{F_{\text{leg on pulley}}}{2T} = \frac{50\text{ N}}{82.4\text{ N}} = 0.607$$

$$\theta = \cos^{-1}(0.607) = 53°$$

를 얻는다.

검토 각도 θ가 0에 가까워지면 두 장력이 평행해지기 때문에 견인력은 $2mg = 82$ N에 접근한다. 반대로 $\theta = 90°$이면 장력은 0 N이 된다. 그러므로 바람직한 견인력이 0 N에서 82 N의 중간 정도이므로 $\theta = 45°$는 합리적이다.

예제 5.18 무대장치 들어올리기

연극에 사용할 200 kg의 무대 설비 세트가 공연장 무대의 공중에 매달려 있다. 무대 설비 세트를 고정시키기 위해 밧줄을 도르래에 걸쳐 묶어 놓았다. 무대 감독이 100 kg의 설비 담당자에게 무대 설비 세트를 무대에 내려놓으라고 말한다. 설비 담당자가 밧줄을 잡은 손을 느슨하게 하자 무대 설비 세트가 내려가고 설비 담당자는 위로 올라간다. 이때 설비 담당자의 가속도는 얼마인가?

준비 그림 5.33은 문제 상황의 개요도이다. 문제의 대상인 설비 담당자 M과 무대 장치 S의 자유 물체 도형이 그려져 있다. 밧줄의 질량을 무시하고 도르래의 질량과 마찰을 무시했을 때 줄의 장력 $\vec{T}_S$와 $\vec{T}_M$은 같다.

풀이 두 자유 물체 도형으로부터 뉴턴의 제2법칙을 성분으로 쓸 수 있다. 설비 담당자의 경우

$$\sum F_{My} = T_M - w_M = T_M - m_M g = m_M a_{My}$$

이고, 무대 장치의 경우

$$\sum F_{Sy} = T_S - w_S = T_S - m_S g = m_S a_{Sy}$$

이다. 오직 y성분만 필요하다. 왜냐하면 설비 담당자와 무대 장치가 밧줄에 연결되어 있어서 하나가 위로 움직인 거리만큼 다른 하나는 아래로 이동하기 때문이다. 따라서 그림 5.33에서 보는 바와 같이 가속도의 크기는 같지만 방향은 정반대이다. 즉, $a_{Sy} = -a_{My}$라고 쓸 수 있다. 또한 두 장력의 크기가 같음을 알 수 있으므로 장력 T를 위 식에 대입하면

$$T - m_M g = m_M a_{My}$$

$$T - m_S g = -m_S a_{My}$$

그림 5.33 설비 담당자와 무대 장치의 개요도

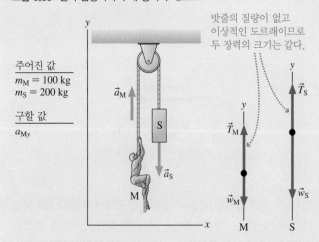

밧줄의 질량이 없고 이상적인 도르래이므로 두 장력의 크기는 같다.

주어진 값
$m_M = 100$ kg
$m_S = 200$ kg

구할 값
a_{My}

를 얻는다. 이것은 두 미지수 T와 a_{My}를 포함하는 연립 방정식이다. 첫째 식으로부터

$$T = m_M a_{My} + m_M g$$

를 얻어서 이 T의 값을 둘째 식에 대입하면

$$m_M a_{My} + m_M g - m_S g = -m_S a_{My}$$

가 된다. 다시 이 식을 정리하면

$$(m_S - m_M)g = (m_S + m_M)a_{My}$$

이다. 이제 설비 담당자의 가속도를 구할 수 있다.

$$a_{My} = \frac{m_S - m_M}{m_S + m_M}g = \left(\frac{100 \text{ kg}}{300 \text{ kg}}\right) \times 9.80 \text{ m/s}^2 = 3.3 \text{ m/s}^2$$

이 값은 무대 장치가 아래로 떨어지는 가속도와 같다. 만약 밧줄의 장력을 구하라는 문제가 주어졌다면 $T = m_M a_{My} + m_M g$로부터 구할 수 있다.

검토 만약 설비 담당자가 밧줄에 매달려 있지 않다면 무대 장치는 자유 낙하 가속도 g로 떨어질 것이다. 설비 담당자는 낙하하는 가속도를 줄여주는 역할을 한다.

예제 5.19   영리하지 못한 은행 강도

은행 강도들이 1000 kg짜리 금고를 2층 창문으로 밀어 옮겼다. 그들은 창문을 부수고 금고를 3.0 m 아래 트럭에 내리려고 한다. 그들은 500 kg의 가구를 밧줄로 금고와 연결한 다음 도르래에 걸쳐놓고 금고를 창문 밖으로 천천히 밀어 내렸다. 금고가 트럭에 닿는 순간 금고의 속력은 얼마인가? 마룻바닥과 가구 사이의 운동 마찰 계수는 0.50이다.

준비 그림 5.34는 금고 운동을 계산하기 위해 설정한 좌표계와 기

호를 표현한 개요도이다. 관심 물체는 금고 S와 가구 F인데, 도형에서 입자로 표현하였다. 밧줄의 질량은 무시하고 도르래는 질량과 마찰을 무시한다. 밧줄의 장력은 줄의 어느 곳에서나 동일하다.

풀이 자유 물체 도형에 뉴턴의 제2법칙을 직접 적용할 수 있다. 가구의 경우는

$$\sum F_{Fx} = T_F - f_k = T - f_k = m_F a_{Fx}$$
$$\sum F_{Fy} = n - w_F = n - m_F g = 0$$

그림 5.34 가구와 떨어지는 금고의 개요도

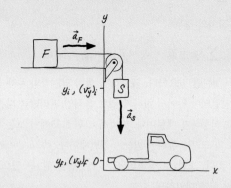

주어진 값
$y_i = 3.0$ m $(v_y)_i = 0$ m/s
$y_f = 0$ m $\mu_k = 0.50$
$m_F = 500$ kg $m_S = 1000$ kg

구할 값
$(v_y)_f$

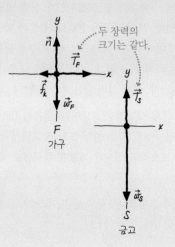

두 장력의 크기는 같다.

이고, 금고의 경우

$$\sum F_{Sy} = T_S - w_S = T - m_S g = m_S a_{Sy}$$

가 된다. 금고와 가구는 밧줄로 함께 연결되어 있으므로 그들의 가속도는 같다. 그러나 가구는 양(+)의 가속도 a_{Fx}로 오른쪽으로 미끄러지고 있고 금고는 $-y$방향으로 떨어지고 있으므로 a_{Sy}는 음(−)의 값을 갖는다. 곧 수학적으로 $a_{Fx} = -a_{Sy}$라 표현할 수 있다. 또한 $T_S = T_F = T$이다. 운동 마찰 모형을 한 가지 추가하면

$$f_k = \mu_k n = \mu_k m_F g$$

가 되는데, 여기서 가구에 대한 y축 성분의 식 $n = m_F g$를 이용하였다. 이러한 f_k 값을 가구의 x성분 방정식에 대입하여 가구의 x성분 방정식과 금고의 y성분 방정식을 다시 쓸 수 있다.

$$T - \mu_k m_F g = -m_F a_{Sy}$$
$$T - m_S g = m_S a_{Sy}$$

두 미지수 a_{Sy}와 T에 대하여 2개의 식을 얻을 수 있으므로 T를

소거하기 위해 위 식에서 아래 식을 빼면

$$(m_S - \mu_k m_F)g = -(m_S + m_F)a_{Sy}$$

를 얻는다. 마지막으로 금고의 가속도를 구하면

$$a_{Sy} = -\left(\frac{m_S - \mu_k m_F}{m_S + m_F}\right)g$$
$$= -\frac{1000 \text{ kg} - 0.5(500 \text{ kg})}{1000 \text{ kg} + 500 \text{ kg}} \times 9.80 \text{ m/s}^2 = -4.9 \text{ m/s}^2$$

이다. 이제 낙하하는 금고에 대한 운동학을 계산할 필요가 있다. 낙하시간이 주어져 있지 않으므로

$$(v_y)_f^2 = (v_y)_i^2 + 2a_{Sy}\Delta y = 0 + 2a_{Sy}(y_f - y_i) = -2a_{Sy}y_i$$
$$(v_y)_f = \sqrt{-2a_{Sy}y_i} = \sqrt{-2(-4.9 \text{ m/s}^2)(3.0 \text{ m})} = 5.4 \text{ m/s}$$

가 필요하다. $(v_y)_f$값은 음(−)의 값이지만 속력을 구하고자 하므로 절댓값을 취했다. 트럭이 1000 kg의 금고가 떨어질 때의 충격을 받으면 멀쩡할 것 같지 않다.

뉴턴의 제3법칙은 역학의 시금석이다. 이러한 법칙들은 과학자들에게 빗방울이 떨어지는 운동으로부터 행성의 운동에 이르기까지 다양한 현상을 이해하는 데 도움을 준다. 일상생활에 물리학이 얼마나 중요한지 알기 때문에 다음 몇 장에 걸쳐서 뉴턴 역학을 다루고자 한다. 그러나 뉴턴의 법칙이 운동에 관한 최종적인 단계가 아니라는 사실을 염두에 두어야 할 것이다. 이 교재 후반부에서 아인슈타인의 상대성 이론으로 운동과 역학을 다시 검토할 것이다.

종합형 예제 5.20 정지거리

1500 kg의 자동차가 30 m/s 속력으로 달리고 있다. 운전자가 급브레이크를 밟아서 도로에 스키드 마크가 생겼다. 자동차가 10°의 경사 도로에서 위로 향할 때와 아래로 향할 때, 그리고 평평한 도로를 운전할 때 정지거리를 각각 구하시오.

준비 자동차를 입자로 나타내고 운동 마찰 모형을 사용한다. 세 가지 경우를 분리하지 말고 한 번에 풀기 위해서 사면의 경사각을 θ라고 두고 문제를 끝까지 풀어보자.

그림 5.35는 개요도를 보여준다. 여기에서는 자동차가 위로 달리는 경우를 보여주지만, 수평 또는 아래로 향할 때에는 θ를 0 또는 음(−)으로 각각 표시하면 된다. 기울어진 좌표계를 사용하여 자동차의 움직이는 방향을 x축으로 둔다. 자동차가 도로에 스키드 마크를 남겼으므로 표 5.2에 있는 고무와 콘크리트의 운동 마찰 계

수를 사용한다.

풀이 뉴턴의 제2법칙과 운동 마찰 모형을 사용하면

$$\sum F_x = n_x + w_x + (f_k)_x$$
$$= 0 - mg\sin\theta - f_k = ma_x$$
$$\sum F_y = n_y + w_y + (f_k)_y$$
$$= n - mg\cos\theta + 0 = ma_y = 0$$

이 된다. 이 식은 운동 도형과 자유 물체 도형을 '읽어서' 쓴 것이다. 무게 벡터 $\vec{w}$의 성분은 모두 음(−)이고 x축 방향의 운동이므로 $a_y = 0$이다.

둘째 식에서 $n = mg\cos\theta$임을 알 수 있다. 운동 마찰 모형을 사용하면 $f_k = \mu_k mg\cos\theta$이다. 다시 정리하면,

그림 5.35 스키드 마크를 남긴 자동차의 개요도

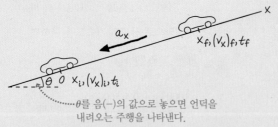

주어진 값

$x_i = 0\,m, t_i = 0\,s$ $(v_x)_i = 30\,m/s$
$m = 1500\,kg$ $(v_x)_f = 0\,m/s$
$\mu_k = 0.80$
$\theta = -10°, 0°, 10°$

구할 값

$\Delta x = x_f - x_i = x_f$

θ를 음(−)의 값으로 놓으면 언덕을 내려오는 주행을 나타낸다.

수직 항력 $\vec{n}$
무게 $\vec{w}$ 마찰력 $\vec{f_k}$

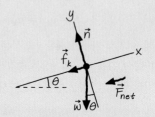

$$ma_x = -mg\sin\theta - \mu_k mg\cos\theta$$
$$= -mg(\sin\theta + \mu_k\cos\theta)$$
$$a_x = -g(\sin\theta + \mu_k\cos\theta)$$

가 된다. 이것은 등가속도이므로, 등가속도 운동학 식을 사용하면

$$(v_x)_f^2 = 0 = (v_x)_i^2 + 2a_x(x_f - x_i) = (v_x)_i^2 + 2a_x x_f$$

가 된다. 정지거리 x_f에 대하여 풀면,

$$x_f = -\frac{(v_x)_i^2}{2a_x} = \frac{(v_x)_i^2}{2g(\sin\theta + \mu_k\cos\theta)}$$

이다. a_x의 음(−)의 부호와 x_f의 음(−)의 부호를 서로 상쇄시켜 표현하였다. 세 가지 경우에 대한 정지거리를 구하면 다음과 같다.

$$x_f = \begin{cases} 48\,m & \theta = 10° & \text{오르기 주행} \\ 57\,m & \theta = 0° & \text{평지 주행} \\ 75\,m & \theta = -10° & \text{내려오기 주행} \end{cases}$$

언덕을 내려오는 경우 정지거리가 길어지기 때문에 위험하다는 것을 보여준다.

검토 평지 주행일 경우 속력 30 m/s ≈ 60 mph일 때 정지거리가 57 m ≈ 180 ft 정도라는 것은 운전면허 시험에 가끔씩 나오는 수치이므로 답이 합리적임을 알 수 있다. 또한 $\mu_k = 0$이면 $a_x = -g\sin\theta$라는 것은 3장에서 이미 배웠던 마찰이 없는 경사면에서의 가속도와 정확히 일치한다.

문제의 난이도는 I (쉬움)에서 IIII (도전)으로 구분하였다. INT로 표시된 문제는 지난 장의 내용이 복합된 문제이고, BIO는 생물학적 또는 의학적 관심 분야를 의미한다.

QR 코드를 스캔하여 이 장의 문제를 해결하는 데 도움이 되는 영상 학습 풀이를 시작하시오.

연습문제

5.1 평형

1. | 그림 P5.1과 같이 3개의 밧줄이 작고 매우 가벼운 고리에 묶여 있다. 두 밧줄은 벽에 똑바로 고정되어 있고 세 번째 밧줄은 그림처럼 당겨지고 있다. 첫 번째, 두 번째 밧줄의 장력 T_1과 T_2는 얼마인가?

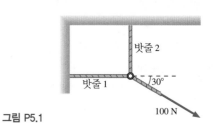

밧줄 2
밧줄 1
30°
100 N

그림 P5.1

2. ▥ 400 g의 필립스 LED 관이 45° 각도로 천장 1 m 아래에 케이블로 연결되어 부착돼 있다. 케이블에 걸리는 장력은 얼마인가?

3. ▥ 무릎을 구부릴 때 대퇴 사두 근육이 늘어난다. 이것은 슬개골에 부착된 대퇴 힘줄 장력을 증가시켜서, 그 결과 정강이뼈의 슬개골 힘줄 장력이 늘어난다. 동시에 대퇴골 끝이 슬개골을 바깥쪽으로 밀어내게 된다. 그림 P5.3은 무릎 관절 부분이 어떻게 배열되어 있는지를 보여준다. 힘줄의 방향이 그림과 같고 각 힘줄의 장력이 60 N이라면 대퇴골은 슬개골에 얼마의 힘을 가하게 되는가?

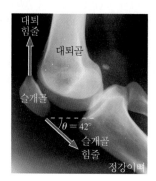

그림 P5.3

4. ▥ 그림 P5.4처럼 2개의 밧줄이 상자를 지탱하고 있다. 밧줄의 장력은 1500 N까지 견딜 수 있다. 장력이 이것보다 더 커지면 밧줄은 끊어지게 된다. 밧줄이 지탱할 수 있는 상자의 최대 질량은 얼마인가?

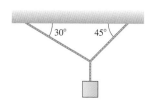

그림 P5.4

5.2 동역학과 뉴턴의 제2법칙

5. ▥ x성분의 힘 F_x가 x축을 따라 움직이는 500 g의 물체에 작용하고 있다. 그림 P5.5가 물체의 가속도 그래프(a_x-t)를 보여준다. F_x-t의 그래프를 그리시오.

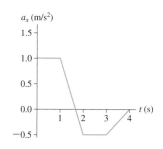

그림 P5.5

6. ▎그림 P5.6은 2.0 kg의 물체에 작용하는 힘이다. 물체 가속도의 x성분과 y성분인 a_x와 a_y를 구하시오.

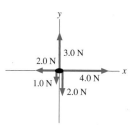

그림 P5.6

7. ▥ 초속도 $\vec{v}_i$로 바닥을 따라 민 대형 상자가 미는 힘이 사라진 뒤 거리 d만큼 움직였다.
   a. 상자 질량이 두 배가 되고 초속도가 변하지 않는다면 상자가 멈추기 전까지 움직인 거리는 얼마나 될 것인지 설명하시오.
   b. 상자의 초속도가 $2\vec{v}_i$가 되고 질량이 변하지 않는다면 멈추기까지 움직인 거리가 얼마가 될지 설명하시오.

5.3 질량과 무게

8. ▎우주 비행사의 지구에서의 무게는 1000 N이다. 중력 가속도 g가 지구의 1/6인 달에서의 무게는 얼마인가?

9. ▥ 75 kg의 승객이 슬링샷 놀이기구 상자 속에 앉아 있다. 상자를 아래로 당기면 거대한 번지 코드가 늘어났다가 상자를 위로 쏘아 올리기 위해 원래 위치로 되돌아온다. 빠르게 발사된 후 코드는 느슨하게 풀려서 상자는 중력의 영향만 받게 된다. 코드가 느슨해지고 기구가 위로 이동할 때 탑승자의 겉보기 무게는 얼마인가?

10. ▎고층 빌딩 승강기가 10 m/s의 운행속력에 도달하는 데 4.0 s가 걸린다. 60 kg의 승객이 1층에서 탑승한다면 다음 각 상황에서 승객의 겉보기 무게는 얼마인가?
   a. 승강기가 움직이기 전
   b. 승강기가 속도를 증가시키고 있는 동안
   c. 승강기가 운행속력에 도달한 후

11. ▥ 80 kg인 학생이 10 m/s 속력으로 하강하는 승강기 안에 있다. 1층에 정지하려고 3.0 s 동안 제동을 걸었다.
   a. 승강기가 제동을 걸기 전 학생의 겉보기 무게는 얼마인가?
   b. 승강기가 제동이 걸리는 동안의 학생의 겉보기 무게는 얼마인가?

12. ▥ 그림 P5.12는 75 kg 승객의 승강기 안에서의 속도 그래프이다. 승객의 겉보기 무게가 $t = 1.0$ s, 5.0 s, 9.0일 때 얼마인가?

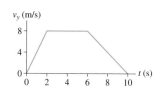

그림 P5.12

5.4 수직 항력

13. ▥ 23 kg의 아이가 38° 기울어진 길을 미끄러져 내려가고 있다. 아이에게 수직 항력과 운동 마찰력이 작용한다.

　　a. 아이의 자유 물체 도형을 그리시오.

　　b. 아이가 미끄러져 내려갈 때의 수직 항력은 얼마가 되는가?

5.5 마찰

14. ▥ 5000 kg의 SUV 차량이 30.0°의 경사에 주차되어 있다. SUV에 작용하는 마찰력은 얼마인가?

15. ▎ 고집이 센 120 kg의 돼지가 앉아서 움직이는 것을 거부하고 있다. 화가 난 농부가 돼지를 우리로 끌고 가기 위해서 밧줄로 묶어 최대 800 N의 힘으로 끌고 있다. 돼지와 바닥 사이의 마찰 계수가 $\mu_s = 0.80$이고 $\mu_k = 0.50$이다. 농부가 돼지를 움직일 수 있을까?

16. ▥ 10 kg의 운반용 상자가 수평을 이루고 있는 컨베이어 벨트 위에 놓여 있다. 물체의 정지 마찰 계수는 $\mu_s = 0.50$이고 운동 마찰 계수는 $\mu_k = 0.30$이다.

　　a. 컨베이어 벨트가 일정한 속력으로 움직일 때 상자에 작용하는 모든 힘에 대한 자유 물체 도형을 그리시오.

　　b. 컨베이어 벨트가 속도를 올릴 때 상자에 작용하는 모든 힘에 대한 자유 물체 도형을 그리시오.

　　c. 상자를 미끄러뜨리지 않고 컨베이어 벨트가 유지할 수 있는 최대 가속도는 얼마인가?

　　d. 만약 컨베이어 벨트의 가속도가 문항 c 값을 능가하면 상자의 가속도는 얼마가 되는가?

17. ▎ 그림 P5.17에서 상자가 미끄러지는 것을 막을 수 있는 아래로 작용하는 최소 힘은 얼마인가? 상자와 바닥 사이의 정지 마찰 계수와 운동 마찰 계수는 각각 $\mu_s = 0.35$와 $\mu_k = 0.25$이다.

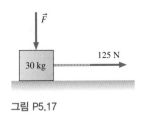

그림 P5.17

5.6 끌림힘

18. ▥ 지름 3.5 cm의 크리켓 공이 73 m/s의 종단 속력을 갖는다. 공의 질량은 얼마인가?

19. ▥ 60 kg의 스카이다이버는 0.2 m × 0.3 m × 1.5 m 규격의 직사각형 '상자'로 모형화할 수 있다. 만약 다리가 먼저 낙하하면 그의 종단 속력은 얼마인가?

5.7 상호작용하는 물체

20. ▥ 1000 kg 자동차가 배터리가 방전된 2000 kg 트럭을 밀고 있다. 운전자가 액셀러레이터를 밟으면 운전하는 자동차의 바퀴가 4500 N의 힘으로 지면을 뒤로 민다.

　　a. 자동차가 트럭에 가하는 힘의 크기는 얼마인가?

　　b. 트럭이 자동차에 가하는 힘의 크기는 얼마인가?

21. ▥▥ 질량이 1.0 kg, 2.0 kg, 3.0 kg인 벽돌이 마찰이 없는 탁자 위에 일렬로 놓여 있다. 1.0 kg의 벽돌에 가한 12 N의 힘에 의해 세 벽돌이 앞으로 이동한다. 2.0 kg의 벽돌이 (a) 3.0 kg 벽돌과 (b) 1.0 kg 벽돌에 가한 힘은 얼마인가?

5.8 밧줄과 도르래

22. ▎ 2.0 m 길이와 500 g 질량의 밧줄로 10 kg의 얼음 조각을 마찰이 없는 수평의 노면 위에서 당기고 있다. 얼음 조각의 가속도는 2.0 m/s²이다. (a) 얼음 조각을 앞으로 당기는 힘은 얼마인가? (b) 밧줄을 당기는 힘은 얼마인가?

23. ▎ 마찰이 없는 바닥에 100개의 벽돌이 질량이 없는 줄로 연결되어 있다. 첫 번째 벽돌이 100 N의 힘으로 당겨진다.

　　a. 100번째와 99번째 벽돌 사이의 줄에 걸린 장력은 얼마인가?

　　b. 50번째와 51번째 벽돌 사이의 줄에 걸린 장력은 얼마인가?

24. ▥ 500 kg의 피아노가 크레인에 의해 내려지고 있는 동안 두 사람이 밧줄로 옆에서 안정되게 당기고 있다. 첫 번째 사람은 밧줄을 수평에서 15° 왼쪽 아래로 500 N의 장력으로 당기고 있고, 두 번째 사람은 밧줄을 수평에서 25° 오른쪽 아래로 당긴다.

　　a. 피아노가 수직으로 일정한 속력을 유지하며 내려가도록 하기 위해서 두 번째 사람의 밧줄의 장력이 얼마가 되어야 하는가?

　　b. 피아노를 지탱하는 수직 크레인 케이블에 걸린 장력은 얼마인가?

6 원운동, 궤도 및 중력
Circular Motion, Orbits, and Gravity

말들이 눈 내린 경주코스를 돌아나오
고 있다. 그들은 왜 이렇게 회전방향으
로 몸을 기울이는가?

학습목표 ▶

중력이 작용하는 궤도 운동을 포함하여, 원운동에 관하여 배운다.

원운동

원운동을 하는 물체는 원의 중심을 향하는 가
속도를 갖기 때문에 이 가속도를 일으키는 방
향으로 알짜힘이 있어야만 한다.

소녀를 원운동 시키기 위해서는 얼마의 힘이 필요할까?
이러한 문제를 푸는 방법을 배운다.

겉보기힘

타고 있는 사람은 밖으로 튕겨지는 것을 느낄
것이다. 이 힘을 원심력이라고 하지만 이것은
실제 힘이 아니다.

이러한 겉보기힘은 탄 사람의 무게가 무겁게 느끼도
록 한다. 그들의 겉보기 무게를 계산하는 법을 배운다.

중력과 궤도

우주 정거장은 공간에 떠 있는 것처럼 보이지
만, 중력이 우주 정거장을 강력하게 아래로 잡
아당기고 있다.

뉴턴의 중력 법칙을 배우고, 중력이 우주 정거장을 어떻
게 궤도에 유지시키는지를 알게 될 것이다.

이 장의 배경 ◀

구심 가속도

3.8절에서 일정한 속력으로 원 궤도를 따라 운동하는 물체는 원의
중심방향으로 가속도를 느낀다는 것을 배웠다.

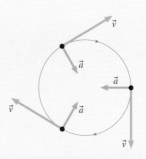

이 장에서 뉴턴의 제2법칙을 확장하여 가속도의 이러한 형태에서 가속도와 힘
을 연관시키는 법을 배운다.

6.1 등속 원운동

유원지에서 볼 수 있는 등속 원운동

축제 놀이기구에 탄 탑승자는 등속 원운동이라는 일정한 속력으로 원 궤도를 운동하고 있다. ◀◀3.8절에서 등속 원운동은 원의 중심방향으로 향하는 가속도를 필요로 한다는 것을 알았다. 이것은 원의 중심방향으로 향하는 힘이 존재하여야 된다는 것을 의미한다. 놀이기구의 중심축 방향으로 장력을 제공하는 것이 케이블의 임무이다. 이 힘이 탑승자가 원 위에서 운동하도록 유지시켜준다.

이 장에서는 원 궤도를 운동하는 물체, 그리고 가속도와 가속도를 제공하는 힘을 자세히 고려할 것이다. 그리고 나서 이러한 논의를 1~3장에서 다룬 운동의 기술과 4~5장에서 다룬 뉴턴의 법칙과 결합할 것이다. 지금은 일정한 속력으로 운동하는 물체를 고려하자. 속력이 바뀌는 운동은 7장으로 미룬다.

등속 원운동의 속도와 가속도

그림 6.1 등속 원운동의 속도와 가속도

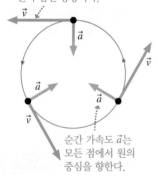

순간 속도 $\vec{v}$는 모든 점에서 원의 접선 방향이다.

순간 가속도 $\vec{a}$는 모든 점에서 원의 중심을 향한다.

등속 원운동하는 물체의 속력은 일정하지만 속도는 일정하지 않다. 왜냐하면 운동의 **방향**이 항상 바뀌기 때문이다. **그림 6.1**은 각 점에서 원의 중심으로 향하는 가속도 벡터 $\vec{a}$가 있다는 것을 상기시켜준다. 이것을 **구심 가속도**라고 하며 등속 원운동인 경우 $a = v^2/r$이라고 주어지는 것을 보였다.

$$a = \frac{v^2}{r} \qquad (6.1)$$

등속 원운동의 구심력

이차 관계

가속도는 중심에서의 거리뿐만 아니라 속력에도 의존한다.

개념형 예제 6.1 커브길 돌기

자동차가 일정한 속력으로 급격하게 커브길을 돌고 있다. **그림 6.2**는 위에서 본 그림이다. 자동차의 순간 속도는 동쪽 방향이다. 가속도의 방향은 어느 쪽인가?

그림 6.2 커브길을 도는 차를 위에서 본 그림

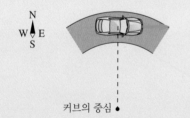

커브의 중심 ●

판단 차가 진행하는 경로는 원의 일부분이므로 이것은 등속 원운동의 예이다. 등속 원운동의 경우 가속도는 원의 중심, 즉 남쪽으로 향한다.

검토 이러한 가속도는 속력의 변화가 아니라 방향의 변화 때문에 생긴다. 또 이것은 자동차 안에서 여러분의 경험과도 일치한다. 여러분이 핸들을 오른쪽으로 돌리면 차는 오른쪽, 즉 원의 중심방향으로 운동을 바꾼다.

주기, 진동수 그리고 속력

등속 원운동을 하기 위하여 하나의 완전한 원이 필요한 것은 아니다. 그러나 대부분의 경우에서 물체가 원 궤도를 여러 번 회전하는 경우를 고려할 것이다. 운동이 일정하므로 원을 한 바퀴 도는 데 걸리는 시간은 전과 같다. 운동은 **주기적**이다.

물체가 원을 한 바퀴 돌아서 1회전을 완료하는 데 걸리는 시간을 운동의 **주기**라고 한다. 주기는 T라는 기호로 나타낸다.

1번 회전하는 데 걸리는 시간 대신 초당 회전수인 **진동수**로 원운동을 기술할 수도 있는데 기호 f로 나타낸다. 주기가 1/2초인 물체는 1초에 2번 회전한다. 마찬가지로 주기가 1/10이면 물체는 1초에 10번 회전한다. 이러한 사실은 진동수가 주기의 역수라는 것을 보여준다.

$$f = \frac{1}{T} \tag{6.2}$$

진동수는 종종 '매초 회전수'라고 나타내지만, 회전수는 실제 단위가 아니고 단지 사건이 발생한 횟수를 센 것에 불과하다. 따라서 진동수의 SI 단위는 시간의 역수, 곧 s^{-1}이다. 진동수를 rpm(revolutions per minute, 분당 회전수)으로 나타낼 수도 있지만, 계산하기 전에 s^{-1} 단위로 환산해야 한다.

그림 6.3은 일정한 속력으로 반지름 r인 원 궤도를 따라 움직이는 물체를 나타낸다. 물체의 회전시간, 곧 주기 T와 움직이는 거리를 알고 있으므로, 물체의 주기와 반지름, 그리고 속력을 연관시켜주는 식은 다음과 같다.

$$v = \frac{2\pi r}{T} \tag{6.3}$$

진동수와 주기에 관한 식 (6.2)가 주어지면 위 식은 다음과 같이 쓸 수도 있다.

$$v = 2\pi f r \tag{6.4}$$

이 식과 가속도에 관한 식 (6.1)을 결합하면 원운동의 구심 가속도를 진동수나 주기를 사용하여 나타낸 표현을 얻을 수 있다.

$$a = \frac{v^2}{r} = (2\pi f)^2 r = \left(\frac{2\pi}{T}\right)^2 r \tag{6.5}$$

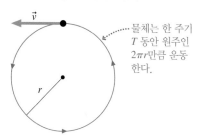

그림 6.3 진동수와 속력의 관계

물체는 한 주기 T 동안 원주인 $2\pi r$만큼 운동한다.

예제 6.2 CD의 회전

오디오 CD의 지름은 120 mm이고 1분당 최대 회전수는 540 rpm 이다. 가장 빨리 회전할 경우, CD가 한 바퀴 도는 데 걸리는 시간은 얼마인가? CD의 바깥쪽에 먼지가 떨어져 있다면, 먼지의 속력은 얼마인가? 가속도는 얼마인가?

준비 시작하기 전에 먼저 SI 단위로 변환하여야 한다. CD의 지름 120 mm는 0.12 m이므로 반지름은 0.060 m이다. rpm으로 주어진 진동수를 s^{-1} 단위로 환산하면 다음과 같다.

$$f = 540\,\frac{회전}{분} \times \frac{1분}{60\ s} = 9.0\,\frac{회전}{s} = 9.0\ s^{-1}$$

풀이 1회전 하는 데 걸리는 시간은 주기이다. 이것은 식 (6.2)에 의해 다음과 같이 주어진다.

$$T = \frac{1}{f} = \frac{1}{9.0 \text{ s}^{-1}} = 0.11 \text{ s}$$

먼지는 9.0 s^{-1}의 진동수로 반지름 0.060 m인 원둘레를 따라 돈다. 식 (6.4)를 사용하여 속력을 구하면

$$v = 2\pi f r = 2\pi(9.0 \text{ s}^{-1})(0.060 \text{ m}) = 3.4 \text{ m/s}$$

이다. 식 (6.5)를 사용하여 가속도를 구하면 다음과 같다.

$$a = (2\pi f)^2 r = (2\pi(9.0 \text{ s}^{-1}))^2 (0.060 \text{ m}) = 190 \text{ m/s}^2$$

검토 CD의 회전을 보면 1회전 하는 데 1초보다 훨씬 짧은 시간이 걸린다는 것을 알 수 있으므로 주기는 타당한 값이다. 계산한 먼지의 속력은 8 mph이다. 그러나 CD 가장자리 점은 매초 많은 회전을 하므로, 먼지는 매우 빠르게 움직인다. 작은 원에서 그렇게 빠른 속력은 매우 큰 가속도를 일으킨다고 예상할 수 있다.

예제 6.3 축제 놀이기구의 주기 구하기

축제 놀이기구를 탄 승객들은 반지름 5.0 m의 원을 수평으로 회전한다. 이 기구의 안전한 작동을 위하여 놀이기구가 최대로 견딜 수 있는 가속도는 자유 낙하 가속도의 약 두 배인 20 m/s^2이다. 놀이기구가 최대 가속도로 작동할 때 회전 주기는 얼마인가? 놀이기구가 이 주기로 작동할 때 승객은 얼마나 빠르게 움직이는가?

준비 놀이기구는 등속 원운동을 한다고 가정한다. 그림 6.4의 개요도는 놀이기구의 운동을 위에서 바라본 그림이다.

풀이 식 (6.5)는 주기가 감소하면 가속도가 증가한다는 것을 나타낸다. 놀이기구가 더 짧은 시간 동안에 원 궤도를 돈다면 가속도는 증가한다. 최대 가속도는 놀이기구가 안전하게 운행할 최소 주기를 의미한다. 식 (6.5)를 다시 정리하여 주기를 가속도로 나타내자. 가속도에 최댓값을 대입하면 최소 주기를 얻는다.

$$T = 2\pi\sqrt{\frac{r}{a}} = 2\pi\sqrt{\frac{5.0 \text{ m}}{20 \text{ m/s}^2}} = 3.1 \text{ s}$$

식 (6.4)를 사용하면 놀이기구의 속력을 구할 수 있다.

$$v = \frac{2\pi r}{T} = \frac{2\pi(5.0 \text{ m})}{3.1 \text{ s}} = 10 \text{ m/s}$$

검토 1회전에 3초가 넘는 값은 즐겁게 놀이기구를 타기에 합당한 것으로 보인다. 이 놀이기구의 실제 주기는 3.7 s이므로 최대 안전속력보다 약간 작은 속력으로 움직인다. 하지만 이 경우 우리가 얻은 결과를 정량적으로 분석해보자. 계산된 속도를 식 (6.1)에 대입하여 가속도를 구하면

$$a = \frac{v^2}{r} = \frac{(10 \text{ m/s})^2}{5.0 \text{ m}} = 20 \text{ m/s}^2$$

이다. 이 값은 문제에서 주어진 가속도 값과 일치하므로, 얻은 결과는 타당하다.

그림 6.4 축제 놀이기구의 개요도

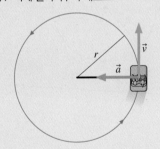

주어진 값
$r = 5.0 \text{ m}$
$a = 20 \text{ m/s}^2$
구할 값
T, v

◀ **무거운 해머 투척하기** 스코틀랜드 사람들은 게임에서 힘을 겨룬다. 이 사진에 남자가 14 kg의 해머를 멀리 던지고 있다. 먼저 그는 이 해머를 원 궤도로 빨리 돌리기 시작한다. 이 사람은 필요한 구심 가속도를 일으키는 중심으로 향하는 큰 힘을 내기 위해 몸을 기울이고 있다. 해머가 적당한 방향이 되면 손을 놓아 날아가게 한다. 그러면 중심으로 향하는 힘이 사라졌기 때문에 해머는 원운동을 하지 않고 선택한 방향으로 날아가게 된다.

6.2 등속 원운동의 동역학

회전하는 축제 놀이기구를 탄 탑승자들이 가속되고 있다는 사실은 이미 알고 있다. 뉴턴의 제2법칙에 의하면 결과적으로 탑승자들에게 작용하는 **알짜힘**이 있어야 한다.

등속 원운동에서 식 (6.1)로 주어지는 구심 가속도를 이미 구하였다. 뉴턴의 제2법 칙은 알짜힘이 이 가속도를 일으키는 원인임을 말해준다.

$$\vec{F}_{\text{net}} = m\vec{a} = \left(\frac{mv^2}{r}, \text{원의 중심을 향함}\right) \qquad (6.6)$$

등속 원운동에서 구심 가속도를 만드는 알짜힘

수업 영상

즉, 그림 6.5에서와 같이 **반지름이 *r*인 원 주위를 일정한 속력 *v*로 원운동을 하는 질량 *m*의 입자는 항상 원의 중심을 향하여 크기 *mv²/r*인 알짜힘을 가져야만 한다.** 이 알짜힘이 원운동의 구심 가속도를 일으키는 원인이다. 이러한 알짜힘이 없다면 입자들은 원의 접선방향으로 날아가 버린다.

식 (6.6)으로 주어지는 힘은 **새로운 종류의 힘은 아니다.** 이 알짜힘은 장력, 마찰력, 또는 수직 항력과 같은 하나 또는 그 이상의 유사한 힘들에 기인한 것이다. 식 (6.6)은 반지름 *r*인 원에서 입자가 속력 *v*로 운동하기 위하여 어떠한 알짜힘이 필요한지를 말해준다.

이 장에서 고려할 원운동의 개별 예제에서 물리적 힘 또는 원의 중심을 향한 힘의 결합은 필요한 가속도를 발생시킨다.

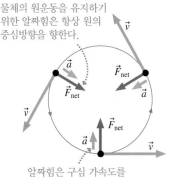

그림 6.5 원운동에서의 알짜힘

물체의 원운동을 유지하기 위한 알짜힘은 항상 원의 중심방향을 향한다.

알짜힘은 구심 가속도를 발생시킨다.

| **개념형 예제 6.4** | **자동차에 작용하는 힘들** I |

공학자들은 커브길을 원의 일부가 되게 설계한다. 그들은 또 계곡길이나 언덕길도 예상되는 속력이나 다른 인자들에 의존하는 반지름을 가지는 원의 일부로 설계한다. 자동차가 일정한 속력을 가지고 계곡길을 움직이고 있다. 길의 밑바닥에서 자동차에 작용하는 수직 항력은 자동차의 무게보다 더 큰가? 더 작은가? 아니면 같은가?

판단 그림 6.6은 주어진 문제의 상황을 나타낸 개요도이다. 등속으로 자동차가 운동한다고 해도 속도의 방향이 변화하기 때문에 자동차는 가속되고 있다. 자동차가 계곡 바닥에 이르면 원형 경로의 중심이 자동차의 위쪽에 있게 되어 가속도 벡터는 자동차 바로 위쪽을 향하게 된다. 그림 6.6의 자유 물체 도형에는 자동차의 위쪽을 향하는 수직 항력과 아래 방향으로 향하는 자동차의 무게를 나타내는 두 힘만 그려져 있다. 수직 항력 *n*과 무게 *w* 중 어느 쪽이 더 큰가?

가속도 $\vec{a}$가 자동차의 위 방향을 향하고 있기 때문에 뉴턴의 제

그림 6.6 계곡에서 운행하는 자동차의 개요도

원형 경로의 계곡

2법칙에 의해 위 방향으로 향하는 알짜힘이 있어야 한다. 이러한 사실로부터 자유 물체 도형에서는 수직 항력의 크기가 무게의 크기보다 더 **크게** 그려져 있다.

검토 자동차 운전자는 이러한 상황을 자주 경험한다. 자동차가 계곡을 통과할 때 운전자는 정상보다 더 '무겁게' 느낀다. 이 사실은 5.3절에서 논의한 바와 같이 겉보기 무게, 곧 운전자를 지지하는 수직 항력이 운전자의 실제 무게보다 더 크기 때문이다.

자동차에 작용하는 힘들 Ⅱ

자동차가 원 궤도의 일부를 따라 일정한 속력으로 회전하고 있다. 어떤 힘이 필요한 구심 가속도를 제공하는가?

판단 자동차는 회전하는 데 필요한 사분원의 원호를 따라 일정한 속력으로 운동(등속 원운동)을 한다. 가속도는 원의 중심방향임을 알고 있다. 어떤 힘이 이러한 가속도를 발생시키는가?

　매우 미끄러운 빙판길에서와 같이 마찰 없는 도로에서 자동차를 운행한다고 상상해보자. 여러분은 커브길을 돌 수 없을 것이다. 핸들을 돌리는 것은 아무 소용이 없다. 뉴턴의 제1법칙과 얼음 위에서 운전해본 경험에 의하면, 자동차는 직선방향으로 미끄러질 것이다. 따라서 차를 회전시키는 **마찰력**이 존재하여야 한다. **그림 6.7**에 나타낸 위에서 본 타이어 그림은 회전하는 자동차 타이어 중 하나에 작용하는 힘을 보여준다. 그 힘은 운동 마찰력이 아니고 정지 마찰력이다. 왜냐하면 자동차가 미끄러지지 않기 때문이다. 타이어가 도로와 접촉하고 있는 점은 표면에 상대적으로 운동하지 않는다. 만약 미끄러진다면 자동차는 커브길을 돌 수 없고

그림 6.7 커브길을 회전하는 자동차의 평면도

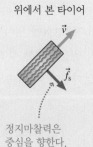

위에서 본 자동차　　위에서 본 타이어

경로는 원의 일부이다.

정지마찰력은 중심을 향한다.

직선 경로로 계속 나아갈 것이다!

검토 이러한 결과는 경험과 일치한다. 마찰력이 감소하면 자동차는 커브길을 돌기가 더 어렵다. 따라서 정지 마찰력이 구심 가속도를 제공한다.

영상 학습　　수업 영상
데모

문제 풀이 전략 6.1 등속 원운동의 동역학 문제들

원운동은 가속도, 곧 알짜힘과 관련이 있다. 따라서 뉴턴의 제2법칙 문제에서 보았던 것과 매우 유사한 방법을 사용할 수 있다.

준비 운동의 개요와 기호 및 축의 정의를 보여주고 문제에서 구하고자 하는 것이 무엇인지를 확인할 수 있는 개요도에서 시작하라. 여기에는 두 가지 상황이 있다.

- 운동이 탁자 위와 같이 수평면에서 일어난다면, 원을 옆에서 바라볼 때 원의 중심을 향하는 x축과 원이 이루는 평면에 수직인 y축을 나타내는 자유 물체 도형을 그린다.
- 운동이 놀이공원의 대회전 관람차와 같이 수직면에서 일어난다면, 원을 앞에서 바라볼 때 원의 중심을 가리키는 x축과 원에 접하는 y축을 나타내는 자유 물체 도형을 그린다.

풀이 등속 원운동에 대한 뉴턴의 제2법칙 $\vec{F}_{net} = (mv^2/r,$ 원의 중심을 향함)은 벡터 방정식이다. 몇 개 힘들은 원을 이루는 평면에서 작용하고, 몇 개 힘들은 원에 수직하게 작용하며, 또 다른 힘들은 두 방향 모두에서 작용한다. 위에서 설명한 것처럼 원의 중심을 향한 x축을 가진 좌표계에서 뉴턴의 제2법칙은

$$\sum F_x = \frac{mv^2}{r}, \quad \sum F_y = 0$$

이 된다. 즉 원의 중심을 향하는 알짜힘은 크기가 mv^2/r인 반면 원에 수직으로 작용하는 알짜힘은 0이다. 힘의 성분들은 자유 물체 도형으로부터 직접 구한다. 문제에 따라 다음 둘 중의 하나를 이용한다.

- 속력 v를 구하기 위해서 알짜힘을 사용하고, 원운동의 운동학을 사용하여 진동수와 운동의 다른 세부사항을 구한다.

■ 속력 v를 구하기 위해서 원운동의 운동학을 사용하고, 미지의 힘을 구한다.

검토 알짜힘이 원의 중심을 향하고 있는지를 확인한다. 그 결과가 올바른 단위를 갖고 있는지, 합리적인지, 그리고 답이 질문에 맞는지를 조사한다.

예제 6.6 **카트 운동의 분석**

아버지가 20 kg인 아들을 5 kg인 카트에 태워서 반지름 2.0 m의 줄에 매달았다. 그리고 나서 줄의 한쪽 끝을 잡고 땅과 평행하게 줄을 유지하면서 카트와 아들을 원형으로 돌린다. 줄에 걸리는 장력이 100 N이라면 카트가 1회 회전하는 데 걸리는 시간은 얼마인가?

준비 문제 풀이 전략 6.1의 단계에 따라 진행한다. 그림 6.8은 문제의 개요도이다. 왼쪽 그림을 그린 주된 이유는 적절한 기하학을 적용하고, 사용될 기호를 정의하기 위함이다. 보통 원운동의 동역학 문제는 포물체 문제와 같이 시작점과 끝점을 갖지 않아서 x_i 또는 y_f와 같은 아래 첨자는 필요하지 않다. 이 경우에는 카트의 속력 v와 원의 반지름 r을 정의할 필요가 있다.

원운동을 하는 물체는 카트와 아들로 총 25 kg이다. 자유 물체 도형은 작용하는 힘들을 보여준다. 운동이 수평면에서 일어났기 때문에 문제 풀이 전략 6.1에 따라 원을 옆에서 바라볼 때 원의 중심을 향하는 x축, 원을 이루는 평면에 수직인 y축을 보여주는 자유 물체 도형을 그린다. 카트에 작용하는 세 힘은 무게 $\vec{w}$, 땅의 수직 항력 $\vec{n}$, 그리고 줄의 장력 $\vec{T}$이다.

T의 기호는 주기와 장력 2개의 물리량으로 쓰인다는 것에 주의해야 한다. 이 2개의 물리량을 구별하는 정보는 따로 주어질 것이다.

풀이 수직인 y방향의 알짜힘은 없으므로 $\vec{w}$와 $\vec{n}$은 방향이 반대이고 힘의 크기는 같다. 반면 원운동의 구심 가속도를 생기게 하는 힘이 있어야 하기 때문에 원의 중심을 향하는 알짜힘은 x방향으로 작용한다. 장력만이 x성분을 갖기 때문에 뉴턴의 제2법칙은

$$\sum F_x = T = \frac{mv^2}{r}$$

이다. 질량과 회전 반지름 및 장력을 알고 있으므로 속력 v에 대하여 풀면

$$v = \sqrt{\frac{Tr}{m}} = \sqrt{\frac{(100\text{ N})(2.0\text{ m})}{25\text{ kg}}} = 2.83\text{ m/s}$$

이다. 이 식과 식 (6.3)으로부터 주기는 다음과 같이 계산된다.

$$T = \frac{2\pi r}{v} = \frac{(2\pi)(2.0\text{ m})}{2.83\text{ m/s}} = 4.4\text{ s}$$

검토 속력은 약 3 m/s이다. 1 m/s는 대략 3.6 km/h이므로 아들은 10.8 km/h로 운동할 것이다. 한 바퀴 도는 데 약 4 s가 걸린다면 카트의 속력이 빠르기는 하지만 겁이 날 정도는 아니다.

그림 6.8 회전하는 카트의 개요도

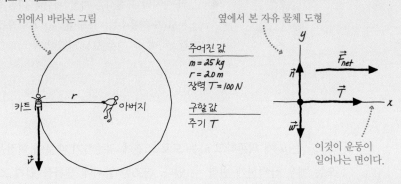

예제 6.7   **커브길을 도는 최대 속력 구하기**

1500 kg의 자동차가 경사가 없는 편평한 도로에서 반지름 20 m의 커브길을 회전할 때 미끄러지지 않고 회전할 수 있는 최대 속력은 얼마인가? (이 반지름은 도시의 일반도로 교차로에서 자동차가 회전하는 것과 같은 정도이다.)

준비 그림 6.9의 개요도로 시작하자. 자동차는 회전하는 데 필요한 사분원에 대하여 원호를 따라 일정한 속력으로 운동(등속 원운동)을 한다. 개념형 예제 6.5에서 구심 가속도를 제공하는 힘은 타이어와 도로 사이의 정지 마찰력이라는 것을 알았다. 알짜힘(즉 정지 마찰력)의 방향은 가속도 방향이어야 한다. 자동차의 뒤쪽에서 본 자유 물체 도형은 원의 중심을 향하는 정지 마찰력을 보여준다. 운동이 수평면에서 일어나기 때문에 중심으로 향하는 x축과 운동면에 수직인 y축을 택하였다.

풀이 원의 중심을 향한 x방향에서의 힘은 정지 마찰력뿐이다. x축을 따라 뉴턴의 제2법칙은 다음과 같다.

$$\sum F_x = f_s = \frac{mv^2}{r}$$

이 예제와 앞의 예제와의 차이는 중심을 향한 장력이 중심을 향한 정지 마찰력으로 대체된 것뿐이다.

 y방향에서의 뉴턴의 제2법칙은

$$\sum F_y = n - w = ma_y = 0$$

이고, $n = w = mg$이다.

원의 중심을 향한 알짜힘은 정지 마찰력이다. 5장의 식 (5.7)을 보면 정지 마찰력이 최대가 되는 값은

$$f_{s\,max} = \mu_s n = \mu_s mg$$

이다. 정지 마찰력이 최대이므로 자동차가 미끄러지지 않고 회전할 수 있는 최대 속력이 있을 것이다. 이 속력은 정지 마찰력이 최댓값 $f_{s\,max} = \mu_s mg$에 도달하였을 때의 값이다. 자동차가 이 속도보다 더 높은 속력에서 회전한다면 정지 마찰력은 필요로 하는 구심 가속도를 제공하지 못하고 자동차는 미끄러질 것이다.

그러므로 최대 속력은 정지 마찰력의 최댓값에서 일어난다. 즉

$$f_{s\,max} = \frac{mv_{max}^2}{r}$$

일 때 일어난다. 알려진 $f_{s\,max}$ 값을 사용하면

$$\frac{mv_{max}^2}{r} = f_{s\,max} = \mu_s mg$$

이다. 이 식을 정리하면

$$v_{max}^2 = \mu_s gr$$

을 얻는다. 포장도로에서 고무 타이어의 정지 마찰 계수는 표 5.2로부터 $\mu_s = 1.0$이다. 따라서 커브길을 돌 수 있는 최대 속력은 다음과 같다.

$$v_{max} = \sqrt{\mu_s gr} = \sqrt{(1.0)(9.8 \text{ m/s}^2)(20 \text{ m})} = 14 \text{ m/s}$$

검토 14 m/s ≈ 50 km/h이고 이 값은 자동차가 미끄러지지 않고 커브길을 돌 수 있는 합리적인 최대 속력인 것으로 보인다. 이 풀이에서 두 가지 주의할 점이 있다.

- 자동차의 질량이 제외되었다. 최대 속력은 놀랍게도 차의 질량과 무관하다.
- v_{max}의 마지막 표현식은 마찰 계수와 회전 반지름에 의존한다. v_{max}는 μ_s가 작을수록(미끄러운 길), r이 작을수록(급격한 커브길) 감소하며, 두 경우 모두 사실이다.

그림 6.9 커브길을 도는 자동차의 개요도

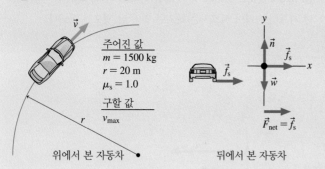

주어진 값
$m = 1500$ kg
$r = 20$ m
$\mu_s = 1.0$
구할 값
v_{max}

위에서 본 자동차

뒤에서 본 자동차

v_{max}는 μ_s에 의존하고 μ_s는 도로 조건에 의존하기 때문에 회전을 위한 최대 안전속도는 매우 급격하게 변할 수 있다. 건조한 날씨에 핸들을 쉽게 조작할 수 있는 자동차는 포장도로가 젖게 되면 통제가 잘 안 되어 갑자기 미끄러질 수 있다. 빙판인 도로에서는 조건이 더욱 나쁘다. 예제 6.7에서 마찰 계수의 값이 1.0(마른 포장도로)에서 0.1(빙판도로)까지 낮아지면 회전을 위한 최대 속력은 4.4 m/s로 낮아진다.

경주용 자동차는 일반 승용차보다 더 높은 속력으로 커브길을 회전할 수 있다. 더

높은 속력으로 자동차를 회전시키기 위해서 자동차를 디자인할 때 **그림 6.10**에서와 같이 부가적으로 날개를 설치한다. 날개는 공기를 위쪽으로 편향시켜 포장도로 **아래쪽**으로 자동차를 누름으로써 부가적인 힘을 제공하게 된다. 아래쪽으로 향하게 하는 다른 힘들은 수직 항력을 증가시켜 최대 정지 마찰력을 높이고 가능한 더 **빠른** 속력으로 회전할 수 있도록 한다.

경주용 자동차가 **빠른** 속력으로 커브를 돌 수 있도록 자동차 **트랙**을 디자인하는 방법도 있다. 커브지역을 비탈지도록 만들면 수직 항력은 다음 예제에서와 같이 구심 가속도를 일으키는 데 필요한 힘을 제공할 수 있다. 경주트랙에서 커브가 있는 도로는 매우 날카롭게 경사지게 할 수도 있다. 일반 고속도로에서 곡선도로들은 느린 속력에 알맞은 경사각으로 만들지만 비탈로 만들기도 한다.

그림 6.10 경주용 자동차의 날개

경주로의 경사진 커브길

예제 6.8 **경사진 도로의 속력 구하기**

반지름 70 m인 경주트랙의 커브길이 15° 경사져 있다. 자동차가 마찰력의 도움 없이 이 커브를 돌려면 속력이 얼마이어야 하는가?

준비 그림 6.11의 개요도를 그린 후 속력을 구하기 위하여 마찰력 작용이 없는 개별적인 두 힘, 즉 수직 항력과 자동차의 무게만 주어진 힘 식별 도형을 사용한다. 도로 표면에 수직인 수직 항력을 확실히 그린 자유 물체 도형을 구성할 수 있다.

자동차가 기울어져 있다 하더라도 수평 원을 따라 운동하고 있

그림 6.11 경사진 도로를 회전하는 자동차의 개요도

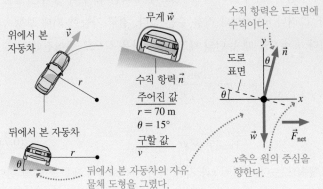

다. 따라서 문제 풀이 전략 6.1을 따라 원의 중심을 향하고 원에 수평면인 x축을 선택한다.

풀이 마찰이 없다면 $n_x = n \sin \theta$가 원의 중심을 향한 유일한 힘의 성분이다. 이 수직 항력의 안쪽 성분이 자동차가 커브길을 회전하게 하는 원인이 된다. 뉴턴의 제2법칙은

$$\sum F_x = n \sin \theta = \frac{mv^2}{r}$$

$$\sum F_y = n \cos \theta - w = 0$$

이다. 여기서 θ는 도로의 경사각이고, 자동차는 올바른 속력 v로 운동한다고 가정하였다. y축 성분의 방정식으로부터 다음과 같이 얻을 수 있다.

$$n = \frac{w}{\cos \theta} = \frac{mg}{\cos \theta}$$

이 식과 x성분 방정식으로부터 속력 v를 다음과 같이 얻을 수 있다.

$$\left(\frac{mg}{\cos \theta} \right) \sin \theta = mg \tan \theta = \frac{mv^2}{r}$$

$$v = \sqrt{rg \tan \theta} = 14 \text{ m/s}$$

검토 이 속도는 50 km/h로 타당한 값이다. 정확히 이 속력에서만 마찰력에 의존하지 않고 회전할 수 있다.

마찰력은 커브길을 도는 자동차뿐만 아니라 자전거와 말, 그리고 사람에게도 필요한 구심 가속도를 제공한다. **그림 6.12**에서 사이클 선수가 가파른 커브길을 돌 때 어떻게 그들의 몸을 기울이는지 확인할 수 있다. 도로는 타이어에 수직 항력과 수평의 마찰력을 가하고 있다. 두 힘의 벡터합은 비스듬한 방향을 향한다. 사이클 선수는 몸을

그림 6.12 도로가 몸을 기울인 사이클 선수에게 작용하는 힘

옆으로 기울여 도로가 가하는 합력이 자전거와 몸이 만드는 선을 향하도록 한다. 이 렇게 하여 균형을 유지할 수 있다. 이 장의 시작 부분에 있는 사진 속 말도 비슷한 이 유로 몸을 기울인다.

최대 보행속도 BIO

인간과 두 다리가 달린 동물들의 이동 방식에는 걷기와 달리기 두 가지가 있다. 느린 속도에서는 걸어가지만, 좀 더 빨리 이동할 필요가 있을 때는 뛰게 된다. 왜 빨리 걷 지 않는 것일까? 걸을 때의 속도는 한계가 있고 이 속도의 한계는 원운동의 물리학 으로 정해진다.

걷고 있을 때 걸음걸이에 대해 생각해보자. 한 걸음 앞으로 내디딘 다음 뒷다리를 내디딘다. 뒷다리를 앞으로 내디딜 때 앞다리를 회전축으로 하여 몸이 회전을 한다. 그림 6.13(a)에서 보는 것과 같이 걷는 동안 보행자의 몸은 원호를 그린다. **보행자가 뒷다리를 내디딜 때 보행자의 몸은 앞다리를 축으로 원운동을 하게 된다.**

그림 6.13에서와 같이 이러한 원운동에서는 원의 중심을 향한 힘을 필요로 하게 된다. 그림 6.13(b)는 보행 중에 보행자의 몸에 작용하는 힘을 보여준다. 몸에 작용하 는 힘은 아래 방향으로 향하는 보행자의 몸무게와 위로 향하는 수직 항력이다. x축에 대한 뉴턴의 제2법칙은 다음과 같이 주어진다.

$$\sum F_x = w - n = \frac{mv^2}{r}$$

보행자가 원운동을 하므로 알짜힘은 원의 중심을 향해야 한다. 이 경우 알짜힘은 아 래 방향을 향해야 하며, 알짜힘이 아래 방향을 향하기 위해서는 수직 항력이 보행자 의 몸무게보다 작아야 한다. 그러므로 보행자는 땅에 힘을 가하여 수직 항력을 감소 시키고 다리가 회전하여 몸이 '들려 올려'질 수 있도록 노력한다. 수직 항력은 걸음이 빨라질수록 작아진다. 그러나 n이 0보다 작을 수는 없다. 결국 가능한 최대 보행속도 v_{max}는 $n = 0$일 때이다. $n = 0$일 때 뉴턴의 제2법칙은 다음 식으로 주어진다.

$$w = mg = \frac{mv_{max}^2}{r}$$

따라서

$$v_{max} = \sqrt{gr} \qquad (6.7)$$

이다. 가능한 최대 보행속도는 다리 길이 r과 자유 낙하 가속도 g에 제한을 받게 된다. 이 공식은 인간과 동물의 보행속도를 결정하는 데 훌륭한 근삿값을 제공해준다. 긴 다 리를 가진 기린과 같은 동물은 빠른 속도로 걸을 수 있으며, 생쥐와 같이 다리가 짧 은 동물의 최대 보행속도는 느리다. 생쥐들은 이러한 보행법을 거의 사용하지 않는다.

0.7 m의 다리 길이를 갖는 인간의 경우 최대 보행속도는 $v_{max} \approx 2.6$ m/s ≈ 10 km/h 이다. 10 km/h 이상의 속도로 걷는다는 것이 힘들어 불가능해 보이지만 이러한 빠 르기로 걸을 수 있다. 이러한 속도라면 대부분의 사람들은 보행법을 달리기로 바꾼다.

그림 6.13 걸음걸이의 분석

(a) 걸음걸이

각 걸음마다 보행자의 엉덩이는 원운동을 한다.

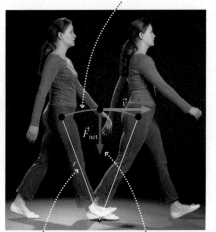

원운동의 반지름은 발로부터 엉덩이까지의 다리 길이이다.

원운동은 원의 중심 으로 향한 힘을 필요 로 한다.

(b) 걸음걸이에 작용하는 힘

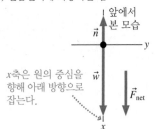

앞에서 본 모습

$\vec{n}$

y

x축은 원의 중심을 향해 아래 방향으로 잡는다.

$\vec{w}$

$\vec{F}_{net}$

x

6.3 원운동에서의 겉보기힘

그림 6.14는 회전하는 축제 놀이기구가 커다란 원통 내부에 승객을 태우고 회전하는 모습을 보여준다. 탑승자들은 내부에 갇혀서 꼼짝하지 못하고 있다! 경험한 바와 같이 탑승자들은 벽 안쪽에서 밖으로 밀리고 있는 것을 느끼게 된다. 그러나 원운동하는 물체는 구심 가속도를 발생시키는 **안쪽으로 향하는** 힘을 가져야 한다고 분석한 바 있다. 이 겉보기 차이를 어떻게 설명하여야 할까?

원심력?

커브길을 빠르게 회전하는 자동차에 탑승한 승객은 문 밖을 향해 던져지는 것과 같은 신비한 힘을 느낄 수 있다. 그러한 힘이 실제로 있는 것일까? **그림 6.15**는 자동차가 왼쪽으로 회전할 때의 탑승자의 모습을 보여준다. 뉴턴의 제1법칙에 따라 탑승자는 직선으로 계속 운동하려 하지만 의도하지 않게 차문이 탑승자 쪽으로 접근해 탑승자의 몸을 차 안으로 민다. 탑승자는 커브의 중심을 향하여 **안쪽으로** 문이 미는 힘을 느끼게 되고 이 힘 때문에 회전한다. 그러나 탑승자가 문을 미는 것이 아니고 문이 탑승자를 민다.

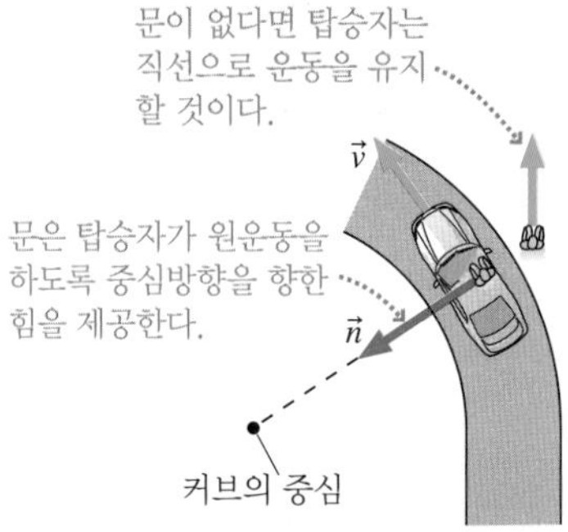

물체를 원 바깥쪽으로 미는 것처럼 보이는 힘을 **원심력**이라고 한다. 이 힘은 명칭이 있음에도 불구하고 실제로는 없는 힘이다. 물체가 외부 힘에 의해 원운동을 할 때 물체는 직선 운동을 계속하려 한다(즉 원의 중심으로부터 물체를 멀어지게 한다). 자유 물체 도형에 나타나는 진짜 힘은 원의 중심을 향하여 안쪽으로 미는 힘뿐이다. **원심력은 결코 자유 물체 도형에 나타나지 않으며 뉴턴의 법칙에 포함되지 않는다.**

이와 같은 생각을 가지고, 회전하는 축제 놀이기구를 다시 생각해보자. 탑승자는 구심 가속도를 생기게 하는 안쪽으로 향하는 힘을 제공하는 원통 벽과 함께 원운동을 하는 것을 알 수 있다. 탑승자는 직선으로 운동하려는 자연적인 현상을 원통 벽이 막고 있기 때문에 마치 바깥쪽으로 밀리는 것처럼 느낀다. 그러나 느낌만 가지고 힘이라고 말할 수는 없다. 실제 힘은 원통 벽이 **안쪽으로** 밀고 있는 접촉력이다.

원운동에서의 겉보기 무게

머리 위를 돌고 있는 물 양동이를 생각해보자. 양동이를 빨리 돌린다면 물은 쏟아지지 않고 양동이와 함께 돌지만, 양동이를 천천히 돌린다면 물은 쏟아지게 될 것이다. 어떻게 해서 물이 쏟아지지 않을까? 또 공중을 한 바퀴 도는 롤러코스터 차를 생각해보자. 차가 위쪽을 돌아갈 때 어떻게 떨어지지 않고 머무를 수 있을까? 많은 사람들이 양동이의 물과 트랙의 차는 그들에게 가해자는 원심력이 있기 때문에 머무를 수 있다고 말할 수도 있지만 실제로 원심력은 없다. 이러한 질문을 분석하는 것은 일반 운동과 특별히 원운동에서 작용하는 힘에 대해서 많은 지식을 얻게 해준다.

그림 6.16(a)는 반지름 r로 공중에서 수직으로 도는 롤러코스터 차를 보여준다. 이

그림 6.14 그레비트론 내부의 회전하는 방

그림 6.15 커브길을 도는 자동차에 탄 탑승자

문이 없다면 탑승자는 직선으로 운동을 유지할 것이다.

$\vec{v}$

문은 탑승자가 원운동을 하도록 중심방향을 향한 힘을 제공한다.

$\vec{n}$

커브의 중심

그림 6.16 360° 원 궤도를 회전하고 있는 롤러코스터 차

(a)

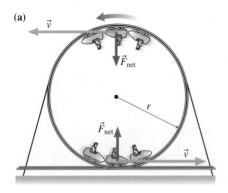

(b)

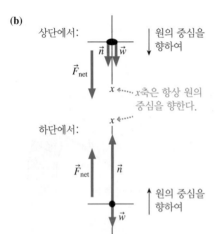

상단에서:
원의 중심을 향하여
x축은 항상 원의 중심을 향한다.

하단에서:
원의 중심을 향하여

아래가 위로 바뀔 때 BIO 눈이 감겨 있을 때도 사람은 아래 방향이 어디인지를 알 수 있다. 사람의 귀 내부에는 **평형석**이라고 하는 탄산칼슘 결정이 있다. 이는 무척 예민한 막 위에 존재한다. 인간의 뇌는 평형석에 막이 작용하는 수직 항력의 반대방향을 아래라고 생각한다. 롤러코스터의 꼭대기에서는 이 수직 항력이 아래 방향이기 때문에 여러분은 위 방향을 아래라고 생각한다. 여러분은 뒤집혀져 있지만 실제로는 그렇게 느끼지 않는다.

차를 타 본 경험이 있다면 원 궤도의 상단과 하단을 지날 때 탑승자의 무게 변화를 감각으로 느껴봤을 것이다. 이것을 이해하기 위하여 궤도를 지날 때 탑승자에게 작용하는 힘을 조사해보자. 분석을 간단하게 하기 위하여 궤도를 도는 차의 속력은 일정하다고 가정한다.

그림 6.16(b)는 궤도의 상단과 하단에서 탑승자의 자유 물체 도형을 보여준다. 먼저 하단에서 작용하는 힘부터 조사해보자. 여기에 작용하는 힘은 탑승자의 무게 $\vec{w}$와 좌석이 받치고 있는 수직 항력 $\vec{n}$이다. ◀◀5.3절로부터 무게를 느낄 수 없다는 것을 기억하라. 탑승자가 느끼는 겉보기 무게는 탑승자를 지지하는 힘의 크기이다. 여기에서는 좌석이 수직 항력 $\vec{n}$으로 탑승자를 지지하고 있으므로, 탑승자의 겉보기 무게는 $w_{app} = n$이다. 원운동에 관한 기본지식에 따라 다음과 같이 말할 수 있다.

- 탑승자는 원운동을 하고 있으며 구심 가속도를 만들어내는 원의 중심을 향한(여기에서는 탑승자의 머리 위쪽 방향) 알짜힘이 있어야 한다.
- 알짜힘은 **위쪽 방향**이므로 $n > w$이어야만 한다.
- 탑승자의 겉보기 무게는 $w_{app} = n$이며 탑승자의 겉보기 무게는 실제 무게보다 더 크다($w_{app} > w$). 원 궤도의 하단에서 탑승자는 '무거워짐을 느낀다'.

이 상황은 개념형 예제 6.4에서 자동차가 위아래로 굴곡진 계곡을 통과할 때의 상황과 같다. 정량적인 분석을 위하여 문제 풀이 전략 6.1을 단계적으로 적용해보자. 이 경우 x축을 원의 중심을 향한 수직 위 방향으로 선택하고 뉴턴의 제2법칙을 적용하면 다음과 같다.

$$\sum F_x = n_x + w_x = n - w = \frac{mv^2}{r}$$

이 식으로부터 탑승자의 겉보기 무게는 다음과 같이 주어진다.

$$w_{app} = n = w + \frac{mv^2}{r} \tag{6.8}$$

궤도 바닥에서 탑승자의 겉보기 무게는 탑승자의 실제 무게 w보다 더 크다. 이와 같은 현상은 움푹 파인 도로의 웅덩이나 상하로 굴곡진 계곡을 통과할 때의 경험과도 일치한다.

이제 궤도의 상단을 지나는 롤러코스터 차를 조사해보자. 약간 다루기 어려운 점이 있기는 하지만 그림 6.16(b)에서 보는 바와 같이 좌석의 수직 항력은 원의 하단에서는 위로 향하는 반면 상단에서는 아래로 향하며 좌석은 탑승자의 위쪽에 있다. 이 자유 물체 도형을 주의 깊게 생각해보는 것은 물리적으로 의미가 있다.

탑승자는 여전히 원운동을 하므로 구심 가속도를 제공하기 위하여 알짜힘은 **아래 방향**을 향해야 한다. 항상 그렇게 하였듯이 x축은 원의 중심을 향하도록 정의하였다. 여기에서는 x축이 아래로 향한다. 그렇게 하면 뉴턴의 제2법칙은

$$\sum F_x = n_x + w_x = n + w = \frac{mv^2}{r}$$

이 된다. x축의 방향이 아래로 향하므로 w_x는 양(+)의 값을 갖는다. 이제 겉보기 무게에 대하여 풀 수 있다. 곧 다음과 같이 주어진다.

$$w_{app} = n = \frac{mv^2}{r} - w \qquad (6.9)$$

v가 충분히 크다면 탑승자의 겉보기 무게는 트랙의 바닥에서와 같이 실제 무게를 초과할 수 있다.

만일 차가 천천히 운동하면 무슨 일이 일어날지 알아보자. 식 (6.9)로부터 v가 감소함에 따라 $mv^2/r = w$, 즉 $n = 0$인 점을 지나게 된다. 이 점에서 좌석은 더 이상 탑승자를 밀어내지 않게 된다! 대신 탑승자는 자신의 무게만으로 구심 가속도를 충분히 제공하기 때문에 원운동을 완성할 수 있다.

$n = 0$이 되는 속력을 임계 속력 v_c라고 한다. $n = 0$에 대하여 $mv_c^2/r = w$이기 때문에 임계 속력은 다음과 같이 주어진다.

$$v_c = \sqrt{\frac{rw}{m}} = \sqrt{\frac{rmg}{m}} = \sqrt{gr} \qquad (6.10)$$

만일 속력이 임계 속력 이하로 떨어지게 되면 어떻게 될까? $v < v_c$이면 식 (6.9)에서 n은 음(−)의 값이 된다. 그러나 그것은 물리적으로 불가능하다. 좌석은 $n > 0$인 경우에 탑승자를 밀어낼 수 있지만 탑승자를 당길 수는 없기 때문에 가능한 가장 느린 속력은 상단 꼭대기에서 $n = 0$인 속력이 된다. **임계 속력은 롤러코스터 차가 회전을 할 수 있는 가장 느린 속력이다.** 만일 $v < v_c$라면 탑승자는 전체 궤도를 돌 수는 없고 차에서 떨어져 포물체 운동을 하게 된다. (이것이 바로 탑승자가 안전벨트를 하는 이유이다.)

같은 이유로 머리 위를 도는 양동이의 물이 쏟아지지 않는다. 양동이 바닥이 가하는 원운동을 일으키게 하는 안쪽으로 향하는 힘이 물을 밀어 낸다. 역시 너무 천천히 돌린다면 양동이가 물에 작용하는 힘이 0으로 떨어진다. 그 점에서 물은 양동이를 떠나 포물선 궤적으로 머리 위에 떨어지는 포물체가 된다.

빠르게 도는 세계 유체 가스로 된 거대한 행성인 토성은 지구보다 훨씬 더 크다. 이 혹성은 1회 자전시간이 11시간 이하로 매우 빠르게 자전한다. 빠른 회전은 유체 표면을 왜곡시킬 만큼 적도에서의 겉보기 무게를 감소시킨다. 빨간색은 원형을 보여주고 있는데 행성은 현저히 원형에서 벗어나 있다. 적도에서의 반지름은 극에서의 반지름보다 11%나 더 크다.

예제 6.9 **얼마나 느리게 갈 수 있을까?**

사진에 있는 죽음의 구 안에서 오토바이를 타는 사람은 반지름 2.2 m의 원형 궤도를 수직으로 돌고 있다. 오토바이의 궤도를 유지하기 위하여 운전자는 궤도의 상단 꼭대기에 서 자신의 무게와 오토바이의 무게가 합쳐진 것과 같거나 더 큰 수직 항력이 타이어에 작용하도록 해야 한다. 운전자가 궤도 상단의 꼭대기에서 가질 수 있는 최소 속력은 얼마인가?

준비 이 문제의 개요도가 **그림 6.17**에 있다. 궤도의 상단 꼭대기에서 타이어에 작용하는 창살의 수직 항력은 **아래 방향**으로 향하는 힘이다. 문제 풀이 전략 6.1에 따라 x축은 원의 중심을 향하도록 잡는다.

풀이 궤도의 꼭대기 점에서 힘을 고려하고 x축을 아래 방향으로 잡았으므로 뉴턴의 제2법칙은

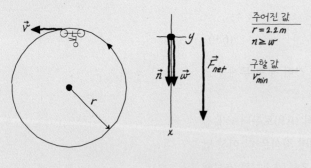

그림 6.17 죽음의 구 주위를 상하 수직 원 궤도로 도는 오토바이

주어진 값
$r = 2.2\ m$
$n \geq w$

구할 값
v_{min}

$$\sum F_x = w + n = \frac{mv^2}{r}$$

이 된다. 최소 속력은 $n = w$일 때 일어나므로

$$2w = 2mg = \frac{mv_{min}^2}{r}$$

이고, 이를 최소 속력에 대하여 풀면

$$v_{min} = \sqrt{2gr} = \sqrt{2(9.8\ \text{m/s}^2)(2.2\ \text{m})} = 6.6\ \text{m/s}$$

를 얻는다.

검토 최소 속력은 약 25 km/h로 빠른 속력은 아니다. 오토바이는 쉽게 이 속력에 도달할 수 있다. 그러나 정상적으로 몇 개의 오토바이가 이 구에 들어 있어서 모든 오토바이가 동시에 이 속력으로 운동해야 하는 것이 큰 문제이다. 이 문제를 해결하는 데 실수하지 않도록 이 속력일 때 회전주기는 $T = 2\pi r/v \approx 2\ \text{s}$임을 알려둔다.

원심분리기 BIO

생물학에 응용되는 원운동은 서로 다른 밀도를 가진 액체의 성분을 분리해내는 데 사용되는 **원심분리기**이다. 전형적으로 이 성분들은 물속에 떠 있는 다른 종류의 세포이거나 세포의 성분이다. 물속에 떠 있는 작은 입자들은 아래 방향으로 가라앉는다. 그렇지만 세포와 같이 극단적으로 작은 물체들이 중력에 의해 가라앉아 정착하기 위해서는 수 일 또는 몇 달이 걸릴 수도 있다. 생물의 시편들을 중력만으로 분리해낸다는 것은 실용적이지 못하다.

중력의 힘을 증가시킨다면 시편들을 더 빠르게 분리할 수 있을 것이다. 중력은 변하지 않는 힘이지만 시편들을 매우 빨리 회전시킴으로써 시편 내 물질들의 겉보기 무게를 증가시킬 수 있다. 이와 같은 원리를 이용한 원심분리기를 **그림 6.18**에 나타내었다. 원심분리기는 자유 낙하 가속도보다 수천 배나 큰 구심 가속도를 만들어낸다. 중력을 효율적으로 정상적인 값보다 수천 배나 더 크게 증가시키기 때문에 세포나 세포 성분들은 가라앉고 수 분 또는 수 시간 내에 물질은 밀도에 따라 분리된다.

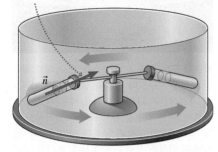

그림 6.18 원심분리기의 작동

구심 가속도가 커지려면 수직 항력이 커야 한다. 이 때문에 겉보기 무게 역시 커진다.

$\vec{n}$

| 예제 6.10 | 초원심분리기 분석 |

지름이 18 cm인 초원심분리기는 250,000 g의 엄청나게 큰 구심 가속도를 만들 수 있다. 여기에서 g는 중력이 만들어내는 자유 낙하 가속도이다. 이 기계가 낼 수 있는 회전 진동수는 몇 rpm인가? 질량이 0.0030 kg인 시편의 겉보기 무게는 얼마인가?

준비 SI 단위를 사용하면

$$a = 250,000(9.80\ \text{m/s}^2) = 2.45 \times 10^6\ \text{m/s}^2$$

이며, 반지름은 $r = 9.0\ \text{cm} = 0.090\ \text{m}$이다.

풀이 식 (6.5)를 변형하여 진동수를 구하면

$$f = \frac{1}{2\pi}\sqrt{\frac{a}{r}} = \frac{1}{2\pi}\sqrt{\frac{2.45 \times 10^6 \text{ m/s}^2}{0.090 \text{ m}}} = 830 \text{ rev/s}$$

이고, 이것을 rpm으로 바꾸면

$$830 \frac{\text{rev}}{\text{s}} \times \frac{60 \text{ s}}{1 \text{ min}} = 50{,}000 \text{ rpm}$$

이다. 가속도가 매우 크기 때문에 구심 가속도를 제공하는 힘 이외의 나머지 힘들은 무시할 수 있다. 알짜힘은 안쪽 방향의 힘과 같은데, 이것이 시료의 겉보기 무게이기도 하다.

$$w_{\text{app}} = F_{\text{net}} = ma = (3.0 \times 10^{-3} \text{ kg})(2.45 \times 10^6 \text{ m/s}^2) = 7.4 \times 10^3 \text{ N}$$

질량이 3 g인 시편의 실효 무게는 740 N이나 된다.

검토 가속도가 250,000 g이기 때문에 겉보기 무게는 실제 무게의 250,000배나 된다. 이는 매우 큰 가속도를 만들기 위해서 매우 큰 회전수가 필요하다는 사실과 부합한다.

인간 원심분리기 BIO 상하 수직 원을 그리며 팔을 빨리 돌리면 팔은 원심분리기와 같은 역할을 한다. 이 운동은 동맥에서 피가 바깥으로 흐르는 것을 도와주고 정맥에서 피가 안쪽으로 흐르는 것을 지연시킬 것이다. 여러분은 이런 피의 흐름을 손에서 아주 쉽게 알 수(느낄 수) 있다.

6.4 원형 궤도와 무중력

우주선은 시속 24,000 km/h로 지구 궤도를 돈다. 우주선에 힘이 얼마나 작용할까? 왜 원운동을 하게 되는 것일까? 궤도 운동에 대한 물리학을 고려하기 전에 잠시 포물체 운동에 대하여 생각해보자. 포물체 운동은 물체에 작용하는 힘이 중력일 때 일어난다. 포물체 운동의 분석에서 지구는 평평하고 중력에 의한 자유 낙하 가속도는 수직 아래 방향을 향하고 있다는 가정이 전제되고 있다. 이 가정들은 야구공이나 포탄 운동과 같은 제한적인 영역에서 그럴듯한 근삿값을 계산해줄 수는 있지만, 지구의 곡률을 더 이상 무시할 수 없는 한계점에 이르게 된다.

궤도 운동

그림 6.19는 매끄럽고 완전히 구형이며 공기 저항이 없는 행성에 세운 높이가 h인 수직 발사대를 보여준다. 발사대 위에서 초기 속력 v_i로 땅과 평행하게 포물체를 발사하였다. 궤적 A에서와 같이 v_i가 매우 작으면 '평평한 지구 근사'가 타당하며 예제 3.11과 동일한 문제가 된다. 포물체는 포물선 궤적을 따라 땅에 떨어진다.

초기 속력 v_i가 증가함에 따라 포물체에게는 지면이 휘어진 것처럼 보이게 된다. 포물체는 여전히 곡선을 그리며 땅으로 떨어진다. 포물체가 떨어지는 동안 줄곧 지면에 가까워지지만, 그것이 지면에 닿기까지 이동하는 거리, 곧 도달거리는 멀어진다. 왜냐하면 포물체로부터 멀리 떨어져서 휘어 있는 땅에 떨어져야 하기 때문이다. 궤적 B와 C가 이러한 경우이다.

만일 발사속력 v_i가 충분히 크면 포물체의 궤적과 지면의 곡선은 평행하여 땅에 떨

그림 6.19 매끄럽고 공기 저항이 없는 행성의 높이 h인 곳에서 발사된 포물체

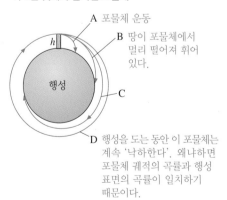

A 포물체 운동

B 땅이 포물체에서 멀리 떨어져 휘어 있다.

C

D 행성을 도는 동안 이 포물체는 계속 '낙하한다'. 왜냐하면 포물체 궤적의 곡률과 행성 표면의 곡률이 일치하기 때문이다.

어지지 않는 경우에 이르게 된다. 이 경우가 되면 포물체가 떨어지기는 하지만 땅에 더 이상 가까이 갈 수 없어 땅에 도달하지 못한다! 이 상황이 궤적 D의 경우이다. 이렇게 되면 포물체는 궤적이 닫히면서 발사하였을 때와 같은 속력으로 발사지점으로 돌아온다. 행성이나 별 주위에 생긴 이처럼 닫힌 궤적을 **궤도**(orbit)라고 한다.

이 정성적인 분석에서 가장 중요한 점은 공기 저항이 없을 때 **궤도 운동을 하는 포물체는 자유 낙하한다는 것이다.** 이러한 생각이 이상해보이지만, 주의 깊게 생각해볼 가치도 있다. 이러한 포물체 운동은 선수가 던진 야구공의 운동 또는 선반에서 뛰어 내려오는 강아지의 운동과 다르지 않다. 포물체에 작용하는 힘이 중력이지만 접선속도가 커지면 포물체 궤적의 곡률과 지구의 곡률이 같게 된다. 이 경우에 포물체는 중력의 영향으로 떨어지지만 지구 표면 어디에도 도달하지 않고 곡선의 바로 다음 점에 떨어진다.

2장에서 공부한 바와 같이 자유 낙하 가속도는 항상 수직 아래 방향을 향한다. **그림 6.20**과 같이 '아래 방향'은 실제로 '지구의 중심방향'이다. 포물체 궤도에서 중력의 방향은 지구 중심을 향하기 때문에 궤도를 따라가면서 항상 변한다.

그림 6.20 중력은 실제로 지구 중심을 향하고 있다.

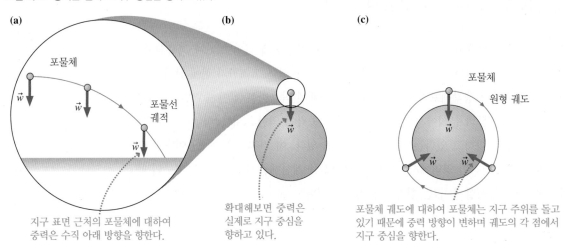

(a)
포물체
$\vec{w}$
$\vec{w}$
포물선 궤적
$\vec{w}$
지구 표면 근처의 포물체에 대하여 중력은 수직 아래 방향을 향한다.

(b)
$\vec{w}$
확대해보면 중력은 실제로 지구 중심을 향하고 있다.

(c)
포물체
원형 궤도
$\vec{w}$
$\vec{w}$ $\vec{w}$
포물체 궤도에 대하여 포물체는 지구 주위를 돌고 있기 때문에 중력 방향이 변하며 궤도의 각 점에서 지구 중심을 향한다.

앞에서 배운 바와 같이 원의 중심을 향하는 일정한 크기의 힘은 등속 원운동의 구심 가속도를 만들어낸다. 그림 6.20에서 궤도를 도는 포물체에 작용하는 유일한 힘은 중력이고, 포물체가 지구 표면 가까이에서 운동한다고 가정하였기 때문에

$$a = \frac{F_{\text{net}}}{m} = \frac{w}{m} = \frac{mg}{m} = g \tag{6.11}$$

라고 할 수 있다. 반지름 r인 원 궤도를 속력 v_{orbit}로 운동하는 물체는

$$a = \frac{(v_{\text{orbit}})^2}{r} = g \tag{6.12}$$

인 구심 가속도를 갖는다. 다시 말하면, 어떤 물체이거나

$$v_{\text{orbit}} = \sqrt{gr} \tag{6.13}$$

의 속력으로 지표면과 평행하게 운동한다면 물체의 자유 낙하 가속도는 반지름 r의 원 궤도를 돌아가는 운동에 필요한 구심 가속도가 된다. 이와 다른 속력으로 운동하는 물체는 원 궤도를 돌지 못하게 된다.

지구의 반지름은 $r = R_e = 6.37 \times 10^6$ m이다. 매끄럽고 공기 저항이 없는 지구 표면을 스치듯이 지나가는 포물체의 궤도 속력은

$$v_{\text{orbit}} = \sqrt{gR_e} = \sqrt{(9.80 \text{ m/s}^2)(6.37 \times 10^6 \text{ m})} = 7900 \text{ m/s} \approx 28{,}500 \text{ km/h}$$

이다. 이 속력으로 이 궤도의 인공위성 주기를 계산할 수 있다. 곧,

$$T = \frac{2\pi r}{v_{\text{orbit}}} = 2\pi \sqrt{\frac{r}{g}} \tag{6.14}$$

이다. 지구를 스치듯 회전하는 궤도의 주기는 $T = 5065$ s $= 84.4$ min이다.

물론 실제 위성은 산과 나무보다 높은 높이에서 궤도를 따라 대기 중에서 선회해야 하므로 대기의 끌림힘이 거의 작용하지 않는다. 많은 사람들은 국제 우주 정거장이 지구에서 멀리 떨어진 궤도를 돌고 있다고 상상하지만, 실제로는 평균 높이가 200 mi $\cong 322$ km가 조금 넘는다. 이 값은 지구 반지름보다 5 % 큰 값이어서 지구 표면 근처를 스치고 지나가는 것과 크게 다르지 않다. 이와 같이 약간 큰 r값과 식 (6.14)를 사용하여 주기를 계산하면 $T = 87$ min이다. 실제로 국제 우주 정거장은 약 90분의 주기를 가지고 있으며 하루에 15번 이상 지구 둘레를 회전한다.

궤도에서의 무중력

◀◀5.3절에서 **무중력**을 논의할 때 자유 낙하 동안 무중력 상태가 일어난다는 사실을 알았다. 우주비행사와 우주선은 자유 낙하를 하는 것일까 하는 질문을 남긴 적이 있다. 이제 이에 대한 확실한 답을 할 수 있다. 실제로 우주비행사와 우주선은 자유 낙하를 한다. 중력의 영향으로 지구 주위를 돌면서 계속해서 떨어지고 있지만 지구 표면이 그보다 밑에 있기 때문에 땅으로 떨어지지는 않는다. 공간에서의 무중력은 자유 낙하하는 승강기 안에서 사람이 느끼는 무중력과 다르지 않다. **무중력은 무게나 중력이 없기 때문에 생기는 것이 아니다.** 대신 운항하고 있는 우주비행사, 우주선 그리고 우주선에 있는 모든 물체들이 모두 다 함께 떨어지고 있기 때문에 '무중력'(곧 겉보기 무게가 0인) 상태인 것이다. 자유 낙하 가속도는 질량에 무관하므로 우주비행사나 우주 정거장이 똑같은 궤도를 운행한다.

달의 궤도

달은 지구 주위로 원형 궤도에 가까운 궤도를 돈다. 달을 이러한 궤도에 묶어두는 데 필요한 구심 가속도를 제공하는 힘은 지구의 중력에 의한 끌어당기는 힘이다. 달도 인공위성과 같이 지구 주위를 향해 떨어지고 있다. 달 궤도의 주기를 계산하기 위하여 식 (6.14)에서 달까지의 거리로 $r = 3.84 \times 10^8$ m를 사용한다면 달이 지구를 한

우주 왕복선에서 겉보기 무게는 0이다.

회전하는 우주 정거장 BIO 궤도에서 무중력을 경험한 우주비행사는 심각한 생리적 현상을 겪는다. 무중력 환경에서 사람은 뼈와 근육의 무게를 잃고 예상치 못한 신체적 장애를 겪는다. 이 문제를 해결하기 위한 하나의 해법은 '인공중력'을 만드는 것이다. 우주 정거장에서 인공중력을 만드는 가장 쉬운 방법은 겉보기 무게를 발생시키도록 우주 정거장을 회전시키는 것이다. 영화 〈2001: 스페이스 오디세이〉에서 우주 정거장 모형의 디자이너는 이러한 이유로 우주 정거장이 회전하도록 만들었다.

바퀴 온전히 도는 데 걸리는 시간은 근사적으로 11시간이다. 이것은 명백히 틀렸다. 달의 공전주기는 약 한 달 정도이다. 무엇이 잘못 되었는가?

식 (6.14)를 사용할 때 달이 있는 곳에서의 자유 낙하 가속도 g가 지구 표면이나 표면 근처에서의 값과 같다고 가정하였다. 중력이 지구가 물체를 잡아당기는 힘이라면 그 힘의 크기와 g의 크기는 지구로부터 거리가 멀어짐에 따라 감소하여야 한다. 실제로 중력은, 다음 절에서 살펴볼 방법에 의하면, 거리가 증가하면 감소한다.

6.5 뉴턴의 중력 법칙

중력에 대한 이해는 뉴턴으로부터 시작된다. 뉴턴이 자신의 머리 위로 떨어지는 사과를 보고 중력을 생각하게 되었다는 이야기는 최소한 사실에 가까운 것으로 보인다. 그는 '명상에 잠겨있던 사이 떨어진 사과'를 보고 '중력의 개념'이 떠올랐다고 말했다.

뉴턴이 얻은 중요한 깨달음은, 중력이란 우주에 있는 모든 물체에 작용하는 보편적인 힘이라는 것이다. 사과를 잡아당기는 끌어당기는 힘과 달을 궤도에 유지시키는 힘은 같은 것이다. 이것은 오늘날에는 폭넓게 받아들여지고 있지만, 그 당시에는 혁명적인 생각이었다.

중력은 역제곱 법칙을 따른다

뉴턴은 우주에 있는 모든 물체는 다음의 특성을 갖는 하나의 힘으로 서로 다른 물체를 잡아당긴다고 제안하였다.

1. 이 힘은 물체들 사이 거리의 제곱에 반비례한다.
2. 이 힘은 두 물체의 질량의 곱에 비례한다.

그림 6.21에서 보인 바와 같이 질량 m_1과 m_2인 구 모양의 두 물체가 거리 r만큼 떨어져 있다. 각 물체가 다른 물체에 끌어당기는 힘을 작용하며, 이 힘을 **중력**(gravitational force)이라고 한다. 두 힘은 작용·반작용 쌍을 이루므로, $\vec{F}_{1 \, on \, 2}$는 $\vec{F}_{2 \, on \, 1}$와 크기는 같고 방향은 반대이다. 힘의 크기는 뉴턴의 중력 법칙에 의해 주어진다.

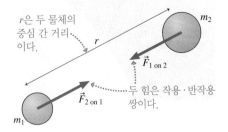

그림 6.21 질량 m_1과 m_2에 작용하는 중력

r은 두 물체의 중심 간 거리이다.

두 힘은 작용·반작용 쌍이다.

뉴턴의 중력 법칙 질량 m_1과 m_2를 갖는 두 물체들이 거리 r만큼 떨어져 있다면 각 물체에 작용하는 끌어당기는 힘의 크기는 다음과 같이 주어진다.

$$F_{1 \, on \, 2} = F_{2 \, on \, 1} = \frac{Gm_1 m_2}{r^2} \qquad (6.15)$$

힘은 두 물체를 연결하는 선을 따라 작용한다.

상수 G는 **중력 상수**라고 하며 SI 단위계에서 다음과 같다.

$$G = 6.67 \times 10^{-11} \, \text{N} \cdot \text{m}^2/\text{kg}^2$$

역제곱

두 물체 사이의 거리 r이 증가함에 따라 두 물체 사이의 중력은 감소한다. 거리는 분모의 제곱으로 나타나기 때문에 뉴턴의 중력 법칙은 **역제곱 법칙**(inverse square law)이라고도 한다. 두 물체 사이의 거리가 2배로 늘어나면 힘은 4배 감소한다. 이러한 수학적 형태는 또 다시 보게 될 것이므로, 좀 더 상세히 살펴볼 필요가 있다.

역제곱 관계식

y가 x의 제곱에 반비례한다면 두 양은 **역제곱 관계**를 갖고, 수학적으로 다음과 같이 표현한다.

$$y = \frac{A}{x^2}$$

y는 x^2에 역비례한다.

여기서 A는 상수이다. 이 관계식은 종종 $y \propto 1/x^2$로 표현한다.

축척 그래프에서 보는 바와 같이 역제곱의 축척은 예를 들어 다음을 의미한다.

- x값이 2배가 되면 y값은 1/4이 된다.
- x값이 1/2이 되면 y값은 4배가 된다.
- x값이 3배가 되면 y값은 1/9이 된다.
- x값이 1/3이 되면 y값은 9배가 된다.

일반적으로 **x값이 c배가 되면 y값은 $1/c^2$배가 되고**, x값이 $1/c$배가 되면 y값은 c^2배가 된다.

비 어떤 두 값 x_1과 x_2에 대하여 다음 식을 갖는다.

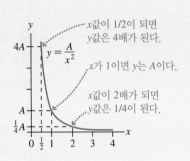

$$y_1 = \frac{A}{x_1^2} \quad \text{와} \quad y_2 = \frac{A}{x_2^2}$$

또 y_1식을 y_2식으로 나누면 다음 식이 주어진다.

$$\frac{y_1}{y_2} = \frac{A/x_1^2}{A/x_2^2} = \frac{A}{x_1^2}\frac{x_2^2}{A} = \frac{x_2^2}{x_1^2}$$

즉 y값의 비는 x값의 제곱의 역비로 나타난다.

극한 x가 커지면 y는 매우 작아지고 x가 작아지면 y는 매우 커진다.

개념형 예제 6.11　중력의 변화

커다란 2개의 납공이 20 m 떨어져 있고 이들 사이에 작용하는 중력은 0.010 N이다. 그들 사이의 중력이 0.160 N이 되려면 두 공 사이의 거리는 얼마이어야 하는가?

판단 두 공의 질량을 알 수는 없지만 이 문제를 풀 수 있다. 힘과 거리의 비가 이 문제를 푸는 열쇠이다. 중력은 힘과 거리와

의 관계식이 거리의 제곱에 반비례하는 역제곱 관계식을 갖는다. 따라서 힘은 (0.160 N)/(0.010 N) = 16만큼 증가하므로 거리는 $\sqrt{16} = 4$만큼 감소한다. 그러므로 거리는 (20 m)/4 = 5.0 m이다.

검토 이러한 형태의 비례식을 적용하면 문제의 답을 합리적으로 빠르게 얻을 수 있다.

예제 6.12　두 사람 사이의 중력

물리학 강의실에 앉아 있는 두 친구 A와 B 사이의 거리는 0.60 m이다. 각자의 질량이 65 kg이라고 가정하고 작용하는 중력의 크기를 구하시오.

준비 중력을 계산하는 데 사람을 공으로 취급하는 것은 좋은 모형은 아니지만 대략적인 추산을 할 때 이 모형을 쓰게 된다. 두 사람 사이의 중심 거리를 0.60 m로 할 것이다.

풀이 식 (6.15)에 의하여 중력은 다음과 같이 계산된다.

$$F_{A \, on \, B} = \frac{Gm_A m_B}{r^2}$$
$$= \frac{(6.67 \times 10^{-11} \, N \cdot m^2/kg^2)(65 \, kg)(65 \, kg)}{(0.60 \, m)^2}$$
$$= 7.8 \times 10^{-7} \, N$$

검토 대략 머리카락 하나의 무게에 해당하는 매우 작은 힘이다. 이 값은 타당하며 여러분은 이러한 끌어당기는 힘을 느끼지 못할 것이다!

우주의 모든 물체 사이에는 중력이 작용하지만 보통 크기의 물체 사이에 작용하는 중력은 일반적으로 매우 작다. 그러나 한 물체나 두 물체의 질량이 매우 클 때는 중력이 매우 중요하다. 지구에 사는 우리에게 아래 방향으로 작용하는 힘인 무게는 지구의 질량이 굉장히 크기 때문에 지구가 여러분에게 작용하는 아래 방향의 힘, 즉 여러분의 무게는 느낄 수 있을 정도로 크다. 이 끌어당기는 힘은 상호간에 작용한다. 곧, 뉴턴의 제3법칙에 의하면 지구가 물체를 아래 방향으로 당기는 무게와 같은 힘으로 물체도 지구를 같은 힘으로 잡아당긴다. 그러나 지구의 질량이 크기 때문에 지구에 작용하는 힘의 **효과**는 무시할 만큼 작다.

예제 6.13 **사람에게 작용하는 지구의 중력**

60 kg인 사람에게 작용하는 지구 중력의 크기는 얼마인가? 지구 질량은 5.98×10^{24} kg이고 반지름은 $r = 6.37 \times 10^6$이다.

준비 사람을 다시 공으로 취급하자. 뉴턴의 중력 법칙에서 거리 r은 두 공의 **중심** 사이의 거리이다. 사람의 크기는 지구의 크기에 비해 무시할 수 있을 만큼 작으므로 지구의 반지름을 r로 사용할 수 있다.

풀이 식 (6.15)를 사용하여 사람에게 작용하는 지구의 중력을 다음과 같이 구한다.

$$F_{earth \, on \, person} = \frac{GM_e m}{R_e^2}$$
$$= \frac{(6.67 \times 10^{-11} \, N \cdot m^2/kg^2)(5.98 \times 10^{24} \, kg)(60 \, kg)}{(6.37 \times 10^6 \, m)^2}$$
$$= 590 \, N$$

검토 이 힘은 무게의 공식 $w = mg$를 사용하여 계산된 값과 정확히 같다. 5장에서 물체의 무게를 단순히 물체에 작용하는 '중력'으로 소개하였다. 뉴턴의 중력 법칙은 중력을 계산하기 위한 기본 법칙이지만, 결국 중력은 먼저 소개하였던 '무게'와 같은 것이다.

다른 세계에서의 중력

지구와 물체 사이에 작용하는 끌어당기는 힘은 중력으로 물체의 무게에 해당한다. 혹시 다른 행성을 탐험하게 된다면 5장에서 언급한 바와 같이 물체의 **질량**은 같은 값을 가지지만 물체의 무게는 다를 것이다. 달을 탐사하였을 때 텔레비전 화면을 통해서 우주비행사가 80 kg이 넘는 보호 장비를 착용하고도 쉽게 걷고 도약하는 모습을 보았을 것이다. 이 영상은 달에서는 물체의 무게가 지구에서보다 더 작다는 사실을 상기

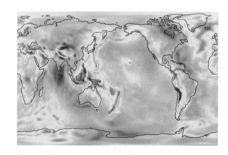

◀ **변화하는 중력** 지구의 중력을 계산할 때 지구의 모양, 구성이 균일하다고 가정했다. 실제로는 밀도와 다른 인자가 균일하지 않기 때문에 그림에서 보는 것과 같은 지구 중력의 차이가 생긴다. 빨간색은 중력이 센 부분, 파란색은 중력이 약한 부분을 나타낸다. 이 교재에서 이러한 차이는 무시하고 중력을 계산하지만, 지구를 연구하는 과학자들에게는 이런 차이가 무척 중요하다.

시켜 주었다. 그 이유를 생각해보자.

그림 6.22는 달 표면에서 질량 m인 암석의 무게를 재고 있는 우주비행사의 모습이다. 지구 표면에서 물체의 무게를 계산할 때는 공식 $w = mg$를 쓴다. 달에서의 g값을 사용한다면 달에서의 질량 m에 대해서도 같은 방법으로 계산할 수 있다. 곧,

$$w = mg_{moon} \tag{6.16}$$

이다. 여기에서 g_{moon}은 '작은 g'일 가능성이 있다. 달에서 자유 낙하 실험을 하면 g_{moon}값은 1.62 m/s^2이다.

하지만 이 값은 '큰 G'를 써서 구할 수도 있다. 바위의 무게는 달의 끌어당기는 힘에 기인하며, 식 (6.15)로 이 무게를 계산할 수 있다. 거리 r을 달의 반지름 R_{moon}로 쓰면

$$F_{moon \, on \, m} = \frac{GM_{moon}m}{R_{moon}^2} \tag{6.17}$$

이 된다. 식 (6.16)과 (6.17)은 같은 힘이며 다른 이름을 가진 두 표현이기 때문에, 두 식의 우변을 같게 놓으면 다음과 같다.

$$g_{moon} = \frac{GM_{moon}}{R_{moon}^2}$$

이 계산을 달에 있는 물체에 적용하였지만 이 관계식은 완전한 일반식이어서 행성(또는 별) 표면의 자유 낙하 가속도 g는 다음과 같이 주어진다.

$$g_{planet} = \frac{GM_{planet}}{R_{planet}^2} \tag{6.18}$$

행성 표면의 자유 낙하 가속도

달의 질량과 반지름을 사용하면 $g = 1.62 \text{ m/s}^2$을 얻을 수 있다. 이것은 지구의 자유 낙하 가속도는 9.8 m/s^2이므로 달에서의 물체의 무게는 지구에서의 물체의 무게보다 작다는 것을 의미한다. 70 kg(686 N)의 우주비행사가 80 kg(784 N)의 우주복을 입는다면 지구에서의 무게는 1470 N이 되지만 달에서는 240 N 정도 밖에 되지 않는다.

식 (6.18)은 행성 표면에서의 자유 낙하 가속도 g이다. 좀 더 일반적인 경우로 행성 중심에서 물체 사이의 거리가 $r > R$일 때를 생각해보자. 이 거리에서 자유 낙하 가속도는

$$g = \frac{GM}{r^2} \tag{6.19}$$

이다. 만약 $r = R$이면 이 식은 식 (6.18)과 같아지지만, $r > R$에서 '국소' 자유 낙하 가속도를 결정하는 데 사용할 수도 있다. 식 (6.19)는 지구로부터 멀리 떨어져 있을수록 g의 크기는 감소한다는 뉴턴의 생각을 표현하고 있다.

고도 약 10 km에서 제트기가 받는 자유 낙하 가속도는 지표면에서보다 0.3 % 작다. 우주 정거장의 고도 300 km에서 식 (6.19)는 지표면에서보다 약 10%나 작은 8.9 m/s^2

그림 6.22 달 위에서 무게 측정

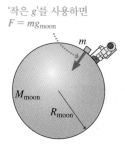

'작은 g'를 사용하면
$F = mg_{moon}$

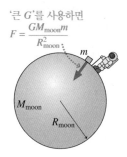

'큰 G'를 사용하면
$F = \frac{GM_{moon}m}{R_{moon}^2}$

달 표면에서 걷기 BIO 앞서 최대 보행속도는 다리 길이와 자유 낙하 가속도 g에 의해 결정된다는 사실을 알았다. 달에서는 중력이 작기 때문에 걷기는 쉽지만 걷는 속도는 매우 느리다. 달에서 걸을 수 있는 최대 보행속도는 1 m/s에 지나지 않는다. 아폴로 우주인들이 적당한 속도로 걷는 것은 어려웠지만 무게의 감소로 도약하기는 무척 쉬웠다. 종종 달 표면으로부터 보내오는 동영상을 보면 우주비행사가 이곳저곳으로 움직여 가기 위해서 껑충껑충 뛰어오르면서 걷는 것을 볼 수 있는데, 이것은 재미로 하는 것이 아니라 효과적으로 빠르게 움직이기 위한 것이다.

이 된다. 인공위성의 궤도 주기를 나타낸 식 (6.14)에 g값 대신에 약간 작은 값을 사용한다면, 주기는 약 90분 정도 된다. 이 g값이 지표에서보다 약간 작은데, 이는 궤도를 도는 물체가 중력이 없는 '무중력' 상태에 있는 것이 아니라 자유 낙하하기 때문이다.

예제 6.14   데이모스의 궤도 속력 구하기

화성은 2개의 위성을 가지고 있는데 둘 다 지구의 위성인 달보다 훨씬 작다. 둘 중 작은 위성인 데이모스는 반지름이 6.3 km이고 질량은 1.8×10^{15} kg이다. 데이모스의 근접 궤도로 진입하려면 포물체의 속력은 얼마이어야 할까?

풀이 데이모스 표면에서 자유 낙하 가속도는 아주 작다.

$$g_{Deimos} = \frac{GM_{Deimos}}{R_{Deimos}^2}$$

$$= \frac{(6.67 \times 10^{-11} \text{ N} \cdot \text{m}^2/\text{kg}^2)(1.8 \times 10^{15} \text{ kg})}{(6.3 \times 10^3 \text{ m})^2}$$

$$= 0.0030 \text{ m/s}^2$$

이 값과 식 (6.13)을 사용하면 궤도 속력은

$$v_{orbit} = \sqrt{gr} = \sqrt{(0.0030 \text{ m/s}^2)(6.3 \times 10^3 \text{ m})}$$

$$= 4.3 \text{ m/s} \approx 16 \text{ km/h}$$

이다.

검토 이 속력은 매우 느리다. 약간만 도약해도 데이모스 주위의 궤도로 쉽게 진입시킬 수 있다.

6.6   중력과 궤도

그림 6.23 인공위성의 궤도 운동은 중력에 의한 것이다.

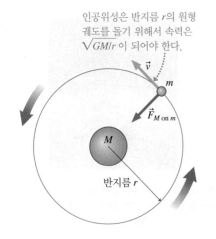

인공위성은 반지름 r의 원형 궤도를 돌기 위해서 속력은 $\sqrt{GM/r}$ 이 되어야 한다.

반지름 r

태양계의 행성들은 태양의 중심을 향하는 태양의 중력이 구심 가속도를 제공하기 때문에 태양을 중심으로 궤도를 그리며 돈다. 수성은 태양과 가장 가까운 궤도를 돌며 구심 가속도가 가장 큰 반면, 해왕성은 가장 먼 궤도를 돌며 구심 가속도는 가장 작다.

그림 6.23은 태양이나 지구와 같이 질량 M의 큰 물체 주위의 궤도를 도는 질량 m의 작은 물체를 보여준다. 작은 물체는 **인공위성**(satellite)일 수도 있고 태양 주위를 도는 행성일 수도 있다. 뉴턴의 제2법칙은 $F_{M \text{ on } m} = ma$이고 $F_{M \text{ on } m}$은 큰 질량이 인공위성에 작용하는 중력이며, a는 인공위성의 가속도이다. $F_{M \text{ on } m}$은 식 (6.15)에 의해서 주어지고, 인공위성은 원형 궤도를 돌고 있기 때문에 인공위성의 가속도는 구심 가속도 mv^2/r이다. 그러므로 뉴턴의 제2법칙은 다음 식으로 주어진다.

$$F_{M \text{ on } m} = \frac{GMm}{r^2} = ma = \frac{mv^2}{r} \tag{6.20}$$

이 식을 v에 대해서 풀면 원형 궤도를 도는 인공위성의 속력은 다음과 같다.

$$v = \sqrt{\frac{GM}{r}} \tag{6.21}$$

질량 M인 별이나 행성 주위로 반지름 r인 원형 궤도를 도는 인공위성의 속력

인공위성은 반지름이 r이고 질량이 M인 물체 주위에서 원형 궤도를 유지하면서

돌려면 이 속력을 가져야 한다. 속력이 이 값과 다르면 궤도는 원형 궤도가 아닌 타원 궤도가 될 것이다. 궤도의 속력은 인공위성의 질량 m과는 무관하다. 이 사실은 이전의 중력에 의한 자유 낙하 운동과 포물체 운동이 질량과 무관하다는 결과와 일치한다.

태양 주위를 도는 행성의 주기 T는 태양 주위를 완전히 한 번 회전하는 데 걸리는 시간이다. 임의의 원운동에서 회전속력, 회전 반지름 및 주기의 관계는 동일하므로 $v = 2\pi r/T$이다. 이것과 식 (6.21)의 v값을 결합하여 다음을 얻는다.

$$\sqrt{\frac{GM}{r}} = \frac{2\pi r}{T}$$

양변을 제곱하여 인공위성의 주기를 구하면 다음 식을 얻는다.

$$T^2 = \left(\frac{4\pi^2}{GM}\right)r^3 \tag{6.22}$$

질량 M인 물체 주위로 원형 궤도를 도는
인공위성의 주기 T와 회전 반지름 r과의 관계

일반적으로 **회전 주기의 제곱은 궤도 반지름의 세제곱에 비례한다.**

주기와 궤도 반지름의 관계식은 17세기 천문학자인 케플러(Johannes Kepler)의 관찰로부터 나온 것이다. 뉴턴의 주된 과학적 업적 중의 하나가 중력 법칙과 운동 법칙으로부터 케플러의 관찰을 증명해낸 것이다. 오늘날에도 뉴턴의 중력 법칙과 식 (6.22)와 같은 식은 태양계의 행성들을 탐사하는 NASA의 과학자들에게는 꼭 알아야 하는 식이며 필수적인 도구이다.

예제 6.15 지구정지위성의 위치

통신위성은 지구 적도 상공의 한 점에서 제자리 '맴돌기'를 한다. 지구가 자전할 때 정지한 것처럼 보이는 인공위성은 **지구정지궤도**에 있다. 이 정지위성의 궤도 반지름은 얼마인가?

준비 지구에 대하여 정지한 것처럼 보이는 위성은 지구의 자전속력과 같은 속력으로 돌아야 하기 때문에 정지위성의 궤도 주기는 24시간이어야 한다. 주기는 $T = 8.64 \times 10^4$ s이다.

풀이 식 (6.22)를 반지름 r에 대해서 정리하여 대입하면 다음과 같은 해를 얻는다.

$$r = \left(\frac{GM_e T^2}{4\pi^2}\right)^{\frac{1}{3}}$$

$$= \left(\frac{(6.67 \times 10^{-11} \text{ N·m}^2/\text{kg}^2)(5.98 \times 10^{24} \text{ kg})(8.64 \times 10^4 \text{ s})^2}{4\pi^2}\right)^{\frac{1}{3}}$$

$$= 4.22 \times 10^7 \text{ m}$$

검토 지구 표면에서 매우 높이 있는 이 궤도는 대략 지구 반지름의 7배 정도이다. 반면 국제 우주 정거장의 궤도 반지름은 지구 궤도보다 약 5% 정도 크다.

거대 규모의 중력

상대적으로 약한 힘이라 하더라도 중력은 먼 거리까지 영향을 미치는 힘이다. 두 물체가 매우 멀리 떨어져 있다고 하더라도 그들 사이에는 중력이 작용한다. 결과적으로 중력은 우주의 어느 곳에서나 작용하는 힘이다. 중력은 여러분의 발을 지면에 붙어

우리 은하(은하수)와 닮은 나선은하

있게 해줄 뿐만 아니라 더 큰 규모로 작용한다. 우리 태양계가 속해 있는 별의 모임인 은하수는 중력에 의해 유지되고 있다. 그런데 은하의 중력이 모든 별들을 하나 같이 잡아당기고 있다는 증거는 왜 보이지 않을까?

그 이유는 모든 별들이 은하계의 중심 주위에서 궤도 운동을 하고 있기 때문이다. 중력은 태양의 행성들이 태양계 안쪽으로 떨어지지 않고 궤도 운동을 하는 것과 같이 은하계의 별들이 은하계 중심으로 떨어지지 않고 은하계 중심 주위에서 궤도를 그리며 원운동을 유지하도록 힘을 제공하고 있다. 우리 태양계의 역사는 약 50억 년이나 된다. 이 시간에 우리 은하는 은하의 중심을 축으로 하여 대략 20번 회전하였다.

일반적으로 은하계의 별들은 일정한 각속도로 원운동을 하지 않을 것으로 생각된다. 은하계의 모든 별들은 은하계 중심으로부터 떨어진 거리가 각기 다르고 주기도 제각각이기 때문이다. 식 (6.22)에 보인 바와 같이 중심과 가까이 있는 별들일수록 주기가 짧다. 그러므로 별들이 궤도 운동을 할 때 상대적인 위치가 변한다. 그렇기 때문에 상대적으로 가까이 위치한 별들도 시간이 지나면 반대편에 위치할지도 모른다.

수레바퀴와 같은 **강체**의 회전은 훨씬 더 간단하다. 바퀴가 회전할 때 모든 점들 사이의 거리는 항상 일정하게 유지되며, 모두 같은 각속도로 회전한다. 다음 장에서 이와 같은 강체의 회전 동역학을 공부할 것이다.

종합형 예제 6.16 **사냥꾼과 투석기**

석기시대에 한 사냥꾼이 절벽 위의 평원에서 1.0 m의 칡넝쿨로 만든 투석기에 1.0 kg의 돌멩이를 메달아 머리 위에서 수평으로 원을 그리며 빙빙 돌리고 있다. 돌멩이가 운동하는 면은 절벽 아래 바닥으로부터 높이가 약 25 m이다. 칡넝쿨의 장력은 돌멩이를 빠르게 돌리면 돌릴수록 더 커진다. 장력이 200 N에 도달하여 갑자기 넝쿨이 끊겼다면 돌멩이는 절벽 바로 아래로부터 수평으로 얼마나 멀리 날아갔겠는가?

준비 돌멩이가 등속 원운동을 하고 있었다고 가정하면, 문제 풀이 전략 6.1을 사용하여 이 운동을 분석할 수 있다. 투석기의 칡넝쿨이 끊어지면 돌멩이는 수평선과 나란한 방향의 초기 속도로 포물체 운동을 한다.

그림 6.24(a)의 돌멩이에 작용하는 힘 식별 도형은 칡넝쿨에 작용

하는 힘이 오로지 접촉힘인 장력밖에 없음을 나타냈다. 돌멩이가 수평 원에서 돌고 있었기 때문에 장력 $\vec{T}$가 x축 방향으로 작용하는 **그림 6.24(b)**와 같은 자유 물체 도형으로 시작할 수도 있다. 그러나 이렇게 되면 곤란한 문제가 생긴다. 자유 물체 도형에서 보면 알짜힘이 y방향으로 돌멩이를 가속시키기 때문이다. 그렇지만 돌멩이가 수평 원을 따라 운동을 하려면 알짜힘이 원의 중심을 향해야 한다는 것을 알고 있다. 이 자유 물체 도형에서 무게 $\vec{w}$는 곧바로 아래 방향을 가리키는 것이 맞으므로 이제 남은 어려움은 장력 $\vec{T}$의 선택에 있다.

작은 추를 실에 묶어서 머리 위에서 돌리는 실험에서와 같이 물체를 돌려보고 실의 각도를 살펴보라. 줄이 수평이 아니고 약간 아래 방향으로 각을 이루고 있음을 알 수 있을 것이다. **그림 6.24(c)**

그림 6.24 돌멩이를 돌리는 사냥꾼의 개요도

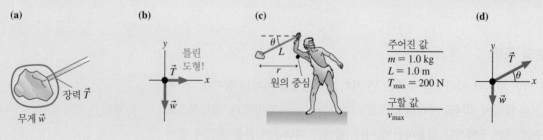

(a) 장력 $\vec{T}$ / 무게 $\vec{w}$

(b) 틀린 도형! / $\vec{T}$ / $\vec{w}$

(c) θ / L / r / 원의 중심

주어진 값
$m = 1.0$ kg
$L = 1.0$ m
$T_{max} = 200$ N

구할 값
v_{max}

(d) $\vec{T}$ / θ / $\vec{w}$

그림 6.25 포물체 운동을 하는 돌멩이의 개요도

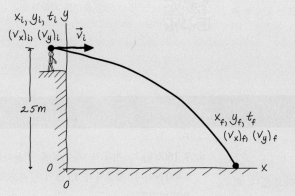

$y_i = 25\,m, \quad y_f = 0\,m$

$(v_y)_i = 0\,m/s$

$t_i = 0\,s$

$x_i = 0\,m$

$(v_x)_i = $ 칡넝쿨이 끊어졌을 때
원운동하던 속력

구할 값

x_f

는 이 각을 θ로 나타냈다. 돌멩이가 수평 원에서 운동을 하지만 원의 중심이 손은 아니라는 사실에 주목해야 한다. x축은 원의 중심을 수평으로 가리키지만 장력은 칡넝쿨을 따라가는 방향이다. 그러므로 올바른 자유 물체 도형은 **그림 6.24(d)**와 같아야 한다.

그림 6.25는 칡넝쿨이 끊어져서 돌멩이가 날아가는 상황을 나타낸 개요도이다. 여기에서 주목해야 할 중요한 것은 속도의 x성분이 칡넝쿨이 끊어지기 직전에 돌멩이의 속력이라는 사실이다.

풀이 그림 6.24(d)의 자유 물체 도형으로부터, 원운동에 관한 뉴턴의 제2법칙을 적용하면

$$\sum F_x = T\cos\theta = \frac{mv^2}{r}$$

$$\sum F_y = T\sin\theta - mg = 0$$

이 된다. 여기에서 θ는 칡넝쿨이 수평선에서 아래로 이루는 각이다. 칡넝쿨이 이루는 각 θ를 구하려면 y축 방향의 식을 이용할 수 있다. 곧 다음과 같다.

$$\sin\theta = \frac{mg}{T}$$

$$\theta = \sin^{-1}\left(\frac{mg}{T}\right) = \sin^{-1}\left(\frac{(1.0\text{ kg})(9.8\text{ m/s}^2)}{200\text{ N}}\right) = 2.81°$$

이렇게 하여 장력이 200 N으로 최대일 때의 경사각을 구할 수 있다. 칡넝쿨의 각은 작지만 0은 아니다.

x축 방향의 식으로 돌아가서 원운동을 하는 돌멩이의 속력을 구하면

$$v = \sqrt{\frac{rT\cos\theta}{m}}$$

이다. 회전 원의 반지름 r이 칡넝쿨의 길이 L이 아니라는 것에 주목하라. 그림 6.24(c)에서 $r = L\cos\theta$임을 알 수 있다. 이로부터 돌멩이의 속력은

$$v = \sqrt{\frac{LT\cos^2\theta}{m}} = \sqrt{\frac{(1.0\text{ m})(200\text{ N})(\cos 2.81°)^2}{1.0\text{ kg}}} = 14.1\text{ m/s}$$

이다.

이것은 칡넝쿨이 끊어졌을 때 돌멩이의 수평 속력이기 때문에 그림 6.25의 포물체 운동의 개요도에서 초기 속도의 x성분이 $(v_x)_i$ = 14.1 m/s이어야 한다. 포물체 운동에서 수평방향으로의 가속도는 0이라는 점을 상기하면, 돌멩이의 나중 위치는

$$x_f = x_i + (v_x)_i\,\Delta t = 0\text{ m} + (14.1\text{ m/s})\Delta t$$

가 된다. 여기에서 Δt는 포물체가 공중에 있던 시간이다. 이 값이 주어지지는 않았지만 수직운동으로부터 구할 수 있다. 포물체에서 수직운동은 자유 낙하 운동이므로

$$y_f = y_i + (v_y)_i\,\Delta t - \frac{1}{2}g(\Delta t)^2$$

이다. 초기 높이가 y_i = 25 m이고, 나중 높이가 y_f = 0 m, 그리고 초기 속도가 $(v_y)_i$ = 0 m/s이다. 이 값을 대입하면

$$0\text{ m} = 25\text{ m} + (0\text{ m/s})\Delta t - \frac{1}{2}(9.8\text{ m/s}^2)(\Delta t)^2$$

이 된다. 이 식을 Δt에 대해서 풀면

$$\Delta t = \sqrt{\frac{2(25\text{ m})}{9.8\text{ m/s}^2}} = 2.26\text{ s}$$

가 된다. 이제 이 값을 사용하여 돌멩이가 날아간 거리를 구하면

$$x_f = 0\text{ m} + (14.1\text{ m/s})(2.26\text{ s}) = 32\text{ m}$$

이다. 돌멩이는 절벽 바로 아래로부터 32 m인 지점에 떨어진다.

검토 돌멩이가 회전하는 원주의 길이는 $2\pi r$이고, 약 6 m이다. 14.1 m/s의 속력으로 대략 1/2초에 한 바퀴를 도는 것이다. 이 값은 합리적인 것처럼 보인다. 32 m 거리라면 대략 25 m 높이의 절벽 위에서 쉽게 던질 수 있는 거리이다.

문제의 난이도는 I(쉬움)에서 IIIII(도전)으로 구분하였다. INT로 표시된 문제는 지난 장의 내용이 복합된 문제이고, BIO는 생물학적 또는 의학적 관심 분야를 의미한다.

QR 코드를 스캔하여 이 장의 문제를 해결하는 데 도움이 되는 영상 학습 풀이를 시작하시오.

연습문제

6.1 등속 원운동

1. II 지름이 5.0 m인 회전목마가 4.0 s의 주기로 회전하고 있다. 회전하고 있는 아이의 속력은 얼마인가?

2. I 구식의 LP 레코드판이 $33\frac{1}{3}$ rpm으로 돈다.
   a. 진동수는 rev/s로 얼마인가?
   b. 주기는 초 단위로 얼마인가?

3. II 컴퓨터의 CD-ROM 드라이브는 12 cm 지름을 갖는 CD를 10,000 rpm으로 회전시킨다.
   a. CD의 주기(초)와 진동수(rev/s)는 얼마인가?
   b. CD의 바깥쪽에 있는 먼지 입자의 속력은 얼마인가?
   c. 이 먼지에 작용하는 가속도는 g의 단위로 얼마인가?

4. III 태양 주위의 가장 가까운 지구의 원 궤도의 반지름은 1.50×10^{11} m이다. 지구의 (a) 속도와 (b) 구심 가속도를 구하시오. 1년은 365일로 가정한다.

5. II 같은 방 친구가 자전거를 거꾸로 놓고 작업 중이다. 자전거 바퀴의 지름이 60 cm이고 바퀴홈에 낀 잔돌이 매초 3번 지나간다. 이 잔돌의 속력과 가속도는 얼마인가?

6. II 갑작스런 급강하 때 발생하는 $10g$에 다다르는 'g-forces'를 경험하기 위해서 전투기 조종사들은 '인간 원심분리기'에서 훈련한다. $10g$는 98 m/s²의 가속도에 해당한다. 원심분리기의 회전 길이가 12 m일 때, $10g$를 느끼려면 얼마의 속도로 회전해야 하는가?

6.2 등속 원운동의 동역학

7. IIIII 그림 P6.7은 식탁 위 수평면에서 원운동하는 입자의 모습을 보여준다. 모든 입자가 같은 속력으로 운동할 때 장력이 가장 큰 것에서부터 가장 작은 것의 순으로 나열해보시오.

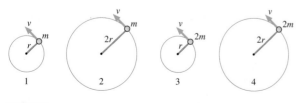

그림 P6.7

8. III 1600 kg의 자동차 타이어에 작용하는 도로의 최대 힘은 8400 N이다. 자동차가 13 m의 반지름으로 돌 때 최대 속력은 얼마인가?

9. II 6000 kg의 버스가 300 m 지름의 원형 트랙을 20 m/s로 달린다. 버스에 작용하는 알짜힘의 방향과 크기는 무엇인가? 어떠한 것이 이 힘으로 작용하는가?

10. II 야구공을 던지는 기계는 공이 목표물을 향해 떠날 때까지 가볍고 강한 강체 봉을 수평축 주위로 회전시켜 공을 가속한다. 질량이 144 g인 공이 회전축으로부터 반지름 85 cm 떨어져서 136 km/h의 속력으로 던져지고 있다.
    a. 야구공이 던져지기 직전에 구심 가속도는 얼마인가?
    b. 야구공이 던져지기 직전에 작용하는 알짜힘은 얼마인가?

11. II 픽업트럭이 반지름 20 m인 커브를 돌고 있다. 트럭 뒤편에 있는 상자가 트럭 벽 쪽을 누른다. 상자의 무게와 벽이 상자에 작용하는 힘과 같게 하려면 얼마나 빠른 속도로 운전해야 하는가?

12. II 아시아의 작은 영장류인 긴팔원숭이는 팔을 흔들며 앞으로 이동한다. 9 kg의 긴팔원숭이의 팔 길이(손에서 어깨까지)는 0.6 m이다. 이런 상황은 질량이 없는 0.6 m의 막대기에 달린 점 질량이 회전하는 것으로 모형화할 수 있다. 팔을 흔들 때 가장 낮은 지점에서 긴팔원숭이는 3.5 m/s로 이동한다. 긴팔원숭이를 지탱하기 위해서 나뭇가지는 얼마만큼의 힘을 제공해야 하는가?

6.3 원운동에서의 겉보기힘

13. II 한 손으로 양동이를 들고 있다고 하자. 양동이 안에 500 g의 돌이 들어 있다. 이 양동이를 수직으로 지름이 2.2 m가 되도록 회전시켰다. 돌이 양동이 안에 있게 하려면 수직 원의 꼭대기에서 필요한 최소한의 속력은 얼마인가?

14. III 롤러코스터 차가 지름 60 m의 최정상에서 공중제비를 하고 있을 때 차의 겉보기 무게는 차의 실제 무게와 같다. 최정상에서 차의 속력은 얼마인가?

15. II 실험실의 원심분리기가 4000 rpm으로 회전한다. 매우 큰 가속도 때문에 시험관은 원심분리기 안에 조심스럽게 놓아야 한다.
BIO
INT

a. 회전축으로부터 10 cm 떨어진 곳에 있는 시험관의 가속도는 얼마인가?

b. 시험관이 1.0 m 높이에서 떨어져 딱딱한 마루와 충돌하여 1.0 ms 동안에 정지할 때의 가속도의 크기는 얼마인가? 앞의 결과와 비교해보시오.

6.4 원형 궤도와 무중력

16. | 최근 우주선이 화성으로 보내졌다. 화성은 지구보다 작고 그에 따라 표면에서의 중력도 작다. 화성에서는 자유 낙하 가속도가 3.8 m/s^2이다. 화성 표면 바로 근처의 낮은 궤도를 우주선이 돈다면 회전 주기는 얼마인가?

6.5 뉴턴의 중력 법칙

17. ‖ 어떤 별의 궤도를 도는 행성 1이 받는 중력은 F_1이다. 행성 1의 질량보다 두 배 크고 별과의 거리가 두 배인 행성 2가 별로부터 받는 중력은 F_2이다. 두 중력 간의 비 F_2/F_1는 얼마인가? 두 행성 사이의 중력은 무시한다.

18. ‖‖ 태양이 사람에게 작용하는 중력의 크기와 지구가 사람에게 작용하는 중력의 크기의 비는 얼마인가?

19. ‖ 최근 천문학자들이 태양계와는 무척 다른 행성들을 발견했다. Kepler-12b는 목성의 1.7배에 해당하는 지름을 가지고 있으나 질량은 목성의 0.43에 지나지 않는다. 이 행성에서의 g는 얼마인가?

20. a. 지구에 작용하는 태양의 중력은 얼마인가?

b. 지구에 작용하는 달의 중력은 얼마인가?

c. 지구에 작용하는 달의 중력은 태양의 중력의 몇 퍼센트인가?

21. (a) 화성에서의 자유 낙하 가속도는 얼마인가?

(b) 목성에서의 자유 낙하 가속도는 얼마인가?

6.6 중력과 궤도

22. ‖‖ 인공위성 A가 행성을 10,000 m/s로 회전하고 있다. 인공위성 B는 A보다 두 배 무겁고 A의 회전 반지름보다 두 배 먼 곳에서 회전한다. B의 속력은 얼마인가? 단 두 궤도 모두 원이라고 가정하자.

23. ‖ 소행성대는 화성과 목성 사이를 회전한다. 한 소행성은 지구의 5년 주기를 가지고 회전한다. 이 소행성의 궤도 반지름과 속력은 얼마인가?

최근 과학자들은 다른 별들을 회전하는 수백 개의 행성을 발견했다. 그 중 어떤 행성은 태양($M_{sun} = 1.99 \times 10^{30} \text{ kg}$)으로부터 $1.50 \times 10^{11} \text{ m}$의 거리, 즉 1 au(astronomical unit)라고 하는 거리에서 회전하는 지구와 비슷한 궤도를 회전한다. 다른 행성들은 태양계의 어떤 것과도 다른 극한의 궤도를 돈다. 문제 24–25는 다른 별 주위를 원운동하는 몇몇 행성에 관한 것들이다.

24. ‖‖ WASP-32b는 태양의 1.1배 질량을 가진 별을 2.7일 주기로 회전한다. 이 별과 WASP-32b 사이의 거리는 au로 얼마인가?

25. ‖ Kepler-42c는 태양의 0.13배 질량을 가진 별에서 0.0058 au의 거리로 회전한다. Kepler-42c에서는 1년의 길이가 얼마인가?

7 회전 운동
Rotational Motion

사이클 선수는 명백히 빠른 속력과 큰 가속도에 관심이 많다. 최대로 가능한 가속도를 위해서는 선수의 자전거를 가볍게 만들어야 한다. 가볍게 만드는 데 가장 중요한 요소는 타이어와 바퀴이다. 왜 그럴까?

학습목표 ▶

회전체에 관한 물리학을 이해한다.

회전 운동학

회전하는 룰렛 바퀴는 어디에도 가지 않지만 움직이고 있다. 이것이 **회전 운동**이다.

회전 운동을 기술하는 데 사용되는 각속도와 다른 물리량들을 배운다.

돌림힘

물체를 움직이려면 힘을 작용시켜라. 무언가를 회전시키려면 선원이 핸들에 하는 것처럼 **돌림힘**을 작용시켜라.

돌림힘은 얼마나 크게 미느냐와 어느 곳을 미느냐에 의존한다는 것을 배운다. 회전축으로부터 먼 곳을 밀수록 더 큰 돌림힘이 생긴다.

회전 동역학

소녀가 회전목마의 바깥쪽을 밀어서 회전율을 점점 증가시키고 있다.

회전 운동에 관한 뉴턴의 제2법칙을 배우고, 이를 이용하여 문제를 풀 것이다.

이 장의 배경 ◀

원운동

6장에서 주기, 진동수, 속도, 그리고 구심 가속도를 사용하여 원운동을 기술하는 법을 배웠다.

이 장에서는 회전 운동을 기술하는 각속도, 각가속도, 그리고 다른 물리량들을 배울 것이다.

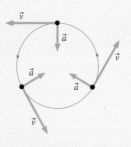

7.1 원운동과 회전 운동의 기술

풍력 터빈의 움직이는 날개

사진은 회전하는 풍력 터빈을 보여준다. 날개는 분명히 운동하고 있다. 날개가 회전함에 따라 날개 위의 각 점은 일정한 속력으로 원운동한다. 날개 바깥쪽이 중심축에 가까운 부분보다 더 흐릿하게 보일 것이다. 이것은 날개 바깥쪽이 더 빨리 회전한다는 것을 말한다. 날개의 다른 부분은 다른 속력으로 회전한다. 이것을 어떻게 설명할 수 있는가?

이 장에서는 풍력 터빈의 날개와 같이 회전축을 중심으로 운동하는 물체의 **회전 운동**에 대하여 고려할 것이다. 새로운 개념을 소개하기 전에 먼저 ◀◀6.1절에서 배운 회전 운동하는 풍력 날개 끝의 운동과 같이 등속 원운동하는 입자의 운동이란 주제로 돌아가 보자. 이러한 취급을 전체 계의 운동으로 확장시킬 것이다. 이렇게 하기 위해서는 새로운 양을 정의하는 것이 필요하다.

각위치

그림 7.1 입자의 각위치는 각 θ로 기술된다.

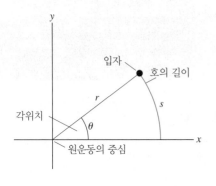

원 주위를 운동하는 입자의 위치를 기술하기 위해서는 **그림 7.1**에서와 같이 양의 x축으로부터 각 θ를 사용하는 것이 편리하다. 입자는 반지름 r인 원 주위를 운동하기 때문에 입자의 위치를 각 θ로 완전히 기술할 수 있다. 따라서 각 θ를 입자의 **각위치**라고 한다.

양의 x축으로부터 반시계 방향으로 측정한 각 θ를 양(+)으로 정의한다. 양의 x축으로부터 **시계 방향**으로 측정한 각 θ는 음(−)의 값을 갖는다. 원운동의 반시계 방향과 시계 방향은 직선 운동의 '원점에서 오른쪽'을 양의 값으로, '원점에서 왼쪽'을 음의 값으로 정의하는 것과 유사하다.

수학자나 과학자들은 보통 각 θ를 각도 단위로 측정하기보다는 라디안 단위로 측정한다. 그림 7.1에서 입자가 원의 경로를 따라 움직이는 **호의 길이** s를 보여준다. 입자의 각 θ는 원의 경로의 회전 반지름과 호의 길이의 비로 다음과 같이 정의된다.

$$\theta\,(\text{라디안}) = \frac{s}{r} \tag{7.1}$$

이 식은 합리적인 각의 정의이다. 호의 길이가 크면 클수록 각 θ의 단위인 라디안의 값이 커진다. SI 단위계에서 라디안의 단위는 약어인 rad로 쓴다. 1 rad의 각에서 호의 길이는 원의 반지름과 정확히 같다. 식 (7.1)의 중요한 결론은 각 θ를 발생시키는 호의 길이가

$$s = r\theta \tag{7.2}$$

라는 것이다.

입자가 원 주위를 한 바퀴 완전히 회전—1회전(revolution, 약어 rev)—하였을 때 호의 길이는 원의 원주 길이 $2\pi r$과 같다. 따라서 완전한 원의 각은 다음과 같다.

$$\theta_{\text{full circle}} = \frac{s}{r} = \frac{2\pi r}{r} = 2\pi \text{ rad}$$

이 사실을 사용하여 회전수, 라디안 및 각도 사이의 변환 인자를 정의할 수 있다.

$$1 \text{ rev} = 360° = 2\pi \text{ rad}$$

$$1 \text{ rad} = 1 \text{ rad} \times \frac{360°}{2\pi \text{ rad}} = 57.3°$$

가끔 각의 단위를 도(°)로 나타낼 때도 있지만, 각의 SI 단위는 라디안임을 기억해야 한다. 1 rad이 약 60°임을 기억하고 있다면 각을 라디안으로 나타낼 수 있다.

각변위와 각속도

1장과 2장에서 공부한 직선 운동에서 입자의 속도가 크면 속도가 작은 입자보다 단위 시간당 변화하는 변위는 **그림 7.2(a)**에서 보는 바와 같이 더 크다. **그림 7.2(b)**는 등속 원운동을 하는 두 입자를 보여준다. 왼쪽 입자는 5초 동안 원의 1/4을 운동하였고, 오른쪽 입자는 5초 동안 원의 1/2을 운동하였다. 같은 시간에 오른쪽 입자가 왼쪽 입자보다 두 배나 많은 **각변위** $\Delta\theta$를 일으켰다. 단위시간당 각변위를 나타내는 입자의 **각속도**는 두 배나 더 크다.

그림 7.2 등속 직선 운동과 등속 원운동의 비교

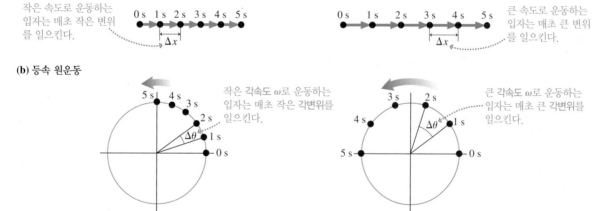

직선 운동에서 속도를 $v_x = \Delta x / \Delta t$로 정의하였던 것과 같이, 각속도를 다음과 같이 정의한다.

$$\omega = \frac{각변위}{시간\ 간격} = \frac{\Delta\theta}{\Delta t} \tag{7.3}$$

등속 원운동에서 입자의 각속도

기호 ω는 알파벳 소문자 w와 다른 그리스 문자 오메가(Ω)의 소문자이고, 각속도의 SI 단위는 rad/s이다.

그림 7.2(a)는 등속 직선 운동에서 입자의 변위 Δx가 매초 같은 양으로 변화하는 운동을 보여준다. 마찬가지로 그림 7.2(b)도 등속 원운동에서 각변위 $\Delta\theta$가 매초 같은 양

으로 변화하는 운동을 보여준다. 이것은 **등속 원운동하는 입자의 각속도 $\omega = \Delta\theta/\Delta t$ 가 일정하다**는 것을 의미한다.

예제 7.1 각속도 비교

그림 7.2(b)에서 두 입자의 각속도를 구하시오.

준비 등속 원운동에 대해서는 대응되는 시간 간격 Δt를 선택하기만 하면 어떤 각변위 $\Delta\theta$를 선택해도 된다. 각각의 입자에 대하여 0 s에서 5 s까지 변한 각변위를 선택한다.

풀이 왼쪽 입자는 5 s 동안 원 전체의 1/4을 운동하였다. 원 전체의 각은 2π rad이므로 입자의 각변위는 $\Delta\theta = (2\pi \text{ rad})/4 = \pi/2$ rad 이다. 따라서 각속도는

$$\omega = \frac{\Delta\theta}{\Delta t} = \frac{\pi/2 \text{ rad}}{5 \text{ s}} = 0.314 \text{ rad/s}$$

이다. 오른쪽 입자는 5 s 동안 원 전체의 1/2 또는 π rad을 운동하였다. 따라서 이 입자의 각속도는 다음과 같다.

$$\omega = \frac{\Delta\theta}{\Delta t} = \frac{\pi \text{ rad}}{5 \text{ s}} = 0.628 \text{ rad/s}$$

검토 오른쪽 입자의 속력은 왼쪽 입자의 속력의 두 배이다. 답의 크기도 확인하여야 한다. 오른쪽 입자의 각속도는 0.628 rad/s로 매초 0.628 rad으로 운동하는 것을 의미한다. 1 rad은 60°이므로 0.628 rad은 대략 35°이다. 그림 7.2(b)에서 1초 동안 입자는 대략 이 정도의 각을 운동하므로 답은 타당해 보인다.

그림 7.3 양(+)의 각속도와 음(−)의 각속도

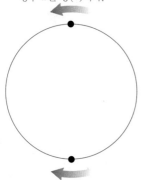

반시계 방향으로 회전하는 경우 ω는 양(+)이다.

시계 방향으로 회전하는 경우 ω는 음(−) 이다.

1차원 직선 운동의 속도 v_x와 같이 각속도는 양(+) 또는 음(−)의 값이 될 수 있다. 그림 7.3에 표시한 것과 같이 각속도 ω의 부호는 각을 양의 x축으로부터 반시계 방향으로 측정하였을 때 양(+)으로 하는 관습에 근거하고 있다.

원운동은 각변수를 선형 변수로 대치하면 직선 운동과 유사하다는 것을 이미 알고 있다. 따라서 이미 공부한 직선 운동의 운동학과 동역학에 대한 많은 것들이 원운동으로 이어진다. 예를 들어 식 (2.4)는 시간 간격 동안 변화한 변위를 계산하는 식이다.

$$x_\text{f} - x_\text{i} = \Delta x = v_x \Delta t$$

이와 유사하게 식 (7.3)으로부터 시간 간격 동안 변화한 각변위에 대한 식이 다음과 같이 주어진다.

$$\theta_\text{f} - \theta_\text{i} = \Delta\theta = \omega \Delta t \qquad (7.4)$$

등속 원운동에 대한 각변위

직선 운동에서 운동의 방향을 고려하지 않을 때는 속력 v라는 용어를 사용하고, 운동의 방향을 고려할 때는 속도 v_x라는 용어를 사용한다. 원운동에서 **각속력**은 각속도의 절댓값으로 정의하므로 입자의 회전 방향과 관계없이 양의 값을 갖는다. 잠재적인 혼란이 있겠지만 관습적으로 각속도와 각속력은 모두 기호 ω를 쓴다. 회전 방향이 중요하지 않다면 ω를 각속력으로 해석할 것이다. 식 (7.4)와 같은 운동학 방정식에서 ω는 항상 각속도이며, 시계 방향의 회전에는 음의 값을 사용하여야 한다.

예제 7.2 룰렛 바퀴에서 구슬의 운동학

작은 강철 구슬이 지름 30 cm의 룰렛 바퀴 안에서 반시계 방향으로 구르고 있다. 구슬은 정확히 1.20 s에 2바퀴 돈다.

a. 구슬의 각속도는 얼마인가?
b. $t = 2.00$ s에 구슬의 각위치는 얼마인가? $\theta_i = 0$으로 가정한다.

준비 구슬을 등속 원운동하는 입자로 취급한다.

풀이

a. 구슬의 각속도는 $\omega = \Delta\theta/\Delta t$이다. 구슬이 1.20 s에 2회 회전하고, 1회 회전의 각변위는 $\Delta\theta = 2\pi$ rad이다. 따라서

$$\omega = \frac{2(2\pi \text{ rad})}{1.20 \text{ s}} = 10.47 \text{ rad/s}$$

이다. 이 값을 다음 계산에서 사용할 것이다. 그러나 각속도의 최종값은 3개의 유효 숫자를 가져야 하므로, $\omega = 10.5$ rad/s이다. 회전 방향은 반시계 방향이므로 각속도는 양(+)이다.

b. 구슬은 일정한 각속도로 운동하므로 각위치는 식 (7.4)로 주어진다. $t = 2.00$ s에서 각위치는

$$\theta_f = \theta_i + \omega\,\Delta t = 0 \text{ rad} + (10.47 \text{ rad/s})(2.00 \text{ s}) = 20.94 \text{ rad}$$

이다. 만약 $t = 2.00$ s에 구슬이 바퀴 내 어디에 있는지에 관심이 있다면, 구슬의 각위치를 2π의 정수배와 그 나머지의 합으로 표시할 수 있다(정수는 구슬이 완전히 회전한 바퀴수를 나타낸다).

$$\begin{aligned} \theta_f = 20.94 \text{ rad} &= 3.333 \times 2\pi \text{ rad} \\ &= 3 \times 2\pi \text{ rad} + 0.333 \times 2\pi \text{ rad} \\ &= 3 \times 2\pi \text{ rad} + 2.09 \text{ rad} \end{aligned}$$

바꾸어 말하면 $t = 2.00$ s에 구슬은 3회 회전을 하고 네 번째 회전에서 2.09 rad $= 120°$의 위치에 있는 것이다. 관찰자는 구슬의 각위치가 $\theta = 120°$라고 말할 것이다.

검토 구슬이 1.20 s에 완전히 2회 회전하므로 2.00 s에서 3.33회 회전은 타당해 보인다.

각속도 ω는 주기 T 및 진동수 f와 밀접한 관계를 갖는다. 만약 등속 원운동하는 입자가 원을 한 바퀴 회전하면, 정의에 의하여 걸리는 시간은 T이고 입자의 각변위는 $\Delta\theta = 2\pi$ rad이다. 따라서 각속력은

$$\omega = \frac{2\pi \text{ rad}}{T} \tag{7.5}$$

이다. 또 각속력을 진동수 $f = 1/T$를 사용하여 나타낼 수 있다.

$$\omega = (2\pi \text{ rad})f \tag{7.6}$$

여기서 f의 단위는 rev/s이다.

예제 7.3 자동차 엔진의 회전

자동차의 크랭크축이 3000 rpm으로 회전하고 있다. 축의 각속력은 얼마인가?

준비 rpm을 rev/s로 변환하고 식 (7.6)을 사용한다.

풀이 rpm을 rev/s로 변환하면

$$\left(3000 \frac{\text{rev}}{\text{min}}\right)\left(\frac{1 \text{ min}}{60 \text{ s}}\right) = 50.0 \text{ rev/s}$$

이다. 따라서 크랭크축의 각속력은

$$\omega = (2\pi \text{ rad})f = (2\pi \text{ rad})(50.0 \text{ rev/s}) = 314 \text{ rad/s}$$

이다.

각위치와 각속도 그래프

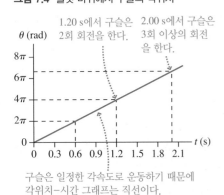

그림 7.4 룰렛 바퀴에서 구슬의 각위치

1.20 s에서 구슬은 2회 회전을 한다. 2.00 s에서 구슬은 3회 이상의 회전을 한다.

구슬은 일정한 각속도로 운동하기 때문에 각위치–시간 그래프는 직선이다.

3장에서 1차원 운동을 기술할 때 위치와 속도–시간 그래프가 중요하고 유용한 방법이라는 것을 배웠다. 각운동을 표현할 때도 유사한 그래프를 사용할 수 있다. 예제 7.2의 룰렛 바퀴에서 구슬의 운동을 고려해보자. 각속도 $\omega = 10.5$ rad/s는 각의 매초 위치가 +10.5 rad씩 변화한다는 의미이다. 이는 10.5 m/s의 속도로 직선 운동하는 자동차의 위치가 매초 10.5 m씩 증가하는 것과 유사하다. 이러한 유사성을 사용하여 **각위치–시간 그래프**를 그림 7.4와 같이 그릴 수 있다.

각속도는 $\omega = \Delta\theta/\Delta t$로 주어진다. 보통의 속도가 위치–시간 그래프의 기울기인 것처럼 각속도는 각위치–시간 그래프의 기울기이다. 따라서 각위치–시간 그래프의 기울기를 구하여 **각속도–시간 그래프**를 만들 수 있다.

예제 7.4 **자전거 타는 사람의 그래프**

제이크는 학교에서 집으로 자전거를 타고 간다. **그림 7.5**는 자전거 자전거 바퀴에 붙어 있는 조그만 돌멩이의 각위치–시간 그래프이다. 돌멩이의 각속도–시간 그래프를 수직축에 rpm 단위를 사용하여 그리고, 제이크가 자전거를 타는 이야기로 그래프를 해석하시오.

준비 각속도 ω는 각위치–시간 그래프의 기울기이다.

풀이 처음 30 s와 마지막 30 s 동안에는 기울기가 0이기 때문에 $\omega = 0$ rad/s이다. $t = 30$ s와 $t = 150$ s 사이의 120 s 동안의 각속도(각위치–시간 그래프의 기울기)는

$$\omega = 기울기 = \frac{2500 \text{ rad} - 0 \text{ rad}}{120 \text{ s}} = 20.8 \text{ rad/s}$$

이다. 이 값을 rpm으로 변환하면

$$\omega = \left(\frac{20.8 \text{ rad}}{1 \text{ s}}\right)\left(\frac{1 \text{ rev}}{2\pi \text{ rad}}\right)\left(\frac{60 \text{ s}}{1 \text{ min}}\right) = 200 \text{ rpm}$$

이다. 이 값들을 **그림 7.6**에서 각속도–시간 그래프를 그리는 데 사용하였다. 제이크는 30 s 동안 기다린 후 신호등이 바뀌자 200 rpm의 등각속도로 자전거 바퀴를 회전시키고 빨간색 신호등을 보고 빠르게 급브레이크를 밟아 30 s 동안 정지해 있었다.

검토 200 rpm은 초당 약 3회의 회전에 해당한다. 이 값은 매우 빠른 속도로 자전거를 타는 사람에게는 타당해 보인다.

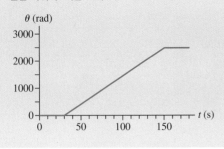

그림 7.5 제이크가 탄 자전거 바퀴의 원운동에 관한 각위치–시간 그래프

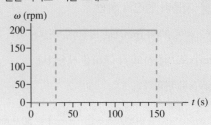

그림 7.6 제이크가 탄 자전거 바퀴의 원운동에 관한 각속도–시간 그래프

속력과 각속력의 관계

이 장의 처음에 나온 풍력 터빈을 다시 생각해보자. 날개의 다른 부분은 다른 속력으로 운동한다. 축으로부터 멀리 떨어진 지점일수록(r이 클수록) 더 큰 속력으로 운동

한다. 6장에서 반지름 r인 원의 경로를 진동수 f로 운동하는 입자의 속력은 $v = 2\pi f r$ 임을 알았다. 이 결과와 각속력에 대한 식 (7.6)을 결합하면 속력 v와 각속력 ω는 다음과 같은 관계식을 얻는다.

$$v = \omega r \tag{7.7}$$
속력과 각속력의 관계식

예제 7.5 **CD 위에 찍힌 두 점에서의 속력 구하기**

오디오 CD의 지름은 12 cm이다. CD가 최대 540 rpm으로 회전할 때 중심으로부터 거리 (a) 3.0 cm와 (b) 6.0 cm에 찍힌 점의 속력을 구하시오.

준비 그림 7.7에서 회전하는 CD에 찍힌 A와 B의 두 점을 생각하자. 주기 T 동안 CD는 1회 회전하고 두 점 모두 같은 각 2π rad으로 회전한다. 그러므로 각속력 $\omega = 2\pi/T$는 두 점 모두 같고 CD의 모든 점에서도 같다. 그러나 1회 회전 시 두 점의 운동 거리는 각각 다르다. 외곽 점 B는 더 큰 원 위를 진행한다. 따라서 두 점은 서로 다른 속력을 갖는다. 따라서 CD의 각속력을 구하고 나서 두 점의 속력을 구하면 된다.

풀이 먼저 rpm을 진동수 rev/s로 변환하면

$$f = \left(540\ \frac{rev}{min}\right) \times \left(\frac{1\ min}{60\ s}\right) = 9.00\ rev/s$$

이다. 식 (7.6)을 사용하여 각속력을 구하면

$$\omega = (2\pi\ rad)(9.00\ rev/s) = 56.5\ rad/s$$

이다. 식 (7.7)을 써서 CD에 있는 점들의 속력을 구할 수 있다.

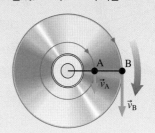

그림 7.7 오디오 CD의 회전

A점은 $r = 3.0$ cm $= 0.03$ m이므로 속력은

$$v_A = \omega r = (56.5\ rad/s)(0.030\ m) = 1.7\ m/s$$

이다. B점은 $r = 6.0$ cm $= 0.06$ m이므로 속력은

$$v_B = \omega r = (56.5\ rad/s)(0.060\ m) = 3.4\ m/s$$

이다.

검토 초당 수 미터의 속력을 갖는 것은 타당해 보인다. 원의 중심으로부터 더 먼 곳에 있는 점의 운동은 기대했던 대로 더 큰 속력으로 움직인다.

▶ **시계는 왜 시계 방향으로 도는가?** 북반구에서는 지구 회전 때문에 태양이 남쪽 하늘의 동쪽에서 떠서 서쪽으로 원호를 그리며 운동하는 것처럼 보인다. 인간은 수천 년 동안 태양에 의해서 서쪽에서부터 동쪽으로 원호를 휩쓸고 지나가는 그림자를 기반으로 시간을 표시해왔다. 이것이 최초의 시간 표시 장치로 개발된 해시계의 기원이다. 북반구에서 해시계의 바늘은 북쪽을 향하여 나 있으며, 바늘의 그림자는 왼쪽에서 오른쪽 시계 방향으로 휩쓸고 지나간다. 초기 시계 제작자들은 관습적으로 이 회전 방향을 시계 방향으로 사용해왔다.

7.2 강체의 회전

예제 7.5의 회전하는 CD를 생각하자. 지금까지 물리학을 공부하면서 오로지 물체가 공간의 한 점에 집중되어 있다고 보는 **입자 모형**에 초점을 맞추었다. 입자 모형은 많은 경우에 운동을 이해하는 데 있어서 아주 적절하다. 그러나 CD처럼 크기가 있는 물

그림 7.8 크기가 있는 물체의 강체 모형

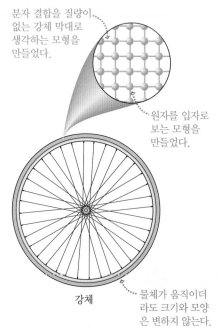

분자 결합을 질량이 없는 강체 막대로 생각하는 모형을 만들었다.

원자를 입자로 보는 모형을 만들었다.

강체

물체가 움직이더라도 크기와 모양은 변하지 않는다.

체의 운동을 생각할 필요가 있는 경우도 있다. 곧, 크기와 모양에 따라 차이가 나타나므로 이런 입자계를 결코 무시할 수 없다.

강체(rigid body)란 움직일 때 크기와 모양이 변하지 않는 크기가 있는 물체이다. 예를 들면, 자전거 바퀴를 강체로 생각할 수 있다. **그림 7.8**은 분자 결합으로 단단하지만 '질량이 없는 막대'로 묶여 있는 원자들의 집합체인 강체를 보여준다.

물론 실제 분자 결합은 완벽히 단단하지 않다. 이것이 겉보기에는 자전거 바퀴만큼이나 단단한 것 같은 물체가 수축되거나 구부러질 수 있는 이유이다. 그러므로 그림 7.8은 크기가 있는 물체를 단순화시킨 모형, 곧 **강체 모형**(rigid-body model)이다. 강체 모형은 바퀴나 축처럼 실질적으로 흥미 있는 많은 물체에 적용할 수 있는 아주 좋은 근사이다.

그림 7.9는 강체 운동의 세 가지 기본 형태인 **병진 운동**(translational motion), **회전 운동**(rotational motion)과 **결합 운동**(combination motion)을 보여준다. 강체의 병진 운동은 이미 입자 모형으로 공부하였다. 만일 강체가 회전하지 않는다면, 입자 모형이 운동을 묘사하기에 적합할 것이다. 강체의 회전 운동은 이 장의 핵심 주제이다. 또 다른 중요한 경우에 해당하는 **구르는** 물체의 결합 운동에 대해서는 7.7절에서 논의할 것이다.

그림 7.9 강체 운동의 세 가지 기본 형태

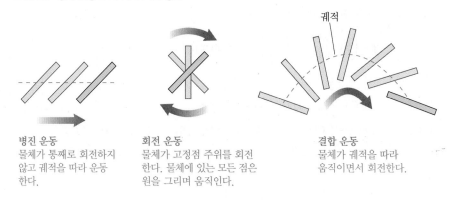

궤적

병진 운동
물체가 통째로 회전하지 않고 궤적을 따라 운동한다.

회전 운동
물체가 고정점 주위를 회전한다. 물체에 있는 모든 점은 원을 그리며 움직인다.

결합 운동
물체가 궤적을 따라 움직이면서 회전한다.

그림 7.10 바퀴 위의 모든 점은 같은 각속도로 회전한다.

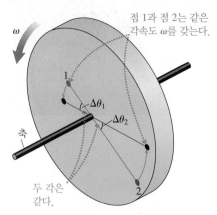

ω

점 1과 점 2는 같은 각속도 ω를 갖는다.

축

$\Delta\theta_1$

$\Delta\theta_2$

두 각은 같다.

강체의 회전 운동

그림 7.10은 축 주위를 회전하는 바퀴를 나타낸다. 바퀴가 돌 때 회전축으로부터 떨어진 거리 r이 각기 다름에도 불구하고 점 1과 점 2는 Δt 시간 동안에 같은 각도를 이동한다. 곧, $\Delta\theta_1 = \Delta\theta_2$이다. 결과적으로 회전하는 강체 내에 있는 두 점은 다 같은 각속도를 갖는다($\omega_1 = \omega_2$). 일반적으로 **회전하는 강체 내에 있는 점은 어느 점이나 다 같은 각속도로 회전한다.** 이런 이유로, 바퀴의 각속도 ω에 대하여 언급할 수 있는 것이다. 모든 점들은 같은 각속도로 회전한다. 그러나 회전축으로부터의 거리가 다른 두 점은 다른 속력을 갖는다.

각가속도

자전거 바퀴의 테두리를 밀면 바퀴가 회전하기 시작한다. 계속해서 바퀴를 밀면 자전거 바퀴는 점점 더 빨리 돌아갈 것이다. 자전거 바퀴의 각속도가 **변한다**. 회전체의 역학을 이해하기 위해서는 각속도가 변하는 경우, 곧 등속 원운동이 **아닌** 경우를 묘사할 수 있어야 한다.

그림 7.11은 각속도가 변하고 있는 자전거 바퀴를 나타낸다. 까만 점은 시간이 경과함에 따라 이동하는 점을 나타낸다. 시간 t_i에서 각속도는 ω_i이고, 시간 $t_f = t_i + \Delta t$에서 각속도는 ω_f로 바뀐다. 이 시간 간격 동안에 각속도 변화는 다음과 같다.

$$\Delta\omega = \omega_f - \omega_i$$

2장에서 선가속도를 다음과 같이 정의하였다.

$$a_x = \frac{\Delta v_x}{\Delta t} = \frac{(v_x)_f - (v_x)_i}{\Delta t}$$

이와 유사하게, **각가속도**(angular acceleration)를 다음과 같이 정의한다.

$$\alpha = \frac{각속도의\ 변화}{시간\ 간격} = \frac{\Delta\omega}{\Delta t} \tag{7.8}$$

등속 원운동이 아닌 경우 입자의 각가속도

각가속도의 기호로 α(그리스 문자 알파)를 사용한다. 각속도 ω의 단위가 rad/s이므로, 각가속도 α의 단위는 rad/s²이다. 식 (7.8)로부터 α의 부호가 $\Delta\omega$의 부호와 같음을 알 수 있다. **그림 7.12**는 α의 부호를 결정하는 방법을 보여준다. α의 부호에 주의해야 한다. 선가속도의 경우와 똑같이 α의 부호가 양(+) 또는 음(−)이라고 해서 단순히 회전 속력이 '빨라진다'거나 또는 '느려진다'고 해석해서는 안 된다. ω와 같이 각가속도 α는 회전 강체의 어떤 점에서나 같다.

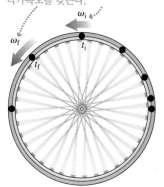

그림 7.11 변하는 각가속도를 가지고 회전하는 바퀴

각속도가 변하고 있다. 그래서 바퀴가 각가속도를 갖는다.

그림 7.12 각가속도의 부호 결정하기

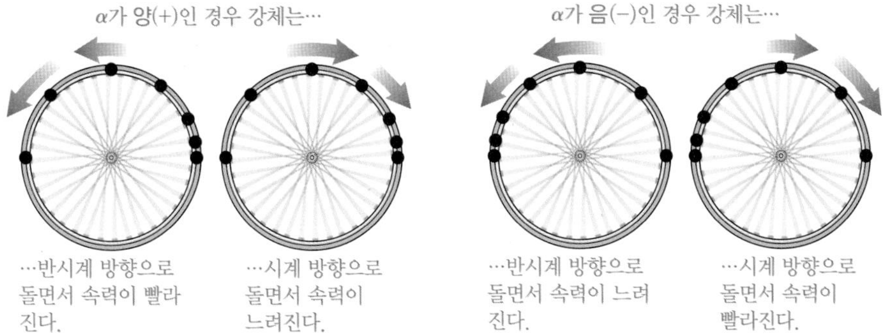

α가 양(+)인 경우 강체는…

…반시계 방향으로 돌면서 속력이 빨라진다.

…시계 방향으로 돌면서 속력이 느려진다.

α가 음(−)인 경우 강체는…

…반시계 방향으로 돌면서 속력이 느려진다.

…시계 방향으로 돌면서 속력이 빨라진다.

지금까지 학습한 직선 운동 및 원운동에 대한 정의와 방정식을 다음과 같이 정리해볼 수 있다. 이렇게 변수와 방정식을 비교함으로써 두 변수와 식의 유사성을 파악할 수 있다.

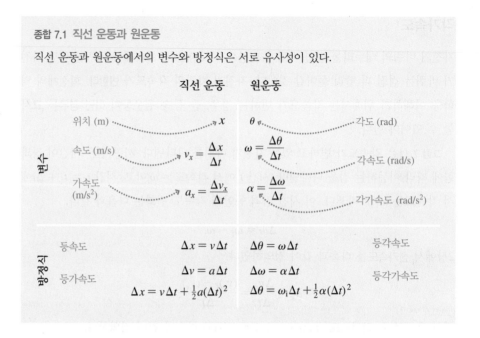

종합 7.1 직선 운동과 원운동

직선 운동과 원운동에서의 변수와 방정식은 서로 유사성이 있다.

		직선 운동	원운동	
변수	위치 (m)	x	θ	각도 (rad)
	속도 (m/s)	$v_x = \dfrac{\Delta x}{\Delta t}$	$\omega = \dfrac{\Delta \theta}{\Delta t}$	각속도 (rad/s)
	가속도 (m/s²)	$a_x = \dfrac{\Delta v_x}{\Delta t}$	$\alpha = \dfrac{\Delta \omega}{\Delta t}$	각가속도 (rad/s²)
방정식	등속도	$\Delta x = v \Delta t$	$\Delta \theta = \omega \Delta t$	등각속도
	등가속도	$\Delta v = a \Delta t$	$\Delta \omega = \alpha \Delta t$	등각가속도
		$\Delta x = v \Delta t + \frac{1}{2} a (\Delta t)^2$	$\Delta \theta = \omega_i \Delta t + \frac{1}{2} \alpha (\Delta t)^2$	

예제 7.6 **컴퓨터 디스크의 회전**

컴퓨터 디스크 드라이브에 있는 디스크가 정지 상태로부터 가속되어 2.00 s일 때 5400 rpm으로 회전한다. 이 디스크의 각가속도는 얼마인가? 2.00 s가 지났을 때 이 디스크는 몇 번 회전했겠는가?

준비 초기 각속도는 $\omega_i = 0$ rad/s이고, 나중 각속도는 $\omega_f = 5400$ rpm이다. 나중 각속도를 rad/s로 바꾸면 다음과 같다.

$$\omega_f = \frac{5400 \text{ rev}}{\text{min}} \times \frac{1 \text{ min}}{60 \text{ s}} \times \frac{2\pi \text{ rad}}{1 \text{ rev}} = 565 \text{ rad/s}$$

풀이 이 문제는 2장에서 보았던 직선 운동 문제와 유사하다. 처음에 정지 상태로부터 출발하여 등각가속도로 일정한 시간 동안 운동한다. 이 문제는 종합 7.1과 직선 운동 문제를 풀기 위하여 사용한 식과 유사한 식을 사용하여 풀 수 있다.

먼저 각가속도의 정의를 사용하면

$$\alpha = \frac{\Delta \omega}{\Delta t} = \frac{565 \text{ rad/s} - 0 \text{ rad/s}}{2.00 \text{ s}} = 282.5 \text{ rad/s}^2$$

이다. 나중 계산을 위하여 부가적인 유효 숫자를 고려하였다. 그러나 α에 대한 최종값은 283 rad/s²이다.

다음으로 디스크가 회전한 각을 구하기 위하여 각변위에 관한 식을 사용한다.

$$\Delta \theta = \omega_i \Delta t + \frac{1}{2} \alpha (\Delta t)^2$$
$$= (0 \text{ rad/s})(2.00 \text{ s}) + \frac{1}{2}(282.5 \text{ rad/s}^2)(2.00 \text{ s})^2$$
$$= 565 \text{ rad}$$

1회 회전은 2π의 각변위에 대응되므로

$$회전수 = \frac{565 \text{ rad}}{2\pi \text{ rad/revolution}}$$
$$= 90 \text{ revolutions}$$

이다. 디스크는 처음 2초 동안 90회 회전한다.

검토 디스크는 최대 90 rev/s에 해당하는 5400 rpm으로 회전할 수 있다. 만일 디스크가 2초 동안 처음부터 최대 속력으로 회전한다면 총 180회를 돌게 될 것이다. 하지만 디스크는 정지 상태에서 회전을 시작하기 때문에 2초 동안 180회의 반을 회전한다고 생각하는 것이 타당해 보인다.

등각가속도 회전 운동 그래프

◀◀2.5절에서 등가속도 운동에 대한 위치, 속도와 가속도 그래프를 배운 바 있다. 그 방법을 지금의 경우로 확장해보자. 종합 7.1에서 보는 바와 같이 직선 운동 변수와 원운동 변수 사이에는 유사성이 있으므로, 각변수를 그래프로 나타내는 규칙은 직선 운동

변수의 경우와 매우 유사하다. 특히, **각속도는 각위치−시간 그래프의 기울기이다.** 그리고 **각가속도는 각속도−시간 그래프의 기울기이다.**

예제 7.7 각도 관련 물리량 그래프 그리기

그림 7.13은 어떤 배의 프로펠러에 대한 각속도−시간 그래프이다.

a. 프로펠러의 운동을 설명하시오.

b. 프로펠러의 각가속도 그래프를 그리시오.

그림 7.13 프로펠러의 각속도

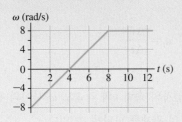

준비 각가속도 그래프는 각속도 그래프의 기울기이다.

풀이

a. 처음에 이 프로펠러는 음(−)인 각속도를 가지고 있어 시계 방향으로 돈다. 프로펠러의 시계 방향 속도는 차츰 감소하여 $t = 4$ s에 순간적으로 멈춘다. 그리고 반시계 방향으로 가속하여 회전하다가 등각속도에 이르러서 속도가 일정하게 된다.

b. 각가속도 그래프는 각속도 그래프의 기울기이다. $t = 0$ s부터 $t = 8$ s까지 기울기는

$$\frac{\Delta\omega}{\Delta t} = \frac{\omega_f - \omega_i}{\Delta t} = \frac{(8.0 \text{ rad/s}) - (-8.0 \text{ rad/s})}{8.0 \text{ s}} = 2.0 \text{ rad/s}^2$$

이다. $t = 8$ s에서 기울기는 0이므로 각가속도는 0이다. 이 그래프가 **그림 7.14**에 그려져 있다.

그림 7.14 프로펠러의 각가속도 그래프

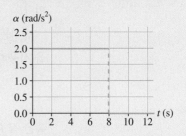

검토 이 그래프를 직선 운동의 경우인 그림 2.24와 비교해보면 우리가 잘하고 있음을 알 수 있다.

접선 가속도

6장에서 배운 바와 같이, 그리고 **그림 7.15(a)**가 예시하는 바와 같이, 등속 원운동을 하는 입자는 그 원의 중심을 향한 방향으로 가속도를 갖는다. 이 구심 가속도 $\vec{a}_c$

그림 7.15 등속 그리고 비등속 원운동

(a) 등속 원운동

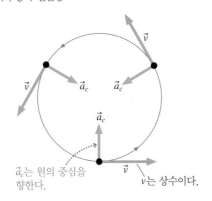

$\vec{a}_c$는 원의 중심을 향한다.

v는 상수이다.

(b) 비등속 원운동

접선 가속도 $\vec{a}_t$는 입자의 속력을 변화시키는 원인이 된다. 입자가 차츰 빨리 돌거나 또는 천천히 돌 때만 접선 가속도가 존재한다.

v가 증가한다.

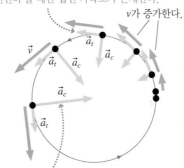

구심 가속도 $\vec{a}_c$는 입자의 방향이 변하는 원인이 된다. 입자의 속력이 증가할수록 a_c는 더 커진다. 원운동은 언제나 구심 가속도를 갖는다.

는 입자의 속도 **방향**이 변화하기 때문에 생기는 것이다. 구심 가속도의 크기는 $a_c = v^2/r = \omega^2 r$임을 기억하자.

만일 입자가 각가속도를 받으며 운동하면 각속력은 변하고, 따라서 속력도 변한다. 이것은 그 입자의 가속도에는 다른 성분이 존재하게 된다는 것을 의미한다. **그림 7.15(b)**는 원주 위를 움직이면서 속력이 증가하는 입자를 나타낸다. 속도의 크기가 증가하고 있기 때문에, 가속도의 두 번째 성분은 속도와 같은 방향으로 원의 접선 방향이다. 이 가속도의 성분을 **접선 가속도**(tangential acceleration)라고 한다.

접선 가속도는 원주 위를 움직이는 입자의 속력이 증가하는 비율이다. 그러므로 그 크기는

$$a_t = \frac{\Delta v}{\Delta t}$$

이다.

반지름 r인 원주 위를 움직이는 입자의 속력 v와 각속도 ω 사이의 관계식 $v = \omega r$을 사용하여 각가속도와 접선 가속도의 관계를 나타낼 수 있다.

$$a_t = \frac{\Delta v}{\Delta t} = \frac{\Delta (\omega r)}{\Delta t} = \frac{\Delta \omega}{\Delta t} r$$

혹은 식 (7.8)에 의해서 $\alpha = \Delta\omega/\Delta t$이므로 다음과 같은 관계식을 얻는다.

$$a_t = \alpha r \qquad\qquad (7.9)$$

접선 가속도와 각가속도의 관계

회전 강체 내의 모든 점들은 같은 각가속도를 갖는다. 그러나 식 (7.9)로부터 구심 가속도와 접선 가속도는 회전축으로부터 점까지의 거리 r에 따라 변한다는 것을 알 수 있다. 그러므로 구심 가속도나 접선 가속도는 회전 강체의 모든 점에서 같지 않다.

7.3 돌림힘

그림 7.16 4개의 힘은 같은 크기를 갖는다. 그러나 회전문을 움직이는 효과는 서로 다르다.

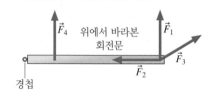

수업 영상

힘은 가속도를 발생시킨다. 그러면 각가속도는 어떤가? 뉴턴의 법칙은 회전 운동에 관해서 무엇을 이야기하는가? 회전 운동을 공부하기에 앞서, 직선 운동에서 힘에 대응하는 회전 운동에서의 물리량을 알아볼 필요가 있다.

무거운 문을 열려고 밀 때 겪었던 경험을 상기해보자. **그림 7.16**은 왼쪽에 경첩이 있는 회전문을 위에서 바라본 그림이다. 4개의 힘이 있는데, 모두 크기가 같다. 4개 힘 중 어떤 힘이 문을 여는 데 가장 효과적일까?

힘 $\vec{F}_1$은 문을 열겠지만 경첩에 직접 작용하는 힘 $\vec{F}_2$는 문을 열지 못할 것이다. 힘 $\vec{F}_3$는 문을 열 수 있지만 $\vec{F}_1$만큼 쉽지는 않을 것이다. 힘 $\vec{F}_4$는 어떤가? 이 힘은 문에 수직하고 $\vec{F}_1$과 같은 크기를 갖고 있다. 그러나 경첩 가까이에서 미는 것은 경첩에서 멀리 떨어진 문의 가장자리를 미는 것만큼 효과적이 아니라는 것을 경험으로 알

수 있을 것이다.

회전을 일으키는 힘의 능력은 다음 세 가지 요인에 따라서 변한다.

1. 힘의 크기 F
2. 물체가 회전할 수 있는 회전축으로부터 힘이 작용하는 점까지의 거리 r
3. 힘이 작용한 각도

이러한 관찰 결과들을 **돌림힘**(torque) τ(그리스 문자 타우)라고 하는 하나의 물리량으로 통합할 수 있다. 다시 말하면, τ는 물체를 축에 관하여 회전시키려는 힘의 '효과'를 나타내는 척도인 셈이다. **회전 운동에서 돌림힘은 직선 운동의 힘에 해당한다.** 예를 들면, 그림 7.16에서 힘 $\vec{F}_1$에 기인하는 돌림힘 τ_1은 힘 $\vec{F}_4$에 기인하는 돌림힘 τ_4보다 더 크다.

이런 것들을 좀 더 구체적으로 생각해보기 위하여, **그림 7.17**에 렌치의 한 점에 작용하는 힘 $\vec{F}$를 그렸다. 그림 7.17은 축으로부터 힘이 작용한 점까지의 거리 r, 축으로부터 작용점을 통과하는 연장선인 **지름선**(radial line), 그리고 지름선에서부터 힘의 방향으로 측정한 각도 ϕ(그리스 문자 파이)를 정의한다.

그림 7.16에 보인 바와 같이, 문에 수직한 방향으로 작용하는 힘 $\vec{F}_1$은 문을 여는 데 효과적이나, 경첩을 향하여 작용하는 힘 $\vec{F}_2$는 문의 회전에 아무런 영향을 미치지 못한다. **그림 7.18**에서 보는 바와 같이, 렌치에 작용한 힘 $\vec{F}$를 두 성분 벡터, 즉 지름선에 수직인 성분 $\vec{F}_\perp$와 수평한 성분 $\vec{F}_\parallel$로 분해하는 것이 좋을 것 같다. $\vec{F}_\parallel$는 축으로 향하거나 또는 축에서 멀어져 가는 방향으로 작용하기 때문에, 렌치의 회전에 아무런 영향을 미치지 못한다. 곧, 돌림힘에 기여하는 것이 아무것도 없다. 단지 $\vec{F}_\perp$만이 렌치의 회전을 일으킨다. 따라서 돌림힘을 결정하는 것은 바로 수직 성분의 힘이다.

지금까지 축으로부터 힘의 작용점까지의 거리 r이 클수록 회전 효과가 큼을 보았다. 따라서 거리 r값이 클수록 돌림힘이 클 것이라고 예상할 수 있다. 또 단지 성분 $\vec{F}_\perp$만이 돌림힘에 기여함을 보았다. 이 두 가지 사실을 포함한 돌림힘에 대한 첫 표현은

$$\tau = rF_\perp \qquad (7.10)$$

축으로부터 거리 r만큼 떨어진 점에 작용하는
힘의 수직 성분 $F_\perp$에 기인하는 돌림힘

이다. 이 방정식으로부터, 돌림힘의 SI 단위는 N·m임을 알 수 있다.

그림 7.19는 돌림힘을 계산하는 또 다른 방법을 나타낸다. 힘의 방향이고 그 힘이 작용하는 점을 통과하는 선을 **작용선**이라고 한다. 이 작용선으로부터 축까지의 수직 거리를 **모멘트 팔**(moment arm, 또는 **지렛대 팔**) $r_\perp$이라고 한다. 그림으로부터 $r_\perp = r \sin\phi$임을 알 수 있다. 그림 7.18은 $F_\perp = F \sin\phi$임을 보인다. 그러면 식 (7.10)을 $\tau = rF \sin\phi = F(r \sin\phi) = Fr_\perp$이라고 쓸 수 있다. 따라서 돌림힘에 대한 표현을 다음과 같이 쓸 수도 있다.

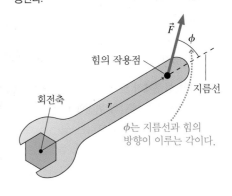

그림 7.17 힘 $\vec{F}$는 회전축에 대해 돌림힘을 작용한다.

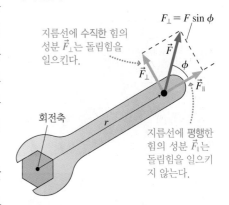

그림 7.18 돌림힘은 지름선에 수직한 힘의 성분에 기인한다.

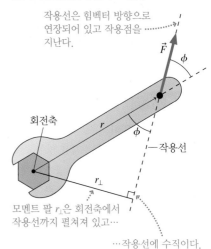

그림 7.19 회전축과 작용선 사이의 모멘트 팔을 사용하여 돌림힘을 구할 수도 있다.

$$\tau = r_\perp F \qquad (7.11)$$

모멘트 팔 $r_\perp$을 갖는 힘 F에 의한 돌림힘

개념형 예제 7.8 **자전거 출발하기**

자전거 페달을 제일 높은 위치에 놓고 출발하기 어렵다. 왜 그럴까?

판단 몸무게가 발생시킬 수 있는 돌림힘은 페달의 위치에 따라 다르다. 페달이 그리는 원형 경로의 꼭대기에 있으면, 몸무게는 거의 회전축 방향으로 작용히여 작은 돌림힘을 만든다. 그래서 작은 돌림힘만이 생길 뿐이다.

작용하는 힘의 수직 성분이 작아서 또는 모멘트 팔 길이가 짧아서 돌림힘이 작다고 말할 수 있다.

검토 자전거 페달을 밟으며 급경사면을 오른 적이 있다면, 크랭크가 지면에 평행하면서 페달 중의 하나가 앞쪽으로 제일 많이 나와 있을 때, 자전거가 앞으로 나가려는 운동이 가장 크다는 것을 경험했을 것이다. 이것은 작용한 힘이 지름선에 수직이고 모멘트 팔이 가장 길어서 가장 큰 돌림힘을 야기시키기 때문이다.

식 (7.10)은 $\tau = rF_\perp = r(F\sin\phi)$라고 쓸 수 있고, 식 (7.11)은 $\tau = r_\perp F = (r\sin\phi)F$라고 쓸 수 있다. 그러므로 돌림힘을 계산하는 두 방법을 아래와 같이 하나의 수식으로 표현할 수 있다.

$$\tau = rF\sin\phi \qquad (7.12)$$

여기서 ϕ는 그림 7.17에서 설명한 것처럼 지름선과 힘의 방향 사이의 각이다.

식 (7.10)~(7.12)는 힘에 의한 돌림힘을 계산하고 생각하는 세 가지 다른 방법을 보여준다. 식 (7.12)가 가장 일반적인 식이지만 식 (7.10)과 (7.11)이 더 일반적으로 실질적 문제를 풀 때 유용하다. 세 가지 모든 식은 모두 **같은** 돌림힘을 계산하며 같은 결과를 준다.

◀ **돌림힘 대 속력** 급출발과 급정거를 하려면, 농구 선수는 휠체어에 큰 돌림힘을 작용시켜야 한다. 그래서 가능한 한 큰 돌림힘을 내기 위하여, 바퀴의 바깥쪽 손잡이 테가 거의 바퀴 크기가 되어야 한다. 한편 선수는 빠른 속력으로 움직여야 하므로, 자전거 바퀴가 계속하여 아주 빨리 돌아야 한다. 선수의 손이 바퀴를 따라잡기 위하여 손잡이 테의 선속도가 작아야 하고, 손잡이 테의 선속도가 작기 위하여 손잡이 테의 반지름이 바퀴의 반지름보다 훨씬 작아야 한다. 잡는 손잡이 테의 반지름이 작다는 것은 돌림힘이 그만큼 더 작다는 것을 의미한다.

예제 7.9 **문을 여는 돌림힘**

빡빡한 문을 열려고 시도하면서, 라이언은 경첩으로부터 0.75 m 떨어진 지점에, 문에 수직한 방향으로부터 20° 떨어진 방향으로 240 N의 힘을 작용한다. 경첩이 존재한다고 할 때 라이언이 문에 가한 돌림힘은 얼마인가? 더 큰 돌림힘을 가하기 위해서는 어떻게 하여야 하는가?

준비 그림 7.20에 축(경첩)으로부터 힘 $\vec{F}$가 작용하는 점을 통과

그림 7.20 라이언의 힘은 문에 돌림힘을 가한다.

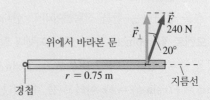

하는 지름선이 그려져 있다. 지름선에 수직한 $\vec{F}$의 성분은 $F_\perp = F\cos 20° = 226$ N이다. 경첩으로부터 힘이 작용하는 점까지의 거리는 $r = 0.75$ m이다.

풀이 식 (7.10)을 사용하여 문에 작용하는 돌림힘을 구할 수 있다.

$$\tau = rF_\perp = (0.75\ \text{m})(226\ \text{N}) = 170\ \text{N} \cdot \text{m}$$

돌림힘은 라이언이 힘을 어느 곳에 어떤 각도로 얼마나 크게 가했

느냐에 의존한다. 그가 더 큰 돌림힘을 가하고 싶다면 경첩으로부터 더 먼 곳에 힘을 가하거나 문에 수직으로 힘을 가하면 된다. 혹은 단순히 더 큰 힘을 가하면 된다!

검토 더 많은 문제를 풀며 알게 되겠지만, 170 N·m는 매우 큰 돌림힘이다. 하지만 이는 붙어 있는 문을 자유롭게 하는 데에 타당하다.

식 (7.10)~(7.12)는 모두 돌림힘의 크기만을 준다. 힘의 성분과 같이 돌림힘은 부호를 갖는다. **물체를 반시계 방향으로 돌리려고 하는 돌림힘은 양(+)인 반면에 물체를 시계 방향으로 돌리려고 하는 돌림힘은 음(−)이다.** 그림 7.21은 이들 부호를 요약한 것이다. 회전축을 막바로 밀거나 또는 회전축을 막바로 당기는 힘은 돌림힘을 생기게 하지 못함을 주목하여 보라.

수업 영상

영상 학습 데모

그림 7.21 돌림힘의 부호와 크기

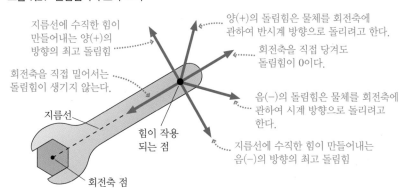

지름선에 수직한 힘이 만들어내는 양(+)의 방향의 최고 돌림힘

양(+)의 돌림힘은 물체를 회전축에 관하여 반시계 방향으로 돌리려고 한다.

회전축을 직접 당겨도 돌림힘이 0이다.

회전축을 직접 밀어서는 돌림힘이 생기지 않는다.

음(−)의 돌림힘은 물체를 회전축에 관하여 시계 방향으로 돌리려고 한다.

지름선　힘이 작용되는 점

지름선에 수직한 힘이 만들어내는 음(−)의 방향의 최고 돌림힘

회전축 점

예제 7.10　　**너트에 작용하는 돌림힘 계산**

루이스는 길이가 20 cm인 렌치를 시계 방향으로 돌려 너트를 조이고 있다. 렌치 핸들이 수평선과 30°를 이루었을 때, 루이스가 100 N의 힘을 주어 렌치 끝을 똑바로 아래로 당긴다. 루이스가 너트에 작용한 돌림힘은 얼마인가?

준비 그림 7.22는 이 상황을 나타낸다. 두 그림은 돌림힘을 계산하는 두 가지 방법을 나타낸 것이고, 각각 식 (7.10)과 (7.11)에 해당한다.

풀이 식 (7.10)에 의하면 돌림힘은 $\tau = rF_\perp$를 사용하여 계산할 수 있다. 그림 7.22(a)로부터

$$F_\perp = F\cos 30° = (100\ \text{N})(\cos 30°) = 86.6\ \text{N}$$

이다. 그러면 돌림힘은

$$\tau = -rF_\perp = -(0.20\ \text{m})(86.6\ \text{N}) = -17\ \text{N} \cdot \text{m}$$

그림 7.22 너트를 돌리기 위하여 사용된 렌치

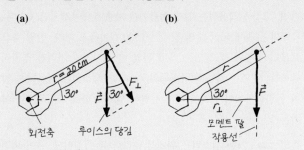

(a)　　　　　　　　　　(b)

회전축　루이스의 당김　　　모멘트 팔 작용선

이다. 돌림힘은 너트를 시계 방향으로 회전시키므로 음(−)이다.

다른 방법으로 식 (7.11)을 사용하여 돌림힘을 구할 수 있다. 그림 7.22(b)는 회전축으로부터 작용선까지의 수직 거리를 의미하는 모멘트 팔 $r_\perp$을 보여준다. 그림으로부터

$$r_\perp = r\cos 30° = (0.20\,\text{m})(\cos 30°) = 0.173\,\text{m}$$

라는 것을 알 수 있다. 그러면 돌림힘은

$$\tau = -r_\perp F = -(0.173\,\text{m})(100\,\text{N}) = -17\,\text{N}\cdot\text{m}$$

이다. 돌림힘은 시계 방향이므로 음(−)의 부호를 갖는다.

검토 예상하였던 대로, 두 방법은 모두 돌림힘이 같다는 것을 보여주며 이것은 우리들의 결과에 확신을 준다.

알짜 돌림힘

그림 7.23 힘은 회전축에 대해 알짜 돌림힘을 작용한다.

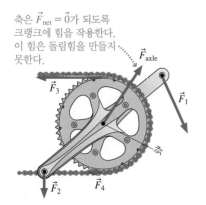

축은 $\vec{F}_{\text{net}} = \vec{0}$가 되도록 크랭크에 힘을 작용한다. 이 힘은 돌림힘을 만들지 못한다.

그림 7.23은 자전거의 크랭크 세트에 작용하는 힘을 보여준다. 힘 $\vec{F}_1$과 $\vec{F}_2$는 타는 사람이 페달을 밟을 때 생기는 것이고, $\vec{F}_3$와 $\vec{F}_4$는 체인의 장력이다. 크랭크 세트는 고정축 주위로 자유롭게 회전할 수 있으나, 자전거 뼈대에 대하여 병진 운동을 하지 못한다. 왜냐하면 고정축이 크랭크 세트에 힘 $\vec{F}_{\text{axle}}$를 작용함으로써 크랭크 세트에 작용하는 알짜힘이 $\vec{F}_{\text{net}} = \vec{0}$가 되기 때문이다.

힘 $\vec{F}_1$, $\vec{F}_2$, $\vec{F}_3$, 그리고 $\vec{F}_4$는 축에 관한 돌림힘 τ_1, τ_2, τ_3, 그리고 τ_4를 크랭크에 작용한다. 그러나 $\vec{F}_{\text{axle}}$는 축에 직접 작용하기 때문에 모멘트 팔 길이가 0이므로 돌림힘을 만들지 못한다. 그러므로 알짜 돌림힘은 작용한 힘들에 의해서 만들어지는 모든 돌림힘의 합이다.

$$\tau_{\text{net}} = \tau_1 + \tau_2 + \tau_3 + \tau_4 + \cdots = \sum \tau \qquad (7.13)$$

예제 7.11 캡스턴을 돌리는 힘

캡스턴(capstan)은 옛날 범선에서 닻을 감아 올리기 위하여 사용되던 장치이다. 선원이 긴 레버를 밀어서 캡스턴을 돌림으로써 닻줄을 감아올린다. 만일 캡스턴이 일정 속력으로 돈

다면, 그것에 작용하는 알짜 돌림힘은 나중에 배우겠지만, 0이다.

닻의 무게에 의한 줄의 장력이 1500 N이라고 하자. 만일 축으로부터 선원이 밀고 있는 레버 위의 한 점까지의 거리가 정확히 줄이 감겨 있는 캡스턴 반지름의 7배라면, 캡스턴에 작용하는 알짜 돌림힘이 0이 되기 위해서 선원이 얼마의 힘을 가지고 밀어야 하는가?

준비 그림 7.24는 캡스턴을 위에서 내려다 본 그림이다. 줄이 회전축으로부터 거리 R이 되는 지점에 장력 $\vec{T}$가 작용한다. 선원이 축으로부터 거리 $7R$이 되는 지점에서 힘 $\vec{F}$를 가지고 민다. 두 힘은 지름선에 수직이다. 그러므로 식 (7.12)에 있는 ϕ는 90°이다.

풀이 줄의 장력에 의한 돌림힘은

그림 7.24 캡스턴을 돌리는 선원의 평면도

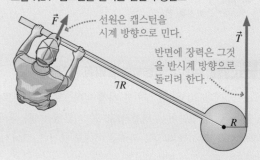

선원은 캡스턴을 시계 방향으로 민다.

반면에 장력은 그것을 반시계 방향으로 돌리려 한다.

$$\tau_{\text{T}} = RT\sin 90° = RT$$

이다. 캡스턴의 반지름을 알지 못하므로, 당분간 그것을 R이라고 하자. 줄이 캡스턴을 반시계 방향으로 돌리려고 하므로 이 돌림힘은 양(+)이다. 선원에 의한 돌림힘은

$$\tau_{\text{S}} = -(7R)F\sin 90° = -7RF$$

이다. 이 돌림힘은 시계 방향으로 작용하므로 음(−)의 부호를 갖는다. 알짜 돌림힘이 0이어야 하므로, $\tau_{\text{T}} + \tau_{\text{S}} = 0$ 또는

$$RT - 7RF = 0$$

이다. 여기에서 R이 소거됨을 주목하라. 따라서 다음과 같다.

$$F = \frac{T}{7} = \frac{1500 \text{ N}}{7} = 210 \text{ N}$$

검토 210 N은 적절한 값이다. 선원이 주어야 할 힘은 줄이 작용하는 힘의 1/7이다. 긴 레버가 선원이 무거운 닻을 들어 올리도록 도움을 준다. 1860년에 건조된 HMS 전함(HMS Warrior)에서는,

무게가 55,000 N에 달하는 거대한 닻을 들어 올리기 위해서 200명이 캡스턴을 돌렸다고 한다!

힘 $\vec{F}$와 $\vec{T}$의 방향이 다른 것을 주목하라. 이 힘들의 돌림힘은 지름선에 대한 힘의 방향에만 의존한다. 곧 서로에 대한 방향에는 무관하다. 선원이 주어야 할 힘의 크기는 그가 캡스턴을 도는 동안 변하지 않는다.

7.4 중력 돌림힘과 무게 중심

그림 7.25에서 체조 선수가 철봉 주위로 선회하고 있다. 중력에 의한 돌림힘이 그녀를 수직 위치로 회전시킨다. 쓰러지는 나무나 꽝하고 닫히는 자동차 후드는 중력이 물체에 돌림힘을 작용하는 또 다른 예이다. 정지된 물체도 역시 중력에 의한 돌림힘의 작용을 받을 수 있다. 다이빙 보드에도 고정 끝에 대한 중력 돌림힘이 작용한다. 그러나 보드 끝의 발판에서 받은 힘에 의하여 반대방향의 돌림힘이 생기기 때문에 다이빙 보드는 회전하지 않는다.

앞에서 물체에 작용하는 하나의 힘에 의하여 생기는 돌림힘을 계산하는 방법을 배웠다. 그러나 중력은 물체의 하나의 점에만 작용하지 않는다. 중력은 그림 7.25(a)에 나와 있는 체조 선수의 경우처럼, 물체를 구성하는 **모든 입자**를 아래로 끌어내린다. 그리고 각 입자는 그것에 작용하는 중력에 의한 작은 돌림힘을 느낀다. 그래서 전체적인 물체의 중력 돌림힘은 모든 입자에 작용된 돌림힘들의 벡터합인 **알짜 돌림힘**인 것이다. 여기에서 증명하지 않겠지만, 중력 돌림힘은 알짜 중력, 즉 물체의 무게 $\vec{w}$가 **무게 중심**(center of gravity, 기호 ◉)이라고 하는 물체 내 특별한 한 점에 작용하고 있는 것처럼 가정함으로써 계산할 수 있다. 그렇다면 이미 배운 한 점(무게 중심)에 작용한 힘($\vec{w}$)에 의한 돌림힘을 계산하는 방법을 사용하여 중력에 의한 돌림힘을 계산할 수 있다. 그림 7.25(b)는 체조 선수의 몸무게가 그녀의 무게 중심에 작용하고 있는 것처럼 생각할 수 있음을 보여준다.

그림 7.25 무게 중심은 전체 무게가 작용하고 있다고 생각되는 점이다.

(a) 중력은 체조 선수를 구성하는 각각의 입자에 힘과 돌림힘을 작용한다.

회전축

(b) 무게는 회전축에 관한 돌림힘을 제공한다.

무게 중심

$\vec{w}$

체조 선수는 마치 그녀의 전체 몸무게가 그녀의 무게 중심에 작용하고 있는 것처럼 반응한다.

예제 7.12 **깃대에 작용하는 돌림힘**

질량 3.2 kg의 깃대가 수평과 25°의 각도를 이루며 벽으로부터 뻗어 있다. 이것의 무게 중심은 벽에 부착된 점으로부터 1.6 m이다. 부착점에 관한 깃대의 중력 돌림힘은 얼마인가?

준비 그림 7.26는 이 상황을 보여준다. 돌림힘을 계산할 목적으로, 마치 깃대의 전체 무게가 무게 중심에 작용하고 있는 것처럼 생각할 수 있다. 모멘트 팔 $r_\perp$은 시각화하기 쉬우므로, 돌림힘에 대한

그림 7.26 깃발의 개요도

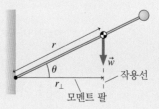

주어진 값
$m = 3.2$ kg
$r = 1.6$ m
$\theta = 25°$

구할 값
돌림힘 τ

r

$\vec{w}$

θ

$r_\perp$

작용선

모멘트 팔

식 (7.11)을 사용한다.

풀이 그림 7.26으로부터 모멘트 팔이 $r_\perp = (1.6 \text{ m}) \cos 25° = 1.45 \text{ m}$ 임을 알 수 있다. 그러므로 깃대에 작용하는 중력 돌림힘은 벽에 부착된 점에 관하여,

$$\tau = -r_\perp w = -r_\perp mg = -(1.45 \text{ m})(3.2 \text{ kg})(9.8 \text{ m/s}^2)$$
$$= -45 \text{ N} \cdot \text{m}$$

이다. 돌림힘이 깃대를 시계 방향으로 돌리려 하므로 위 식에 음 (−)의 부호를 넣었다.

검토 만일 깃대가 경첩에 의하여 벽에 부착되어 있다면, 중력 돌림힘은 깃대를 떨어뜨릴 것이다. 그러나 실제로는 단단하게 부착되어 있기 때문에 반대로 작용하는 양(+)의 돌림힘이 생겨서 깃대가 떨어지는 것을 방지하는 것이다. 알짜 돌림힘은 0이다.

그림 7.27 자를 지지하기

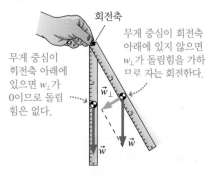

회전축

무게 중심이 회전축 아래에 있지 않으면 $w_\perp$가 돌림힘을 가하므로 자는 회전한다.

무게 중심이 회전축 아래에 있으면 $w_\perp$가 0이므로 돌림힘은 없다.

$\vec{w}_\perp$

$\vec{w}$ $\vec{w}$

$\vec{w}$

그림 7.28 자 균형 잡기

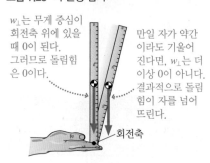

$w_\perp$는 무게 중심이 회전축 위에 있을 때 0이 된다. 그러므로 돌림힘은 0이다.

만일 자가 약간이라도 기울어진다면, $w_\perp$는 더 이상 0이 아니다. 결과적으로 돌림힘이 자를 넘어뜨린다.

회전축

그림 7.29 아령의 무게 중심 찾기

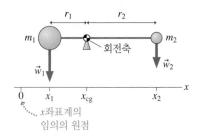

r_1 r_2

m_1 m_2

회전축

$\vec{w}_1$ $\vec{w}_2$

0 x_1 x_{cg} x_2 x

x좌표계의 임의의 원점

자의 끝을 잡고 자유롭게 움직이게 할 수 있는 경우 자는 빠르게 회전하여 수직으로 매달릴 것이다. 그림 7.27은 이런 결과를 무게 중심과 중력 돌림힘으로 설명하고 있다. 자의 무게 중심은 자의 중심에 놓여 있다. 만약 무게 중심이 회전축 바로 밑에 있으면 중력 돌림힘은 없으며 자는 평형을 유지한다. 자를 옆으로 돌리면 결과적으로 생겨나는 중력 돌림힘은 무게 중심이 회전축 바로 아래에 놓이도록 자를 빠르게 원래 위치로 돌아가게 할 것이다. 이러한 사실을 자에 대하여 설명하였지만, 이것은 일반적으로 성립하는 원리이다. **회전축을 중심으로 자유롭게 회전할 수 있는 물체는 무게 중심이 회전축 바로 밑에 있을 때 정지 상태에 있게 된다.**

그림 7.28에서처럼 무게 중심이 회전축 위에 있으면 물체의 무게에 의한 돌림힘은 없고 균형을 유지하게 된다. 그러나 물체가 조금만 양쪽으로 움직여도 중력 돌림힘은 더 이상 0이 아니고 물체는 회전하게 된다. 이러한 **균형**에 관한 물체의 무게 중심이 회전축 위에 있는 물체의 거동 문제는 8장에서 탐구할 것이다.

무게 중심의 위치 계산하기

회전축 바로 아래나 또는 바로 위에 무게 중심이 있을 때 중력 돌림힘은 없기 때문에 **회전축이 무게 중심에 있을 때도 중력에 기인하는 돌림힘은 0이어야 한다.** 이 사실은 무게 중심 위치의 일반적인 표현을 구하는 데 사용할 수 있다.

그림 7.29에 있는 아령을 생각해보자. 만일 삼각형 회전축을 좌우로 움직여서 아령의 균형을 잡는다면, 회전축은 무게 중심(위치 x_{cg}) 위치에 올 것이다. 그리고 중력에 기인하는 돌림힘은 0이 될 것이다. 그러나 두 무게에 의한 각각의 돌림힘을 계산하고 합함으로써 중력 돌림힘을 직접 구할 수 있다. 무게 1에 작용하는 중력은 모멘트 팔 r_1을 가지고 작용한다. 그러므로 x_{cg} 위치에 있는 회전축에 대한 돌림힘은

$$\tau_1 = r_1 w_1 = (x_{cg} - x_1)m_1 g$$

이고, 마찬가지로 무게 2에 의한 돌림힘은

$$\tau_2 = -r_2 w_2 = -(x_2 - x_{cg})m_2 g$$

이다. 아령을 시계 방향으로 돌리려 하므로 이 돌림힘은 음(−)이다. 방금 회전축이 무게 중심 바로 아래에 있으면 알짜 돌림힘은 0이라고 설파했다. 그러므로

$$\tau_{\text{net}} = 0 = \tau_1 + \tau_2 = (x_{\text{cg}} - x_1)m_1 g - (x_2 - x_{\text{cg}})m_2 g$$

이다. 이 식을 풀어서 무게 중심의 위치 x_{cg}를 구하면 다음과 같다.

$$x_{\text{cg}} = \frac{x_1 m_1 + x_2 m_2}{m_1 + m_2} \tag{7.14}$$

다음 풀이 전략은 많은 입자들의 무게 중심을 찾기 위해서 어떻게 식 (7.14)가 일반화될 수 있는지를 보여준다. 만일 입자들이 모두 x축상에 있지 않다면, 무게 중심의 y좌표 역시 찾아야 한다.

풀이 전략 7.1 무게 중심 찾기

❶ 좌표계의 원점을 정한다. 편리한 점을 원점으로 선택할 수 있다.

❷ 질량이 각각 m_1, m_2, m_3, …인 입자들의 좌표 (x_1, y_1), (x_2, y_2), (x_3, y_3), …를 결정한다.

❸ 무게 중심의 x좌표는

$$x_{\text{cg}} = \frac{x_1 m_1 + x_2 m_2 + x_3 m_3 + \cdots}{m_1 + m_2 + m_3 + \cdots} \tag{7.15}$$

이다.

❹ 마찬가지로, 무게 중심의 y좌표는

$$y_{\text{cg}} = \frac{y_1 m_1 + y_2 m_2 + y_3 m_3 + \cdots}{m_1 + m_2 + m_3 + \cdots} \tag{7.16}$$

이다.

영상 학습
데모

무게 중심은 $x_1 m_1$과 같이 두 물리량의 곱에 의존하므로, 큰 질량을 갖는 물체가 작은 질량을 갖는 물체보다 더 많이 x_{cg}에 기여하게 된다. 결과적으로, **한 복합 물체의 무게 중심은 상대적으로 더 무거운 물체나 입자가 있는 쪽에 위치하게 된다.**

예제 7.13   아령의 어디를 들어야 할까?

길이가 1.0 m인 아령이 왼쪽에 10 kg의 질량을, 오른쪽에 5.0 kg의 질량을 가지고 있다. 무게 중심의 위치를 찾으시오. 그 점이 바로 균형을 유지하면서 아령이 들어 올려질 수 있는 지점이다.

준비 먼저 그림 7.30과 같이 상황을 그린다.

그림 7.30 아령의 무게 중심 찾기

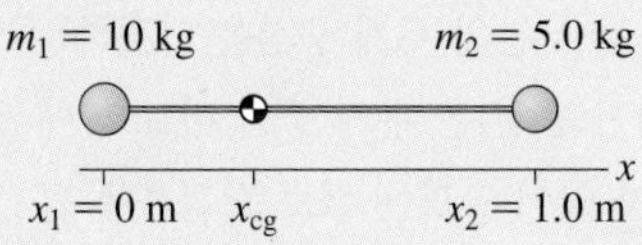

$m_1 = 10$ kg $m_2 = 5.0$ kg

$x_1 = 0$ m x_{cg} $x_2 = 1.0$ m

다음으로 무게 중심을 찾기 위하여 풀이 전략 7.1을 사용한다. 왼쪽에 있는 10 kg의 위치를 원점으로 잡자. 그러면 $x_1 = 0$ m이고 $x_2 = 1.0$ m이다. 아령의 질량이 x축상에 있으므로, 무게 중심

의 y좌표는 x축상에 오게 된다. 따라서 무게 중심의 x좌표만 구하면 된다.

풀이 무게 중심의 x좌표는 식 (7.15)로부터 구할 수 있다.

$$x_{\text{cg}} = \frac{x_1 m_1 + x_2 m_2}{m_1 + m_2} = \frac{(0 \text{ m})(10 \text{ kg}) + (1.0 \text{ m})(5.0 \text{ kg})}{10 \text{ kg} + 5.0 \text{ kg}}$$
$$= 0.33 \text{ m}$$

무게 중심은 10 kg의 질량으로부터 0.3 m 지점이거나 또는 아령의 중앙으로부터 왼쪽으로 0.17 m 지점에 있다고 할 수 있다.

검토 무게 중심의 위치는 큰 질량에 가까이 있다. 이것은 무게 중심은 무거운 입자 쪽에 더 가까이 있으려고 한다는 일반적인 표현과 일치한다.

그림 7.31 80 kg인 남자의 신체 각 부위의 질량과 무게 중심

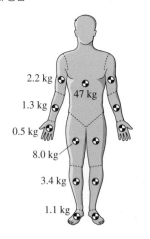

크기가 있는 물체의 무게 중심은 질량과 무게 중심을 알고 있거나 또는 알아낼 수 있는 여러 조각들로 이루어졌다고 생각함으로써 쉽게 발견할 수 있다. 크기가 있는 물체를 이루는 각 조각의 질량 m_1, m_2, m_3, …와 각 조각의 무게 중심 좌표 (x_1, y_1), (x_2, y_2), (x_3, y_3), …을 알고 있다면, 물체의 무게 중심 좌표는 식 (7.15)과 (7.16)에 의해서 주어진다.

이 방법은 우리 몸의 무게 중심을 계산하기 위하여 생체역학과 신체 운동학에서 폭넓게 이용된다. **그림 7.31**은 어떻게 우리 몸이 질량과 무게 중심이 알려진 여러 부분으로 이루어져 있는지를 보여준다. 여기 나와 있는 수치는 질량이 80 kg인 남자에 관한 것이다. 주어진 자세에서 각 부분의 질량과 무게 중심의 위치를 알 수 있으므로, 몸 전체의 무게 중심은 식 (7.15)과 (7.16)(그리고 z좌표에 대한 제3의 방정식)으로부터 계산할 수 있다. 다음 예제는 이 방법을 단순하게 적용한 것이다.

예제 7.14 체조 선수와 무게 중심 구하기

링 체조 선수의 몸이 파이크 자세를 유지하고 있다. **그림 7.32**는 어떻게 그의 몸이 두 부분으로 이루어져 있다고 생각될 수 있는지를 보여준다. 두 부분의 질량과 무게 중심의 위치는 그림에 나와 있는 바와 같다. 위 부분은 머리, 몸통, 그리고 양팔을 포함하고 있는 반면에 아래 부분은 두 다리로

이루어져 있다. 이 체조 선수의 무게 중심의 위치를 구하시오.

준비 그림 7.32로부터 각 부분에 대한 무게 중심의 x와 y좌표를 알 수 있다.

$$x_{\text{trunk}} = 15 \text{ cm} \qquad y_{\text{trunk}} = 50 \text{ cm}$$
$$x_{\text{legs}} = 30 \text{ cm} \qquad y_{\text{legs}} = 20 \text{ cm}$$

풀이 무게 중심의 x와 y좌표는 식 (7.15)과 (7.16)에 의해서 주어진다.

$$x_{\text{cg}} = \frac{x_{\text{trunk}} m_{\text{trunk}} + x_{\text{legs}} m_{\text{legs}}}{m_{\text{trunk}} + m_{\text{legs}}}$$

$$= \frac{(15 \text{ cm})(45 \text{ kg}) + (30 \text{ cm})(30 \text{ kg})}{45 \text{ kg} + 30 \text{ kg}} = 21 \text{ cm}$$

그림 7.32 체조 선수를 구성하는 두 부분의 무게 중심

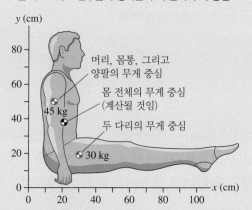

머리, 몸통, 그리고 양팔의 무게 중심
몸 전체의 무게 중심 (계산될 것임)
두 다리의 무게 중심
45 kg
30 kg

$$y_{\text{cg}} = \frac{y_{\text{trunk}} m_{\text{trunk}} + y_{\text{legs}} m_{\text{legs}}}{m_{\text{trunk}} + m_{\text{legs}}}$$

$$= \frac{(50 \text{ cm})(45 \text{ kg}) + (20 \text{ cm})(30 \text{ kg})}{45 \text{ kg} + 30 \text{ kg}} = 38 \text{ cm}$$

검토 그림 7.32에서 보는 바와 같이, 몸 전체의 무게 중심은 가벼운 다리 부분의 무게 중심보다 무거운 몸통 부분의 무게 중심에 더 가깝다. 마치 두 점 입자의 무게 중심의 경우와 같이, 이 선수의 무게 중심은 두 부분의 무게 중심을 연결하는 선상에 있다. 또 이 선수의 손(회전축 점)은 무게 중심 바로 밑에 있어야 한다. 그렇지 않으면 그가 앞이나 또는 뒤로 회전하게 될 것이다.

7.5 회전 동역학과 관성 모멘트

7.3절에서 뉴턴의 법칙은 회전 운동에 대해 무엇을 말하는가에 관한 의문을 가졌다. 이제 그 질문에 대답할 수 있다. **돌림힘은 각가속도를 일으킨다.** 이것은 힘이 가속도를 일으킨다고 직선 운동에서 기술한 것에 해당하는 회전 운동의 기술이다.

돌림힘과 각가속도가 어떻게 관련이 되는지를 보기 위하여, 돌림힘이 작용하고 있는 하나의 입자를 살펴보기로 하자. **그림 7.33**은 입자가 원운동을 하도록 하는 길이 r인 가볍고 단단한 막대에 부착된 질량 m인 입자를 나타낸다. 이 입자는 두 힘의 영향을 받고 있다. 이 입자가 원운동을 하므로, 이 입자는 원의 중심을 향하는 힘을 받고 있으며 그 힘은 막대의 장력 $\vec{T}$이다. 6장에서 배운 바와 같이, 이것은 입자 속도의 **방향**을 바꾸어주는 원인이 되는 힘이다. 입자의 속도 변화와 관련된 가속도는 구심 가속도 $\vec{a}_c$이다.

그러나 그림 7.33에 있는 이 입자는 또 속력을 변화시키는 힘 $\vec{F}$의 작용을 받는다. 이 힘은 접선 가속도 $\vec{a}_t$를 생기게 한다. 원의 접선 방향에 뉴턴의 제2법칙을 적용하면

$$a_t = \frac{F}{m} \tag{7.17}$$

이다. 접선 가속도와 각가속도는 $a_t = \alpha r$인 관계가 있으므로, 식 (7.17)을 $\alpha r = F/m$으로 다시 쓰거나, 또는

$$\alpha = \frac{F}{mr} \tag{7.18}$$

라고 쓸 수 있다.

지름선에 수직한 힘 $\vec{F}$에 의해서 생기는 돌림힘은

$$\tau = rF$$

이므로 F와 τ를 식 (7.18)에 대입하면 다음 식을 얻는다.

$$\alpha = \frac{\tau}{mr^2} \tag{7.19}$$

식 (7.19)는 하나의 입자에 작용하는 돌림힘과 각가속도 사이의 관계이다. 이제 남은 일은 이 개념을 입자에서 크기가 있는 물체로 확장하는 것이다.

회전 운동에 대한 뉴턴의 제2법칙

그림 7.34는 고정되어 움직이지 않는 축에 대하여 회전하는 강체를 나타낸다. 강체 모형에 의하면, 물체를 축으로부터 고정된 거리 r_1, r_2, r_3, …에 있는 질량 m_1, m_2, m_3, …인 입자들로 이루어진 것으로 생각할 수 있다. 힘 $\vec{F}_1$, $\vec{F}_2$, $\vec{F}_3$, …가 이 입자들에 작용한다고 가정하자. 이 힘들은 회전축 주위로 돌림힘들이 생기게 한다. 따라서 이 강체는 각가속도 α를 가지게 될 것이다. 이 강체를 이루는 모든 입자들은 같이 회전할

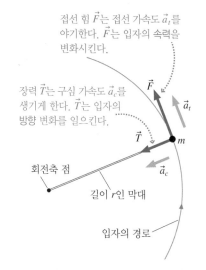

그림 7.33 접선 방향의 힘 $\vec{F}$는 입자에 돌림힘을 작용하여 각가속도를 생기게 한다.

접선 힘 $\vec{F}$는 접선 가속도 $\vec{a}_t$를 야기한다. $\vec{F}$는 입자의 속력을 변화시킨다.

장력 $\vec{T}$는 구심 가속도 $\vec{a}_c$를 생기게 한다. $\vec{T}$는 입자의 방향 변화를 일으킨다.

회전축 점

길이 r인 막대

입자의 경로

그림 7.34 강체에 작용하는 힘은 회전축에 대해 돌림힘을 생기게 한다.

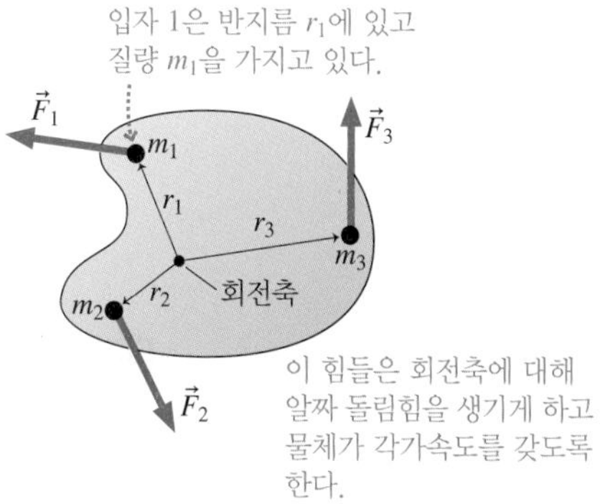

입자 1은 반지름 r_1에 있고 질량 m_1을 가지고 있다.

회전축

이 힘들은 회전축에 대해 알짜 돌림힘을 생기게 하고 물체가 각가속도를 갖도록 한다.

것이므로, 모든 입자들은 같은 각가속도 α를 갖는다. 식 (7.19)를 이용하면, 입자들에 작용하는 돌림힘들을 다음과 같이 쓸 수 있다.

$$\tau_1 = m_1 r_1{}^2 \alpha \qquad \tau_2 = m_2 r_2{}^2 \alpha \qquad \tau_3 = m_3 r_3{}^2 \alpha$$

강체를 구성하는 모든 입자는 이와 같은 돌림힘을 갖는다. 만일 이 모든 돌림힘들을 합치면, 이 물체에 대한 알짜 돌림힘은

$$\begin{aligned} \tau_{\text{net}} = \tau_1 + \tau_2 + \tau_3 + \cdots &= m_1 r_1{}^2 \alpha + m_2 r_2{}^2 \alpha + m_3 r_3{}^2 \alpha + \cdots \\ &= \alpha(m_1 r_1{}^2 + m_2 r_2{}^2 + m_3 r_3{}^2 + \cdots) = \alpha \sum m_i r_i{}^2 \end{aligned} \qquad (7.20)$$

이다. 합산 기호 밖으로 α를 내놓을 수 있는 것은, 회전하는 강체에 있는 모든 입자가 같은 각가속도 α를 갖기 때문이다.

식 (7.20)에 있는 양 $\sum mr^2$은 **관성 모멘트**(moment of inertia) I라고 하는 양(+)의 값으로, 각가속도와 알짜 돌림힘 사이의 비례상수이다.

$$I = m_1 r_1{}^2 + m_2 r_2{}^2 + m_3 r_3{}^2 + \cdots = \sum m_i r_i{}^2 \qquad (7.21)$$

입자 집합의 관성 모멘트

질량이 8200 kg인 거대한 화강암 공이 압력이 가해진 물의 얇은 층 위에 마찰이 거의 없이 떠 있다. 한 소녀가 이 공에 큰 돌림힘을 작용시켜도, 이 물체의 관성 모멘트가 크기 때문에 각가속도는 작다.

관성 모멘트의 단위는 질량 곱하기 거리의 제곱, 곧 $\text{kg} \cdot \text{m}^2$이다. 돌림힘처럼 어떤 물체의 관성 모멘트는 회전축에 따라 **변한다**. 회전축이 정의되면, r_1, r_2, r_3, $\cdots$ 값을 결정할 수 있기 때문에, 회전축에 관한 관성 모멘트를 식 (7.21)로부터 계산할 수 있다.

관성 모멘트 I를 식 (7.20)에 대입하면 다음과 같은 강체 역학의 기본적인 식을 얻을 수 있다.

회전 운동에 대한 뉴턴의 제2법칙 어떤 회전축에 관하여 알짜 돌림힘 τ_{net}을 받는 물체는 다음과 같은 각가속도를 갖는다.

$$\alpha = \frac{\tau_{\text{net}}}{I} \qquad (7.22)$$

여기에서 I는 회전축에 관한 물체의 관성 모멘트이다.

실제로는 대부분의 경우 $\tau_{\text{net}} = I\alpha$라고 많이 쓴다. 그러나 식 (7.22)가 **알짜 돌림힘은 각가속도를 일으키는 원인이 된다**는 개념을 더 잘 표현한다. 물체에 작용하는 알짜 돌림힘이 없으면($\tau_{\text{net}} = 0$), 그 물체에 각가속도 α가 생기지 않는다. 그래서 물체는 회전하지 않거나($\omega = 0$), 등각속도를 가지고 회전한다(ω = 일정).

관성 모멘트의 해석

수업 영상

관성 모멘트 계산을 서두르기 전에, 그것의 의미를 더 이해하도록 해보자. 첫째, **관성 모멘트는 회전 운동에서 직선 운동의 질량에 해당하는 양**이라는 것에 주목하자. 회전 운동에서는 우리에게 익숙한 $\vec{a} = \vec{F}_{\text{net}}/m$에서 질량 m이 하는 역할을 식 (7.22)에서는

관성 모멘트 I가 하고 있다. 더 큰 질량을 갖는 물체는 더 큰 **관성 모멘트**를 갖기 때문에 가속하기가 더 어렵다. 작은 관성 모멘트를 갖는 물체보다 큰 관성 모멘트를 갖는 물체를 회전시키는 데에 더 큰 돌림힘이 필요하다. '관성 모멘트'라는 표현 속에 '관성'이라는 단어가 들어가 있는 것은 이런 이유 때문이다.

그러나 왜 관성 모멘트가 회전축으로부터의 거리 r에 따라 다른가? **그림 7.35**에서처럼, 정지 상태로부터 회전목마를 출발시키려고 하는 경우를 생각해보자. 회전목마의 가장자리를 밀어서 돌림힘을 작용시키면 각속도가 증가하기 시작한다. 그림 7.35(a)에서처럼, 만일 여러분의 친구들이 회전목마의 가장자리에 앉아 있다면, 회전축으로부터 그들의 거리 r이 크다. 회전목마가 각속도 ω로 회전하면 $v = \omega r$이므로 그들의 속력은 크다. 그러나 그림 7.35(b)에서처럼, 만일 여러분의 친구들이 축 가까이에 앉아 있다면, 거리 r과 속력 $v = \omega r$은 작다. 첫째 경우의 친구들 속력이 더 빠르므로 그러한 일을 발생시키려면 더 힘이 든다.

이 결과를 관성 모멘트 개념을 사용하여 다음과 같이 표현할 수 있다. r이 큰 첫째 경우에는 식 (7.21)에 의해서 관성 모멘트가 크다. 둘째 경우에는 r이 작으므로 식 (7.21)에 의해서 관성 모멘트가 작다. 또 관성 모멘트가 크다는 것은 각가속도를 발생시키기 위해서 더 큰 돌림힘이 필요하다는 것을 의미한다. 따라서 더 큰 힘을 가하여야 한다.

이와 같이 물체의 관성 모멘트는 물체의 질량뿐만 아니라 물체의 회전축 주위에 **질량이 어떻게 분포하는지**에 따라서도 변한다. 이런 사실은 자전거 선수들에게 잘 알려져 있다. 자전거를 타는 사람은 가속할 때마다 바퀴를 '더 빨리 돌려야' 한다. 관성 모멘트가 클수록 더 많은 힘이 들고 결국 각가속도는 더 작아진다. 이런 이유로, 선수는 가능한 한 관성 모멘트가 작은 바퀴를 선호한다. 그래서 중심 가까이에 질량을 유지하도록 디자인된 바퀴를 선택하며 가벼운 타이어를 끼운다.

종합 7.1은 선형 동역학과 회전 동역학 사이의 유사성을 요약한 것이다.

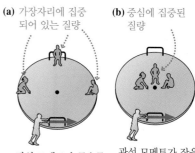

그림 7.35 관성 모멘트는 질량에 따라서도 변하고 질량이 어떻게 분포되어 있는가에 따라서도 변한다.

(a) 가장자리에 집중되어 있는 질량

(b) 중심에 집중된 질량

관성 모멘트가 클수록 회전하기 어렵다.

관성 모멘트가 작을수록 회전하기 쉽다.

종합 7.2 선형 동역학과 회전 동역학

선형 동역학의 변수에 대응되는 회전 동역학의 변수가 있다. 회전 동역학에 대한 뉴턴의 제2법칙은 이러한 변수들로써 표현된다.

	선형 동역학	회전 동역학
변수	알짜힘 (N) $\cdots\cdots \vec{F}_{net}$	τ_{net} $\cdots\cdots$ 알짜 돌림힘 (N·m)
	질량 (kg) $\cdots\cdots m$	I $\cdots\cdots$ 관성 모멘트 (kg·m^2)
	가속도 (m/s^2) $\cdots\cdots \vec{a}$	α $\cdots\cdots$ 각가속도 (rad/s^2)
뉴턴의 제2법칙	가속도는 힘에 의해 발생한다. $\vec{a} = \dfrac{\vec{F}_{net}}{m}$ 질량이 클수록 가속도는 더 작아진다.	$\alpha = \dfrac{\tau_{net}}{I}$ 각가속도는 돌림힘에 의해 발생한다. 관성 모멘트가 클수록 각가속도는 더 작아진다.

예제 7.15 관성 모멘트 계산하기

그림 7.36에서 보인 바와 같이, 길이 10 cm의 매우 튼튼하고 가벼운 막대에 부착된 3개의 작고 무거운 구로 이루어진 추상적 조각이 있다. 구의 질량은 각각 m_1 = 1.0 kg, m_2 = 1.5 kg, 그리고 m_3 = 1.0 kg이다. 그것이 축 A에 대해 회전한다면, 물체의 관성 모멘트는 얼마인가? 또 B축에 대해서는 얼마인가?

그림 7.36 가벼운 막대에 의해서 분리된 3개의 입자

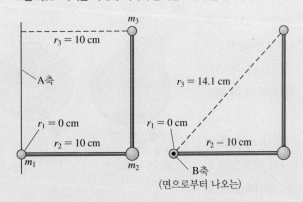

준비 관성 모멘트를 구하기 위하여 식 (7.21)을 사용할 것이다.

$$I = m_1r_1{}^2 + m_2r_2{}^2 + m_3r_3{}^2$$

위 식에서 r_1, r_2, r_3는 회전축으로부터 각 입자의 거리이다. 그리고 그들은 선택된 축에 따라서 변한다. 입자 1은 두 경우 모두 축 위에 있다. 그러므로 두 경우 모두 r_1 = 0 cm이다. 입자 2는 두 경우 모두 축으로부터 10 cm(0.10 m)에 있다. 입자 3은 A축으로부터 10 cm에 있고, B축으로부터는 더 멀리 떨어져 있다. 피타고라스 정리를 사용하여 B축으로부터의 거리를 구하면 r_3 = 14.1 cm 이다. 이들 거리가 그림에 표시되어 있다.

풀이 각 축에 대하여, 그리고 각 입자에 대하여 r, m, mr^2값의 표를 만들고 나중에 mr^2의 값들을 합할 수 있다.

A축에 대하여

입자	r	m	mr^2
1	0 m	1.0 kg	0 kg·m²
2	0.10 m	1.5 kg	0.015 kg·m²
3	0.10 m	1.0 kg	0.010 kg·m²
			I_A = 0.025 kg·m²

B축에 대하여

입자	r	m	mr^2
1	0 m	1.0 kg	0 kg·m²
2	0.10 m	1.5 kg	0.015 kg·m²
3	0.141 m	1.0 kg	0.020 kg·m²
			I_B = 0.035 kg·m²

검토 회전축으로부터 질량이 더 멀리 분포되어 있을 때 관성 모멘트가 더 크다는 것을 이미 알고 있다. 여기서, m_3는 A축으로부터보다도 B축으로부터 더 멀리 떨어져 있으므로, 이 물체는 B축에 대해 더 큰 관성 모멘트를 갖는다.

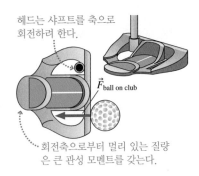

헤드는 샤프트를 축으로 회전하려 한다.

$\vec{F}_{ball\ on\ club}$

회전축으로부터 멀리 있는 질량은 큰 관성 모멘트를 갖는다.

◀ **신기한 골프 클럽** 최근 매우 큰 관성 모멘트의 헤드를 가진 골프채가 소개되었다. 퍼터로 공을 치면 뉴턴의 제3법칙에 따라 공도 퍼터에게 힘을 가하여 퍼터가 막대(샤프트)를 축으로 회전하게 하는 돌림힘을 발생시킨다. 헤드 부분의 큰 관성 모멘트는 각가속도를 작게 만들고, 그리하여 원하지 않는 회전을 방지시켜 정확한 퍼팅이 가능하도록 한다.

일반적인 모양을 한 물체의 관성 모멘트

회전 운동에 관한 뉴턴의 제2법칙은 쓰기 쉽다. 그러나 물체의 관성 모멘트를 알지 못하고는 그것을 사용할 수 없다. 질량과는 다르게, 물체를 저울 위에 올려놓고 관성 모멘트를 측정할 수는 없다. 그리고 대칭적인 물체의 무게 중심이 물리적 중심에 있다는 것을 추측할 수 있지만, 아주 단순한 물체의 관성 모멘트조차도 추측할 수가 없다.

질량을 무시할 수 있는 막대로 연결된 몇 개의 점 입자로 구성된 물체에서, 직접 I를 계산하기 위하여 식 (7.21)을 사용할 수 있다. 그러나 그와 같은 물체가 실제로는 많지 않다. 실제의 물체는 모두 무수히 많은 원자들로 이루어진 고체로 만들어졌다. 아주 단순한 물체의 관성 모멘트를 계산하려 해도 적분학을 필요로 한다. 그런데 그

표 7.1 밀도가 균일하며 총 질량이 M인 물체의 관성 모멘트

물체와 회전축	그림	I	물체와 회전축	그림	I
중앙을 축으로 하는 얇은 막대(임의의 단면적)		$\frac{1}{12}ML^2$	중앙을 축으로 하는 원통 또는 원판		$\frac{1}{2}MR^2$
한 끝을 축으로 하는 얇은 막대(임의의 단면적)		$\frac{1}{3}ML^2$	중앙을 축으로 하는 원통 고리		MR^2
중앙을 축으로 하는 평면 또는 널빤지		$\frac{1}{12}Ma^2$	지름을 축으로 하는 속이 꽉 찬 구		$\frac{2}{5}MR^2$
변을 축으로 하는 평면 또는 널빤지		$\frac{1}{3}Ma^2$	지름을 축으로 하는 구 껍질		$\frac{2}{3}MR^2$

것은 이 교재의 한계를 뛰어넘는 것이다. 표 7.1에 일반적인 모양에 대한 관성 모멘트가 간단히 나와 있다. 이 표에서 크기가 있는 물체의 총 질량을 대문자 M으로 표시한다.

표 7.1에 나와 있는 관성 모멘트에 관하여 몇 가지 일반적인 평을 할 수 있다. 예를 들면, 원통형 고리는 축으로부터 같은 거리 R만큼 떨어져 있는 입자들로 이루어져 있다. 그리하여 질량 m인 모든 입자들은 고리의 관성 모멘트에 mR^2으로 기여하게 된다. 이들이 기여하는 모든 것을 합하면, I는

$$I = m_1R^2 + m_2R^2 + m_3R^2 + \cdots = (m_1 + m_2 + m_3 + \cdots)R^2 = MR^2$$

이 된다. 같은 질량과 반지름을 갖는 속이 꽉 찬 원통은 이것보다도 더 작은 관성 모멘트를 갖는데, 그 이유는 원통 질량의 상당량이 중앙에 있기 때문이다. 같은 식으로 왜 그 중앙에 관하여 회전하는 널빤지가 그 변을 축으로 하여 회전하는 널빤지에 비하여 더 작은 관성 모멘트를 갖는지 살펴볼 수 있다. 후자의 경우에 있어서, 어떤 입자의 질량은 전자의 경우 축에서 가장 멀리 떨어져 있는 입자의 질량보다 2배나 더 멀리 떨어져 있다. 그와 같은 입자들은 관성 모멘트에 4배나 더 많이 기여한다. 그래서 한 변에 관하여 회전하는 널빤지에 대한 관성 모멘트가 일반적으로 크게 되는 것이다.

7.6 회전 운동에 뉴턴의 제2법칙 사용하기

이 절에서는 고정축에 대하여 회전 운동하는 강체에 대한 회전 동역학의 몇 가지 예를 살펴볼 것이다. 고정축으로 제한하는 것은 회전 운동과 병진 운동을 복합적으로 겪는 물체에서 일어날 수 있는 복잡성을 피하기 위함이다.

문제 풀이 전략 7.1 회전 동역학 문제

회전 동역학에 대한 문제 풀이 전략은 5장에서 공부한 선형 동역학에 대한 것과 매우 유사하다.

준비 물체를 간단한 구 모양으로 모형을 설정한다. 그 상태를 명확하게 하기 위하여 그림을 그리고, 좌표와 기호를 정의하고, 알고 있는 정보의 목록을 만든다.

- 물체가 회전하는 축을 확인한다.
- 힘을 확인하고 축으로부터의 거리를 결정한다.
- 힘에 의해서 생긴 돌림힘을 계산하고 돌림힘의 부호를 찾는다.

풀이 수학적 표현은 회전 운동의 뉴턴의 제2법칙에 근거하고 있다.

$$\tau_{net} = I\alpha \quad \text{혹은} \quad \alpha = \frac{\tau_{net}}{I}$$

- 식 (7.21)을 사용하여 직접 계산하든지 또는 일반적 구 모양에 대한 표 7.1를 이용하여 관성 모멘트를 구한다.
- 각위치 및 각속도를 구하기 위하여 회전 운동학을 사용한다.

검토 최종 결과의 단위가 올바른지, 이치에 맞는지, 그리고 문제의 물음에 맞게 답을 하였는지 확인한다.

예제 7.16 쓰러지는 장대의 각가속도

장대를 던져서 힘과 기술을 겨루는 스코틀랜드 경기에서 경기 참가자가 길이가 5.9 m이고 질량이 79 kg인 장대를 던졌다. 장대는 수직 방향으로부터 25° 기울어졌고 땅 끝점을 중심으로 회전하기 시작했다. 장대의 각가속도를 예측해보시오.

준비 문제를 풀이하는 데 필요한 몇몇 기호와 주어진 값들을 그림 7.37에 나타냈다. 두 힘이 장대에 작용하고 있다[무게 중심에서 작용하는 장대의 무게 $\vec{w}$와 땅이 장대에 작용하는 힘(그려 넣지 않음)]. 둘째 힘은 회전축에 작용하기 때문에 돌림힘을 전혀 만들지 않는다. 따라서 장대에 작용하는 돌림힘은 단지 중력에 의해서만 생긴다. 그림으로부터 이 돌림힘이 반시계 방향으

그림 7.37 쓰러지는 장대는 중력 돌림힘에 의한 각가속도를 갖는다.

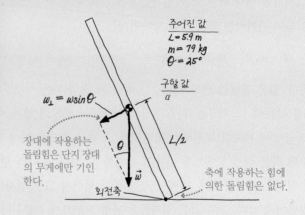

주어진 값
$L = 5.9$ m
$m = 79$ kg
$\theta = 25°$

구할 값
α

$w_\perp = w\sin\theta$

장대에 작용하는 돌림힘은 단지 장대의 무게에만 기인한다.

축에 작용하는 힘에 의한 돌림힘은 없다.

$L/2$

$\vec{w}$

θ

회전축

로 장대를 돌리려 한다는 것을 알 수 있다. 그래서 돌림힘은 양 (+)이다.

풀이 한 끝에 대해 회전하는 균일하고 얇은 막대로써 이 장대를 모형화한다. 그것의 무게 중심은 축으로부터 거리 $L/2$만큼 떨어진 중앙에 있다. 그림으로부터 $\vec{w}$의 수직 성분이 $w_\perp = w\sin\theta$임을 알 수 있다. 따라서 중력에 의한 돌림힘은 아래와 같다.

$$\tau_{net} = \left(\frac{L}{2}\right)w_\perp = \left(\frac{L}{2}\right)w\sin\theta = \frac{mgL}{2}\sin\theta$$

표 7.1로부터, 한 끝을 축으로 회전하는 얇은 막대의 관성 모멘트는 $I = \frac{1}{3}mL^2$이다. 회전 운동의 뉴턴의 제2법칙으로부터 각가속도는 다음과 같다.

$$\alpha = \frac{\tau_{net}}{I} = \frac{\frac{1}{2}mgL\sin\theta}{\frac{1}{3}mL^2} = \frac{3g\sin\theta}{2L}$$

$$= \frac{3(9.8 \text{ m/s}^2)\sin 25°}{2(5.9 \text{ m})} = 1.1 \text{ rad/s}^2$$

검토 자유 낙하 문제에서와 같이 각가속도는 질량에 무관하다. 각가속도의 최종값도 그리 크지 않는데, 이는 타당하다. 왜냐하면 이는 긴 장대인데 각가속도는 장대의 길이에 반비례하기 때문이다. 이 장대는 매우 무거운데 이렇게 작은 각가속도를 가지기 때문에 사람들이 도망치는 데 시간을 벌 수 있다.

개념형 예제 7.17 **미터자 균형 잡기**

손바닥 위에 미터자나 야구 방망이를 수직으로 세우는 것은 쉬울 것이다. (해보기 바란다!) 그러나 연필은 수직으로 세우기가 거의 불가능할 것이다. 왜 그럴까?

판단 손바닥 위에 미터자를 수직으로 세우려고 하면 곧 쓰러지기 시작할 것이다. 자의 균형을 유지하기 위하여 손바닥을 재빨리 조정하여야 할 것이다. 예제 7.16에서 보인 바와 같이, 얇은 막대의 각가속도 α는 길이 L에 반비례한다. 그러므로 미터자와 같이 긴 물체는 연필과 같이 짧은 물체보다도 더 천천히 쓰러진다. 천천히 쓰러지는 미터자를 교정하기 위한 반응시간은 충분히 빠르지만,

빠르게 쓰러지는 연필에 대해서는 그렇지 않다.

검토 만일 막대의 길이를 2배로 한다면, 그 질량은 2배가 되고 무게 중심은 2배로 높아질 것이다. 따라서 그것에 작용하는 중력 돌림힘 τ는 4배가 될 것이다. 그러나 막대의 관성 모멘트는 $I = \frac{1}{3}ML^2$이기 때문에, 더 긴 막대의 관성 모멘트는 8배만큼 더 크게 된다. 그래서 긴 막대의 각가속도는 오히려 절반으로 줄어들게 될 것이다. 이를 통해서 여러분이 무게 중심에 대하여 균형을 잡는 시간을 얻을 수 있다.

예제 7.18 **비행기 엔진 시동 걸기**

작은 비행기 엔진의 돌림힘은 500 N·m라고 한다. 이 엔진은 길이 2.0 m, 질량 40 kg인 단일 날개깃 프로펠러를 돌린다. 출발할 때, 그것이 2000 rpm에 이르는 데까지는 시간이 얼마나 걸리겠는가?

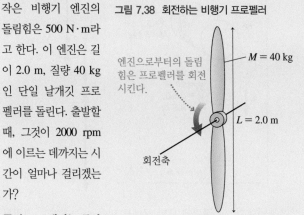

그림 7.38 회전하는 비행기 프로펠러

엔진으로부터의 돌림힘은 프로펠러를 회전시킨다.

$M = 40$ kg

$L = 2.0$ m

회전축

준비 프로펠러는 중앙을 회전축으로 하여 회전하는 막대로써 모형화할 수 있다. 엔진은 프로펠러에 돌림힘을 작용한다. 그림 7.38은 프로펠러와 회전축을 나타낸다.

풀이 표 7.1로부터, 중앙축에 관하여 회전하는 막대의 관성 모멘트는 다음과 같다.

$$I = \frac{1}{12}ML^2 = \frac{1}{12}(40 \text{ kg})(2.0 \text{ m})^2 = 13.3 \text{ kg}\cdot\text{m}^2$$

엔진의 500 N·m 돌림힘이 만드는 각가속도는

$$\alpha = \frac{\tau}{I} = \frac{500 \text{ N}\cdot\text{m}}{13.3 \text{ kg}\cdot\text{m}^2} = 37.5 \text{ rad/s}^2$$

이고, $\omega_f = 2000$ rpm $= 33.3$ rev/s $= 209$ rad/s에 이르는 데 걸리는 시간은

$$\Delta t = \frac{\Delta\omega}{\alpha} = \frac{\omega_f - \omega_i}{\alpha} = \frac{209 \text{ rad/s} - 0 \text{ rad/s}}{37.5 \text{ rad/s}^2} = 5.6 \text{ s}$$

이다.

검토 등각가속도라고 가정하였는데, 이것은 프로펠러가 천천히 도는 처음 몇 초 동안에는 합리적인 가정이다. 결국 공기 저항과 마찰은 반대방향의 돌림힘을 만들어 각가속도는 감소할 것이다. 충분한 속력에서, 공기 저항과 마찰에 의한 음(−)의 돌림힘은 엔진의 돌림힘을 상쇄한다. 그러면 $\tau_{net} = 0$이고 프로펠러는 각가속도가 없으므로 **등각속도로 돈다.**

줄과 도르래의 제약조건

그림 7.39 줄의 운동은 도르래 테두리 운동과 일치해야 한다.

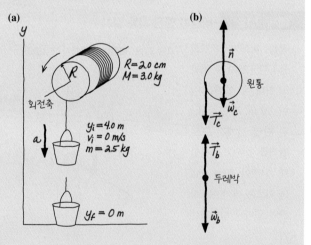

테두리 속력 = ωR
테두리 가속도 = αR

미끄러지지 않는 줄

R

물체 운동은 테두리 운동과 일치해야 한다.

$v_{obj} = \omega R$
$a_{obj} = \alpha R$

회전 동역학의 많은 중요한 문제들은 도르래와 그것에 감긴 줄에 부착된 물체에 관한 것이다. **그림 7.39**는 도르래에 감겨 있는 줄에 매달려 직선 운동을 하는 물체를 나타낸다. 만일 도르래가 그 위에 감긴 줄의 미끄러짐이 없이 돈다면, 줄의 속력 v_{rope}는 도르래 테두리의 속력과 정확히 일치하여야 한다. 곧 $v_{rim} = \omega R$이다. 만일 도르래가 각가속도를 가지고 있다면, 줄의 가속도 a_{rope}는 도르래 테두리의 **접선 가속도**와 일치하여야 한다. 곧 $a_t = \alpha R$이다.

줄의 한쪽 끝에 연결된 물체는 줄과 같은 속력과 가속도를 가지고 있다. 결론적으로 물체는 다음의 제약조건을 따라야 한다.

$$v_{obj} = \omega R$$
$$a_{obj} = \alpha R$$

(7.23)

미끄러지지 않는 줄에 의해서 반지름 R인
도르래에 연결된 물체의 운동 제약조건

이 제약조건은 줄로 연결된 두 물체에 대해 5장에서 소개했던 가속도 제약조건과 유사하다.

예제 7.19 **두레박의 낙하 시간**

조쉬가 권양기(winch)를 사용하여 질량 2.5 kg의 두레박을 끌어 올리다가 실수로 핸들을 놓쳤다. 권양기는 질량이 3.0 kg이며 지름이 4.0 cm인 원통 주위에 감긴 줄로 구성되어 있다. 그리고 그 원통은 중심을 지나는 축의 주위로 회전한다. 두레박이 우물의 수면 위 4.0 m에서 정지 상태로부터 떨어진다고 한다. 그것이 물에 닿을 때까지 걸리는 시간은 얼마인가?

준비 줄은 질량이 없으며 미끄러지지도 않는다고 가정하라. **그림 7.40(a)**는 떨어지는 두레박의 개요도이다. **그림 7.40(b)**는 원통과 두레박에 대한 자유 물체 도형이다. 줄의 장력이 두레박에 위 방향의 힘을, 그리고 원통 바깥 테두리에 아래 방향의 힘을 작용한다. 줄이 질량이 없으므로 이 2개의 장력은 크기가 같다. 이 장력을 T라고 표기하자.

풀이 두레박의 직선 운동에 적용되는 뉴턴의 제2법칙은

$$ma_y = T - mg$$

이다. 여기에서 여느 때처럼 y축은 위쪽을 가리킨다. 원통의 경우는 어떤가? 원통의 무게 $\vec{w}_c$와 축이 원통에 작용하는 수직 항력 $\vec{n}$이 있다. 그러나 이들 힘은 둘 다 회전축을 통과하기 때문에, 이들 중 어떤 힘도 돌림힘을 작용시키지 못한다. 유일한 돌림힘은 줄의

그림 7.40 떨어지는 두레박의 개요도

(a)
회전축
$R = 2.0$ cm
$M = 3.0$ kg
a
$y_i = 4.0$ m
$v_i = 0$ m/s
$m = 2.5$ kg
$y_f = 0$ m

(b)
$\vec{n}$
원통
$\vec{w}_c$
$\vec{T}_c$
$\vec{T}_b$
두레박
$\vec{w}_b$

장력에서 온다. 그 장력에 대한 모멘트 팔은 $r_\perp = R$이다. 그리고 줄이 원통을 반시계 방향으로 돌리기 때문에 돌림힘은 양(+)이다. 그러므로 $\tau_{rope} = TR$이고 회전 운동의 뉴턴의 제2법칙은

$$\alpha = \frac{\tau_{net}}{I} = \frac{TR}{\frac{1}{2}MR^2} = \frac{2T}{MR}$$

이다. 중심축에 관하여 회전하는 원통의 관성 모멘트는 표 7.1로

부터 가져 왔다.

　마지막으로 필요한 정보는 줄이 미끄러지지 않는다는 사실에 기인하는 제약조건이다. 식 (7.23)은 선가속도와 각가속도의 크기만을 관련짓는다. 그러나 이 문제에서 α는 양(+)이다(반시계 방향 가속도). 반면에 a_y는 음(−)이다(아래쪽으로 가속도). 그러므로

$$a_y = -\alpha R$$

이다. 이 원통의 제약조건에 관한 방정식에 앞 식의 α를 대입하면

$$a_y = -\alpha R = -\frac{2T}{MR}R = -\frac{2T}{M}$$

이므로 장력은 $T = -\frac{1}{2}Ma_y$이다. 만일 두레박에 관한 방정식에 장력의 값으로 이것을 사용하면, 가속도는 다음과 같다.

$$ma_y = -\frac{1}{2}Ma_y - mg$$

$$a_y = -\frac{g}{(1 + M/2m)} = -6.13 \ \text{m/s}^2$$

두레박이 $\Delta y = y_f - y_i = -4.0 \ \text{m}$만큼 떨어지는 데 걸리는 시간은 운동학으로부터 계산된다.

$$\Delta y = \frac{1}{2}a_y(\Delta t)^2$$

$$\Delta t = \sqrt{\frac{2\Delta y}{a_y}} = \sqrt{\frac{2(-4.0 \ \text{m})}{-6.13 \ \text{m/s}^2}} = 1.1 \ \text{s}$$

검토 만일 $M = 0$이면, 가속도에 대한 표현은 $a_y = -g$가 된다. 이것은 이치에 맞는다. 왜냐하면 만일 원통이 없다면 두레박이 자유 낙하할 것이기 때문이다. 원통이 질량을 가지고 있을 때는 두레박에 작용하는 아래 방향의 중력은 두레박을 가속하고, 원통을 돌려야 한다. 결과적으로, 가속도는 줄어들고 두레박은 떨어지는 데에 더 오랜 시간이 걸릴 것이다.

7.7 굴림 운동

굴림은 직선 궤적을 따라서 움직이는 축에 관해서 물체가 회전하는 **결합 운동**이다. 예를 들면, **그림 7.41**은 한 백열전구를 축에, 또 다른 백열전구를 가장자리에 붙이고 구르는 바퀴의 시간−노출 사진이다. 축에서 나온 빛은 똑바로 앞으로 움직인다. 그러나 가장자리에서 나온 빛은 **사이클로이드**(cycloid)라고 하는 곡선을 그리면서 움직인다. 이 흥미로운 운동을 이해해보자. 여기서는 미끄러짐 없이 구르는 물체만 고려할 것이다.

　굴림 운동을 이해하기 위하여 **그림 7.42**를 생각해보자. 이것은 바퀴나 구와 같은 둥근 물체가 **미끄러짐 없이** 정확히 한 회전 앞으로 구른 것을 나타낸다. 처음에 바닥에 있던 점은 꼭대기로, 그리고 다시 바닥으로 가는 파란색 곡선을 그리면서 움직인다. 물체의 위치는 물체 중심의 위치 x에 의해서 측정된다. 물체가 미끄러지지 않기 때문에, 1회전 동안에 중심은 정확히 원둘레만큼 앞으로 나아간다. 그래서 $\Delta x = 2\pi R$이다. 물체가 한 바퀴 회전하는 데 걸리는 시간은 주기 T이다. 따라서 물체 중심의 속력

그림 7.41 바퀴 중심과 가장자리 점의 궤적이 시간−노출 사진에 나타나 있다.

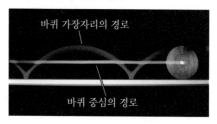
바퀴 가장자리의 경로
바퀴 중심의 경로

그림 7.42 한 바퀴 구른 물체

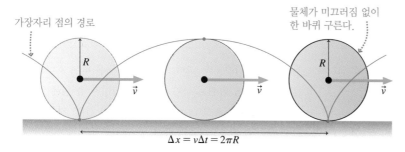
가장자리 점의 경로
물체가 미끄러짐 없이 한 바퀴 구른다.
R
$\vec{v}$
$\vec{v}$
R
$\vec{v}$
$\Delta x = v\Delta t = 2\pi R$

고대의 운송업자 남태평양 이스터(Easter) 섬의 거대석상인 모아이(moai)는 16 km나 멀리 떨어져 있는 채석장으로부터 옮겨졌다. 고고학자들은 14톤이나 되는 이 상들을 옮기는 유일한 방법은, 굴림대를 사용하기 위하여 상들을 굴림대 위에 놓는 것이라고 믿는다. 이 방법의 불편한 점 하나는 굴림대 위에 놓인 상이 굴림대보다 2배나 더 빨리 움직인다는 것이다. 굴림대는 계속하여 뒤처지게 되고, 앞으로 가져와서 다시 끼워 넣어야 한다. 애석하게도, 모아이를 옮기려고 나무를 무차별적으로 벌목한 것이 이 섬 문명의 종말을 재촉했는지도 모른다.

을 다음과 같이 계산할 수 있다.

$$v = \frac{\Delta x}{T} = \frac{2\pi R}{T}$$ (7.24)

6장에서 배운 것처럼 $2\pi/T$는 각속도 ω이다. 그러므로

$$v = \omega R$$ (7.25)

이다. 식 (7.25)는 **굴림 제약조건**(rolling constraint)이다. 곧 이것은 미끄러짐 없이 구르는 물체에 대한 병진 운동과 회전 운동 사이의 기본적 연결고리이다.

미끄러짐 없이 구르는 물체에 있는 어떤 점의 속도는, 순수한 병진 운동 때의 속도와 순수한 회전 운동 때의 속도를 합함으로써 구할 수 있다. **그림 7.43**은 미끄러짐 없이 구르는 물체의 꼭대기, 중심, 그리고 바닥에서의 속도 벡터들이 어떻게 이런 식으로 나타나는지를 설명한다.

그림 7.43 굴림 운동은 병진 운동과 회전 운동의 결합이다.

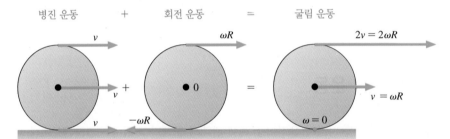

따라서 바퀴의 꼭대기에 있는 점은 병진 운동에 의한 전방 속력 v에 회전 운동에 의한 전방 속력 $\omega R = v$를 더한 속력을 갖는다. 바퀴의 꼭대기에 있는 점의 속력은 $2v = 2\omega R$이다. 또는 바퀴 중심의 속력보다 2배의 속력을 갖는다. 한편, 지면과 접촉하고 있는, 바퀴의 바닥에 있는 점은 여전히 병진 운동에 의한 전방 속력 v를 갖는다. 그러나 회전에 의한 이 점의 속도는 크기 $\omega R = v$를 가지고 **뒤쪽**을 가리킨다. 이 둘을 합하면, 이 바닥 점의 속도가 0이 됨을 알 수 있다. 바꾸어 말하면, **구르는 물체의 바닥 점은 순간적으로 정지해 있다.**

놀라운 것 같지만, 이것은 단지 '미끄러짐 없이 구름'을 의미하는 것에 불과하다. 만일 바닥 점이 속도를 가지고 있다면, 이것은 표면에 관하여 수평 운동을 할 것이다. 바꾸어 말하면, 이것은 표면을 가로질러서 헛돌며 가거나 미끄러질 것이다. 미끄러짐 없이 구르기 위해서는 바닥 점, 곧 표면과 접촉하는 점은 정지해 있어야만 한다.

예제 7.20 **타이어 회전시키기**

타이어 지름이 0.60 m인 자동차를 타고, 45 mph 속력으로 60 mi을 여행했다.
a. 이 여행 동안 타이어의 각속력은 얼마인가?
b. 이 여행 동안 타이어는 몇 바퀴를 회전하는가?

준비 식 (7.25)인 $v = \omega R$에 의하여 각속력은 바퀴 중심의 속력과 관련되어 있다. 바퀴 중심이 자동차에 고정된 축 위에 있기 때문에, 바퀴 중심의 속력 v는 자동차의 속력과 같다. 자동차 속력을 SI 단위로 환산하면 다음과 같다.

$$v = (45 \text{ mph}) \times \left(0.447 \, \frac{\text{m/s}}{\text{mph}}\right) = 20 \text{ m/s}$$

각속력을 알기만 한다면, 회전 운동학 방정식 $\Delta\theta = \omega\Delta t$로부터 타이어가 몇 바퀴 돌았는지 알 수 있다. 여기에서 여행 시간 Δt는 $v = \Delta x/\Delta t$ 식으로부터 구한다.

풀이 a. 식 (7.25)로부터,

$$\omega = \frac{v}{R} = \frac{20 \text{ m/s}}{0.30 \text{ m}} = 67 \text{ rad/s}$$

이다.

b. 여행 시간은

$$\Delta t = \frac{\Delta x}{v} = \frac{60 \text{ mi}}{45 \text{ mi/h}} = 1.33 \text{ h} \times \frac{3600 \text{ s}}{1 \text{ h}} = 4800 \text{ s}$$

이므로 타이어가 회전한 총 각도는

$$\Delta\theta = \omega \, \Delta t = (67 \text{ rad/s})(4800 \text{ s}) = 3.2 \times 10^5 \text{ rad}$$

이다. 1회전은 2π이므로, 회전수는 다음과 같다.

$$\frac{3.2 \times 10^5 \text{ rad}}{2\pi \text{ rad}} = 51{,}000 \text{ 회전}$$

검토 45 mph(72 km/h)로 지나가는 자동차 타이어를 보고, 타이어가 1초에 수 바퀴 회전한다는 것을 알았을 것이다. 1시간은 3600초이고, 45 mph로 60 mi을 가려면 1시간 넘게 걸릴 것이기 때문에, 여행에 걸린 시간은 약 5000초라고 추정할 수 있다. 그러면 여행 동안에 타이어가 수만 번 회전했다고 어림짐작할 수 있다. 그래서 위에서 계산한 51,000회전은 합리적인 것 같다. 타이어가 1 mi 당 수천 번 회전했음을 알 것이다. 그리고 자동차 타이어의 수명이 약 50,000 mi이므로, 타이어 수명 동안에 타이어는 약 5,000만 번 회전할 것이다!

종합형 예제 7.21 **자이로스코프 돌리기**

자이로스코프(gyroscope)는 가벼운 살대(spoke)에 의해서 중앙축에 부착된 무거운 고리로 이루어진 팽이와 같은 완구이다. 베어링이 있어서 축과 고리는 자유롭게 움직일 수 있다. 자이로스코프를 돌리기 위하여, 길이 30 cm인 줄을 지름이 2.0 mm인 축에 감고 5.0 N의 일정한 힘을 주어  당긴다. 만일 고리의 지름이 5.0 cm이고 질량이 30 g이라면, 줄이 완전히 풀렸을 때 자이로스코프가 얼마의 비율로, 곧 몇 rpm으로 회전하겠는가?

준비 고리가 살대와 축에 비하여 무겁기 때문에, 그것을 원통 고리 모형으로 설정한다. 그러면 그것의 관성 모멘트는 표 7.1로부터 $I = MR^2$이다. 그림 7.44는 이 문제의 개요도이다. 다음 두 가지 점에 주목하자. 첫째, 풀이 전략 5.3은 줄의 장력이 줄을 당기

는 힘과 같은 크기라는 것을 이야기한다. 곧, 장력 $T = 5.0$ N이다. 둘째, 문제에서 알려준 모든 양을 SI 단위로 바꾸고, 그림 7.44의 개요도와 같이 그들을 모두 한 곳으로 모으는 것이 좋은 방법이다. 여기에서, 반지름 R은 고리의 지름 5.0 cm의 절반이고, 반지름 r은 축의 지름 2.0 mm의 절반이다.

줄이 풀렸을 때 고리가 얼마의 비율로 회전하게 될 것인지의 질문을 받았는데, 이것은 바로 고리의 나중 각속도 ω_f에 대한 질문이다. 초기 각속도를 $\omega_i = 0$ rad/s라고 가정했다. 각속도가 변화하고 있기 때문에, 고리는 돌림힘에 의한 각가속도를 갖고 있음에 틀림없다. 그래서 우선 고리에 작용하는 돌림힘을 구하는 것이 좋은 전략일 것이다. 그리고 그 돌림힘으로부터 각가속도를 구할 수 있고, 운동학을 사용함으로써 나중 각속도를 구할 수 있을 것이다.

풀이 고리에 작용하는 돌림힘은 줄의 장력에서 기인한다. 줄과 장력의 작용선이 축에 접선 방향이므로, 장력의 모멘트 팔은 축의

그림 7.44 회전하는 자이로스코프의 개요도

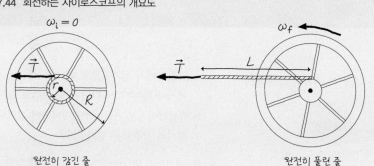

완전히 감긴 줄

완전히 풀린 줄

주어진 값
$T = 5.0$ N
$L = 0.30$ m
$r = 0.0010$ m
$R = 0.025$ m
$M = 0.030$ kg
$\omega_i = 0$ rad/s

구할 값
ω_f

반지름 r이다. 그러므로 $\tau = r_\perp T = rT$이다. 이제 회전 운동의 뉴턴의 제2법칙인 식 (7.22)를 사용하여 각가속도를 구하면 다음과 같다.

$$\alpha = \frac{\tau_{net}}{I} = \frac{rT}{MR^2} = \frac{(0.0010 \text{ m})(5.0 \text{ N})}{(0.030 \text{ kg})(0.025 \text{ m})^2} = 267 \text{ rad/s}^2$$

마지막 각속도 ω_f를 구하기 위하여 등각가속도 운동학을 사용한다. 종합 7.1에 나와 있는 식 $\Delta\theta = \omega_i \Delta t + \frac{1}{2}\alpha \Delta t^2$을 이용한다. 앞 식에서 α와 ω_i는 알고 있고 $\Delta\theta$는 풀린 줄의 길이로부터 계산될 수 있으나, Δt는 알 수 없다. 식 $\Delta\omega = \omega_f - \omega_i = \alpha\Delta t$에 대하여 α와 ω_i는 알고 있고, ω_f는 구하고자 하는 양이며, Δt는 알 수 없다. Δt를 포함하지 않는 식을 얻기 위해 먼저 두 번째 운동학 방정식을

$$\Delta t = \frac{\omega_f - \omega_i}{\alpha}$$

라고 쓴다. 이 값을 첫 번째 식에 대입하면

$$\Delta\theta = \omega_i \frac{\omega_f - \omega_i}{\alpha} + \frac{1}{2}\alpha\left(\frac{\omega_f - \omega_i}{\alpha}\right)^2$$

이고, 이 식을 간단히 하면

$$\omega_f^2 = \omega_i^2 + 2\alpha\,\Delta\theta$$

이다. 직선 운동에 관한 식 (2.13)에 해당하는 회전 운동 방정식인 이 방정식은 $\Delta\theta$가 알려지면 ω_f를 구할 수 있게 해준다.

그림 7.45는 $\Delta\theta$를 구하는 방법을 보여준다. 길이가 s인 줄의 일부가 풀림에 따라 축은 각 $\theta = s/r$(라디안의 정의)만큼 돌게 된

그림 7.45 풀린 줄의 길이와 돌아간 각도의 관계

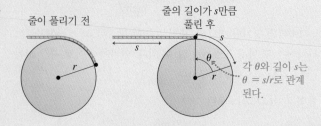

줄이 풀리기 전
줄의 길이가 s만큼 풀린 후
각 θ와 길이 s는 $\theta = s/r$로 관계된다.

다. 그러므로 줄의 전체 길이 L이 풀림에 따라 축(과 고리)이 도는 각변위는

$$\Delta\theta = \frac{L}{r} = \frac{0.30 \text{ m}}{0.0010 \text{ m}} = 300 \text{ rad}$$

이다. 이제 운동학 방정식을 사용할 수 있다.

$$\omega_f^2 = \omega_i^2 + 2\alpha\,\Delta\theta = (0 \text{ rad/s})^2 + 2(267 \text{ rad/s}^2)(300 \text{ rad})$$
$$= 160,000 \text{ (rad/s)}^2$$

이 식으로부터 $\omega_f = 400$ rad/s이다. rad/s를 rpm으로 바꾸면, 다음과 같이 자이로스코프 고리의 rpm을 얻는다.

$$400 \text{ rad/s} = \left(\frac{400 \text{ rad}}{\text{s}}\right)\left(\frac{60 \text{ s}}{1 \text{ min}}\right)\left(\frac{1 \text{ rev}}{2\pi \text{ rad}}\right) = 3800 \text{ rpm}$$

검토 이것은 고속도로 위의 자동차 엔진만큼이나 빠르다. 그러나 만일 자이로스코프나 또는 줄로 팽이를 돌려 본 적이 있다면, 실제로 자이로스코프를 그렇게 빨리 돌릴 수 있다는 것을 알 것이다.

문제의 난이도는 |(쉬움)에서 ||||(도전)으로 구분하였다. INT로 표시된 문제는 지난 장의 내용이 복합된 문제이고, BIO는 생물학적 또는 의학적 관심 분야를 의미한다.

QR 코드를 스캔하여 이 장의 문제를 해결하는 데 도움이 되는 영상 학습 풀이를 시작하시오.

연습문제

7.1 원운동과 회전 운동의 기술

1. || 시계가 각각 (a) 7:00, (b) 9:30, (c) 1:45를 가리킬 때 분침의 각위치를 라디안으로 표현하시오.

2. ||| 손목시계의 분침의 각속력을 °/s로 나타내시오.

3. ||| 지구의 반지름은 4000마일이다. 우간다의 수도 캄팔라와 싱가포르는 모두 적도 근처에 위치한다. 두 도시의 거리 차이는

5000마일이다.

a. 캄팔라에서 싱가포르로 가려면 지구를 중심으로 몇 도를 날아가야 하는가? 라디안과 도 단위로 답하시오.

b. 캄팔라에서 싱가포르까지 9시간이 걸린다. 지구에 대한 이 비행기의 각속력은 얼마인가?

4. |||| 회전판이 90 rpm으로 반시계 방향으로 회전한다. 회전판 위

의 먼지 조각의 각위치가 $t = 0$ s일 때 $\theta = 0.60$ rad이었다. 10초일 때 먼지의 각위치는 얼마인가? 0에서 2π rad 사이로 답하시오.

5. ‖ 그림 P7.5는 짐수레 바퀴의 각위치를 나타낸 것이다.
   a. $t = 5$ s와 $t = 15$ s 사이 바퀴의 각변위는 얼마인가?
   b. $t = 15$ s일 때 바퀴의 각속도는 얼마인가?

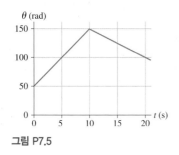

그림 P7.5

7.2 강체의 회전

6. ‖ 손목시계의 길이 1.00 cm인 초침이 부드럽게 돌아간다.
   a. 각속도는 얼마인가?
   b. 초침 끝의 속력은 얼마인가?

7. ‖ 원반을 던지기 위하여 선수는 충분히 팔을 뻗는다. 그리고 정지 상태에서 시작하여 등각가속도로 돌기 시작한다. 완전히 한 바퀴를 돌고 나서 원반을 던진다. 원반이 그리는 원의 지름은 약 1.8 m이다. 만일 선수가 완전한 1회전을 하는 데 1.0 s가 걸렸다면, 던질 때 원반의 속력은 얼마이겠는가?

8. ‖ 경주용 자동차의 크랭크축은 정지 상태로부터 3000 rpm까지 도달하는 데 2.0 s 걸린다.
   a. 크랭크축의 각가속도는 얼마인가?
   b. 3000 rpm에 이르는 동안 크랭크축은 몇 바퀴 돌았겠는가?

7.3 돌림힘

9. ‖ 그림 P7.9에서처럼 가벼운 막대에 부착된 공이 수평면 위에서 원 궤도상을 움직인다. 원의 중심을 축으로 한 돌림힘 τ_1에서 τ_4까지를 작은 것에서부터 큰 것의 순서로 정렬하시오.

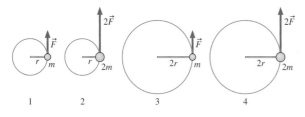

그림 P7.9

10. ‖ 그림 P7.10에 나오는 도르래의 축에 작용하는 알짜 돌림힘은 얼마인가?

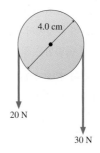

그림 P7.10

11. ‖ 교수 연구실 출입문은 폭이 0.91 m, 길이가 2.0 m, 그리고 두께가 4.0 cm이다. 25 kg의 질량을 가지고 있으며, 마찰이 없는 경첩을 중심으로 회전한다. 문 닫는 장치가 출입문과 문틀의 꼭대기에 부착되어 있다. 문이 열려서 정지하고 있을 때, 문 닫는 장치가 작동하여 5.2 N·m의 돌림힘을 준다. 그 출입문을 열린 채로 있게 하기 위해서는 최소한 얼마만큼의 힘을 작용시켜야 하겠는가?

12. ‖ 톰과 제리는 그림 P7.12에 있는 지름 3.00 m의 회전목마를 동시에 민다.
   a. 톰이 50.0 N으로, 제리가 35.0 N으로 힘을 작용시켜서 민다면, 회전목마의 알짜 돌림힘은 얼마인가?
   b. 만일 제리가 힘의 크기를 변하지 않고 180° 반대방향으로 민다면 알짜 돌림힘은 얼마인가?

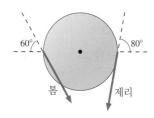

그림 P7.12

13. ‖ 그림 P7.13의 점으로 표시된 지점을 축으로 한 알짜 돌림힘은 얼마인가?

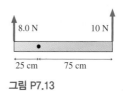

그림 P7.13

7.4 중력 돌림힘과 무게 중심

14. ‖ 길이가 1.7 m인 역기가 오른쪽 끝에 20 kg, 왼쪽 끝에 35 kg을 가지고 있다.
   a. 만약 막대의 무게를 무시한다면, 왼쪽 끝으로부터 얼마나 먼 거리에 무게 중심이 있겠는가?
   b. 만일 그 막대 자체의 무게를 8.0 kg이라고 한다면, 무게 중심은 어디에 있겠는가?

15. | 여러분의 팔을 수평이 되도록 뻗쳐라. 팔의 질량과 무게 중심
BIO 의 위치를 추정하시오. 이 위치에서 어깨 관절을 축으로 하여 계
산하였을 때, 팔의 중력 돌림힘은 얼마인가?

16. ‖ 그림 P7.16에서와 같이 질량 2.0 kg
인 균일한 수평 막대가 놓여 있다. 표
시된 지점에 대한 중력 돌림힘은 얼마
인가?

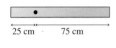
25 cm   75 cm
그림 P7.16

17. ‖‖ 체육관에 있는 운동선수가 손에 3.0 kg인 쇠공을 들고 있다.
BIO 그의 팔의 길이는 70 cm이고 질량은 4.0 kg이다. 다음 경우에
어깨에 대한 중력 돌림힘의 크기는 얼마인가?
   a. 선수가 바닥과 평행하게 그의 팔을 옆으로 쭉 뻗었을 경우
   b. 선수가 팔을 쭉 뻗어서 수평면 아래로 45°를 이룬 경우

18. ‖‖‖ 그림 P7.18과 같이 2개의 얇은 빔의 끝과 끝이 접합하여 하
나의 물체를 이룬다. 왼쪽 빔은 질량이 10.0 kg이고 길이가 1.00
m이며 오른쪽 빔은 질량이 40.0 kg이고 길이가 2.00 m이다.
   a. 왼쪽 빔의 끝으로부터 얼마나 먼 거리에 이 물체의 무게 중
심이 있는가?
   b. 왼쪽 끝을 통과하는 축에 대한 중력 돌림힘은 얼마인가?

1.00 m   2.00 m
그림 P7.18

7.5 회전 동역학과 관성 모멘트

19. ‖‖‖ 규정된 탁구공은 질량이 2.7 g이고 지름이 40 mm인 얇은 구
껍질 모양이다. 중심을 지나는 축에 관한 관성 모멘트는 얼마인
가?

20. ‖ 그림 P7.20은 위에서 본 그림이다. 이 놀이기구는 길이가 1.5
m인 매우 가벼운 막대 끝에 4개의 의자가 부착되어 있다. 의자
의 질량은 똑같이 5.0 kg씩이라고 한다. 만일 질량이 각각 15
kg과 20 kg인 두 아이가 서로 반대편 의자에 앉는다면, 회전축
에 관한 관성 모멘트는 얼마인가?

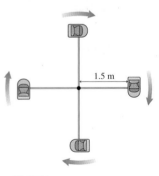
1.5 m
그림 P7.20

21. ‖ 자전거 바퀴 테두리의 지름은 0.65 m이고, 축에 대한 관성 모
멘트는 0.19 kg·m²이다. 자전거 바퀴 테두리의 질량은 얼마인
가?

7.6 회전 운동에 뉴턴의 제2법칙 사용하기

22. | 작은 바닥 숫돌의 관성 모멘트가 5.0×10^{-6} kg·m²이다. 이
돌의 각가속도가 100 rad/s²이 되기 위해선 알짜 돌림힘을 얼마
나 가해야 하는가?

23. | 어떤 물체의 관성 모멘트가 3.0 kg·m²이다. 이의 각속도는 초
당 5.0 rad/s씩 빨라지고 있다. 알짜 돌림힘은 얼마인가?

24. ‖‖‖ 그림 P7.24에 질량이 2.5 kg인 물체가 회전축에 대한 0.085
kg·m²의 관성 모멘트를 갖는다. 회전축은 수직이다. 이 물체를
놓았을 때 초기의 각가속도는 얼마인가?

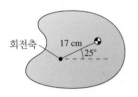
회전축   17 cm
25°
그림 P7.24

25. ‖‖ 자전거 앞바퀴를 들고 초기 속도 0.72 rev/s로 회전시켰으나
12초만에 베어링의 마찰력으로 바퀴가 정지했다. 회전축에 대
한 바퀴의 관성 모멘트가 0.30 kg·m²일 때 마찰 돌림힘의 크기
는 얼마인가?

26. ‖‖‖ 회전축에 관한 관성 모멘트가 3.0×10^{-5} kg·m²인 팽이가
지름이 5.0 cm인 스풀(spool)을 가지고 있다. 팽이를 돌리기 위
하여, 스풀에 줄을 감고 당길 때 줄의 장력이 0.30 N이었다. 그
팽이가 첫 5회전을 완료하기까지는 얼마나 오랜 시간이 소요되
겠는가? 줄은 다섯 번 이상 스풀에 감길 수 있도록 충분히 길다.

7.7 굴림 운동

27. ‖‖ 지름이 0.8 m인 타이어를 가진 자전거가 5.6 m/s의 속력으로
달리고 있다. 이 타이어의 한 지점에 파란 점이 찍혀 있다.
   a. 이 타이어의 각속력은 얼마인가?
   b. 이 파란 점이 수평면으로부터 0.8 m 높이에 있을 때 파란 점
의 속력은 얼마인가?
   c. 이 파란 점이 수평면으로부터 0.4 m 높이에 있을 때 파란 점
의 속력은 얼마인가?

8 평형과 탄성
Equilibrium and Elasticity

무용수는 어떻게 발끝으로 우아하게 균형을 잡을 수 있는가? 또 어떻게 그녀의 발은 발끝에 집중되는 큰 변형력을 견딜 수 있는가? 이 장에서는 이러한 질문들에 대한 답을 찾을 것이다.

학습목표 ▶

크기가 있는 물체의 정적 평형과 용수철과 탄성 물질의 기본적인 성질을 배운다.

정적 평형

자전거를 탄 사람은 뒤 타이어로 균형을 잡고 있으므로, 그에 작용하는 알짜힘과 알짜 돌림힘은 0이 되어야 한다.

정적 평형 상태에 있는 물체를 분석하는 법을 배운다.

용수철

사람이 앉으면 용수철이 압축되고 **복원력**을 가하여 위로 들어 올린다.

압축되거나 늘어난 용수철에 관련된 문제를 푸는 법을 배운다.

물질의 성질

모든 물질들은 파괴하기 전까지는 잡아당기면 늘어나는 성질이 있다.

거미줄은 강철만큼 강한가? 질문이 의미하는 바와 질문에 답하는 법을 배운다.

이 장의 배경 ◀

돌림힘

7장에서 외부 힘에 의한 돌림힘을 계산하는 법을 배웠다.

이 장에서는 많은 힘(많은 돌림힘)들이 작용하는 물체의 경우로 확장시킬 것이다.

8.1 돌림힘과 정적 평형

그림 8.1 알짜힘이 0인 벽돌이라도 평형 상태에 있지 않을 수 있다.

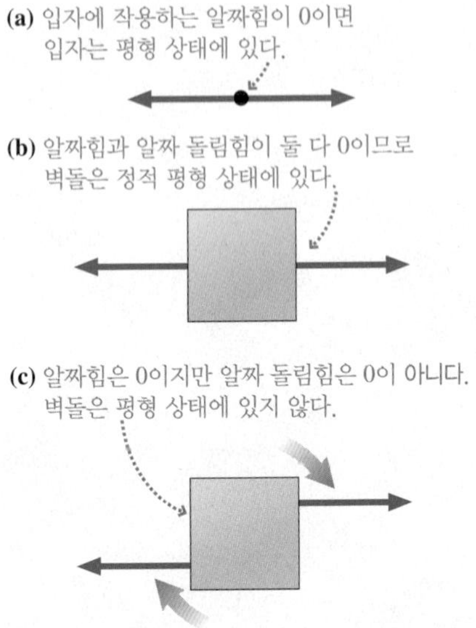

(a) 입자에 작용하는 알짜힘이 0이면 입자는 평형 상태에 있다.

(b) 알짜힘과 알짜 돌림힘이 둘 다 0이므로 벽돌은 정적 평형 상태에 있다.

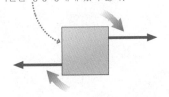

(c) 알짜힘은 0이지만 알짜 돌림힘은 0이 아니다. 벽돌은 평형 상태에 있지 않다.

지금까지 많은 장을 할애하여 운동과 그 원인에 대하여 공부했다. 많은 분야에서 물체가 움직이지 않는 조건을 이해하는 것이 중요하다. 빌딩과 댐에 매우 큰 힘이 가해지더라도 그것들이 움직이지 않도록 설계되어야 한다. 또한 신체가 무거운 물체를 들고 있거나 옮길 때처럼 신체가 많은 하중을 지탱하고 있을 때 신체의 관절은 많은 힘을 견뎌야만 한다.

◀◀5.1절에서 정지 상태에 있는 물체는 **정적 평형** 상태에 있다는 것을 상기하라. 물체를 **입자**로 취급할 수 있는 경우에는, 정적 평형 조건은 입자에 작용하는 알짜힘 $\vec{F}_{net}$이 0이 되는 것이다. 그와 같은 상황이 **그림 8.1(a)**에 나타나있는데, 여기에서 입자에 작용하는 두 힘은 균형을 이루고 있어서 입자는 정지 상태에 있을 수 있다.

그러나 7장에서 입자 모형을 넘어서 크기가 있기 때문에 회전할 수 있는 물체를 공부했다. 예를 들어 **그림 8.1(b)**에 있는 벽돌을 고려하자. 이 경우 두 힘은 같은 직선상에서 작용하므로 알짜힘은 0이고 벽돌은 성적 평형 상태에 있다. 그러나 **그림 8.1(c)**에 있는 벽돌에 대해서는 어떨까? 알짜힘은 0이다. 그러나 이번에는 두 힘이 알짜 돌림힘을 발생시키므로 벽돌은 회전한다. 크기가 있는 물체에 대해서 $\vec{F}_{net} = \vec{0}$는 정적 평형을 보장하는 충분한 조건이 아니다. 크기가 있는 물체의 정적 평형에 대해서는 두 번째 조건이 있는데, 그것은 물체에 대한 알짜 돌림힘 τ_{net}도 역시 0이 되어야 한다는 것이다.

알짜힘을 성분으로 나타내면 크기가 있는 물체의 정적 평형 조건은 아래와 같다.

$$\left.\begin{aligned}\sum F_x = 0 \\ \sum F_y = 0\end{aligned}\right\} \text{ 알짜힘이 0}$$
$$\sum \tau = 0 \quad \} \quad \text{알짜 돌림힘이 0}$$

(8.1)

크기가 있는 물체의 정적 평형 조건

예제 8.1 **이두근 힘줄에 작용하는 힘 구하기** BIO

사람 몸의 관절에서 근육은 관절에 가깝게 붙어 있다. 이것은 근육과 힘줄에 가해지는 힘이 외부에서 가해진 힘보다 매우 크다는 것을 의미한다. 매우 큰 외부 힘이 작용하는 역도에서는 몸을 정적 평형 상태로 유지하는 실제로 매우 큰 근육 힘을 요구한다. 스트릭 컬(strict curl)이라는 경기에서는, 서 있는 운동 선수가 그의 팔뚝만을 사용하여 팔꿈치를 회전축으로 하여 역기를 들어 올린다. 스트릭 컬 경기에서 들어 올린 최고 기록은 200파운드(약 900 N)를 넘는다. **그림 8.2**는 팔뚝이 수평일 때 팔 뼈와 들어 올리는 주된 근육을 보여준다. 힘줄로부터 팔꿈치 관절까지의 거리는 4.0 cm,

그림 8.2 역기를 들고 있는 팔

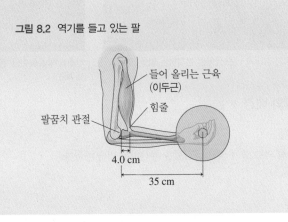

들어 올리는 근육 (이두근)

힘줄

팔꿈치 관절

4.0 cm

35 cm

역기로부터 팔꿈치까지의 거리는 35 cm이다.

a. 이러한 위치에서 900 N의 역기가 정지 상태로 유지되고 있을 때, 이두근과 뼈를 연결하는 힘줄의 장력은 얼마인가?

b. 팔꿈치가 팔뚝 뼈에 미치는 힘은 얼마인가?

준비 그림 8.3은 팔과 팔뚝에 작용하는 힘의 간단화된 모형을 보여준다. $\vec{F}_t$는 힘줄에 의한 장력, $\vec{F}_b$는 역기에 작용하는 아래 방향의 힘, 그리고 $\vec{F}_e$는 팔꿈치 관절이 팔뚝에 미치는 힘이다. 문제를 간단하게 만들기 위해서 팔의 무게가 역기의 무게보다 매우 작기 때문에 팔 자체의 무게는 무시하였다. $\vec{F}_t$와 $\vec{F}_b$의 x성분은 없으므로 $\vec{F}_e$의 x성분은 존재할 수 없다. 만약 존재한다면 x방향의 알짜힘이 0이 되지 않으므로 팔뚝은 평형 상태에 있을 수 없을 것이다. 각 팔은 역기 무게의 반을 지탱하므로 역기힘의 크기는 $F_b = 450$ N 이다.

그림 8.3 역기 들기에 대한 개요도

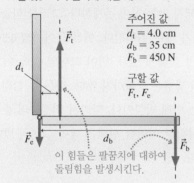

주어진 값
$d_t = 4.0$ cm
$d_b = 35$ cm
$F_b = 450$ N

구할 값
F_t, F_e

이 힘들은 팔꿈치에 대하여 돌림힘을 발생시킨다.

풀이

a. 팔뚝이 평형 상태에 있기 위해서는 팔뚝에 작용하는 알짜힘과 알짜 돌림힘이 0이 되어야 한다. 알짜힘을 0이라고 놓으면

$$\sum F_y = F_t - F_e - F_b = 0$$

이다.

힘 F_t와 F_e를 알 수 없으며, 힘 방정식도 그 값을 구할 수 있는 충분한 정보를 주지 않는다. 그러나 정적 평형에서는 알짜 돌림힘도 0이 되어야 한다는 사실이 필요한 부가적인 정보를 준다.

돌림힘은 어느 특정한 점에 관하여 계산되어야 한다는 것을 상기하라. 여기서 자연스런 선택은 팔꿈치 관절인데, 팔뚝은 팔꿈치 관절을 축으로 회전할 수 있다. 이 점에 대하여 힘의 크기 F와 모멘트 팔 $r_\perp$, 그리고 $\tau = r_\perp F$라는 식을 사용하여 3개의 힘 각각에 의한 돌림힘을 계산할 수 있다. 모멘트 팔은 회전축과 힘이 작용하는 방향을 나타내는 '작용선'과의 수직 거리이다. 그림 8.3은 $\vec{F}_t$와 $\vec{F}_b$에 대한 모멘트 팔은 각각 팔뚝을 나타내는 막대와 회전축 사이의 거리 d_t와 d_b라는 것을 나타내고 있다. $\vec{F}_e$에 대한 모멘트 팔은 이 힘이 회전축 위치에 작용하므로 0이다. 따라서

$$\tau_{net} = F_e \times 0 + F_t d_t - F_b d_b = 0$$

이다.

힘줄의 장력은 팔을 반시계 방향으로 돌리려고 하므로 양(+)의 돌림힘을 발생시키고, 역기에 의한 돌림힘은 팔을 시계 방향으로 돌리려고 하므로 음(−)의 돌림힘을 만든다. 두 돌림힘의 크기는 같아야 한다. 팔을 반시계 방향으로 돌리려는 돌림힘의 크기는 팔을 시계 방향으로 돌리려는 돌림힘의 크기와 같아야 한다.

$$F_t d_t = F_b d_b$$

이 식을 풀어서 힘줄에 의한 장력을 구하면 다음과 같다.

$$F_t = F_b \frac{d_b}{d_t} = (450 \text{ N}) \frac{35 \text{ cm}}{4.0 \text{ cm}} = 3940 \text{ N}$$

다음 단계에서의 반올림 오류를 피하기 위하여 유효 숫자의 개수를 추가하였으나, F_t의 최종 결과값은 $F_t = 3900$ N이다.

b. 이 결과를 힘 방정식에 대입하여 팔꿈치 관절에서의 힘을 구하면

$$F_e = F_t - F_b = 3940 \text{ N} - 450 \text{ N} = 3500 \text{ N}$$

이다.

검토 이러한 매우 큰 힘 F_t는 타당하다. 힘줄로부터 팔꿈치 관절까지의 거리 d_t가 짧다는 것은 팔뚝의 반대 끝에 작용하는 힘에 의해 발생하는 돌림힘을 거스르기 위하여 이두근에 의해 발생하는 힘이 매우 커야 한다는 것을 의미한다. 위 방향의 큰 힘에 균형을 맞추기 위하여 팔꿈치에 아래 방향의 큰 힘이 필요하다는 것도 타당하다.

회전축이 위치할 점의 선택

예제 8.1에서 팔꿈치 관절을 회전축으로 하여 알짜 돌림힘을 계산하였다. 그러나 7장에서 돌림힘은 선택한 회전축에 따라 다르다는 것을 배웠다. 우리가 선택한 팔꿈치 관절에 어떤 특별한 점이 있는가?

그림 8.4에 보여진 대로 2개의 못 A와 B로 지지되어 있는 망치를 고려하자. 망치는

그림 8.4 두 못 위에서 정지해 있는 망치

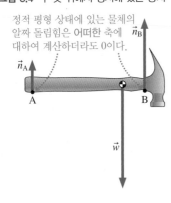

정적 평형 상태에 있는 물체의 알짜 돌림힘은 어떠한 축에 대하여 계산하더라도 0이다.

그림 8.5 암벽을 내려오는 여자에 대한 회전축 구하기

이 점에 대한 $\vec{F}$의 돌림힘은 0이다. 따라서 이 점은 회전축으로써 좋은 선택이다.

정적 평형 상태에 있으므로 못 A에 대한 알짜 돌림힘은 0이어야 한다. 무게 $\vec{w}$에 의한 시계 방향의 돌림힘은 못 B에서의 힘 $\vec{n}_B$에 의한 반시계 방향으로의 돌림힘과 균형을 이루어야 한다($\vec{n}_A$는 회전축 A에 작용하므로, $\vec{n}_A$에 의한 돌림힘은 0이라는 것을 기억하라). 그러나 회전축을 A 대신 B로 선택하더라도 알짜 돌림힘은 0이다. (힘의 크기는 크지만 작은 모멘트 팔을 가지는) $\vec{w}$에 의한 반시계 방향의 돌림힘은 (힘의 크기는 작지만 긴 모멘트 팔을 가지는) $\vec{n}_A$에 의한 시계 방향의 돌림힘과 균형을 이루고 있다. 실제로, **정적 평형 상태에 있는 물체는 임의의 점에 대한 알짜 돌림힘이 0이어야 한다.** 이것은 돌림힘을 계산할 때 어떤 점이라도 선택할 수 있다는 것을 의미한다.

회전축으로써 어떤 점을 선택해도 되지만, 계산을 간단하게 하는 점을 선택하는 것이 좋다. 때때로 물체가 정적 평형 상태에 있지 않을 때 회전이 일어나는 '자연스러운' 회전축이 존재한다. 예제 8.1이 이러한 경우인데, 팔꿈치 관절이 자연스러운 회전축이다.

많은 문제에서 정확하게 정의되지 않는 힘이 존재한다. 그러한 힘들이 작용하는 점을 회전축으로 잡으면 문제 풀기가 매우 쉬워진다. 예를 들어 **그림 8.5**에 있는 여성은 암벽 위에서 정지해 있을 때 평형 상태에 있다. 벽이 그녀의 발에 미치는 힘은 수직힘과 마찰력의 혼합이다. 그 힘의 방향은 명확하지 않다. 다른 두 힘의 방향은 명확하다. 장력은 밧줄 방향이고 무게는 아래 방향이다. 따라서 회전축의 좋은 선택은 벽과 접촉해 있는 그녀의 발이다. 왜냐하면 이러한 선택은 벽이 그녀의 발에 미치는 힘에 의한 돌림힘을 제거하기 때문이다.

문제 풀이 전략 8.1 정적 평형 문제

물체가 정적 평형 상태에 있다면 문제를 풀기 위한 기초로써 물체에 작용하는 알짜힘과 알짜 돌림힘이 모두 0이라는 사실을 사용할 수 있다.

준비 물체를 간단한 형태로 만든다. 모든 힘과 거리를 나타내는 개요도를 그린다. 주어진 정보를 나열한다.

- 돌림힘을 계산할 회전축을 선택한다.
- 물체에 작용하는 각 힘이 이 회전축에 만드는 돌림힘을 구한다. 어떤 힘이라도 회전축에 작용하는 힘의 돌림힘은 0이다.
- 회전축에 대한 각각의 돌림힘의 부호를 결정한다.

풀이 수학적인 단계는 아래 조건들에 기초한다.

$$\vec{F}_{\text{net}} = \vec{0} \quad \text{그리고} \quad \tau_{\text{net}} = 0$$

- $\sum F_x = 0$, $\sum F_y = 0$, 그리고 $\sum \tau = 0$에 관한 식을 쓴다.
- 결과식들을 푼다.

검토 결과가 합당한지 검토하고 질문에 답하였는지 검사한다.

예제 8.2 톱질작업대 위에 있는 판에 작용하는 힘

무게가 100 N인 판이 **그림 8.6**에서처럼 2개의 톱질작업대 위에 걸쳐 있다. 톱질작업대가 판에 미치는 수직방향 힘의 크기는 얼마인가?

그림 8.6 2개의 톱질작업대 위에 놓여 있는 판

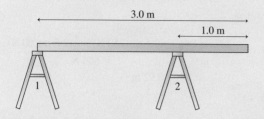

준비 판과 판에 작용하는 힘이 **그림 8.7**에 그려져 있다. $\vec{n}_1$과 $\vec{n}_2$는 톱질작업대가 판에 미치는 수직방향의 힘이고, $\vec{w}$는 판의 무게 중심에 작용하는 무게이다.

앞에서 언급한 대로 좋은 회전축은 알려지지 않은 힘이 작용하는 점이다. 왜냐하면 그 힘은 돌림힘에 기여하지 않기 때문이다. $\vec{n}_1$이 작용하는 점이나 혹은 $\vec{n}_2$가 작용하는 점이나 무방하지만, 이

그림 8.7 두 개의 톱질작업대 위에 있는 판에 대한 개요도

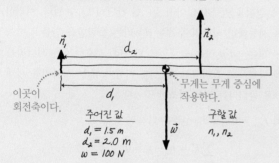

예제에서 $\vec{n}_1$이 작용하는 판의 왼쪽 끝을 택한다. $\vec{w}$에 대한 모멘트 팔은 판의 길이의 반인 $d_1 = 1.5$ m이다. $\vec{w}$는 판을 시계 방향으로 돌리려고 하므로 이 힘에 의한 돌림힘의 부호는 음이다. $\vec{n}_2$의 모멘트 팔은 회전축으로부터 두 번째 톱질작업대까지의 거리로 $d_2 = 2.0$ m이고, 이 힘은 판을 반시계 방향으로 돌리려고 하므로 양(+)의 돌림힘을 가한다.

풀이 판은 정적 평형 상태에 있으므로 알짜힘 $\vec{F}_{net}$과 알짜 돌림힘 τ_{net}은 둘 다 0이어야 한다. 힘들은 오직 y성분만 가지므로 힘 방정식은

$$\sum F_y = n_1 - w + n_2 = 0$$

이다. 중력에 의한 돌림힘은 음(−)이고 톱질작업대가 위로 미치는 돌림힘은 양(+)이므로 돌림힘에 대한 식은 다음과 같다.

$$\tau_{net} = -wd_1 + n_2d_2 = 0$$

2개의 미지수 n_1과 n_2에 대한 2개의 연립 방정식을 얻었다. 연립 방정식을 풀기 위하여 돌림힘 방정식에서 n_2를 구한 후, 그 결과를 힘 방정식에다 대입한다. 돌림힘 방정식으로부터

$$n_2 = \frac{d_1 w}{d_2} = \frac{(1.5 \text{ m})(100 \text{ N})}{2.0 \text{ m}} = 75 \text{ N}$$

이다. 그러면 힘 방정식은 $n_1 - 100 \text{ N} + 75 \text{ N} = 0$이고, 이 식을 풀어서 n_1을 구하면 다음과 같다.

$$n_1 = w - n_2 = 100 \text{ N} - 75 \text{ N} = 25 \text{ N}$$

검토 판의 더 많은 부분이 오른쪽 톱질작업대에 있으므로 $n_2 > n_1$인 것은 타당해 보인다.

균일한 판의 무게 중심은 찾기 쉽다. 바로 판의 중앙이다. 그러나 인체의 무게 중심은 어디인가? 인체의 무게 중심의 위치는 취하는 자세에 따라 달라진다. 그러나 똑바로 서 있는 간단한 경우에도 무게 중심은 인체의 중앙이라고 단순히 가정할 수 없다. 이 위치를 찾아야 한다. 다음 예제는 **반동판**과 저울을 사용하여 무게 중심을 결정하는 방법을 설명하고 있다. 이는 생체역학에서 사용되는 표준 측정법이다.

예제 8.3 인체의 무게 중심 구하기 BIO

몸무게가 600 N인 여자가 길이 2.5 m, 무게 60 N인 반동판 위에 누워 있고, 그녀의 발은 회전축 위에 놓여 있다. 오른쪽의 체중계는 250 N을 가리키고 있다. 다리로부터 그녀의 무게 중심까지의 거리는 얼마인가?

준비 문제에서의 힘과 거리를 **그림 8.8**에 나타냈다. 판과 여자를 하나의 물체로 취급한다. 판이 균일하므로 판의 무게 중심은 판의 중앙에 있다고 가정한다. 돌림힘 방정식에서 크기를 모르는 $\vec{n}$이 나타나지 않게 하기 위하여 회전축을 판의 왼쪽 끝으로 택한다. $\vec{F}$

그림 8.8 반동판과 여자에 대한 개요도

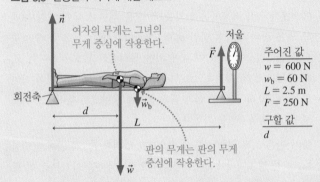

여자의 무게는 그녀의 무게 중심에 작용한다.

저울

회전축

판의 무게는 판의 무게 중심에 작용한다.

주어진 값
$w = 600$ N
$w_b = 60$ N
$L = 2.5$ m
$F = 250$ N

구할 값
d

$$\sum F_y = n - w_b - w + F = 0$$

이고, 돌림힘 방정식은 다음과 같다.

$$\sum \tau = -\frac{L}{2}w_b - dw + LF = 0$$

이 경우 힘 방정식은 필요하지 않다. 돌림힘 방정식을 풀어서 d를 구하면

$$d = \frac{LF - \frac{1}{2}Lw_b}{w} = \frac{(2.5 \text{ m})(250 \text{ N}) - \frac{1}{2}(2.5 \text{ m})(60 \text{ N})}{600 \text{ N}}$$
$$= 0.92 \text{ m}$$

이다.

에 의한 돌림힘은 양(+)이고, $\vec{w}$와 $\vec{w}_b$에 의한 돌림힘은 음(−)이다.

풀이 판과 여자가 정적 평형 상태에 있으므로 알짜힘과 알짜 돌림힘은 모두 0이어야 한다. 힘 방정식은

검토 만약 여자 키가 1.68 m라면, 그녀의 무게 중심은 그녀 키의 (0.92m)/(1.68m) = 55 %, 혹은 그녀 키의 반보다 약간 크다. 이것은 타당한 결과이다.

예제 8.4 **사다리는 미끄러질 것인가?**

3.0 m 길이의 사다리가 바닥과 60° 각을 이루면서 마찰이 없는 벽에 기대어 있다. 사다리가 미끄러지지 않기 위한 사다리와 바닥 간의 정지 마찰 계수 μ_s의 최솟값은 얼마인가? 사다리와 벽 사이의 마찰은 무시할 수 있다고 가정한다.

준비 사다리는 길이가 L인 강체 막대이다. 미끄러지지 않기 위해서는 사다리에 작용하는 알짜힘과 알짜 돌림힘은 모두 0이어야 한다. 그림 8.9는 사다리와 사다리에 작용하는 힘들을 보여준다. 정지 마찰 계수의 최솟값을 구하여야 한다. 첫째로 정지 마찰력과 수직력의 크기를 구할 것이다. 그러면 이 값들을 사용하여 필요한 마찰 계수를 구할 수 있다. 사다리의 바닥 끝점을 회전축으로 선

그림 8.9 정적 평형 상태에 있는 사다리의 개요도

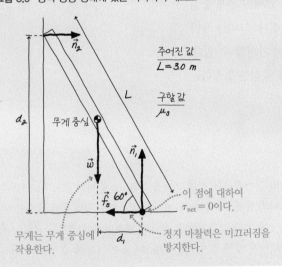

주어진 값
$L = 3.0$ m

구할 값
μ_s

무게 중심

이 점에 대하여 $\tau_{net} = 0$이다.

무게는 무게 중심에 작용한다.

정지 마찰력은 미끄러짐을 방지한다.

택하자. 그러면 이 힘들은 모두 사다리의 바닥 끝부분에 작용하므로, 돌림힘을 만들지 않아서 풀이를 간단히 할 수 있다. 이러한 선택을 사용하면 사다리 무게는 d_1w라는 돌림힘을 만들고 벽이 미치는 힘은 $-d_2n_2$라는 돌림힘을 만든다. 부호는 $\vec{w}$는 사다리를 반시계 방향으로 돌리려고 하는 데 비하여, $\vec{n}_2$는 사다리를 시계 방향으로 돌린다는 것에 기초한 것이다.

풀이 $\vec{F}_{net} = \vec{0}$의 x와 y성분은 다음과 같다.

$$\sum F_x = n_2 - f_s = 0$$
$$\sum F_y = n_1 - w = n_1 - Mg = 0$$

바닥 끝점에 대한 돌림힘은

$$\tau_{net} = d_1w - d_2n_2 = \frac{1}{2}(L\cos 60°)Mg - (L\sin 60°)n_2 = 0$$

이다. 전체적으로 3개의 미지수 n_1, n_2, f_s에 대한 3개의 식을 얻는다. 세 번째 식을 풀어서 n_2를 구하면

$$n_2 = \frac{\frac{1}{2}(L\cos 60°)Mg}{L\sin 60°} = \frac{Mg}{2\tan 60°}$$

이고, 이것을 첫 번째 식에 대입하면

$$f_s = \frac{Mg}{2\tan 60°}$$

이다. 정지 마찰력에 대한 모형은 $f_s \leq f_{s\,max} = \mu_s n_1$이다. n_1은 두 번째 식으로부터 구할 수 있다. 곧, $n_1 = Mg$이다. 이 결과와 마찰력에 대한 모형으로부터

$$f_s \leq \mu_s Mg$$

이다. f_s에 대한 이러한 두 표현식을 비교하면 μ_s는 다음 식을 만족하여야 한다.

$$\mu_s \geq \frac{1}{2\tan 60°} = 0.29$$

따라서 정지 마찰 계수의 최솟값은 0.29이다.

검토 경험으로부터 사다리나 물체를 거친 바닥 위에는 세울 수 있지만 바닥이 너무 매끄러운 경우에는 물체가 미끄러진다는 것을 알고 있다. 0.29는 정지 마찰 계수의 중간 정도의 값이고, 이것은 타당한 결과이다.

8.2 안전성과 균형

만약 상자를 한 모서리를 중심으로 조금 기울인 다음 놓으면, 상자는 원래 위치로 되돌아간다. 만약 상자를 너무 많이 기울이면, 상자는 뒤집어진다. 그리고 만약 상자를 '정확히 세우면', 상자는 그 모서리 위에서 정확히 균형을 잡고 있을 것이다. 이 세 가지 가능성을 결정하는 것은 무엇일까?

수업 영상

그림 8.10은 자동차를 사용하여 이 개념을 설명하고 있다. 그러나 결과는 일반적이고 많은 경우에 적용된다. 자동차이던, 상자이던, 사람이던, 크기가 있는 물체는 정적 평형 상태에 있을 때 그것이 놓여 있는 **지지기반**을 가지고 있다. 만약 물체를 기울이면 지지기반의 한 점은 회전축이 된다. 물체의 무게 중심이 지지기반 위에 있는 한 중력에 의한 돌림힘은 물체를 회전시켜서 원래의 정적 평형 상태로 다시 되돌려 놓는다. 이때 그 물체는 **안정**(stable)하다고 한다. 이것이 그림 8.10(b)에 있는 상황이다.

임계각 θ_c는 그림 8.10(c)에서처럼 무게 중심이 회전축 점의 바로 위에 있을 때 일어난다. 이 점이 바로 알짜 돌림힘이 없는 균형점이다. 만약 자동차를 계속 기울이면 그림 8.10(d)에서와 같이 무게 중심이 지지기반 밖에 놓인다. 이제 중력에 의한 돌림힘은 반대방향으로의 회전을 발생시키고 자동차는 뒤집어진다. 자동차는 **불안정**(unstable)하다. 만약 사고로 자동차가 기울어지는 경우, $\theta < \theta_c$이면 자동차는 원래 위치로 되돌아오고 $\theta > \theta_c$이면 뒤집어질 것이다.

자동차의 경우 타이어 사이의 거리(지지기반)를 트랙 폭 t라고 한다. 무게 중심

그림 8.10 자동차 혹은 어떤 물체라도 지나치게 기울어지면 뒤집어진다.

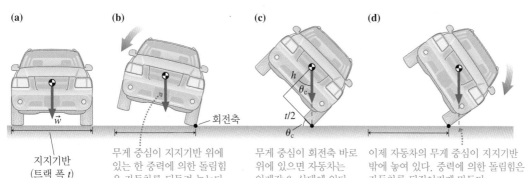

(a)

지지기반
(트랙 폭 t)

$\vec{w}$

(b)

회전축

무게 중심이 지지기반 위에 있는 한 중력에 의한 돌림힘은 자동차를 되돌려 놓는다.

(c)

h

θ_c

$t/2$

θ_c

무게 중심이 회전축 바로 위에 있으면 자동차는 임계각 θ_c 상태에 있다.

(d)

이제 자동차의 무게 중심이 지지기반 밖에 놓여 있다. 중력에 의한 돌림힘은 자동차를 뒤집어지게 만든다.

그림 8.11 승용차와 비교하면 SUV는 승용차 폭에 비하여 높은 무게 중심을 가지고 있다.

승용차의 경우 무게 중심의
높이 h는 t의 33%이다.

SUV의 경우 무게 중심의
높이 h는 t의 47%이다.

의 높이는 h이다. 그림 8.10(c)로부터 높이와 폭의 비 값이 언제 임계각에 도달할지를 결정한다. 중요한 점은 무게 중심의 높이가 아니라 높이와 폭의 비 값이다. **그림 8.11**은 승용차와 스포츠용 다목적 차량(SUV)을 비교하고 있다. 승용차의 경우에는 $h/t \approx 0.33$이고 임계각은 $\theta_c \approx 57°$이다. 그러나 SUV의 경우에는 $h/t \approx 0.47$이고 임계각은 $\theta_c \approx 47°$이다. SUV에 짐을 더 싣거나, 특히 지붕 선반을 사용하는 경우에는 무게 중심의 높이가 증가하여 임계각 θ_c를 더 감소시키게 된다. 다양한 자동차 안전그룹은 $\theta_c > 50°$인 자동차는 사고가 나도 좀처럼 뒤집어지지 않는다고 밝힌 바 있다. 자동차 전복은 $\theta_c < 50°$일 때 더 잘 일어난다.

기울어진 자동차에 대한 논법은 임의의 물체에 대하여서도 성립하며, **더 넓은 지지기반과 더 낮은 무게 중심은 안정성을 증가시킨다**는 일반적인 규칙을 이끌어낸다.

탄산음료 캔의 균형잡기 완전히 차 있든지 혹은 비어있든지에 관계없이 캔을 비스듬하게 세워보자. 이는 할 수 없는데, 왜냐하면 꽉 차 있는 또는 비어있는 탄산음료 캔의 무게 중심은 캔의 거의 정중앙에 있기 때문이다. 만일 캔을 비스듬하게 세우면, 무게 중심은 조그만 지지기반 훨씬 밖에 위치하게 된다. 하지만 약 2온스(60 mL)의 물을 빈 캔에 넣으면, 무게 중심이 바로 경사면 위에 놓이게 되므로 이 경우에는 균형을 잡을 수 있다.

개념형 예제 8.5 **판자 위를 얼마나 멀리 걸어갈 수 있을까?**

고양이가 탁자 바깥까지 펼쳐져 있는 판자를 따라 걸어긴다. 만약 고양이가 지나치게 멀리 걸어가면 판자는 기울어지기 시작할 것이다. 언제 이러한 일이 일어나겠는가?

판단 물체의 무게 중심이 지지기반 위에 놓이면 물체는 안정하고 그렇지 않으면 물체는 불안정하다. 고양이와 판자를 하나의 복합 물체로 취급하고, 계의 무게 중심은 고양이의 무게 중심과 판자의 무게 중심 사이의 직선상에 있다고 가정하자.

그림 8.12(a)에서 고양이가 판자의 왼쪽 끝 부근에 있으면 전체 계의 무게 중심은 지지기반 위에 놓이게 되므로 안정하다. 고양이가 오른쪽으로 움직이면 **그림 8.12(b)**에서와 같이 전체 계의 무게 중심이 탁자 모서리 바로 위에 위치하게 된다. 만약 고양이가 한 발자국 더 나아가면 고양이와 판자는 불안정하게 되고 판자는 기울어질 것이다.

그림 8.12 고양이가 판자 위에서 걸어갈 때 나타나는 안정성의 변화

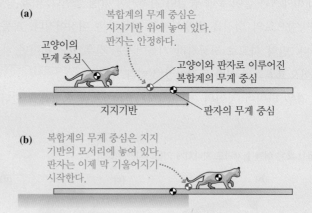

(a)
고양이의 무게 중심
복합계의 무게 중심은 지지기반 위에 놓여 있다. 판자는 안정하다.
고양이와 판자로 이루어진 복합계의 무게 중심
지지기반
판자의 무게 중심

(b)
복합계의 무게 중심은 지지기반의 모서리에 놓여 있다. 판자는 이제 막 기울어지기 시작한다.

검토 판자가 안정하게 존재하기 위해서는 판자의 무게 중심이 판자의 왼쪽 부분에 존재하여야 하기 때문에 넘어지기 전까지 고양이는 판자의 지지되지 않는 부분을 향해 조금 밖에 나아가지 못한다. 판자가 무거우면 무거울수록 고양이는 더 멀리 걸어 나갈 수 있다.

인체의 안정성과 균형 BIO

인체는 놀랍게도 연속적으로 자세를 조절할 수 있어서, 단지 2개의 지지점만으로 안정을 유지할 수 있다. 걷거나, 뛰거나, 혹은 의자에서 일어나는 간단한 동작에서도, 인체의 무게 중심은 끊임없이 변화한다. 안정성을 유지하기 위해서 우리는 무의식적으로 팔과 다리의 위치를 조절하여 무게 중심을 지지기반 위에 있도록 한다.

인체가 어떻게 무게 중심을 재정렬하는지에 대한 간단한 예는 발끝으로 서는 행위에서 찾아볼 수 있다. **그림 8.13(a)**는 정상적으로 서 있는 자세를 나타낸다. 무게 중심이 지지기반(발)의 중심 위에 잘 놓여 있어서 안정성을 보장한다는 것을 주목하라. 만약 신체 위치를 조정하지 않고 발끝으로 서 있다면 그녀의 무게 중심은 지지기반(이 경우에는 발의 앞부분)의 뒤에 있게 되어 그녀는 뒤로 넘어질 것이다. 이것을 방지하기 위하여 **그림 8.13(b)**에 보인 것처럼 신체는 자연스럽게 앞으로 구부러져서 무게 중심이 발의 앞부분 위에 오게 되어 다시 안정성을 얻게 된다. 다음을 시도해보라. 벽의 바닥에 여러분의 엄지발가락을 대고 벽을 바라보고 서라. 그리고 나서 엄지 발끝으로 서 보라. 여러분의 몸은 여러분의 엄지 발끝을 무게 중심에 위치시키고자 하나 앞으로 더 이상 나아가지 못하므로 위와 같은 시도는 성공할 수 없다.

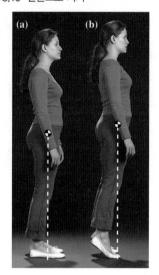

그림 8.13 발끝으로 서기

8.3 용수철과 훅의 법칙

이제까지 평형 상태에 있는 물체에 힘이나 돌림힘이 작용할 때 물체 모양이 변하지 않는다고 가정했다. 실제로 이것은 지나친 단순화이다. 모든 고체 물질은 힘이 가해지면 늘어나거나 줄어들고 모양이 변화한다. 이러한 변화는 나무의 푸른 잔가지를 눌러보면 쉽게 알 수 있다. 가장 큰 가지라도 여러분의 무게에 의해서 조금은 변화한다.

만약 고무줄을 잡아 늘이면 고무줄을 원래의 평형 위치로 되돌리려는 힘이 존재한다. 계를 평형 위치로 되돌리려는 힘을 **복원력**(restoring force)이라고 하며, 이와 같은 복원력을 보이는 계를 **탄성적**(elastic)이라고 한다. **탄성**(elasticity)의 가장 기본적인 예는 용수철과 고무줄이다. ◀◀4.2절에서 용수철 힘을 소개하였다. 만약 용수철을 잡아 늘이면 장력과 같은 힘이 뒤로 잡아당긴다. 마찬가지로, 압축된 용수철은 원래대로 다시 팽창하려고 한다. 탄성과 복원력은 훨씬 더 단단한 계의 성질이기도 하다. 자동차를 타고 다리 위를 지날 때 다리의 강철 막대는 조금 휘어지는데, 자동차가 다 지나가면 원래 길이로 복원된다. 여러분의 다리뼈는 걸음을 걸을 때마다 아주 조금씩 변형된다.

용수철에 아무런 힘이 작용하지 않으면 용수철은 평형 길이(equilibrium length)를 유지하고 있을 것이다. 만약 용수철을 잡아 늘이면 용수철은 줄어들려고 한다. 만약 용수철을 압축하면 **그림 8.14(a)**에서처럼 용수철은 팽창하려고 한다. 일반적으로 용수철 힘은 평형 위치로부터의 변위와 정반대 방향이다. 용수철이 얼마나 강하게 뒤로 잡아당기는가 하는 것은 **그림 8.14(b)**에서처럼 용수철이 얼마나 늘어났느냐에 달려 있

활동하는 탄성 골프공을 칠 때, 골프공은 꽤 많이 압축된다. 골프공을 원래 모양으로 돌아가게 하는 복원력이 골프채로부터 이를 더 멀리 나아가게 도와주고 더 긴 드라이브를 칠 수 있게 한다.

그림 8.14 용수철의 복원력

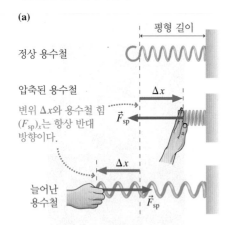

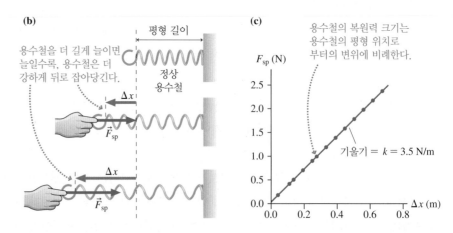

다. **그림 8.14(c)**는 용수철의 늘어난 길이가 변화할 때 용수철 힘의 크기에 대한 데이터 그림이다. **용수철 힘은 용수철 끝의 변위에 비례한다**는 것을 알 수 있다. 이것은 선형 관계식이며 직선의 기울기 k는 비례상수이다.

$$F_{sp} = k\Delta x \tag{8.2}$$

용수철을 2배로 압축하거나 늘이면 복원력의 크기는 2배가 된다.

식 (8.2)의 k는 용수철에 의존한다. 비례상수 k는 **용수철 상수**(spring constant)라고 한다. 용수철 상수의 단위는 N/m이다. 질량 m이 입자의 특성을 나타내는 것처럼, 용수철 상수 k는 용수철의 특성을 나타내는 양이다. k가 크면 용수철을 늘이는 데 매우 큰 힘을 가해야 하고, 이 용수철을 '뻣뻣한' 용수철이라고 한다. k가 작으면 매우 작은 힘으로 용수철을 늘일 수 있으며, 이 용수철을 '부드러운' 용수철이라고 한다. 모든 용수철은 그 자신의 고유한 k값을 가지고 있다. 그림 8.14(c)에 나온 용수철 상수의 크기를 직선의 기울기로부터 구해보면 $k = 3.5$ N/m이다.

그림 8.14(a)와 같이 용수철이 압축되면 Δx는 양수이고 $\vec{F}_{sp}$는 왼쪽을 향하므로 그 성분 $(F_{sp})_x$는 음수이다. 그러나 용수철이 늘어난다면 Δx는 음수이고 $\vec{F}_{sp}$는 오른쪽 방향이므로 성분 $(F_{sp})_x$는 양수이다. 식 (8.2)를 용수철 힘의 **성분**을 사용하여 고쳐 쓰면 복원력과 용수철 끝의 변위에 관한 일반적인 관계식을 얻을 수 있는데, 이것은 **훅의 법칙**(Hooke's law)이라고 알려져 있다.

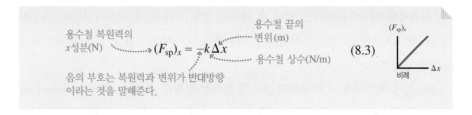

수직(y)방향 운동에 대한 훅의 법칙은 $(F_{sp})_y = -k\Delta y$이다.

훅의 법칙은 뉴턴의 법칙처럼 진정한 '자연의 법칙'이 아니다. 그것은 실제로 복원력에 대한 모형일 뿐이다. 그것은 그림 8.14(c)에서처럼 어떤 용수철에 대해서는 매

우 잘 맞지만 다른 경우에는 잘 맞지 않는다. 다음 장에서 살펴보겠지만 훅의 법칙은
용수철이 매우 지나치게 압축되거나 늘어나면 성립하지 않는다.

예제 8.6 **물고기의 무게 재기**

물고기의 무게를 재는 저울은 천장에 연결된 용수철로 이루어져
있다. 용수철의 평형 길이는 10.0 cm이다. 4.0 kg의 물고기가 용
수철 끝에 매달렸을 때, 용수철 길이가 12.4 cm로 늘어났다.

a. 이 용수철의 용수철 상수 k는 얼마인가?

b. 만약 8.0 kg의 물고기가 용수철에 매달린다면, 용수철 길이는
얼마가 되겠는가?

준비 그림 8.15는 문제의 첫 번째 부분의 자세한 내용을 보여준다.
물고기가 정적 평형 상태로 매달려 있으므로, y방향의 알짜힘과
알짜 돌림힘 모두 0이어야 한다.

그림 8.15 용수철에 매달린 질량에 대한 개요도

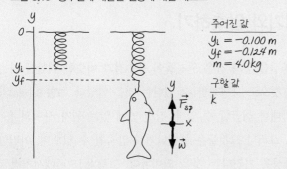

풀이

a. 물고기는 정적 평형 상태에 있으므로

$$\sum F_y = (F_{sp})_y + w_y = -k\,\Delta y - mg = 0$$

이다. 따라서 $k = -mg/\Delta y$이다. (물고기의 무게 중심이 갈고
리 회전축의 바로 아래에서 정지해 있으므로 알짜 돌림힘은
0이다.) 그림 8.15로부터 평형 위치로부터 용수철의 변위는
$\Delta y = y_f - y_i = (-0.124\ \text{m}) - (-0.100\ \text{m}) = -0.024\ \text{m}$이다.
물고기는 $-y$방향으로 움직이므로 이 변위는 음수이다. 용수철
상수에 대해서 풀면 다음과 같다.

$$k = -\frac{mg}{\Delta y} = -\frac{(4.0\ \text{kg})(9.8\ \text{m/s}^2)}{-0.024\ \text{m}} = 1600\ \text{N/m}$$

b. 복원력은 용수철의 평형 길이로부터의 변위에 비례한다. 만약
물고기의 질량을 2배로 하면 용수철 끝의 변위도 역시 2배가 되
어 $\Delta y = -0.048\ \text{m}$이다. 따라서 용수철은 0.048 m 더 길어지
며, 새로운 길이는 0.100 m + 0.048 m = 0.148 m = 14.8 cm
이다.

검토 용수철은 4.0 kg의 질량이 매달렸을 때 크게 늘어나지 않는
다. 1600 N/m의 큰 용수철 상수는 뻣뻣한 현재의 용수철과 잘 부
합된다.

예제 8.7 **벽돌이 언제 미끄러지는가?**

그림 8.16은 2.0 kg의 벽돌에 매달린 용수철을 보여준다. 용수철의
다른 끝은 5.0 cm/s의 속력으로 움직이고 있는 동력을 가진 장난
감 기차에 의해서 끌려가고 있다. 용수철 상수는 50 N/m이고 벽
돌과 지면 사이의 정지 마찰 계수는 0.60이다. 기차가 움직이기
시작한 $t = 0$ s일 때 용수철은 평형 길이를 가지고 있었다. 벽돌이
언제 미끄러지는가?

그림 8.16 장난감 기차가 벽돌이 미끄러질 때까지
용수철을 잡아 늘이고 있다.

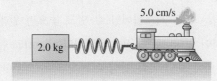

그림 8.17 벽돌에 대한 자유 물체 도형

용수철 힘이 최대 정지 마찰력보다
크면 벽돌은 미끄러질 것이다.

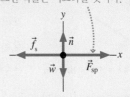

준비 벽돌을 입자로 모형화하고, 용수철의 질량은 없다고 가정한
다. 그림 8.17은 벽돌에 대한 자유 물체 도형이다. 기차 속력을 m/s
단위로 고치면 $v = 0.050$ m/s이다.

풀이 질량이 없는 줄의 장력은 양 끝을 똑같이 잡아당긴다는 것을
기억하라. 용수철 힘에 대해서도 같은 사실이 성립한다. 용수철은

양 끝을 똑같이 당기거나 민다. 왼손으로 고무줄을 잡고 오른손으로 그것을 잡아 늘이는 경우를 상상해보라. 움직이는 것은 고무줄의 오른쪽 끝이지만 왼손도 당기는 힘을 느낄 것이다.

이것이 문제를 푸는 열쇠이다. 용수철의 오른쪽이 움직임에 따라 용수철이 늘어나고, 용수철은 기차를 뒤로 잡아당기고 결국 벽돌을 같은 크기의 힘으로 앞쪽으로 당긴다. 기차는 오른쪽으로 움직이고 있고 용수철 힘은 기차를 왼쪽으로 당긴다. 그러나 벽돌은 용수철의 다른 끝에 있기 때문에 용수철 힘은 그림 8.17에서처럼 벽돌을 오른쪽으로 잡아당긴다. 용수철이 늘어남에 따라 벽돌에 작용하는 정지 마찰력은 그 크기가 증가하여 벽돌을 정지한 상태로 유지시킨다. 벽돌은 정적 평형 상태에 있으므로

$$\sum F_x = (F_{sp})_x + (f_s)_x = F_{sp} - f_s = 0$$

이다. 여기서 F_{sp}는 용수철 힘의 크기이다. 이 힘의 크기는 $F_{sp} =$

$k\,\Delta x$이고, 여기서 $\Delta x = vt$는 기차가 움직인 거리이다. 따라서

$$f_s = F_{sp} = k\,\Delta x$$

이다. 벽돌은 정지 마찰력이 그 최댓값 $f_{s\,max} = \mu_s n = \mu_s mg$에 도달할 때 미끄러진다. 이것은 기차가 아래 거리를 움직일 때 일어난다.

$$\Delta x = \frac{f_{s\,max}}{k} = \frac{\mu_s mg}{k} = \frac{(0.60)(2.0\ \text{kg})(9.8\ \text{m/s}^2)}{50\ \text{N/m}} = 0.235\ \text{m}$$

따라서 벽돌이 미끄러지는 시간은 다음과 같다.

$$t = \frac{\Delta x}{v} = \frac{0.235\ \text{m}}{0.050\ \text{m/s}} = 4.7\ \text{s}$$

검토 약 5초라는 결과는 천천히 움직이는 장난감 기차가 벽돌이 미끄러지도록 용수철을 늘이는 데 걸리는 시간으로써 합당해 보인다.

8.4 물질 늘이기와 압축하기

그림 8.18 강철 막대 늘이기

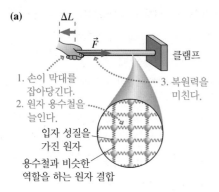

(a)

클램프

1. 손이 막대를 잡아당긴다.
2. 원자 용수철을 늘인다.
3. 복원력을 미친다.

입자 성질을 가진 원자

용수철과 비슷한 역할을 하는 원자 결합

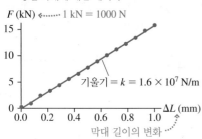

(b) 길이가 1.0 m이고 지름이 1.0 cm인 강철 막대에 대한 데이터

F (kN) ⋯⋯ 1 kN = 1000 N

기울기 = $k = 1.6 \times 10^7$ N/m

ΔL (mm)

막대 길이의 변화

4장에서 대부분의 고체 물질을 입자 같은 원자들이 용수철과 비슷한 역할을 하는 원자 결합에 연결되어 있는 것으로 모형화할 수 있다는 것을 알았다. **그림 8.18(a)**와 같이 이런 방법으로 강철 막대를 취급할 수 있다. 강철 안에 있는 원자 사이의 용수철 같은 결합은 매우 강하다. 그러나 그것들은 늘어나거나 압축될 수 있으며, 이러한 사실은 강철 막대조차도 탄성을 가진다는 것을 의미한다. 그림 8.18(a)에서처럼 강철 막대의 끝을 당기면 강철을 구성하는 입자들 간의 결합이 늘어나고 막대 자체가 늘어난다. 늘어난 막대는 손을 뒤로 잡아당기는데, 이것은 강철을 놓으면 막대가 원래 위치로 되돌아가려는 복원력 때문이다. 이런 관점에서 전체 막대는 매우 **뻣뻣한** 용수철처럼 행동한다. 용수철의 경우와 마찬가지로 압축에 의해서도 복원력이 발생한다.

그림 8.18(b)에서 길이가 1.0 m이고 지름이 1.0 cm인 강철 막대에 대한 실제 데이터는 용수철과 같이 강철 막대의 복원력이 길이의 변화에 비례한다는 것을 보여준다. 그러나 강철 막대의 늘어나는 크기와 복원력의 크기는 용수철의 경우와 매우 다르다. 강철 막대를 1 mm 늘이는 데 16,000 N의 힘이 필요한데, 이것은 1.6×10^7 N/m의 용수철 상수에 해당한다! 강철은 탄성적이지만 보통의 힘에 의해서는 크기가 매우 조금 변화한다. 이러한 종류의 물질을 **단단하다**(rigid)고 한다.

고무줄 속의 고무와 같은 다른 물질의 거동은 매우 다를 수 있다. 고무줄은 작은 힘으로도 평형 길이의 수배나 되는 길이만큼 늘어날 수 있고 놓으면 원래 모습으로 되돌아간다. 작은 힘으로 큰 변형이 일어나는 물질을 **유연하다**(pliant)고 한다.

막대의 용수철 상수는 **그림 8.19**에 보인 바와 같이 여러 인자에 의존한다. 첫째로 단면적 A가 큰 두꺼운 막대는 가느다란 막대보다 늘이기가 더 어렵다. 둘째로 길이 L

인 긴 막대는 길이가 짧은 막대보다 늘이기 쉽다(10 m 길이의 밧줄을 1 cm만큼 늘이는 것은 쉽다. 그러나 10 cm의 밧줄을 1 cm만큼 늘이는 것은 매우 어렵다). 마지막으로 막대의 뻣뻣함은 막대가 만들어진 물질에 따라서 다르다. 이러한 사실들은 실험적으로 입증되었으며 막대의 용수철 상수는 다음과 같이 쓸 수 있다.

$$k = \frac{YA}{L} \tag{8.4}$$

여기서 상수 Y는 **영률**(Young's modulus)이다. 영률은 막대를 구성하는 물질에만 의존하고 물체의 형태나 크기에는 무관하다.

식 (8.2)로부터 복원력의 크기는 $F_{sp} = k\,\Delta x$와 같이 길이의 변화에 관련되어 있다. 그림 8.19에 보인 것처럼 길이의 변화를 ΔL이라고 쓰면, 식 (8.4)를 사용하여 막대의 복원력 F를 다음과 같이 쓸 수 있다.

$$F = \frac{YA}{L}\Delta L \tag{8.5}$$

식 (8.5)는 길이가 늘어나는 경우나 압축되는 경우 모두 적용된다.

식 (8.5)를 **변형력**과 **변형**이라는 새로운 두 비율을 이용하여 재구성하는 것이 유용하다.

힘의 단면적에 대한 비를 **변형력**이라고 한다. $\longrightarrow \quad \dfrac{F}{A} = Y\left(\dfrac{\Delta L}{L}\right) \quad \longleftarrow$ 길이 변화의 원래 길이에 대한 비를 **변형**이라고 한다. (8.6)

변형력의 단위는 N/m^2이다. 변형력이 늘어남 때문이라면 이러한 변형력을 **인장 변형력**(tensile stress)이라고 한다. 변형은 막대 길이의 변화 비율이다. 만약 막대 길이가 1%만큼 변했다면, 변형은 0.01이다. 변형은 차원이 없기 때문에 영률은 변형력과 같은 단위를 갖는다. 표 8.1은 여러 단단한 물질의 영률값을 나타낸다. 큰 영률값은 뻣뻣한 물질의 특성을 나타낸다. '더 부드러운' 물질은 더 작은 영률값을 갖는다.

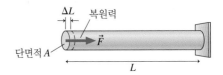

그림 8.19 길이 ΔL만큼 늘어난 막대

표 8.1 단단한 물질의 영률

물질	영률(10^{10} N/m²)
주철	20
강철	20
실리콘	13
구리	11
알루미늄	7
유리	7
콘크리트	3
나무(전나무)	1

예제 8.8 　**강철 케이블의 늘어난 길이 구하기**

물리학과에 있는 푸코 진자(지구 자전을 증명하는 데 쓰인다)는 6.0 m 길이의 강철 케이블 끝에 매달려 진동하는 120 kg의 강철구로 이루어져 있다. 케이블 지름은 2.5 mm이다. 강철구가 처음 케이블에 매달렸을 때 케이블은 얼마나 늘어나겠는가?

준비 케이블이 늘어나는 정도는 강철 케이블의 탄성에 의존한다. 표 8.1에 의하면 강철 케이블의 영률은 $Y = 20 \times 10^{10}$ N/m이다.

풀이 식 (8.6)은 강철 케이블의 늘어남 ΔL과 복원력 F, 그리고 케이블의 성질을 관련 지운다. 항을 재배치하면 케이블이 늘어

난 길이는

$$\Delta L = \frac{LF}{AY}$$

이다. 케이블의 단면적은

$$A = \pi r^2 = \pi(0.00125 \text{ m})^2 = 4.91 \times 10^{-6} \text{ m}^2$$

이고, 케이블의 복원력은 공의 무게와 같다.

$$F = w = mg = (120 \text{ kg})(9.8 \text{ m/s}^2) = 1180 \text{ N}$$

따라서 길이의 변화는 다음과 같다.

$$\Delta L = \frac{(6.0 \text{ m})(1180 \text{ N})}{(4.91 \times 10^{-6} \text{ m}^2)(20 \times 10^{10} \text{ N/m}^2)}$$
$$= 0.0072 \text{ m} = 7.2 \text{ mm}$$

검토 만약 기타의 강철 줄을 조율해본 적이 있다면, 조율용 핀 (tunning peg)으로 힘을 가했을 때 줄이 수 mm만큼 늘어난다는 것을 알고 있을 것이다. 따라서 120 kg의 하중에 의해서 7 mm의 늘어남은 타당하다.

탄성 한계를 넘어서

그림 8.20 강철 막대가 늘어나는 길이의 그래프

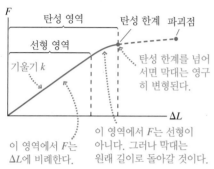

이 영역에서 F는 ΔL에 비례한다.

이 영역에서 F는 선형이 아니다. 그러나 막대는 원래 길이로 돌아갈 것이다.

앞 절에서 막대를 짧은 길이 ΔL만큼 잡아 늘이면 식 (8.5)과 같이 복원력 F에 의하여 뒤로 당겨진다는 것을 알았다. 그러나 막대를 더 늘이면 ΔL과 F 사이의 단순한 선형 관계식은 결국에는 깨진다. **그림 8.20**은 막대를 처음 잡아 늘일 때부터 파괴될 때까지의 막대의 복원력에 대한 그래프이다.

그래프에서 볼 수 있는 것처럼 F와 ΔL이 서로 비례하여 훅의 법칙 $F = k \Delta L$을 따르는 선형 영역이 있다. **늘어난 길이가 선형 영역에 있는 한 막대는 용수철처럼 행동하고 훅의 법칙을 따른다.**

막대가 손상되기 전까지 그것을 얼마만큼 늘일 수 있을까? 팽창이 **탄성 한계**(elastic limit) 아래인 경우 힘이 제거되면 막대는 원래 길이로 되돌아온다. 탄성 한계는 **탄성 영역**(elastic region)의 끝이다. 탄성 한계 이상으로 물체를 늘이면 물체는 영구 변형되며, 막대는 원래 길이로 되돌아오지 못한다. 마지막으로 어떤 점에서 막대는 파괴점에 도달하고 결국 둘로 쪼개진다. 막대를 부러트리는 힘은 영역에 따라 다르다. 두꺼운 막대는 더 큰 힘을 지탱한다. 특정한 물질로 만들어진 막대나 케이블에 대하여 **인장 강도**(tensile strength)를 결정할 수 있다. 이 양은 물질이 부서지기 전에 견딜 수 있는 최대 변형력을 의미한다.

표 8.2 단단한 물질의 인장 강도

물질	인장 강도(N/m²)
폴리프로필렌	20×10^6
유리	60×10^6
주철	150×10^6
알루미늄	400×10^6
강철	1000×10^6

견딜 수 있는 최대 변형력 (N/m²) ······▸ 인장 강도 $= \dfrac{F_{max}}{A}$ ◂······ 견딜 수 있는 최대 힘 (N) / 단면적 (m²) (8.7)

표 8.2에 여러 강체 물질의 인장 강도 값들을 나열하였다. 물질의 **강도**를 말할 때는 인장 강도를 의미하는 것이다.

예제 8.9 **진자 케이블 끊기**

물리 공부가 끝난 늦은 밤에 각각 80 kg인 여러 학생들이 예제 8.8의 푸코 진자를 타면 재밌겠다고 생각했다. 진자가 지탱할 수 있는 최대 학생 수는 몇 명인가?

준비 표 8.2에 주어진 강철의 인장 강도 1000×10^6 N/m²는 케이블이 지탱할 수 있는 최대 변형력이다. 케이블의 변형력은 F/A이므로 케이블이 끊어지기 전에 가할 수 있는 최대 힘 F_{max}를 구할 수 있다.

풀이
$$F_{max} = A(1.0 \times 10^9 \text{ N/m}^2)$$

이다. 예제 8.8로부터 케이블의 지름은 2.5 mm이므로 반지름은 0.00125 m이다. 따라서

$$F_{max} = \left(\pi(0.00125 \text{ m})^2 \right)(1.0 \times 10^9 \text{ N/m}^2) = 4.9 \times 10^3 \text{ N}$$

이다. 이 힘이 케이블이 지탱할 수 있는 가장 무거운 질량의 무게이므로($w = m_{max} g$), 지탱할 수 있는 최대 질량은 다음과 같다.

$$m_{max} = \frac{F_{max}}{g} = 500 \text{ kg}$$

강철구의 질량은 120 kg이므로 탈 수 있는 학생들의 질량은 380 kg이다. 4명의 학생 질량은 320 kg인데 이 값은 380 kg보다 작다. 그러나 5명의 학생 전체 질량 400 kg은 케이블을 끊어지게 한다.

검토 강철은 매우 큰 인장 강도를 갖는다. 이러한 매우 가는 케이블도 4900 N을 지탱할 수 있다.

생체 물질 BIO

같은 길이의 거미줄과 강철 줄을 각각 늘여서 끊어질 때까지 각각의 복원력을 측정하는 경우를 고려하자. 변형력–변형 그래프는 **그림 8.21**처럼 보일 것이다.

거미줄은 그리 뻣뻣하지 않다. 주어진 변형력에 대해서 거미줄은 강철보다 약 100배 정도 늘어난다. 그러나 흥미롭게도 거미줄과 강철은 거의 같은 변형력에서 끊어진다. 이런 점에서 거미줄은 '강철만큼 강하다'. 많은 유연한 생체 물질들은 작은 강도와 매우 큰 인장 강도를 동시에 가지고 있다. 이러한 물질들은 파괴되지 않고 매우 크게 변형될 수 있다. 힘줄, 동맥의 벽, 그리고 거미집은 매우 단단하지만 그럼에도 불구하고 많이 늘어날 수 있다.

인체 대부분의 뼈는 다른 두 종류의 뼈 물질로 만들어졌는데, 바깥 부분은 밀집되고 단단한 겉질뼈, 그리고 안쪽에는 구멍이 많은 해면뼈이다. **그림 8.22**는 대표적인 뼈의 단면을 보여준다. 겉질뼈와 해면뼈는 매우 다른 영률을 갖는다. 겉질뼈의 영률은 콘크리트와 비슷하며, 따라서 매우 단단하지만 조금밖에 늘어나거나 압축되지 않는다. 이와는 대조적으로 해면뼈는 매우 작은 영률을 갖는다. 결과적으로 뼈의 탄성에 대한 모형은 속이 비어있는 원통의 탄성으로 생각할 수 있다.

새의 뼈 구조는 실제로 비어있는 원통으로 잘 근사된다. **그림 8.23**은 전형적인 뼈가 얇은 두께의 겉질뼈와 안쪽에 해면뼈를 갖는다는 것을 보여준다. 원통의 단단함은 대부분 표면 근처에 있는 물질로부터 온다. 속이 비어있는 원통은 고체의 단단함을 대부분 유지하면서도 매우 가볍다. 새의 뼈는 이런 개념의 극단적인 경우이다.

그림 8.23 새 뼈의 단면

표 8.3은 생체 물질의 영률값을 나타낸다. 유연한 물질과 단단한 물질 간의 매우 큰 차이를 주목하라. 표 8.4는 생체 물질의 인장 강도를 보여준다. 흥미롭게도 유연한 물질인 거미줄은 뼈보다 더 큰 인장 강도를 갖는다! 표 8.4에 있는 값은 시험 기계 안에서 매우 오랫동안 가해진 정적인 힘에 대한 것이다. 뼈는 만약 힘이 매우 짧은 시간 동안 가해진다면 매우 큰 변형력을 견딜 수 있다.

예제 8.10 **뼈의 압축 구하기** BIO

넓적다리 안에 있는 기다란 대퇴골은 대부분 외부가 겉질뼈로만 구성된 관으로 생각할 수 있다. 70 kg인 사람의 대퇴골은 보통 단면적이 4.8×10^{-4} m^2 정도이다.

a. 만약 그가 한쪽 다리로만 그의 전체 무게를 지탱한다면, 이때 이 변형력은 뼈의 인장 강도의 몇 퍼센트나 될까?

b. 대퇴골의 길이 변화율은 얼마인가?

그림 8.21 강철과 거미줄의 변형력–변형 그래프

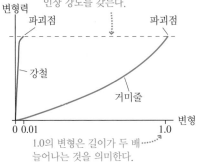

두 물질은 근사적으로 같은 변형력에서 끊어진다. 따라서 두 물질은 거의 같은 인장 강도를 갖는다.

1.0의 변형은 길이가 두 배 늘어나는 것을 의미한다.

그림 8.22 긴 뼈의 단면

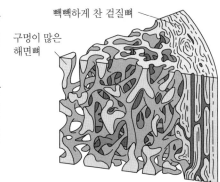

빽빽하게 찬 겉질뼈

구멍이 많은 해면뼈

표 8.3 생체 물질의 영률

물질	영률(10^{10} N/m^2)
치아 에나멜	6
겉질뼈	1.6
해면뼈	0.02~0.3
거미줄	0.2
힘줄	0.15
연골	0.0001
혈관(대동맥)	0.00005

표 8.4 생체 물질의 인장 강도

물질	인장 강도(N/m^2)
해면뼈	5×10^6
겉질뼈	100×10^6
힘줄	100×10^6
거미줄	1000×10^6

준비 대퇴골에 작용하는 변형력은 F/A이다. 여기서 F는 대퇴골을 압축하는 힘인데, 사람의 무게이므로 $F = mg$이다. 대퇴골의 길이 변화율 $\Delta L/L$은 변형인데, 이것은 표 8.3의 겉질뼈의 영률에 대한 값과 식 (8.6)을 사용하여 구할 수 있다.

풀이

a. 사람의 무게는 $mg = (70 \text{ kg})(9.8 \text{ m/s}^2) = 690 \text{ N}$이다. 결과적으로 대퇴골에 작용하는 변형력은 다음과 같다.

$$\frac{F}{A} = \frac{690 \text{ N}}{4.8 \times 10^{-4} \text{ m}^2} = 1.4 \times 10^6 \text{ N/m}^2$$

변형력 $1.4 \times 10^6 \text{ N/m}^2$는 표 8.4에 주어진 겉질뼈의 인장 강도의 1.4%이다.

b. 변형을 다음과 같이 계산할 수 있다.

$$\frac{\Delta L}{L} = \left(\frac{1}{Y}\right)\frac{F}{A} = \left(\frac{1}{1.6 \times 10^{10} \text{ N/m}^2}\right)(1.4 \times 10^6 \text{ N/m}^2) = 8.8 \times 10^{-5} \approx 0.0001$$

대퇴골의 압축은 $\Delta L \approx 0.0001L$ 혹은 원래 길이의 약 0.01%이다. (대퇴골은 균일하지 않으므로 결과를 1개의 유효 숫자로 나타냈다.)

검토 정상적으로 서 있는 조건에서 대퇴골에 작용하는 변형력은 뼈가 견딜 수 있는 최댓값의 1% 내외라는 것은 그럴듯하다.

이 장의 시작 부분에 있는 무용수는 그녀의 전체 무게를 매우 작은 면적에 지지한 채, 발끝으로 미세하게 균형을 유지하면서 서 있다. 그녀의 발끝에 있는 뼈에 작용하는 변형력은 매우 크지만, 아직 뼈의 인장 강도보다는 매우 작다.

종합형 예제 8.11 **승강기 케이블의 늘어남**

승강기를 지지하는 강철 케이블은 원래 길이의 매우 작은 비율만이 늘어난다. 그러나 높은 빌딩에 있는 승강기는 이러한 작은 변화가 더해져서 케이블의 길이가 인지할 수 있을 정도로 늘어난다. 이 문제에서는 승강기의 실제적인 값을 사용하여 이러한 점을 강조하고자 한다. 높은 빌딩 안에 있는 2300 kg의 고속 승강기가 지름 1.27 cm인 6개의 케이블로 지탱되고 있다. 케이블의 영률은 $10 \times 10^{10} \text{ N/m}^2$인데 이 값은 여러 겹으로 꼬여 있는 강철 케이블의 전형적인 값이다. 승강기가 바닥층에 있을 때 케이블이 승강기 통로 위로 90 m 올라가 위에 있는 모터에 연결된다.

어느 바쁜 아침, 전체 질량이 1500 kg인 20명의 사람이 타고 있는 승강기가 바닥층에 있다. 승강기는 일정한 속력에 다다를 때까지 2.3 m/s^2의 가속도로 위 방향으로 가속된다. 승강기의 무게만으로 인하여 케이블은 얼마나 늘어나는가? 승강기 안의 승객들 때문에 케이블은 얼마나 더 늘어나는가? 또 승강기가 가속되는 동안 케이블의 전체 늘어난 길이는 얼마인가? 모든 경우에 승강기 케이블의 질량은 무시한다.

준비 변형력과 변형을 연결하는 식 (8.6)을 고쳐 쓰면 늘어남을 구할 수 있다.

$$\Delta L = \frac{LF}{YA}$$

여기서 L은 케이블의 길이이고 F는 케이블에 의해 작용하는 복원력이다. Y는 영률인데 이 값은 주어져 있다. 6개의 케이블이 있지만, 이들을 단면적이 A인 하나의 케이블로 간주한다. 여기서 단면적 A는 각 케이블 단면적의 6배이다. 각 케이블의 반지름은 0.00635 m이고 단면적은 $\pi r^2 = 1.27 \times 10^{-4} \text{ m}^2$이다. 이 단면적에 6을 곱하면 전체 단면적 $A = 7.62 \times 10^{-4} \text{ m}^2$를 얻는다.

그림 8.24는 자세한 내용을 보여준다. 케이블에 의해서 작용하는 복원력은 바로 장력이다. 처음 두 질문에서 케이블은 정적 평형 상태에 있는 승강기를 지탱하고 있지만, 세 번째 질문에서는 승강기가 위로 가속되므로 알짜힘이 존재한다.

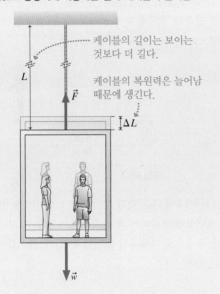

그림 8.24 승강기에 작용하는 힘과 케이블의 늘어남

케이블의 길이는 보이는 것보다 더 길다.

케이블의 복원력은 늘어남 때문에 생긴다.

$$\Delta L_2 = \frac{(90 \text{ m})(37,200 \text{ N})}{(10 \times 10^{10} \text{ N/m}^2)(7.62 \times 10^{-4} \text{ m}^2)} = 0.044 \text{ m} = 4.4 \text{ cm}$$

이다. 승객들이 승강기에 탔을 때 부가적으로 늘어난 케이블 길이는 다음과 같다.

$$4.4 \text{ cm} - 2.7 \text{ cm} = 1.7 \text{ cm}$$

승강기가 위로 가속되면 장력은 증가한다. 수직방향에 대한 뉴턴의 제2법칙은

$$\Sigma F_y = F - w = ma_y$$

이다. 따라서 복원력 혹은 장력은

$$F = w + ma_y = mg + ma_y = (3800 \text{ kg})(9.8 \text{ m/s}^2 + 2.3 \text{ m/s}^2)$$
$$= 46,000 \text{ N}$$

이므로 승강기가 막 움직이기 시작할 때 전체 길이가 90 m인 늘어난 케이블 길이는

$$\Delta L = \frac{(90 \text{ m})(46,000 \text{ N})}{(10 \times 10^{10} \text{ N/m}^2)(7.62 \times 10^{-4} \text{ m}^2)} = 0.054 \text{ m} = 5.4 \text{ cm}$$

이다.

검토 승객이 승강기에 타면 케이블은 1.7 cm 더 늘어난다. 이 길이는 충분히 느낄 수 있으나 승객들에게 불안감을 주지는 않는다. 승객들로 꽉 찬 승강기가 위로 가속될 때 전체 늘어나는 길이는 5.4 cm이다. 축구장만큼 긴 케이블에 대하여 이 결과는 불합리하지 않다. 길이의 변화율은 여전히 아주 작다.

풀이 승강기가 정지해 있을 때에는 알짜힘이 0이므로 케이블의 복원력, 즉 장력은 승강기에 지탱되는 무게와 같다. 처음 두 질문에 대하여 힘들은

$$F_1 = m_{car}g = (2300 \text{ kg})(9.8 \text{ m/s}^2) = 22,500 \text{ N}$$
$$F_2 = m_{car+passengers}g = (2300 \text{kg} + 1500 \text{kg})(9.8 \text{m/s}^2) = 37,200 \text{N}$$

이고, 이 힘들에 의한 케이블의 늘어난 길이는

$$\Delta L_1 = \frac{(90 \text{ m})(22,500 \text{ N})}{(10 \times 10^{10} \text{ N/m}^2)(7.62 \times 10^{-4} \text{ m}^2)} = 0.027 \text{ m} = 2.7 \text{ cm}$$

문제의 난이도는 Ⅰ(쉬움)에서 ⅠⅠⅠⅠ(도전)으로 구분하였다. INT로 표시된 문제는 지난 장의 내용이 복합된 문제이고, BIO는 생물학적 또는 의학적 관심 분야를 의미한다.

 QR 코드를 스캔하여 이 장의 문제를 해결하는 데 도움이 되는 영상 학습 풀이를 시작하시오.

연습문제

8.1 돌림힘과 정적 평형

1. Ⅱ 64 kg의 여자가 그림 P8.1에서처럼 목욕탕 저울의 양 끝에 놓여있는 판 위에 서 있다. 저울 눈금은 각각 얼마인가?

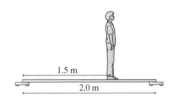

그림 P8.1

2. ‖ 그림 P8.2와 같은 질량 56 kg의 소풍용 탁자 위에서 70 kg의 남자가 탁자가 뒤집어지지 않고 탁자의 오른쪽 가장자리로 얼마나 접근할 수 있는가? (**힌트:** 탁자가 뒤집어지려 하기 직전에 탁자의 왼쪽에 바닥이 가하는 힘은 얼마인가?)

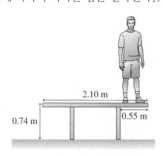

그림 P8.2

3. ‖‖ 어떤 사람이 길이 3.6 m, 질량 25 kg의 막대를 운반하고 있다. 쉬기 위하여 담장에 막대의 한쪽 끝을 놓고 35 cm 떨어진 지점을 잡고 있을 때, 평형을 유지시키기 위하여 작용해야 하는 수평방향의 힘의 크기는 얼마인가?

4. ‖‖ 그림 P8.4에 나오는 막대가 회전하지 않게 하려면 핀에 얼마만큼의 돌림힘을 가해야 하는가? 이 그림과 수직이고 핀과 막대가 만나는 지점을 중심으로 돌림힘을 계산하시오.

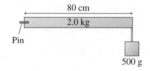

그림 P8.4

5. ‖ 그림 P8.5는 높이가 h이고 바닥에 있는 경첩 주위로 회전할 수 있는 막대를 나타낸다. 막대는 두 줄의 장력에 의해서 지지되어 있다. 왼쪽 줄의 장력과 오른쪽 줄의 장력의 비는 얼마인가?

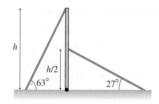

그림 P8.5

6. ‖‖ 그림 P8.6에서처럼 두 물체는 회전축을 중심으로 균형 있게 서 있다. 거리 d는 얼마인가?

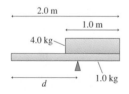

그림 P8.6

7. ‖‖‖ 60 kg의 다이버가 그림 P8.7과 같이 질량이 30 kg인 다이빙대 끝에 서 있다. 다이빙대의 왼쪽은 경첩에 연결되어 있고 오른쪽은 단순히 지지대 위에 올려져 있다. 경첩이 다이빙대에 수직 방향으로 미치는 힘의 크기는 얼마인가?

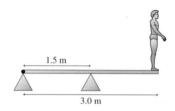

그림 P8.7

8. ‖ 그림 P8.8에 나온 것과 같이 길이 1 m이며 질량이 10 kg인 빔이 케이블에 연결되어 벽에 고정되어 있다. 이 빔은 벽과 만나는 점을 중심으로 자유롭게 회전할 수 있다. 케이블에 작용하는 장력은 얼마인가?

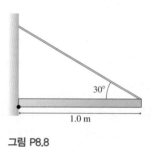

그림 P8.8

8.2 안전성과 균형

9. ‖ 4개의 선반이 달린 일반적인 캐비닛의 높이는 70인치이고 폭은 20인치이다. 균형이 잡혀 있다면 무게 중심은 캐비닛의 중심이 될 것이다. 이런 캐비닛을 옮길 때 일하는 사람은 이를 옆으로 살짝 넘어트려야 한다. 넘어지기 전까지 캐비닛을 몇 도 기울일 수 있을까?

10. ‖ 두 탁자가 40 cm 거리를 두고 놓여 있다. 뒤집어지지 않고 두 탁자를 연결할 수 있는 딱딱한 판의 최소 길이는 얼마인가?

11. ‖ 자동차 제조사는 최신 SUV가 뒤집어지지 않고 30°의 경사를 올라갈 수 있다고 홍보했다. 자동차의 폭이 1.8 m라면 이 자동차의 무게 중심은 어디에 있는가?

8.3 용수철과 훅의 법칙

12. ‖ 40 N의 힘을 용수철에 가했더니 0.1 m가 늘어났다. 80 N의 힘을 가하면 얼마나 늘어나겠는가?

13. ‖ '광족집게'를 이용한 실험을 통해 각 DNA 분자의 탄성도를 측
BIO 정할 수 있다. 충분히 작은 길이의 변화에서 탄성도는 용수철과 같은 형태를 갖는다. 어떤 DNA 분자가 한쪽 끝이 고정되어 있다. 다른 쪽에서 1.5 nN(1.5×10^{-9} N)이 작용하여 이 분자가

5.0 nm(5.0×10^{-9} m)만큼 늘어나게 했다. 이 DNA 분자의 용수철 상수는 얼마인가?

14. ‖ 길이 10 cm의 용수철 한 끝이 천장에 매달려 있다. 한쪽 끝에 2 kg의 물체를 매달면 용수철은 15 cm로 늘어난다.
    a. 용수철 상수는 얼마인가?
    b. 여기에 3 kg의 물체를 매달면 얼마나 더 늘어나겠는가?

15. ‖ 1500 g의 물체를 수직 용수철에 걸었더니 용수철이 30 mm만큼 늘어났다. 여기에 800 kg의 물체를 더 매달면 용수철이 얼마나 더 늘어나겠는가?

8.4 물질 늘이기와 압축하기

16. ‖ 힘이 작용하여 줄이 1.0 mm 늘어났다.
    a. 두 번째 줄은 같은 물질로 만들어졌고 같은 단면적을 가지며 2배의 길이를 갖는다. 같은 힘을 작용할 때 줄은 얼마나 늘어날까?
    b. 세 번째 줄은 첫 번째 줄과 비교하여 재질과 길이는 같지만, 지름은 2배이다. 같은 힘을 작용할 때 줄은 얼마나 늘어날까?

17. ‖‖ 100 m의 구리 케이블의 지름은 2.0 cm이다. 이 케이블을 1.0 cm만큼 늘이려면 얼마만큼의 힘이 필요한가?

18. ‖ 한 학생이 1.0 m의 길이를 갖는 2.5 mm 지름의 강철 줄을 이용하여 실험하고 있다.
    a. 이 줄이 1.0 mm만큼 늘어나게 하려면 얼마만큼의 힘이 필요한가?
    b. 1.0 mm만큼 늘어나게 한 힘으로 5.0 mm 지름을 갖는 줄을 늘이면 길이 변화가 얼마나 일어나겠는가?

19. ‖‖ 신체가 평형을 유지하기 위해 필요한 다음 조건들이 참인지 판별하고 이유를 설명하시오.
    a. 신체에 작용하는 모든 외부 힘의 벡터합이 0이어야 한다.
    b. 신체의 임의의 한 점에 작용하는 외부 힘의 벡터합이 0이어야 한다.

20. ‖‖‖ 전나무로 만들어진 3개의 다리를 가지고 있는 의자에서 다리의 지름은 2.0 cm이다. 75 kg의 사람이 의자에 앉았을 때 다리 길이는 몇 퍼센트나 줄어들까? 의자의 다리는 수직이고 각 다리에는 같은 하중이 걸린다고 가정하라.

21. ‖ 통신에 사용되는 광케이블의 지름이 9.0 μm이다.
    a. 이 케이블이 파괴되지 않을 최대 힘의 크기는 얼마인가?
    b. 이 케이블이 파괴되기 전까지 선형으로 늘어난다고 가정하자. 10 m 길이의 케이블이 파괴되기 전까지 얼마나 늘어날까?

II 부

보존 법칙
Conservation Laws

황조롱이가 수직하강하기 위해 날개를 끌어당기고 있다. 이 과정에서 황조롱이는 약 100 km/h의 속력에 다다를 수 있다. 새가 어떻게 이러한 속력에 다다를 수 있을까? 또 왜 이 속력이 황조롱이가 먹잇감을 사냥하는 데 도움이 될까? 에너지 보존 법칙과 운동량 보존 법칙을 고려하면 이러한 질문에 대해 매우 훌륭하게 답을 할 수 있다.

어떠한 것들은 어떻게 변하지 않고 남을 수 있는가?

이 교재의 I부는 변화(change)에 관한 것이었다. 간단하게 살펴본 것이 우리 주변의 대부분의 물체가 변하고 있다는 것을 말해주었다. 그럼에도 불구하고 어떤 것들은 그들 주위의 모든 것들이 변하더리도 변하지 않는 것이 있다. II부에서는 변하지 않고 남아 있는 것들을 중점적으로 공부할 것이다.

예를 들어, 단단히 밀봉된 상자 속의 공기를 모두 산소와 수소의 혼합기체로 바꾸었다고 생각해보자. 상자와 기체의 무게를 합하면 600.0 g이다. 자 이제, 불꽃을 이용하여 수소와 산소를 점화했다고 하자. 알고 있는 바와 같이 이 연소반응에서 수소와 산소가 물로 바뀌면서 뻥하고 소리를 낸다. 그러나 견고한 상자 안에는 폭발과 함께 생성된 것들도 모두 남는다.

반응 후에 상자 질량은 얼마인가? 상자 안의 기체는 다르지만, 정밀하게 측정해보면 아직도 상자 질량은 600.0 g으로 변화가 없다. 이러한 상황을 질량이 보존되었다고 한다. 이것이 사실이려면 상자가 완전히 밀폐되어 있어야 한다. 질량 보존의 법칙을 적용하려면 그 계는 밀폐되어 있어야 한다.

보존 법칙

상호작용하는 입자들로 이루어진 고립계는 또 다른 중요한 특성이 있다. 각 계는 특정한 숫자로 나타내지며 상호작용이 복잡하다고 하더라도 이 숫자는 결코 변하지 않는다. 이 숫자를 계의 에너지라고 하며, 그것이 결코 변하지 않는다는 사실을 에너지 보존 법칙이라고 한다. 아마도 이것은 지금까지 발견된 가장 중요한 물리 법칙 중 하나이다.

에너지 보존 법칙은 뉴턴의 법칙보다도 훨씬 더 일반적인 것이다. 에너지는 다른 여러 형태로 변할 수 있으며, 이 모든 경우에 총에너지는 같다.

■ 가솔린, 디젤, 제트 기관은 연료의 에너지를 피스톤과 바퀴, 기어를 움직이는 역학적 에너지로 바꾸어준다.

■ 태양 전지는 빛의 전자기 에너지를 전기 에너지로 바꾸어준다.

■ 유기체는 식품의 화학 에너지를 운동 에너지와 소리 에너지, 열에너지 등 다양한 형태의 에너지로 바꾸어준다.

에너지는 이 교재의 나머지 부분에서 가장 중요한 개념이며, II부의 대부분은 에너지가 무엇이며 어떻게 이용되는지를 이해하는 데에 초점이 맞추어져 있다.

그렇지만 에너지만이 유일하게 보존되는 양은 아니다. II부에서 고립계에서 보존되는 다른 두 물리량, 곧 운동량과 각운동량에 대하여 공부할 것이다. 이들의 보존은 양들이 싸울 때의 힘이나 우아한 스케이트 선수의 회전에 이르기까지 광범위한 영역의 물리 과정을 이해하는 데 도움을 줄 것이다.

보존 법칙은 새롭고 다른 관점에서 운동을 이해할 수 있게 해준다. 어떤 상황은 뉴턴의 법칙으로 매우 쉽게 해석할 수 있지만, 보존 법칙의 개념으로 해석할 때 의미가 있는 것들도 있다. II부의 가장 중요한 목표는 어느 개념이 주어진 문제에 가장 적합한지를 배우는 것이다.

9 운동량
Momentum

숫양들이 주도권 쟁탈을 위한 싸움에서 빠른 속력으로 서로의 머리를 부딪힌다. 뇌 손상을 피하기 위해 이런 충돌에서 힘을 최소화하려면 어떻게 해야 하는가?

학습목표 ▶

충격량, 운동량과 보존 법칙에 기반을 둔 새로운 문제 풀이 전략을 배운다.

충격량

골프채로 골프공을 치면 공에 **충격량**을 준다.

힘이 작용하는 시간이 길수록, 힘의 크기가 클수록 물체에 더 큰 충격량을 준다는 것을 배운다.

운동량과 충격량

선수 머리가 공에 준 충격량은 공의 **운동량**을 변화시킨다.

충격량–운동량 정리를 사용하여 운동량 변화를 계산하는 법을 배운다.

운동량 보존

충돌 전후 당구공의 운동량은 같다. 즉, **보존된**다.

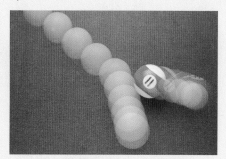

운동량 보존 법칙을 사용하여 강력하고 새로운 전–후 문제 풀이 전략을 공부한다.

이 장의 배경 ◀

뉴턴의 제3법칙

4.7절에서 뉴턴의 제3법칙을 배웠다. 이 장에서는 운동량 보존 법칙을 이해하기 위하여 이 법칙을 적용할 것이다.

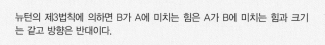

뉴턴의 제3법칙에 의하면 B가 A에 미치는 힘은 A가 B에 미치는 힘과 크기는 같고 방향은 반대이다.

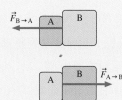

9.1 충격량

두 물체가 짧은 시간 동안 상호작용하는 것이 **충돌**(collision)이다. 테니스공과 라켓 또는 발과 축구공 사이의 충돌은 사람의 눈에는 순간적으로 보이지만 이는 감각의 한계에서 비롯된 것이다. **그림 9.1**의 축구공을 찰 때 연속해서 찍은 고속촬영 사진들을 보면, 발이 공에 접촉하면 공이 압축되는 것을 알 수 있다. 공이 압축되는 데 시간이 걸리고 공이 다시 팽창하는 데는 시간이 더 걸린다.

그림 9.1 축구공을 찰 때 연속해서 찍은 고속촬영 사진들

접촉이 시작된다

최대로 압축

접촉이 끝난다

충돌이 지속되는 시간은 물체를 이루는 재료에 의존하는데, 1에서 10 ms(0.001에서 0.010 s)가 전형적인 값이다. 이것은 두 물체가 서로 접촉하고 있는 시간이다. 물체가 딱딱할수록 접촉 시간은 짧아진다. 두 강철구의 충돌 시간은 1 ms보다 작고 발과 축구공 사이의 충돌 시간은 10 ms 동안 지속될 수 있다.

그림 9.1의 공을 차는 그림을 고려하자. 왼쪽 사진에서 발과 공이 접촉을 하는 순간 공이 눌리기 시작한다. 그림 9.1의 중간 사진에서 공이 많이 눌린 것을 볼 수 있다. 끝으로 오른쪽 사진에서 공은 빨리 움직이고 조금만 눌린 상태이다.

공이 눌린 정도는 발이 공에 작용하는 힘의 크기를 측정하는 척도이다. 더 많이 눌린 것이 큰 힘을 뜻한다. 시간에 따라 이 힘이 변하는 것을 그래프로 그리면 **그림 9.2** 같을 것이다. 발이 공에 닿기 전에 힘은 0이고 최댓값까지 갑자기 증가해서 공이 발을 떠나는 시점에서 0이 된다. 따라서 힘이 작용하는 지속 시간 Δt는 정확히 정의할 수 있다. 이처럼 큰 힘이 짧은 시간 동안 작용할 때 이 힘을 **충격력**(impulsive force)이라 한다. 망치로 못을 박을 때의 힘이나 야구공을 방망이로 때릴 때의 힘이 충격력의 한 예이다.

공을 세게 차거나(힘의 곡선이 높아진다) 오랜 시간 동안 발이 공에 접촉하면(힘의 곡선이 넓어진다) 공이 발을 떠날 때 공의 속력이 더 커진다. 곧, 차는 효과가 더 생긴다. 힘−시간 곡선이 높아지고 넓어지면 곡선과 축 사이의 면적(힘의 곡선 '아래'의 면적)이 더 커진다. 따라서 **충격력의 효과는 힘−시간 곡선의 아래 면적에 비례한다**고 할 수 있다. **그림 9.3(a)**에 나타낸 바와 같이 이 면적을 힘의 **충격량**(impulse) J라 한다.

충격력은 복합적이고 힘−시간 그래프는 대개 복잡하게 변한다. 따라서 **평균 힘 F_{avg}를 도입**해서 충돌을 생각하는 것이 유용하다. **그림 9.3(b)**에서 F_{avg}는 실제로 작용하는 힘과 같이 힘 곡선 아래의 면적이 같고, 지속 시간 Δt도 같은 일정한 힘으로 정의한다. 그림에서 힘 곡선 아래의 면적은 $F_{avg}\Delta t$이다. 따라서

그림 9.2 축구공에 작용하는 힘이 빠르게 변한다.

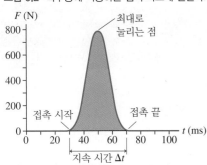

그림 9.3 충격량 그래프

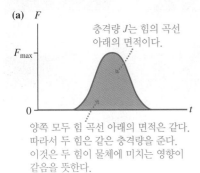

양쪽 모두 힘 곡선 아래의 면적은 같다. 따라서 두 힘은 같은 충격량을 준다. 이것은 두 힘이 물체에 미치는 영향이 같음을 뜻한다.

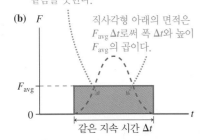

$$\text{충격량 } J = \text{힘 곡선 아래의 면적} = F_{\text{avg}} \Delta t \qquad (9.1)$$
Δt 동안 작용하는 힘의 충격량

이다. 식 (9.1)에서 충격량의 단위는 N·s이다. N·s와 kg·m/s는 같은데, 충격량의 단위로 후자를 더 자주 쓴다.

지금까지 힘이 좌표축, 즉 x축을 따라 작용한다고 가정해 왔다. 이 경우 충격량은 양(+)이나 음(−)의 **부호**를 갖는다. 평균 힘이 $+x$방향으로 작용할 때(F_{avg}가 양수) 충격량은 양수이다. 힘이 $−x$방향으로 작용할 때(F_{avg}가 음수) 충격량은 음수이다. 일반적으로 충격량은 벡터로, 그 방향은 평균 힘 벡터의 방향이다.

$$\vec{J} = \vec{F}_{\text{avg}} \Delta t \qquad (9.2)$$

예제 9.11 **튀는 공의 충격량 구하기**

고무공이 바닥에서 튈 때 그림 9.4와 같은 힘을 받는다.

a. 공에 작용한 충격량은 얼마인가?

b. 공에 작용하는 평균 힘은 얼마인가?

준비 충격량은 힘 곡선 아래의 면적이다. 곡선 형태가 삼각형이고 삼각형의 면적은 1/2 × 높이 × 밑변이라는 공식을 사용한다.

풀이 a. 충격량은

그림 9.4 바닥이 튀는 공에 작용하는 힘

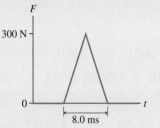

$J = \frac{1}{2}(300 \text{ N})(0.0080 \text{ s}) = 1.2 \text{ N} \cdot \text{s} = 1.2 \text{ kg} \cdot \text{m/s}$

이다.

b. 식 (9.1)에서 $J = F_{\text{avg}} \Delta t$이다. 따라서 같은 충격량을 주는 평균 힘은

$$F_{\text{avg}} = \frac{J}{\Delta t} = \frac{1.2 \text{ N} \cdot \text{s}}{0.0080 \text{ s}} = 150 \text{ N}$$

이다.

검토 이 특정한 예제에서 힘의 평균값은 최댓값의 절반이다. 이것은 삼각형 힘에서 놀랍지는 않은데, 삼각형의 면적이 밑변 곱하기 높이의 절반이기 때문이다.

9.2 운동량과 충격량–운동량 정리

충격력의 효과는 물체에 전달된 충격량에 의존한다는 것을 알았다. 이 효과는 물체의 질량에도 의존한다. 무거운 물체를 차면 가벼운 물체를 찰 때에 비해 물체의 속도 변화가 작아지는 것을 경험으로 알고 있다. 이제 충격량과 질량, 그리고 속도 변화를 정량적으로 관련시키고자 한다.

그림 9.5에서 질량이 m인 퍽(puck)이 초기 속도 $\vec{v}_i$로 미끄러진다. 하키 스틱으로 퍽을 쳐서 퍽에 충격량 $\vec{J} = \vec{F}_{\text{avg}} \Delta t$를 주었다. 충격량을 받은 퍽은 나중 속도 $\vec{v}_f$로 스틱을 떠난다. 나중 속도와 초기 속도는 어떻게 연관이 될까?

퍽이 스틱과 접촉하는 동안 퍽의 평균 가속도는 뉴턴의 제2법칙에서

그림 9.5 스틱이 퍽에 충격량을 주어 속력이 변한다.

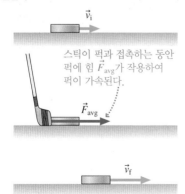

스틱이 퍽과 접촉하는 동안 퍽에 힘 $\vec{F}_{\text{avg}}$가 작용하여 퍽이 가속된다.

$$\vec{a}_{avg} = \frac{\vec{F}_{avg}}{m} \tag{9.3}$$

이다. 평균 가속도는 속도 변화와 다음 식으로 연관된다.

$$\vec{a}_{avg} = \frac{\Delta \vec{v}}{\Delta t} = \frac{\vec{v}_f - \vec{v}_i}{\Delta t} \tag{9.4}$$

식 (9.3)과 (9.4)를 결합하면

$$\frac{\vec{F}_{avg}}{m} = \vec{a}_{avg} = \frac{\vec{v}_f - \vec{v}_i}{\Delta t}$$

이고, 정리하면

$$\vec{F}_{avg}\,\Delta t = m\vec{v}_f - m\vec{v}_i \tag{9.5}$$

가 된다. 이 식의 좌변은 충격량 $\vec{J}$이다. 우변은 $m\vec{v}$의 변화이다. 이 양은 물체의 질량과 속도의 곱이고, 물체의 **운동량**(momentum)이라고 한다. 운동량의 기호는 $\vec{p}$이다.

수업 영상

그림 9.6 입자의 운동량 벡터 $\vec{p}$는 x와 y성분으로 분해할 수 있다.

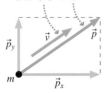

운동량은 벡터로써 그 방향은 물체의 속도와 같은 방향이다.

$$\vec{p} = m\vec{v} \tag{9.6}$$

질량이 m이고 속도가 $\vec{v}$인 물체의 운동량

식 (9.6)에서 운동량의 단위는 질량 곱하기 속도의 단위이고 $kg \cdot m/s$이다. 앞에서 충격량의 단위로 $kg \cdot m/s$를 선호한다고 했는데, 그 이유는 운동량의 단위와 같기 때문이다.

그림 9.6에서 운동량 $\vec{p}$는 벡터양이고 그 방향은 속도 벡터 $\vec{v}$와 같다. 다른 벡터처럼 $\vec{p}$는 x와 y성분으로 분해할 수 있다. 식 (9.6)은 벡터 방정식으로써 다음 두 식을 의미한다.

$$\begin{aligned} p_x &= mv_x \\ p_y &= mv_y \end{aligned} \tag{9.7}$$

표 9.1 전형적인 운동량(근사적 값)

물체	질량 (kg)	속력 (m/s)	운동량 (kg·m/s)
떨어지는 빗방울	2×10^{-5}	5	10^{-4}
총알	0.004	500	2
던져진 야구공	0.15	40	6
달리는 사람	70	3	200
고속도로 위의 차	1000	30	3×10^4

물체의 운동량 크기는 물체의 질량과 속력의 곱으로써 $p = mv$이다. 무겁고 빠른 물체의 운동량은 크고, 가볍고 느린 물체의 운동량은 작다. 두 물체에서 질량의 차이가 클 때 속력의 차이도 크면 두 물체의 운동량은 비슷할 수 있다. 표 9.1은 여러 움직이는 물체에서 운동량의 전형적인 값을 보여준다. 총알과 빠른 공의 운동량이 비슷한 것을 볼 수 있다. 움직이는 자동차의 운동량은 떨어지는 빗방울의 운동량보다 거의 십억 배 이상 크다.

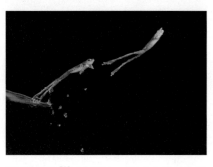

다리의 활용 BIO 점프하는 개구리가 땅에서 뛰어오를 때 가능하면 큰 운동량을 얻고자 한다. 이는 땅이 충격량 $J = F_{avg}\Delta t$의 최댓값을 개구리에게 주는 것을 뜻한다. 근육이 땅에 작용하는 힘은 한계가 있고 F_{avg}는 제한된다. 그러나 힘이 작용하는 시간 Δt는 다리가 길면 크게 증가한다. 점프를 잘하는 많은 동물들은 특히 긴 다리를 갖는다.

충격량–운동량 정리

이제 식 (9.5)를 충격량과 운동량으로 나타내자.

$$\vec{J} = \vec{p}_f - \vec{p}_i = \Delta \vec{p} \tag{9.8}$$

충격량–운동량 정리

여기에서 $\vec{p}_i = m\vec{v}_i$는 물체의 초기 운동량이고, $\vec{p}_f = m\vec{v}_f$는 충격량이 주어진 후 물체의 나중 운동량, 그리고 $\Delta\vec{p} = \vec{p}_f - \vec{p}_i$는 운동량의 변화이다. 이것이 **충격량–운동량 정리**(impulse-momentum theorem)이다. 이는 **물체에 주어진 충격량이 물체의 운동량 변화를 일으킨다**는 것을 뜻한다. 곧, 충격력의 효과는 물체의 운동량을 $\vec{p}_i$에서

$$\vec{p}_f = \vec{p}_i + \vec{J} \tag{9.9}$$

로 바꾸는 것이다. 식 (9.8)을 x와 y성분으로 나타내면 다음과 같다.

$$J_x = \Delta p_x = (p_x)_f - (p_x)_i = m(v_x)_f - m(v_x)_i$$
$$J_y = \Delta p_y = (p_y)_f - (p_y)_i = m(v_y)_f - m(v_y)_i \tag{9.10}$$

그림 9.7은 두 예를 통해 충격량–운동량 정리를 보여준다. 처음에 퍼터가 공을 때려서 공에 힘을 가하고 충격량 $\vec{J} = \vec{F}_{avg}\,\Delta t$를 준다. 충격량의 방향이 힘의 방향과 같은 것에 주목하라. 이 경우 $\vec{p}_i = \vec{0}$이므로 충격량–운동량 정리를 쓰면 공이 퍼터를 떠날 때의 운동량은 $\vec{p}_f = \vec{p}_i + \vec{J} = \vec{J}$가 된다. 이것이 그림 9.7(a)에 나와 있다.

그림 9.7(b)의 축구 선수는 더 복잡한 경우이다. 여기에서 공의 초기 운동량은 왼쪽 아래를 향하고 있다. 선수 머리가 공에 준 충격량은 오른쪽 위를 향하며 공을 반대 방향으로 보내기에 충분한 크기를 갖는다. 그림 9.7(b)에서 벡터의 덧셈을 그림으로 나타냈으며 $\vec{p}_f = \vec{p}_i + \vec{J}$이다.

그림 9.7 충격량은 운동량을 변하게 한다.

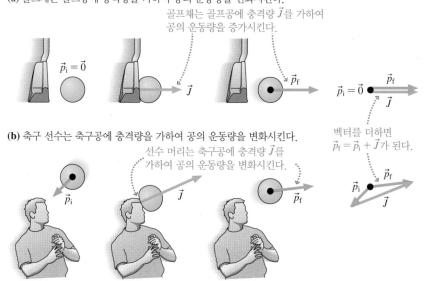

(a) 골프채는 골프공에 충격량을 가하여 공의 운동량을 변화시킨다.

골프채는 골프공에 충격량 $\vec{J}$를 가하여 공의 운동량을 증가시킨다.

벡터를 더하면 $\vec{p}_f = \vec{p}_i + \vec{J}$가 된다.

(b) 축구 선수는 축구공에 충격량을 가하여 공의 운동량을 변화시킨다.

선수 머리는 축구공에 충격량 $\vec{J}$를 가하여 공의 운동량을 변화시킨다.

예제 9.2　　**운동량 변화 계산하기**

질량이 $m = 0.25$ kg인 공이 1.3 m/s로 오른쪽으로 굴러서 벽에 부딪힌다. 튀어나온 공은 1.1 m/s로 왼쪽으로 움직인다. 공의 운동량 변화는 얼마인가? 벽이 공에 준 충격량은 얼마인가?

준비 벽에서 튀어나오는 공의 개요도가 **그림 9.8**에 있다. 여기에서

그림 9.8 벽에서 튀어나오는 공의 개요도

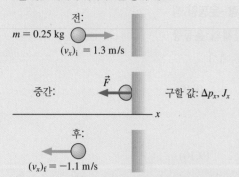

전:
$m = 0.25$ kg
$(v_x)_i = 1.3$ m/s

중간: $\vec{F}$ 구할 값: $\Delta p_x, J_x$

후:
$(v_x)_f = -1.1$ m/s

공과 벽의 상호작용을 '갖기 전'과 '갖기 후'로 나누어서 나타내었다. 다음 절에서 전-후 그림에 대해 더 설명할 것이다. 공이 x축을 따라 움직이므로 식 (9.7)처럼 운동량의 성분 형태를 쓰고자 한다. 운동량의 변화는 운동량의 최종값과 초기값의 차이이다. 충격량-운동량 정리에서 충격량은 운동량의 변화와 같다.

풀이 초기 운동량의 x성분은

$$(p_x)_i = m(v_x)_i = (0.25 \text{ kg})(1.3 \text{ m/s}) = 0.325 \text{ kg} \cdot \text{m/s}$$

이다. 충돌 전과 후에 운동량의 y성분은 0이다. 공이 튄 후 공의 운동량의 x성분은

$$(p_x)_f = m(v_x)_f = (0.25 \text{ kg})(-1.1 \text{ m/s}) = -0.275 \text{ kg} \cdot \text{m/s}$$

이다. 속도의 경우처럼 운동량의 x성분이 음수인 것에 특히 주목하라. 이것은 공이 **왼쪽**으로 움직이는 것을 뜻한다. 운동량의 변화는

$$\Delta p_x = (p_x)_f - (p_x)_i = (-0.275 \text{ kg} \cdot \text{m/s}) - (0.325 \text{ kg} \cdot \text{m/s})$$
$$= -0.60 \text{ kg} \cdot \text{m/s}$$

이다. 충격량-운동량 정리에서 벽이 공에 준 운동량은 이 변화와 같고, 따라서 다음과 같다.

$$J_x = \Delta p_x = -0.60 \text{ kg} \cdot \text{m/s}$$

검토 충격량은 음수이고, 이것은 충격량의 원인이 되는 힘이 왼쪽을 향한다는 것을 의미한다.

종합 9.1 운동량과 충격량

운동하는 물체는 운동량을 가지고 있다. 물체에 작용하는 힘은 물체에 **충격량**을 제공하여 물체의 운동량을 변화시킨다.

물체의 **운동량**은 그 물체의 질량과 속도의 곱이다.

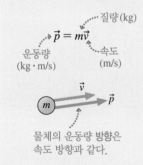

질량 (kg)
$$\vec{p} = m\vec{v}$$
운동량 (kg · m/s)
속도 (m/s)

물체의 운동량 방향은 속도 방향과 같다.

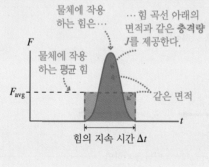

물체에 작용하는 힘은···
···힘 곡선 아래의 면적과 같은 **충격량** J를 제공한다.

F

물체에 작용하는 평균 힘
F_{avg}

같은 면적

힘의 지속 시간 Δt

충격량 (kg · m/s)
$$\vec{J} = \vec{F}_{avg} \Delta t$$
힘의 지속 시간 (s)

평균 힘 (N)

물체의 초기 운동량···
···더하기 물체에 제공된 충격량은···
···물체의 나중 운동량과 같다.

$$\vec{p}_i + \vec{J} = \vec{p}_f$$

이 관계식은 물체의 운동량 **변화**를 사용하여 표현할 수도 있다.

제공된 충격량은
$$\vec{J} = \vec{p}_f - \vec{p}_i = \Delta \vec{p}$$
운동량 변화와 같다.

충격량-운동량 정리를 흥미롭게 응용한 하나의 예는 빠르게 움직이는 물체를 가능하면 자연스런 방법으로 어떻게 느리게 만드느냐는 것이다. 예를 들어, 자동차가 교량 받침대와 충돌한다고 하자. 이 충돌에서 살아남으려면 어떻게 해야 하는가? 이 장의 시작 부분에 있는 숫양들이 충돌할 때 다치지 않으려면 어떻게 해야 할까?

이 예들에서 충돌 직전 물체의 운동량은 $\vec{p}_i$이고 그 후의 운동량은 0이다($\vec{p}_f = \vec{0}$). 충격량-운동량 정리에서

$$\vec{J} = \vec{F}_{avg} \Delta t = \Delta \vec{p} = \vec{p}_f - \vec{p}_i = -\vec{p}_i$$

이고

$$\vec{F}_{avg} = -\frac{\vec{p}_i}{\Delta t} \qquad (9.11)$$

이다. 곧, 물체를 정지시키는 데 필요한 평균 힘은 충돌 지속 시간에 **반비례**한다. **충돌 지속 시간이 증가하면 충격력은 줄어들 것이다.** 이것이 충격을 완화하는 대부분의 기법에 사용되는 원리이다.

예를 들어, 교량 받침대 같은 장애물은 그 앞에 물로 채운 통을 놓아서 더 안전하게 만들 수 있다. 충돌 시 자동차가 이 통을 통과하는 시간은 교량 받침대에 바로 충돌해서 정지할 때 시간보다 길어진다. 자동차에 작용하는 힘(그리고 안전벨트가 운전자에 작용하는 힘)은 충돌 지속 시간이 길어짐에 따라 크게 줄어든다.

이 장의 시작 부분에 있는 사진처럼 숫양들은 빠른 속력으로 충돌하더라도 뇌 손상이 일어나지 않도록 되어 있다. 두개골은 이중벽으로 되어 손상을 방지하고 두꺼운 스펀지 같은 물질이 뇌가 충격을 받고 정지하는 데 걸리는 시간을 길게 한다. 이렇게 하여 뇌에 작용하는 힘의 크기를 감소시킨다.

가시 쿠션 BIO 고습도치의 가시는 분명히 포식자로부터 자신을 보호하는 역할을 하지만 다른 기능도 제공하고 있다. 고습도치가 나무에서 떨어질 때 자신을 공 모양으로 동그랗게 말아서 툭 떨어진다. 두꺼운 가시가 쿠션 역할을 해서 고습도치가 정지할 때까지 걸리는 시간을 증가시킨다. 실제로, 고습도치가 지상에 도달하기 위해 의도적으로 나무에서 떨어지는 것이 관찰되었다!

총 운동량

2개 이상의 물체(입자계)가 움직일 때 그 계(system)는 총 운동량을 갖는다. 입자계의 **총 운동량**(total momentum) $\vec{P}$(대문자에 주의)는 개별 입자들의 운동량의 벡터합이다.

$$\vec{P} = \vec{p}_1 + \vec{p}_2 + \vec{p}_3 + \cdots$$

그림 9.9는 그림을 써서 3개의 움직이는 당구공의 운동량 벡터를 더하여 총 운동량을 구하는 법을 나타낸 것이다. 9.4절에서 운동량 보존 법칙을 논의할 때 총 운동량의 개념이 중요하다.

그림 9.9 세 당구공의 총 운동량

(a)

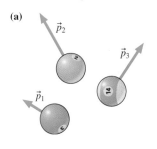

(b)

$\vec{P} = \vec{p}_1 + \vec{p}_2 + \vec{p}_3$

총 운동량은 개별 운동량들의 벡터합이다.

9.3 충격량과 운동량 문제 풀이

그림을 그려보는 것은 문제를 풀기 위한 중요한 도구이다. 1장에서 8장까지 배운 개요도와 자유 물체 도형은 뉴턴의 법칙을 써서 운동학적 해석을 하기 위한 것이다. 지금은 '전'과 '후'를 연관시키는 데 흥미가 있다.

풀이 전략 9.1 전-후 개요도 그리기

❶ **상황을 그림으로 그린다.** 물체들이 상호작용하기 직전과 상호작용을 한 **직후**를 나타내는 그림을 그리고 '전'과 '후'라 한다.

❷ **좌표계를 정한다.** 운동과 일치하도록 축을 정한다.

❸ **기호를 정의한다.** 상호작용 전과 후의 질량과 속도를 나타내는 기호를 정의한다. 위치와 시간은 필요하지 않다.

❹ **주어진 정보를 나열한다.** 문제에서 서술된 값이나 간단한 그림과 단위 환산으로 알 수 있는 값을 나열한다. 전-후 그림은 대개 동역학 문제에 관한 그림보다 간단하다. 알고 있는 정보를 그림에 표시한다.

❺ **구할 값을 확인한다.** 질문에 답하기 위해 어떤 변수를 구해야 하는가? 이것은 3단계에서 기호로 정의했어야 한다.

150 g의 야구공을 20 m/s의 속력으로 던진다. 타자가 이 공을 40 m/s의 속력으로 투수 쪽으로 쳐냈다. 방망이가 공에 작용하는 충격력의 모양이 **그림 9.10**에 있다. 방망이가 공에 작용하는 **최대 힘** F_{max}는 얼마인가? 방망이가 공에 작용하는 **평균 힘**은 얼마인가?

그림 9.10 야구공과 방망이 사이에 작용하는 힘

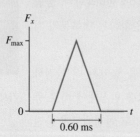

그림 9.11 전-후 개요도

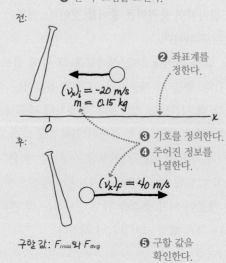

❶ 전-후 그림을 그린다.

전:

$(v_x)_i = -20$ m/s
$m = 0.15$ kg

❷ 좌표계를 정한다.

❸ 기호를 정의한다.

후:

❹ 주어진 정보를 나열한다.

$(v_x)_f = 40$ m/s

구할 값: F_{max}와 F_{avg}

❺ 구할 값을 확인한다.

준비 상호작용을 충돌로 모형화한다. 그림 9.11은 풀이 전략 9.1의 단계들을 구체적으로 적용한 전-후 개요도이다. F_x가 양수이므로 (오른쪽 방향의 힘) 야구공은 처음에 왼쪽으로 움직이다가 방망이에 맞아서 오른쪽으로 움직이는 것을 알 수 있다. 따라서 속력에 관한 서술을 속도에 관한 정보로 바꾼다. 이때 $(v_x)_i$는 음수이다.

풀이 앞의 장들에서 뉴턴의 제2법칙을 써서 해를 구하였다. 이제 충격량-운동량 정리를 쓸 것이다.

$$\Delta p_x = J_x = \text{힘 곡선 아래의 면적}$$

충돌 전과 후의 속도를 알고 있으므로 야구공의 운동량 변화를 구할 수 있다.

$$\Delta p_x = m(v_x)_f - m(v_x)_i = (0.15 \text{ kg})(40 \text{ m/s} - (-20 \text{ m/s}))$$
$$= 9.0 \text{ kg} \cdot \text{m/s}$$

힘 곡선은 삼각형으로써 높이는 F_{max}이고 폭은 0.60 ms이다. 예제 9.1처럼 곡선 아래 면적은

$$J_x = \text{면적} = \tfrac{1}{2} \times F_{max} \times (6.0 \times 10^{-4} \text{ s})$$
$$= (F_{max})(3.0 \times 10^{-4})$$

이다. 충격량-운동량 정리에서 $\Delta p_x = J_x$이고

$$9.0 \text{ kg} \cdot \text{m/s} = (F_{max})(3.0 \times 10^{-4} \text{ s})$$

이다. 따라서 최대 힘은

$$F_{max} = \frac{9.0 \text{ kg} \cdot \text{m/s}}{3.0 \times 10^{-4} \text{ s}} = 30,000 \text{ N}$$

이다. 식 (9.1)에서 평균 힘을 구할 수 있다. 이것은 충돌 지속 시간 $\Delta t = 6.0 \times 10^{-4}$ s에 따라 변하고 최댓값보다 작다.

$$F_{avg} = \frac{J_x}{\Delta t} = \frac{\Delta p_x}{\Delta t} = \frac{9.0 \text{ kg} \cdot \text{m/s}}{6.0 \times 10^{-4} \text{ s}} = 15,000 \text{ N}$$

검토 F_{max}는 큰 힘이지만 충돌 지속 시간 중에 작용하는 힘의 전형적인 값이다.

충격량 근사

예제 9.3의 방망이와 야구공의 경우처럼 두 물체가 충돌 중 상호작용을 할 때, 그들 사이에 작용하는 힘은 일반적으로 꽤 크다. 다른 힘도 물체에 작용할 수 있지만, 대개 이 힘은 두 물체 사이에 상호작용하는 힘보다 매우 작다. 예를 들면, 예제 9.3에서 야구공의 무게 1.5 N은 방망이가 야구공에 작용하는 힘 30,000 N에 비해 아주 작다. 충격력이 지속되는 짧은 시간 동안 이러한 작은 힘은 무시할 수 있다. 이것이 **충격량 근사**(impulse approximation)이다.

충격량 근사를 쓸 때 $(p_x)_i$와 $(p_x)_f$는 충돌 직전과 직후의 운동량이다[$(v_x)_i$와 $(v_x)_f$는 충돌 직전과 직후의 속도]. 예를 들면, 예제 9.3의 속도는 야구공이 방망이에 충

돌하기 직전과 직후의 야구공 속도이다. 그래서 무게와 끌림힘을 고려하여 1초가 지나 2루수가 야구공을 잡을 때 야구공의 속력을 구하는 후속 문제를 해결할 수 있다.

예제 9.4   **튀어 오르는 공의 높이**

딱딱한 마루를 향해 100 g의 고무공을 바로 아래로 던져서 부딪힐 때 속력이 11 m/s이다. **그림 9.12**는 바닥이 공에 작용하는 힘을 나타낸다. 공이 튀어 올랐을 때 그 높이를 추정하시오.

준비 공이 바닥과 접촉하는 동안 충격력이 작용한다. 충격량 근사를 사용하면 5.0 ms 동안 공의 무게를 무시한다. 튀어 오른 후에 공이 올라가는 운동은 자유 낙하 운동으로써 중력만 작용한다. 공이 튄 후의 운동을 기술하기 위해 자유 낙하 운동학을 쓸 것이다.

그림 9.13은 개요도이다. 문제를 충격량 충돌과 위로 향하는 자유 낙하의 두 부분으로 나눈다. 개요도에서 충돌 직전 공의 속도는 v_{1y}이고 충돌 직후 공의 속도는 v_{2y}이다. 올라가는 자유 낙하의

그림 9.12 바닥이 튀어 오르는 고무공에 작용하는 힘

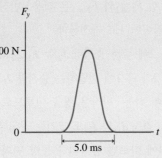

그림 9.13 튀어 오르는 공의 전–후 개요도

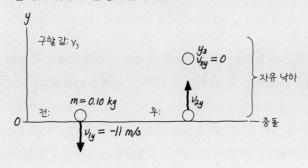

정점에서 공의 속도는 $v_{3y} = 0$이다.

풀이 충격량–운동량 정리에서 $J_y = \Delta p_y = p_{2y} - p_{1y}$이고, 따라서 $p_{2y} = p_{1y} + J_y$이다. 충돌 직전의 초기 운동량은 $p_{1y} = mv_{1y} = (0.10 \text{ kg})(-11 \text{ m/s}) = -1.1 \text{ kg·m/s}$이다.

다음에 충격량 J_y를 구해보자. 이것은 그림 9.12에서 곡선 아래의 면적이다. 힘이 연속된 곡선으로 주어지므로 이 면적을 추정해야 한다. 이 면적은 $F_{avg} \Delta t$로 쓸 수 있음을 떠올려라. 그림에서 F_{avg}를 약 400 N으로 추정하는데, 이것은 힘의 최댓값의 절반이다. 이 값을 쓰면

$$J_y = \text{힘 곡선 아래의 면적} \approx (400 \text{ N}) \times (0.0050 \text{ s})$$
$$= 2.0 \text{ N·s} = 2.0 \text{ kg·m/s}$$

이다. 곧,

$$p_{2y} = p_{1y} + J_y = (-1.1 \text{ kg·m/s}) + 2.0 \text{ kg·m/s}$$
$$= 0.9 \text{ kg·m/s}$$

이고 충돌 후의 속도는

$$v_{2y} = \frac{p_{2y}}{m} = \frac{0.9 \text{ kg·m/s}}{0.10 \text{ kg}} = 9 \text{ m/s}$$

이다. 튀어 오르는 속력은 예상했던 대로 부딪힐 때 속력보다 작다. 끝으로 자유 낙하 관계식을 쓰면

$$v_{3y}^2 = 0 = v_{2y}^2 - 2g \Delta y = v_{2y}^2 - 2gy_3$$
$$y_3 = \frac{v_{2y}^2}{2g} = \frac{(9 \text{ m/s})^2}{2(9.8 \text{ m/s}^2)} = 4 \text{ m}$$

이다. 공은 4 m 높이까지 튀어 오를 것이라고 추정한다.

검토 고무공을 아래로 세게 던질 때 이 높이는 합리적이다.

9.4 운동량 보존

충격량–운동량 정리는 뉴턴의 제2법칙에서 유도되었고 제2법칙을 다른 관점에서 보는 것이다. 이 정리는 1개 입자의 동역학과 연관되어 사용되었고 4장부터 7장까지에서 뉴턴의 법칙을 사용했던 것과 마찬가지이다.

이제 이번 장의 시작 부분에 있는 사진 속 숫양들처럼 두 물체가 짧은 충돌 시간 동안 상호작용하는 경우를 생각해보자. 충돌 중 두 물체는 복잡하게 변하는 힘을 서

로에게 작용한다. 보통 이 힘의 크기를 모른다. 뉴턴의 제2법칙만을 써서 이런 충돌의 결과를 예측하는 것은 힘든 일이다. 그러나 충격량과 운동량의 관점에서 뉴턴의 제3법칙을 이용하면 충돌 **결과**(충돌하는 물체의 나중 속력과 방향)를 간단하게 기술하는 것이 가능하다. 뉴턴의 제3법칙은 물리학에서 가장 중요한 보존 법칙의 하나를 이끌어낸다.

그림 9.14에서 두 공이 서로 마주보고 움직인다. 공들은 충돌하고 튀어나간다. 충돌 중 공에 상호작용하는 힘 $\vec{F}_{1 \text{ on } 2}$와 $\vec{F}_{2 \text{ on } 1}$은 작용 · 반작용 쌍을 이룬다. 이제 운동은 x축에 따라 1차원에서 일어난다고 가정한다.

충돌 중에 공 1이 공 2에 주는 충격량 J_{2x}는 $\vec{F}_{1 \text{ on } 2}$의 평균값에 충돌 시간 Δt를 곱한 것이다. 마찬가지로 공 2가 공 1에 전달하는 충격량 J_{1x}는 $\vec{F}_{2 \text{ on } 1}$의 평균값에 Δt를 곱한 것이다. $\vec{F}_{1 \text{ on } 2}$와 $\vec{F}_{2 \text{ on } 1}$이 작용 · 반작용 쌍을 이루므로 이 힘들의 크기는 같고 방향은 반대이다. 그 결과, 두 충격량 J_{1x}와 J_{2x}도 크기는 같고 부호는 반대이며 $J_{1x} = -J_{2x}$이다.

충격량–운동량 정리에 따르면 공 1의 운동량 변화는 $\Delta p_{1x} = J_{1x}$이고 공 2의 운동량 변화는 $\Delta p_{2x} = J_{2x}$이다. $J_{1x} = -J_{2x}$이므로 공 1의 운동량 변화는 공 2의 운동량 변화와 크기는 같고 부호는 반대가 된다. 공 1의 운동량이 충돌 중에 어떤 양만큼 증가하면 공 2의 운동량은 바로 그 양만큼 감소할 것이다. 이것은 두 공의 총 운동량 $P_x = p_{1x} + p_{2x}$가 충돌 중 변하지 않는다는 것을 뜻한다. 곧,

$$(P_x)_f = (P_x)_i \tag{9.12}$$

이다. 충돌 중에 변하지 않으므로 총 운동량의 x성분은 보존된다고 한다. 식 (9.12)는 보존 법칙의 첫 예이다.

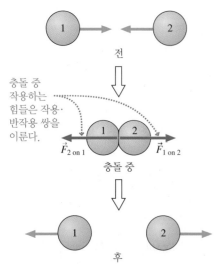

그림 9.14 두 공 사이의 충돌

전

충돌 중 작용하는 힘들은 작용 · 반작용 쌍을 이룬다.

$\vec{F}_{2 \text{ on } 1}$ $\vec{F}_{1 \text{ on } 2}$

충돌 중

후

운동량 보존 법칙

두 공이 충돌하는 경우에 쓰인 논의는 임의 개수의 물체로 이루어진 계로 확장할 수 있다. **그림 9.15**는 이 개념을 보여준다. 계(빨간색 선이 그 경계를 나타낸다) 안의 각 입자쌍은 작용 · 반작용 힘의 쌍으로 상호작용하고 있다. 두 입자의 충돌과 마찬가지로 입자 3이 작용하는 힘에 의한 입자 2의 운동량 변화는 입자 2에 의한 입자 3의 운동량 변화와 크기는 같고 방향은 반대이다. 따라서 상호작용하는 힘들에 의한 이 두 입자의 운동량의 **알짜** 변화는 0이다. 같은 논의를 모든 쌍에 적용하면 입자 사이의 힘이 얼마나 복잡한지에 상관없이 **계의 총 운동량 $\vec{P}$는 변하지 않는다.** 계의 총 운동량은 일정하게 보존된다.

그림 9.15에서 입자들은 오직 계 안에 있는 입자들과 상호작용한다. 계 안의 입자들 사이에서만 작용하는 힘을 **내부 힘**(internal force)이라고 한다. **내부 힘만 작용하는 계의 총 운동량은 보존된다.**

대부분의 계에는 계 바깥에서 기인하는 힘이 작용한다. 이 힘을 **외부 힘**(external force)이라고 한다. 예를 들어 스케이트보드를 탄 학생으로 이루어진 계에는 스케이트보드에 작용하는 땅의 수직 항력, 학생에 작용하는 중력, 그리고 스케이트보드에

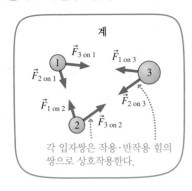

그림 9.15 세 입자로 된 계

계

$\vec{F}_{3 \text{ on } 1}$ $\vec{F}_{1 \text{ on } 3}$

$\vec{F}_{2 \text{ on } 1}$ 3

$\vec{F}_{1 \text{ on } 2}$ $\vec{F}_{2 \text{ on } 3}$

2   $\vec{F}_{3 \text{ on } 2}$

각 입자쌍은 작용 · 반작용 힘의 쌍으로 상호작용한다.

작용하는 중력의 3개 외부 힘이 작용한다. 외부 힘은 입자계의 운동량에 어떤 영향을 미치는가?

그림 9.16은 그림 9.15와 같은 세 입자로 된 계이지만 이제는 세 입자에 외부 힘이 작용하고 있는 경우를 나타낸다. 이 외부 힘들은 계의 운동량을 바꿀 수 있다. 예를 들면 시간 간격 Δt 동안 입자 1에 작용하는 외부 힘 $\vec{F}_{\text{ext on 1}}$은 충격량–운동량 정리에 따라 입자의 운동량을 $\Delta \vec{p}_1 = (\vec{F}_{\text{ext on 1}})\Delta t$만큼 변하게 한다. 다른 두 입자의 운동량도 마찬가지로 변한다. 따라서 총 운동량 변화는

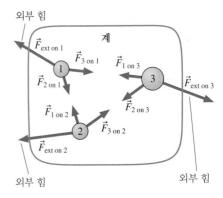

그림 9.16 외부 힘이 작용하는 입자계

$$\begin{aligned}
\Delta \vec{P} &= \Delta \vec{p}_1 + \Delta \vec{p}_2 + \Delta \vec{p}_3 \\
&= (\vec{F}_{\text{ext on 1}}\Delta t) + (\vec{F}_{\text{ext on 2}}\Delta t) + (\vec{F}_{\text{ext on 3}}\Delta t) \\
&= (\vec{F}_{\text{ext on 1}} + \vec{F}_{\text{ext on 2}} + \vec{F}_{\text{ext on 3}})\Delta t \\
&= \vec{F}_{\text{net}}\Delta t
\end{aligned} \tag{9.13}$$

이다. 여기에서 $\vec{F}_{\text{net}}$는 외부 힘들을 합한 **알짜 외부 힘**이다.

계에 작용하는 알짜 외부 힘이 0인 경우 식 (9.13)은 매우 중요한 의미를 갖는다. **$\vec{F}_{\text{net}} = \vec{0}$이면 계의 총 운동량 $\vec{P}$는 변하지 않는다.** 계의 내부에서 어떤 상호작용이 있든 상관없이 총 운동량은 상수가 된다.

앞에서 계에 외부 힘이 작용하지 않으면 계의 총 운동량은 보존된다고 하였다. 이제 계에 작용하는 알짜 외부 힘이 0인 경우에도 계의 총 운동량은 보존된다. 계의 운동량을 변화시킬 수 있는 외부 힘이 없을 때, $\vec{F}_{\text{net}} = \vec{0}$인 계를 **고립계**(isolated system)라고 한다.

이 결과는 매우 중요하므로 뉴턴의 법칙과 더불어 자연의 법칙이라고 할 수 있다.

> **운동량 보존 법칙** 고립계의 총 운동량 $\vec{P}$는 상수이다. 계 내부의 상호작용은 계의 총 운동량을 변하게 하지 않는다.

수학적으로 고립계의 운동량 보존 법칙은

$$\vec{P}_{\text{f}} = \vec{P}_{\text{i}} \tag{9.14}$$

고립계의 운동량 보존 법칙

이다. **상호작용 후의 총 운동량은 상호작용 전의 총 운동량과 같다.** 식 (9.14)는 벡터 방정식이므로 운동량 벡터의 각 성분에 대해 등호가 성립한다.

$$
x성분 \dashrightarrow \overbrace{(p_{1x})_{\text{f}} + (p_{2x})_{\text{f}} + (p_{3x})_{\text{f}} + \cdots}^{\text{나중 운동량}} = \overbrace{(p_{1x})_{\text{i}} + (p_{2x})_{\text{i}} + (p_{3x})_{\text{i}} + \cdots}^{\text{초기 운동량}}
$$

입자 1 입자 2 입자 3

$$\tag{9.15}$$

$$
y성분 \dashrightarrow (p_{1y})_{\text{f}} + (p_{2y})_{\text{f}} + (p_{3y})_{\text{f}} + \cdots = (p_{1y})_{\text{i}} + (p_{2y})_{\text{i}} + (p_{3y})_{\text{i}} + \cdots
$$

예제 9.5 **서로 미는 스케이터의 속력**

두 명의 스케이터 산드라와 데이비드가 마찰이 없는 얼음판 위에서 서로 마주 보고 서 있다. 산드라의 질량은 45 kg이고 데이비드의 질량은 80 kg이다. 그들은 서로를 밀어낸다. 그 후 산드라는 2.2 m/s의 속력으로 움직인다. 데이비드의 속력은 얼마인가?

준비 두 스케이터는 서로 상호작용을 하지만 고립계를 이룬다. 그 이유는 각 스케이터에 얼음에 의한 수직 항력과 아래 방향의 중력이 작용하여 서로 균형을 맞추어서 $\vec{F}_{net} = \vec{0}$이기 때문이다. 따라서 두 스케이터로 이루어진 계의 총 운동량은 보존된다.

그림 9.17은 두 스케이터의 전-후 개요도이다. 밀기 전에 둘은 정지해 있었으므로 총 운동량 $\vec{P}_i = \vec{0}$이다. 따라서 밀어낸 후 총 운동량도 $\vec{0}$일 것이다.

그림 9.17 두 스케이터가 서로 밀어낼 때 진-후 개요도

풀이 운동이 x방향에서만 일어나므로 운동량의 x성분만 따질 것이다. 산드라의 초기 운동량은 $(p_{Sx})_i = m_S(v_{Sx})_i$이다. 여기에서 m_S는 그녀의 질량이고 $(v_{Sx})_i$는 초기 속도이다. 마찬가지로 데이비드의 초기 운동량은 $(p_{Dx})_i = m_D(v_{Dx})_i$이다. 두 사람이 처음에 정지해 있었으므로 이 두 운동량은 0이다.

운동량 보존에 관한 수학적 표현인 식 (9.15)를 적용한다. 산드라의 나중 운동량을 $m_S(v_{Sx})_f$, 데이비드의 나중 운동량을 $m_D(v_{Dx})_f$로 쓰면

$$\underbrace{m_S(v_{Sx})_f + m_D(v_{Dx})_f}_{\text{두 스케이터의 나중 운동량은}\cdots} = \underbrace{m_S(v_{Sx})_i + m_D(v_{Dx})_i}_{\cdots\text{그들의 초기 운동량과 같고}\cdots} = \underbrace{0}_{\cdots 0\text{이다.}}$$

이나. $(v_{Dx})_f$에 관해 풀면

$$(v_{Dx})_f = -\frac{m_S}{m_D}(v_{Sx})_f = -\frac{45\text{ kg}}{80\text{ kg}} \times 2.2\text{ m/s} = -1.2\text{ m/s}$$

이다. 데이비드는 1.2 m/s 속력으로 뒤로 움직인다.

데이비드의 나중 속력을 구하기 위해 데이비드와 산드라 사이에 작용하는 힘의 세부적 내용을 알 필요가 없었다는 점에 주목하라. 운동량 보존은 이런 결과를 요구한다.

검토 산드라의 질량이 데이비드보다 작으므로 산드라가 더 큰 나중 속력을 갖는다는 것은 타당해 보인다.

문제 풀이 전략 9.1 운동량 보존 문제

운동량 보존 법칙을 사용하여 충돌 전후 물체의 운동량과 속도의 관계를 구할 수 있다.

준비 계를 분명히 정의한다.

- 가능하면 고립계($\vec{F}_{net} = \vec{0}$)를 고르거나, 상호작용이 충분히 짧고 강해서 그 작용 시간 동안 외부 힘을 무시할 수 있는 계를 고른다(충격량 근사). 운동량은 보존된다.
- 고립계가 가능하지 않으면 운동의 한 구간 동안 운동량이 보존되도록 문제를 여러 부분으로 나눈다. 다른 부분들은 뉴턴의 법칙이나 10장에서 배울 에너지 보존을 써서 분석한다.

풀이 전략 9.1을 따라 전-후 개요도를 그린다. 문제에서 사용되는 기호를 정의하고 주어진 값을 나열한다. 그리고 구하고자 하는 변수를 확인한다.

풀이 수학적 표현은 식 (9.15)의 운동량 보존 법칙에 기초하고 있다. 일반적으로 물체의 속도를 구하여야 하므로 식 (9.15)와 등가인 다음과 같은 식을 사용한다.

$$m_1(v_{1x})_f + m_2(v_{2x})_f + \cdots = m_1(v_{1x})_i + m_2(v_{2x})_i + \cdots$$
$$m_1(v_{1y})_f + m_2(v_{2y})_f + \cdots = m_1(v_{1y})_i + m_2(v_{2y})_i + \cdots$$

검토 얻은 결과가 올바른 단위를 갖는지, 합리적인지, 그리고 질문에 답을 하고 있는지를 확인한다.

예제 9.6 **카트를 타고 도망가는 속도**

벤이 경찰에 쫓기다가 자기 앞에 정지해 있는 카트에 올라타면 더 빠르게 도망갈 수 있다고 생각했다. 그는 카트로 뛰어가서 올라타고 평평한 도로를 달려간다. 벤의 질량은 75 kg, 카트의 질량은 25 kg이다. 카트에 올라탈 때 벤의 속력이 4.0 m/s였다면 벤이 올라탔을 때 카트의 속력은 얼마인가?

준비 벤이 카트에 타서 카트에 붙어있을 때 벤과 카트 사이에는 '충돌'이 일어난 것이다. 벤과 카트가 계를 이룬다고 하자. 이 충돌에 나오는 힘은 벤의 발과 카트 사이의 마찰력이라 할 수 있는데, 이것은 내부 힘이다. 벤과 카트의 무게는 수직 항력으로 맞서므로 계에 작용하는 알짜 외부 힘은 0이다. 따라서 벤과 카트의 총 운동량은 보존된다. 즉, 충돌 전과 후에 같은 값을 갖는다.

그림 9.18의 개요도에서 벤이 카트에 올라타고 나서 벤은 카트와 같이 움직이므로 그들의 나중 속도는 $(v_x)_f$로 서로 같다.

풀이 벤과 카트의 나중 속도를 구하기 위해 운동량 보존을 사용한다. $(P_x)_f = (P_x)_i$. 개별 운동량으로 나타내면

$$(P_x)_i = m_B(v_{Bx})_i + m_C\underset{0 \text{ m/s}}{(v_{Cx})_i} = m_B(v_{Bx})_i$$

$$(P_x)_f = m_B(v_x)_f + m_C(v_x)_f = (m_B + m_C)(v_x)_f$$

이다. 둘째 식에서 벤과 카트가 같은 속도 $(v_x)_f$를 갖는다는 사실

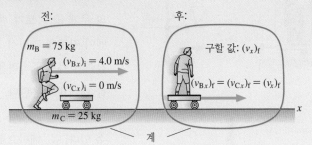

그림 9.18 벤과 카트의 전-후 개요도

을 사용하였다. 나중 총 운동량과 초기 총 운동량을 같다고 하면

$$(m_B + m_C)(v_x)_f = m_B(v_{Bx})_i$$

이다. $(v_x)_f$에 대해 풀면

$$(v_x)_f = \frac{m_B}{m_B + m_C}(v_{Bx})_i = \frac{75 \text{ kg}}{100 \text{ kg}} \times 4.0 \text{ m/s} = 3.0 \text{ m/s}$$

이다. 벤이 올라탄 직후 카트의 속력은 3.0 m/s이다.

검토 벤의 속력은 감소했는데, 이것은 그의 초기 운동량을 카트와 나누었기 때문이다. 도망치는 데 좋은 방법은 아니다!

이것이 얼마나 쉬운지 주목하라. 힘도 없고 운동 방정식이나 연립 방정식도 없다. 이것을 전에는 왜 생각하지 못했을까? 비록 보존 법칙은 강력하지만 이 법칙은 제한된 질문에 대해서만 답할 수 있다. 벤이 카트 위에서 얼마만큼의 거리를 미끄러져서 정지하는지, 이 미끄러짐에 걸리는 시간, 충돌 중 카트의 가속도 등을 알고자 했다면 이런 질문들의 답은 보존 법칙에 기반해서는 답할 수는 없을 것이다. 전과 후의 간단한 관계를 구하는 것에는 상호작용의 세부 정보의 손실이라는 대가가 따른다. 전과 후의 상황만 알아도 되면 보존 법칙은 간단하고 직접적인 방법이다. 그러나 많은 문제에서 상호작용을 이해하는 것이 필요하고, 이를 위해서 뉴턴의 법칙과 이 법칙과 연관된 모든 것이 필연적이다.

계에 따라서 변한다

문제 풀이 전략의 첫 단계는 **계**를 분명히 정의하는 것이다. 이는 강조할 필요가 있는데, 문제를 풀 때 생기는 많은 실수는 운동량 보존을 부적당한 계에 적용하였기 때문이다. **목표는 운동량이 보존되는 계를 선택하는 것이다.** 그리고 보존되는 것은 계 안에 있는 개별 입자의 운동량이 아니라 계의 **총** 운동량이다.

예제 9.6에서 계는 벤과 카트이다. 왜 이런 선택을 했는가? **그림 9.19**처럼 계로써 벤만 택했을 때 어떤 일이 생기는지 알아보자. 벤이 카트에 올라탔을 때 자유 물체 도형에서 보는 것처럼 그에게는 세 가지 힘, 즉 카트가 벤에 작용하는 수직 항력 $\vec{n}$, 벤의 무게 $\vec{w}$, 카트가 벤에 작용하는 마찰력 $\vec{f}_{ConB}$가 작용한다. 마지막 힘을 설명하면, 벤이 카트에 타면서 그의 발이 오른쪽 방향의 마찰력 $\vec{f}_{BonC}$를 카트에 작용한다. 이 마찰력이 카트의 속력을 증가시킨다. 뉴턴의 제3법칙에서 카트는 왼쪽 방향의 힘 $\vec{f}_{ConB}$를 벤에게 작용한다.

그림 9.19의 자유 물체 도형에서 벤에게 작용하는 알짜힘은 왼쪽 방향인 것을 알 수 있다. 곧, 벤만으로 이루어진 계는 고립되지 않았고 벤의 운동량은 보존되지 않을 것이다. 사실 카트에 올라타면서 벤은 느려지고 그의 운동량은 분명히 감소한다.

카트를 계로 택하면 벤이 카트에 작용하는 오른쪽 힘 $\vec{f}_{BonC}$ 때문에 알짜힘은 0이 아니다. 따라서 카트의 운동량은 보존되지 않을 것이다. 사실 카트의 속력이 증가하므로 카트의 운동량은 증가한다.

벤과 카트를 함께 계로 선택할 때만 계에 작용하는 알짜힘은 0이 되고 총 운동량이 보존된다. 벤이 잃은 운동량은 카트가 얻고, 따라서 둘의 총 운동량은 변하지 않는다.

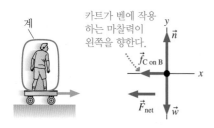

그림 9.19 벤만으로 이루어진 계의 분석

계

카트가 벤에 작용하는 마찰력이 왼쪽을 향한다.

$\vec{n}$
$\vec{f}_{ConB}$
x
$\vec{F}_{net}$ $\vec{w}$

폭발

영상 학습 데모

폭발(explosion)은 짧고 강한 상호작용 후에 계의 입자들이 흩어지는 것으로써 충돌과 반대이다. 늘어나는 용수철이나 뜨거운 기체의 팽창 등에서 나오는 폭발력은 내부 힘이다. 고립계라면 폭발 시 총 운동량은 보존될 것이다.

예제 9.7 **소총의 반동 속력**

30 g의 총알(ball)이 1.2 kg의 용수철로 작동하는 장난감 소총(rifle)에서 15 m/s 속력으로 발사되었다. 소총의 반동 속력은 얼마인가?

준비 총알이 총신을 따라 움직이면서 총알과 소총에는 복잡한 힘이 작용한다. 그러나 총알과 소총을 한 계로 택하면 이 힘들은 내부 힘이고 총 운동량은 변하지 않는다.

외부 힘은 소총과 총알의 무게인데, 소총을 잡고 있는 사람이 작용하는 외부 힘과 서로 맞서므로 $\vec{F}_{net} = \vec{0}$이다. 이것은 고립계이고 운동량 보존 법칙이 성립한다.

그림 9.20은 총알의 발사 전-후 개요도이다. 총알은 $+x$방향으로 발사된다고 가정한다.

풀이 총 운동량의 x성분은 $P_x = p_{Bx} + p_{Rx}$이다. 방아쇠를 당기기 전에는 모든 것이 정지해 있으므로 초기 운동량은 0이다. 방아쇠를 당긴 후 용수철 내부 힘이 총알을 총신으로 밀어내고 소총은

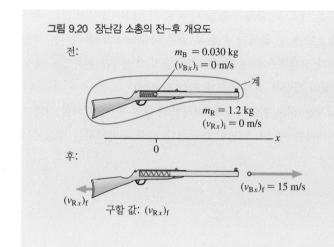

그림 9.20 장난감 소총의 전-후 개요도

전:

$m_B = 0.030$ kg
$(v_{Bx})_i = 0$ m/s

계

$m_R = 1.2$ kg
$(v_{Rx})_i = 0$ m/s

0　　　x

후:

$(v_{Rx})_f$

$(v_{Bx})_f = 15$ m/s

구할 값: $(v_{Rx})_f$

뒤쪽으로 밀린다. 운동량 보존에서

$$(P_x)_f = m_B(v_{Bx})_f + m_R(v_{Rx})_f = (P_x)_i = 0$$

이다. 소총의 속도를 구하면

$$(v_{Rx})_f = -\frac{m_B}{m_R}(v_{Bx})_f = -\frac{0.030 \text{ kg}}{1.2 \text{ kg}} \times 15 \text{ m/s} = -0.38 \text{ m/s}$$

이다. 음(−)의 부호는 소총의 반동이 왼쪽으로 향하는 것을 뜻한다. 반동 속력은 0.38 m/s이다.

검토 실제 소총은 매우 빠른 속도로 총알을 발사하고, 그에 따라 반동도 크다. 사격을 하는 사람은 어깨가 소총의 반동에 견디도록 대비해야 한다.

이런 문제를 뉴턴의 법칙으로 풀기는 어렵다. 그러나 보존 법칙의 전후 관점에서 접근하면 예제 9.7은 단순한 문제이다. 총알과 소총을 '계'로 택하는 것이 중요하다. 운동량 보존이 유용한 원리가 되기 위해서는 용수철 힘이나 마찰력 등의 복잡한 힘이 내부 힘이 되도록 계를 선택해야만 한다. 소총 그 자체는 고립계가 아니고 그 운동량은 보존되지 않는다.

로켓이나 제트기가 가속되는 것을 설명하는 것도 같은 논리이다. **그림 9.21**에서 로켓이 연료를 싣고 있다. 로켓 모터에서 연료를 연소시켜 뜨거운 분사가스로 바꾸어서 바깥으로 배출한다. 로켓과 분사가스를 계로 정하면 연소와 배출은 내부 힘이 된다. 먼 우주 공간에서 다른 힘은 작용하지 않는다. 따라서 로켓과 분사가스 계의 총 운동량은 보존되어야 한다. 분사가스가 뒤로 나감에 따라 로켓은 앞 방향의 속도와 운동량을 얻게 된다. 그러나 계의 **총** 운동량은 0으로 유지된다.

많은 사람들이 로켓이 진공에서 가속할 수 있다는 것을 이해하지 못한다. '밀어내고 나아갈' 대상이 없기 때문이다. 운동량의 관점에서 로켓은 외부의 어떤 것을 민다기보다 로켓이 뒤로 배출한 분사가스를 미는 것이라 생각할 수 있다. 그리고 뉴턴의 제3법칙에 따라 분사가스는 로켓을 앞으로 밀어낸다.

9.5 비탄성 충돌

충돌에는 여러 형태가 있다. 고무공을 바닥에 떨어뜨리면 튀어 오르지만(탄성 충돌) 진흙공은 튀어 오르지 않고 바닥에 붙는다. 이런 충돌을 비탄성 충돌이라고 한다. 골프채로 골프공을 치면 공이 채에서 멀리 날아가지만(탄성 충돌) 나무 벽돌을 향해 총을 쏘면 총알은 나무 벽돌에 박힌다(비탄성 충돌).

두 물체가 붙어서 같은 나중 속도를 갖는 충돌을 **완전 비탄성 충돌**(perfectly inelastic collision)이라 한다. 바닥에 붙는 진흙이나 나무 벽돌에 박히는 총알은 완전

그림 9.21 로켓 추진은 운동량 보존의 한 예이다.

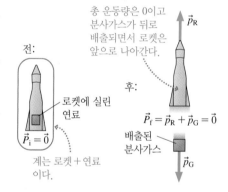

총 운동량은 0이고 분사가스가 뒤로 배출되면서 로켓은 앞으로 나아간다.

$\vec{p}_R$

전:

로켓에 실린 연료

후:

$\vec{P}_f = \vec{p}_R + \vec{p}_G = \vec{0}$

배출된 분사가스

$\vec{p}_G$

$\vec{P}_i = \vec{0}$

계는 로켓＋연료 이다.

오징어의 추진력 BIO 오징어는 적을 피하거나 먹이를 잡기 위해 빨리 움직일 때 '로켓 추진' 방법을 사용한다. 오징어는 껍질에 있는 한 쌍의 밸브를 통해 물을 흡입하여 깔때기 모양의 기관을 통해 물을 빨리 배출하면서 뒤로 나아간다.

그림 9.22 완전 비탄성 충돌

두 물체가 접근해서 충돌한다.

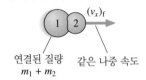

붙어서 같이 움직인다.

후:

연결된 질량 $m_1 + m_2$ 같은 나중 속도

비탄성 충돌의 예이다. 다른 예로 두 화차가 충돌 시 서로 연결되는 경우와 다트 판에 박히는 다트가 있다. **그림 9.22**는 두 물체가 충돌 후 같은 나중 속도로 움직이는 것을 보여준다(서로 붙은 물체가 오른쪽으로 움직이는 경우를 나타냈지만 왼쪽으로 움직일 수도 있다. 이것은 물체의 질량과 초기 속도에 따라 다르다).

다른 충돌에서는 두 물체는 서로 튀어나간다. 이러한 충돌의 몇 가지 예를 살펴보았지만 완전한 분석을 위해서는 에너지 개념이 필요하다. 충돌과 에너지는 10장에서 다시 다룰 것이다.

예제 9.8 완전 비탄성 충돌 하는 화차

여러 개의 화차를 연결하는 데 있어서 질량이 각각 2.0×10^4 kg 과 4.0×10^4 kg인 두 화차가 서로를 향하여 굴러가고 있다. 그들이 만나면 결합하여 하나가 된다. 초기 속력이 1.5 m/s인 가벼운 화차가 충돌한 후 속력이 반대방향으로 0.25 m/s가 되었다. 무거운 화차의 초기 속력은 얼마인가?

준비 화차를 입자로 보는 모형을 택하고 두 화차를 계로 정한다. 이것은 고립계이고, 따라서 충돌 시 총 운동량은 보존된다. 화차들은 서로 붙게 되므로 이는 완전 비탄성 충돌이다.

그림 9.23 충돌하는 두 화차의 충돌 전-후 개요도

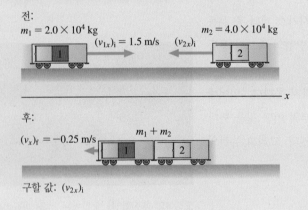

전:
$m_1 = 2.0 \times 10^4$ kg $m_2 = 4.0 \times 10^4$ kg

$(v_{1x})_i = 1.5$ m/s $(v_{2x})_i$

후:
$(v_x)_f = -0.25$ m/s $m_1 + m_2$

구할 값: $(v_{2x})_i$

그림 9.23은 전-후 개요도이다. 2.0×10^4 kg의 화차(화차 1)가 오른쪽으로 움직인다. 따라서 $(v_{1x})_i$는 양수이고 1.5 m/s이다. 화차들은 충돌 후 왼쪽으로 움직인다. 따라서 나중 속도는 $(v_x)_f = -0.25$ m/s로 서로 같다. $(v_{2x})_i$는 반드시 음수이어야 한다.

풀이 운동량 보존 법칙 $(P_x)_f = (P_x)_i$는

$$(m_1 + m_2)(v_x)_f = m_1(v_{1x})_i + m_2(v_{2x})_i$$

이다. 여기에서 연결된 질량 $m_1 + m_2$가 충돌 후 같이 움직인다는 사실을 사용하였다. 질량이 4.0×10^4 kg인 화차의 초기 속도는 쉽게 구할 수 있다.

$$
\begin{aligned}
(v_{2x})_i &= \frac{(m_1 + m_2)(v_x)_f - m_1(v_{1x})_i}{m_2} \\
&= \frac{(6.0 \times 10^4 \text{ kg})(-0.25 \text{ m/s}) - (2.0 \times 10^4 \text{ kg})(1.5 \text{ m/s})}{4.0 \times 10^4 \text{ kg}} \\
&= -1.1 \text{ m/s}
\end{aligned}
$$

예상했던 대로 음(−)의 부호는 무거운 화차가 왼쪽으로 움직이는 것을 뜻한다. 문제에서 요구한 화차의 초기 속력은 1.1 m/s이다.

검토 완전 비탄성 충돌 문제를 푸는 데 중요한 점은 두 물체가 충돌 후 같은 속도를 갖는다는 것이다. 이 속도에 대해 하나의 기호 $(v_x)_f$만 있으면 된다.

9.6 2차원에서의 운동량과 충돌

지금까지의 예제들은 1차원 축을 따라 움직이는 운동으로 제한하였다. 운동량이 보존되는 실제적인 예의 대부분은 평면에서의 운동이다. 총 운동량 $\vec{P}$는 개별 입자들의 운동량 $\vec{p} = m\vec{v}$의 벡터합이다. 따라서 식 (9.15)처럼 $\vec{P}$의 성분이 각각 보존되는 경우에만 운동량이 보존된다.

$$(p_{1x})_f + (p_{2x})_f + (p_{3x})_f + \cdots = (p_{1x})_i + (p_{2x})_i + (p_{3x})_i + \cdots$$

$$(p_{1y})_f + (p_{2y})_f + (p_{3y})_f + \cdots = (p_{1y})_i + (p_{2y})_i + (p_{3y})_i + \cdots$$

문제 풀이 전략 9.1은 2차원에서의 운동량 보존 법칙에도 적용된다.

▶ 충돌과 폭발은 대게 2차원 운동이다.

예제 9.9 송골매의 급습 분석하기 BIO

송골매는 같이 날고 있는 먹잇감을 위에서 잡아챈다. 매가 수평으로 9.0 m/s로 날고 있는 비둘기를 뒤에서 45° 각도로 18 m/s의 속력으로 덮친다. 매의 질량은 0.80 kg이고 비둘기의 질량은 0.36 kg이다. 비둘기를 덮친 직후 매와 비둘기의 속력과 방향은 어떻게 되는가?

준비 매가 비둘기를 잡은 후 같은 속도로 움직이므로 이것은 완전 비탄성 충돌이다. 매와 비둘기 계의 총 운동량은 보존된다. 2차원 충돌에서 충돌 전 총 운동량의 x성분은 충돌 후 총 운동량의 x성분과 같아야 한다. y성분도 마찬가지이다. **그림 9.24**는 전–후 개요도이다.

풀이 비둘기를 잡기 전 운동량의 x와 y성분을 구한다. x성분은

초기 운동량의 x성분   (매와 비둘기는 왼쪽을 향하므로 속도의 x성분은 둘 다 음이다.)

$$(P_x)_i = \underbrace{m_F(v_{Fx})_i}_{\substack{\text{매의 초기 운동량의}\\ x\text{성분}\cdots}} + \underbrace{m_P(v_{Px})_i}_{\substack{\cdots\text{더하기 비둘기의 초기}\\ \text{운동량의 }x\text{성분}}} = m_F(-v_F \cos\theta) + m_P(-v_P)$$

$$= (0.80 \text{ kg})(-18 \text{ m/s})(\cos 45°) + (0.36 \text{ kg})(-9.0 \text{ m/s})$$
$$= -13.4 \text{ kg·m/s}$$

이다. 마찬가지로 초기 운동량의 y성분은

$$(P_y)_i = m_F(v_{Fy})_i + m_P(v_{Py})_i = m_F(-v_F \sin\theta) + 0$$
$$= (0.80 \text{ kg})(-18.0 \text{ m/s})(\sin 45°) = -10.2 \text{ kg·m/s}$$

이다. 매가 비둘기를 잡은 후 두 새는 같은 속도 $\vec{v}$로 움직이는데, 방향은 수평에서 각도 α로 아래를 향한다. 나중 운동량의 x성분은

$$(P_x)_f = (m_F + m_P)(v_x)_f$$

이다. 운동량 보존에서 $(P_x)_f = (P_x)_i$이고, 따라서

$$(v_x)_f = \frac{(P_x)_i}{m_F + m_P} = \frac{-13.4 \text{ kg·m/s}}{(0.80 \text{ kg}) + (0.36 \text{ kg})} = -11.6 \text{ m/s}$$

이다. 마찬가지로 $(P_y)_f = (P_y)_i$이고

그림 9.24 비둘기를 잡는 매의 전–후 개요도

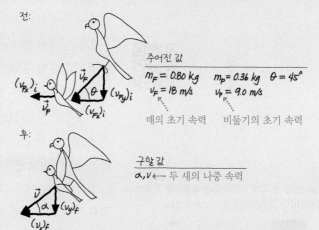

전:

주어진 값
$m_F = 0.80 \text{ kg}$ $m_P = 0.36 \text{ kg}$ $\theta = 45°$
$v_F = 18 \text{ m/s}$ $v_P = 9.0 \text{ m/s}$
매의 초기 속력   비둘기의 초기 속력

후:

구할 값
α, v ···· 두 새의 나중 속력

$$(v_y)_f = \frac{(P_y)_i}{m_F + m_P} = \frac{-10.2 \text{ kg·m/s}}{(0.80 \text{ kg}) + (0.36 \text{ kg})} = -8.79 \text{ m/s}$$

이다. 그림에서 $\tan\alpha = (v_y)_f/(v_x)_f$이고

$$\alpha = \tan^{-1}\left(\frac{(v_y)_f}{(v_x)_f}\right) = \tan^{-1}\left(\frac{-8.79 \text{ m/s}}{-11.6 \text{ m/s}}\right) = 37°$$

이다. 나중 속도의 크기(속력)는 피타고라스 정리에서 구할 수 있다.

$$v = \sqrt{(v_x)_f^2 + (v_y)_f^2}$$
$$= \sqrt{(-11.6 \text{ m/s})^2 + (-8.79 \text{ m/s})^2} = 15 \text{ m/s}$$

따라서 비둘기를 잡은 직후 매는 비둘기와 함께 수평 아래 37° 방향으로 15 m/s 속력으로 움직인다.

검토 매가 더 천천히 나는 비둘기를 잡아 챈 후 속력이 느려지는 것은 그럴 듯하다. 그리고 나중 각도는 매의 초기 각도보다 더 수평에 가깝다. 이것도 그럴듯한데, 이는 비둘기가 처음에 수평으로 날았으므로 총 운동량 벡터는 매의 초기 운동량의 방향보다 더 수평을 향하기 때문이다.

그림 9.25 매가 덮칠 때 운동량 벡터

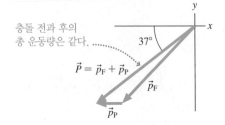

충돌 전과 후의
총 운동량은 같다. ⋯⋯

$$\vec{P} = \vec{p}_F + \vec{p}_P$$

이 충돌을 운동량 벡터의 그림으로 살펴보자. 충돌 전 벡터는 $\vec{p}_F$와 $\vec{p}_P$이고 그 합 $\vec{P} = \vec{p}_F + \vec{p}_P$가 그림 9.25에 나와 있다. 총 운동량 벡터는 음(−)의 x축과 37°의 각도를 이룬다. 충돌에서 개별 운동량은 변하지만 **총 운동량**은 변하지 않는다.

9.7 각운동량

한 입자의 경우에 운동량 보존 법칙을 뉴턴의 제1법칙을 서술하는 다른 방법이라 생각할 수 있다. 입자에 알짜힘이 작용하지 않으면, 직선으로 일정한 속도로 움직인다고 말하는 대신 고립된 입자의 운동량이 보존된다고 말할 수 있다. 두 관점은 무언가가 입자에 작용해서 그 운동을 변화시키지 않는 한, 입자는 직선 위에서 '계속' 움직인다는 것을 나타낸다.

운동 중에서 또 다른 중요한 운동이 원운동이다. 원운동을 하는 입자의 경우 운동량 $\vec{p}$는 보존되지 않는다. 운동량은 벡터이고 원운동을 하는 입자는 운동 방향이 변하기 때문에 운동량은 변한다.

수업 영상

그렇지만 회전하는 자전거 바퀴는 마찰이 없으면 계속 회전하고, 줄의 끝에 매달려 원운동을 하는 공은 '계속' 원운동을 할 것이다. 원운동에 관한 이런 생각을 표현하는 양이 각운동량이다.

그림 9.26 소녀가 회전목마에 돌림힘을 작용하여 회전목마의 각운동량을 증가시키고 있다.

일상생활의 예로 **그림 9.26**처럼 회전목마를 미는 경우를 살펴보자. 가장자리에서 접선 방향으로 밀면 회전목마에 **돌림힘**을 작용하는 것이다. ◀7.5절에서 배운 것처럼 이 돌림힘을 가하는 한, 회전목마의 각속력은 증가할 것이다. 더 세게 밀거나(큰 돌림힘) 더 **오랫동안** 밀면 회전목마의 각속도는 증가할 것이다. 이런 관찰을 어떻게 정량화시킬 것인가?

회전목마에 일정한 돌림힘 τ_{net}를 Δt시간 동안 가한다고 하자. 회전목마의 각속력은 얼마나 증가하는가? 7.5절에서 각가속도 α는 회전 운동에서 뉴턴의 제2법칙에 해당하는

$$\alpha = \frac{\tau_{net}}{I} \tag{9.16}$$

으로 주어진다. 여기서 I는 회전목마의 관성 모멘트이다.

각가속도는 각속도의 변화율이다.

$$\alpha = \frac{\Delta \omega}{\Delta t} \tag{9.17}$$

식 (9.16)과 (9.17)을 같다고 놓으면

$$\frac{\Delta \omega}{\Delta t} = \frac{\tau_{net}}{I}$$

이다. 정리하면

$$\tau_{\text{net}}\,\Delta t = I\,\Delta\omega \qquad\qquad (9.18)$$

가 된다.

직선 운동에서 충격량−운동량 정리를 상기하면

$$\vec{F}_{\text{net}}\,\Delta t = m\,\Delta\vec{v} = \Delta\vec{p} \qquad\qquad (9.19)$$

이다. 식 (9.18)이 회전 운동에서 이 정리에 해당한다는 것을 알 수 있다. 회전에서 $I\omega$ 는 $m\vec{v}$에 해당하고, 이것은 선운동량 $\vec{p}$이다. 따라서 **각운동량**(angular momentum) L 을 다음으로 정의하는 것은 합리적이다.

$$L = I\omega \qquad\qquad (9.20)$$

관성 모멘트가 I인 물체가 각속도 ω로 회전할 때 물체의 각운동량

각운동량의 SI 단위는 관성 모멘트와 각속도의 단위들을 곱한 것으로 kg·m^2/s이다.

직선 운동을 하는 물체가 질량이 크거나 큰 속력을 가질 때 큰 운동량을 갖는 것 처럼 회전하는 물체는 관성 모멘트가 크거나 큰 각속도를 가질 때 큰 각운동량을 갖는다. 그림 9.26의 회전목마는 회전이 빠를 때가 느릴 때보다 더 큰 각운동량을 갖는다. 그리고 회전목마(큰 I)가 같은 각속도로 운동하는 장난감 팽이(작은 I)보다 아주 큰 각운동량을 갖는다.

표 9.2에 7장에서 배운 직선 운동과 회전 운동의 유사한 물리량을 대비시켰고 선운동량과 각운동량의 유사성을 추가하였다.

표 9.2 회전 동역학과 선형 동역학

회전 동역학	선형 동역학
돌림힘 τ_{net}	힘 $\vec{F}_{\text{net}}$
관성 모멘트 I	질량 m
각속도 ω	속도 $\vec{v}$
각운동량 $L = I\omega$	선운동량 $\vec{p} = m\vec{v}$

각운동량 보존

각운동량을 정의하였고 식 (9.18)을

$$\tau_{\text{net}}\,\Delta t = \Delta L \qquad\qquad (9.21)$$

로 쓸 수 있는데, 이는 선형 동역학의 유사한 표현인 식 (9.19)에 대응된다. 이 식은 물체의 각운동량 변화가 물체에 작용하는 돌림힘에 비례한다는 것이다. 물체에 작용하는 알짜 외부 돌림힘이 0이면 각운동량 변화는 0이다. 즉, 회전하는 물체는 외부 돌림힘이 작용하지 않으면 일정한 각운동량으로 '계속' 회전한다는 것이다. 이 결론을 각운동량 보존 법칙이라 한다.

영상 학습 데모   영상 학습 데모

각운동량 보존 법칙 회전하는 물체에 알짜 외부 돌림힘이 작용하지 않으면($\tau_{\text{net}} = 0$) 물체의 각운동량은 상수이다. 나중 각운동량 L_{f}는 초기 각운동량 L_{i}와 같다.

하나 이상의 여러 개의 입자로 구성된 계에 대해서 다루는 경우도 있다. 이 경우 **총 각운동량**을 계 안에 있는 입자들의 각운동량의 합으로 정의한다. 계에 알짜 외부 돌림힘이 작용하지 않는 경우 각운동량 보존 법칙은 다음과 같이 쓸 수 있다.

$$\overbrace{(I_1)_f(\omega_1)_f} + \underbrace{(I_2)_f(\omega_2)_f} + \cdots = \overbrace{(I_1)_i(\omega_1)_i} + \underbrace{(I_2)_i(\omega_2)_i} + \cdots \qquad (9.22)$$

1번 입자의 나중(f)과 초기(i) 관성 모멘트와 각속도

2번 입자의 나중(f)과 초기(i) 관성 모멘트와 각속도

물체의 관성 모멘트는 질량뿐만 아니라 질량이 어떻게 분포되어 있는지에도 의존함을 기억하라. 예를 들어 회전목마를 탄 사람이 중심으로 갈수록 관성 모멘트는 감소한다. 식 (9.22)에서 나중과 초기의 관성 모멘트가 다를 가능성이 있다.

예제 9.10   **회전목마의 주기**

조이의 질량은 36 kg인데 2.5 s에 한 번 두는 200 kg짜리 회전목마의 중심에 서 있다. 회전목마가 도는 동안 조이는 중심에서 2.0 m 떨어진 가장자리를 향해 걷는다. 조이가 가장자리에 도착했을 때 회전목마의 회전 주기는 얼마인가?

준비 조이와 회전목마를 계로 택하고 베어링은 마찰이 없다고 가정한다. 이 계에 작용하는 외부 돌림힘은 없고 계의 각운동량은 보존된다. 그림 9.27의 개요도처럼 회전목마를 반지름 $R = 2.0$ m인 균일한 원판으로 생각한다. 표 7.1에서 원판의 관성 모멘트는 $I_{disk} = \frac{1}{2}MR^2$이다. 조이를 질량이 m인 입자로 모형화하면 조이가 중심에 있을 때 관성 모멘트는 0이지만 가장자리에 도달하면 mR^2으로 증가한다.

그림 9.27 회전목마의 개요도

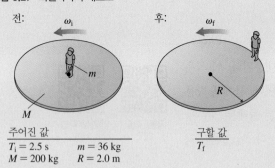

전: ω_i

후: ω_f

주어진 값		구할 값
$T_i = 2.5$ s	$m = 36$ kg	T_f
$M = 200$ kg	$R = 2.0$ m	

풀이 각운동량 보존 법칙의 수학적 표현은 식 (9.22)이다. 초기 각운동량은

$$L_i = (I_{Joey})_i(\omega_{Joey})_i + (I_{disk})_i(\omega_{disk})_i = 0 \cdot \omega_i + \frac{1}{2}MR^2\omega_i$$
$$= \frac{1}{2}MR^2\omega_i$$

이다. 여기서 조이와 원판이 같은 초기 각속도 ω_i를 갖는다는 사

실을 이용했다. 마찬가지로 나중 각운동량은

$$L_f = (I_{Joey})_f\,\omega_f + (I_{disk})_f\,\omega_f = mR^2\omega_f + \frac{1}{2}MR^2\omega_f$$
$$= \left(mR^2 + \frac{1}{2}MR^2\right)\omega_f$$

이다. 여기서 ω_f는 조이와 원판의 나중 각속도이다.

각운동량 보존 법칙은 $L_f = L_i$이므로

$$\left(mR^2 + \frac{1}{2}MR^2\right)\omega_f = \frac{1}{2}MR^2\omega_i$$

이다. R^2을 소거하고 ω_f에 대하여 풀면

$$\omega_f = \left(\frac{M}{M + 2m}\right)\omega_i$$

이다. 초기 각속도 ω_i를 초기 회전 주기 T_i로 나타내면

$$\omega_i = \frac{2\pi}{T_i} = \frac{2\pi}{2.5 \text{ s}} = 2.51 \text{ rad/s}$$

이므로 나중 각속도는

$$\omega_f = \left(\frac{200 \text{ kg}}{200 \text{ kg} + 2(36 \text{ kg})}\right)(2.51 \text{ rad/s}) = 1.85 \text{ rad/s}$$

이다. 조이가 가장자리에 도착했을 때 회전목마의 주기는 다음과 같이 증가한다.

$$T_f = \frac{2\pi}{\omega_f} = \frac{2\pi}{1.85 \text{ rad/s}} = 3.4 \text{ s}$$

검토 조이가 가장자리를 향해 움직이면 회전목마는 더 천천히 회전한다. 이는 합리적인데, 조이가 움직이면 계의 관성 모멘트가 증가하고 각운동량은 일정하므로 각속도가 감소하기 때문이다.

고립된 입자의 **선운동량**은 보존된다. 입자의 질량은 변하지 않으므로 입자의 속도는 일정하다. 이와는 다르게 회전하는 물체는 그 일부가 상대적으로 움직일 수 있기 때문에 관성 모멘트가 변할 수 있다. 따라서 회전하는 물체는 각운동량이 보존되더라도 관성 모멘트가 변하면 그 각속도가 변할 수 있다. 예를 들어 외부 돌림힘이 작용하지 않으므로 다이빙 선수가 공중에 있을 때 다이빙 선수의 각운동량은 보존된다. 예제 9.10의 조이와 회전목마처럼 다이빙 선수의 관성 모멘트가 클 때 선수는 천천히 회전한다. 관성 모멘트를 감소시키면 다이빙 선수의 회전율은 증가한다. 즉, 다이빙 선수는 몸을 펼친 자세에서 웅크린 턱(tuck) 자세로 바꾸어서 회전율을 증가시킬 수 있다. 그림 9.28처럼 피겨 스케이터도 관성 모멘트를 줄여서 회전율을 증가시킨다. 다음 예제는 이 과정을 간단히 다룬 것이다.

그림 9.28 회전하는 피겨 스케이터

관성 모멘트가 클 때 천천히 돈다.

관성 모멘트가 작을 때 빨리 돈다.

예제 9.11　　**회전하는 스케이터 분석하기**

스케이터가 양손에 5.0 kg의 추를 들고 스케이트의 날 끝으로 서서 회전하고 있다. 처음에는 팔을 편 채로 도는데 두 손 사이의 거리는 140 cm이다. 2.0 rev/s로 돌면서 추를 몸 쪽으로 끌어 당겨서 50 cm 간격이 되었다. 스케이터의 질량을 무시하면 추를 안으로 끌어당겼을 때 스케이터는 얼마나 빨리 도는가?

준비 스케이터와 추로 구성된 계에는 외부 돌림힘이 작용하지 않으므로 총 각운동량이 보존된다. 그림 9.29는 회전하는 스케이터를 위에서 본 전-후 개요도이다.

풀이 질량이 같은 2개의 추가 같은 각속도로 반지름이 같은 원주에서 원운동을 한다. 따라서 총 각운동량은 추가 1개일 때의 두 배가 된다. 각운동량 보존 법칙의 수학적 표현은 $I_\text{f}\omega_\text{f} = I_\text{i}\omega_\text{i}$이므로

추가 2개이다.

$$\underbrace{(2\,mr_\text{f}^2)}_{I_\text{f}}\omega_\text{f} = \underbrace{(2\,mr_\text{i}^2)}_{I_\text{i}}\omega_\text{i}$$

이다. 각속도와 회전 진동수 f의 관계는 $\omega = 2\pi f$이므로 위의 식은

$$f_\text{f} = \left(\frac{r_\text{i}}{r_\text{f}}\right)^2 f_\text{i}$$

가 된다. 추를 끌어당기면 회전 진동수는

$$f_\text{f} = \left(\frac{0.70\ \text{m}}{0.25\ \text{m}}\right)^2 \times 2.0\ \text{rev/s} = 16\ \text{rev/s}$$

로 증가한다.

검토 추를 끌어당겨서 스케이터의 회전이 2 rev/s에서 16 rev/s로 증가하였다. 이는 큰 값인데 스케이터의 질량을 무시했기 때문이다. 그러나 스케이터가 회전축을 향해 질량을 끌어당겨서 회전이 '빨라지는 것'을 보여준다.

그림 9.29 회전하는 스케이터를 위에서 본 전-후 개요도

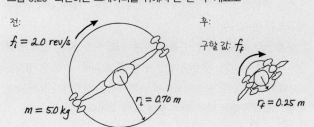

전:
$f_\text{i} = 2.0\ rev/s$
$m = 5.0\ kg$
$r_\text{i} = 0.70\ m$

후:
구할 값: f_f
$r_\text{f} = 0.25\ m$

이 예제에서 비록 스케이터의 질량이 추의 질량보다 크지만 스케이터의 질량을 무시하는 것이 나쁜 근사는 아니다. 관성 모멘트는 회전축과 질량 사이의 거리의 **제곱**에 의존한다. 스케이터의 질량이 몸체에 집중되어 있고 그 효과적 반지름(대부분의 질량이 집중된 장소)은 9 또는 10 cm에 불과하다. 추는 더 큰 원운동을 하므로 스케이터의 움직임에 영향을 더 미친다.

앞의 두 예제를 뉴턴의 법칙을 써서 푸는 것은 매우 어렵다. 조이의 발로 회전목마를 지탱하는 힘 같은 내부 힘이나 다른 복잡한 상황을 다루어야 할 것이다. 오로지 운

▶ **태풍의 눈** 천천히 회전하는 바깥 부분의 공기 덩어리가 기압이 낮은 중심을 향해 끌려가면서 관성 모멘트가 감소한다. 공기 덩어리의 각운동량이 보존되므로 이 덩어리가 중심에 접근하면서 그 속력은 **증가**해야만 한다. 따라서 폭풍의 중심부 근처에서 바람의 속력이 크다.

동의 전과 후에만 관심을 갖는 이런 종류의 문제에 보존 법칙을 사용하면 그 해를 더 간단하게 구할 수 있다.

종합형 예제 9.12 비행기로 불 끄기

삼림 화재는 불이 막 났을 때 제압하기 쉽다. 화재 현장이 멀리 있을 때는 비행기를 이용하여 많은 양의 물과 소화용액을 빨리 뿌리는 것이 도움이 된다.

슈퍼스쿠퍼(Superscooper)는 수륙 양용의 비행기로, 강이나 호수에서 6000 kg의 물을 퍼 올려서 저장 탱크에 담을 수 있다. 비행기가 수면에 접근할 때 속력은 35 m/s이고 빈 슈퍼스쿠퍼의 질량은 13,000 kg이다.

a. 비행기가 최대로 물을 담는 데 12 s가 걸린다. 프로펠러의 추진력이 비행기에 작용하는 힘을 무시하면 물을 담은 직후 비행기의 속력은 얼마인가?

b. 물이 비행기에 준 충격량은 얼마인가?

c. 물이 비행기에 작용하는 평균 힘은 얼마인가?

d. 비행기가 화재 장소 상공을 40 m/s로 날고 있다. 비행기 아래의 문을 열어서 물을 뿌리는데, 물은 비행기에서 봤을 때 바로 아래로 떨어진다. 물을 모두 뿌리는 데 걸리는 시간이 5.0 s일 때, 물을 뿌린 후 비행기의 속력은 얼마인가?

준비 문항 a와 d는 문제 풀이 전략 9.1을 따라 운동량 보존 법칙을 이용해서 풀 수 있다. $\vec{F}_{net} = \vec{0}$가 되도록 계를 주의 깊게 택해야 한다. 비행기 단독으로는 운동량 보존을 쓰기 위한 계로 적당하지 않다. 비행기가 물을 퍼 담을 때 물은 비행기에 큰 외부 끌림 힘으로 작용하고 $\vec{F}_{net}$는 확실히 0이 아니다. 비행기와 퍼 담을 물을 계로 택해야 한다. 그러면 물을 푸는 과정에서 x방향으로는 외부 힘이 작용하지 않고, 비행기와 물이 y방향으로 그다지 가속을 하지 않으므로 y방향의 알짜힘은 0이다. 비행기와 물 사이에 작용

그림 9.30 비행기와 물의 전-후 개요도

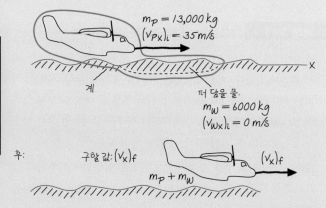

하는 복잡한 힘은 **내부 힘**이기 때문에 비행기와 물 계의 총 운동량은 변하지 않는다.

계를 택하였고 풀이 전략 9.1의 단계를 따라 **그림 9.30**의 전-후 개요도를 준비한다.

문항 b와 c는 충격량-운동량 문제이고, 이를 풀기 위해 충격량-운동량 정리와 식 (9.8)을 이용한다. 충격량-운동량 정리는 하나의 물체에 관한 동역학으로써 여기에서는 비행기가 물체이다. 비행기에 작용하는 외부 힘은 물에 의한 힘이다.

풀이

a. x방향의 운동량 보존 법칙은

$$(P_x)_f = (P_x)_i$$

이고

$$(m_P + m_W)(v_x)_f = m_P(v_{Px})_i + m_W(v_{Wx})_i = m_P(v_{Px})_i + 0$$

이다. 여기에서 물의 초기 속도는 0이고 비탄성 충돌을 하며 물과 비행기는 같은 속도 $(v_x)_f$를 갖는다. $(v_x)_f$에 대해 풀면

$$(v_x)_f = \frac{m_P(v_{Px})_i}{m_P + m_W} = \frac{(13{,}000 \text{ kg})(35 \text{ m/s})}{(13{,}000 \text{ kg}) + (6000 \text{ kg})} = 24 \text{ m/s}$$

이다.

b. 충격량–운동량 정리는 $J_x = \Delta p_x$이다. 여기에서 $\Delta p_x = m_P\Delta v_x$는 비행기의 운동량 변화이다. 따라서

$$J_x = m_P \Delta v_x = m_P[(v_x)_f - (v_{Px})_i]$$
$$= (13{,}000 \text{ kg})(24 \text{ m/s} - 35 \text{ m/s}) = -1.4 \times 10^5 \text{ kg} \cdot \text{m/s}$$

이다.

c. 식 (9.1)의 충격량 정의에서

$$(F_{avg})_x = \frac{J_x}{\Delta t} = \frac{-1.4 \times 10^5 \text{ kg} \cdot \text{m/s}}{12 \text{ s}} = -12{,}000 \text{ N}$$

이다.

d. 물이 비행기에 대해서 똑바로 아래로 떨어지므로 떨어지기 직전과 직후에 물의 속도의 x성분은 같다. 즉, 단순히 비행기의 문을 여는 것에 의해서는 수평 방향의 물의 속력은 변하지 않는다. 따라서 물이 낙하할 때 물의 수평 운동량은 변하지 않는다. 비행기와 물 계의 총 운동량이 보존되므로 비행기의 운동량도 변하지 않는다. 물을 모두 배출한 후 비행기의 속력은 여전히 40 m/s이다.

검토 물의 질량은 비행기 질량의 거의 절반이다. 따라서 물을 퍼 담을 때 비행기 속도가 눈에 띄게 감소하는 것은 합리적이다. 비행기에 작용하는 물의 힘은 크지만 비행기 무게 $mg = 130{,}000$ N의 약 10%에 불과하다. 따라서 답은 합리적이다.

문제의 난이도는 I(쉬움)에서 IIII(도전)으로 구분하였다. INT로 표시된 문제는 지난 장의 내용이 복합된 문제이고, BIO는 생물학적 또는 의학적 관심 분야를 의미한다.

QR 코드를 스캔하여 이 장의 문제를 해결하는 데 도움이 되는 영상 학습 풀이를 시작하시오.

연습문제

9.1 충격량

9.2 운동량과 충격량–운동량 정리

1. I 자전거를 탄 사람과 자전거의 질량을 합하면 100 kg이다. 이 자전거의 운동량이 1.0 m/s로 달리는 1500 kg의 자동차 운동량과 같고자 한다면 자전거는 얼마익 속력으로 달려야 하는가?

2. II 한 학생이 80 g의 눈덩이를 학교 벽에 10 m/s로 던져서 눈덩이가 벽에 달라붙었다. 충돌 시간이 0.3 s라면 벽에 작용하는 평균 힘은 얼마인가?

3. I 한 어린이가 탄 썰매가 수평이고 마찰이 없는 얼음판 위에서 4.0 m/s로 미끄러지고 있다. 썰매와 어린이의 질량을 합하면 80 kg이다. 썰매가 얼음 위의 거친 장소를 달려서 3.0 m/s로 느려졌다. 거친 장소의 마찰력이 썰매에 준 충격량은 얼마인가?

9.3 충격량과 운동량 문제 풀이

4. II a. 2.0 kg의 물체가 오른쪽으로 속력 1.0 m/s로 움직이다가 그림 P9.4(a)와 같은 힘을 받았다. 힘을 멈춘 시점에서 물체의 속력과 방향은 어떻게 되는가?

   b. 그림 P9.4(b)의 힘에 대해 같은 질문에 답하시오.

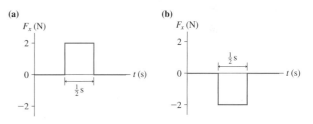

그림 P9.4

5. II 한 어린이가 썰매를 타고 오른쪽으로 1.5 m/s로 미끄러지고 있다. 썰매의 운동과 반대방향으로 썰매를 5.0 s 동안 밀어서 이를 정지시켰다. 어린이와 썰매의 질량이 35 kg이면 썰매를 정지시키기 위해 작용해야 하는 평균 힘은 얼마인가? 충격량과 운동량의 개념을 사용하라.

6. I 안전성 조사의 일환으로 1400 kg인 두 대의 자동차가 20 m/s로 이동하다가 서로 다른 장벽에 충돌한다. 각각의 경우에 자동차에 작용하는 평균 힘을 구하시오.

   a. 물을 담은 통에 충돌하고 정지하는 데 1.5 s가 걸린 자동차

   b. 콘크리트 장벽에 충돌하고 정지하는 데 0.1 s가 걸린 자동차

9.4 운동량 보존

7. ▥ 마찰이 없는 트랙에서 100 g의 작은 카트가 1.20 m/s로 움직이다가 정지해 있는 큰 1.00 kg 카트에 충돌하였다. 충돌 후 작은 카트는 0.850 m/s로 뒤로 물러난다. 충돌 후 큰 카트의 속력은 얼마인가?

8. ▥ 2.7 kg의 나무 벽돌이 마찰이 없는 탁자 위에 있다. 수평으로 500 m/s의 속력으로 발사된 3.0 g의 총알이 벽돌을 꿰뚫고 220 m/s의 속력으로 빠져 나온다. 총알이 빠져나간 직후 벽돌의 속력은 얼마인가?

9. ▮ 10,000 kg의 화차가 2.00 m/s로 구르고 있는데, 이 화차에 4000 kg의 자갈을 갑자기 내려 부었다. 자갈이 실린 직후 화차의 속력은 얼마인가?

10. ▮ 마찰이 없는 얼음 위에 있는 70 kg의 사냥꾼이 사슴을 보았다. 사냥꾼은 50 g의 총알을 1 km/s의 속력으로 발사했다. 사냥꾼이 뒤로 밀려나가는 속력은 얼마인가?

9.5 비탄성 충돌

11. ▮ 1000 kg의 자동차가 60 mph의 속력으로 달려가다가 운동량이 0이고 질량이 2배인 다른 자동차와 충돌했다. 충돌 후 두 자동차는 하나가 되었다. 충돌 후 속도는 얼마인가?

12. ▥ 중학교 식당에서 한 소년이 3.0 g의 젖은 종이뭉치를 던져서 빈 우유곽을 식탁 위에서 밀어내려고 한다. 종이뭉치에 맞은 직후 20 g인 우유곽의 속력이 0.30 m/s가 되게 하려면 종이뭉치를 얼마의 속력으로 던져야 하는가?

13. ▮ 5kg의 벽돌이 마찰이 없는 수평면을 2 m/s의 속력으로 운동하다가 5 m/s로 운동하는 다른 벽돌과 충돌하였다. 합쳐진 두 벽돌은 3 m/s로 운동한다. 다른 벽돌의 질량은 얼마인가?

9.6 2차원에서의 운동량과 충돌

14. ▥ 대서부 쇼에서 명사수는 위로 던져진 12 g의 동전을 총으로 맞힌다. 사수가 그의 총을 지표면에 대해 45°로 들고 15 g의 총알을 550 m/s의 속력으로 발사시켰다. 동전이 가장 높은 지점에 도달했을 때 총알은 동전을 맞추고 튕겨져서 동전은 수직 방향으로 120 m/s로 날아갔다. 이 충돌이 있고 난 후 총알은 지표면에 대해 어떠한 각도로 날아갔을까?

15. ▮ 두 입자가 충돌했다가 서로 멀어진다. 그림 P9.15는 두 입자의 초기 운동량과 입자 2의 나중 운동량을 보여준다. 입자 1의 나중 운동량은 얼마인가? 그림에 나중 운동량 벡터를 그려 넣어서 답하시오.

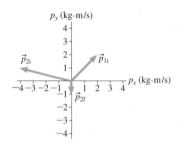

그림 P9.15

16. ▮ 코코넛 속에 있는 폭탄이 터져서 코코넛이 세 조각이 났다. 같은 질량인 두 조각은 남쪽과 서쪽으로 서로 수직으로 20 m/s로 날아간다. 세 번째 조각의 질량이 다른 두 조각의 2배이다. 세 번째 조각의 속력과 방향은 어떻게 되는가?

9.7 각운동량

17. ▥ 작은 소녀가 회전목마에 처음 타는데 47 kg인 엄마가 회전목마의 중심에서 2.6 m 떨어져 자기 옆에 서 있기를 바란다. 회전목마가 움직일 때 엄마 속력이 4.2 m/s라면 회전목마의 중심에 관한 소녀의 각운동량은 얼마인가?

18. ▥ 그림 P9.18에서 2.0 kg이고 지름이 4.0 cm인 회전하는 원판의 축에 대한 각운동량은 얼마인가?

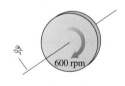

그림 P9.18

19. ▮ 스케이터는 공연의 끝을 회전으로 마무리하는데, 팔을 접고
BIO 다리를 붙인 채 질량 중심을 축으로 빠르게 회전한다. 끝날 때에는 팔을 밖으로 펼쳐서 끝을 알린다. 잘 드러나지는 않지만 한 다리도 밖으로 뻗는다. 두 팔을 펼치고 한 다리를 뻗은 스케이터의 관성 모멘트가 3.2 kg·m²이고 팔과 다리를 안쪽으로 두었을 때는 0.80 kg·m²라고 하자. 스케이터가 회전을 5.0 rev/s로 시작했다면 두 팔과 한 다리를 바깥으로 했을 때 스케이터의 각속력은 rev/s 단위로 얼마인가?

10 에너지와 일
Energy and Work

번지점프 하는 사람이 낙하하면서 움직임의 에너지인 운동 에너지를 얻는다. 이 에너지는 어디서 오는 것인가? 그리고 낙하 끝 무렵 그 사람의 속력이 느려질 때 이 에너지는 어디로 가는가?

학습목표 ▶

에너지 개념을 도입하여 에너지 보존에 기반한 새로운 문제 풀이 전략을 학습한다.

에너지 형태

돌고래가 물에서 솟구칠 때 **운동 에너지**가 크다. 정점에서 돌고래의 에너지는 대부분 **위치 에너지**이다.

가장 중요한 형태의 에너지인 운동 에너지, 위치 에너지, 열에너지를 배운다.

일과 에너지

고무줄이 늘어나면서 에너지는 **일**로써 고무줄에 전달된다. 그 뒤에 이 에너지는 돌의 운동 에너지로 전달된다.

힘이 한 일을 계산하는 법과 이 일이 계의 에너지 **변화**와 어떤 관련이 있는지 배운다.

에너지 보존

미끄러져 내려오면서 위치 에너지는 감소하고 운동 에너지는 증가하지만, 총에너지는 변하지 않는다. 에너지는 **보존된다**.

세 사람이 바닥에 도착할 때의 속력은 얼마인가? 새로운 전–후 분석 방법을 사용하여 구한다.

이 장의 배경 ◀

등가속도 운동

2장에서 가속도가 일정한 입자의 운동을 기술하는 방법을 배웠다. 이 장에서는 등가속도 식들을 사용하여 일과 에너지의 관계를 구할 것이다.

입자의 나중 속도는 입자의 초기 속도, 가속도, 변위에 따라 달라지는데, 그 관계는 다음과 같다.

$$(v_x)_f^2 = (v_x)_i^2 + 2a_x \Delta x$$

10.1 기본 에너지 모형

에너지는 흔히 듣는 단어이다. 화학 에너지를 사용하여 집과 몸을 가열하고, 전기 에너지를 사용하여 조명과 컴퓨터를 가동하며, 태양 에너지 덕분에 작물과 숲이 성장한다. 우리는 에너지를 현명하게 사용하고 낭비해선 안 된다고 배운다. 운동선수와 피곤한 학생들은 '에너지 바'나 '에너지 음료'를 섭취한다.

그런데 도대체 에너지는 무엇인가? 에너지 개념은 시간이 지남에 따라 확장되고 변화했으므로 에너지가 무엇인지 일반적으로 정의하는 것은 쉽지 않다. 형식적인 정의로 시작하기보다는 에너지 개념이 여러 장의 과정을 걸치면서 천천히 확장되도록 할 것이다. 이 장에서는 운동 에너지, 위치 에너지, 열에너지를 포함해 몇 가지 형태의 근본적인 에너지를 소개한다. 어떻게 에너지를 사용하는지, 특히 에너지가 한 형태에서 다른 형태로 어떻게 변형되는지와 같은 에너지 특성을 이해하고자 한다. 많은 현대 기술은 석유 분자의 화학 에너지를 전기 에너지 또는 자동차의 운동 에너지로 변환하는 것과 같은 에너지 변환과 관련되어 있다.

또한 역학적인 힘의 적용으로 어떻게 에너지가 계 안팎으로 전달될 수 있는지 배운다. 썰매를 밀면 썰매의 속력이 증가하므로 그 운동 에너지가 증가한다. 무거운 물체를 들어 올리면 물체의 중력 위치 에너지가 증가한다.

이러한 관찰로부터 에너지에 대한 아주 강력한 보존 법칙을 얻을 수 있다. 에너지는 생성되지도 파괴되지도 않는다. 어떤 계에서 한 형태의 에너지가 감소하면 동일한 양이 다른 형태로 나타나야 한다. 많은 과학자들은 자연 법칙들 중에서 에너지 보존 법칙이 가장 중요하다고 생각한다. 이 법칙은 이 교재의 나머지 전체에 영향을 미친다.

계와 에너지

9장에서 상호작용하는 물체들의 계에 대한 개념을 도입했다. 계는 떨어지는 도토리처럼 단순하거나 도시처럼 복잡할 수 있다. 그러나 단순하든지 복잡하든지 상관없이 자연의 모든 계에는 **총에너지**(total energy) E라 하는 양이 연관되어 있다. 총에너지는 계에 존재하는 여러 형태의 에너지의 합이다. 더 중요한 형태의 에너지에 대한 간략한 개요를 다음 쪽에 나타냈다. 이 장의 나머지 부분에서 이러한 에너지 형태 몇 가지를 훨씬 더 자세히 살펴볼 것이다.

계에는 한 번에 이러한 많은 형태의 에너지가 있을 수 있다. 예를 들어, 움직이는 자동차에는 움직임과 관련된 운동 에너지, 휘발유에 저장된 화학 에너지, 뜨거운 엔진의 열에너지, 기타 여러 형태의 에너지가 있다. 계의 총에너지 E가 계에 존재하는 모든 여러 가지 에너지의 합이라는 개념이 **그림 10.1**에 나타나 있다.

$$E = K + U_g + U_s + E_{th} + E_{chem} + \cdots \tag{10.1}$$

이 합계에 표시된 에너지는 이 장과 다음 장에서 가장 관심을 두는 에너지 형태이다. 말줄임표(…)는 핵에너지나 전기 에너지처럼 있을지도 모르는 다른 형태의 에너지를

그림 10.1 계와 에너지

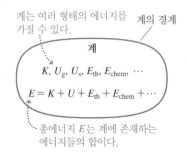

계는 여러 형태의 에너지를 가질 수 있다.   계의 경계

계

$K,\ U_g,\ U_s,\ E_{th},\ E_{chem},\ \cdots$

$E = K + U + E_{th} + E_{chem} + \cdots$

총에너지 E는 계에 존재하는 에너지들의 합이다.

중요한 에너지 형태

운동 에너지 K

운동 에너지는 **움직임**의 에너지이다. 모든 움직이는 물체에는 운동 에너지가 있다. 물체가 무겁고 빠를수록 운동 에너지가 커진다. 사진 속 건축물 파괴용 철구는 부분적으로 큰 운동 에너지 때문에 효과적이다.

중력 위치 에너지 U_g

중력 위치 에너지는 물체의 **지상 높이**와 관련하여 **저장된** 에너지이다. 롤러코스터가 올라감에 따라 에너지는 중력 위치 에너지로 저장된다. 하강할 때 이 저장된 에너지는 운동 에너지로 변환된다.

탄성 또는 용수철 위치 에너지 U_s

궁수의 활처럼 용수철이나 다른 탄성 물체가 늘어날 때 저장되는 에너지가 탄성 위치 에너지이다. 이 에너지는 나중에 화살의 운동 에너지로 전환된다.

열에너지 E_{th}

뜨거운 물체는 차가운 물체보다 분자가 더 마구잡이로 움직이기 때문에 **열에너지**가 더 크다. 열에너지는 물체 내의 모든 분자의 미시적인 운동 에너지와 위치 에너지의 합이다. 끓는 물에서는 일부 분자가 충분한 에너지를 가지고 있어서 증기로써 물에서 빠져나간다.

화학 에너지 E_{chem}

전기력은 원자를 결합시켜 분자로 만든다. 에너지가 이 결합에 저장될 수 있고, 나중에 화학 반응 중에 결합이 재배열되면서 그 에너지가 방출된다. 휘발유를 연소하여 자동차를 운행하거나 음식을 먹어서 몸에 기운을 불어 넣을 때 **화학 에너지**가 사용된다.

핵에너지 $E_{nuclear}$

엄청난 양의 에너지가 원자의 작은 중심부인 핵에 저장되어 있다. 어떤 핵은 분리되면서 핵에너지의 일부를 방출하는데, 이 에너지는 분리된 조각들의 운동 에너지로 변환된 후 다시 열에너지로 변환된다. 원자로의 유령 같은 파란 광선은 고에너지의 조각이 물을 통과할 때 발생한다.

나타낸다. 이후 장에서 이것들을 다룰 것이다.

에너지 변환

모든 계가 다양한 형태의 에너지를 포함하고 있음을 보았다. 그러나 여러 형태의 에너지 각각의 양이 결코 바뀌지 않으면 세계는 매우 따분한 곳이 될 것이다. **한 형태의 에너지가 다른 형태의 에너지로 변형될 수 있다**는 점이 세상을 흥미롭게 만든다. 롤러코스터가 궤도 꼭대기에서 내려오면서 꼭대기에서의 중력 위치 에너지는 빠르게 운동 에너지로 바뀐다. 휘발유의 화학 에너지는 움직이는 자동차의 운동 에너지로 바뀐다. 다음 쪽에 몇 가지 일반적인 에너지 변환을 나타냈다. 여기서 화살표 →는 에너지 변환을 축약하여 표현한 것이다.

에너지 변환

바벨을 머리 위로 들어 올리는 역도 선수

바벨의 중력 위치 에너지는 바벨이 바닥에 있을 때보다 머리 위로 높이 있을 때 훨씬 더 크다. 역도 선수는 바벨을 들어 올리기 위해 몸속에 있는 화학 에너지를 바벨의 중력 위치 에너지로 변환시킨다.

$$E_{chem} \rightarrow U_g$$

베이스로 슬라이딩하는 야구 선수

운동 에너지는 야구 선수가 달릴 때 크지만 슬라이딩 후에는 사라지고 없다. 선수의 운동 에너지는 주로 열에너지로 변환되고, 운동장과 선수의 다리는 약간 따뜻해진다.

$$K \rightarrow E_{th}$$

모닥불

장작에는 상당한 화학 에너지가 포함되어 있다. 장작의 탄소가 공기 중의 산수와 화학적으로 결합하면 화학 에너지는 주로 고온 기체 및 불씨의 열에너지로 변환된다.

$$E_{chem} \rightarrow E_{th}$$

다이빙 선수

여기에는 두 단계의 에너지 변환이 있다. 사진 속의 도약판은 최대로 휘어져 탄성 위치 에너지가 보드에 저장된다. 곧 이 에너지는 운동 에너지로 변환된 다음 다이빙 선수가 공중으로 올라가고 속도가 느려지면서 중력 위치 에너지로 변환된다.

$$U_s \rightarrow K \rightarrow U_g$$

그림 10.2 계 내부에서 에너지 변환이 발생한다.

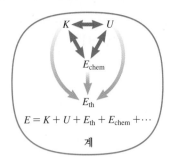

$$E = K + U + E_{th} + E_{chem} + \cdots$$

계

그림 10.2는 **에너지 변환이 계 내부에서 한 형태에서 다른 형태로의 에너지 변화**라는 개념을 강조한다(이 그림에서 U는 일반적인 위치 에너지로, 중력 위치 에너지 U_g, 용수철 위치 에너지 U_s 또는 다른 형태의 위치 에너지일 수 있다). 운동 에너지, 위치 에너지, 화학 에너지를 열에너지로 변환하는 것은 쉽지만, 열에너지를 다른 형태의 에너지로 변환하는 것은 그리 쉽지 않다. 어떻게 그렇게 변환할 수 있고, 그 과정에 어떤 한계가 있는지는 다음 장에서 중요하게 다룰 것이다.

에너지 전달과 일

수업 영상

계 내부에서 에너지 형태 사이에 에너지 변환(transformation)이 일어나는 것을 방금 살펴보았다. 그러나 모든 물리적 계는 주변의 세계, 즉 환경(environment)과도 상호작용한다. 이러한 상호작용 과정에서 계는 환경과 에너지를 교환할 수 있다. **계와 환경 사이의 에너지 교환을 에너지 전달이라고 한다.** 에너지를 전달하는 과정에는 크게 두 가지가 있다. 그것은 계를 밀거나 당겨서 계 안팎으로 에너지를 전달하는 **역학적 과정인 일**(work), 그리고 환경과 계 사이의 온도차 때문에 환경에서 계로 에너지를 전달하는 비역학적 과정인 **열**(heat)이다.

기본 에너지 모형(basic energy model)이라고 하는 **그림 10.3**은 계 내부의 에너지 변환뿐만 아니라 계 안팎으로의 에너지 전달이 포함되도록 에너지 모형을 수정한 것을 보여준다. 이 장에서는 일을 통한 에너지 전달만을 고려할 것이다. 11장과 12장에서 열의 개념을 심화하여 전개할 것이다.

'일'은 다양한 의미로 사용되는 일상적인 단어이다. 일과 관련하여 떠오르는 첫 생각은 아마도 생계를 유지하기 위한 육체노동이나 직업일 것이다. 어쨌든 "일을 마쳤다", "일을 저질렀다"고 말할 때, 그것은 물리학에서 의미하는 일이 아니다.

물리학에서 '일'은 계에 작용하는 역학적 힘에 의해 환경에서 계로 또는 계에서 환경으로 에너지를 **전달**하는 과정이다. 에너지가 계로 전달되고 나면 에너지는 다양한 형태로 나타날 수 있다. 정확히 어떤 형태인지는 계의 세부 사항과 힘의 작용 방식에 달려 있다. 일에 의한 에너지 전달의 세 가지 예가 아래에 나타나 있다. W를 일의 기호로 사용할 것이다.

그림 10.3 일과 열은 계 안팎으로 전달되는 에너지이다.

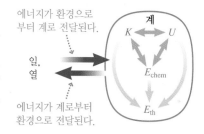

환경은 계의 일부분이 아닌 모든 것이다.

환경

에너지가 환경으로 부터 계로 전달된다.

일, 열

에너지가 계로부터 환경으로 전달된다.

에너지 전달: 일

포환 던지기

계: 포환

환경: 운동선수

운동선수가 포환을 던질 때, 그는 계에 일을 하는 것이다. 즉, 그 자신으로부터 포환에 에너지를 전달한다. 계로 전달된 에너지는 운동 에너지로 나타난다.

전달: $W \rightarrow K$

성냥 긋기

계: 성냥과 성냥갑

환경: 손

손은 성냥을 성냥갑에 대고 재빠르게 당기면서 계에 일을 하여 계의 열에너지를 증가시킨다. 성냥 머리가 충분히 뜨거워지면 발화한다.

전달: $W \rightarrow E_{th}$

새총 쏘기

계: 새총

환경: 소년

소년은 고무줄을 뒤로 잡아당기면서 계에 일을 하여 계의 탄성 위치 에너지를 증가시킨다.

전달: $W \rightarrow U_s$

위의 각 예에서 계가 **변위**를 겪는 동안 환경은 계에 힘을 가한다. 힘이 작용하는 동안에 계가 **움직일** 때만 에너지가 전달된다. 벽을 밀 때와 같이 고정된 물체에 가해진 힘은 물체에 어떠한 에너지도 전달하지 않으므로 일을 하지 않는다.

에너지 보존 법칙

계에 대한 일은 계의 안팎으로 전달된 에너지를 나타낸다. 이 전달된 에너지는 해준 일 W의 양만큼 계의 에너지를 **바꾼다**. 계의 에너지 변화를 ΔE로 쓰면, 이 개념을 수학적으로 다음과 같이 나타낼 수 있다.

$$\Delta E = W \tag{10.2}$$

계의 총에너지 E는 식 (10.1)에 따라 계에 존재하는 여러 형태의 에너지들의 합이다. 따라서 E의 변화는 존재하는 여러 형태의 에너지 **변화**의 합이다. 그러면 식 (10.2)에 따라 소위 일−에너지 방정식(work-energy equation)을 다음과 같이 얻는다.

일−에너지 방정식 계의 총에너지는 계에 해준 일의 양만큼 변한다.

$$\Delta E = \Delta K + \Delta U_g + \Delta U_s + \Delta E_{th} + \Delta E_{chem} + \cdots = W \qquad (10.3)$$

고립계(isolated system)가 있다고 해보자. 고립계는 어떠한 에너지도 계의 안팎으로 전달되지 않도록 주변 환경과 분리된 계이다. 이것은 계에 어떠한 일도 할 수 없다는 것을 의미한다. 계 내부의 에너지는 한 형태에서 다른 형태로 변환될 수 있지만, 이러한 변환 과정에서 고립계의 총에너지, 즉 모든 개별 형태의 에너지 합이 **일정**하게 유지되는 것은 자연의 심오하고 놀라운 사실이다(**그림 10.4** 참조). 이것을 간단히 **고립계의 총에너지가 보존된다**고 한다.

고립계인 경우 식 (10.3)에서 $W = 0$이므로 다음과 같이 에너지 보존 법칙(law of conservation of energy)을 얻는다.

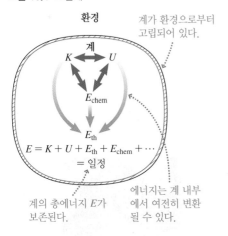

그림 10.4 고립계

환경

계가 환경으로부터 고립되어 있다.

계

$K \leftrightarrow U$

E_{chem}

E_{th}

$E = K + U + E_{th} + E_{chem} + \cdots$
$\quad = $ 일정

계의 총에너지 E가 보존된다.

에너지는 계 내부에서 여전히 변환될 수 있다.

에너지 보존 법칙 고립계의 총에너지는 일정하다.

$$\Delta E = \Delta K + \Delta U_g + \Delta U_s + \Delta E_{th} + \Delta E_{chem} + \cdots = 0 \qquad (10.4)$$

에너지 보존 법칙은 운동량 보존 법칙과 비슷하다. 계의 운동량은 외부 힘이 계에 작용할 때 바뀌지만 고립계의 총운동량은 변하지 않는다. 마찬가지로 계의 에너지는 외부 힘이 작용할 때 바뀌지만 고립계의 총에너지는 변하지 않는다.

운동량 문제를 푸는 데 있어 새로운 전−후 관점을 채택했다. 상호작용 **이후**의 운동량은 상호작용 **이전**의 운동량과 같았다. 마찬가지로, 에너지에 대해 매우 강력한 문제 풀이 전략으로 이어지는 전−후 관점을 소개할 것이다.

그러나 에너지의 개념을 사용하여 문제를 해결하기 전에 일, 운동 에너지, 위치 에너지, 열에너지에 대한 정량적 표현을 먼저 개발해야 한다. 이것이 다음 절에서 할 일이다.

10.2 일

먼저 일을 어떻게 계산하는지 알아보자. 환경이 계에 작용하는 힘에 의해 계 안팎으로 전달되는 에너지가 일이라는 것을 방금 배웠다. 따라서 계 밖의 힘이 계에 일을 하며, 이러한 힘을 **외부 힘**(external force)이라고 한다. 외부 힘만이 계의 에너지를 바꿀 수 있다. 계 내부의 물체 사이의 힘인 **내부 힘**(internal force)은 계 내부에서 에너지 변환을 일으키지만 계의 총에너지를 바꾸지 않는다.

또한 에너지가 일로 전달되기 위해서는 힘이 가해지는 동안 계가 변위를 겪어야 한다는 것을 배웠다. 일, 힘, 변위 사이의 관계를 더 살펴보자.

그림 10.5의 왼쪽에 표시된 것처럼 정지해 있는 윈드서핑 보드와 사람으로 구성된 계를 생각해보자. 보드와 물 사이에 마찰이 없다고 가정한다. 처음에는 계에 운동 에너지가 없다. 그러나 바람에 의한 힘과 같은 계의 외부 힘이 계에 작용하기 시작하면 보드의 속력이 빨라지고 운동 에너지가 증가할 것이다. 에너지 전달 측면에서 풍력이 계에 한 일 때문에 계의 에너지가 증가한다고 할 수 있다.

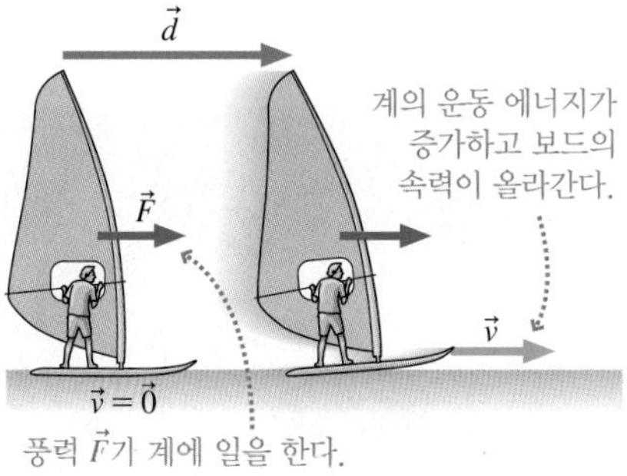

풍력이 하는 일의 양을 결정하는 것은 무엇인가? 첫째, 바람이 보드를 미는 거리가 클수록, 보드가 빠를수록 계의 운동 에너지가 증가한다. 이것은 더 큰 에너지 전달을 의미한다. 따라서 **변위가 클수록 일이 커진다.** 둘째, 바람이 더 강한 힘으로 밀면 보드는 더 빠르게 속력을 올리고, 계의 운동 에너지의 변화는 약한 힘일 때보다 더 크다. **힘이 강할수록 수행된 일이 커진다.**

힘 $\vec{F}$가 계에 전달한 에너지 양, 다시 말해 $\vec{F}$가 한 일의 양은 힘의 크기 F 및 계의 변위 d 모두에 의존한다는 것을 이 실험으로 알 수 있다. 이런 종류의 많은 실험으로 $\vec{F}$가 한 일의 양은 F와 d 모두에 비례한다는 것이 확립되었다. 힘 $\vec{F}$가 일정하고 물체의 변위 방향을 향하는 가장 단순한 경우에 한 일의 표현은 다음과 같다.

$$W = Fd \tag{10.5}$$
변위 $\vec{d}$ 방향의 일정한 힘 $\vec{F}$가 한 일

힘과 거리의 곱인 일의 단위는 N·m이다. 이 단위는 아주 중요해서 **줄(joule)**이라는 고유의 이름이 붙여졌고, 다음과 같이 정의된다.

$$1 \text{ joule} = 1 \text{ J} = 1 \text{ N} \cdot \text{m}$$

일은 그저 전달되는 에너지이기 때문에 **줄은 모든 형태의 에너지 단위이다.** 일은 운동량과 달리 방향 없이 크기만 있는 스칼라 양이다.

그림 10.5 풍력이 계에 일을 하여 운동 에너지 K를 증가시킨다.

계의 운동 에너지가 증가하고 보드의 속력이 올라간다.

풍력 $\vec{F}$가 계에 일을 한다.

예제 10.1 **상자를 밀면서 한 일**

사라가 무거운 상자를 바닥을 따라 일정한 속력으로 3.0 m만큼 밀었다. 그녀가 크기 70 N의 일정한 수평력으로 밀었다면, 상자에 한 일은 얼마인가?

준비 그림 10.6의 전–후 개요도로 시작하자. 사라는 상자의 이동 방향으로 일정한 힘을 가하므로 식 (10.5)를 사용하여 한 일을 구할 수 있다.

풀이 사라가 한 일은 다음과 같다.

$$W = Fd = (70 \text{ N})(3.0 \text{ m}) = 210 \text{ J}$$

검토 일은 계로 전달된 에너지를 나타내므로 상자와 바닥으로 이루어진 계의 에너지는 증가해야 한다. 윈드서핑과는 달리 상자의 속력이 올라가지 않으므로 계의 운동 에너지는 증가하지 않는다. 대신 일은 상자 및 상자가 미끄러지는 바닥 일부의 열에너지를 증가시켜 양쪽의 온도를 상승시킨다. 식 (10.3)의 표기법을 사용하여 이 에너지 전달을 $\Delta E_{th} = W$로 쓸 수 있다.

그림 10.6 상자를 미는 사라

주어진 값
$F = 70$ N
$d = 3.0$ m
$v = $ 일정
구할 값
W

전   후

변위에 대해 비스듬한 방향의 힘

(a)

(b) 카트의 변위는 $\vec{d}$이다.

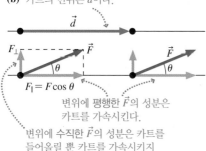

변위에 평행한 $\vec{F}$의 성분은 카트를 가속시킨다.

변위에 수직한 $\vec{F}$의 성분은 카트를 들어올릴 뿐 카트를 가속시키지 않는다.

힘의 방향이 물체의 변위와 같은 방향일 때 힘은 물체에 가장 큰 양의 일을 한다. 힘이 변위에 대해 일정한 각도로 비스듬하게 작용할 때는 더 적은 일을 한다. 이를 알기 위해 **그림 10.7(a)**의 연에 매달려 있는, 누워서 타는 카트를 고려해보자. 연줄의 비스듬한 힘 $\vec{F}$가 카트를 수평 경로를 따라 끌고 있다. **그림 10.7(b)**에서 볼 수 있듯이 $\vec{F}$를 운동에 수직인 성분 $F_\perp$와 평행한 성분 $F_\parallel$로 나눌 수 있다. 평행한 성분만이 카트를 가속화하고 그 운동 에너지를 증가시키므로 오직 평행한 성분만 카트에 일을 할 수 있다. **그림 10.7(b)**에서 보듯이 $\vec{F}$와 변위 사이의 각도가 θ이면 평행 성분은 $F_\parallel = F\cos\theta$이다. 따라서 변위 방향에 대해 각도 θ로 힘이 작용할 때 한 일은 다음과 같다.

$$W = F_\parallel d = Fd\cos\theta \tag{10.6}$$

변위 $\vec{d}$에 대해 각도 θ로 기울어져 있는 일정한 힘 $\vec{F}$가 한 일

일에 대한 좀 더 일반적인 이 정의는 $\theta = 0°$이면 식 (10.5)와 일치한다.

운동 방향에 대해 비스듬한 방향의 힘이 한 일을 계산하는 방법이 풀이 전략 10.1에 나타나 있다. 그림의 계는 마찰이 없는 수평면에서 미끄러지는 벽돌이므로 운동 에너지만 바뀌고 있다. 그러나 변위가 있는 모든 물체에 대해 동일한 관계가 성립한다.

F와 d는 항상 양의 값을 가지므로 오직 **힘과 변위 사이의 각도 θ가 W의 부호를 결정한다.** 식 (10.6)의 $W = Fd\cos\theta$는 어떠한 각도 θ에 대해서도 유효하다. 하지만 세 가지 특수한 경우, 즉 $\theta = 0°$, $\theta = 90°$, $\theta = 180°$인 경우에 사용할 수 있는 식 (10.6)의 간단한 형태가 있다. 이것들은 풀이 전략 10.1에 나와 있다.

풀이 전략 10.1 일정한 힘이 한 일 계산하기

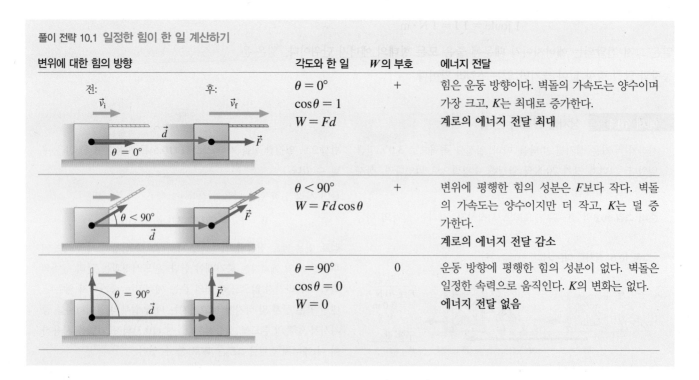

변위에 대한 힘의 방향	각도와 한 일	W의 부호	에너지 전달
전: $\vec{v}_i$ 후: $\vec{v}_f$ $\vec{d}$ $\vec{F}$ $\theta = 0°$	$\theta = 0°$ $\cos\theta = 1$ $W = Fd$	$+$	힘은 운동 방향이다. 벽돌의 가속도는 양수이며 가장 크고, K는 최대로 증가한다. **계로의 에너지 전달 최대**
$\theta < 90°$ $\vec{d}$ $\vec{F}$	$\theta < 90°$ $W = Fd\cos\theta$	$+$	변위에 평행한 힘의 성분은 F보다 작다. 벽돌의 가속도는 양수이지만 더 작고, K는 덜 증가한다. **계로의 에너지 전달 감소**
$\theta = 90°$ $\vec{d}$ $\vec{F}$	$\theta = 90°$ $\cos\theta = 0$ $W = 0$	0	운동 방향에 평행한 힘의 성분이 없다. 벽돌은 일정한 속력으로 움직인다. K의 변화는 없다. **에너지 전달 없음**

변위에 대한 힘의 방향	각도와 한 일	W의 부호	에너지 전달
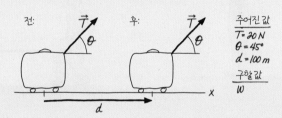 $\theta > 90°$	$\theta > 90°$ $W = Fd\cos\theta$	−	변위에 평행한 힘의 성분은 운동 방향과 반대이다. 벽돌의 속력은 감소하고, K는 감소한다. **계로부터 에너지 전달 감소**
$\theta = 180°$	$\theta = 180°$ $\cos\theta = -1$ $W = -Fd$	−	힘은 운동 방향과 정반대이다. 벽돌은 최대의 감속도를 가지고, K는 최대로 감소한다. **계로부터 에너지 전달 최대**

예제 10.2 여행 가방을 끌면서 한 일

45° 각도로 위쪽으로 기울어진 끈으로 여행 가방을 당긴다. 끈의 장력은 20 N이다. 일정한 속력으로 가방을 100 m 끌고 가면 장력이 한 일은 얼마인가?

준비 그림 10.8은 개요도이다. 여행 가방이 일정한 속력으로 움직이기 때문에, 왼쪽으로 작용하는 굴림 마찰력(나타내지 않음)이 있어야 한다.

풀이 장력이 한 일을 구하기 위해 식 (10.6)에서 $F = T$로 놓는다.

$$W = Td\cos\theta = (20\text{ N})(100\text{ m})\cos 45° = 1400\text{ J}$$

검토 사람이 끈의 다른 쪽 끝을 당겨서 장력이 생기므로, 그 사람이 여행 가방에 1400 J의 일을 한다고 비공식적으로 표현한다. 이 일은 가방 및 바닥으로 된 계로 전달된 에너지를 나타낸다. 여행

그림 10.8 끈으로 끌고 있는 여행 가방

주어진 값
$T = 20$ N
$\theta = 45°$
$d = 100$ m
구할 값
W

가방이 일정한 속력으로 움직이기 때문에 계의 운동 에너지는 변하지 않는다. 따라서 사라가 예제 10.1에서 상자를 밀 때와 마찬가지로, 해준 일은 전부 가방과 바닥의 열에너지 E_{th}의 증가로 나타난다.

개념형 예제 10.3 낙하산이 한 일

낙하산을 펼친 드래그레이스 경주차가 감속하고 있다. 해준 일의 부호는 무엇인가?

판단 드래그레이스 경주차에 작용하는 끌림힘과 감속하는 경주차 변위가 **그림 10.9**에 그려져

그림 10.9 드래그레이스 경주차에 작용하는 힘

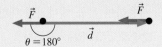

있다. 힘의 방향은 변위의 반대방향이므로 식 (10.6)의 각도 θ는 180°이다. 따라서 $\cos\theta = \cos(180°) = -1$이다. 식 (10.6)의 F와 d는 크기이므로 양수이고, 끌림힘이 한 일 $W = Fd\cos\theta = -Fd$는 음수이다.

검토 식 (10.3)을 이 상황에 적용하면, 계에서 변하는 유일한 에너지는 경주차의 운동 에너지 K이기 때문에

$$\Delta K = W$$

를 얻는다. 운동 에너지가 감소하기 때문에 그 변화 ΔK는 음수이다. 이것은 W의 부호와 일치한다. 이 예는 **음의 일은 계 외부로의 에너지 전달을 나타낸다**는 일반적인 원리를 보여준다.

이동하는 물체에 여러 힘이 작용하면 각각의 힘이 물체에 일을 한다. **총**(또는 **알짜)일** W_{total}은 각 힘이 한 일의 합이다. 총일은 환경에서 계로 전달된 총에너지나($W_{total} > 0$인 경우) 계에서 환경으로 전달된 총에너지를($W_{total} < 0$인 경우) 나타낸다.

일을 하지 않는 힘

힘이 물체에 작용한다는 사실이 그 힘이 물체에 일을 할 것이라는 의미는 아니다. 아래에 힘이 일을 하지 않는 세 가지 경우가 나타나 있다.

일을 하지 않는 힘

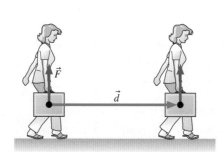

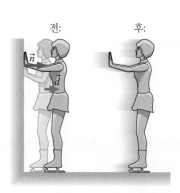

힘이 작용하는 동안 물체가 이동하지 않으면 한 일은 없다.

이것은 때로는 반직관적인 것처럼 보일 수 있다. 역도 선수가 매우 힘들게 머리 위로 바벨을 들고 있다. 그러나 바벨이 정지해 있는 동안 그 변위가 영이기 때문에 역도 선수는 바벨에 아무런 일도 하지 않는다. 그러면 역도 선수는 왜 그렇게 힘들까? 그가 엄청난 하중을 견디며 팔을 편 채 있으려면 몸속의 화학 에너지가 빠르게 전환될 필요가 있다는 것을 11장에서 배울 것이다.

변위에 수직한 힘은 일을 하지 않는다.

여자는 들고 다니는 서류 가방에 수직인 힘만 가한다. 이 힘은 변위 방향의 성분이 없으므로 가방은 일정한 속도로 움직이고, 운동 에너지는 일정하게 유지된다. 가방의 에너지가 변하지 않으므로 일로써 가방에 전달되는 에너지가 없다(풀이 전략 10.1에서 $\theta = 90°$인 경우이다).

힘이 작용하고 있는 물체의 특정 부분이 이동하지 않으면 한 일은 없다.

비록 벽이 수직 항력 $\vec{n}$으로 여자를 밀고 그녀가 변위 $\vec{d}$만큼 이동하지만, 벽은 일을 하지 않는다. 왜냐하면 $\vec{n}$이 작용하고 있는 그녀의 손이 이동하지 않기 때문이다. 이것은 일리가 있다. 움직이지 않고 정지한 물체에서 어떻게 에너지가 일로써 전달될 수 있겠는가? 그렇다면 그녀의 운동 에너지는 어디에서 온 것인가? 이것은 11장의 주제가 될 것이다. 추측해보라.

그림 10.10 견인 밧줄이 한 일은 자동차의 운동 에너지를 증가시킨다.

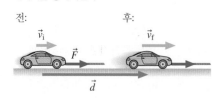

10.3 운동 에너지

움직이는 물체의 에너지인 운동 에너지에 대해 이미 정성적으로 논의했다. 이제 일과 간단한 운동학에 대해 배웠던 것을 사용하여 운동 에너지에 대한 정량적인 표현을 찾아보자. **그림 10.10**에서처럼 견인 밧줄로 끌고 있는 자동차를 고려한다. 자동차가 변위 $\vec{d}$만큼 이동하는 동안 밧줄은 일정한 힘 $\vec{F}$로 당기고 있으므로 힘은 자동차에

$W = Fd$의 일을 한다. 마찰력과 끌림힘을 무시한다면 $\vec{F}$가 한 일은 완전히 자동차의 운동 에너지로 전달된다. 이 경우, 자동차의 운동 에너지의 변화는 일–에너지 방정식인 식 (10.3)에 의해 다음과 같이 주어진다.

$$W = \Delta K = K_f - K_i \qquad (10.7)$$

운동학을 사용하여 일에 대한 표현을 자동차의 초기와 나중 속력의 항으로 구할 수 있다. ◀2.5절의 운동 방정식

$$v_f^2 = v_i^2 + 2a\,\Delta x$$

를 떠올려 보자. 자동차의 운동에 적용하자면, $\Delta x = d$는 자동차의 변위이고, 뉴턴의 제2법칙으로부터 가속도는 $a = F/m$이다. 따라서

$$v_f^2 = v_i^2 + \frac{2Fd}{m} = v_i^2 + \frac{2W}{m}$$

로 쓸 수 있다. 여기서 Fd를 일 W로 바꾸었다. 이제 일에 대해 풀면

$$W = \frac{1}{2}m\left(v_f^2 - v_i^2\right) = \frac{1}{2}mv_f^2 - \frac{1}{2}mv_i^2$$

을 얻는다. 이 결과를 식 (10.7)과 비교하면

$$K_f = \frac{1}{2}mv_f^2 \quad \text{그리고} \quad K_i = \frac{1}{2}mv_i^2$$

임을 알 수 있다. 일반적으로 속력 v로 움직이는 질량 m인 물체의 운동 에너지는 다음과 같다.

$$K = \frac{1}{2}mv^2 \qquad (10.8)$$

속력 v로 움직이는 질량 m인 물체의 운동 에너지

이차 관계

식 (10.8)로부터 운동 에너지의 단위는 질량에 속력의 제곱을 곱한 것의 단위인 $\text{kg} \cdot (\text{m/s})^2$이다. 그러나

$$1\ \text{kg} \cdot (\text{m/s})^2 = \underbrace{1\ \text{kg} \cdot (\text{m/s}^2)}_{1N} \cdot \text{m} = 1\ \text{N} \cdot \text{m} = 1\ \text{J}$$

이므로 운동 에너지의 단위는 당연히 일의 단위와 똑같다. 몇 가지 운동 에너지의 대략적인 크기가 표 10.1에 나와 있다. 일상적인 운동 에너지의 크기는 몇 백분의 1줄에서 거의 수백만 줄의 범위에 이른다.

표 10.1 운동 에너지의 대략적인 크기

물체	운동 에너지
기는 개미	1×10^{-8} J
1 m 높이에서 떨어진 동전	2.5×10^{-3} J
걷는 사람	70 J
빠른 공(100 mph≈161 km/h)	150 J
총알	5000 J
자동차(60 mph≈96 km/h)	5×10^5 J
유조선(20 mph≈32 km/h)	2×10^{10} J

개념형 예제 10.4 **자동차의 운동 에너지 변화**

1000 kg의 자동차가 5.0 m/s에서 출발하여 5.0 m/s만큼 속력을 올릴 때와 10 m/s에서 출발하여 5.0 m/s만큼 속력을 올릴 때의 운동 에너지의 변화를 비교하시오.

판단 속력이 5.0 m/s에서 10 m/s로 변할 때 자동차의 운동 에너지의 변화는

$$\Delta K_{5 \to 10} = \frac{1}{2}mv_f^2 - \frac{1}{2}mv_i^2$$

이다. 그러므로

$$\Delta K_{5\to10} = \frac{1}{2}(1000 \text{ kg})(10 \text{ m/s})^2 - \frac{1}{2}(1000 \text{ kg})(5.0 \text{ m/s})^2$$
$$= 3.8 \times 10^4 \text{ J}$$

을 얻는다. 마찬가지로, 10 m/s에서 15 m/s로 증가할 때는

$$\Delta K_{10\to15} = \frac{1}{2}(1000 \text{ kg})(15 \text{ m/s})^2 - \frac{1}{2}(1000 \text{ kg})(10 \text{ m/s})^2$$
$$= 6.3 \times 10^4 \text{ J}$$

이 필요하다. 비록 자동차 속력의 증가는 두 경우 모두 같지만, 운동 에너지의 증가는 둘째 경우가 상당히 더 크다.

검토 운동 에너지는 속력 v의 제곱에 의존한다. 속력 대 운동 에너지를 나타내는 **그림 10.11**에서 자동차의 에너지가 속력에 따라 빠르게 증가하는 것을 알 수 있다. 또한 v가 5 m/s 변할 때 K의 변화가 속력이 낮을 때보나 높을 때 더 큰 이유를 그래프에서 알 수

있다. 자동차의 속력이 낮을 때보다 높을 때 자동차를 가속시키는 것이 더 힘든 것은 부분적으로 이런 이유 때문이다.

그림 10.11 운동 에너지는 속력의 **제곱**으로 증가한다.

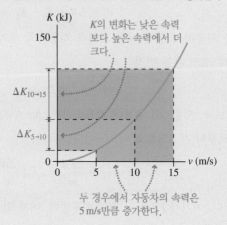

예제 10.5   **봅슬레이의 속력**

2인승 봅슬레이의 질량은 390 kg이다. 정지 상태에서 출발하여 두 사람이 처음 50 m는 알짜힘 270 N으로 봅슬레이를 밀었다. 마찰을 무시한다면 50 m의 끝에서 봅슬레이의 속력은 얼마인가?

준비 마찰을 무시하기 때문에 봅슬레이의 열에너지는 변하지 않는다. 그리고 봅슬레이의 높이는 일정하기 때문에 위치 에너지도 변하지 않는다. 따라서 일-에너지 방정식은 단순하게 $\Delta K = W$이다. 그러므로 두 사람이 봅슬레이를 밀면서 한 일을 구하면 봅슬레이의 최종 운동 에너지를 구할 수 있고 속력도 구할 수 있다. 주어진 값과 구할 값 v_f가 **그림 10.12**에 나타나 있다.

그림 10.12 두 사람이 한 일은 봅슬레이의 운동 에너지를 증가시킨다.

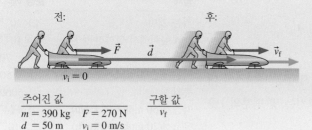

주어진 값		구할 값
$m = 390$ kg	$F = 270$ N	v_f
$d = 50$ m	$v_i = 0$ m/s	

풀이 일-에너지 방정식인 식 (10.3)에서 봅슬레이의 운동 에너지 변화는 $\Delta K = K_f - K_i = W$이다. 따라서 봅슬레이의 최종 운동 에너지는

$$K_f = K_i + W$$

가 된다. 운동 에너지와 일에 대한 표현을 사용하여

$$\frac{1}{2}mv_f^2 = \frac{1}{2}mv_i^2 + Fd$$

를 얻는다. $v_i = 0$이기 때문에 일-에너지 방정식은 간단하게

$$\frac{1}{2}mv_f^2 = Fd$$

가 된다. 나중 속력을 구하면 다음과 같다.

$$v_f = \sqrt{\frac{2Fd}{m}} = \sqrt{\frac{2(270 \text{ N})(50 \text{ m})}{390 \text{ kg}}} = 8.3 \text{ m/s}$$

검토 8.3 m/s(약 18 mph)는 두 사람이 밀어서 얻을 수 있는 적당한 속력이다.

회전 운동 에너지

선이나 다른 경로를 따라 움직이는 물체의 운동 에너지에 대한 표현을 방금 얻었다. 이 에너지를 **병진 운동 에너지**(translational kinetic energy)라고 한다. 이제 풍차 날개와 같이 고정된 축에 대해 회전하는 물체를 생각해보자. 날개는 전반적인 병진 운

동을 하지는 않지만 날개의 각 입자가 움직이고 있으므로 운동 에너지를 가지고 있다. 날개를 구성하는 모든 입자의 운동 에너지를 더하여 날개의 회전에 의한 운동 에너지인 **회전 운동 에너지**(rotational kinetic energy)를 구한다.

각속도 ω로 회전하고 있는 풍차 날개를 구성하는 입자 중 2개가 **그림 10.13**에 나타나 있다. ◀7.1절에서 반지름 r인 원에서 각속도 ω로 움직이는 입자의 속력은 $v = \omega r$임을 상기하라. 따라서 반지름 r_1인 원으로 회전하는 입자 1은 속력 $v_1 = r_1\omega$로 움직이므로 운동 에너지는 $\frac{1}{2}m_1v_1^2 = \frac{1}{2}m_1r_1^2\omega^2$이다. 마찬가지로, 더 큰 반지름 r_2인 원으로 회전하는 입자 2의 운동 에너지는 $\frac{1}{2}m_2r_2^2\omega^2$이다. 물체의 회전 운동 에너지는 모든 입자의 운동 에너지의 합으로 다음과 같다.

$$K_{\text{rot}} = \frac{1}{2}m_1r_1^2\omega^2 + \frac{1}{2}m_2r_2^2\omega^2 + \cdots = \frac{1}{2}\left(\sum mr^2\right)\omega^2$$

괄호 안의 항은 익숙한 물리량인 관성 모멘트 I이다. 그러므로 회전 운동 에너지는 다음과 같다.

$$K_{\text{rot}} = \frac{1}{2}I\omega^2 \tag{10.9}$$

관성 모멘트 I와 각속도 ω인 물체의 회전 운동 에너지

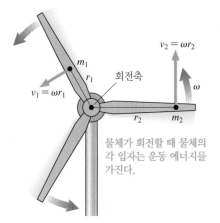

그림 10.13 입자들의 원운동 때문에 회전 운동 에너지가 나타난다.

물체가 회전할 때 물체의 각 입자는 운동 에너지를 가진다.

영상 학습 데모

바퀴처럼 구르는 물체는 회전 운동과 병진 운동을 모두 겪는다. 결과적으로 물체의 총 운동 에너지는 회전 운동 에너지와 병진 운동 에너지의 합이다.

$$K = K_{\text{trans}} + K_{\text{rot}} = \frac{1}{2}mv^2 + \frac{1}{2}I\omega^2 \tag{10.10}$$

이것은 중요한 사실을 보여준다. **구르는 물체의 운동 에너지는 같은 속력으로 움직이는 구르지 않는 물체의 운동 에너지보다 항상 크다.**

▶ **회전 재충전** 유망한 신기술 덕분에 주기적으로 비용이 많이 드는 교체가 필요한 우주선 배터리가 매우 높은 각속력으로 회전하는 원통인 플라이휠(flywheel)로 대체될 것이다. 태양 전지판의 에너지를 사용하여 플라이휠의 속력을 높이고, 플라이휠은 에너지를 회전 운동 에너지로 저장하여 필요에 따라 전기 에너지로 다시 변환할 수 있다.

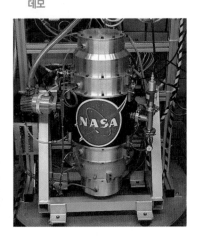

예제 10.6 | **자전거의 운동 에너지**

자전거 1은 10.0 kg의 프레임과 1.00 kg짜리 바퀴들로 구성되어 있고, 자전거 2는 9.0 kg의 프레임과 1.50 kg짜리 바퀴들로 구성되어 있다. 따라서 두 자전거의 총 질량은 12.0 kg으로 같다. 12.0 m/s로 자전거를 탈 때 각 자전거의 운동 에너지는 얼마인가? 자전거 바퀴는 반지름이 35.0 cm인 굴렁쇠로 모형화한다.

준비 각 자전거의 프레임은 오직 병진 운동 에너지 $K_{\text{frame}} = \frac{1}{2}mv^2$만 가지고 있다. 여기서 m은 프레임의 질량이다. 구르고 있는 각

바퀴의 운동 에너지는 식 (10.10)으로 구한다. 표 7.1에 따르면 질량이 M인 굴렁쇠의 I는 MR^2이다.

풀이 식 (10.10)으로부터 구르고 있는 바퀴의 운동 에너지는

$$K_{\text{wheel}} = \frac{1}{2}Mv^2 + \frac{1}{2}I\omega^2 = \frac{1}{2}Mv^2 + \frac{1}{2}\underbrace{(MR^2)}_{I}\underbrace{\left(\frac{v}{R}\right)^2}_{\omega^2} = Mv^2$$

이므로 자전거의 총 운동 에너지는

$$K = K_{\text{frame}} + 2K_{\text{wheel}} = \frac{1}{2}mv^2 + 2Mv^2$$

이다. 둘째 항의 인자 2는 자전거에는 바퀴가 2개 있기 때문에 나타난 것이다. 두 자전거의 운동 에너지는 각각 다음과 같다.

$$K_1 = \frac{1}{2}(10.0 \text{ kg})(12.0 \text{ m/s})^2 + 2(1.00 \text{ kg})(12.0 \text{ m/s})^2$$
$$= 1010 \text{ J}$$
$$K_2 = \frac{1}{2}(9.00 \text{ kg})(12.0 \text{ m/s})^2 + 2(1.50 \text{ kg})(12.0 \text{ m/s})^2$$
$$= 1080 \text{ J}$$

자전거 2의 운동 에너지는 자전거 1의 운동 에너지보다 약 7% 더 크다. 이 계산에서는 바퀴의 반지름이 필요하지 않았다.

검토 이 자전거를 탄 사람은 정지 상태에서 12 m/s까지 자전거를 가속시키면서 몸속의 화학 에너지 일부를 자전거의 운동 에너지로 변환해야 한다. 자전거 경주자는 가능하다면 자신의 에너지를 최소한으로만 사용한다. 두 자전거의 총 질량은 동일하지만 가벼운 바퀴를 단 자전거는 이동하는 데 필요한 에너지가 더 작다. 바퀴의 무게를 조금 줄이는 것이 프레임의 무게를 똑같이 줄이는 것보다 훨씬 더 유용하다.

경주용 자전거는 바퀴를 최대한 가볍게 하는 것이 중요하다.

10.4 위치 에너지

계에 있는 두어 개의 물체가 상호작용할 때, 에너지를 쉽게 되찾을 수 있는 방식으로 계에 에너지를 저장하는 것이 때때로 가능하다. 예를 들어, 지구와 공은 둘 사이의 중력으로 상호작용을 한다. 공을 공중으로 들어 올리면 에너지는 공 및 지구 계에 저장되고, 그 에너지는 나중에 공을 놓아서 공이 떨어질 때 운동 에너지로 되돌아올 수 있다. 마찬가지로, 용수철은 원자 '용수철'을 통해 상호작용하는 수많은 원자로 구성된 계이다. 상자를 용수철에 대고 밀 때 저장되는 에너지는 나중에 용수철이 상자를 탁자에서 되밀 때 되돌아올 수 있다. 이 같은 형태로 저장된 에너지를 **위치 에너지**(potential energy)라고 한다. 왜냐하면 그 에너지에는 운동 에너지 또는 열에너지와 같은 다른 형태의 에너지로 변환될 잠재성(potential)이 있기 때문이다.

중력과 용수철로 인한 힘은 에너지의 저장을 허용한다는 점에서 특별하다. 다른 상호작용 힘은 그렇지 않다. 바닥에서 상자를 밀 때, 상자와 바닥은 마찰력을 통해 상호작용하며 계에 해준 일은 열에너지로 변환된다. 그러나 이 에너지는 나중에 되찾아 올 수 있게 저장되지 **않는다.** 그 에너지는 천천히 환경으로 퍼져나가 되찾아올 수 없다.

유용한 에너지를 저장할 수 있는 상호작용 힘을 **보존력**(conservative force)이라고 한다. 앞으로 배우겠지만, 이 이름은 오직 보존력만 작용할 때 계의 역학적 에너지가 **보존된다**는 중요한 사실에서 유래한다. 중력과 탄성력은 보존력이며, 나중에 전기력 또한 보존력이라는 것을 알게 될 것이다. 반면에 마찰은 **비보존력**(nonconservative force)이다. 두 물체가 마찰력을 통해 상호작용할 때 에너지는 저장되지 않고, 보통 열에너지로 변환된다.

이 장에서 공부할 두 가지 보존력인 중력과 용수철의 탄성력에 관련된 위치 에너지를 더 자세히 살펴보겠다.

중력 위치 에너지

중력 위치 에너지에 대한 표현식을 찾기 위해 **그림 10.14(a)**에 나타낸 책 및 지구의 계를 고려해보자. 초기 위치 y_i에서 최종 높이 y_f까지 일정한 속력으로 책을 들어 올린다. 손이 들어 올리는 힘은 계 외부에 있고 계에 한 일 W도 외부에 있으므로 계의 에너지를 증가시킨다. 일정한 속력으로 책을 들어 올리므로 책의 운동 에너지는 변하지 않는다. 마찰이 없으므로 책의 열에너지도 변하지 않는다. 따라서 해준 일은 계의 중력 위치 에너지를 증가시키는 데 전적으로 사용된다. 일-에너지 방정식인 식 (10.3)에 따르면, 이것을 $\Delta U_g = W$로 쓸 수 있다. $\Delta U_g = (U_g)_f - (U_g)_i$이므로 식 (10.3)을 다음과 같이 쓸 수 있다.

$$(U_g)_f = (U_g)_i + W \tag{10.11}$$

해준 일은 $W = Fd$이고, $d = \Delta y = y_f - y_i$는 책이 이동한 수직 거리이다. **그림 10.14(b)**의 자유 물체 도형에서 $F = mg$임을 알 수 있다. 따라서 $W = mg\Delta y$이고

$$(U_g)_f = (U_g)_i + mg\Delta y \tag{10.12}$$

가 된다. 최종 높이가 처음 높이보다 더 크므로 Δy는 양수이고 $(U_g)_f > (U_g)_i$이다. **물체를 더 높이 들어 올릴수록 물체 및 지구 계의 중력 위치 에너지는 더 커진다.**

식 (10.12)는 마지막 중력 위치 에너지 $(U_g)_f$를 초기값 $(U_g)_i$의 항으로 나타낸다. 하지만 $(U_g)_i$의 값은 얼마인가? 식 (10.12)를 에너지 **변화**의 항으로 쓰면 통찰력을 얻을 수 있다.

$$(U_g)_f - (U_g)_i = \Delta U_g = mg\Delta y$$

예를 들어 1.5 kg의 책을 $\Delta y = 2.0$ m만큼 들어 올리면, 계의 중력 위치 에너지는 $\Delta U_g = (1.5 \text{ kg})(9.8 \text{ m/s}^2)(2.0 \text{ m}) = 29.4 \text{ J}$만큼 증가한다. 이 증가는 책의 출발 높이와 **무관하다.** 해수면 높이에서 시작하든지 워싱턴 기념비의 꼭대기에서 시작하든지 상관없이 책을 2.0 m만큼 들어 올리면 중력 위치 에너지가 29.4 J만큼 증가한다. 이것은 모든 형태의 위치 에너지에 대한 중요한 일반적인 사실을 보여준다. 즉, **오직 위치 에너지의 변화만이 의미가 있다.**

이 점 때문에 U_g를 0으로 정의하는 **기준면(reference level)**을 자유롭게 선택할 수 있다. 이 기준면을 $y = 0$으로 선택하면 U_g에 대한 표현이 특히 간단해진다.

$$U_g = mgy \tag{10.13}$$

높이 y에서 질량 m인 물체의 중력 위치 에너지
(물체가 $y = 0$에 있을 때 $U_g = 0$으로 가정)

그림 10.14 책을 들어 올리면 계의 중력 위치 에너지가 증가한다.

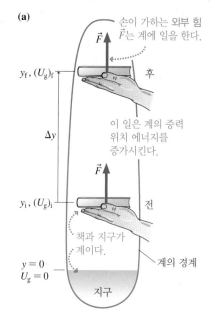

(a)

손이 가하는 외부 힘 $\vec{F}$는 계에 일을 한다.

$y_f, (U_g)_f$

후

이 일은 계의 중력 위치 에너지를 증가시킨다.

Δy

$\vec{F}$

$y_i, (U_g)_i$

전

책과 지구가 계이다.

계의 경계

$y = 0$
$U_g = 0$

지구

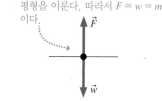

(b) 일정한 속력으로 책을 들어 올리기 때문에 책은 $\vec{F}_{net} = 0$으로 동역학적 평형을 이룬다. 따라서 $F = w = mg$이다.

$\vec{F}$

$\vec{w}$

예제 10.7 고층 빌딩 올라가기

엠파이어 스테이트 빌딩 올라가기 대회에서 참가자들은 엠파이어 스테이트 빌딩의 1576개 계단을 올라가야 한다. 총 수직 높이 320 m를 오르는 셈이다. 70 kg의 참가자가 이 대회에서 얻게 되는 중력 위치 에너지는 얼마인가?

엠파이어 스테이트 빌딩 올라가기 대회에서 참가자들이 계단을 오르고 있다.

준비 $y = 0$ m로 선택하면 빌딩의 1층에서 $U_g = 0$ J이다.

풀이 꼭대기에서 참가자의 중력 위치 에너지는

$$U_g = mgy = (70 \text{ kg})(9.8 \text{ m/s}^2)(320 \text{ m}) = 2.2 \times 10^5 \text{ J}$$

이다. 왜냐하면 참가자의 중력 위치 에너지는 1층에서 0 J이었고, 위치 에너지의 변화는 2.2×10^5 J이기 때문이다.

검토 이것은 꽤 큰 에너지이다. 표 10.1에 따르면 이 에너지는 빠르게 달리는 자동차의 에너지에 필적한다. 그러나 엠파이어 스테이트 빌딩을 오르는 것이 얼마나 힘들지 생각하면 이 결과는 타당해 보인다.

그림 10.15 등산객의 중력 위치 에너지는 오직 $y = 0$ m 기준면으로부터 높이에만 의존한다.

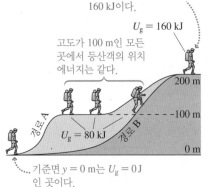

등산객이 경로 A를 택하든 B를 택하든 관계없이 꼭대기에서 등산객의 위치 에너지는 160 kJ이다.

$U_g = 160$ kJ

고도가 100 m인 모든 곳에서 등산객의 위치 에너지는 같다.

200 m

100 m

경로 A

$U_g = 80$ kJ

경로 B

0 m

기준면 $y = 0$ m는 $U_g = 0$ J인 곳이다.

식 (10.13)의 중요한 결론은 중력 위치 에너지가 물체의 수평 위치가 아닌 기준면 $y = 0$으로부터 물체 높이에만 의존한다는 것이다. 왜 그런지 이해하기 위해 일정한 속력으로 평지를 걷는 동안 들고 있는 서류 가방을 생각해보자. 표 9.1에서 볼 수 있듯이 서류 가방에 가해지는 손의 수직 힘은 변위에 수직이다. 서류 가방에 한 일이 없으므로 지상의 높이가 변하지 않는 한 중력 위치 에너지는 일정하다.

그림 10.15의 82 kg인 등산객처럼 더 복잡한 경우에도 이 개념을 적용할 수 있다. 등산객의 중력 위치 에너지는 오직 기준면으로부터 높이 y에만 의존한다. 경로 A에서 기준면으로부터 높이 $y = 100$ m의 모든 점에서 $U_g = mgy = 80$ kJ로 똑같다. 그가 다른 경로 B를 택한다면, $y = 100$ m에서의 중력 위치 에너지는 똑같은 80 kJ이다. 그가 어떻게 100 m 고도까지 가는지는 상관없이, 그 높이에서 위치 에너지는 항상 같다. **중력 위치 에너지는 물체의 높이에만 의존하고 물체가 그 위치에 도달하는 경로에는 의존하지 않는다.** 이 사실 덕분에, 뉴턴의 법칙만을 사용하여 해결하기 어려운 다양한 문제를 에너지 보존 법칙을 사용하여 쉽게 해결할 수 있다.

탄성 위치 에너지

용수철을 늘이거나 압축하여 저장한 에너지를 **탄성 위치 에너지**(elastic potential energy) 또는 **용수철 위치 에너지**(spring potential energy) U_s라고 한다. 외부 힘을 사용하여 용수철을 천천히 압축함으로써 용수철에 얼마나 큰 에너지가 저장되어 있는지를 알 수 있다. 이 외부 힘은 용수철에 일을 하여 에너지를 전달한다. 용수철의 탄성 위치 에너지만 변하기 때문에, 식 (10.3)은

$$\Delta U_s = W \tag{10.14}$$

가 된다. 말하자면, 용수철을 압축하는 데 필요한 일의 양을 계산하여 용수철에 저장된 탄성 위치 에너지의 양을 구할 수 있다.

그림 10.16은 손으로 압축한 용수철을 나타낸다. 8.3절에서 용수철이 손에 가하는

그림 10.16 용수철을 압축하는 데 필요한 힘은 일정하지 않다.

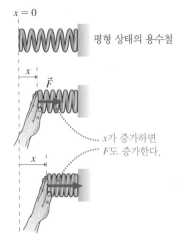

$x = 0$

평형 상태의 용수철

x

$\vec{F}$

x가 증가하면 F도 증가한다.

x

힘은 $F_s = -k\Delta x$(훅의 법칙)인 것을 알았다. 여기서 Δx는 용수철 끝이 평형 위치에서 이동한 변위이고 k는 용수철 상수이다. 그림 10.16에서 평형 위치를 좌표계의 원점으로 설정했다. 따라서 평형으로부터의 변위 Δx는 x와 같고 용수철 힘은 $-kx$이다. 뉴턴의 제3법칙에 따르면, 손이 용수철에 가하는 힘은 $F = +kx$이다.

손이 평형 위치에서 나중 위치 x까지 용수철의 끝을 밀면서 가한 힘은 0에서 kx로 증가한다. 이것은 일정한 힘이 아니므로 한 일을 식 (10.5)의 $W = Fd$를 사용하여 구할 수 없다. 그러나 식 (10.5)에 **평균** 힘을 사용하여 일을 계산하는 것은 타당해 보인다. 힘은 $F_i = 0$에서 $F_f = kx$까지 변하기 때문에 용수철을 압축하는 데 사용한 평균 힘은 $F_{avg} = \frac{1}{2}kx$이다. 따라서 손이 한 일은

$$W = F_{avg}d = F_{avg}x = \left(\frac{1}{2}kx\right)x = \frac{1}{2}kx^2$$

이다. 이 일은 용수철에 위치 에너지로 저장되므로 식 (10.14)를 사용할 수 있다. 용수철이 압축되면서 증가한 탄성 위치 에너지는

$$\Delta U_s = \frac{1}{2}kx^2$$

이다. 중력 위치 에너지의 경우와 마찬가지로, U_s 자체가 아닌 U_s의 **변화**에 대한 표현을 구했다. 다시 말하지만, 임의로 용수철을 늘인 상태를 $U_s = 0$으로 놓을 수 있다. 명백한 선택은 용수철이 늘어나지도 압축되지도 않은 평형 상태에 있는 지점, 즉 $x = 0$에서 $U_s = 0$을 설정하는 것이다. 이 선택에서 다음 결과를 얻는다.

$$U_s = \frac{1}{2}kx^2 \qquad (10.15)$$

평형에서 거리 x만큼 이동한 용수철의 탄성 위치 에너지
(용수철의 끝이 $x = 0$일 때 $U_s = 0$으로 가정)

U_s

이차 관계

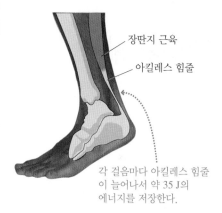

장딴지 근육

아킬레스 힘줄

각 걸음마다 아킬레스 힘줄이 늘어나서 약 35 J의 에너지를 저장한다.

발걸음에서의 용수철 BIO 달릴 때 발이 땅에 닿을 때마다 역학적 에너지의 일부를 잃어버린다. 이 에너지는 되찾을 수 없는 열에너지로 변환된다. 운 좋게도 발이 닿을 때 감소하는 역학적 에너지의 약 35%가 장딴지의 신축성 있는 아킬레스 힘줄에 탄성 위치 에너지로 저장된다. 발이 닿을 때마다 힘줄이 늘어나 에너지가 저장된다. 발이 다시 땅에서 떨어질 때 힘줄이 원래로 되돌아가면서 앞으로 나아가는 데 도움을 준다. 이렇게 되찾은 에너지로 몸속의 화학 에너지의 사용량을 줄여 효율성을 높인다.

예제 10.8 | **활 당기기**

궁수는 평형 위치에서 70 cm 떨어진 곳까지 시위를 잡아당긴다. 이 위치에서 시위를 잡고 있으려면 140 N의 힘이 필요하다. 활에 저장된 탄성 위치 에너지는 얼마인가?

준비 활은 신축성 있는 소재이므로 훅의 법칙 $F_s = -kx$를 따르는 것으로 모형화할 수 있다. 여기서 x는 시위를 당긴 거리이다. 시위를 잡고 있는 데 필요한 힘과 당긴 거리를 사용하여 활의 용수철 상수 k를 구한다. 그런 다음 식 (10.15)를 사용하여 탄성 위치 에너지를 구한다.

풀이 훅의 법칙으로부터 용수철 상수는

$$k = \frac{F}{x} = \frac{140\ \text{N}}{0.70\ \text{m}} = 200\ \text{N/m}$$

이다. 이제 휜 활의 탄성 위치 에너지는 다음과 같다.

$$U_s = \frac{1}{2}kx^2 = \frac{1}{2}(200\ \text{N/m})(0.70\ \text{m})^2 = 49\ \text{J}$$

검토 화살을 놓으면 탄성 위치 에너지가 화살의 운동 에너지로 변환될 것이다. 표 10.1에 따르면, 빠르기가 시속 161 km인 공의 운동 에너지는 약 150 J이므로 49 J은 빠르게 나는 화살의 운동 에너지로 적당하다.

10.5 열에너지

그림 10.17 열에너지의 분자적인 관점

뜨거운 물체: 빠르게 움직이는 분자는 큰 운동 에너지와 큰 탄성 위치 에너지를 갖는다.

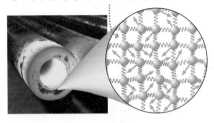

차가운 물체: 느리게 움직이는 분자는 작은 운동 에너지와 작은 탄성 위치 에너지를 갖는다.

그림 10.18 바닥에서 끌리고 있는 상자의 열화상

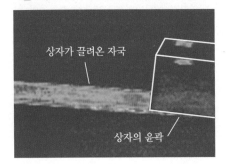

상자가 끌려온 자국

상자의 윤곽

열에너지가 물체를 이루는 분자의 미시적 운동과 관련이 있다는 것을 이전에 지적했다. 그림 10.17에서 볼 수 있듯이, 뜨거운 물체의 분자는 차가운 물체의 분자보다 평균 위치 주위를 더 많이 마구잡이로 움직인다. 이것은 두 가지 결과를 낳는다. 첫째, 각 원자는 뜨거운 물체에서 평균적으로 더 빠르게 움직인다. 이것은 각 원자의 운동 에너지가 더 크다는 뜻이다. 둘째, 뜨거운 물체의 각 원자는 평형 위치로부터 멀리 벗어나는 경향이 있어서 용수철과 비슷한 분자 결합이 더 크게 팽창하거나 수축하게 된다. 이것은 각 원자가 평균적으로 더 큰 위치 에너지를 갖는다는 뜻이다. 어느 한 결합에 저장된 위치 에너지와 한 원자의 운동 에너지는 모두 매우 작지만 그러한 결합과 원자는 엄청나게 많다. 이러한 모든 미시적 위치 에너지와 운동 에너지의 합을 **열에너지**(thermal energy)라고 한다. 물체의 열에너지를 증가시키는 것은 온도를 올리는 것에 상응한다.

열에너지 생성

그림 10.18은 바닥에서 끌리고 있는 무거운 상자의 열화상을 보여준다. 이 사진에서 따뜻한 영역은 연한 파란색 또는 녹색으로 표시된다. 상자의 밑면과 상자가 끌려온 바닥의 영역이 주변보다 눈에 띄게 따뜻하다는 것을 알 수 있다. 상자를 끄는 과정에서 열에너지가 상자와 바닥에 생겨났다.

밧줄로 상자를 일정한 속력으로 당기는 것을 고려하면 열에너지 변화에 대한 정량적 표현을 구할 수 있다. 바닥에서 상자를 당길 때, 밧줄은 앞쪽으로 일정한 힘 $\vec{F}$를 상자에 가하고 마찰력 $\vec{f}_k$는 뒤쪽으로 일정한 힘을 상자에 가한다. 상자가 일정한 속력으로 움직이기 때문에 두 힘의 크기는 같다. 곧 $F = f_k$이다.

상자가 변위 $d = \Delta x$만큼 움직이면 밧줄은 상자에 $W = F\Delta x$의 일을 한다. 이 일은 계 내부로 전달된 에너지를 나타내므로 계의 에너지는 **증가해야** 한다. 증가된 에너지는 어떤 형태일까? 상자의 속력이 일정하기 때문에 운동 에너지에는 변화가 없다($\Delta K = 0$). 그리고 상자의 높이도 변하지 않으므로 중력 위치 에너지도 변하지 않는다($\Delta U_g = 0$). 그러므로 증가된 에너지는 열에너지 E_{th}의 형태임이 틀림없다. 그림 10.18에서 볼 수 있듯이 이 에너지는 상자 및 상자가 끌려온 바닥 모두의 온도 상승으로 나타난다.

오직 열에너지만 변하는 경우에 대해 일-에너지 방정식인 식 (10.3)을

$$\Delta E_{th} = W$$

로 표현할 수 있다. 또한 일은 $W = F\Delta x = f_k \Delta x$이기 때문에 다음과 같이 쓸 수 있다.

$$\Delta E_{th} = f_k \Delta x \tag{10.16}$$

마찰력 f_k가 작용하는 동안 물체가 변위 Δx만큼 이동할 때 물체와 물체가 미끄러진 면으로 이루어진 계의 열에너지 변화

이러한 열에너지의 증가는 미끄러지는 물체들 사이에 마찰이 존재하는 모든 계에서 나타나는 일반적인 특징이다. 원자 수준의 설명이 **그림 10.19**에 나와 있다. 외부 힘이 한 일을 통해 계 내부로 전달된 에너지를 고려하여 식 (10.16)을 얻었지만, 예를 들어 물체가 거친 표면에서 정지할 때까지 미끄러질 때 역학적 에너지가 열에너지로 변환되는 경우에도 그 식은 유효하다. 식 (10.16)은 굴림 마찰력에도 적용된다. 다만, f_k를 f_r로 바꿀 필요가 있다.

그림 10.19 마찰이 열에너지를 증가시키는 방법

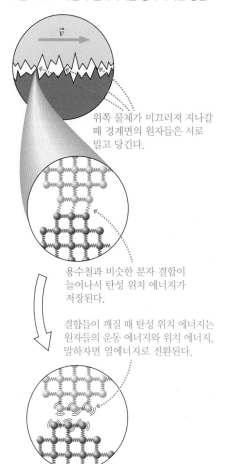

위쪽 물체가 미끄러져 지나갈 때 경계면의 원자들은 서로 밀고 당긴다.

용수철과 비슷한 분자 결합이 늘어나서 탄성 위치 에너지가 저장된다.

결합들이 깨질 때 탄성 위치 에너지는 원자들의 운동 에너지와 위치 에너지, 말하자면 열에너지로 전환된다.

예제 10.9   **문질러서 열에너지 생성하기**

0.30 kg의 나무 토막을 나무 탁자에 대고 앞뒤로 30번씩 문지른다. 매번 움직일 때마다 토막을 탁자에 대고 22 N의 힘으로 누른 채 8.0 cm 이동시킨다. 이 과정에서 얼마나 많은 열에너지가 생성되는가?

준비 토막을 잡고 있는 손은 토막을 앞뒤로 밀기 위해 일을 한다. 일은 에너지를 토막 및 탁자 계로 전달하며, 이것은 식 (10.16)에 따라 열에너지로 나타난다. 5장에서 소개된 운동 마찰의 모형에서 마찰력을 찾아보면 $f_k = \mu_k n$이다. 표 5.2에서 나무와 나무가 미끄러지는 경우에 대한 운동 마찰 계수는 $\mu_k = 0.20$이다. 토막에 작용하는 수직 항력 n을 구하기 위해 토막에 작용하는 수직력만 나타낸 자유 물체 도형인 **그림 10.20**을 그린다.

그림 10.20 탁자에 대고 문지르고 있는 토막의 자유 물체 도형(수직력만 나타냄)

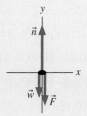

풀이 식 (10.16)에서 $\Delta E_{th} = f_k \Delta x$이고, $f_k = \mu_k n$이다. 토막은 y방향으로 가속하지 않으므로 자유 물체 도형에서 뉴턴의 제2법칙은

$$\sum F_y = n - w - F = ma_y = 0$$

이 된다. 즉,

$$n = w + F = mg + F = (0.30 \text{ kg})(9.8 \text{ m/s}^2) + 22 \text{ N} = 24.9 \text{ N}$$

이다. 그러면 마찰력은 $f_k = \mu_k n = (0.20)(24.9 \text{ N}) = 4.98 \text{ N}$이다. 나무 토막의 총 변위는 $2 \times 30 \times 8.0 \text{ cm} = 4.8 \text{ m}$이므로 생성된 열에너지는 다음과 같다.

$$\Delta E_{th} = f_k \Delta x = (4.98 \text{ N})(4.8 \text{ m}) = 24 \text{ J}$$

검토 이러한 적당한 양의 열에너지는 사람이 문질러서 생성하기에 타당해 보인다.

10.6 에너지 보존 법칙의 활용

일–에너지 방정식인 식 (10.3)은 계의 총에너지 변화가 일로써 계 안팎으로 전달되는 에너지와 같다고 알려준다. 운동 에너지 K, 중력 및 탄성 위치 에너지 U_g와 U_s, 열에너지 E_{th}와 같이 보통 물체의 운동 도중에 일반적으로 변환되는 에너지 형태만 고려하면 일–에너지 방정식을 다음과 같이 나타낼 수 있다.

수업 영상

$$\Delta K + \Delta U_g + \Delta U_s + \Delta E_{th} = W \tag{10.17}$$

운동량 보존과 마찬가지로 에너지 보존에 대한 전-후 관점을 개발하고자 한다. $\Delta K = K_f - K_i$, $\Delta U_g = (U_g)_f - (U_g)_i$임을 주목하면 식 (10.17)을

$$K_f + (U_g)_f + (U_s)_f + \Delta E_{th} = K_i + (U_g)_i + (U_s)_i + W \qquad (10.18)$$

영상 학습 데모

와 같이 쓸 수 있다. 식 (10.18)은 일-에너지 방정식의 전-후 형태이다. 열에너지의 변화를 포함한 계의 최종 에너지는 계의 초기 에너지와 일로써 계에 추가된 모든 에너지를 합한 것과 같다. 이 방정식은 다음에 소개할 강력한 문제 풀이 전략의 기초가 될 것이다.

에너지 보존

10.1절에서 계에 아무런 일도 해주지 않아서 에너지가 계 안팎으로 전달되지 않는 고립계에 대한 개념을 소개했다. 이 경우 식 (10.18)에서 $W = 0$이므로,

$$K_f + (U_g)_f + (U_s)_f + \Delta E_{th} = K_i + (U_g)_i + (U_s)_i \qquad (10.18a)$$

가 된다. 식 (10.18a)는 **고립계의 경우 에너지가 보존됨**을 의미한다. 즉, 열에너지의 변화를 포함한 최종 에너지는 초기 에너지와 같다. 이것은 에너지 보존 법칙인 식 (10.4)인데, 다만 역학적 운동에서 나타나는 전형적인 에너지 형태로 제한한 것이다. 표 10.2는 네 가지 일반적인 상황에 대해 고립계를 선택하는 방법을 보여준다.

마찰을 무시할 수 있는 경우로 더 제한하면 $\Delta E_{th} = 0$이므로, 에너지 보존 법칙인 식 (10.18a)는

$$K_f + (U_g)_f + (U_s)_f = K_i + (U_g)_i + (U_s)_i \qquad (10.19)$$

가 된다. 운동 에너지와 위치 에너지의 합 $K + U_g + U_s$를 계의 **역학적 에너지**(mechanical energy)라고 한다. 따라서 식 (10.19)는 **마찰이 없는 고립계에서 역학적 에너지가 보존된다**고 말한다.

표 10.2 고립계의 선택

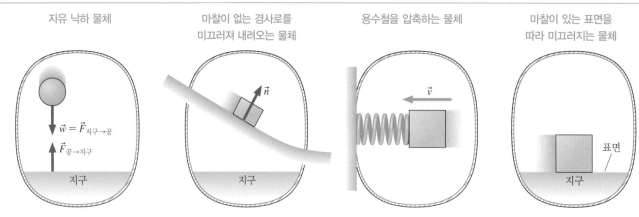

자유 낙하 물체	마찰이 없는 경사로를 미끄러져 내려오는 물체	용수철을 압축하는 물체	마찰이 있는 표면을 따라 미끄러지는 물체
공 및 지구를 계로 선택하면 둘 사이의 힘은 내부 힘이 된다. 일을 할 외부 힘이 없으므로 계는 고립되어 있다.	경사로가 물체에 작용하는 외부 힘은 운동에 수직이므로 아무런 일도 하지 않는다. 물체와 지구는 함께 고립계를 형성한다.	물체와 용수철을 계로 선택한다. 둘 사이의 힘은 내부 힘이므로 어떤 일도 하지 않는다.	벽돌과 표면은 운동 마찰력을 통해 상호작용하지만 이런 힘은 계의 내부에 있다. 일을 할 외부 힘이 없으므로 계는 고립되어 있다.

일–에너지 방정식과 에너지 보존 법칙은 계의 **최종** 에너지를 초기 에너지와 관련시킨다. 이러한 에너지로부터 초기와 나중 높이, 속력, 변위를 구할 수 있다.

준비 풀이 전략 9.1에서 설명한 대로 전–후 개요도를 그린다. 주어진 값과 구할 값을 식별한다.

풀이 전–후 형태의 일–에너지 방정식인 식 (10.18)을 적용한다.

$$K_f + (U_g)_f + (U_s)_f + \Delta E_{th} = K_i + (U_g)_i + (U_s)_i + W$$

세 가지 일반적인 상황이 있다.

- 계에 일을 한다면 식 (10.18)의 온전한 형태를 사용한다.
- 계가 고립되어 있고 해준 일이 없다면 식 (10.18)에서 $W = 0$으로 놓은 식 (10.18a)(에너지 보존 법칙)를 사용한다.
- 계가 고립되어 있고 마찰이 없다면 역학적 에너지는 보존된다. 식 (10.18)에서 $W = 0$과 $\Delta E_{th} = 0$으로 놓은 식 (10.19)를 사용한다.

문제에 따라 이러한 에너지의 초기값 또는 최종값을 계산할 필요가 있다. 그런 다음 모르는 에너지를 구하고, 이로부터 (K에서) 속력, (U_g와 U_s에서) 높이와 거리, ($\Delta E_{th} = f_k \Delta x$에서) 변위나 마찰력과 같은 모르는 값을 구한다.

검토 에너지의 부호를 확인한다. 운동 에너지는 열에너지의 변화와 마찬가지로 항상 양수이다. 결과의 단위가 정확한지, 결과가 합리적이고 질문에 적절한 답이 되는지 확인한다.

용수철 작동 BIO 메뚜기는 1미터까지 멀리 뛸 수 있다. 이것은 작은 동물에게는 인상적인 거리이다. 그런 도약을 하려면, 근육이 평상시에 수축할 수 있는 것보다 훨씬 더 빨리 다리를 뻗어야 한다. 따라서 메뚜기는 근육을 사용하여 직접 도약하는 대신에 무릎 관절 근처의 내부 '용수철'을 천천히 늘인다. 따라서 탄성 위치 에너지가 용수철에 저장된다. 근육이 이완되면 용수철은 갑자기 풀려나고 그 에너지가 빠르게 곤충의 운동 에너지로 전환된다.

예제 10.10 종 울리기

케이티는 유원지에서 **그림 10.21**에서처럼 종 울리기에 도전하려고 한다. 케이티는 위로 솟구치는 공의 초기 속력이 8.0 m/s가 되도록 망치를 힘차게 휘둘렀다. 공이 바닥에서 3.0 m 높이에 있는 종을 울릴 수 있을까?

준비 문제 풀이 전략 10.1의 단계를 따라가자. 표 10.2에서 일단 공이 공중에 있으면 공과 지구로 구성된 계는 고립되어 있음을 알 수 있다. 공이 움직이는 궤도에 마찰이 없다고 가정하면 계의 역학적 에너지는 보존된다. 그림 10.21은 공의 시작점을 $y = 0$ m로 선택한 전–후 개요도이다. 그러면 식 (10.19)의 역학적 에너지 보존을 사용할 수 있다.

풀이 식 (10.19)에 따르면 $K_f + (U_g)_f = K_i + (U_g)_i$이다. 운동 에너지 및 위치 에너지에 대한 표현을 사용하여 다음과 같이 쓸 수 있다.

$$\frac{1}{2}mv_f^2 + mgy_f = \frac{1}{2}mv_i^2 + mgy_i$$

잠시 종을 무시하고 공이 지나는 길에 아무것도 없을 경우 공이

그림 10.21 종 울리기 장치의 개요도

종이 없을 때 공이 얼마나 높이 올라갈지 계산한다. 그런 다음 그 높이가 종에 닿는 데 충분한지 확인한다.

후:
y_f
$v_f = 0$ m/s

구할 값: y_f

3.0 m

전:
$v_i = 8.0$ m/s
$y_i = 0$ m

얼마나 올라가는지 알아보자. 공은 $y_i = 0$ m에서 시작하고 최고점에서의 속력 v_f는 0 m/s이다. 따라서 에너지 방정식을 단순화하면

$$mgy_f = \frac{1}{2}mv_i^2$$

이 된다. 이것을 높이 y_f에 대해 풀면 쉽게

$$y_f = \frac{v_i^2}{2g} = \frac{(8.0 \text{ m/s})^2}{2(9.8 \text{ m/s}^2)} = 3.3 \text{ m}$$

를 얻는다. 이 값은 종이 놓여 있는 곳보다 더 높으므로 공은 올라

가면서 실제로 종을 칠 것이다.

검토 케이티가 망치를 힘차게 휘둘러 공이 약 3 m 떠오르는 것은 타당해 보인다.

예제 10.11 **물 미끄럼틀 바닥에서의 속력**

케이티는 유원지에서 **그림 10.22**와 같은 모양의 물 미끄럼틀을 탄다. 지상 9.0 m에 있는 출발점에서 초기 속력 2.0 m/s로 출발한다. 미끄럼틀에 마찰이 없다면 바닥에서 케이티의 빠르기는 얼마인가?

준비 표 10.2에 따르면, 미끄럼틀의 수직 항력이 케이티의 운동에 수직이고 아무런 일도 하지 않기 때문에 케이티와 지구로 이루어진 계는 고립되어 있다. 미끄럼틀에 마찰이 없다고 가정하면 역학적 에너지 보존 방정식을 사용할 수 있다. 그림 10.22는 문제의 개요도이다.

그림 10.22 물 미끄럼틀에서 케이티의 전–후 개요도

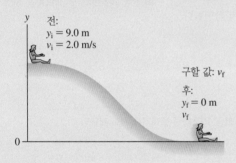

풀이 역학적 에너지 보존에 따르면

$$K_f + (U_g)_f = K_i + (U_g)_i$$

또는

$$\frac{1}{2}mv_f^2 + mgy_f = \frac{1}{2}mv_i^2 + mgy_i$$

이다. $y_f = 0$ m로 택하면

$$\frac{1}{2}mv_f^2 = \frac{1}{2}mv_i^2 + mgy_i$$

가 되고, 이것을 풀어서 다음 결과를 얻는다.

$$v_f = \sqrt{v_i^2 + 2gy_i}$$
$$= \sqrt{(2.0 \text{ m/s})^2 + 2(9.8 \text{ m/s}^2)(9.0 \text{ m})} = 13 \text{ m/s}$$

검토 이 속력은 약 시속 47 km이다. 이것은 물 미끄럼틀을 실제로 탈 때보다 빠르다. 하지만 마찰을 무시했기 때문에 이 결과는 적절하다. 중력 위치 에너지는 기준면 위의 높이에만 의존하기 때문에 미끄럼틀의 모양은 중요하지 않다는 것을 깨닫는 것이 중요하다. **동일한 높이의 (마찰이 없는) 어떠한 미끄럼틀을 타고 내려오더라도 바닥에서의 속력은 같다.**

예제 10.12 **용수철로 발사한 공의 속력**

용수철이 장착된 장난감 총을 사용해 10 g의 플라스틱 공을 발사한다. 공을 총열 안으로 밀어 넣으면, 용수철 상수가 10 N/m인 용수철이 10 cm만큼 수축한다. 방아쇠를 당기면 용수철이 풀려서 공을 발사한다. 공이 총열을 벗어날 때의 속력은 얼마인가? 단, 마찰은 무시한다.

준비 용수철이 훅의 법칙 $F_s = -kx$를 따르고 질량이 없다고 가정하면, 그 자체의 운동 에너지는 없다. 표 10.2를 사용하여 고립계를 용수철과 공으로 선택한다. 마찰이 없으므로 계의 역학적 에너지 $K + U_s$는 보존된다.

그림 10.23에 전–후 개요도가 나타나 있다. 용수철이 평형 길이가 될 때까지 압축된 용수철은 공을 밀 것이다. 좌표계의 원점을

그림 10.23 용수철이 장착된 장난감 총으로 발사한 공의 전–후 개요도

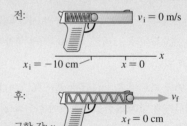

용수철의 자유로운 끝의 평형 위치로 택했으므로 $x_i = -10$ cm와 $x_f = 0$ cm가 된다.

풀이 에너지 보존 방정식은 $K_f + (U_s)_f = K_i + (U_s)_i$이다. 이 식에

서 용수철의 탄성 위치 에너지를 나타낸 식 (10.15)를 사용하면

$$\tfrac{1}{2}mv_f^2 + \tfrac{1}{2}kx_f^2 = \tfrac{1}{2}mv_i^2 + \tfrac{1}{2}kx_i^2$$

으로 쓸 수 있다. $x_f = 0$ m와 $v_i = 0$ m/s이므로 이 식은

$$\tfrac{1}{2}mv_f^2 = \tfrac{1}{2}kx_i^2$$

으로 단순화된다. 이제 간단히 공의 속력에 대해 풀면 다음과 같다.

$$v_f = \sqrt{\frac{kx_i^2}{m}} = \sqrt{\frac{(10 \text{ N/m})(-0.10 \text{ m})^2}{0.010 \text{ kg}}} = 3.2 \text{ m/s}$$

검토 이 문제는 뉴턴의 법칙으로 쉽게 풀 수 없다. 가속도가 일정하지 않은데, 이런 경우의 운동학을 다루는 법을 아직 배우지 않았다. 그러나 에너지 보존으로는 쉽게 해결된다!

예제 10.13 **자전거 트레일러 끌기**

모니카가 타고 있는 자전거에는 트레일러가 달려있고 그 안에 딸 제시가 있다. 트레일러와 제시의 질량은 합쳐서 25 kg이다. 모니카는 높이가 4.0 m인 100 m 길이의 경사면을 올라가기 시작한다. 경사면에서 모니카의 자전거는 8.0 N의 일정한 힘으로 트레일러를 당긴다. 경사면의 바닥에서 5.3 m/s의 속력으로 출발한다면, 경사면 꼭대기에서 그들의 속력은 얼마인가?

준비 문제 풀이 전략 10.1의 단계를 다시 따라가 보자. 제시와 트레일러를 계로 선택하면, 모니카의 자전거가 이동하는 계에 힘을 작용하고 있다는 것을 알 수 있다. 즉, 모니카의 자전거가 계에 일을 하고 있다. 따라서 일 W를 포함하는 식 (10.18)의 온전한 형태를 사용할 필요가 있다. **그림 10.24**는 트레일러의 출발 높이를

그림 10.24 언덕 위로 끌려가는 자전거 트레일러의 전-후 개요도

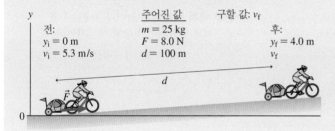

$y = 0$ m로 선택한 전-후 개요도이다.

풀이 마찰이 없다고 가정하면 $\Delta E_{th} = 0$이므로 식 (10.18)은

$$K_f + (U_g)_f = K_i + (U_g)_i + W$$

또는

$$\tfrac{1}{2}mv_f^2 + mgy_f = \tfrac{1}{2}mv_i^2 + mgy_i + W$$

가 된다. $y_i = 0$ m로 택하고 $W = Fd$로 쓰면 나중 속력에 대해 풀 수 있다.

$$
\begin{aligned}
v_f^2 &= v_i^2 - 2gy_f + \frac{2Fd}{m} \\
&= (5.3 \text{ m/s})^2 - 2(9.8 \text{ m/s}^2)(4.0 \text{ m}) + \frac{2(8.0 \text{ N})(100 \text{ m})}{25 \text{ kg}} \\
&= 13.7 \text{ m}^2/\text{s}^2
\end{aligned}
$$

이로부터 $v_f = 3.7$ m/s가 된다. 힘이 변위와 같은 방향이기 때문에 일을 양수로 잡았다는 점에 주목하기 바란다.

검토 3.7 m/s(약 시속 13 km)의 속력은 자전거 속력으로 타당해 보인다. 제시의 나중 속력은 초기 속력보다 낮다. 이것은 모니카의 자전거가 트레일러에 가하는 오르막 힘이 중력의 내리막 성분보다 작다는 것을 말해준다.

마찰과 열에너지

운동 마찰이 존재할 때 항상 열에너지가 생성되므로, 열에너지 변화 ΔE_{th}를 포함하는 좀 더 일반적인 에너지 보존 방정식인 식 (10.18a)를 사용해야 한다. 더구나 10.5절에서 물체가 마찰력 f_k를 받는 동안 거리 Δx만큼 미끄러지면 열에너지의 변화는 $\Delta E_{th} = f_k \Delta x$라는 것을 알았다.

예제 10.14 **썰매가 멈추는 곳**

사람을 태운 썰매가 정지 상태에서 출발하여 10 m 높이의 언덕을 미끄러져 내려간다. 언덕의 바닥에는 거친 눈길이 수평으로 길게 펼쳐져 있다. 언덕은 거의 마찰이 없지만 바닥의 거친 눈과 썰매 사이의 마찰 계수는 $\mu_k = 0.30$이다. 썰매가 거친 눈길을 따라 얼마나 멀리까지 가겠는가?

준비 고립계가 되려면 썰매, 지구 및 거친 눈이 계에 포함되어야 한다. 표 10.2에서 보듯이 이렇게 하면 마찰력은 내부 힘이 되므로 계에 한 일은 없다. 에너지 보존을 사용할 수 있지만 열에너지를 포함해야 한다. 이 문제의 개요도가 **그림 10.25**에 나와 있다.

풀이 언덕 꼭대기에서 썰매에는 중력 위치 에너지 $(U_g)_i = mgy_i$만 있다. 언덕의 바닥에서 정지한 후에는 운동 에너지 또는 위치 에너지가 없으므로 $K_f = (U_g)_f - 0$이지만, 기친 길의 마칠은 열에너지를 증가시킨다. 따라서 에너지 보존 방정식 $K_f + (U_g)_f + \Delta E_{th} = K_i + (U_g)_i$는 다음과 같다.

$$\Delta E_{th} = (U_g)_i = mgy_i$$

열에너지의 변화는 $\Delta E_{th} = f_k \Delta x = \mu_k n \Delta x$이다. 썰매가 거친 길

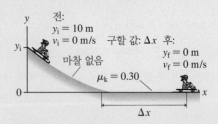

그림 10.25 언덕을 내려가는 썰매를 탄 사람의 개요도

을 지날 때 수직 항력 $\vec{n}$은 썰매의 무게 $\vec{w}$와 균형을 유지하므로 $n = w = mg$이다. 따라서

$$\Delta E_{th} = \mu_k n \Delta x = \mu_k(mg)\Delta x = mgy_i$$

가 되고, 이로부터 구한 이동 거리는 다음과 같다.

$$\Delta x = \frac{y_i}{\mu_k} = \frac{10 \text{ m}}{0.30} = 33 \text{ m}$$

검토 썰매가 처음 출발한 언덕의 높이보다 더 먼 거리까지 미끄러지는 것은 타당해 보인다.

종합 10.1 에너지와 그 보존

이 장에서는 네 가지 기본 형태의 에너지를 고려했다. 고립계에 존재하는 에너지는 한 형태에서 다른 형태로 변형될 수 있지만 총에너지는 보존된다. 모든 형태의 에너지 단위는 줄(J)이다.

운동 에너지는 움직임의 에너지이다.

$$K = \tfrac{1}{2}mv^2$$
질량 (kg)
속도 (m/s)

중력 위치 에너지는 지상에서 물체까지의 높이와 연관되어 저장된 에너지이다.

$$U_g = mgy$$
자유 낙하 가속도
질량 (kg)
기준면 $y = 0$으로부터 높이 (m)

탄성 위치 에너지는 늘어나거나 수축된 용수철과 연관되어 저장된 에너지이다.

$$U_s = \tfrac{1}{2}kx^2$$
용수철 상수 (N/m)
평형으로부터 용수철 끝의 변위(m)

물체와 물체가 미끄러지는 표면으로 이루어진 계는 마찰이 있으면 열에너지를 얻는다.

$$\Delta E_{th} = f_k \Delta x$$
열에너지의 변화
마찰력 (N)
물체가 미끄러진 거리 (m)

고립계에서 **에너지 보존 법칙**은 다음과 같다.

$$K_f + (U_g)_f + (U_s)_f + \Delta E_{th} = K_i + (U_g)_i + (U_s)_i$$
최종 총에너지
초기 총에너지

열에너지의 증가를 포함한 계의 최종 총에너지는 계의 초기 에너지와 같다.

10.7 충돌에서의 에너지

9장에서 두 물체 사이의 충돌을 공부했다. 물체에 외부 힘이 작용하지 않으면 물체들의 **총운동량**이 보존된다는 것을 알았다. 이제 충돌 중에 에너지는 어떻게 되는지 알고

싶다. 충돌 에너지는 좀 더 안전한 자동차와 자전거용 안전모를 설계하는 것과 같은 생체역학 분야의 많은 응용에서 중요하다.

먼저 예제 9.8에서 공부한 완전 비탄성 충돌을 다시 살펴보자. 두 물체가 서로 붙어서 공통의 마지막 속도로 움직이던 것을 상기해보자. 에너지에 어떤 일이 발생할까?

예제 10.15 완전 비탄성 충돌에서의 에너지 변환

그림 10.26은 열차의 차량 두 대가 서로를 향해 움직이다 충돌하여 함께 붙어버린 것을 보여준다. 예제 9.8에서 운동량 보존을 사용해서 주어진 초기 속도로부터 그림 10.26의 나중 속도를 구했다. 이 충돌에서 얼마나 많은 열에너지가 생성되는가?

그림 10.26 완전 비탄성 충돌의 전-후 개요도

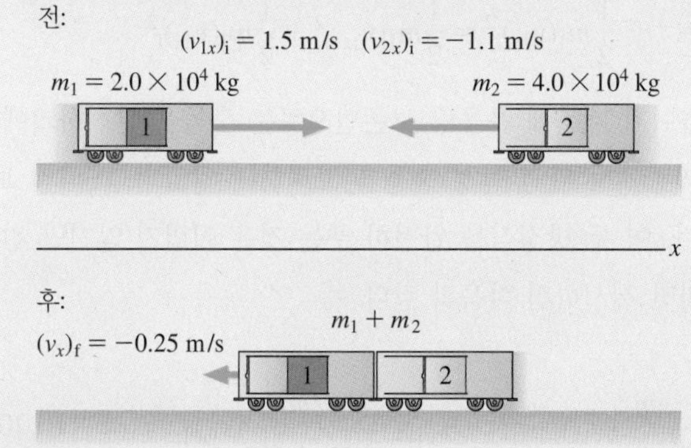

전:
$(v_{1x})_i = 1.5 \text{ m/s}$ $(v_{2x})_i = -1.1 \text{ m/s}$
$m_1 = 2.0 \times 10^4 \text{ kg}$ $m_2 = 4.0 \times 10^4 \text{ kg}$

후:
$(v_x)_f = -0.25 \text{ m/s}$ $m_1 + m_2$

준비 차량 두 대를 계로 선택할 것이다. 기차 궤도가 수평이기 때문에 위치 에너지의 변화는 없다. 따라서 에너지 보존 법칙인 식 (10.18a)는 $K_f + \Delta E_{th} = K_i$가 된다. 충돌 전의 총에너지는 충돌 후의 총에너지와 같아야 하지만, **역학적** 에너지는 같을 필요

가 없다.

풀이 초기 운동 에너지는

$$K_i = \frac{1}{2}m_1(v_{1x})_i{}^2 + \frac{1}{2}m_2(v_{2x})_i{}^2$$
$$= \frac{1}{2}(2.0 \times 10^4 \text{ kg})(1.5 \text{ m/s})^2 + \frac{1}{2}(4.0 \times 10^4 \text{ kg})(-1.1 \text{ m/s})^2$$
$$= 4.7 \times 10^4 \text{ J}$$

이다. 차량이 서로 붙어서 질량 $m_1 + m_2$인 하나의 물체로 움직이기 때문에 최종 운동 에너지는

$$K_f = \frac{1}{2}(m_1 + m_2)(v_x)_f{}^2$$
$$= \frac{1}{2}(6.0 \times 10^4 \text{ kg})(-0.25 \text{ m/s})^2 = 1900 \text{ J}$$

이 된다. 위의 에너지 보존 방정식으로부터 열에너지는

$$\Delta E_{th} = K_i - K_f = 4.7 \times 10^4 \text{ J} - 1900 \text{ J} = 4.5 \times 10^4 \text{ J}$$

만큼 증가한다는 것을 알 수 있다. 충돌 효과로 이 양만큼의 초기 운동 에너지가 열에너지로 변환된다.

검토 초기 운동 에너지의 약 96%가 열에너지로 변환된다. 이것은 많은 실제 충돌에서 일반적이다.

탄성 충돌

그림 10.27은 라켓과 테니스공의 충돌을 보여준다. 둘이 충돌할 때 공이 압축되고 라켓 줄이 늘어난 후, 둘이 떨어지면서 공은 팽창하고 줄은 이완한다. 에너지로 표현하자면, 공과 줄의 운동 에너지가 둘의 탄성 위치 에너지로 변환된 다음에 두 물체가 튀어나가면서 운동 에너지로 되돌아간다. 모든 운동 에너지가 탄성 위치 에너지로 저장되고 모든 탄성 위치 에너지가 물체들의 충돌 후 운동 에너지로 다시 변환된다면, 역학적 에너지가 보존된다. 역학적 에너지가 보존되는 충돌을 **완전 탄성 충돌**(perfectly elastic collision)이라고 한다.

말할 필요도 없이 대부분의 실제 충돌은 완전 탄성과 완전 비탄성 사이 어딘가에 해당한다. 바닥에서 튀는 고무공은 튀어 오를 때마다 아마도 운동 에너지의 20%를

그림 10.27 테니스공이 라켓과 충돌한다. 공이 압축되고 라켓 줄이 늘어난 것에 주목하라.

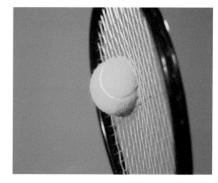

'잃어버리고' 이전에 튀어 올라간 높이의 80%에만 도달한다. 그러나 당구공이나 쇠공과 같이 매우 단단한 두 물체 사이의 충돌은 완전 탄성에 가깝다. 그리고 원자 또는 전자와 같은 미시적 입자 사이의 충돌은 완전 탄성이 될 수 있다.

그림 10.28은 초기 속도 $(v_{1x})_i$를 가진 질량 m_1인 공과 처음에 정지하고 있는 질량 m_2인 공의 정면 완전 탄성 충돌을 보여준다. 충돌 후 공의 속도는 $(v_{1x})_f$와 $(v_{2x})_f$이다. 이 양들은 속력이 아니라 속도이고 부호가 있다. 특히 공 1은 뒤쪽으로 튀어나가서 $(v_{1x})_f$가 음수가 될 수 있다.

이 충돌은 두 가지 보존 법칙인 운동량 보존(모든 충돌에서 성립) 및 역학적 에너지 보존(완전 탄성 충돌에서 성립)을 따라야 한다. 충돌하는 동안 에너지는 위치 에너지로 변환되지만, 충돌 전후의 역학적 에너지는 순수한 운동 에너지이므로 다음과 같다.

운동량 보존: $m_1(v_{1x})_i - m_1(v_{1x})_f + m_2(v_{2x})_f$

에너지 보존: $\dfrac{1}{2}m_1(v_{1x})_i^2 = \dfrac{1}{2}m_1(v_{1x})_f^2 + \dfrac{1}{2}m_2(v_{2x})_f^2$

미지수인 나중 속도가 둘이기 때문에 운동량 보존만으로는 충돌을 분석하기에 충분하지 않다. 그런 이유로 9장에서 완전 탄성 충돌을 고려하지 않았다. 에너지 보존은 또 다른 조건을 제공한다. 이 두 방정식을 완전히 푸는 것은 어렵지 않지만 긴 계산이 필요하다. 그래서 결과만 제시하면 다음과 같다.

$$(v_{1x})_f = \frac{m_1 - m_2}{m_1 + m_2}(v_{1x})_i \qquad (v_{2x})_f = \frac{2m_1}{m_1 + m_2}(v_{1x})_i \qquad (10.20)$$

물체 2가 처음에 정지해 있는 완전 탄성 충돌

식 (10.20)을 통해 각 물체의 나중 속도를 계산할 수 있다. 일반적이고 중요한 예로써 질량이 같은 두 물체 사이의 완전 탄성 충돌을 살펴보자.

그림 10.28 완전 탄성 충돌

전:

에너지는 압축된 분자 결합에 저장된 후 결합이 재팽창하면서 방출된다.

사이:

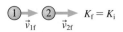

후:

$K_f = K_i$

영상 학습 데모

예제 10.16 에어하키 충돌에서의 속도

에어하키 테이블에서 오른쪽을 향해 2.3 m/s로 움직이고 있는 퍽이 정지해 있는 동일한 퍽과 정면충돌한다. 각 퍽의 나중 속도는 얼마인가?

그림 10.29 움직이는 퍽이 정지해 있는 퍽과 충돌한다.

전: $(v_{1x})_i = 2.3$ m/s $(v_{2x})_i = 0$ m/s

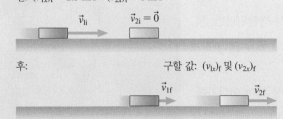

후: 구할 값: $(v_{1x})_f$ 및 $(v_{2x})_f$

준비 그림 10.29는 전-후 개요도이다. 그림에 나중 속도가 나타나 있지만, 실제로는 퍽이 어느 방향으로 움직일지 아직 모른다. 한 퍽이 처음에 정지해 있기 때문에 식 (10.20)을 사용하여 퍽들의 나중 속도를 구할 수 있다. 퍽들은 동일하므로 $m_1 = m_2 = m$이다.

풀이 식 (10.20)에서 $m_1 = m_2 = m$으로 놓으면

$$(v_{1x})_f = \frac{m - m}{m + m}(v_{1x})_i = 0 \text{ m/s}$$

$$(v_{2x})_f = \frac{2m}{m + m}(v_{1x})_i = (v_{1x})_i = 2.3 \text{ m/s}$$

를 얻는다. 들어오는 퍽은 멈춰서 가만히 있고, 처음에 멈춰 있던

퍽은 들어오던 퍽의 초기 속도로 멀어져간다.

검토 운동량과 에너지가 보존된다는 것을 알 수 있다. 들어오는 퍽의 운동량과 에너지는 멀어져가는 퍽으로 완전히 전달된다. 당구를 해본 적이 있다면, 큐볼로 당구공을 정면으로 칠 때 이런 종류의 충돌을 보았을 것이다. 큐볼은 멈추고 다른 공이 큐볼의 속도로 움직인다.

충돌하는 물체의 질량이 다른 경우를 이 장의 말미 문제에서 다룰 것이다.

충돌에서의 힘

두 당구공 사이의 충돌은 매우 빠르게 발생하며 일반적으로 힘이 매우 크고 계산하기 어렵다. 다행스럽게도 운동량 및 에너지 보존 개념을 사용하여 공 사이의 힘을 알지 못해도 대개 공의 나중 속도를 계산할 수 있다. 그러나 관련된 힘을 아는 것이 매우 중요한 충돌도 있다. 다음 예는 안전모가 자전거 사고와 관련된 큰 힘으로부터 머리를 보호하는 방법을 알려준다.

예제 10.17 **머리 보호** BIO

자전거 안전모는 기본적으로 딱딱하고 찌부러지기 쉬운 발포 고무로 된 껍질이다. 안전모를 5.0 kg의 머리 모형에 묶어서 2.0 m 높이에서 단단한 모루에 떨어뜨려 안정성을 검사한다. 충돌로 인해 발포 고무가 3.0 cm만큼 찌부러지면 작용된 힘은 얼마인가?

자전거 안전모 안의 발포 고무는 충격에 찌부러지도록 설계되어 있다.

준비 그림 10.30은 검사 전-후 개요도이다. 발포 고무가 찌부러지면서 머리 모형이 정지하게 될 때를 문제의 종료점으로 선택한다. 일-에너지 방정식인 식 (10.18)을 사용하여 머리 모형에 가해진 힘을 계산할 수 있다. 머리 모형과 지구를 계로 선택하면, 안전모의 발포 고무는 환경의 일부이다. 이렇게 선택하면 발포 고무가 머리 모형에 가하는 힘은 계에 일 W를 하는 외부 힘이 된다.

풀이 일-에너지 방정식인 식 (10.18)에 따르면 발포 고무가 머리 모형에 가하는 힘인 외부 힘이 한 일은 계의 에너지를 변화시킨다. 머리 모형은 정지 상태에서 시작하여 떨어지면서 속력을 올린 다음 충격을 받으면서 다시 멈추게 된다. 전체적으로 $K_f = K_i$이다. 더구나 열에너지를 증가시키는 마찰이 없기 때문에 $\Delta E_{th} = 0$이다. 오직 중력 위치 에너지만 바꾸므로 일-에너지 방정식은 다음과 같다.

$$(U_g)_f - (U_g)_i = W$$

발포 고무가 머리 모형에 가하는 위쪽 힘은 머리 모형의 이동 방향과 반대이다. 풀이 전략 10.1을 참조하여보면, 해준 일은 $W = -Fd$로 음수임을 알 수 있다. 여기서 힘이 일정하다고 가정했다. 이 결과를 일-에너지 방정식에 사용하고 F에 대해 풀면 다음과 같다.

$$F = -\frac{(U_g)_f - (U_g)_i}{d} = \frac{(U_g)_i - (U_g)_f}{d}$$

기준 높이를 모루에서 $y = 0$ m로 택하면 $(U_g)_f = 0$이다. $(U_g)_i = mgy_i$만 남으므로

그림 10.30 자전거 안전모 검사의 전-후 개요도

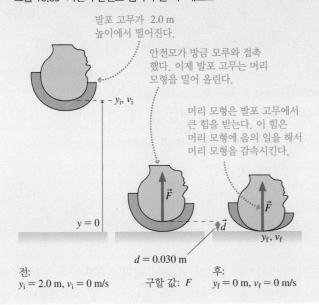

발포 고무가 2.0 m 높이에서 떨어진다.

안전모가 방금 모루와 접촉했다. 이제 발포 고무는 머리 모형을 밀어 올린다.

머리 모형은 발포 고무에서 큰 힘을 받는다. 이 힘은 머리 모형에 음의 일을 해서 머리 모형을 감속시킨다.

$-y_i, v_i$

$\vec{F}$

$\vec{F}$

$y = 0$

$\vec{d}$

y_f, v_f

$d = 0.030$ m

전:
$y_i = 2.0$ m, $v_i = 0$ m/s

구할 값: F

후:
$y_f = 0$ m, $v_f = 0$ m/s

$$F = \frac{mgy_i}{d} = \frac{(5.0 \text{ kg})(9.8 \text{ m/s}^2)(2.0 \text{ m})}{0.030 \text{ m}} = 3300 \text{ N}$$

이 된다. 이것은 머리 모형에 작용하여 3.0 cm만에 멈추게 하는 힘이다. 뇌 손상의 관점에서는 머리의 가속도가 훨씬 중요한데, 그 값은 다음과 같다.

$$a = \frac{F}{m} = \frac{3300 \text{ N}}{5.0 \text{ kg}} = 660 \text{ m/s}^2 = 67g$$

검토 심각한 뇌 손상에 대한 허용 기준치는 약 $300g$이므로 이 안전모는 가장 심각한 사고를 제외한 모든 것으로부터 자전거를 타는 사람을 보호할 수 있다. 안전모가 없으면 자전거를 탄 사람의 머리가 훨씬 더 짧은 거리에서 멈추므로 훨씬 더 큰 가속도를 받게 된다.

10.8 일률

이제 어떻게 에너지가 한 형태에서 다른 형태로 변환될 수 있는지, 환경과 계 사이에서 일로써 전달될 수 있는지를 배웠다. 많은 경우에 에너지가 **얼마나 빨리** 변형되거나 전달되는지 알고 싶을 것이다. 에너지의 전달이 매우 빠른가? 아니면 오랜 시간에 걸쳐 발생하는가? 자동차가 트럭을 추월하려면, 연료의 화학 에너지 일정량을 운동 에너지로 변환할 필요가 있다. 엔진이 그 일을 하는 데 걸린 시간이 20초냐, 60초냐에는 큰 차이가 있다!

"얼마나 빨리?"라는 질문은 **비율**에 관한 논의를 의미한다. 예를 들어 물체가 얼마나 빨리 가고 있는지를 나타내는 속도는 위치의 **변화율**(rate of change)이다. 그래서 에너지가 얼마나 빨리 변환되는지를 문제 삼는 것은 에너지의 **변환율**(rate of transformation)에 관한 논의를 뜻한다. 시간 간격 Δt에서 에너지의 양 ΔE가 한 형태에서 다른 형태로 변환된다고 가정해보자. 이 에너지가 변환되는 비율을 **일률**(power) P라고 하며 다음과 같이 정의한다.

$$P = \frac{\Delta E}{\Delta t} \tag{10.21}$$

시간 간격 Δt 동안 변환된 에너지의 양이 ΔE일 때의 일률

일률의 단위는 **와트**(watt)로 1 W = 1 W = 1 J/s로 정의된다.

또 일률은 에너지가 일 W로써 계 안팎으로 전달되는 비율을 의미하기도 한다. 일 W를 시간 간격 Δt 동안 한다면 에너지 전달률(rate of transfer)은 다음과 같다.

$$P = \frac{W}{\Delta t} \tag{10.22}$$

시간 간격 Δt 동안 한 일의 양이 W일 때의 일률

두 자동차는 거의 같은 에너지를 사용하여 시속 100 km에 도달하지만, 경주용 자동차가 훨씬 짧은 시간에 도달하므로 경주용 자동차의 **일률**이 훨씬 크다.

일률의 영국 단위는 마력(horsepower)이다. 와트에 대한 변환 인자는

1마력 = 1 hp = 746 W

이다. 모터와 같은 많은 일반 기구의 등급이 hp로 매겨진다.

3 J/s의 비율로 일을 하는(즉, 에너지를 전달하는) 힘의 '출력'은 3 W이다. 3 J/s의 비율로 에너지를 얻는 계는 3 W의 일률로 '소비한다'고 표현한다. 일률에 사용되는 공

통 접두어에는 mW(밀리와트), kW(킬로와트), MW(메가와트)가 있다.

식 (10.22)를 다른 형태로도 표현할 수 있다. 시간 간격 Δt 동안 물체의 변위가 Δx 이면, 물체에 작용하는 힘이 한 일은 $W = F\Delta x$이다. 그러면 식 (10.22)를

$$P = \frac{W}{\Delta t} = \frac{F\Delta x}{\Delta t} = F\frac{\Delta x}{\Delta t} = Fv$$

와 같이 쓸 수 있다. 일로써 물체에 전달되는 에너지의 비율, 즉 일률은 일을 하는 힘 과 물체의 속도의 곱으로 다음과 같다.

$$P = Fv \tag{10.23}$$

속도 v로 움직이는 물체에 작용하는 힘 F가 전달하는 일률

예제 10.18 트럭을 추월하기 위한 일률

1500 kg의 자동차가 시속 97 km(27 m/s)로 주행하는 트럭 뒤에 있다. 트럭을 추월하려면 자동차의 속력을 6.0 s만에 시속 121 km (34 m/s)까지 올려야 한다. 필요로 하는 엔진의 일률은 얼마인가?

준비 엔진이 연료의 화학 에너지를 자동차의 운동 에너지로 변환한다. 운동 에너지의 변화 ΔK를 구하고 알려진 시간 간격을 사용하여 변환율을 계산할 수 있다.

풀이 자동차의 운동 에너지를 구하면

$$K_i = \frac{1}{2}mv_i^2 = \frac{1}{2}(1500 \text{ kg})(27 \text{ m/s})^2 = 5.47 \times 10^5 \text{ J}$$

$$K_f = \frac{1}{2}mv_f^2 = \frac{1}{2}(1500 \text{ kg})(34 \text{ m/s})^2 = 8.67 \times 10^5 \text{ J}$$

이므로

$$\Delta K = K_f - K_i$$
$$= (8.67 \times 10^5 \text{ J}) - (5.47 \times 10^5 \text{ J}) = 3.20 \times 10^5 \text{ J}$$

이 된다. 이 에너지의 양을 6 s만에 변환하기 위해 필요한 일률은

$$P = \frac{\Delta K}{\Delta t} = \frac{3.20 \times 10^5 \text{ J}}{6.0 \text{ s}} = 53,000 \text{ W} = 53 \text{ kW}$$

이다. 이것은 약 71 hp이다. 공기 저항과 마찰을 극복하고 시속 97 km로 주행하는 데 필요한 일률에 71 hp가 추가되어야 하므로 엔진에 요구되는 총 일률은 이보다 훨씬 더 클 것이다.

검토 이와 같은 간단한 운전 조작을 하는 데 많은 양의 에너지가 사용된다. 3.20×10^5 J은 80 kg의 사람을 공중으로 410 m(초고층 빌딩의 높이)만큼 들어 올리기에 충분한 에너지이다. 그리고 53 kW이면 겨우 6 s만에 들어 올릴 수 있다!

종합형 예제 10.19 폭주하는 트럭 세우기

산악 고속도로를 내려가는 동안에 트럭의 브레이크가 과열되어 듣지 않으면 극도로 위험한 폭주 트럭이 될 수 있다. 일부 고속도로에는 제동을 잃은 트럭을 안전하게 세울 수 있는 **긴급제동시설**

콜로라도 주간고속도로 70번의 긴급제동시설

(runaway-truck ramp)이 있다. 제동시설의 오르막 경사로에는 깊은 자갈층이 깔려 있다. 오르막길의 경사와 타이어가 자갈에 빠질 때의 큰 굴림 마찰 계수 때문에 트럭이 안전하게 멈춘다.

3.5° 경사로를 20 m/s(시속 72 km)로 내려가는 22,000 kg인 트럭의 브레이크가 갑자기 고장 났다. 다행스럽게도 600 m 앞에 긴급제동시설이 있다. 제동시설의 경사로는 10°로 위쪽으로 기울어져 있고, 트럭의 타이어와 느슨한 자갈 사이의 굴림 마찰 계수는 $\mu_r = 0.40$이다. 트럭이 고속도로를 내려갈 때 공기 저항과 굴림 마찰력을 무시한다.

a. 에너지 보존을 사용하여 트럭이 경사로를 따라 올라가다 멈출 때까지의 이동 거리를 구하시오.

그림 10.31 폭주 트럭의 개요도

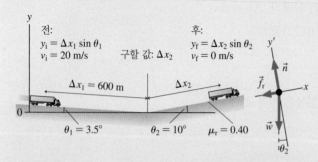

이 된다. $f_r = \mu_r n$을 구하려면 수직 항력 n을 구할 필요가 있다. 자유 물체 도형에 따르면

$$\sum F_{y'} = n - mg\cos\theta_2 = a_{y'} = 0$$

이 되고, 이로부터 $f_r = \mu_r n = \mu_r mg\cos\theta_2$를 얻는다. f_r의 결과를 에너지 보존 법칙 방정식에 대입하면

$$mg\,\Delta x_2\sin\theta_2 + \mu_r mg\cos\theta_2\,\Delta x_2 = \frac{1}{2}mv_i^2 + mg\,\Delta x_1\sin\theta_1$$

이 되고, 다시 양변을 mg로 나누어 간단히 하면

$$\Delta x_2\sin\theta_2 + \mu_r\cos\theta_2\,\Delta x_2 = \frac{v_i^2}{2g} + \Delta x_1\sin\theta_1$$

이 된다. 이제 Δx_2에 대해 풀면 다음과 같다.

$$\Delta x_2 = \frac{\dfrac{v_i^2}{2g} + \Delta x_1\sin\theta_1}{\sin\theta_2 + \mu_r\cos\theta_2}$$

$$= \frac{\dfrac{(20\text{ m/s})^2}{2(9.8\text{ m/s}^2)} + (600\text{ m})(\sin 3.5°)}{\sin 10° + 0.40(\cos 10°)} = 100\text{ m}$$

b. $\Delta E_{th} = f_r\Delta x_2 = (\mu_r mg\cos\theta_2)\Delta x_2$이므로 값을 구하면 다음과 같다.

$$\Delta E_{th} = (0.40)(22{,}000\text{ kg})(9.8\text{ m/s}^2)(\cos 10°)(100\text{ m})$$
$$= 8.5 \times 10^6\text{ J}$$

검토 600 m의 내리막길을 달리면서 속도가 빨라진 트럭이 가파르고 마찰이 큰 경사로에서 멈추기까지 겨우 100 m밖에 걸리지 않은 것은 타당해 보인다. 또한 열에너지가 트럭의 운동 에너지와 대략 비슷할 것으로 기대된다. 왜냐하면 열에너지로 변환되는 것은 대부분 운동 에너지이기 때문이다. 언덕 꼭대기에서 트럭의 운동 에너지는 $K_i = \frac{1}{2}mv_i^2 = \frac{1}{2}(22{,}000\text{ kg})(20\text{ m/s})^2 = 4.4 \times 10^6\text{ J}$인데, 이것은 ΔE_{th}와 크기의 정도가 같다. 따라서 답은 타당하다.

b. 트럭이 멈출 때 트럭과 경사로의 열에너지가 얼마나 많이 증가하는가?

준비 문제 풀이 전략 10.1에 따라 에너지 보존을 사용하여 문항 a와 b를 해결할 수 있다. **그림 10.31**은 전-후 개요도이다. 열에너지의 증가를 계산하는 데 마찰력을 결정할 필요가 있기 때문에 경사로 위로 올라가는 트럭에 대한 자유 물체 도형을 나타냈다. 한 가지 약간 복잡한 문제는 자유 물체 도형의 y축이 경사로에 수직으로 그려진 반면, 중력 위치 에너지의 계산에는 높이를 측정하기 위한 수직 y축이 필요하다는 것이다. 자유 물체 도형의 축을 y'축으로 표시하여 이 문제에 대처하자.

풀이 a. 트럭의 운동에 대한 에너지 보존 법칙을 브레이크가 고장난 순간에서 트럭이 정지한 때까지 적용하면

$$K_f + (U_g)_f + \Delta E_{th} = K_i + (U_g)_i$$

가 된다. 마찰이 경사로에만 있으므로 트럭이 경사로를 올라갈 때만 열에너지가 생성될 것이다. 경사로의 길이가 Δx_2이므로 이 열에너지는 $\Delta E_{th} = f_r\Delta x_2$이다. 따라서 에너지 보존 법칙은

$$\frac{1}{2}mv_f^2 + mgy_f + f_r\Delta x_2 = \frac{1}{2}mv_i^2 + mgy_i$$

가 된다. 그림 10.31에서 $y_i = \Delta x_1\sin\theta_1$, $y_f = \Delta x_2\sin\theta_2$ 및 $v_f = 0$이므로 위 식은

$$mg\,\Delta x_2\sin\theta_2 + f_r\Delta x_2 = \frac{1}{2}mv_i^2 + mg\,\Delta x_1\sin\theta_1$$

문제의 난이도는 Ⅰ(쉬움)에서 ⅠⅠⅠⅠ(도전)으로 구분하였다. INT로 표시된 문제는 지난 장의 내용이 복합된 문제이고, BIO는 생물학적 또는 의학적 관심 분야를 의미한다.

QR 코드를 스캔하여 이 장의 문제를 해결하는 데 도움이 되는 영상 학습 풀이를 시작하시오.

연습문제

10.2 일

1. ‖ 200 kg인 상자가 승강기에 놓여 있다. 승강기는 위로 5 m의 거리를 이동한다. 이 과정 동안에
   a. 중력이 상자에 한 일은 얼마인가?
   b. 승강기가 상자에 한 일은 얼마인가?

2. Ⅰ 그림 P10.2의 조감도에 나타낸 두 줄을 사용하여 바닥에서 상자를 정확히 3 m 끌어당겼다. 각 줄이 상자에 한 일은 얼마인가?

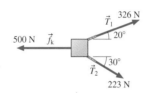

그림 P10.2

3. Ⅰ 소년이 수평선과 30° 각도를 이루는 줄로 연을 날리고 있다. 줄의 장력은 4.5 N이다. 다음 경우에 줄이 소년에게 한 일은 얼마인가?
   a. 소년이 가만히 서 있다.
   b. 소년이 연에서 멀어지는 방향으로 수평 거리 11 m만큼 걸어간다.
   c. 소년이 연을 향해 수평 거리 11 m만큼 걸어간다.

10.3 운동 에너지

4. Ⅰ 500 m/s로 발사된 10 g의 총알과 10 m/s로 미끄러지는 10 kg의 볼링공 중에서 어느 것의 운동 에너지가 더 큰가?

5. Ⅰ 어떤 차가 10 m/s로 주행하고 있다.
   a. 운동 에너지가 두 배가 되려면 차는 얼마나 빨라야 하는가?
   b. 차의 속력이 20 m/s로 두 배가 되면 운동 에너지는 몇 배로 증가하는가?

6. Ⅰ 400 m/s로 발사된 8.0 g의 총알과 똑같은 운동 에너지를 가지려면 80 kg의 사람은 얼마나 빨리 달려야 하는가?

7. ⅠⅠⅠ 20 g의 플라스틱 공이 왼쪽을 향해 30 m/s로 움직이고 있다. 이 공을 오른쪽을 향해 30 m/s로 움직이게 하려면 공에 얼마의 일을 해주어야 하는가?

8. ⅠⅠⅠ 플라이휠(회전식 디스크)을 기반으로 한 에너지 저장 시스템은 플라이휠이 분당 20,000번 회전을 할 때 최대 4.0 MJ을 저장할 수 있다. 플라이휠의 관성 모멘트는 얼마인가?

10.4 위치 에너지

9. Ⅰ a. 30 m/s(시속 108 km)의 속력으로 주행하는 1500 kg의 자동차의 운동 에너지는 얼마인가?
   b. 자동차가 같은 양의 운동 에너지로 지면과 충돌하려면 자동차를 어떤 높이에서 떨어뜨려야 하는가?
   c. 문항 b에 대한 대답은 자동차의 질량에 의존하는가?

10. Ⅰ 자전거를 탄 80 kg의 사람이 7.0° 위로 기울어진 2000 m 길이의 도로 구간을 올라간다. 올라가는 과정에서 그의 중력 위치 에너지가 얼마큼 변하는가?

11. ‖ 200 J의 에너지를 저장하려면 $k = 1000$ N/m인 용수철을 얼마나 늘여야 하는가?

12. ⅠⅠⅠⅠ 힘줄에 저장된 탄성 에너지는 달릴 때 필요한 에너지 수요의 BIO 35%까지 감당할 수 있다. 스포츠 과학자들은 단거리 선수와 일반인의 무릎 펴짐근 힘줄의 길이 변화를 연구했다. 그들은 (평균적으로) 단거리 선수의 힘줄이 41 mm 늘어나고, 일반인은 겨우 33 mm 늘어나는 것을 발견했다. 단거리 선수와 일반인의 힘줄에 대한 용수철 상수는 33 N/mm로 같다. 단거리 선수와 일반인이 저장할 수 있는 최대 에너지의 차이는 얼마인가?

10.5 열에너지

13. ‖ 마크는 고장 난 차를 150 m 떨어져 있는 친구 집으로 밀고 있다. 그는 일정한 속력으로 차를 밀기 위해 110 N의 수평 힘을 가해야 한다. 이 과정에서 타이어와 도로에 생성되는 열에너지는 얼마인가?

14. ⅠⅠⅠ 25 kg의 어린이가 놀이터 미끄럼틀에서 일정한 속력으로 미끄러지고 있다. 미끄럼틀은 높이가 3.0 m이고 길이는 7.0 m이다. 에너지 보존 법칙을 사용하여 어린이에게 작용하는 운동 마찰력의 크기를 구하시오.

10.6 에너지 보존 법칙의 활용

15. ‖ a. 체육관 바닥으로부터 1.5 m 높이에서 100 g의 공을 똑바로 위로 던져서 10 m 높이의 천장에 간신히 닿게 하려면 얼마의 속력으로 공을 던져야 하는가? 에너지를 사용하여 이 문제를 해결하시오.

    b. 공이 바닥에 닿을 때의 속력은 얼마인가?

16. ‖ 50 m 높이의 언덕 꼭대기에 있는 자동차가 브레이크 고장으로 언덕을 굴러 내려온다. 언덕 바닥에서 자동차의 속력은 얼마인가? (마찰 무시)

17. ‖ 용수철 상수가 250 N/m이고 벽에 부착되어 있는 용수철에 10 kg의 잡화점 카트가 부딪쳐서 용수철이 60 cm까지 압축되었다. 용수철에 충돌하기 직전에 카트의 속력은 얼마인가?

18. ‖ 원반이 지상 16 m 위치의 나뭇가지 사이에 걸려있다. 돌멩이를 던져서 원반을 끌어내리고 싶다. 원반이 꽤 단단히 끼어있어서 돌멩이가 원반에 부딪치는 속력이 적어도 5.0 m/s는 되어야 할 것으로 보인다. 지상 2 m에서 돌멩이를 던진다면, 던질 때의 속력은 최소 얼마이어야 하는가?

19. ‖ 20 kg의 어린이가 3.0 m 높이의 놀이터 미끄럼틀에서 미끄러져 내려온다. 어린이는 정지 상태에서 출발했고 바닥에서의 속력은 2.0 m/s이다.

    a. 미끄러지는 도중에 발생한 에너지 전달과 변환은 무엇인가?

    b. 미끄럼틀과 바지의 열에너지의 총 변화는 얼마인가?

20. ‖ 겨울철 눈썰매장에서 팽팽하게 바람을 넣은 고무 튜브에 앉은 채 눈 덮인 경사로를 미끄러져 내려온다. 바닥에 도달하면 일정한 장력 340 N이 유지되는 견인 밧줄로 총 질량 80 kg인 튜브와 탑승자를 일정한 속력으로 경사로의 꼭대기까지 끌어당긴다. 높이 30 m, 길이 120 m의 경사로를 올라갈 때 경사로와 튜브에 생성되는 열에너지는 얼마인가?

10.7 충돌에서의 에너지

21. ‖ 2.0 m/s로 움직이는 50 g의 구슬이 정지해 있는 20 g의 구슬과 충돌한다. 충돌 직후 각 구슬의 속력은 얼마인가? 충돌은 완전 탄성이고 구슬이 정면충돌한다고 가정한다.

22. ⎮ 에어 트랙의 활차가 처음에 정지해 있는 동일한 활차와 완전 비탄성 충돌을 한다. 이 충돌에서 첫 번째 활차의 초기 운동 에너지가 열에너지로 변환되는 비율은 얼마인가?

10.8 일률

23. ‖ a. 강철 탁자에서 10 kg의 강철 토막을 3.0 s 동안 1.0 m/s의 일정한 속력으로 밀려면 얼마의 일을 해야 하는가? 강철 사이의 운동 마찰 계수는 0.60이다.

    b. 그렇게 하는 동안의 일률은 얼마인가?

24. ‖ 1000 kg의 스포츠카는 10 s 동안 0에서 30 m/s까지 가속한다. 엔진의 평균 일률은 얼마인가?

25. ‖ 투르 드 프랑스의 뛰어난 자전거 선수는 계속되는 오르막에서 450 W의 출력을 유지할 수 있다. 이 출력에서, 자전거를 포함하여 총 질량이 85 kg인 자전거 선수가 유명한 1100 m 높이의 알프 듀에즈(Alpe d'Huez) 산 구간을 오르는 데 얼마나 걸리는가?

26. ‖ 무게가 2500 N인 승강기가 8.0 m/s의 일정한 속력으로 상승한다. 이 과정에서 필요로 하는 모터의 일률은 얼마인가?

11 에너지의 활용
Using Energy

캥거루의 별난 도약 보행 방식은 매우 실용적이다. 이 방식으로 캥거루는 최소한의 에너지를 투입하여 먼 거리를 갈 수 있다. 이러한 효율성은 어떻게 가능한가?

학습목표 ▶

실용적인 에너지 변환과 전달, 효율적인 에너지 활용의 한계를 학습한다.

신체의 에너지 활용

에너지 활용의 중요한 예는 신체에서 일어나는 에너지 변환이다.

계단을 오르기 위해 사용하는 에너지를 계산하는 법과 그 효율성을 배운다.

온도와 열

이 찻주전자는 버너에서 전달되는 열 에너지 때문에 점점 뜨거워진다.

열이 물체 사이의 온도차에 의해 전달되는 에너지임을 배운다.

열기관

열기관은 이 지열 발전소와 같이 열에너지를 유용한 일로 변환하는 기구이다.

열에너지를 일로 전환하는 최대 효율을 계산하는 법을 배운다.

이 장의 배경 ◀

기본 에너지 모형

10장에서 배운 기본 에너지 모형은 일과 역학적 에너지를 강조했다. 이 장에서는 열에너지, 화학 에너지, 열 형태의 에너지 전달에 초점을 맞춘다.

일과 열은 계의 총에너지를 변화시키는 에너지 전달이다. 계가 고립되어 있으면 총에너지가 보존된다.

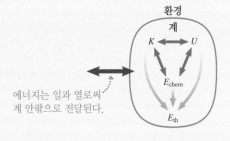

에너지는 일과 열로써 계 안팎으로 전달된다.

11.1 에너지 변환

10장에서 보았듯이 에너지는 창조되거나 파괴될 수 없다. 그것은 한 형태에서 다른 형태로만 변환될 수 있다. 우리가 에너지를 사용한다고 말할 때, 그것은 음식의 화학 에너지를 몸의 운동 에너지로 바꾸는 것처럼 에너지를 변환시킨다는 것을 의미한다. 이론적, 실용적인 제한이 있는 흥미로운 현실적인 상황을 고려하여 에너지 변환에 대한 개념을 다시 살펴보자.

에너지 변환

가로등 위의 태양 전지에 닿는 빛에너지는 전기 에너지로 전환된 다음 화학 에너지로 배터리에 저장된다.

콩은 광합성 색소로 빛에너지를 흡수하고, 이 에너지를 사용하여 농축된 화학 에너지를 생성한다.

풍차는 이동하는 공기의 병진 운동 에너지를 전기 에너지로 전환한다.

밤에는 배터리의 화학 에너지가 전기 에너지로 전환되고, 이 에너지는 발광 다이오드에서 빛에너지로 전환된다.

콩을 수확하고 그 기름을 사용하여 양초를 만든다. 양초가 타면, 저장된 화학 에너지는 빛에너지와 열에너지로 변환된다.

수 킬로미터 떨어진 곳에서 선풍기가 이 에너지를 사용하면, 전기 에너지가 이동하는 공기의 운동 에너지로 다시 변환된다.

표에 있는 각 과정에서 에너지는 한 형태에서 다른 형태로 변환되어 처음 시작했던 것과 동일한 형태로 끝난다. 그러나 어떤 에너지는 도중에 '사라진' 것처럼 보인다. 정원의 조명은 분명히 그것을 비추던 태양보다 훨씬 덜 밝은 빛으로 빛난다. 에너지가 보존되기 때문에 실제로 어떤 에너지도 손실되지 않는다. 그것은 그저 우리에게 덜 유용한 다른 형태로 변환된 것뿐이다.

이 표는 또 다른 요점을 보여준다. 에너지의 범위가 10장에서 고려한 것 이상으로 넓어져서, 복사 에너지(태양 전지와 식물에 닿는 빛에너지)와 전기 에너지(풍차에서 선풍기로 이동되는 에너지)를 포함하고 있다.

10장에서의 일-에너지 방정식을 상기해보자.

$$\Delta E = \Delta K + \Delta U + \Delta E_{\text{th}} + \Delta E_{\text{chem}} + \cdots = W \qquad (11.1)$$

이 식은 일과 에너지 전달을 포함하고 있다. 일은 양수 또는 음수가 될 수 있다. 에너지가 계 안으로 전달될 때는 일이 양수이고, 계 밖으로 전달될 때는 음수이다. 10장에서 일을 에너지의 역학적 전달이라고 정의했다. 이 장에서는 일의 정의를 확장하여 모터와 발전기에 출입하는 전기 에너지를 포함시킬 것이다.

전력 회사는 때때로 잉여 전기 에너지를 사용하여 물을 저수지까지 끌어올린다. 수요가 증가할 때 전력 회사는 이 물을 다시 흘려보내서 전기를 생성하여 이 에너지의 일부를 되찾는다. **그림 11.1**은 이 과정에서의 에너지 변환을 나타낸 것인데, 처음에 100 J의 전기 에너지를 가정했다. 물, 그리고 발전소를 구성하는 파이프, 펌프, 발전기의 네트워크를 계로 정의한다. 펌프를 가동하기 위한 전기 에너지는 일 입력이므로 양의 값을 갖는다. 마지막에 추출되는 전기 에너지는 일 출력이므로 음의 값을 갖는다. 물을 위로 끌어올리려면 100 J의 일이 필요하지만, 물의 위치 에너지는 단지 75 J만큼 증가한다. 이 상황에 식 (11.1)을 적용하면 알 수 있듯이, '사라진' 에너지는 단순히 펌프의 마찰과 다른 원인으로 인해 열에너지로 변환된 에너지이다.

$$\Delta E_{\text{th}} = W - \Delta U = 100\ \text{J} - 75\ \text{J} = 25\ \text{J}$$

물이 아래로 흘러내리면 위치 에너지가 감소하므로 ΔU는 음의 값이 된다. 에너지는 일로써 계 밖으로 전달되므로 에너지 보존 방정식의 W는 음의 값이 된다. 이 경우 열에너지 변화는 다음과 같다.

$$\Delta E_{\text{th}} = W - \Delta U = (-50\ \text{J}) - (-75\ \text{J}) = 25\ \text{J}$$

그림 11.1의 양수 발전 방식의 경우 앞선 표의 경우와 마찬가지로 에너지 출력은 에너지 입력과 동일한 형태지만 일부 에너지는 전달 및 변환이 진행되면서 '사라진' 것처럼 보인다. 전력 회사는 처음에는 100 J의 전기 에너지를 넣었지만, 결국 50 J의 전기 에너지만 회수하였다. 물론 어떠한 에너지도 실제로는 사라지지 않았다. 그러나 알게 되겠지만, 다른 형태의 에너지가 열에너지로 변환될 때 이러한 변환은 비가역적이다 (irreversible). 이 열에너지를 쉽게 회수하여 다시 전기 에너지로 전환할 수 없다. 즉, **그 에너지는 사라지지 않았지만 에너지 활용 면에서는 사라진 것이나 마찬가지이다.** 에너지 변환에서의 손실을 더 자세히 살펴보기 위해 효율의 개념을 정의할 것이다.

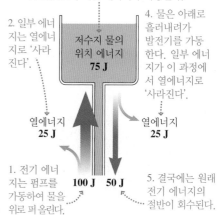

그림 11.1 양수 발전에서의 에너지 변환

3. 100 J보다 적은 에너지가 저장된다.

2. 일부 에너지는 열에너지로 '사라진다'.

저수지 물의 위치 에너지 **75 J**

4. 물은 아래로 흘러내려가 발전기를 가동한다. 일부 에너지가 이 과정에서 열에너지로 '사라진다'.

열에너지 **25 J**

열에너지 **25 J**

1. 전기 에너지는 펌프를 가동하여 물을 위로 퍼올린다.

100 J　**50 J**

5. 결국에는 원래 전기 에너지의 절반이 회수된다.

효율

양수 발전소에서 50 J의 에너지를 얻으려면 그림 11.1에서 보았듯이 실제로 100 J의 에너지를 주어야 한다. 겨우 에너지의 50%만이 유용한 에너지로 되돌아가기 때문에, 이 공장의 효율은 50%라고 말할 수 있다. 일반적으로 효율성을 다음과 같이 정의할 수 있다.

$$e = \frac{\text{얻는 것}}{\text{주는 것}} \qquad (11.2)$$

효율의 일반적인 정의

계의 에너지 손실이 클수록 효율은 낮아진다.

효율의 감소는 두 가지 원인에서 발생할 수 있다.

■ **과정의 한계**(process limitation) 어떤 경우에는 에너지 변환 과정의 실질적인 세

부 사항 때문에 에너지 손실이 발생할 수 있다. 원칙적으로 더 적은 손실을 수반하는 과정을 설계할 수 있다.

- **근본적인 한계**(fundamental limitation) 그 외의 경우에는 회피할 수 없는 물리적 법칙에 의해 에너지 손실이 발생한다. 이론적으로 설계할 수 있는 최상의 과정의 효율은 100%보다 적을 것이다. 알게 되겠지만, 이러한 한계는 열에너지를 다른 형태의 에너지로 변환하는 데 따른 어려움 때문에 발생한다.

체중이 평균인 사람이 계단 한 층을 올라가면 몸의 위치 에너지가 약 1800 J만큼 증가한다. 그러나 계단을 오르는 데 몸이 사용한 에너지를 측정해보면 몸은 약 7200 J의 화학 에너지를 사용한다. 위치 에너지의 증가량인 1800 J이 '얻는 것'이고, 몸이 사용한 7200 J은 '주는 것'에 해당한다. 식 (11.2)를 사용하여 이 행동의 효율을 계산할 수 있다.

$$e = \frac{1800 \text{ J}}{7200 \text{ J}} = 0.25 = 25\%$$

이처럼 상대적으로 낮은 효율은 **과정의 한계** 때문에 발생한다. 음식을 소화하는 방식의 생화학과 이동 방식의 생체역학 때문에 효율은 100%보다 적다. 이 과정의 효율을 더 높일 수 있는데, 예를 들면 계단의 각도를 적절히 바꾸는 것도 한 방법이다.

석탄 또는 기타 화석 연료의 화학 에너지와 같은 다른 자원으로부터 매일 사용하는 전기 에너지를 생성해야 한다. 석탄화력발전소에서 연소를 하여 화학 에너지를 열에너지로 변환하고, 그 열에너지를 다시 전기 에너지로 변환한다. 일반적인 발전소 순환 과정이 **그림 11.2**에 나와 있다. '얻는 것'은 에너지 출력인 전기 에너지 35 J이고, '주는 것'은 에너지 투입량, 즉 100 J의 화학 에너지이므로 다음의 효율을 얻는다.

$$e = \frac{35 \text{ J}}{100 \text{ J}} = 0.35 = 35\%$$

계단을 오르는 효율과는 달리, 발전소의 높지 않은 효율은 **근본적인 한계** 때문에 발생한다. 열에너지는 100% 효율로 다른 형태의 에너지로 변환될 수 없다. 35%의 효율은 이론적인 최댓값에 가깝고, 이 최댓값보다 나은 발전소는 설계될 수 없다. 이후 절에서 이런 한계가 발생하는 열에너지의 근본적인 특성을 살펴볼 것이다.

이 냉각탑은 석탄화력발전소에서 나오는 열에너지를 배출한다.

그림 11.2 석탄화력발전소에서의 에너지 변환

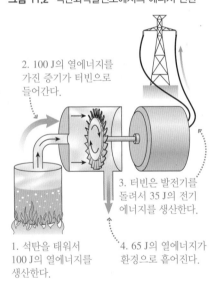

2. 100 J의 열에너지를 가진 증기가 터빈으로 들어간다.

3. 터빈은 발전기를 돌려서 35 J의 전기 에너지를 생산한다.

1. 석탄을 태워서 100 J의 열에너지를 생산한다.

4. 65 J의 열에너지가 환경으로 흩어진다.

문제 풀이 전략 11.1 에너지 효율 문제

에너지 출력(얻는 것)과 에너지 입력(주는 것)을 알기만 하면 효율을 계산할 수 있다.

준비 효율의 두 가지 핵심 요소 구하기

❶ '얻는 것'으로 간주되는 에너지를 선택한다. 이것은 엔진이나 과정의 유용한 에너지 출력 또는 과정을 완료하면서 한 일이 될 수 있다. 예를 들어, 계단을 오를 때 '얻는 것'은 위치 에너지의 변화이다.

❷ '주는 것'이 무엇인지 결정한다. 이것은 일반적으로 엔진, 일 또는 과정에 필요한 총 에너지 입력이다. 예를 들어, 에어컨을 가동할 때 '주는 것'은 전기 에너지 입력이다.

풀이 추가 계산이 필요할 수 있다.

■ '얻는 것'과 '주는 것'에 대한 값을 계산한다.

■ 모든 에너지 값이 같은 단위로 되어 있는지 확인한 후 $e = \frac{얻는\ 것}{주는\ 것}$ 을 사용하여 효율을 계산한다.

검토 고려 중인 과정의 일반적인 효율성에 대해 알고 있는 것을 감안할 때 구한 답이 타당한지 확인한다.

예제 11.1　**전구의 효율**

15 W의 소형 형광전구와 75 W의 백열전구는 각각 3.0 W의 가시광선 에너지를 생성한다. 이 두 종류의 전구가 전기 에너지를 빛으로 변환하는 효율은 각각 얼마인가?

준비 문제의 설명에는 에너지에 대한 값이 없는 대신 일률에 대한 값이 주어져 있다. 15 W는 15 J/s이므로 일률의 값을 1초 동안의 에너지로 간주할 수 있다. 각 전구에 대해 '얻는 것'은 가시광선 출력으로 각 전구에 대해서 매초 3.0 J의 빛에너지이다. '주는

그림 11.3 백열전구와 소형 형광전구

것'은 전구를 가동하는 전기 에너지이다. 이것은 전구의 등급이다. 15 W라고 표시된 전구는 매초 15 J의 전기 에너지를 사용한다. 75 W의 전구는 매초 75 J을 사용한다.

풀이 1초 동안의 에너지를 사용하여 두 전구의 효율을 계산하면 다음과 같다.

$$e(소형\ 형광전구) = \frac{3.0\ J}{15\ J} = 0.20 = 20\%$$

$$e(백열전구) = \frac{3.0\ J}{75\ J} = 0.040 = 4\%$$

검토 두 전구는 동일한 가시광선 출력을 생성하지만 소형 형광전구는 에너지 입력이 현저하게 낮기 때문에 좀 더 효율적이다. 소형 형광전구는 백열전구보다 효율적이지만 그 효율은 겨우 20%로 여전히 상대적으로 낮다.

11.2 신체의 에너지 BIO

이 절에서는 신체의 에너지를 살펴볼 것이다. 이것은 실제 상황에서 다양한 에너지 변환 및 전달을 탐색할 수 있는 기회를 제공한다. 그림 11.4는 에너지 분석을 위한 계로 간주되는 몸을 나타낸다. 음식의 화학 에너지는 몸이 기능하기 위해 필요한 에너지를 제공한다. 환경과의 에너지 전달에 사용되는 것이 이 에너지이다.

그림 11.4 계로 간주한 신체의 에너지

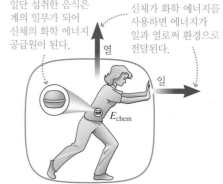

일단 섭취한 음식은 계의 일부가 되어 신체의 화학 에너지 공급원이 된다.

신체가 화학 에너지를 사용하면 에너지가 일과 열로써 환경으로 전달된다.

열

일

E_{chem}

음식에서 에너지 얻기: 에너지 입력

계단 한 층을 올라갈 때 몸의 위치 에너지를 높이는 에너지는 어디에서 나오는가? 어떤 시점에서 그 에너지는 먹었던 음식에서 나오겠지만, 중간 단계는 어떤가? 음식의 화학 에너지는 두 단계 과정을 통해 몸의 세포에 이용된다. 첫째, 소화계는 음식을 글루코오스, 단당류, 또는 글리코겐이라는 긴 글루코오스 사슬과 같은 더 간단한 분자

로 분해한다. 이 분자들은 혈류를 통해 체내 세포로 전달되어, 식 (11.3)과 같이 산소와 결합하여 신진대사된다.

음식의 소화로 생긴   …이산화탄소, 물, 에너지를 생성한다.
글루코오스는 호흡으로   이산화탄소는 호흡을 통해 방출되고
얻은 산소와 결합하여…   물은 몸에서 재사용된다.

$$C_6H_{12}O_6 + 6O_2 \longrightarrow 6CO_2 + 6H_2O + 에너지 \qquad (11.3)$$

글루코오스   산소   이산화탄소   물

이 신진대사로 방출된 에너지의 대부분은 아데노신3인산, 즉 ATP라고 하는 분자에 저장된다. 몸의 세포는 이 ATP를 사용하여 생명에 관련된 모든 일을 한다. 근육 세포는 수축하기 위해 ATP를 사용하고, 신경 세포는 전기 신호를 생성하는 데 ATP를 사용한다.

식 (11.3)에서와 같은 산화 반응은 섭취하여 얻는 연료를 '태운다'. 글루코오스(또는 다른 탄수화물) 1 g의 산화는 약 17 kJ의 에너지를 방출한다. 표 11.1은 탄수화물과 다른 식품의 에너지 함량을 다른 일반적인 화학 에너지원과 비교한 것이다.

음식의 화학적 에너지 함량을 측정하는 것은 음식을 태움으로써 가능하다. 음식을 태우는 것은 신진대사와는 완전히 다른 것처럼 보일 수 있지만, 글루코오스를 태운다면, 그 반응의 화학식은 다시 식 (11.3)이다. 두 반응은 똑같다. 음식을 태우면 모든 화학 에너지가 쉽게 측정할 수 있는 열에너지로 변환된다. 열에너지는 종종 줄보다는 **칼로리**(calory, 줄여서 cal) 단위로 측정된다. 1.00 cal는 4.19 J과 같고, 1000 cal를 1 Cal라 한다.

표 11.1 연료의 에너지

연료	연료 1 g의 에너지(kJ)
수소	121
휘발유	44
음식물 속 지방	38
석탄	27
음식물 속 탄수화물	17
나뭇조각	15

칼로리 계산 BIO 옥수수 칩의 사진이 보여주듯이 대부분의 건조식품은 아주 잘 연소된다. 에너지 함량을 측정하기 위해 음식에 불을 붙일 수 있지만 이것이 꼭 필요한 것은 아니다. 음식의 기본 성분(탄수화물, 단백질, 지방)의 화학 에너지는 **열량계**라 하는 기구에서 태워서 신중하게 측정된다. 식품을 분석하여 성분을 결정하면 그 화학 에너지를 계산할 수 있다.

예제 11.2   **음식의 에너지**

350 mL의 탄산음료수 캔에는 단순 탄수화물인 설탕이 약 40 g(1/4컵보다 약간 적음) 들어 있다. 화학 에너지는 몇 J인가? 이것은 몇 Cal인가?

풀이 표 11.1에서 설탕 1 g에는 17 kJ의 에너지가 들어 있으므로 40 g에는

$$40 \text{ g} \times \frac{17 \times 10^3 \text{ J}}{1 \text{ g}} = 68 \times 10^4 \text{ J} = 680 \text{ kJ}$$

이 들어 있다. Cal로 바꾸면 다음과 같다.

$$680 \text{ kJ} = 6.8 \times 10^5 \text{ J} = (6.8 \times 10^5 \text{ J})\frac{1.00 \text{ cal}}{4.19 \text{ J}}$$

$$= 1.6 \times 10^5 \text{ cal} = 160 \text{ Cal}$$

검토 160 Cal는 350 mL의 탄산음료수 캔의 에너지 함량에 대한 전형적인 값이다(캔에 적힌 함량 표시 참조). 그러므로 이 결과는 타당해 보인다.

포장 식품의 함량 표시에서 첫 번째 항목은 식품의 화학 에너지를 측정하는 칼로리이다. (SI 단위가 표준인 유럽에서는 에너지 함량이 kJ로 나와 있다.) 몇 가지 일반적인 식품의 에너지 함량이 표 11.2에 나와 있다.

표 11.2 식품의 에너지 함량

식품	에너지 함량 (Cal)	에너지 함량 (kJ)	식품	에너지 함량 (Cal)	에너지 함량 (kJ)
큰 당근	30	125	피자 한 조각	300	1260
계란 프라이	100	420	얼린 부리토	350	1470
큰 사과	125	525	사과 파이 한 조각	400	1680
캔맥주	150	630	패스트푸드:		
바비큐 닭 날개	180	750	햄버거, 감자튀김,		
우유(전유)	260	1090	큰 컵 음료수	1350	5660

표 11.3 휴식 상태의 에너지 사용

기관	68 kg인 사람의 개별 기초대사율(W)
간	26
두뇌	19
심장	7
신장	11
골격근	18
그 외	19
합	**100**

몸의 에너지 사용: 에너지 출력

우리 몸은 여러 방법으로 에너지를 사용한다. 휴식 중에서도 몸은 조직을 만들고 재생시키고, 음식을 소화하고, 따뜻하게 유지하는 등의 작업에 에너지를 사용한다. 휴식 중인 몸의 여러 조직이 초당 사용한 줄 수(즉, 와트 단위의 일률)가 표 11.3에 나와 있다.

몸은 휴식 상태에서 약 100 W의 에너지를 사용한다. 몸에 저장되어 있는 화학 에너지에서 나온 이 에너지는 궁극적으로 열에너지로 완전히 전환되고, 그런 다음 열로써 환경에 전달된다. 강의실에 있는 백 명의 사람들은 열에너지를 10,000 W의 비율로 실내에 추가하므로 이를 고려하여 에어컨을 설계해야 한다.

계단을 오르거나 자전거를 타는 것과 같은 활동을 하면, 몸의 세포는 식 (11.3)에서 보았듯이 탄수화물을 지속적으로 신진대사 해야 하는데, 이것에는 산소가 필요하다. 그림 11.5에서 볼 수 있듯이 생리학자는 호흡기를 사용하여 몸이 얼마나 많은 양의 산소를 받아들이는지 측정하여 몸의 에너지 사용을 정확하게 측정할 수 있다. 이 기구는 활동을 하는 동안 몸이 사용하는 모든 에너지인 **총 신진대사 에너지 사용량**(total metabolic energy use)을 결정한다. 이 총량에는 호흡과 활동을 수행하는 데 필요한 추가 에너지가 포함된 몸의 모든 기초 과정이 포함된다. 이것은 '주는 것'을 측정하는 것에 해당한다.

활동에 사용되는 신진대사 에너지는 개인의 크기, 건강 상태 및 기타 변수에 따라 달라진다. 그러나 전형적인 개개인의 다양한 활동에서 사용되는 일률을 합리적으로 추정해볼 수 있다. 일부 수치가 표 11.4에 나와 있다.

그림 11.5 마스크는 운동선수가 사용한 산소량을 측정한다.

표 11.4 활동 중의 대사율

기관	68 kg인 사람의 개별 기초대사율(W)
타자 치기	125
사교댄스 하기	250
5 km/h로 걷기	380
15 km/h로 자전거 타기	480
빠른 크롤 수영하기	800
15 km/h로 달리기	1150

인체의 효율

그림 11.6에서와 같이 일정한 속력으로 계단을 오르고 있다고 가정해보자. 이 과정에서 몸의 효율은 얼마인가? 그것을 구하기 위해 일-에너지 방정식을 적용한다. 먼저 몸에는 어떤 일도 행해지지 않는다는 것에 주목하자. 승강기를 탈 때처럼 외부에서 투입된 에너지는 없다. 더구나 일정한 속력으로 계단을 올라가면 운동 에너지에도 변화가 없다. 그러나 올라가면 중력 위치 에너지는 분명히 증가할 것이고, 몸과 주변 공기의 전반적인 열에너지도 증가할 것이다. 이것은 우리가 잘 아는 사실인데, 여러 층

그림 11.6 계단 오르기

계
나중 위치
초기 위치
Δy

계를 오르면 그 과정에서 확실히 더워진다! 그리고 마지막으로, 올라가기 위해 근육에 힘을 주려면 몸은 화학 에너지를 사용해야 한다.

계단을 오르는 경우, 일-에너지 방정식은

$$\Delta E_{chem} + \Delta U_g + \Delta E_{th} = 0 \qquad (11.4)$$

으로 축소된다. 열에너지와 중력 위치 에너지는 증가하므로 ΔE_{th}와 ΔU_g는 양의 값이고, 화학 에너지는 사용되므로 ΔE_{chem}는 음수이다. 식 (11.4)를

$$|\Delta E_{chem}| = \Delta U_g + \Delta E_{th}$$

와 같이 다시 쓰면 어떤 일이 벌어지는지를 좀 더 잘 알 수 있다. 화학 에너지의 변화의 크기는 중력 위치 에너지와 열에너지의 변화의 합과 같다. 몸의 화학 에너지는 위치 에너지와 열에너지로 전환된다. 나중 위치에서, 고도는 더 높아지고 몸은 약간 더 따뜻해진다.

이 장의 앞부분에서 계단을 오르는 효율이 약 25%인 것을 알게 되었다. 그 수치가 어디서 왔는지 알아보자.

1. **얻는 것** 얻는 것은 위치 에너지의 변화이다. 몸이 계단 꼭대기까지 올라갔다. 수직 높이 Δy의 계단을 오르는 경우, 위치 에너지의 증가는 $\Delta U_g = mg\Delta y$이다. 68 kg의 질량과 2.7 m의 높이 변화(약 9 ft, 계단 한 층으로 적당한 값)를 가정하여 계산하면 다음과 같은 결과를 얻는다.

$$\Delta U_g = (68 \text{ kg})(9.8 \text{ m/s}^2)(2.7 \text{ m}) = 1800 \text{ J}$$

2. **주는 것** 대가는 몸이 그 일을 완수하는 데 사용하는 신진대사 에너지이다. 생리학자들은 몸이 일을 수행하는 데 사용하는 에너지 $|\Delta E_{chem}|$를 직접 측정할 수 있다. 계단 한 층을 오르는 것에 대한 전형적인 값은 다음과 같다.

$$|E_{chem}| = 7200 \text{ J}$$

식 (11.2)의 효율의 정의에 따라 계단을 오르는 효율을 계산하면 다음과 같다.

$$e = \frac{\Delta U_g}{|\Delta E_{chem}|} = \frac{1800 \text{ J}}{7200 \text{ J}} = 0.25 = 25\%$$

이 장에서 다루게 될 달리기, 걷기, 자전거 타기와 같은 활동 유형의 경우 몸의 효율은 일반적으로 20~30%이다. **이후의 계산에서는 몸의 효율로 25%의 값을 일반적으로 사용할 것이다.** 효율은 개인에 따라, 활동에 따라 다르지만, 대략적인 이 근삿값은 이 장의 목적에 충분하다.

표 11.4에 주어진 대사율 값은 이러한 활동을 수행하는 동안 **몸이 사용하는** 에너지를 나타낸다. 25%의 효율을 가정하면 몸의 실제 **유용한 출력**(useful power output)은 이보다 약간 작다. 표 11.4에서 15 km/h(10 mph보다 조금 느림)로 자전거 타기의 값은 480 W이다. 자전거 타기의 효율이 25%라고 가정하면 앞으로 추진시키는 실제 일률은 겨우 120 W에 불과하다. 35 km/h로 빠르게 자전거를 타는 뛰어난 선

수는 앞으로 추진하는 데 약 300 W를 사용하기 때문에 선수의 대사율은 약 1200 W 이다.

달리는 동안 초당 사용하는 에너지는 속력에 비례한다. 두 배의 빠르기로 달리려면 약 두 배의 일률이 필요하다. 그러나 두 배로 빨리 달리면 같은 시간에 두 배 멀리 갈 수 있다. 그러므로 특정 거리를 달리는 데 사용하는 에너지는 얼마나 빨리 달리는가와 무관하다! 마라톤을 완주하는 데 2시간이 걸리든지, 3시간 또는 4시간이 걸리든지 상관없이 거의 같은 에너지가 소요된다. 오직 일률만 변한다.

몸이 사용하는 에너지에 대한 계산을 할 때, 한 일(얻는 것)과 몸이 사용한 에너지(주는 것) 사이의 이러한 구별을 명심해야 한다. 다음과 같은 두 가지 경우를 고려해 보자.

- 계단 오르기와 같은 일부 작업의 경우 작업 결과인 에너지 변화를 쉽게 계산할 수 있다. 즉, 얻는 것을 계산할 수 있다. 25%의 효율을 가정한다면, 몸이 사용하는 에너지(주는 것)는 이 양의 네 배이다.
- 자전거 타기와 같은 다른 작업에서는 사용된 에너지를 계산하기가 쉽지 않다. 이 경우에는 신진대사 연구의 자료(표 11.4의 자료와 같은)를 사용한다. 이것은 몸이 작업을 완료하는 데 사용하는 실제 일률, 즉 주는 것이다. 효율을 25%로 가정하면 유용한 출력(얻는 것)은 이 값의 1/4이다.

고열 비용? BIO 포유동물은 일정한 체온을 유지하기 위해 에너지를 사용하기 때문에 포유동물의 일일 에너지 사용량은 파충류보다 훨씬 많다. 40 kg의 얼룩이리는 하루 동안 약 19,000 kJ을 사용한다. 같은 크기의 파충류 포식자인 코모도왕도마뱀은 겨우 2100 kJ을 사용한다.

개념형 예제 11.3 역도에서의 에너지

역도 선수가 50 kg의 바벨을 바닥에서 그의 머리 위의 위치로 들어 올리고 다시 바닥으로 내리는 동작을 연속해서 10번 한다. 이 연습이 끝났을 때 발생한 에너지 변환은 무엇인가?

판단 역도 선수와 바벨을 계로 잡을 것이다. 환경은 계에 아무런 일을 하지 않고, 계에서 환경으로 어떠한 열도 전달되지 않을 정도로 시간이 짧다고 가정한다. 바벨이 시작 위치로 되돌아 와서 움직이지 않으므로 위치 에너지나 운동 에너지의 변화는 없다. 따라서 에너지 보존 방정식은 다음과 같다.

$$\Delta E_{chem} + \Delta E_{th} = 0$$

이 방정식으로부터 ΔE_{chem}는 음수여야 함을 알 수 있다. 이것은 일리가 있다. 왜냐하면 바벨을 올리거나 내릴 때마다 근육은 화학 에너지를 사용하여 몸에 저장된 에너지를 고갈시키기 때문이다. 궁극적으로 이 모든 에너지는 열에너지로 변환된다.

검토 역기 들기, 트레드밀에서 달리기와 같은 대부분의 체육관 운동은 오직 화학 에너지를 열에너지로 바꾸는 것과 관련되어 있다.

예제 11.4 자전거 선수의 에너지 사용량

자전거 선수는 15 km/h의 속력으로 20분 동안 페달을 밟는다. 얼마나 많은 신진대사 에너지가 필요한가? 자전거를 앞으로 추진하기 위해 얼마나 많은 에너지를 사용하는가?

준비 표 11.4에 따르면 15 km/h로 자전거를 탈 때 사용되는 대사율은 480 W이다. 480 W는 몸이 사용하는 일률이고, 앞으로 추진하는 데 들어가는 일률은 이것보다 훨씬 작다. 자전거 선수는 이 비율로 20분, 즉 1200초 동안 에너지를 사용한다.

풀이 일률과 시간을 알기 때문에 다음과 같이 몸이 필요로 하는 에너지를 계산할 수 있다.

$$\Delta E = P\Delta t = (480 \text{ J/s})(1200 \text{ s}) = 580 \text{ kJ}$$

25%의 효율을 가정하면 겨우 이 에너지의 25%, 즉 140 kJ만이 앞으로 추진하는 데 사용된다. 나머지는 열에너지로 변환된다.

검토 580 kJ은 얼마나 많은 에너지인가? 표 11.2를 보면 큰 사과에서 얻을 수 있는 에너지보다 약간 많고 대형 패스트푸드 음식에서 얻을 수 있는 에너지의 10%에 불과하다는 것을 알 수 있다. 그런 음식을 먹고 자전거 타기로 '없앨' 생각이면, 3시간이 넘게 꽤 빠른 속력으로 자전거 타기를 해야 한다.

예제 11.5 **계단 층 수**

350 mL의 탄산음료수 캔에 담긴 에너지로 계단을 몇 층이나 올라갈 수 있는가? 질량은 68 kg이고 계단 한 층의 수직 높이가 2.7 m라고 가정한다.

준비 예제 11.2에서 탄산음료수에는 680 kJ의 화학 에너지가 들어 있음을 알았다. 추가된 이 모든 에너지가 계단을 오를 때 전형적인 25% 효율로써 역학적 에너지로 변환될 수 있다고 가정한다. 또한 계단을 일정한 속력으로 올라간다고 가정하므로 운동 에너지는 변하지 않는다. 이 경우 얻는 것은 증가한 중력 위치 에너지이고, 주는 것은 탄산음료수의 화학 에너지를 '태워서' 얻은 680 kJ이다.

풀이 25% 효율에서 중력 위치 에너지로 변환된 화학 에너지의 양은

$$\Delta U_g = (0.25)(680 \times 10^3 \text{ J}) = 1.7 \times 10^5 \text{ J}$$

이다. $\Delta U_g = mg\Delta y$이기 때문에 올라간 높이는

$$\Delta y = \frac{\Delta U_g}{mg} = \frac{1.7 \times 10^5 \text{ J}}{(68 \text{ kg})(9.8 \text{ m/s}^2)} = 255 \text{ m}$$

가 된다. 각 층의 높이가 2.7 m이므로 올라간 층의 수는 다음과 같다.

$$\frac{255 \text{ m}}{2.7 \text{ m}} \approx 94\text{층}$$

검토 이 높이는 엠파이어 스테이트 빌딩의 꼭대기까지 올라가기에 충분한 높이이다. 공급한 연료는 탄산음료수 한 캔뿐이다! 정말 놀라운 결과이다.

에너지 저장

몸은 음식에서 에너지를 얻는다. 이 에너지가 사용되지 않으면 저장된다. 즉각적인 사용에 필요한 적은 양의 에너지는 ATP로 저장된다. 더 많은 양의 에너지가 근육 조직과 간에서 글리코겐과 글루코오스의 화학 에너지로 저장된다. 건강한 성인은 400 g의 탄수화물을 저장할 수 있는데, 그 양은 일반적으로 하루에 소비되는 양보다 약간 더 많다.

음식에서 나오는 에너지 입력이 계속 몸의 에너지 출력을 초과하면 이 에너지는 피부 아래와 기관 주위에 지방 형태로 저장된다. 에너지 관점에서 체중이 느는 것이 간단하게 설명된다!

예제 11.6 **연료 소진**

몸은 약 400 g의 탄수화물을 저장한다. 68 kg의 달리기 선수가 이 저장된 에너지로 대략 얼마나 갈 수 있는가?

준비 표 11.1에 따르면 탄수화물 1 g당 17 kJ이다. 몸의 탄수화물 400 g의 에너지는 다음과 같다.

$$E_{chem} = (400 \text{ g})(17 \times 10^3 \text{ J/g}) = 6.8 \times 10^6 \text{ J}$$

풀이 표 11.4에 따르면 15 km/h로 달리는 데 소비되는 일률은 1150 W이다. 저장된 화학 에너지가 이 비율로 지속될 수 있는 시간은

$$\Delta t = \frac{\Delta E_{chem}}{P} = \frac{6.8 \times 10^6 \text{ J}}{1150 \text{ W}} = 5.91 \times 10^3 \text{ s} = 1.64 \text{ h}$$

이고, 이 시간 동안에 15 km/h로 갈 수 있는 거리를 2개의 유효숫자로 계산하면 다음과 같다.

$$\Delta x = v \Delta t = (15 \text{ km/h})(1.64 \text{ h}) = 25 \text{ km}$$

검토 마라톤은 이보다 더 길어서 42 km를 약간 넘는다. 행사 전에 '카보로딩(고탄수화물 식사)'을 하더라도 많은 마라톤 선수들은 경기가 끝나기도 전에 저장된 탄수화물을 다 써 버린 시점에 도달하면서 '벽에 봉착한다'. 몸에는 저장된 다른 에너지(예를 들면 지방)가 있지만 끄집어낼 수 있는 비율은 훨씬 낮다.

에너지와 보행 방식

수평면에서 일정한 속력으로 걷는다면 운동 에너지는 일정하다. 위치 에너지도 일정하다. 그렇다면 왜 몸은 걷는 데 에너지가 필요한가? 이 에너지는 어디로 가는가?

우리는 걸음걸이의 역학적 비효율성 때문에 걷는 데 에너지를 필요로 한다. **그림 11.7**은 각 보행 중에 발의 속력이 일반적으로 어떻게 변하는지를 보여준다. 다리와 발의 운동 에너지가 증가하지만 보행이 끝나면 오로지 0이 될 뿐이다. 운동 에너지는 대부분 근육과 신발의 열에너지로 변환된다. 다음 걸음을 내딛는 데 이 열에너지를 사용할 수 없으므로 이 에너지는 사라진다.

열에너지에 대한 운동 에너지의 손실을 최소화하도록 신발을 설계할 수 있다. 신발 밑창에 있는 용수철은 위치 에너지를 저장할 수 있으며, 다음 걸음에서 운동 에너지로 되살릴 수 있다. 이러한 용수철은 지면과의 충돌을 조금 더 탄력 있게 만든다. 10장에서 발목의 힘줄이 보행하는 동안 일정량의 에너지를 저장하는 것을 보았다. 캥거루 다리에 있는 매우 튼튼한 힘줄은 에너지를 더욱 효율적으로 저장한다. 캥거루의 독특한 도약 보행 방식은 속력이 클 때 더욱 효율적이다.

▶ **모래주머니를 어디에 차는가?** BIO 체중의 1%에 해당하는 무게의 배낭을 착용하고 걸으면 에너지 소비가 1% 증가할 것이다. 그러나 체중의 1% 무게를 넣은 모래주머니를 발목에 착용하면 에너지 소비는 6% 증가한다. 왜냐하면 이 여분의 질량을 반복적으로 가속시켜야 하기 때문이다. '지방을 더 많이 태우고' 싶다면 모래주머니를 등에 매지 말고 발목에 차라! 장거리 달리기 기록을 몇 초라도 줄이고 싶다면 더 가벼운 신발을 신어라.

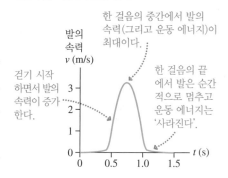

그림 11.7 인간의 보행 분석

한 걸음의 중간에서 발의 속력(그리고 운동 에너지)이 최대이다.

걷기 시작하면서 발의 속력이 증가한다.

한 걸음의 끝에서 발은 순간적으로 멈추고 운동 에너지는 '사라진다'.

발의 속력 v (m/s)

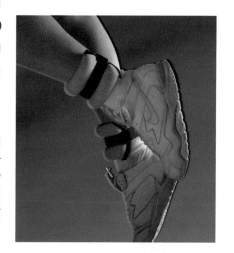

11.3 온도, 열에너지, 열

무언가가 '뜨겁다'고 할 때 그것은 무엇을 의미하는가? 온도가 높다는 뜻인가? 아니면 열에너지가 많다는 뜻인가? 또는 물체가 어떻게 해서든 '열'을 포함하고 있는 것일까? 이러한 모든 정의가 같은 것일까? 온도, 열에너지, 열의 의미와 이들 사이의 관계에 대해 생각해보자.

열에너지와 온도의 원자적 설명

그림 11.8에서 볼 수 있는 원자들의 **이상 기체**인 가장 간단한 원자계를 생각해보자.

그림 11.8 이상 기체에서 원자의 운동

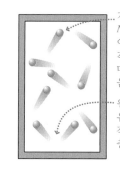

기체는 큰 수 N개의 원자로 이루어져 있고, 각 원자는 마구잡이로 움직이고 있다.

원자 사이의 유일한 상호 작용은 탄성 충돌이다.

◀◀10.5절에서 물체를 구성하는 원자와 분자의 운동과 관련된 에너지를 열에너지로 정의했다. 분자 결합이 없으므로, 이상 기체의 원자들은 움직임의 운동 에너지만 갖는다. **따라서 이상 기체의 열에너지는 기체에서 움직이는 원자들의 총 운동 에너지와 같다.**

그림 11.9와 같이 이상 기체의 용기를 택하여 불꽃 위에 놓으면 에너지가 뜨거운 불꽃에서 차가운 기체로 전달될 것이다. 이것은 새로운 형태의 에너지 전달로, **열**(heat)이라고 한다. 나중에 열의 본질을 정의할 것이지만, 지금은 기체를 가열할 때 기체의 변화에 초점을 둔다.

그림 11.9에서 볼 수 있듯이, 기체를 가열하면 원자가 더 빨리 움직이게 되어 기체의 열에너지가 증가한다. 기체를 가열하면 온도도 상승한다. 두 경우 모두 증가한다는 관찰 사실은 온도가 기체 원자의 운동 에너지와 관련이 있어야 함을 시사한다. 그렇지만 어떻게 그렇게 될까? 계의 온도는 계의 크기와 무관하다는 사실에서 중요한 단서를 얻을 수 있다. 각각 온도가 20°C인 물 두 잔을 섞으면 온도가 20°C로 똑같은 더 많은 양의 물이 된다. 결합된 부피에는 원자가 더 많이 있으므로 **총** 열에너지가 더 많지만, 각 원자는 이전과 마찬가지로 움직이므로 원자당 **평균** 운동 에너지는 변하지 않는다. 온도는 이 같은 원자의 평균 운동 에너지와 관련되어 있다. **이상 기체의 온도는 기체를 이루는 원자의 평균 운동 에너지의 척도이다.**

12장에서 이러한 개념을 정식화하고 확장하겠지만, 지금 여기서는 이 간단한 모형의 성질을 참조하여 온도와 열에너지에 대해 좀 더 살펴보기로 하자.

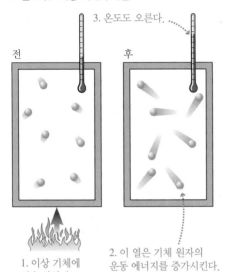

그림 11.9 이상 기체의 가열

3. 온도도 오른다.

전 후

1. 이상 기체에 열을 가한다.

2. 이 열은 기체 원자의 운동 에너지를 증가시킨다.

온도 눈금

이상 기체의 온도는 원자의 평균 운동 에너지와 관련이 있다. 다른 물질이 고체, 액체 또는 기체일지라도 비슷하게 말할 수 있다. 온도가 높을수록 원자가 더 빨리 움직인다. 그렇지만 온도를 어떻게 측정할까? 일반적인 유리관 온도계는 '뜨거운' 또는 '차가운' 물체와 접촉할 때 작은 양의 수은이나 알코올이 팽창하거나 수축하는 방식으로 작동한다. 다른 온도계는 다른 방식으로 작동하지만, 모두 미시적 수준에서는 물체의 원자 속력에 의존한다. 왜냐하면 그 원자들이 온도계의 원자와 충돌하기 때문이다. 즉, 모든 온도계는 물체 속 원자의 평균 운동 에너지를 표본 추출한다.

온도계 안에서 액체의 열팽창은 액체가 얼음물에 잠겨 있을 때보다 뜨거운 물에 잠겨 있을 때 액체를 더 높이 밀어 올린다.

온도계는 온도 눈금이 있어야 유용한 측정 기구가 된다. 과학적 연구에 (그리고 세계의 거의 모든 국가에서) 사용하는 눈금은 **섭씨 눈금**(Celsius scale)이다. 아마 알고 있겠지만, 물의 어는점이 0°C이고 끓는점이 100°C가 되도록 섭씨 눈금을 정의한다. 섭씨온도계의 단위는 '섭씨 도'이고, °C로 적는다. 여전히 미국에서 널리 사용되는 화씨 눈금(Fahrenheit scale)은 섭씨 눈금과 다음과 같은 관계를 갖는다.

$$T(°C) = \frac{5}{9}(T(°F) - 32°) \qquad T(°F) = \frac{9}{5}T(°C) + 32° \qquad (11.5)$$

섭씨와 화씨 눈금의 영점은 모두 임의적인 것으로, 단순히 합의된 관례에 불과하다. 그리고 둘 다 음의 온도를 허용한다. 그런데 이상 기체 원자의 평균 운동 에너지를 온도 정의의 기초로 사용한다면, 이 온도 눈금에서는 운동 에너지가 0인 점이 자연스러운 영점이 된다. 운동 에너지는 항상 양의 값을 가지므로 온도계의 영점은 **절대 0도**(absolute zero)가 되고, 이보다 낮은 온도는 불가능하다.

이것은 켈빈 눈금(Kelvin scale)이라고 하는 온도 눈금에서 영점을 정의하는 방법이다. **0도는 원자의 운동 에너지가 0인 점이다.** 켈빈 눈금의 모든 온도는 양의 값을 가지므로 이것을 절대 온도 눈금(absolute temperature scale)이라고도 한다. 켈빈 온도 눈금(Kelvin temperature scale)의 단위는 '켈빈(켈빈 도, °K가 아니다!)'이며, K로 적는다.

켈빈 눈금의 간격은 섭씨 눈금과 같다. 유일한 차이점은 영점의 위치인데, 원자들이 움직임을 멈추는 온도인 절대 0도는 −273°C이다. 따라서 섭씨와 켈빈 온도 사이의 변환은 다음과 같이 매우 간단하다.

$$T(\text{K}) = T(°\text{C}) + 273 \qquad T(°\text{C}) = T(\text{K}) - 273 \qquad (11.6)$$

섭씨 1도 차와 1켈빈 차는 똑같다. 즉 두 온도계에서는 온도 **차이**가 동일함을 의미한다. 수식으로 표현하면 다음과 같다.

$$\Delta T(\text{K}) = \Delta T(°\text{C})$$

켈빈 눈금에서, 0°C의 물의 어는점은 $T = 0 + 273 = 273\,\text{K}$이다. 30°C의 따뜻한 여름날은 켈빈 눈금에서 $T = 303\,\text{K}$이다. 이러한 눈금들을 나란히 비교한 것이 **그림 11.10**에 나타나 있다.

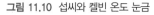

그림 11.10 섭씨와 켈빈 온도 눈금

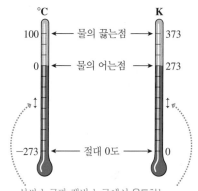

섭씨 눈금과 켈빈 눈금에서 온도차는 똑같다. 물의 어는점과 끓는점 사이의 온도차는 100°C 차 또는 100 K 차이다.

▶ **광학 당밀** 원자가 가만히 있는 절대 0도에 도달할 수는 없지만 원자를 직접 느리게 하여 절대 0도에 아주 가깝게 할 수 있다. 교차하는 레이저빔은 '광학 당밀'이라고 알려진 것을 생성한다. 빛은 에너지와 운동량을 지닌 광자로 이루어져 있다. 확산 기체의 원자와 광자와의 상호작용으로 원자가 느려진다. 이러한 방식으로 원자는 매우 차가운 5×10^{-10} K의 온도에 해당하는 속력까지 느려질 수 있다!

예제 11.7　온도 눈금

그 동안 지구에서 측정된 가장 차가운 온도는 남극의 −129°F이었다. 이것은 °C와 K으로 얼마인가?

풀이 먼저 식 (11.5)를 사용하여 온도를 섭씨 눈금으로 바꾼다.

$$T(°\text{C}) = \frac{5}{9}(-129° - 32°) = -89°\text{C}$$

다음으로 식 (11.6)을 사용하여 이것을 켈빈으로 바꾸면 다음과 같다.

$$T = -89 + 273 = 184\,\text{K}$$

검토 이것은 차갑지만, 여전히 실험실에서 성취한 가장 차가운 온도보다 훨씬 따뜻하다. 그 온도는 0 K에 아주 가깝다.

열은 무엇인가?

10장에서 계는 일과 열이라는 두 가지 수단을 통해 환경과 에너지를 교환할 수 있음을 알았다. 10장에서 일을 자세하게 다루었고, 이제는 열에 의한 에너지 전달을 살펴볼 때이다. 이것은 **열역학**(thermodynamics)이라고 하는 주제에 대한 탐험을 시작하는 것으로, 열에너지와 열 그리고 다른 형태의 에너지 및 에너지 전달과 이들의 관계를 다룬다.

열은 일보다는 더 애매한 개념이다. 일상생활에서 '열'이라는 단어는 매우 느슨하게 사용된다. 종종 "열을 받다"에서처럼 화가 나거나 흥분된 상태를 뜻하기도 하고, "머리에 열이 있다"에서처럼 몸의 더운 기운을 뜻하기도 한다. 이제는 앞으로의 논의를 위해 좀 더 정확한 언어를 개발할 때이다.

난로에 찬물 한 냄비를 놓는다고 가정해보자. **그림 11.11**과 같이 버너를 켜서 냄비 아래에 뜨거운 불꽃을 일으키면 물의 온도가 올라간다. 올라간 온도는 물이 더 많은 열에너지를 가지고 있음을 의미하므로 이 과정에서 에너지는 계로 **전달되어야** 한다. 뜨거운 불꽃에서 차가운 물로 전달된 이 에너지가 바로 열이다. 일반적으로 **열은 두 물체 사이의 온도차 때문에 두 물체 사이에서 전달되는 에너지이다.** 열은 항상 뜨거운 물체에서 차가운 물체로 흐르며 결코 반대방향으로는 흐르지 않는다. 온도차가 없으면 어떠한 에너지도 열로써 전달되지 않는다. 열을 나타내는 기호로 Q 를 사용한다.

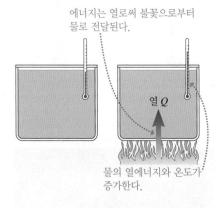

그림 11.11 냄비의 물을 가열하여 온도 올리기

에너지는 열로써 불꽃으로부터 물로 전달된다.

열 Q

물의 열에너지와 온도가 증가한다.

열의 원자 모형

열에너지가 고온에서 저온으로 이동하는 이유를 설명하기 위해 원자 모형을 생각해보자. **그림 11.12**는 단단하고 단열된 용기가 매우 얇은 막에 의해 두 부분으로 나누어져 있는 것을 보여준다. 각 부분은 같은 종류의 원자 기체로 채워져 있다. 계 1이라고 표시한 왼쪽은 초기 온도가 T_{1i}이다. 오른쪽의 계 2는 초기 온도가 T_{2i}이다. 막은 아주 얇아서 마치 막이 없는 것처럼 원자가 경계에서 충돌할 수 있지만 원자가 한쪽에서 다른 쪽으로 움직이는 것을 막는 장벽이라고 상상하자.

계 1이 처음에 더 높은 온도에 있다고 가정한다. 즉 $T_{1i} > T_{2i}$이다. 이것은 계 1의 원자의 평균 운동 에너지가 더 높다는 것을 의미한다. 그림 11.12는 서로 반대쪽에서 장벽으로 접근하는 빠른 원자와 느린 원자를 보여준다. 두 원자는 장벽에서 완전 탄성 충돌을 한다. 완전 탄성 충돌에서 알짜 에너지가 없어지지는 않지만 빠른 원자는 에너지를 잃고 느린 원자는 에너지를 얻는다. 즉, 빠른 원자 쪽에서 느린 원자 쪽으로 에너지가 **전달**된다.

계 1의 원자는 평균적으로 계 2의 원자보다 더 활동적이기 때문에 **평균적으로 충돌은 계 1에서 계 2로 에너지를 전달**한다. 이것이 모든 충돌에 대해 참은 아니다. 때로는 계 2의 빠른 원자가 계 1의 느린 원자와 충돌하여 계 2에서 계 1로 에너지를 전달하기도 한다. 그러나 모든 충돌에서 알짜 에너지 전달은 따뜻한 계 1에서 차가운 계 2

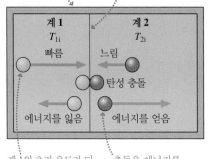

그림 11.12 장벽에서의 충돌은 빠른 분자에서 느린 분자로 에너지를 전달한다.

단열은 열이 용기 안팎으로 이동하는 것을 막는다.

얇은 막은 원자가 계 1에서 계 2로, 계2에서 계 1로 이동하는 것을 막지만 그래도 원자들이 충돌하는 것은 허용한다.

계 1
T_{1i}
빠름

계 2
T_{2i}
느림

탄성 충돌

에너지를 잃음

에너지를 얻음

계 1의 초기 온도가 더 높으므로 원자들의 평균 속력이 더 높다.

충돌은 에너지를 계 2의 원자로 전달한다.

로 진행된다. 이 같은 에너지 전달이 열이다. **열에너지는 따뜻한 쪽의 빠르게 움직이는 원자에서 차가운 쪽의 느리게 움직이는 원자로 전달된다.**

이 전달은 안정된 상태에 도달할 때까지 계속된다. 안정된 상태를 **열평형**(thermal equilibrium)이라고 한다. 계가 열평형에 도달한지를 어떻게 알 수 있을까? 장벽의 양쪽에 있는 원자가 **똑같은 평균 운동 에너지**를 가질 때까지 에너지 전달이 계속된다. 평균 운동 에너지가 같아지더라도 개별 충돌은 한쪽에서 다른 쪽으로 에너지를 전달한다. 그러나 양쪽에 같은 평균 운동 에너지를 가진 원자가 있기 때문에 계 1에서 계 2로 전달된 에너지의 양은 계 2에서 계 1로 전달된 양과 같다. 일단 평균 운동 에너지가 같아지면 더 이상 알짜 에너지 전달은 없을 것이다.

앞에서 보았듯이, 계의 원자들의 평균 운동 에너지는 계의 온도의 척도이다. 두 계가 원자의 평균 운동 에너지가 같아질 때까지 에너지를 교환한다면

$$T_{1f} = T_{2f} = T_f$$

라고 말할 수 있다.

즉, 두 계가 공통의 최종 온도에 도달할 때까지 열이 전달된다. 이것이 열평형 상태이다. 이 경우에 다소 인위적인 계를 고려했지만 결과는 매우 일반적이다. **열 접촉하고 있는 두 계는 최종 온도가 같아질 때까지 열에너지를 뜨거운 쪽에서 차가운 쪽으로 전달할 것이다.** 이 과정이 **그림 11.13**에 나와 있다.

열은 에너지의 전달이다. 전달에 사용되는 부호는 **그림 11.14**에 정의되어 있다. 그림 11.13의 과정에서 계 1은 에너지를 잃기 때문에 Q_1은 음수이고, 계 2는 에너지를 얻기 때문에 Q_2는 양수이다. 용기로부터 에너지가 빠져 나오지 않으므로 계 1이 잃은 모든 에너지를 계 2가 얻는다. 이것을

$$Q_2 = -Q_1$$

로 나타낼 수 있다. 한 계가 잃은 열에너지를 다른 계가 얻는다.

11.4 열역학 제1법칙

열의 형태의 에너지 전달을 포함하도록 일-에너지 방정식인 식 (11.1)을 확장할 필요가 있다. 그림 11.14에서 볼 수 있듯이 열의 부호 규칙은 일과 동일한 형식을 취한다. 즉, 양수값은 계로의 전달을 의미하고 음수 값은 계로부터의 전달을 의미한다. 따라서 일-에너지 방정식에 열 Q를 포함하면 다음과 같이 Q는 일 W와 함께 방정식의 오른쪽에 나타난다.

$$\Delta K + \Delta U + \Delta E_{th} + \Delta E_{chem} + \cdots = W + Q \tag{11.7}$$

이 방정식은 에너지 및 에너지 보존에 관한 가장 일반적인 기술로써, 그 동안 논의했던 모든 에너지 전달과 변환을 포함한다.

10장에서 썰매가 언덕을 내려갈 때와 같이 위치 에너지와 운동 에너지가 변할 수 있는 계에 중점을 두었고, 이 장의 앞부분에서는 화학 에너지가 변화하는 몸을 살펴

그림 11.13 열 접촉하고 있는 두 계는 열에너지를 교환한다.

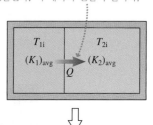

충돌은 따뜻한 계에서 차가운 계로 에너지를 전달한다. 이 에너지 전달이 열이다.

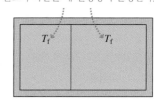

계들의 평균 운동 에너지가 똑같고 온도가 똑같을 때 열평형이 발생한다.

그림 11.14 Q의 부호

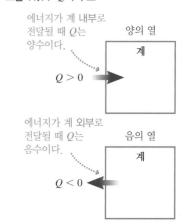

에너지가 계 내부로 전달될 때 Q는 양수이다.

$Q > 0$

에너지가 계 외부로 전달될 때 Q는 음수이다.

$Q < 0$

보았다. 이제 오직 열에너지만 변하는 계를 고려하자. 즉, 움직이지 않고 화학적으로 변하지도 않지만 온도는 변할 수 있는 계를 고려할 것이다. 그러한 계들은 **열역학**이라고 하는 영역에 속한다. 여름에 집을 시원하게 유지하는 방법에 대한 질문은 열역학의 문제이다. 에너지가 집으로 전달되면 열에너지가 증가하고 온도가 상승한다. 온도를 낮추려면 에너지를 집 밖으로 전달해야 한다. 이것은 이후 절에서 보게 될 에어컨의 목적이다.

수업 영상

　　오직 열에너지만 변하는 경우를 고려하면 식 (11.7)을 단순화할 수 있다. 이 간단해진 식은 열에너지만 변하는 계에 대한 에너지 보존의 기술이다. 그것을 **열역학 제1법칙**이라고 한다.

> **열역학 제1법칙** 열에너지만 변하는 계의 경우, 일 W로써, 열 Q로써, 또는 둘 모두로써 계 안팎으로 전달된 에너지는 열에너지의 변화와 같다.
>
> $$\Delta E_{th} = W + Q \tag{11.8}$$

일과 열은 계와 그 환경 사이에서 에너지가 전달되어 계의 에너지를 변화시킬 수 있는 두 가지 방법이다. 그리고 열역학적 계에서 변화하는 유일한 에너지는 열에너지이다. 이 에너지의 증가 또는 감소 여부는 앞서 살펴본 바와 같이 W와 Q의 부호에 의존한다. 계와 환경 사이의 가능한 에너지 전달이 **그림 11.15**에 설명되어 있다.

그림 11.15 열역학적 계의 에너지 전달

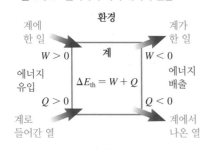

환경

계에 한 일
$W > 0$
에너지 유입
$Q > 0$
계로 들어간 열

계
$\Delta E_{th} = W + Q$

계가 한 일
$W < 0$
에너지 배출
$Q < 0$
계에서 나온 열

개념형 예제 11.8 기체의 압축

기체가 단열 용기에 있어서 열에너지가 빠져 나올 수 없다고 가정한다. 피스톤을 사용하여 기체를 압축하면 기체 온도는 어떻게 되는가?

판단 피스톤이 기체에 힘을 가하고 변위가 발생한다. 이것은 피스톤이 기체에 일을 한다는 것을 뜻한다($W > 0$). 환경과 교환할 수 있는 열에너지는 없으므로 $Q = 0$이다. 에너지가 계로 전달되

기 때문에 기체의 열에너지는 증가해야 한다. 따라서 온도도 증가해야 한다.

검토 이 결과는 익숙한 일상적 경험의 관점에서 타당하다. 자전거 펌프를 사용하여 타이어에 바람을 넣으면 펌프와 타이어가 따뜻해진다. 이 온도 증가는 주로 압축에 의해 공기가 따뜻해지기 때문이다.

예제 11.9 믹서에서의 에너지 전달

믹서에서 전기 모터가 계 내부에서 음식을 섞는다. 여기서 계는 용기 내부의 음식물이다. 계에 해준 일 때문에 음식이 눈에 띄게 데워진다. 믹서 모터가 40 s 동안 250 W의 출력으로 작동한다고 가정하자. 이 시간 동안 2000 J의 열이 데워진 음식에서 더 차가운 주변

환경으로 흐른다. 음식의 열에너지가 얼마나 많이 증가하는가?

준비 계의 열에너지만 변하므로 열역학 제1법칙인 식 (11.8)을 사용할 수 있다. 모터가 생성하는 일률과 실행된 시간으로부터 모터가 한 일을 구할 수 있다.

풀이 식 (10.22)에서 한 일은 $W = P\Delta t = (250 \text{ W})(40 \text{ s}) = 10{,}000 \text{ J}$이다. 열이 계를 떠나기 때문에 그 부호는 음이고, 따라서 $Q = -2000 \text{ J}$이다. 이제 열역학 제1법칙에 따라 다음 결과를 얻는다.

$$\Delta E_{th} = W + Q = 10,000 \text{ J} - 2000 \text{ J} = 8000 \text{ J}$$

검토 강력한 모터가 한 일은 열에너지를 급격히 증가시키지만, 열에너지는 오로지 열로써 서서히 배출되는 것이 타당해 보인다. 음

식의 열에너지 증가는 온도 상승을 의미한다. 믹서를 충분히 오래 작동시키면, 사진이 보여 주듯이 음식이 실제로 쩌지기 시작한다.

에너지 전달 도형

뜨거운 돌을 바다에 떨어뜨린다고 가정해보자. 돌과 바다의 온도가 같아질 때까지 열은 돌에서 바다로 전달된다. 바다가 아주 약간 따뜻해지긴 하지만, ΔT_{ocean}은 매우 작아서 전혀 중요하지 않다.

열이 계와 저장고 사이에 전달될 때 마치 바다처럼 그 온도가 눈에 띄게 변하지 않는 매우 큰 물체 또는 환경의 일부를 **에너지 저장고**(energy reservoir)라고 한다. 계보다 높은 온도의 저장고를 **뜨거운 저장고**(hot reservoir)라고 한다. 격렬히 타는 불꽃은 그 속에 있는 작은 물체에 대해서는 뜨거운 저장고이다. 계보다 낮은 온도의 저장고를 **차가운 저장고**(cold reservoir)라고 한다. 바다는 뜨거운 돌에 대해서 차가운 저장고이다. T_H와 T_C를 사용하여 뜨거운 저장고와 차가운 저장고의 온도를 나타낼 것이다.

계와 저장고의 온도가 다르면, 열에너지가 둘 사이에서 전달된다. 앞으로

$$Q_H = \text{뜨거운 저장고 안팎으로 전달되는 열량}$$
$$Q_C = \text{차가운 저장고 안팎으로 전달되는 열량}$$

으로 정의할 것이다. **정의상 Q_H와 Q_C는 양수이다.**

그림 11.16(a)는 뜨거운 저장고(온도 T_H)와 차가운 저장고(온도 T_C) 사이에 배치된 무거운 구리 막대를 보여준다. 열 Q_H는 뜨거운 저장고에서 구리로 전달되고 열 Q_C는 구리에서 차가운 저장고로 전달된다. **그림 11.16(b)**는 이 과정에 대한 **에너지 전달 도형**이다. 일반적으로 위에 뜨거운 저장고를 그리며, 아래에 차가운 저장고를 그린다. 그리고 그 사이에 계(이 경우에는 구리 막대)를 그린다. 에너지 전달을 보여주는 '관'으로 저장고와 계를 연결한다. 그림 11.16(b)는 열 Q_H가 계 안으로 전달되고 Q_C가 계 밖으로 전달되는 것을 보여준다.

그림 11.17은 논의했던 열전달에 관한 중요한 사실을 보여준다. 자발적인 전달은 뜨거운 곳에서 차가운 곳으로 한 방향으로만 간다. 이것은 상당히 실용적인 뜻을 갖는 중요한 결과이다.

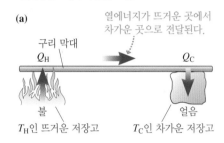

그림 11.16 에너지 전달 도형

(a) 열에너지가 뜨거운 곳에서 차가운 곳으로 전달된다.

구리 막대
Q_H
Q_C
불
얼음
T_H인 뜨거운 저장고
T_C인 차가운 저장고

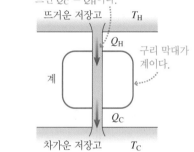

(b) 열에너지가 뜨거운 저장고에서 차가운 저장고로 전달된다. 에너지 보존에 따르면 $Q_C = Q_H$이다.

뜨거운 저장고 T_H
Q_H
구리 막대가 계이다.
계
Q_C
차가운 저장고 T_C

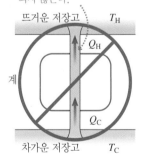

그림 11.17 불가능한 에너지 전달

열은 절대 자발적으로 차가운 물체에서 뜨거운 물체로 전달되지 않는다.

뜨거운 저장고 T_H
Q_H
계
Q_C
차가운 저장고 T_C

개념형 예제 11.10 | **에너지 전달과 신체** BIO

매우 더운 날씨에 운동하면 몸에 더 큰 부담이 되는 이유를 물리학 용어를 사용하여 설명하시오.

판단 알다시피 몸은 화학 에너지를 열에너지로 계속 전환시킨다. 일정한 체온을 유지하기 위해서는 몸이 지속적으로 열을 환경으로 전달해야 한다. 이것은 열이 자발적으로 환

경으로 전달되는 시원한 날씨에는 간단한 문제이다. 하지만 공기 온도가 체온보다 높으면 이런 방법으로는 몸이 냉각되지 않으므로 땀을 흘리는 것과 같은 다른 에너지 전달 방식을 사용해야 한다. 이러한 방식에는 추가적인 에너지 소비가 필요하다.

검토 몸이 열을 충분히 빨리 배출할 수 없으면, 더운 날씨의 심한 운동으로 체온이 쉽게 오를 수 있다.

11.5 열기관

산업 혁명의 초기 단계에서 방앗간과 제조소를 운영하는 데 필요한 대부분의 에너지는 수력에서 나왔다. 높은 저수지의 물은 자연스럽게 아래로 흐른다. 수차는 이런 물의 자연스런 흐름을 동력화하여 유용한 에너지를 생산할 수 있다. 왜냐하면 물이 아래로 흐르면서 잃어버린 위치 에너지 중 일부가 다른 형태로 변환될 수 있기 때문이다.

열로 비슷한 일을 할 수 있다. 열에너지는 자연스럽게 뜨거운 저장고에서 차가운 저장고로 전달된다. 이 에너지가 전달되고 다른 형태로 변환될 때 이 에너지의 일부를 취하는 것이 가능하다. 이것이 **열기관**(heat engine)으로 알려진 장치가 하는 일이다.

그림 11.18(a)의 에너지 전달 도형은 열기관의 기본적인 물리를 보여준다. 뜨거운 저장고로부터 열로써 에너지를 받아들여 일부를 유용한 일로 바꾸고 나머지를 폐열로써 차가운 저장고로 배출한다. 어떠한 열기관도 구성도는 정확히 동일하다.

그림 11.18 열기관의 작동

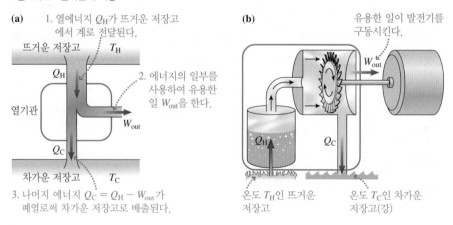

(a)
1. 열에너지 Q_H가 뜨거운 저장고에서 계로 전달된다.

뜨거운 저장고 T_H

Q_H

열기관

2. 에너지의 일부를 사용하여 유용한 일 W_{out}을 한다.

W_{out}

Q_C

차가운 저장고 T_C

3. 나머지 에너지 $Q_C = Q_H - W_{out}$가 폐열로써 차가운 저장고로 배출된다.

(b)
유용한 일이 발전기를 구동시킨다.

W_{out}

Q_H Q_C

온도 T_H인 뜨거운 저장고   온도 T_C인 차가운 저장고(강)

그림 11.18(b)는 이 장의 앞부분에서 논의한 발전소인 실제 열기관의 에너지 흐름 방향과 저장고 위치를 보여준다. 발전소의 차가운 저장고는 강 또는 호수일 수도 있고 단순히 대기일 수도 있는데, 냉각탑에서 열 Q_C를 그곳으로 버린다.

화학 에너지를 열에너지로 변환한 다음 그 에너지를 다른 형태로 변환하여 우리가 매일 사용하는 에너지의 대부분을 얻는다. 열기관의 일반적인 예 몇 가지를 살펴보자.

열기관

우리가 사용하는 대부분의 전기를 열기관이 생산한다. 석탄 또는 기타 화석 연료를 태워서 고온고압의 증기를 생성한다. 증기는 전기를 생산하는 발전기에 연결된 터빈을 돌려서 일을 한다. 이 방법으로 증기 에너지 중 일부를 추출하지만, 반 이상이 그저 '흘러나와서' 호수나 강과 같은 차가운 저장고에 쌓이게 된다.

자동차는 주행에 필요한 에너지를 휘발유의 화학 에너지에서 얻는다. 휘발유를 태우면 생성되는 뜨거운 기체가 뜨거운 저장고이다. 열에너지의 일부는 움직이는 차량의 운동 에너지로 변환된다. 하지만 이 열화상도가 보여주듯이 90% 이상이 방열기 및 배기 장치를 통해 주변 공기로 열로써 사라진다.

매일 사용하는 물건의 일부분을 이루는 간단한 소형 열기관이 많다. 나무 난로 위에 놓을 수 있는 이 송풍기는 난로의 열에너지를 사용하여 실내 공기를 움직이는 동력을 제공한다. 이 장치에서 뜨겁고 차가운 저장고는 어느 곳인가?

열기관의 경우 열기관의 열에너지가 변하지 않는다고 가정한다. 이것은 열기관 안팎으로 전달되는 알짜 에너지가 없음을 의미한다. 에너지가 보존되기 때문에 추출된 유용한 일은 뜨거운 저장고에서 전달된 열에너지와 차가운 저장고로 배출된 열에너지의 차이와 같다. 즉,

$$W_{\text{out}} = Q_{\text{H}} - Q_{\text{C}}$$

가 된다. 열기관에 입력되는 에너지는 Q_{H}이고 출력되는 에너지는 W_{out}이다.

이 장의 앞부분에서 제시된 효율의 정의를 사용하여 열기관의 효율을 계산하면

$$e = \frac{\text{얻는 것}}{\text{주는 것}} = \frac{W_{\text{out}}}{Q_{\text{H}}} = \frac{Q_{\text{H}} - Q_{\text{C}}}{Q_{\text{H}}} \tag{11.9}$$

가 된다. Q_{H}는 고온의 뜨거운 저장고에 제공하기 위해 연소된 연료의 에너지이므로 '주는 것'이다. 일로 전환되지 않은 열에너지는 차가운 저장고에서 폐열로써 끝난다.

왜 이렇게 에너지를 낭비해야 하는가? **그림 11.19**에 나타낸 것처럼 열의 100%를 유용한 일로 변환하는 열기관을 만들면 안 될까? 놀랍게도, 그렇게 할 수 없다. **어떠한 열기관도 열의 일부분을 차가운 저장고로 배출하지 않고서는 작동할 수 없다.** 이것은 우리의 공학적 능력에 대한 한계가 아니다. 곧 알게 되겠지만, 그것은 자연의 기본 법칙이다.

열기관의 가능한 최대 효율은 **열역학 제2법칙**(second law of thermodynamics)에 의해 정해진다. 이것은 11.7절에서 자세히 설명할 것이다. 상세한 유도 없이 결과만 간단히 제시하자면, 열기관의 이론적인 최대 효율은 제2법칙에 의해 다음과 같다.

그림 11.19 완벽한 (그리고 불가능한!) 열기관

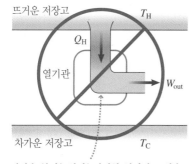

이것은 불가능하다! 어떠한 열기관도 열을 100% 유용한 일로 전환할 수 없다.

열기관의 최대 효율 ⟶ $e_{\text{max}} = 1 - \dfrac{T_{\text{C}}}{T_{\text{H}}}$ ⟵ 차가운 저장고의 온도 / 뜨거운 저장고의 온도 (11.10)

T_{C}와 T_{H} 모두 켈빈 단위이다.

따라서 모든 열기관의 최대 효율은 뜨거운 저장고와 차가운 저장고의 온도 비율에 의해 정해진다. 뜨거운 저장고의 온도를 높이거나 차가운 저장고의 온도를 낮추어 열기관의 효율을 높일 수 있다. 실제 열기관의 효율은 대개 이론적인 최댓값보다 훨씬 작다.

$e_{max} < 1$이기 때문에 한 일은 항상 열 입력보다 작다($W_{out} < Q_H$). 결과적으로 차가운 저장고로 배출되는 열 Q_C가 있어야 한다. 이것이 그림 11.19의 열기관이 불가능한 이유이다. 열기관이 수차와 유사하다고 생각하자. 열기관은 뜨거운 곳에서 차가운 곳으로 자발적으로 흐르는 에너지의 일부를 '빨아들인다'. 하지만 흐름을 완전히 차단할 수는 없다.

예제 11.11 **핵발전소의 효율**

원자로 핵심의 핵반응에서 나오는 에너지는 290°C 온도의 고압 증기를 생성한다. 증기가 터빈을 돌리고 나면 (근처 강의 냉각수를 사용하여) 응축되고 20°C의 물로 되돌아간다. 여분의 열은 강에 쌓인다. 그러면 물을 재가열하고 순환이 다시 시작된다. 이 발전소가 얻을 수 있는 최대 효율은 얼마인가?

준비 핵발전소는 그림 11.18(a)와 같은 에너지 전달을 하는 열기관이다. Q_H는 원자로 핵심에서 증기로 전달되는 열에너지이다. T_H는 증기의 온도로 290°C이다. 증기는 냉각되고 응축되면서 열 Q_C를 강으로 배출한다. 강은 차가운 저장고이므로 T_C는 20°C이다. 이들 온도는 켈빈 단위로 다음과 같다.

$$T_H = 290°C = 563 \text{ K} \qquad T_C = 20°C = 293 \text{ K}$$

풀이 식 (11.10)을 사용하여 가능한 최대 효율을 계산하면 다음과 같다.

$$e_{max} = 1 - \frac{T_C}{T_H} = 1 - \frac{293 \text{ K}}{563 \text{ K}} = 0.479 \approx 48\%$$

검토 이것은 가능한 최대 효율이다. 핵을 연료로 하든지 석탄 또는 가스를 연료로 하든지 관계없이 실제 발전소의 효율을 $e \approx 0.35$로 제한하는 실질적인 한계가 있다. 이것은 연료에서 나온 에너지의 65%가 강이나 호수로 폐열로써 배출되어 지역 환경에서 문제가 될 수 있는 온도 상승을 유발할 수도 있다는 뜻이다.

그림 11.20 열펌프는 온수와 냉수를 공급한다.

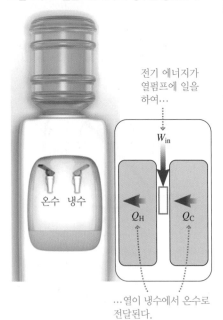

전기 에너지가 열펌프에 일을 하여…

W_{in}

온수   냉수

Q_H Q_C

…열이 냉수에서 온수로 전달된다.

11.6 열펌프, 냉장고, 에어컨

냉장고 내부는 주방의 공기보다 차갑다. 따라서 실내의 열이 항상 냉장고 내부로 흘러들어가 냉장고가 따뜻해진다. 이것은 냉장고 문을 열 때마다 발생하고, 냉장고 벽을 통해 열이 '새어' 들어간다. 냉장고 내부를 차갑게 유지하려면, 이 열을 온도가 더 높은 방으로 옮길 수 있는 방법이 필요하다. **열펌프**(heat pump)가 하는 일이 차가운 저장고에서 뜨거운 저장고로 열에너지를 전달하는 것인데, 이것은 자연스러운 방향과는 반대이다.

이러한 열펌프를 실제로 적용한 것이 **그림 11.20**에 나타낸 냉온수기이다. 냉수에서 제거된 에너지는 결국은 뜨거운 물의 열에너지를 증가시킨다. 단일 과정으로 찬물을 식히고 뜨거운 물을 가열한다.

냉장고의 열펌프는 냉장고 **내부**의 차가운 공기에서 실내의 따뜻한 공기로 열을 전달한다. 에어컨도 마찬가지로 작동하여 집 또는 자동차의 시원한 공기에서 외부의 따뜻한 공기로 열을 전달한다. 창문에 다는 단일 장치로 된 실내용 에어컨에서 방을 향한 면이 시원한 쪽이고, 다른 면이 따뜻한 쪽이다. 시원한 쪽에서 따뜻한 쪽으로 열을 퍼 올려서 방을 냉각시킨다.

또한 열펌프를 사용하여 집 밖에서 안으로 열에너지를 이동시킴으로써 겨울철에 집을 **따뜻하게** 할 수도 있다. 집 밖에 있는 장치는 열에너지를 받아들여 집 안의 장치로 퍼 올려서 실내 공기를 따뜻하게 한다.

이 모든 경우에서 에너지가 흐르는 자연스러운 방향을 거슬러서 에너지를 이동시킨다. 이것에는 에너지 투입이 필요하다. 즉, 일을 해주어야 한다. 그것이 **그림 11.21**의 열펌프의 에너지 전달 도형에 나와 있다. 에너지가 보존되어야 하므로 다음과 같이 뜨거운 쪽에 배출된 열은 차가운 쪽에서 제거된 열과 투입된 일의 합과 같아야 한다.

$$Q_H = Q_C + W_{in}$$

열펌프의 경우 효율을 계산하기보다는 **성능 계수**(COP, coefficient of performance)라고 하는 비슷한 양을 계산한다. 위에서 언급한 것처럼 열펌프를 사용할 수 있는 두 가지 방법이 있다. 냉장고는 냉각 목적으로 열펌프를 사용하여 차가운 저장고에서 열을 제거하여 차가운 상태를 유지한다. 그림 11.21에서 알 수 있듯이, 이러한 일이 일어나려면 일을 해주어야 한다.

냉각 목적으로 열펌프를 사용하는 경우에는 성능 계수를

$$COP = \frac{얻는\ 것}{주는\ 것} = \frac{차가운\ 저장고에서\ 제거한\ 에너지}{에너지를\ 전달하는\ 데\ 필요한\ 일} = \frac{Q_C}{W_{in}}$$

로 정의한다. 열역학 제2법칙은 열기관의 효율을 제한하는 것처럼 열펌프의 효율도 제한한다. 가능한 최대 성능 계수는 뜨거운 저장고와 차가운 저장고의 온도에 의해 다음과 같이 결정된다.

$$COP_{max} = \frac{T_C}{T_H - T_C} \tag{11.11}$$

냉각 목적으로 사용된 열펌프의
이론적인 최대 성능 계수

또한 난방 목적으로 열펌프를 사용할 수 있는데, 열을 차가운 저장고에서 뜨거운 저장고로 이동시켜 난방을 유지한다. 이 경우에는 성능 계수를

$$COP = \frac{얻는\ 것}{주는\ 것} = \frac{뜨거운\ 저장고로\ 보낸\ 에너지}{에너지를\ 전달하는\ 데\ 필요한\ 일} = \frac{Q_H}{W_{in}}$$

로 정의하면, 가능한 최대 성능 계수는 다음과 같다.

$$COP_{max} = \frac{T_H}{T_H - T_C} \tag{11.12}$$

난방 목적으로 사용된 열펌프의
이론적인 최대 성능 계수

그림 11.21 열펌프의 작동

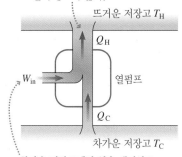

뜨거운 저장고로 배출되는 열의 양은 차가운 저장고에서 추출한 열의 양보다 많다.

뜨거운 저장고 T_H

Q_H

W_{in} 열펌프

Q_C

차가운 저장고 T_C

차가운 저장고에서 열을 제거하고 뜨거운 저장고로 열을 배출하기 위해 외부 일을 사용한다.

따뜻한 점심, 시원한 점심? 이와 같은 소형 냉각기는 자동차의 12 V 전기 설비에서 작동하는 펠티에 장치(Peltier devices)를 사용한다. 냉각기는 그 내부에서 외부로 열을 전달하여 음식이나 음료를 시원하게 유지할 수 있다. 그러나 펠티에 장치는 다른 열펌프와 마찬가지로 가역적이다. 그래서 전류의 방향을 바꾸면 열이 전달되는 방향이 바뀌어서 열이 내부로 전달되어 점심을 따뜻하게 유지할 수도 있다!

두 경우 모두 **더 큰 성능 계수는 더 효율적인 열펌프임을 의미한다.** 열기관의 효율이 1보다 작아야 하는 것과 달리 열펌프의 COP는 1보다 클 수 있으며, 일반적으로 1보다 크다. 다음 예는 COP가 일반적인 온도에서 상당히 높을 수 있음을 보여준다.

예제 11.12 **냉장고의 성능 계수**

냉장고 내부는 약 0°C이다. 냉장고 내부의 열은 온도가 약 20°C인 부엌의 공기에 쌓인다. 이러한 작동 온도에서 냉장고의 최대 성능 계수는 얼마인가?

준비 뜨거운 쪽과 차가운 쪽의 온도를 켈빈 단위로 표시해야 한다.

$$T_H = 20°C = 293\ K \qquad T_C = 0°C = 273\ K$$

풀이 식 (11.11)을 사용하여 최대 성능 계수를 계산하면 다음과 같다.

$$COP_{max} = \frac{T_C}{T_H - T_C} = \frac{273\ K}{293\ K - 273\ K} = 13.6$$

검토 성능 계수 값 13.6은 1 J의 에너지 비용으로 13.6 J의 열을 퍼 올린다는 것을 의미한다. 실질적인 제한 때문에 실제 냉장고의 성능 계수는 일반적으로 5 정도이다. 얼마나 잘 단열되어 있는지를 포함한 다른 요인들이 기기의 전체 효율에 영향을 준다.

개념형 예제 11.13 **냉방 유지**

날은 뜨겁고 아파트는 꽤 덥다. 냉장고 문을 열어 두면 아파트를 식히는 데 도움이 될까?

판단 이 과정의 에너지 전달 도형이 **그림 11.22**에 나와 있다. 냉장고의 열펌프는 평소대로 냉장고 내부의 열을 그 외부인 아파트 실내로 배출한다. 그러나 문이 열려 있으면 열은 자발적으로 아파트에서 냉장고로 다시 흐른다. 이때 아파트에서 냉장고로 빠져나간 것보다 더 많은 열이 아파트로 들어온다는 점에 주목하자. 열린 냉장고는 실제로 아파트를 데우고 있다!

검토 닫힌 냉장고조차도 서서히 실내를 덥힌다. 모터가 한 일은 항상 뜨거운 저장고로 배출되는 여분의 열로 변환된다.

그림 11.22 열린 냉장고의 에너지 전달 도형

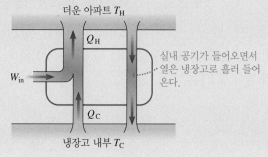

더운 아파트 T_H

실내 공기가 들어오면서 열은 냉장고로 흘러 들어온다.

W_{in}

Q_H

Q_C

냉장고 내부 T_C

11.7 엔트로피와 열역학 제2법칙

이 장을 통해서 에너지 변환과 전달에 있어 일정한 경향과 한계를 발견했다. 열은 뜨거운 곳에서 차가운 곳으로 자발적으로 흐르지만, 차가운 곳에서 뜨거운 곳으로는 흐르지 않는다. 뜨거운 곳에서 차가운 곳으로의 자발적인 열전달은 **비가역**(irreversible) 과정의 한 예이다. 비가역적 과정은 한 방향으로만 일어날 수 있는 과정을 일컫는다. 왜 어떤 과정은 비가역적인가? 차가운 곳에서 뜨거운 곳으로의 자발적인 열전달은 우리가 지금까지 본 물리학 법칙을 위반하지는 않지만 결코 관측되지 않는다. 그것을

막는 또 다른 물리학 법칙이 있는 것이 틀림없다. 이 절에서 **열역학 제2법칙**(second law of thermodynamics)이라고 하는 이 법칙의 기초를 탐구할 것이다.

가역 과정과 비가역 과정

미시적인 수준에서 분자 사이의 충돌은 완전히 가역적이다. 두 기체 분자 사이의 충돌에 관한 영화로 가능한 두 가지가 **그림 11.23**에 나타나 있다. 그것은 하나는 순방향으로 상영한 것이고, 다른 하나는 역방향으로(거꾸로) 상영한 것이다. 그냥 보는 것만으로는 어느 쪽이 정말로 순방향인지, 역방향인지 말할 수 없다. 어느 쪽의 충돌도 잘못된 것처럼 보이지 않으며, 무엇을 측정해도 뉴턴의 법칙을 위반하는 것으로 밝혀지는 것은 없을 것이다. 분자 수준에서의 상호작용은 가역 과정이다.

그림 11.23 분자의 충돌은 가역적이다.

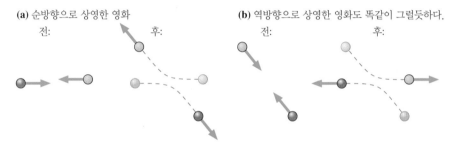

(a) 순방향으로 상영한 영화

(b) 역방향으로 상영한 영화도 똑같이 그럴듯하다.

거시적 차원에서는 이야기가 다르다. **그림 11.24**는 벽과 자동차의 충돌에 관한 영화 두 가지를 보여준다. 한 영화는 순방향으로 상영된 것이고, 다른 하나는 역방향으로(거꾸로) 상영된 것이다. 그림 11.24(b)의 역방향 영화는 분명히 잘못된 것이다. 역방향 영화에서 위반된 물리학 법칙은 무엇인가? 차가 원래 모양으로 되돌아가고 벽으로부터 멀리 튀어 나오는 것은 지금까지 논의된 물리학 법칙을 위반하지 않는다.

그림 11.24 거시적 충돌은 비가역적이다.

(a) 순방향으로 상영한 영화

(b) 역방향으로 상영한 영화는 물리적으로 불가능하다.

미시적인 운동이 모두 가역적이면, 자동차 충돌과 같은 거시적인 현상은 결국 어떻게 비가역적이 되는가? 가역적인 충돌 때문에 열이 뜨거운 곳에서 차가운 곳으로 전달된다면, 왜 열이 차가운 곳에서 뜨거운 곳으로는 결코 전달되지 않는가? 과거와 미래를 구별할 수 있는 무엇인가 작용하는 것이 틀림없다.

균형은 어느 쪽으로?

처음에 서로 다른 온도의 두 계가 어느 쪽으로 평형에 도달하는지를 어떻게 '아는가?' 아마도 비유가 도움이 될 것이다.

그림 11.25는 1과 2로 번호가 매겨진 두 상자를 보여준다. 이 상자들에는 동일한 공들이 들어 있는데, 상자 1에는 상자 2보다 공이 더 많이 담겨 있다. 매초마다 두 상자 중 하나에서 공 1개를 마구잡이로 선택하여 다른 상자로 옮긴다. 공을 상자 1에서 상자 2로 옮기는 것과 똑같이 상자 2에서 상자 1로 쉽게 옮길 수 있기 때문에 이것은 가역 과정이다. 몇 시간 후에는 공들이 어떻게 배열되어 있을 것으로 기대하는가?

공을 마구잡이로 선택하기 때문에, 그리고 처음에는 상자 1에 더 많은 공이 있기 때문에 처음에는 공이 상자 2에서 상자 1로 이동하는 것보다 상자 1에서 상자 2로 이동하는 경우가 더 많을 것이다. 때때로 공은 상자 2에서 상자 1로 이동하겠지만, 전체적으로 상자 1에서 상자 2로 이동하는 공들이 더 많다. 계는 $N_1 \approx N_2$가 될 때까지 진행할 것이다. 결국 양쪽 방향으로 이동하는 공의 수가 같아지는 안정한 상태, 즉 평형에 도달한다.

그러나 다른 방향은 불가능한가? 예를 들어 N_2가 감소하는 동안 N_1이 더 커질 수는 없는가? 원칙적으로 어떠한 공의 배열도 가능하다. 그러나 특정한 배열은 가능성이 더 높다. 공이 4개인 경우, 38%의 시간 동안 각 상자에 두 공이 있고, 한 상자가 완전히 비게 되는 것은 겨우 12%의 시간 동안만 발생한다. 하지만 공이 100개인 경우, 90%의 시간 동안 한 상자에 44개에서 56개 정도의 공이 있다. 이것은 각 상자에 공 50개인 '평형' 값에 가깝다. 공의 수를 10,000개로 늘리면 상자당 공 5000개의 평형 값에서 크게 차이가 날 기회는 매우 낮아진다. 90%의 시간 동안 각 상자의 공의 수가 5000에서 ±1% 안에 있게 될 것이다.

비록 각 전달은 가역적이지만, **큰 수의 통계 때문에 계가 $N_1 \approx N_2$인 상태로 진행할 가능성이 압도적으로 높다.** 입자 수가 10^{23}개 정도의 원자 또는 분자로 이루어진 실제적인 계인 경우에 평형 상태로부터 상당히 벗어나는 경우는 결코 보지 못할 것이다.

계는 어떤 계획이나 외부 개입에 의한 것이 아니라 단순히 **평형이 있을 수 있는 상태에서 가장 가능성이 높은 상태이기** 때문에 열적 평형에 도달한다. 막대한 수의 마구잡이 사건의 결과는 계가 한 방향으로, 즉 평형으로 진행하고, 결코 다른 방향으로는 진행하지 않는다는 것이다. 어떤 거시적인 상태는 다른 상태들보다 훨씬 더 가능성이 높기 때문에 가역적인 미시적 사건은 비가역적인 거시적 사건으로 이어진다.

질서, 무질서, 엔트로피

그림 11.26은 세 가지 기체 용기의 미시적 모습을 보여준다. 맨 위의 그림은 규칙적인 패턴으로 배열된 원자들을 보여준다. 이것은 각 원자의 위치가 정확하게 지정되어 마구잡이가 없고 고도로 질서 있는 계이다. 질서가 전혀 없는 맨 아래의 계와 대조해보

그림 11.25 상자에서 상자로 공 옮기기

공을 마구잡이로 선택하여 한 상자에서 다른 상자로 옮긴다.

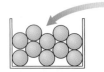

상자 1: N_1개의 공   상자 2: N_2개의 공

자. 용기 안의 원자들이 **자발적으로** 맨 위 그림의 질서 있는 패턴으로 배열될 가능성은 극히 희박하다. 이 경우에 패턴의 작은 변화조차도 금방 눈에 띈다. 대조적으로 마구잡이로 용기를 채운 맨 아래 그림과 같은 배열은 아주 많이 있다. 이 경우에 패턴의 작은 변화를 간파하기는 어렵다.

과학자와 공학자는 **엔트로피**(entropy)라는 용어를 사용하여 계의 특정 상태가 발생할 확률을 수치화한다. 자발적인 발생의 가능성이 매우 적은 맨 위의 계의 질서 배열은 엔트로피가 매우 낮다. 마구잡이로 채워진 용기의 엔트로피는 높다. 그것은 발생 확률이 크다. 그림 11.26에서 맨 위에 있는 질서 계에서 맨 아래의 무질서 계로 이동하면서 엔트로피가 증가한다.

그림 11.26에서 맨 위에 있는 그림에 있는 대로 원자를 정렬했다가 놓아준다고 가정해보자. 얼마 후, 맨 아래 그림과 같은 배열이 나타날 것이라고 예상할 것이다. 실제로 맨 위에서 아래까지 일련의 그림은 놓아준 원자들이 높은 엔트로피 상태로 이동하는 일련의 영화 프레임으로 생각할 수 있다. 이 과정은 비가역적이라고 정확하게 예상할 수 있을 것이다. 입자는 자발적으로는 처음의 질서 상태를 결코 다시 생성하지 않을 것이다.

열적 상호작용을 하는 온도가 다른 두 계의 엔트로피는 낮다. 이 계들은 질서가 있다. 빠른 원자들이 장벽의 한쪽에 있고, 느린 원자는 다른 쪽에 있다. 가장 마구잡이의 에너지 분포, 즉 최소 질서 계는 두 계가 동일한 온도의 열평형 상태에 있는 것에 해당한다. **처음에 서로 다른 온도의 두 계가 열적 평형으로 이동함에 따라 엔트로피는 증가한다.**

거시적 계가 평형을 향해 비가역적으로 진행한다는 것은 **열역학 제2법칙**이라는 새로운 물리 법칙이다.

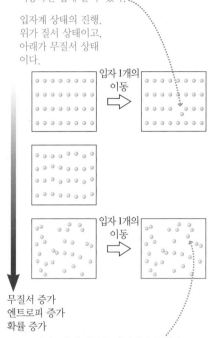

그림 11.26 기체에서 원자들의 질서 배열과 무질서 배열

이 배열은 일어날 것 같지 않다. 모든 입자가 정확하게 배치되어야 한다. 입자가 1개라도 이동하면 쉽게 알 수 있다.

입자계 상태의 진행. 위가 질서 상태이고, 아래가 무질서 상태이다.

입자 1개의 이동

입자 1개의 이동

무질서 증가
엔트로피 증가
확률 증가

입자 1개의 이동을 간파하기 힘들다. 많은 배열이 비슷한 모양이므로 이와 같은 배열은 가능성이 아주 높다.

> **열역학 제2법칙** 고립계의 엔트로피는 결코 감소하지 않는다. 엔트로피는 계가 평형에 도달할 때까지 증가하거나 평형에 도달하면 변하지 않는다.

열역학 제2법칙에 따르면 고립계는 다음과 같이 진행한다.

- 질서는 마구잡이와 무질서로 변한다.
- 정보를 얻기보다는 잃어버린다.
- 계는 다른 형태의 에너지가 열에너지로 변환되면서 '위축된다'.

고립계는 결코 자발적으로 마구잡이에서 질서를 생성하지 않는다. 계가 질서나 마구잡이를 '안다'는 것이 아니라 오히려 질서에 대응되는 상태보다 마구잡이에 대응되는 상태가 아주 많기 때문이다. 미시적 수준에서 충돌이 일어날 때, 확률 법칙에 의해 계가 평균적으로 가장 가능성이 높은 상태를 향해 가차 없이 움직이고, 따라서 가장 마구잡이인 거시적 상태로 진행한다.

Shakespeare 타이핑하기 문서 작성기로 새 문서를 작성하자. 눈을 감고 잠시 동안 마구잡이로 타이핑해본다. 이제 눈을 떠 보자. 알아볼 수 있는 단어라도 있는가? 그런 단어가 있을 수도 있지만 아마 없을 것이다. 침팬지 천 마리가 마구잡이로 타이핑하면 Shakespeare의 작품을 타이핑할 가능성도 있다. 분자 충돌은 차가운 물체에서 뜨거운 물체로 에너지를 전달할 수도 있다. 그러나 그 확률이 너무 작아서 그 결과가 실제 세계에서는 결코 보이지 않는다.

엔트로피와 열에너지

그림 11.27에서 볼 수 있듯이 본질적으로 열에너지가 없는 아주 차갑고 움직이고 있는 야구공과 실온에서 정지해 있는 헬륨 풍선이 있다고 가정해보자. 야구공의 원자와 풍선의 원자는 모두 움직이고 있지만 그 운동에는 큰 차이가 있다. 야구공의 원자들은 모두 동일한 속력으로 같은 방향으로 움직이지만, 풍선 속 원자들은 마구잡이 방향으로 움직이고 있다. 질서 있고 체계적인 움직임은 엔트로피가 낮지만 기체 원자의 무질서하고 마구잡이의 움직임, 즉 열에너지라고 하는 것은 엔트로피가 높다. 거시적인 운동 에너지를 열에너지로 변환하면 엔트로피가 증가한다는 것을 알 수 있다. 11.4절에서 다른 형태의 에너지를 열에너지로 전환하면 그것을 돌이킬 수 없다는 것을 보았다. 이제는 왜 그런지 알 수 있다. **다른 형태의 에너지가 열에너지로 변환될 때 엔트로피는 증가한다.**

그림 11.27 운동 에너지와 열에너지의 비교

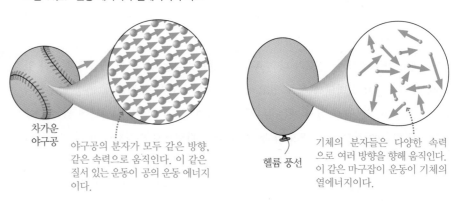

차가운
야구공

야구공의 분자가 모두 같은 방향, 같은 속력으로 움직인다. 이 같은 질서 있는 운동이 공의 운동 에너지이다.

헬륨 풍선

기체의 분자들은 다양한 속력으로 여러 방향을 향해 움직인다. 이 같은 마구잡이 운동이 기체의 열에너지이다.

그림 11.28 엔트로피 변화를 표시한 열기관 도형

1. 열 Q_H가 뜨거운 저장고에서 계로 유입되어 계의 엔트로피가 증가한다.

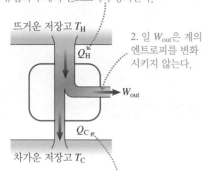

뜨거운 저장고 T_H

Q_H

2. 일 W_{out}은 계의 엔트로피를 변화시키지 않는다.

W_{out}

Q_C

차가운 저장고 T_C

3. 열 Q_C가 열기관에서 차가운 저장고로 이동하여 계의 엔트로피가 감소한다.

이것이 열에너지를 다른 형태로 변환하는 것을 100% 효율로 할 수 없는 이유이다. **그림 11.28**의 열기관에서 열 Q_H가 계에 유입됨에 따라 계의 엔트로피는 증가한다. 일 W_{out}은 엔트로피를 변화시키지 않는다. 왜냐하면 이 경로를 따라서는 열이 흐르지 않기 때문이다. 따라서 오직 열 Q_H가 계에 유입될 때 계의 엔트로피, 열에너지, 온도가 증가한다. 따라서 엔트로피를 줄이기 위해 열 Q_C를 차가운 저장고로 흐르게 해야 계의 총 엔트로피를 일정하게 유지할 수 있다.

그동안 본 모든 형태의 에너지 중에서 열에너지만이 엔트로피와 관련되어 있고, 나머지는 모두 무질서하지 않다. 열에너지가 관련되지 않는 한, 다양한 형태의 에너지들을 서로 자유롭게 그리고 가역적으로 전환할 수 있다. 공을 공중에 던지면 공이 올라가면서 운동 에너지가 위치 에너지로 변환된 다음 공이 떨어지면서 다시 운동 에너지로 바뀐다. 그러나 어떤 형태의 에너지가 열에너지로 변환되면 엔트로피가 증가하며, 열역학 제2법칙에 따라 이러한 변화는 비가역적이다. 바닥에 공을 떨어뜨리면 여러 번 튀어 오른 다음에 멈춘다. 운동 에너지가 열에너지로 변환되어 공이 약간 따뜻해진다. 이 과정은 가역적이지 않다. 공이 갑자기 차가워져서 공중으로 뛰어오르지 않을 것이다! 그렇게 되는 과정은 에너지를 보존하겠지만 엔트로피를 감소시키므로

새로운 물리학 법칙을 위반하게 된다.

열에너지의 이러한 특성은 열기관의 효율에 영향을 주지만 다른 장치의 효율에도 역시 영향을 미친다.

개념형 예제 11.14 하이브리드 차량의 효율

하이브리드 차량은 전기 모터 및 배터리와 짝을 이루는 휘발유 엔진으로 구동된다. 하이브리드는 가다 서다를 반복하는 도시 주행에서 기존 차량에 비해 연비가 훨씬 좋다. 기존 자동차에서 멈추려고 브레이크를 밟으면 마찰로 인해 자동차의 운동 에너지가 브레이크 디스크에서 열에너지로 바뀐다. 일반적인 하이브리드 자동차에서는 이 에너지 중 일부가 배터리의 화학 에너지로 변환된다. 이것이 왜 하이브리드 차량을 더 효율적으로 만드는지 설명하시오.

판단 에너지가 열에너지로 변환될 때, 엔트로피가 증가하여 이 변환은 비가역적이 된다. 기존 자동차에 브레이크를 걸면 운동 에너지가 뜨거운 브레이크 디스크의 열에너지로 변환되어 사용불가능하게 된다. 하이브리드 자동차에서는 운동 에너지가 배터리에서 화학 에너지로 변환된다. 이 변환은 가역적이다. 자동차가 다시 출발하면 그 에너지는 운동 에너지로 재변환될 수 있다.

검토 에너지가 열에너지로 변환될 때마다 그 에너지는 어떤 의미에서는 '사라져서' 효율을 감소시킨다. 하이브리드 자동차는 이러한 변환을 피하므로 좀 더 효율적이다.

11.8 계, 에너지, 엔트로피

앞선 두 장에서 에너지와 그 활용에 대해 배웠다. 엔트로피 개념을 도입함으로써 에너지 사용 능력의 한계가 어떻게 생겨나는지 알 수 있었다. 마지막으로, 몇 가지 질문을 고려하여 이 두 부분을 하나로 합쳐 보자.

에너지 보존과 에너지 절약

수년 동안 '에너지를 절약'하는 것이 중요하다고 들어왔을 것이다. 방을 나갈 때 불을 끄고, 차 운행을 줄이고, 조절 온도를 낮추라고 말한다. 그러나 이것은 흥미로운 질문을 낳는다. 에너지를 생성하거나 파괴할 수 없다는 에너지 보존 법칙이 있다면, '에너지 절약'은 무슨 뜻인가? 에너지를 생성하거나 파괴할 수 없다면 어떻게 '에너지 위기'가 있을 수 있는가?

이 장에서 에너지 변환을 살펴보았다. 에너지가 변환될 때마다 그 중 일부가 '사라진다'. 이제 이것이 무엇을 의미하는지 알게 되었다. 에너지는 실제로 사라지지 않고 열에너지로 변환된다. 열에너지를 쉽게 다른 에너지 형태로 바꿀 수 없기 때문에 이 변화는 비가역적이다.

그리고 그것이 문제다. 우리 사회나 행성은 에너지를 고갈시키지 않는다. 그렇게

◀ **고립되지 않은 밀폐 용기** BIO 이 유리 용기는 살아있는 생명체인 새우, 해조류가 들어 있는 완전히 밀봉된 계이다. 그러나 생명체는 수년 동안 살아가고 성장할 것이다. 이것이 가능한 이유는 유리구가 밀폐되어 있지만 고립된 계가 아니기 때문이다. 에너지를 빛과 열로 주고받을 수 있다. 용기를 어두운 방에 놓아두면 생명체가 빠르게 죽어갈 것이다.

할 수 없다! 우리가 고갈시킬 수 있는 것은 고품질의 에너지원이다. 석유가 좋은 예이다. 휘발유 한 통에는 많은 양의 화학 에너지가 들어 있다. 휘발유는 액체이기 때문에 운반하기 쉬우며, 여러 장치에서 쉽게 휘발유를 태워서 열, 전기, 운동을 발생시킨다. 우리가 자동차에서 휘발유를 태울 때 그 에너지를 고갈시키는 것이 아니라 단순히 화학 에너지를 열에너지로 전환하는 것이다. 이렇게 하면 이 세상의 고품질 화학 에너지 양이 줄고 열에너지 공급이 늘어난다. 이 세상의 에너지양은 여전히 동일하다. 그것은 단지 덜 유용한 형태일 뿐이다.

아마도 '에너지 절약'을 위한 가장 좋은 방법은 효율에 집중하여 '주는 것'을 줄이는 것이다. 더 효율적인 전구, 더 효율적인 자동차와 같은 이 모든 것들은 더 적은 에너지를 사용하여 동일한 결과를 만들어낸다.

엔트로피와 생명 BIO

열역학 제2법칙은 계가 '쇠퇴하고' 질서 상태가 마구잡이와 무질서로 진행할 것이라고 예측한다. 그러나 살아있는 생명체는 이 규칙을 어기는 것 같다.

- 식물은 단순한 씨앗에서 복잡한 개체로 자란다.
- 단세포 수정란은 복잡한 성체로 자란다.
- 지난 수십억 년 동안 생명은 단순한 단세포 생물에서 매우 복잡한 형태로 진화해 왔다.

이것이 어떻게 가능한가?

열역학 제2법칙에는 중요한 필요조건이 있다. 그것은 고립계, 즉 환경과 에너지를 교환하지 않는 계에만 적용된다는 것이다. 에너지가 계 안팎으로 전달되는 경우 상황은 완전히 다르다.

우리 몸은 고립계가 아니다. 날마다 먹는 음식에서 화학 에너지를 얻는다. 이 에너지를 사용함에 따라 이 에너지의 대부분은 결국 열로써 환경으로 배출된 열에너지가 되어서 환경의 엔트로피를 증가시킨다. 이 상황의 에너지 도형이 **그림 11.29**이다. 우리가 조용히 앉아서 이 교재를 읽을 때 몸은 매초 100 J의 화학 에너지를 사용하고 100 J의 열에너지를 환경으로 배출한다. 몸의 엔트로피는 거의 일정하지만 몸에서 나온 열에너지 때문에 환경의 엔트로피는 증가한다. 생명체는 발육하고 성장하기 위해서 고품질 형태의 에너지를 취해야 하고 열에너지를 배출해야 한다. 이와 같은 환경과의 지속적인 에너지 교환으로 물리학 법칙을 위반하지 않고도 모든 삶이 가능하다.

그림 11.29 몸의 열역학적인 고찰

먹는 음식에 있는 화학 에너지가 몸 안으로 들어온다.

에너지가 주로 열로써 몸에서 나가므로 환경의 엔트로피가 증가한다는 것을 의미한다.

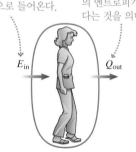

E_{in} Q_{out}

종합형 예제 11.15 **자동차의 효율**

뉴턴의 제1법칙에 따르면 외부 힘이 없는 상황에서 일단 자동차가 움직이면 일정한 속력으로 계속 주행할 것이다. 그런데 왜 차의 속력을 올리고 나서도 가속 페달에서 발을 뗄 수 없는가? 외부 힘이 있기 때문에 그렇다. 고속도로의 주행 속력에서 자동차의 움직임에 대항하는 거의 모든 힘은 공기의 끌림힘이다. (이 속력에서 굴림 마찰력은 끌림힘보다 훨씬 작기 때문에 무시할 것이다.) 그림 11.30은 자동차가 공기를 통과하면서 공기를 옆으로 밀어내는 것을 보여준다. 이렇게 하려면 에너지가 필요하며, 사라진 에너지를 대신하기 위해서는 자동차의 엔진을 계속 작동시켜야 한다.

그림 11.30 풍동 실험은 자동차 주위의 공기 흐름을 보여준다.

공기역학적인 형태의 스포츠카는 흔히 끌림힘에 에너지를 가장 적게 소모하는 차이다. 전형적인 스포츠카는 엔진이 350마력이고 끌림 계수는 0.30, 차 앞부분의 면적은 1.8 m^2이다. 이런 차는 고속도로 주행 속력 30 m/s(약 65 mph)에서 휘발유 1갤런당 약 25마일을 간다.

이 자동차가 30 m/s에서 25마일을 주행하면 1.4×10^8 J의 화학 에너지가 들어 있는 1갤런의 휘발유를 소비한다. 이 경우 자동차의 효율은 얼마인가?

준비 5장에서 끌림힘에 대해 배운 것을 사용하여 차량이 공기를 통과하여 앞으로 움직이는 데 필요한 에너지양을 계산할 수 있다. 식 (11.2)에서 이 값을 '얻는 것'으로 사용할 수 있다. 그것은 이 속력으로 자동차를 앞으로 추진하는 데 **사용할 수 있는** 최소 에너지양이다. 그런 다음 주행 자료를 사용하여 '주는 것'을 계산할 수 있다. 이것이 자동차의 엔진에서 실제로 사용되는 에너지이다. 이 두 가지 정보가 있으면 효율을 계산할 수 있다.

풀이 열과 일 모두 이 과정에서 중요한 역할을 하므로 에너지와 에너지 보존에 관한 가장 일반적인 방정식인 식 (11.7)

$$\Delta K + \Delta U + \Delta E_{th} + \Delta E_{chem} + \cdots = W + Q$$

를 사용해야 한다. 자동차는 일정한 속력으로 움직이므로 운동 에너지는 변화하지 않는다. 도로가 수평이라고 가정하므로 위치 에너지의 변화도 없다. 일단 차를 예열하고 나면 온도가 일정해지므

로 열에너지가 변하지 않는다. 식 (11.7)을 정리하면 다음과 같다.

$$\Delta E_{chem} = W + Q$$

자동차의 엔진은 연료를 태워서 화학 에너지를 사용한다. 엔진은 이 에너지 중 일부를 일로 변환한다. 즉, 추진력이 공기 저항의 방해하는 힘에 대항하여 자동차를 앞으로 추진한다. 그러나 엔진은 또한 화학 에너지의 대부분을 방열기와 배기가스를 통해 환경으로 전달되는 '폐열'로 변환시킨다. 휘발유를 연소하면 연료 탱크에 저장된 에너지양이 감소하기 때문에 ΔE_{chem}은 음수이다. W와 Q는 계에서 환경으로 전달되기 때문에 그림 11.15의 부호 규칙에 따라 음수이다.

5장에서 속력 v로 움직이는 물체에 작용하는 끌림힘은

$$\vec{D} = \left(\tfrac{1}{2} C_D \rho A v^2, \text{운동의 반대방향} \right)$$

이다. 여기서 C_D는 끌림 계수, ρ는 공기의 밀도(약 1.2 kg/m^3), A는 차 앞부분의 면적이다. 30 m/s로 움직이는 차에 작용하는 끌림힘은 다음과 같다.

$$D = \tfrac{1}{2}(0.30)(1.2 \text{ kg/m}^3)(1.8 \text{ m}^2)(30 \text{ m/s})^2 = 292 \text{ N}$$

끌림힘은 운동을 저지한다. 차량을 정속으로 움직이기 위해서는 **알짜힘**이 없어야 하므로 추진력 $F = 292$ N이 필요하다. 10장에서 힘 F를 사용하여 속력 v로 물체를 움직이는 일률, 즉 에너지 소비율은 $P = Fv$임을 알았다. 따라서 자동차가 고속도로를 계속 주행하기 위해 (바퀴에) 공급해야 하는 일률은

$$P = Fv = (292 \text{ N})(30 \text{ m/s}) = 8760 \text{ W}$$

이다. 이것을 마력으로 변환하여 엔진 동력과 비교하는 것은 흥미롭다.

$$P = 8760 \text{ W} \left(\frac{1 \text{ hp}}{746 \text{ W}} \right) = 12 \text{ hp}$$

자동차의 고속도로 주행 속력을 유지하는 데는 엔진의 350마력의 작은 일부만 있으면 된다.

이동한 거리는

$$\Delta x = 25 \text{ mi} \times \frac{1.6 \text{ km}}{1 \text{ mi}} \times \frac{1000 \text{ m}}{1 \text{ km}} = 40{,}000 \text{ m}$$

이고, 이동하는 데 필요한 시간은 $\Delta t = (40{,}000 \text{ m})/(30 \text{ m/s}) = 1333$ s이다. 따라서 40 km를 주행하기 위해 필요한 최소 에너지, 즉 그저 공기를 옆으로 밀어내는 데 필요한 에너지는

$$E_{min} = P\Delta t = (8760 \text{ W})(1333 \text{ s}) = 1.17 \times 10^7 \text{ J}$$

이다. 이 거리를 주행하면서 자동차는 1.4×10^8 J의 화학 에너지가 있는 1갤런의 휘발유를 사용한다. 이것은 문자 그대로 이 거리를 운전하기 위해 주어야 했던 것이다. 따라서 자동차의 효율

은 다음과 같다.

$$e = \frac{얻는 것}{주는 것} = \frac{1.17 \times 10^7 \text{ J}}{1.4 \times 10^8 \text{ J}} = 0.083 = 8.3\%$$

검토 자동차의 효율은 그동안 검토했던 다른 기관과 비교해도 매우 낮다. 그럼에도 불구하고 계산 결과는 실제 측정값과 꽤 일치

한다. 휘발유 구동 차량은 대단히 비효율적이어서 더 효율적인 대체 차량을 선호하는 요인이 된다. 더 작은 중량과 더 나은 공기 역학적 설계는 차량의 효율을 향상시키지만, 휘발유 구동 차량의 비효율성의 대부분은 엔진 자체의 열역학, 그리고 엔진의 동력을 바퀴로 전달하는 데 필요한 복잡한 동력 전달 장치에 내재되어 있다.

문제의 난이도는 |(쉬움)에서 ||||| (도전)으로 구분하였다. INT로 표시된 문제는 지난 장의 내용이 복합된 문제이고, BIO는 생물학적 또는 의학적 관심 분야를 의미한다.

 QR 코드를 스캔하여 이 장의 문제를 해결하는 데 도움이 되는 영상 학습 풀이를 시작하시오.

연습문제

11.1 에너지 변환

1. || 10% 효율의 엔진은 1500 kg의 자동차를 정지 상태에서 15 m/s 까지 가속시킨다. 휘발유 연소로 엔진에 전달된 에너지는 얼마인가?

2. | 시장에서 판매되는 일반적인 태양 전지는 100 W의 복사 에너지에 노출되면 1.5 W의 전기 에너지를 모은다. 전지의 효율은 얼마인가?

11.2 신체의 에너지

3. || BIO 패스트푸드 햄버거(치즈와 베이컨 포함)에는 1000 Cal가 들어 있다. 햄버거의 에너지는 몇 J인가?

4. | BIO '에너지 바'는 6.0 g의 지방을 함유하고 있다. 이 지방의 에너지는 몇 J인가? cal와 Cal 단위로는 얼마인가?

5. | BIO 잠자고 있는 68 kg 남자의 대사율은 71 W이다. 8시간을 자는 동안 그는 몇 Cal를 태우는가?

6. ||| BIO 어떤 사람이 휘발유에서 화학 에너지를 사용할 수 있다고 가정해보자. 그가 15 km/h로 자전거를 탄다면, 1갤런의 휘발유에 있는 에너지로 얼마나 멀리까지 갈 수 있는가? (1갤런의 휘발유 질량은 3.2 kg이다.)

7. ||| BIO 역도 선수가 30 kg짜리 바벨을 매번 0.60 m 높이만큼 들어올린다. 그가 피자 한 조각의 에너지를 태워 없애려면 이 운동을 몇 번 반복해야 하는가?

11.3 온도, 에너지, 열

8. | 헬륨은 모든 물질의 최저 끓는점 4.2 K을 갖는다. 이 온도는 ℃와 ℉로는 얼마인가?

9. | 100℃의 금속 조각이 있는데, 그 섭씨 온도가 두 배로 되었다. 켈빈 온도로는 몇 배 증가했는가?

11.4 열역학 제1법칙

10. || 계의 열에너지를 200 J만큼 감소시키는 과정에서 계에 500 J의 일을 한다. 열로써 계 안팎으로 전달되는 에너지는 얼마인가?

11. | 250 J의 에너지가 열의 형태로 계로 전달되는 반면 열에너지는 125 J만큼 증가한다. 계에 또는 계가 한 일은 얼마인가?

11.5 열기관

12. | 열기관이 뜨거운 저장고에서 55 kJ을 추출하고 차가운 저장고로 40 kJ을 배출한다. (a) 한 일과 (b) 효율은 얼마인가?

13. || 열기관이 200 J의 일을 수행하며 600 J의 열을 차가운 저장고로 배출한다. 이 열기관의 효율은 얼마인가?

14. | 35% 효율로 가동되는 발전소는 300 MW의 전력을 생산한다. 공장을 냉각시키는 강에는 열에너지가 얼마의 비율로(MW 단위로) 배출되는가?

15. | 태양으로부터 전기를 생성하기 위해 새로 제안된 열기관은 그 한쪽 면의 작은 지점에 태양광을 집중시켜 뜨거운 저장고를 생

성한다. 차가운 저장고는 20°C의 주위 공기이다. 설계자는 효율성이 60%라고 주장한다. 이 효율을 내기 위한 뜨거운 저장고의 최소 온도는 몇 °C인가?

11.6 열펌프, 냉장고, 에어컨

16. ∥ 냉장고는 20 J의 일을 받아서 50 J의 열을 배출한다. 냉장고의 성능 계수는 얼마인가?

17. ∥ 성능 계수가 4.0인 냉장고에 50 J의 일을 한다. 얼마나 많은 열이 (a) 차가운 저장고에서 추출되고 (b) 뜨거운 저장고로 배출되는가?

11.7 엔트로피와 열역학 제2법칙

18. ∣ 그림 P11.18의 열기관 중에서 어느 것이 (a) 열역학 제1법칙 또는 (b) 열역학 제2법칙을 위반하는가? 설명하시오.

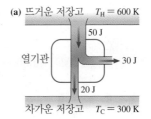

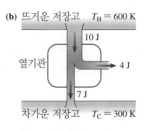

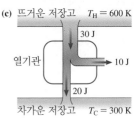

그림 P11.18

19. ∥ 그림 11.25와 같이 3개의 공(A, B, C로 표시됨)이 서로 다른 두 상자(1과 2)에 분배되는 모든 구별 가능한 배치를 그리시오. 모든 배치가 같은 확률로 가능하다면, 세 공이 모두 상자 1에 있을 확률은 얼마인가?

Ⅲ부

물질의 성질
Properties of Matter

개개의 벌은 자신의 체온을 조절하는 능력이 없다. 그러나 벌의 군락(colony)은 공동 작업을 통하여 벌집의 온도를 매우 정밀하게 조절할 수 있다. 어떻게 벌들은 그들의 근육에서 생성되는 열, 벌집의 구조와 물의 증발을 이용하여 온도를 조절할 수 있을까? Ⅲ부에서는 그러한 과정을 이끌어가는 물질과 에너지의 흐름에 대해서 배우기로 한다.

입자 모형을 넘어서

이 책의 처음 11개의 장에서는 물체를 점 질량으로 표현하는 **입자 모형**(particle model)을 광범위하게 사용했다. 입자 모형은 분리되어 있는 물체가 공간 속에서 어떻게 이동하며 그것들이 서로 어떻게 상호작용하는지를 서술하는 데 매우 쓸모가 있다. 공이 금속으로 또는 나무로 만들어졌는지는 그 궤적 계산과 관련이 없다.

그러나 금속과 나무의 차이가 결정적으로 중요한 경우도 많다. 연못에 금속 공과 나무 공을 던지면 하나는 가라앉고 다른 하나는 떠오른다. 난로 위의 그릇을 금속 숟가락으로 저을 때 나무 손잡이가 없다면 금방 너무 뜨거워져 잡을 수가 없다.

나무와 금속은 물리적 특성이 다르다. 공기와 물도 다르다. III부의 목표는 서로 다른 물질의 유사점과 차이점을 서술하고 이해하는 것이다. 그렇게 하려면 입자 모형을 넘어서 물질의 본성을 좀 더 깊이 탐구하여야 한다.

거시 물리학

III부에서 고체, 액체 및 기체인 계를 다룰 것이다. 압력, 온도, 비열 및 점성과 같은 특성은 개개 입자의 특성이 아니라 전체적인 계의 특성이다. 고체, 액체 및 기체로 이루어진 계를 종종 **거시계**(macroscopic system)라고 한다. 여기서 '거시적('미시적'의 반대)'이라 함은 '크다'는 것을 의미한다. 이러한 계를 입자처럼 행동하는 원자들의 집합체로 생각하는 미시적 견해를 고려하여 이러한 거시적 특성의 행태를 이해하게 될 것이다. 이러한 '미시적에서 거시적으로'의 전개는 다음 장들의 핵심이 될 것이다.

다음 장들에서 다음과 같은 폭넓은 실질적인 질문을 고려할 것이다.

- 열을 가하면 계의 온도와 압력이 어떻게 바뀌나? 왜 어떤 물질은 빠르게, 다른 물질은 천천히 반응하는가?
- 계가 주변 환경과 열에너지를 교환하는 방법은 무엇일까? 왜 뜨거운 커피를 입으로 불면 식을까?
- 왜 물질의 세 가지 상태(고체, 액체, 기체)가 있는가? 상태 변화 중에는 무슨 일이 벌어지는가?
- 왜 질량이 같더라도 어떤 물체는 뜨고 어떤 물체는 가라앉는가? 어떻게 무거운 쇠로 만든 배가 뜰 수 있을까?
- 흐르는 액체의 운동 법칙은 어떤 것일까? 그것은 입자의 운동을 지배하는 법칙과 어떻게 다른가?

뉴턴의 법칙과 에너지 보존 법칙은 물리학의 기본 법칙이므로 둘 다 중요한 도구로 남을 것이지만 이것을 거시계에 어떻게 적용하는지를 알아야 한다.

거시계와 그것들의 특성을 이해하는 것이 우리를 둘러싼 세계를 이해하는 데 필수적이라는 것은 전혀 놀랄 일이 아니다. 세포에서 생태계에 이르기까지 생물학적 계는 그 주변 환경과 에너지를 교환하는 거시계이다. 거시적으로는 지구상의 에너지 이동이 날씨를 결정하고 지구와 우주 사이의 에너지 교환이 기후를 결정한다.

12 물질의 열적 특성
Thermal Properties of Matter

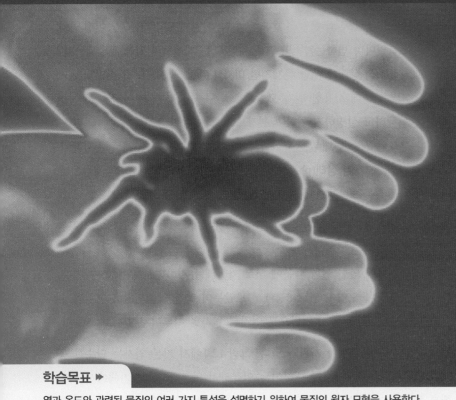

이 열상은 훨씬 차가운 거미를 쥔 따뜻한 사람 손이다. 왜 손에서 에너지가 방출되는가? 왜 거미는 더 적게 방출하는가?

학습목표 ▶

열과 온도와 관련된 물질의 여러 가지 특성을 설명하기 위하여 물질의 원자 모형을 사용한다.

이상 기체

자동차 타이어의 고압은 타이어 내부의 공기 분자 사이의 충돌과 또는 타이어 벽과의 무수한 충돌에 의한 것이다.

기체 특성과 기체 분자의 미시적 운동을 어떻게 관련지을지 배운다.

열과 온도

얼음을 더하면 열이 따뜻한 음료에서 차가운 얼음으로 이동하기 때문에 음료수가 차가워진다. 얼음을 녹이는 데 많은 열이 필요하다.

열이 전달될 때 또는 용융 같은 **상변화**가 일어날 때 온도 변화를 계산하는 방법을 배운다.

열팽창

물질은 가열하면 팽창한다. 온도가 증가함에 따라 온도계 안 액체는 팽창해서 유리관을 따라 상승한다.

온도에 따라 고체의 길이 또는 액체의 부피가 어떻게 변하는지 배운다.

이 장의 배경 ◀

열

11.4절에서 열과 열역학 제1법칙을 배웠다. 이 장에서는 열이 다른 계로 또는 다른 계에서 전달될 때 발생하는 몇몇 결과를 살펴볼 것이다.

계의 에너지가 계에 일을 하거나 계에 열을 전달하기에 변화할 수 있다는 것을 배웠다.

12.1 물질의 원자 모형

그림 12.1 물질의 세 가지 상태(고체, 액체, 기체)의 원자 모형

기체에서 입자는 마구잡이 운동을 하며 탄성 충돌을 통해서만 상호 작용한다.

액체에서 입자는 서로를 가깝게 유지시키는 약한 결합이 있다. 입자가 서로 미끄러져 흐를 수 있다.

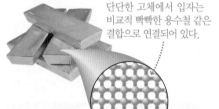

단단한 고체에서 입자는 비교적 빡빡한 용수철 같은 결합으로 연결되어 있다.

11장에서 열에너지, 온도 및 열의 개념을 살펴보기 시작하였지만, 많은 문제들이 답을 찾지 못한 채 남아 있다. 물질의 특성은 온도에 따라 어떻게 달라지는가? 어떤 계에 열을 가하면 온도는 얼마나 변하는가? 또 열은 계로 또는 계에서 어떻게 전달되는가?

이런 것은 계의 거시적 상태에 대한 문제지만 미시적 관점, 즉 마찰, 탄성력 및 열에너지의 본성을 설명하는 데 사용한 원자 모형으로 탐구를 시작한다. 이 장에서 물질의 열적 특성을 이해하고 설명하기 위하여 원자 모형을 사용한다.

잘 알다시피 각각의 원소와 대부분의 화합물은 고체, 액체 또는 기체로 존재할 수 있다. 이러한 물질의 세 가지 **상태**(phase)는 일상의 경험에서 매우 익숙한 것들이다. 세 상태의 원자적 관점을 **그림 12.1**에 나타냈다.

- **기체**는 각각의 입자가 때때로 다른 입자와 또는 용기의 벽과 충돌할 때까지 공간에서 자유롭게 움직이는 계이다.
- **액체** 안에서 입자들이 약한 결합 때문에 서로 가깝게 유지하면서 운동할 수 있다.
- 단단한 **고체**는 명확한 모양이 있고 8장에서 보았듯이 약간 압축되거나 변형될 수 있다. 고체는 용수철 같은 분자 결합으로 연결된 원자로 이루어져 있다.

원자 모형의 단순화는 주목할 가치가 있다. 그림 12.1에서 기본 입자는 단순한 공 모양으로 나타냈다. 입자의 본성에 대하여는 언급하지 않는다. 실제 기체에서 기본 입자는 헬륨 원자 또는 질소 분자가 될 수 있다. 고체에서 기본 입자는 황금 막대를 만드는 금 원자 또는 얼음을 만드는 물 분자일 수 있다. 그러나 기체, 액체 및 고체의 여러 특성이 그 물질을 구성하는 입자의 정확한 본성에 따라 다르지 않기에 이러한 자세한 것을 무시하고 기체, 액체 및 고체를 단순한 공 모양의 **입자**로 이루어져 있다고 간주하는 것이 합리적인 가정이다.

원자 질량과 원자 질량수

원자 모형으로 어떻게 물질의 열적 특성을 설명할지 알아보기 전에 '원자들에 관한 숫자'에 대하여 기억할 필요가 있다. 다른 원소의 원자는 질량이 다르다. 원자 질량은 일차적으로 가장 무거운 구성체, 즉 원자핵 속의 양성자와 중성자에 의하여 결정된다. 양성자 개수와 중성자 개수의 합이 **원자 질량수**(atomic mass number) A이다.

$$A = \text{양성자 개수} + \text{중성자 개수}$$

정의에 의하여 정수 A는 원자 기호 앞쪽에 위 첨자로 적는다. 예를 들면 양성자가 6개(탄소이다), 중성자가 6개인 탄소의 주 동위원소는 $A = 12$이고 ^{12}C로 나타낸다. 고고학에서 탄소 연대 측정에 사용하는 방사성 동위원소 ^{14}C에는 양성자 6개와 중성자 8개가 있다.

원자 질량 단위는 ^{12}C의 질량을 정확하게 12 u로 정의하여 수립하였다. 여기서 u

는 원자 질량 단위의 기호이다. 즉 $m(^{12}C) = 12$ u이다. 원자 질량 단위를 kg으로 나타내면

$$1 \text{ u} = 1.66 \times 10^{-27} \text{ kg}$$

이다. 원자 질량은 모두 정수인 원자 질량수 A와 매우 비슷하다. 예를 들면, $A = 1$인 ^1H의 질량은 $m = 1.0078$ u이다. 현재의 목적으로는, 정수인 원자 질량수를 원자 질량의 값으로 사용하는 것으로 충분하다. 즉 $m(^1H) = 1$ u, $m(^4He) = 4$ u, 그리고 $m(^{16}O) = 16$ u를 사용할 것이다. 분자에서 **분자 질량**(molecular mass)은 분자를 이루는 원자들의 원자 질량 합이다. 따라서 산소 기체의 구성체인 이원자 분자 O_2의 분자 질량은 $m(O_2) = 2m(^{16}O) = 32$ u이다.

표 12.1에 예제나 과제에서 사용할 몇몇 원소의 원자 질량수를 나타내었다. 원자 질량을 포함하는 완전한 주기율표는 부록 B에 있다.

표 12.1 원자 질량수

원소	부호	질량수(A)
수소	^1H	1
헬륨	^4He	4
탄소	^{12}C	12
질소	^{14}N	14
산소	^{16}O	16
네온	^{20}Ne	20
알루미늄	^{27}Al	27
아르곤	^{40}Ar	40
납	^{207}Pb	207

몰의 정의

하나의 계 내의 물질의 양을 나타내는 방법 중 한 가지는 그 질량으로 나타내는 것이다. 다른 방법은 원자 개수와 연관시켜 물질의 양을 몰(mole)로 측정하는 것이다. **물질 1몰은 1 mol**이라 쓰고, **6.02×10^{23}개의 기본 입자**를 가리킨다.

기본 입자는 물질에 따라 다르다. 헬륨은 **단원자 기체**로 기본 입자는 헬륨 원자이다. 따라서 6.02×10^{23}개의 헬륨 원자가 헬륨 1 mol이다. 그러나 수소 기체는 **이원자 기체**로 기본 입자는 2개의 원자로 이루어진 분자 O_2이다. 산소 기체 1 mol은 6.02×10^{23}개의 O_2 분자를 가리키며, 따라서 $2 \times 6.02 \times 10^{23}$개의 산소 원자이다. 표 12.2에 예제와 문제에 사용할 단원자 기체와 이원자 이체를 나타내었다.

물질의 몰당 기본 입자 개수는 **아보가드로의 수**(Avogadro's number) N_A라 한다. 아보가드로의 수는

$$N_A = 6.02 \times 10^{23} \text{ mol}^{-1}$$

이다. N개의 기본 입자로 이루어진 물질의 몰 수 n은 다음과 같다.

표 12.2 단원자 기체와 이원자 기체

단원자	이원자
헬륨(He)	수소(H_2)
네온(Ne)	질소(N_2)
아르곤(Ar)	산소(O_2)

$$n = \frac{N}{N_A} \tag{12.1}$$

기본 입자의 개수로 나타낸 물질의 몰 수

물질의 **몰 질량**(molar mass) M_{mol}은 물질 1 mol의 질량을 그램(g) 단위로 나타낸 것이다. 몰 질량 값은 원자 질량 또는 분자 질량 값과 거의 같다. 즉 $m = 4$ u인 He의 몰 질량은 $M_{mol}(He) = 4$ g/mol이고 이원자 O_2의 몰 질량은 $M_{mol}(O_2) = 32$ g/mol이다.

몰 질량으로 몰 수를 결정할 수 있다. 올바른 단위가 kg이 아닌 g인 몇 개 안 되는 예 중의 하나로 몰 질량이 M_{mol}인 원자나 분자로 이루어진 질량이 M인 계에 포함된

헬륨, 황, 구리 및 수은 1몰

몰 수는 다음과 같다.

$$n = \frac{M \text{ (g 단위로)}}{M_{\text{mol}}} \tag{12.2}$$

질량으로 나타낸 물질의 몰 수

예제 12.1 **산소의 양 결정하기**

산소 100 g이 들어 있는 계가 있다. 산소 몇 몰이 들어 있는가? 분자 수는 몇 개인가?

풀이 이원자 산소 분자 O_2의 몰당 질량은 $M_{\text{mol}} = 32$ g/mol이다. 식 (12.2)로부터

$$n = \frac{100 \text{ g}}{32 \text{ g/mol}} = 3.1 \text{ mol}$$

이다. 1몰은 N_A개의 분자로 이루어졌기에 전체 분자 개수는 $N = nN_A = 1.9 \times 10^{24}$개이다.

부피

거시계의 특성을 나타내는 중요한 성질 중 하나가 부피 V, 즉 계가 차지하는 공간의 양이다. 부피의 SI 단위는 m^3이다. 그러나 cm^3 또는 간혹 리터(L)도 널리 사용하는 부피의 미터법 단위이다. 대부분의 경우 계산하기 전에 이런 양을 m^3로 **바꾸어야 한다**.

1 m = 100 cm지만 1 m^3 = 100 cm^3는 아니다. **그림 12.2**는 부피 환산 시 1 m^3 = 10^6 cm^3임을 보여준다. 1리터는 1000 cm^3, 즉 1 m^3 = 10^3 L이다. 1밀리리터(1 mL)는 1 cm^3와 같다.

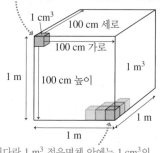

그림 12.2 1 m^3는 10^6 cm^3이다.

1 m × 1 m × 1 m 정육면체를 한 변이 1 cm인 작은 정육면체로 나눈다. 한 변이 100개로 나누어지는 것을 알 수 있다.

커다란 1 m^3 정육면체 안에는 1 cm^3의 작은 정육면체 100 × 100 × 100 = 10^6개가 들어 있다.

12.2 이상 기체의 원자 모형

고체와 액체는 원자 입자가 서로 가깝게 닿아 있기에 거의 압축할 수 없다. 반면 기체는 원자 입자들이 떨어져 있기에 상당히 압축할 수 있다. **그림 12.3**에 요약해 놓은 것처럼 11장에서 **이상 기체**(ideal gas)의 원자 수준의 모형을 소개하였다. 이 모형에서 기체를 가열하면 원자들이 더욱 빨리 움직이고 이상 기체의 온도는 기체를 이루는 원자들의 평균 운동 에너지의 척도라는 것을 알았다. 물론 이상 기체의 온도는 원자당 평균 운동 에너지 K_{avg}에 직접적으로 비례한다는 것을 보일 수 있다.

$$T = \frac{2}{3} \frac{K_{\text{avg}}}{k_B} \tag{12.3}$$

이 수식에서 k_B는 **볼츠만 상수**(Boltzmann constant)이다. 그 값은

$$k_B = 1.38 \times 10^{-23} \text{ J/K}$$

이다. 식 (12.3)을 다시 써서 평균 운동 에너지를 온도의 함수로 나타낼 수 있다.

$$K_{\text{avg}} = \frac{3}{2} k_B T \tag{12.4}$$

N개의 원자로 이루어진 이상 기체의 열에너지는 개개 원자의 운동 에너지의 합이다.

$$E_{\text{th}} = N K_{\text{avg}} = \frac{3}{2} N k_B T \tag{12.5}$$

N개의 원자로 이루어진 이상 기체의 열에너지

이상 기체에서 **열에너지는 온도에 비례한다.** 결론적으로 이상 기체의 열에너지 변화는 온도 변화에 비례한다.

$$\Delta E_{\text{th}} = \frac{3}{2} N k_B \Delta T \tag{12.6}$$

그림 12.3 이상 기체 모형

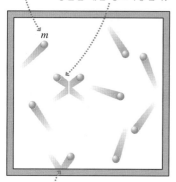

1. 기체는 마구잡이로 움직이는 질량이 m인 매우 많은 N개의 입자로 이루어졌다.

2. 입자는 서로 상당히 떨어져 있고 충돌할 때만 상호작용한다.

3. 입자 사이의 충돌 (및 용기의 벽과의 충돌)은 탄성 충돌이다. 충돌 중에 에너지를 잃지 않는다.

예제 12.2 │ 방을 데우는 데 필요한 에너지

큰 침실에는 약 1×10^{27}개의 공기 분자가 들어 있다. 이 침실의 공기 온도를 5°C 올리는 데 필요한 에너지를 구하시오.

준비 공기를 이상 기체로 생각한다. 식 (12.6)은 이상 기체의 열에너지 변화와 온도 변화의 관계이다. 기체의 실제 온도는 중요하지 않다. 오직 온도 변화가 중요하다. 온도 증가는 5°C로 주어졌기에 절대온도의 변화는 같은 양 $\Delta T = 5$ K이라는 의미이다.

풀이 식 (12.6)을 사용하여 침실의 열에너지가 얼마나 증가하여야 하는지를 계산할 수 있다.

$$\Delta E_{\text{th}} = \frac{3}{2} N k_B \Delta T = \frac{3}{2}(1 \times 10^{27})(1.38 \times 10^{-23} \text{ J/K})(5 \text{ K}) = 1 \times 10^5 \text{ J} = 100 \text{ kJ}$$

이것이 아마도 난로를 사용하여 열의 형태로 온도를 올리기 위하여 공급하여야 할 에너지이다.

검토 100 kJ은 대단한 양이 아니다. 표 11.2에 의하면 이는 당근 하나의 음식 에너지보다 적다. 난로로 침실 공기를 데우는 데 오래 걸리지 않는 것을 보아 그럴 듯하다. 벽이나 가구를 데우는 것과는 다른 이야기이다.

우주 공간은 추운가? 우주 왕복선은 지구 표면에서 약 300 km 상공인 상층 열권(upper thermosphere)에서 궤도를 돈다. 이 정도 고도에는 미량의 공기가 남아 있고 상당히(1000°C를 넘는) 고온이다. 여기에서 공기 분자의 평균 속력은 빠르지만 공기 분자가 거의 없어 열에너지는 매우 작다.

분자 속력과 온도

이상 기체의 원자 모형은 마구잡이 운동을 바탕으로 하기에 기체 내 각각의 원자들이 서로 다른 속력으로 움직인다고 이상하지 않다. **그림 12.4**는 20°C의 질소 기체 내 분자 속력을 측정한 실험 자료이다. 결과는 히스토그램, 즉 막대의 높이가 막대 아래 적힌 속력 범위 내의 분자 백분율을 나타내는 막대로 나타내었다. 예를 들면 속력

그림 12.4 20°C의 질소 기체 내 분자 속력 분포

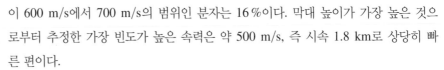

막대 높이는 수평축상의 범위에 해당하는 속력을 가진 분자의 백분율을 나타낸다.

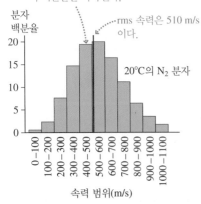

rms 속력은 510 m/s이다.

분자 백분율

20°C의 N_2 분자

속력 범위(m/s)

이 600 m/s에서 700 m/s의 범위인 분자는 16%이다. 막대 높이가 가장 높은 것으로부터 추정한 가장 빈도가 높은 속력은 약 500 m/s, 즉 시속 1.8 km로 상당히 빠른 편이다.

온도가 원자들의 평균 운동 에너지에 비례하기에 이러한 분포의 평균 운동 에너지를 계산하는 것은 유용하다. 질량이 m이고 속도가 v인 개개 원자의 운동 에너지는 $K = mv^2/2$이다. 일련의 측정에서 평균은 모든 값을 합하여 자료의 개수로 나누어주는 것이다. 따라서 모든 원자의 운동 에너지를 합하여 원자 개수로 나누어 평균 운동 에너지를 구할 수 있다.

$$K_{avg} = \frac{\sum \frac{1}{2}mv^2}{N} = \frac{1}{2}m\frac{\sum v^2}{N} = \frac{1}{2}m(v^2)_{avg} \tag{12.7}$$

$\sum v^2/N$은 모든 원자의 v^2값의 합을 원자 개수로 나눈 것이다. 정의에 의하여, 이 양은 모든 개개 원자 속력의 **제곱**의 평균인 $(v^2)_{avg}$로 나타내었다.

이 평균의 제곱근은 기체 내 보통 원자가 얼마나 빨리 움직이는가를 나타낸다. 속력의 제곱의 평균에 제곱근을 취하므로 **제곱-평균-제곱근 속력**을

$$v_{rms} = \sqrt{(v^2)_{avg}} = 보통 원자의 속력 \tag{12.8}$$

으로 정의한다. 제곱-평균-제곱근 속력은 종종 rms 속력(rms speed)이라 한다. rms 속력은 기체 내 원자의 평균 속력이 아니다. 평균 운동 에너지의 원자 속력이다. 그러나 평균 속력과 rms 속력은 거의 같다. 따라서 rms 속력으로 기체 내 보통 원자의 속력을 알 수 있다.

식 (12.7)를 v_{rms}로 나타내면 원자당 평균 운동 에너지는

$$K_{avg} = \frac{1}{2}mv_{rms}^2 \tag{12.9}$$

가 된다. 식 (12.9)를 (12.4)에 대입하면 온도와 원자 속도의 관계를 구할 수 있다.

$$T = \frac{1}{3}\frac{mv_{rms}^2}{k_B} \tag{12.10}$$

식 (12.10)으로부터 원자의 rms 속력을 구하면 다음과 같다.

$$v_{rms} = \sqrt{\frac{3k_BT}{m}} \tag{12.11}$$

온도 T인 이상 기체 내 질량 m인 원자의 rms 속력

화성의 공기 고드름(airsicles) 화성의 대기는 주로 이산화탄소이다. 밤에는 온도가 매우 낮게 떨어져 대기의 분자가 서로 달라붙을 정도로 (대기도 실제 언다) 속력이 줄어든다. 바이킹 2호 착륙선에서 찍은 이 사진에서 화성 표면의 서리는 부분적으로 얼어붙은 이산화탄소이다.

이상 기체가 원자로 이루어져 있다고 생각하였지만 결과는 [헬륨(He) 같은] 원자나 [산소(O_2) 같은] 분자로 이루어진 실제 기체에서도 똑같이 유효하다. 식 (12.11)로부터 어떤 온도에서 기체 내 원자나 분자 속력은 원자나 분자 질량에 따라 다르다는 것을 알 수 있다. 가벼운 원자의 기체에서는 평균적으로 무거운 원자의 기체보다 원

자들이 더 빠르게 움직인다. 또 온도가 높으면 원자나 분자 속력이 더 빠른 것도 알 수 있다. rms 속력은 온도의 **제곱근**에 비례한다. 이는 다시 살펴볼 새로운 수학적 표현으로 그 특성을 살펴보고자 한다.

제곱근 관계

y가 x의 제곱근에 비례한다면 두 물리량은 **제곱근 관계**(square-root relationship)가 있다고 한다. 이 수학적 관계를

$$y = A\sqrt{x}$$

y는 x의 제곱근에 비례한다.

라고 쓴다. 제곱근 관계의 그래프는 90° 회전한 포물선이다.

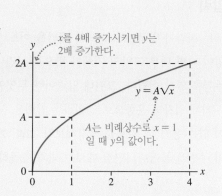

x를 4배 증가시키면 y는 2배 증가한다.

$y = A\sqrt{x}$

A는 비례상수로 $x = 1$일 때 y의 값이다.

축척 x의 초기값이 x_1이면 y의 초기값은 y_1이다. x를 x_1에서 x_2로 바꾸면 y는 y_1에서 y_2로 바뀐다. y_1에 대한 y_2의 비율은

$$\frac{y_2}{y_1} = \frac{A\sqrt{x_2}}{A\sqrt{x_1}} = \sqrt{\frac{x_2}{x_1}}$$

로 x_1에 대한 x_2의 비율의 제곱근이다.

- x를 4배 증가시키면 y는 $\sqrt{4} = 2$배 증가한다.
- x를 9배 감소시키면 y는 $\sqrt{9} = 3$배 감소한다.

이러한 예는 일반적인 규칙을 나타낸다.

x를 c배 변화시키면 y는 $\sqrt{c}$배 변화한다.

예제 12.3 공기 분자의 속력

대부분의 지구 대기권은 N_2 분자로 이루어진 기체 질소이다. 지구에서 관측한 가장 낮은 온도가 −129°C일 때 질소 분자의 rms 속력은 얼마인가? 지구 표면의 온도가 충분히 높아 질소 분자가 이 속력의 두 배가 된 적이 있는가? (지구에서 관측한 최고 온도는 57°C이다.)

준비 주기율표를 살펴보면 질소 원자의 질량은 14 u이다. 분자 하나는 2개의 원자로 이루어져 있기에 질량은 28 u이다. 따라서 SI 단위, 즉 kg으로 나타낸 분자 질량은

$$m = 28\ \text{u} \times \frac{1.66 \times 10^{-27}\ \text{kg}}{1\ \text{u}} = 4.6 \times 10^{-26}\ \text{kg}$$

이다. 문제에서는 2개의 온도 T_1과 T_2가 주어졌는데, 이를 K으로 나타내야 한다. 지구에서 관측한 최저 온도 $T_1 = -129 + 273 =$ 144 K이고 최고 온도는 $T_2 = 57 + 273 = 330$ K이다.

풀이 식 (12.11)을 사용하여 온도 T_1의 질소 분자의 v_{rms}를 구한다.

$$v_{\text{rms}} = \sqrt{\frac{3k_B T_1}{m}} = \sqrt{\frac{3(1.38 \times 10^{-23}\ \text{J/K})(144\ \text{K})}{4.6 \times 10^{-26}\ \text{kg}}} = 360\ \text{m/s}$$

rms 속력은 온도의 제곱근에 비례하기에 rms 속력을 두 배로 하려면 온도를 네 배 증가시켜야 한다. 관측한 최고 온도와 최저 온도의 비율은 이보다 작다.

$$\frac{T_2}{T_1} = \frac{330\ \text{K}}{144\ \text{K}} = 2.3$$

지구 표면의 온도는 질소 분자가 우리가 계산한 속력의 두 배로 움직일 정도로 높지 않다.

검토 제곱근 관계를 이용하여 분자 속도의 계산 결과를 검토할 수 있다. 그림 12.4는 20℃, 즉 293 K에서의 질소 분자의 rms 속력이 510 m/s임을 보여준다. 온도 T_1은 대략 이 값의 절반 정도로, 속력은 약 $1/\sqrt{2}$만큼 더 낮을 것으로 예상할 수 있다. 이는 앞에서 구한 값이다.

압력

모든 사람이 **압력**(pressure)의 개념을 어느 정도 이해하고 있다. 자전거 타이어에 구멍이 나면 내부 고압의 기체가 밖으로 나간다. 진공 밀폐 용기는 내부 압력이 낮아서 뚜껑을 열기 어렵다. 그런데 압력이란 무엇인가?

기체 입자의 운동으로 정의하는 압력을 원자 규모의 관점으로 살펴보자. 단단한 벽이 있는 용기 내 기체를 생각해보자. **그림 12.5(a)**에서 볼 수 있듯이 기체 속의 입자들이 주변을 돌아다니면서 때로는 벽과 충돌하고 벽에서 튀어 나와 벽에 힘을 미친다.

그림 12.5 기체 압력은 벽과 충돌하는 입자의 알짜힘에 의한 것이다.

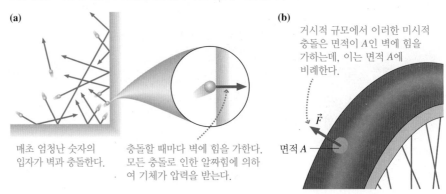

(a)

매초 엄청난 숫자의 입자가 벽과 충돌한다.

충돌할 때마다 벽에 힘을 가한다. 모든 충돌로 인한 알짜힘에 의하여 기체가 압력을 받는다.

(b)

거시적 규모에서 이러한 미시적 충돌은 면적이 A인 벽에 힘을 가하는데, 이는 면적 A에 비례한다.

$\vec{F}$

면적 A

이러한 무수한 미시적 충돌은 기체 내 압력으로 연결된다. 표면적이 A인 용기 벽의 작은 부분에서, 이러한 충돌은 **그림 12.5(b)**의 자전거 타이어에 대해 나타난 것처럼 크기가 F이고 벽에 수직인 연속적인 거시적인 힘을 초래한다. 그 면적이 두 배가 되면 매초 두 배의 입자들이 부딪혀 힘이 두 배가 된다. 이것은 힘이 면적에 비례함을 의미하며, 따라서 F/A의 비율은 일정하다. 이 비율을 기체의 **압력**이라 정의한다.

$$p = \frac{F}{A} \tag{12.12}$$

기체 내 압력의 정의

식 (12.12)로부터 기체가 면적 A인 표면에

$$F = pA \tag{12.13}$$

만큼의 힘을 가한다는 것을 알 수 있다.

정의로부터 압력 단위가 N/m^2임을 알 수 있다. 압력의 SI 단위는 **파스칼**(pascal)로

수업 영상

$$1\text{파스칼} = 1\text{ Pa} = 1\ \frac{\text{N}}{\text{m}^2}$$

으로 정의한다. 1파스칼은 매우 낮은 압력이다. 따라서 보통 압력을 킬로파스칼(kPa)로 나타낸다. 1 kPa = 1000 Pa이다.

일상에서 가장 중요한 압력은 우리 주변의 공기 분자의 미시적 충돌에 의한 대기압이다. 13장에서 대기압의 근원에 대하여 더 알아볼 것이다. 대기압은 고도와 날씨에 따라 다르지만 해수면에서의 전 세계적인 평균 압력은 **표준 대기압**(standard atmosphere)이라 하며 다음과 같다.

$$1\text{ 표준 대기압} = 1\text{ atm} = 101{,}300\text{ Pa} = 101.3\text{ kPa}$$

가속도를 g의 단위로 측정하듯이 압력은 종종 atm의 단위로 측정한다.

미국에서는 압력을 종종 제곱인치당 파운드(pound per square inch), 즉 psi로 나타낸다. 환산하면

$$1\text{ atm} = 14.7\text{ psi}$$

이다.

대기압에 의한 신체 표면에 미치는 전체 힘은 18만 N이 넘는다. 왜 이 엄청난 힘이 사람의 몸을 찌그러뜨리지 않을까? 주된 이유는 밀어내는 힘이 있다는 것이다. **그림 12.6(a)**는 텅 빈 플라스틱 병이다. 병의 구조는 매우 튼튼하지 않지만, 병 바깥의 대기압에 의하여 안쪽으로 가하는 힘이 이 병을 찌끄러뜨리지 않는 것은 병 안에 있는 공기에 의하여 바깥쪽으로 같은 크기의 압력이 작용하기 때문이다. 양쪽에서 가해지는 힘은 정확하게 같기에 알짜힘은 0이다.

표면 양쪽에 **압력차**가 있을 때만 압력에 의한 알짜힘이 가해진다. **그림 12.6(b)**는 양쪽의 압력차가 $\Delta p = p_2 - p_1$이고 면적은 A인 표면이다. 압력에 의한 알짜힘은

$$F_{\text{net}} = F_2 - F_1 = p_2 A - p_1 A = A(p_2 - p_1) = A\,\Delta p$$

이다. 이것이 내부 압력이 외부 압력보다 낮은 경우인 진공 밀봉된 용기의 뚜껑을 닫아주는 힘이다. 뚜껑을 열려면 압력차에 의한 힘보다 더 큰 힘을 가하여야 한다.

용기 안의 분자 개수를 줄이면 벽과의 충돌이 적기 때문에 압력이 줄어든다. 완전히 빈 용기 안의 압력은 $p = 0$일 것이다. 이것은 완전 진공이라고 한다. 공간에서 모든 분자를 없앨 수 없기에 완전 진공을 얻을 수는 없다. 현실적으로 **진공**(vacuum)은 $p \ll 1$ atm인 밀폐된 공간이다. 이 경우 $p = 0$은 좋은 근사이다.

식 (12.12)가 압력 측정의 배경이 되는 기본 원리이다. 압력계는 기체에 의하여 면적을 알고 있는 면에 가해지는 힘을 측정하는 것이다. 실제 압력 또는 **절대 압력** p는 이 힘에 비례한다. 압력의 영향은 압력차에 따라 다르므로 대부분의 계기는 절대 압력이 아닌 실제 압력과 대기압의 차이인 **계기 압력**(gauge pressure) p_{g}를 측정한다. **그림 12.7**에서 계기 압력 $p_{\text{g}} = p_{\text{tire}} - p_{\text{atmos}}$을 측정하는 타이어 압력계가 어떻게 작동하는지 보여준다. 일반적으로 계기 압력은 대기압을 **초과하는** 압력이다. 즉

그림 12.6 알짜힘은 압력 차이에 따른다.

(a)

(b)
면적 A

$\vec{F}_1$　　$\vec{F}_2$

p_1　　$p_2 > p_1$

병 안쪽의 압력은 바깥의 압력과 같기에 알짜힘은 없다.

양쪽에서 압력 차이가 있다.

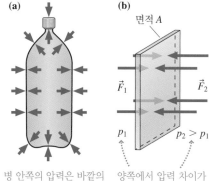

너무 빠르고, 너무 낮은 압력 BIO 볼락(rockfish)은 최대 300 m 깊이의 바다에서 잡을 수 있는 인기 있는 낚시감 물고기이다. 이 깊이에서의 높은 압력은 기체로 채워진 물고기의 부레(swim bladder) 내부의 동일 압력과 균형을 이룬다. 볼락이 낚여서 수면의 낮은 압력까지 급격하게 상승하면, 부레 내부의 압력이 외부의 압력보다 갑자기 훨씬 높아져서 부레가 극적으로 팽창하게 된다. 깊은 곳에서 낚인 볼락은 거의 생존하지 못한다.

그림 12.7 타이어 압력계는 타이어 압력과 대기압의 차이를 측정한다.

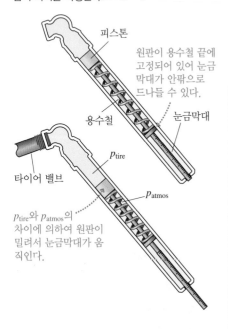

피스톤

원판이 용수철 끝에 고정되어 있어 눈금막대가 안팎으로 드나들 수 있다.

용수철

눈금막대

타이어 밸브

p_{tire}

p_{atmos}

p_{tire}와 p_{atmos}의 차이에 의하여 원판이 밀려서 눈금막대가 움직인다.

$$p_g = p - 1 \text{ atm}$$

이다. 이 장의 대부분의 계산에서 필요한 절대 압력 p는 압력계 눈금에 1 atm을 더해야 한다.

예제 12.4 **압력차에 의한 힘 구하기**

잠수병 환자는 대기압보다 높은 산소로 채워진 고압 산소실에서 치료를 받는다. 한쪽 끝이 지름 0.75 m의 평평한 판인 원통형 고압실이 산소로 채워졌고 계기 압력은 27 kPa이다. 원통형 끝판에 가해지는 알짜힘은 얼마인가?

준비 안팎의 압력차 때문에 끝판에 가해지는 힘이 있다. 27 kPa은 1 atm을 초과하는 압력이다. 외부 압력이 1 atm이면 27 kPa은 끝판 안팎의 압력차 Δp이다.

풀이 끝판의 면적 $A = \pi(0.75 \text{ m}/2)^2 = 0.442 \text{ m}^2$이다. 압력차로 인한 알짜힘은

$$F_{net} = A\Delta p - (0.442 \text{ m}^2)(27{,}000 \text{ Pa}) = 12 \text{ kN}$$

검토 끝판의 면적이 커서 힘이 클 것이다. 이 힘은 개별 분자가 끝판과 충돌하기 때문에 생기지만 이 답은 타당하다. 끝판을 제자리에 유지하기 위해서는 압력에 의한 큰 힘이 똑같이 큰 힘과 상쇄되어야 하므로 끝판을 튼튼한 볼트로 고정한다.

충돌에서 압력과 이상 기체 법칙으로

기체 내의 압력이 입자와 벽의 충돌로 인한 것이라는 사실로부터 몇 가지 정성적인 예측을 할 수 있다. 그림 12.8에는 이러한 예측을 나타낸다.

그림 12.8 기체 압력과 다른 변수와의 관계

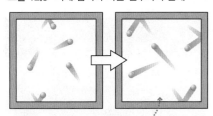

기체의 온도를 높이면 그 입자들은 더 빠른 속력으로 움직인다. 입자들은 더 자주, 그리고 더 큰 힘으로 벽에 부딪쳐서 압력이 증가한다.

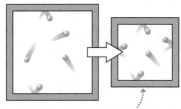

용기의 부피를 줄이면 용기 벽과의 충돌 빈도가 높아져서 압력이 증가한다.

용기 내의 입자 개수를 증가시키면 용기 벽과의 충돌 빈도가 높아져서 압력이 증가한다.

그림 12.8에서의 추론에 근거하여 다음과 같은 비례 관계를 예상한다.

- 압력은 기체의 온도에 비례하여야 한다. $p \propto T$
- 압력은 용기의 부피에 반비례하여야 한다. $p \propto 1/V$
- 압력은 기체 입자 개수에 비례하여야 한다. $p \propto N$

사실상 이러한 예측을 지원하는 실험을 신중하게 하면 이러한 비례 관계를 보이는 하나의 수식을 얻게 된다.

$$p = C\frac{NT}{V}$$

비례 상수 C는 볼츠만 상수 k_B라고 밝혀졌으므로

$$pV = Nk_BT \qquad (12.14)$$

이상 기체 법칙 (형태 1)

로 나타낼 수 있다. 식 (12.14)는 **이상 기체 법칙**(ideal-gas law)으로 알려져 있다.

식 (12.14)는 기체 내 입자 개수 N으로 나타낸 것이지만 화학에서는 이상 기체 법칙을 몰 수 n으로 나타낸다. 그 차이를 끌어내기는 쉽다. 입자 개수 $N = nN_A$이므로 식 (12.14)를 다음과 같이 쓸 수 있다.

자전거 타이어에 공기를 주입하면 타이어의 고정된 부피에 더 많은 입자가 더해져서 압력이 증가한다.

$$pV = nN_Ak_BT = nRT \qquad (12.15)$$

이상 기체 법칙(형태 2)

이 수식에서 기체 상수로 알려진 비례 상수는

$$R = N_Ak_B = 8.31 \text{ J/mol} \cdot \text{K}$$

이다. 단위가 낯설지만 pV의 단위인 Pa와 m^3의 곱은 J와 같다.

이상 기체 법칙의 여러 가지 물리량의 단위를 살펴보자.

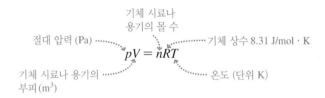

기체 시료나 용기의 몰 수
절대 압력 (Pa) .... 기체 상수 8.31 J/mol · K
$$pV = nRT$$
기체 시료나 용기의 .... 온도 (단위 K)
부피(m^3)

예제 12.5 몰의 부피 구하기

압력 1.00 atm, 온도 0°C인 이상 기체 1몰이 차지하는 부피는 얼마인가?

준비 이상 기체 법칙 계산의 첫 단계는 모든 물리량을 SI 단위로 환산하는 것이다.

$$p = 1.00 \text{ atm} = 101.3 \times 10^3 \text{ Pa}$$
$$T = 0 + 273 = 273 \text{ K}$$

풀이 이상 기체 법칙 수식을 이용하여 부피를 구한다.

$$V = \frac{nRT}{p} = \frac{(1.00 \text{ mol})(8.31 \text{ J/mol} \cdot \text{K})(273 \text{ K})}{101.3 \times 10^3 \text{ Pa}} = 0.0224 \text{ m}^3$$

이 장의 앞에서 1.00 m^3 = 1000 L라고 하였으므로

$$V = 22.4 \text{ L}$$

라고 할 수 있다.

검토 이 온도와 압력에서 기체 1 mol의 부피는 22.4 L임을 알았다. 이는 화학에서 배운 것이다. 기체를 사용하는 계산에서 이 부피를 기억하면 구한 결과가 물리적으로 올바른지 알 수 있을 것이다.

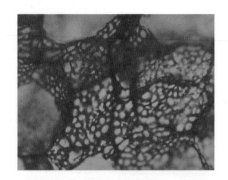

◀ **폐에서의 기체 교환** BIO 호흡을 할 때 산소가 어떻게 혈류로 들어올까? 원자 모형으로 짐작할 수 있다. 사진은 폐포, 즉 가는 핏줄인 모세 혈관으로 둘러싸인 폐 속의 공기 주머니를 크게 확대한 모습이다. 폐포와 모세 혈관의 얇은 막은 투과성이 있다. 즉 작은 분자가 이동할 수 있다. 투과성 막이 분자가 다른 두 공간 영역 사이에 있다면, 11장에서 열이 뜨거운 곳에서 찬 곳으로 흐르는 이유에 대한 논의에서 예상할 수 있는 것처럼 분자들이 빨리 움직이기 때문에 농도가 낮은 쪽으로 분자의 알짜 이동이 발생한다. 이 이동은 순전히 분자의 운동에 의한 것으로 **확산**(diffusion)이라 한다. 폐에서 폐포의 산소 농도가 높을수록 모세 혈관의 혈액으로 산소가 확산된다. 동시에 이산화탄소는 혈액에서 폐포로 확산된다. 막이 얇기 때문에 이 경우 확산은 신속하고 효과적인 이동 수단이다. 폐에서 신체의 다른 부위로 산소를 공급하는 데는 확산이 적당치 않다. 왜냐하면 확산으로 장거리를 이동하는 데 시간이 오래 걸리기 때문이다. 이 경우 산소를 가진 혈액을 몸 전체로 펌프질해주어야 한다.

12.3 이상 기체의 반응 과정

이 장은 물질의 열적 특성에 관한 것이다. 온도 변화에 따라 물질에 어떤 변화가 발생하는가? 이상 기체 법칙이 기체의 압력, 부피 및 온도 사이의 관계를 알려주므로 기체에 대하여도 추론하기 위하여 이상 기체 법칙을 사용할 수 있다. 예를 들어 추운 아침에 자동차의 타이어 압력을 측정한다고 생각하자. 타이어가 햇볕에 데워져 타이어의 공기 온도가 상승한 후에는 타이어 압력이 얼마나 증가할까? 이 문제는 이 장의 뒷부분에서 살펴볼 것이지만 현재로는 이 과정의 다음 특성을 유의하여야 한다.

■ 기체의 전체 양은 고정되어 있다. 타이어에 공기를 더하거나 빼지 않는다. 여기서 고려하는 모든 과정에서 기체의 양은 고정되어 있다고 생각한다.

■ 초기 상태가 잘 정의되어 있다. 압력, 부피 및 온도의 초기값은 p_i, V_i 및 T_i로 나타낸다.

■ 최종 상태가 잘 정의되어 있다. 압력, 부피 및 온도의 최종값은 p_f, V_f 및 T_f로 나타낸다.

이러한 특성이 있는 과정을 **이상 기체 과정**(ideal-gas processes)이라 한다.

밀봉된 용기 내의 기체들은 몰 수(및 분자 개수)가 바뀌지 않는다. 그 경우 이상 기체 법칙은

$$\frac{pV}{T} = nR = 일정$$

으로 나타낸다.

초기 상태와 최종 상태의 변수들의 값은 다음과 같은 관계가 있다.

$$\frac{p_f V_f}{T_f} = \frac{p_i V_i}{T_i} \tag{12.16}$$

밀봉된 용기 내 이상 기체의 초기 상태 및 최종 상태

보존 법칙을 상기시키는 두 상태 사이의 전–후 관계는 많은 문제에 중요하다.

압력–부피 관계도

이상 기체 과정을 **pV 관계도**(pV diagram)라는 그래프로 나타내는 것은 유용하다. pV 관계도의 배경이 되는 중요한 생각은 그래프의 각 점이 기체의 단일 고유 상태를 나타낸다. 그래프의 한 점은 압력과 부피의 값만을 지정하기 때문에 이것은 놀랍게 보일 것이다. 그러나 p와 V를 알고 밀폐된 용기에 대하여 n을 안다고 가정하면 이상 기체 법칙으로부터 온도를 구할 수 있다. 따라서 pV 관계도의 각 점은 실제로 기체 상태를 결정하는 세 쌍의 값 (p, V, T)를 나타낸다.

예를 들어 **그림 12.9(a)**는 기체 1몰로 이루어진 계의 세 상태를 보여주는 pV 관계도이다. p와 V의 값은 축으로부터 읽을 수 있고 그 점의 온도는 이상 기체 법칙으로 계산할 수 있다. 예를 들어, 가열 또는 압축하여 기체 상태를 변화시키는 과정인 이상 기체 과정은 pV 관계도에서 '궤적'으로 나타낼 수 있다. **그림 12.9(b)**는 그림 12.9(a)의 기체가 상태 1에서 상태 3으로 바뀌는 과정 중 가능한 하나를 보여준다.

정적 과정

그림 12.10(a)에서 보듯 밀폐된 단단한 용기에 기체가 있다고 하자. 기체를 데우면 부피는 바뀌지 않고 압력은 높아진다. 이것이 **정적 과정**(constant-volume process)의 한 예이다. 정적 과정에서는 $V_f = V_i$이다.

V의 값이 변하지 않기 때문에 이 과정은 **그림 12.10(b)**의 pV 관계도에서 i → f의 수직선으로 표시된다. **정적 과정은 pV 관계도에서 수직선으로 표시된다.**

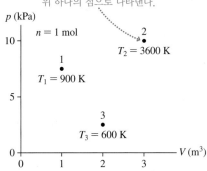

그림 12.9 기체 상태와 이상 기체 과정은 pV 관계도에 나타낼 수 있다.

(a) 이상 기체의 각각의 상태는 pV 관계도 위 하나의 점으로 나타낸다.

(b) 한 상태에서 다른 상태로 변하는 과정은 pV 관계도 위에 궤적으로 나타낸다.

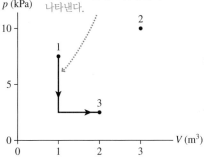

그림 12.10 정적 과정

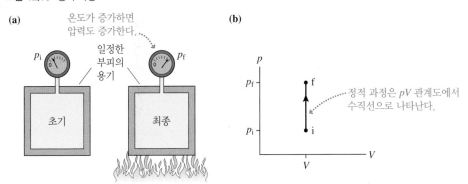

(a) 온도가 증가하면 압력도 증가한다. 일정한 부피의 용기 p_i / p_f 초기 / 최종

(b) 정적 과정은 pV 관계도에서 수직선으로 나타난다.

예제 12.6 **더운 날 타이어 압력 계산하기**

기온이 0°C인 쌀쌀한 아침 자동차 타이어의 계기 압력은 2.00 atm이다. 낮에 날씨가 따뜻해져 검은색 타이어가 햇볕을 받으면 타이어 내부의 공기 온도는 30°C에 이른다. 이때 타이어의 계기

압력은 얼마이겠는가?

준비 타이어를 부피가 일정한 밀폐 용기로 생각해도 좋다. 따라서 이 과정은 정적 과정이다. 측정한 타이어 압력은 계기 압력으

로 이상 기체 법칙은 절대 압력을 사용하기 때문에 압력을 변환하여야 한다. 초기 압력은

$$p_i = (p_g)_i + 1.00 \text{ atm} = 2.00 \text{ atm} + 1.00 \text{ atm} = 3.00 \text{ atm}$$

이고, 온도는 K 단위이어야 하므로 변환하면

$$T_i = 0°C + 273 = 273 \text{ K}$$
$$T_f = 30°C + 273 = 303 \text{ K}$$

이다.

풀이 기체가 밀폐된 용기에 들어 있으므로 최종 압력을 구하려면 식 (12.16)의 이상 기체 법칙을 사용할 수 있다. 이 수식에서 양쪽을 V_f로 나누고, 이 과정은 정적 과정이기에 두 부피의 비율이 1이므로 상쇄시키면 다음과 같다.

$$p_f = p_i \frac{V_i}{V_f} \frac{T_f}{T_i} = p_i \frac{T_f}{T_i}$$

p_f의 단위는 p_i의 단위와 같게 초기 압력 단위 atm으로 유지한다. 온도가 높아졌을 때의 압력은

$$p_f = 3.00 \text{ atm} \times \frac{303 \text{ K}}{273 \text{ K}} = 3.33 \text{ atm}$$

이다. 이 압력은 절대 압력으로 문제에서는 요구하는 타이어 계기 압력으로 환산하면

$$(p_g)_f = p_f - 1.00 \text{ atm} = 2.33 \text{ atm}$$

이 된다.

검토 온도가 초기 온도에서 10 %보다 약간 높은 30 K만큼 바뀌었으므로 압력이 크게 바뀔 것으로 예상한다. 계산 결과는 합리적인 것으로 보이며 다음과 같은 의미가 있다. 어떤 온도에서 타이어 압력을 확인한 경우 조건이 변할 때 압력이 같을 것이라고 기대하지 마라!

정압 과정

많은 기체 과정에서 압력은 변화하지 않는다. 이런 정압 과정을 **등압 과정**(isobaric process)이라고도 한다. 등압 과정의 경우 $p_f = p_i$이다.

등압 과정을 생성하는 방법 중 하나를 **그림 12.11(a)**에 나타냈다. 기체가 위아래로 자유롭게 움직일 수 있는 가볍고 꽉 끼는 뚜껑, 즉 **피스톤**이 있는 실린더에 밀폐되어 있다. 사실 피스톤은 $p_{gas} = p_{ext}$ 위치에 도달할 때까지 기체를 압축하거나 팽창시키면서 위아래로 움직인다. 그것은 피스톤의 평형 위치로, 피스톤 면의 면적이 A라면 상향력 $F_{gas} = p_{gas}A$와 외부 압력 p_{ext}로 인한 하향력 $F_{ext} = p_{ext}A$의 균형을 이루는 위치이다. 따라서 이 상황에서 기체 압력은 외부 압력과 같다. 외부 압력이 변하지 않는 한 실린더 내부의 기체 압력도 변할 수 없다.

실린더 안의 기체를 가열한다고 가정한다. 압력은 온도가 아니라 변하지 않는 외부

그림 12.11 정압(등압) 과정

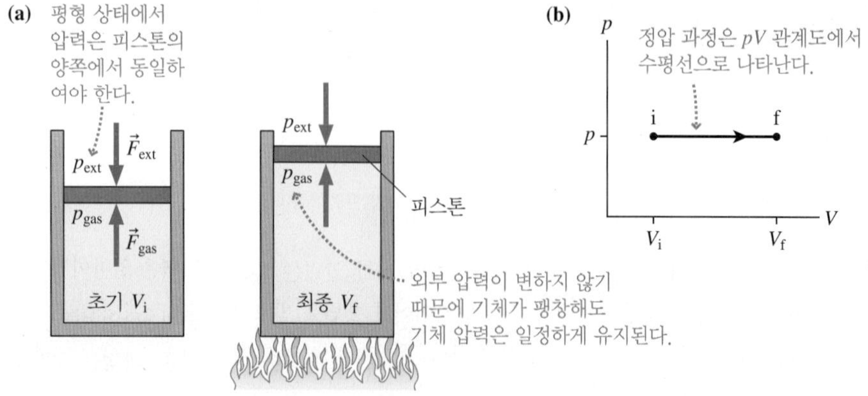

압력에 의하여 제어되기 때문에 기체 압력은 변하지 않는다. 그러나 온도가 올라감에 따라 더 빨리 움직이는 원자 때문에 기체가 팽창되어 피스톤을 바깥쪽으로 밀어낸다. 압력은 항상 같기 때문에 이 과정은 **그림 12.11(b)**와 같은 궤도의 등압 과정이다. **정압 과정은 pV 관계도에서 수평선으로 나타난다.**

예제 12.7 **정압 압축**

피스톤이 움직이는 실린더 내 기체의 부피는 50°C일 때 50.0 cm^3 이다. 이 기체를 온도 10°C가 될 때까지 일정한 압력으로 냉각시켰다. 최종 부피는 얼마인가?

준비 이것은 밀폐된 용기이므로 식 (12.16)을 사용할 수 있다. 기체 압력은 변하지 않으므로, 이것은 $p_i/p_f = 1$인 등압 과정이다. 온도는 K으로 나타내어야 하기에 환산하면 다음과 같다.

$$T_i = 50°C + 273 = 323 \text{ K}$$

$$T_f = 10°C + 273 = 283 \text{ K}$$

풀이 밀폐된 용기에 대하여 이상 기체 법칙을 사용하여 V_f를 구할 수 있다.

$$V_f = V_i \frac{p_i}{p_f} \frac{T_f}{T_i} = 50.0 \text{ cm}^3 \times 1 \times \frac{283 \text{ K}}{323 \text{ K}} = 43.8 \text{ cm}^3$$

검토 이 예제와 예제 12.6에서 압력과 부피의 단위를 변화시키지 않았는데, 이 두 가지 곱셈 요소는 서로 상쇄되기 때문이다. 그러나 온도는 K으로 변환시켰는데, 이 덧셈 요소는 상쇄되지 않기 때문이다.

정온 과정

정온 과정은 **등온 과정**(isothermal process)이라고도 한다. 등온 과정의 경우 $T_f = T_i$ 이다. 등온 과정 중 하나를 **그림 12.12**에 나타내었다. 피스톤을 아래로 밀어내려 기체를 압축하고 있지만 기체 실린더는 일정한 온도로 유지되는 대형 액체 용기에 잠겨 있다. 피스톤을 천천히 밀면 실린더의 벽을 통해 열에너지가 전달되기에 기체 온도가 주변 액체와 같은 온도로 유지된다. 이것은 **등온 압축**(isothermal compression)이다. 피스톤을 천천히 잡아당기는 역과정은 **등온 팽창**(isothermal expansion)이다.

pV 관계도에서 등온 과정을 나타내는 것은 p와 V 둘 다 변하기 때문에 앞의 두 과정보다 조금 더 복잡하다. T가 고정되어 있는 한

$$p = \frac{nRT}{V} = \frac{상수}{V} \qquad (12.17)$$

p와 V는 반비례하기 때문에 등온 과정의 그래프는 쌍곡선이다.

그림 12.12(b)에서 i → f로 표시한 과정은 그림 12.12(a)에 나타낸 등온 압축을 나타낸다. 등온 팽창은 쌍곡선을 따라 반대방향으로 움직인다. 등온 과정 그래프를 **등온선**(isotherm)이라 한다.

쌍곡선의 위치는 T의 값에 따라 다르다. 그림 12.12(a)의 과정에서 더 높은 일정한 온도를 사용하면 등온선이 pV 관계도의 원점에서 더 멀리 이동한다. 그림 12.12(c)는 세 가지 다른 온도에서의 이 과정에 대한 세 가지 등온선을 나타낸 것이다. 등온 과정을 거친 기체는 특정 온도에 대한 등온선을 따라 움직일 것이다.

그림 12.12 정온(등온) 과정

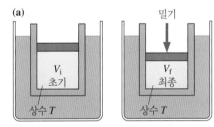
(a)

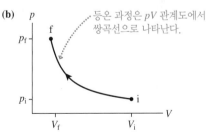
(b) 등온 과정은 pV 관계도에서 쌍곡선으로 나타난다.

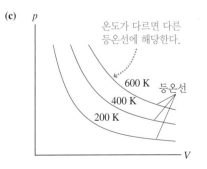
(c) 온도가 다르면 다른 등온선에 해당한다.

예제 12.8 폐에서의 공기 압축하기 BIO

스노클링을 하는 사람은 수면에서 심호흡을 하여 폐에 공기 4.0 L를 채운다. 5.0 m 깊이로 내려가면, 압력은 수면보다 0.50 atm 높아진다. 이 깊이에서 이 사람의 폐에 있는 공기의 양은 얼마인가?

준비 수면에서 스노클링을 하는 사람의 폐 속 공기 압력은 해수면에서의 대기압, 즉 1.0 atm이다. 물속으로 내려가면 폐 속 압력은 신체가 내부와 외부의 큰 압력차를 유지할 수 없기 때문에 주변 수압과 일치하도록 상승해야 한다. 또한 공기는 체온에 머물러 있어 $T_f = T_i$의 등온 과정을 이룬다.

풀이 밀폐된 용기, 즉 폐에 대하여 이상 기체 법칙을 적용하면

$$V_f = V_i \frac{p_i}{p_f} \frac{T_f}{T_i} = 4.0 \text{ L} \times \frac{1.0 \text{ atm}}{1.5 \text{ atm}} = 2.7 \text{ L}$$

를 얻는다. SI 단위로 압력을 환산할 필요가 없음에 주목하라. 분자와 분모에서 단위가 같다면 상쇄되기 때문이나.

검토 공기는 예상하는 것처럼 압력이 커지면 부피가 작아진다. 폐 속의 공기가 엄청나게 압축되고, 따라서 수면 아래로 잠수할 수 있다.

이상 기체 과정의 열역학

11장에서 열역학 제1법칙을 소개하였고 열과 일이 계에 에너지를 더하는 두 가지 다른 방법이라는 것을 알았다. 기체를 가열할 때 그 변화를 고려해 왔지만 이제는 다른 형태의 에너지 전달, 즉 일을 고려해야 한다.

기체가 팽창하면 피스톤을 밀어 일을 한다. 이것은 자동차 후드 아래의 엔진이 일하는 방식이다. 점화 플러그가 엔진의 실린더에 점화시키면 기체 상태인 내부 연료와 공기 혼합물에 불이 붙는다. 고온 가스가 팽창하여 피스톤을 밀어내고 다양한 기계적 연결 장치를 통해 자동차 바퀴를 돌린다. 에너지는 일의 형태로 기체에서 옮겨간다. 이런 경우 기체가 피스톤에 대해 일을 한다고 한다. 마찬가지로, 그림 12.11(a)의 기체는 피스톤을 밀거나 움직여서 일을 한다.

◀◀10.2절에서 물체를 거리 d만큼 밀어내는 일정한 힘 F가 한 일은 $W = Fd$라고 배웠다. 이 개념을 기체에 적용해보자. **그림 12.13(a)**는 움직일 수 있는 피스톤에 의해 한쪽 끝이 밀폐된 기체 실린더이다. 힘 $\vec{F}_{gas}$는 기체 압력 때문에 발생하며 크기는 $F_{gas} = pA$이다. 피스톤 막대에 의해 가해지는 힘인 $\vec{F}_{ext}$는 $\vec{F}_{gas}$와 크기가 같고 방향이 반대이다. 기체 압력은 외부 힘이 없으면 피스톤을 밖으로 날려 버릴 것이다.

기체가 일정한 압력에서 팽창하여 **그림 12.13(b)**와 같이 피스톤을 x_i에서 x_f, 즉 거리 $d = x_f - x_i$만큼 바깥쪽으로 민다고 가정하자. 마찬가지로 기체 압력에 의한 힘이 일을 한다.

$$W_{gas} = F_{gas} d = (pA)(x_f - x_i) = p(x_f A - x_i A)$$

그림 12.13 팽창하는 기체는 피스톤에 일을 한다.

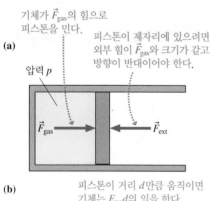

기체가 $\vec{F}_{gas}$의 힘으로 피스톤을 민다.

피스톤이 제자리에 있으려면 외부 힘이 $\vec{F}_{gas}$와 크기가 같고 방향이 반대이어야 한다.

(a)

압력 p

$\vec{F}_{gas}$ $\vec{F}_{ext}$

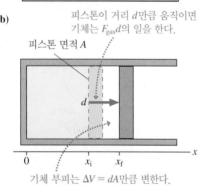

(b)

피스톤이 거리 d만큼 움직이면 기체는 $F_{gas}d$의 일을 한다.

피스톤 면적 A

d

0 x_i x_f

기체 부피는 $\Delta V = dA$만큼 변한다.

그러나 $x_i A$는 실린더의 초기 부피 V_i(실린더의 부피는 길이와 밑면적의 곱임을 상기하라)이고 $x_f A$는 최종 부피 V_f이다. 따라서 한 일은

$$W_{gas} = p(V_f - V_i) = p\,\Delta V \qquad (12.18)$$

등압 과정에서 기체가 한 일

이다. 이 수식에서 ΔV는 부피의 **변화**이다.

식 (12.18)은 pV 관계도에 대한 특별히 단순한 해석을 가능하게 한다. **그림 12.14(a)**와 같이 $p\Delta V$는 V_i와 V_f 사이의 'pV 곡선 아래 면적'이다. 비록 등압 과정에 대해서만 이 결과를 보여주었지만 이는 모든 이상 기체 과정에 대해 사실이다. 즉 **그림 12.14(b)**는

$$W_{gas} = V_i와 \ V_f \ 사이에서 \ pV \ 곡선 \ 아래 \ 면적$$

임을 보여준다.

명확히 하여야 할 사항이 몇 가지 있다.

- 기체가 일을 하려면 그 부피가 변하여야 한다. 정적 과정에서는 일을 하지 않는다.
- 식 (12.18)의 단순한 관계는 정압 과정에만 적용된다. 다른 이상 기체 과정의 경우 pV 관계도의 기하학을 사용하여 곡선 아래 면적을 계산해야 한다.
- 일을 계산하려면 압력을 Pa 단위로, 부피는 m^3 단위로 입력해야 한다. $Pa(N/m^2)$과 m^3의 곱은 $N \cdot m$이고 $1 \ N \cdot m$는 $1 \ J$로 일과 에너지의 단위이다.
- 기체가 팽창하면($\Delta V > 0$) W_{gas}는 양수가 된다. 기체는 피스톤을 밀어서 일을 한다. 이 경우 한 일은 계 밖으로 전달되는 에너지이며 기체의 에너지는 감소한다. 피스톤이 기체를 압축하면($\Delta V < 0$) 힘 $\vec{F}_{gas}$가 피스톤의 변위와 반대방향이므로 W_{gas}는 음수가 된다. 에너지는 일로써 계에 전달되고 기체의 에너지는 증가한다. "기체에게 일을 한다"고 하는데, 이는 W_{gas}가 음수임을 의미한다.

열역학 제1법칙 $\Delta E_{th} = Q + W$에서 W는 외부 환경이 한 일, 즉 계에 작용한 힘 $\vec{F}_{ext}$이 한 일이다. 그러나 $\vec{F}_{ext}$과 $\vec{F}_{gas}$은 앞에서 살펴본 바와 같이 크기가 같고 방향이 반대로, 외부 환경이 한 일은 기체가 한 일의 음수값이다($W = -W_{gas}$). 결과적으로 열역학 제1법칙은 다음과 같이 쓸 수 있다.

$$\Delta E_{th} = Q - W_{gas} \qquad (12.19)$$

11장에서 이상 기체의 열에너지가 $E_{th} = \frac{3}{2}Nk_B T$로 오직 온도에만 의존한다는 것을 배웠다. 식 (12.14)와 (12.15)를 비교하면 Nk_B가 nR과 같아서 이상 기체의 열에너지 변화는 다음과 같이 나타낼 수 있다.

$$\Delta E_{th} = \frac{3}{2}Nk_B\,\Delta T = \frac{3}{2}nR\,\Delta T \qquad (12.20)$$

그림 12.14 이상 기체 과정에서 한 일 계산하기

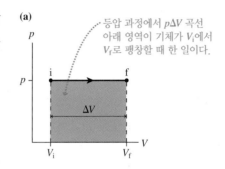

(a)

등압 과정에서 $p\Delta V$ 곡선 아래 영역이 기체가 V_i에서 V_f로 팽창할 때 한 일이다.

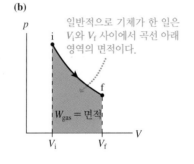

(b)

일반적으로 기체가 한 일은 V_i와 V_f 사이에서 곡선 아래 영역의 면적이다.

예제 12.9 팽창하는 기체의 열역학

움직이는 피스톤이 있는 실린더에 0.016 mol의 He 기체가 들어 있다. 이 기체를 그림 12.15에 나타낸 것 같은 과정을 통하여 팽창시킨다. 이를 위해 기체를 가열해야 할까? 그렇다면 얼마나 많은 열에너지를 더하거나 빼앗아야 할까?

그림 12.15 예제 12.9를 위한 pV 관계도

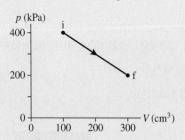

준비 기체가 팽창하면 피스톤에 일을 한다. 기체 온도는 변화할 수 있는데 이는 열에너지의 변화를 의미한다. 식 (12.19)로 나타낸 열역학 제1법칙을 사용하여 기체의 에너지 변화를 나타낼 수 있다. 먼저 온도 변화를 계산하여 열에너지 변화를 확인한 다음 곡선 아래 면적을 보고 일의 양을 계산한다. W_{gas}와 ΔE_{th}를 알게 되면, 제1법칙을 이용하여 열의 부호와 크기를 결정할 수 있다. 즉 열에너지의 출입 여부와 그 정도를 알 수 있다.

그래프로 압력과 부피를 알 수 있으므로 초기 온도와 최종 온도를 계산하기 위해 이상 기체 법칙을 사용할 수 있다. 그러려면 부피를 SI 단위로 환산하여야 한다. 그래프에서 초기 부피 및 최종 부피를 읽고 환산하여

$$V_i = 100 \text{ cm}^3 \times \frac{1 \text{ m}^3}{10^6 \text{ cm}^3} = 1.0 \times 10^{-4} \text{ m}^3$$

$$V_f = 300 \text{ cm}^3 \times \frac{1 \text{ m}^3}{10^6 \text{ cm}^3} = 3.0 \times 10^{-4} \text{ m}^3$$

임을 알 수 있다.

풀이 초기 온도와 최종 온도는 이상 기체 법칙으로 구할 수 있다.

$$T_i = \frac{p_i V_i}{nR} = \frac{(4.0 \times 10^5 \text{ Pa})(1.0 \times 10^{-4} \text{ m}^3)}{(0.016 \text{ mol})(8.31 \text{ J/mol} \cdot \text{K})} = 300 \text{ K}$$

그림 12.16 팽창하는 기체가 한 일은 곡선 아래 전체 면적이다.

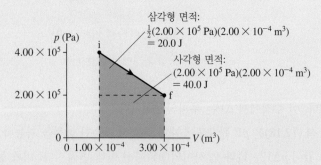

삼각형 면적:
$\frac{1}{2}(2.00 \times 10^5 \text{ Pa})(2.00 \times 10^{-4} \text{ m}^3)$
$= 20.0 \text{ J}$

사각형 면적:
$(2.00 \times 10^5 \text{ Pa})(2.00 \times 10^{-4} \text{ m}^3)$
$= 40.0 \text{ J}$

$$T_f = \frac{p_f V_f}{nR} = \frac{(2.0 \times 10^5 \text{ Pa})(3.0 \times 10^{-4} \text{ m}^3)}{(0.016 \text{ mol})(8.31 \text{ J/mol} \cdot \text{K})} = 450 \text{ K}$$

온도가 증가하면 열에너지도 증가할 것이다. 식 (12.20)을 사용하여 이 변화를 계산할 수 있다.

$$\Delta E_{th} = \frac{3}{2}(0.016 \text{ mol})(8.31 \text{ J/mol} \cdot \text{K})(450 \text{ K} - 300 \text{ K}) = 30 \text{ J}$$

수수께끼의 다른 부분은 한 일을 계산하는 것으로, 이 과정에 대한 곡선 아래 면적을 구하면 된다. 그림 12.16은 그 영역을 직사각형 위에 삼각형이 있는 것으로 보고 이 계산을 할 수 있다는 것을 보여준다. 이 면적은 Pa과 m^{3}의 곱이므로 J로 표시된다. 전체 일은

$$W_{gas} = 삼각형 면적 + 사각형 면적$$
$$= 20 \text{ J} + 40 \text{ J} = 60 \text{ J}$$

이다.

이제 식 (12.19)로 나타낸 제1법칙을 사용하여 열을 구할 수 있다.

$$Q = \Delta E_{th} + W_{gas} = 30 \text{ J} + 60 \text{ J} = 90 \text{ J}$$

이 열량은 양수이므로 11장에서 도입한 규칙을 사용하면 90 J의 열에너지를 기체에 더해야 한다.

검토 기체는 일을 했다. 즉 에너지를 잃었다. 그러나 온도가 증가하였으므로 열에너지를 더해야 한다는 말이 된다.

단열 과정

손 펌프로 자전거 타이어에 바람을 넣으면 펌프가 따뜻해진다는 것을 알 것이다. 11장에서 이에 대한 이유를 언급했다. 펌프의 손잡이를 누르면 펌프 챔버의 피스톤이 기체를 압축하여 기체에 일을 한다. 열역학 제1법칙에 따르면, 기체에 일을 하면 열에너지를 증가시킨다. 그래서 기체 온도가 올라가고 열이 펌프 벽을 통해 손으로 전달된다.

이제 열이 전달될 시간이 없도록 기체를 매우 빨리 압축하거나 외부 환경과 열이 교환되지 않도록 절연 용기 안의 기체를 압축한다고 가정하자. 두 경우 모두 $Q = 0$ 이다. 기체 과정에서 $Q = 0$이면, 압축이든 팽창이든 **단열 과정**(adiabatic process)이 라고 한다.

팽창하는 기체는 일을 하므로 $W_{gas} > 0$이 된다. 팽창이 단열, 즉 $Q = 0$이면 식 (12.19)로 나타낸 열역학 제1법칙에 의하여 $\Delta E_{th} < 0$임을 알 수 있다. 온도는 열에너 지에 비례하므로 온도 또한 감소할 것이다. **단열 팽창하면 기체 온도가 내려간다.** 기 체가 압축되면 기체에 일을 하는 것이다($W_{gas} < 0$). 압축이 단열이라면, 열역학 제1 법칙에 의하여 $\Delta E_{th} > 0$이므로 온도가 증가한다. **단열 압축하면 기체 온도가 올라간 다.** 단열 과정을 통해 열이 아닌 일을 사용하여 기체 온도를 바꿀 수 있다.

단열 과정은 여러 곳에서 중요하게 응용된다. 대기층에서 지구를 가로질러 이동하 는 큰 공기 덩어리는 주변 환경과 열에너지를 천천히 교환하므로 다음의 치누크 바람 에서 보는 바와 같이 단열 팽창과 단열 압축으로 크고도 급작스러운 온도 변화를 초 래할 수 있다.

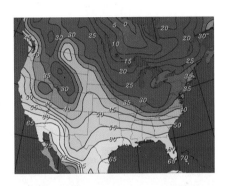

▶ **따뜻한 산바람** 이 그림은 겨울날 북미 지역의 표면 온도를 °F로 나타낸 것이다. 대륙 중 앙에서 북쪽과 서쪽으로 뻗어나는 계절과 어울리지 않는 따뜻한 기온의 밝은 녹색 지역 을 주목하라. 이날 치누크 바람으로 알려진 강한 서풍이 록키 산맥에서 불어 내려 (저압 의) 고지대에서 (고압의) 저지대로 빠르게 이동했다. 공기는 강하하면서 급격히 압축되 었다. 압축은 매우 빨라서 주변 환경과 열교환되지 않았는데, 이것이 공기 온도를 상당히 증가시키는 단열 과정이다. (역자주: 한국에서는 늦봄에서 초여름에 걸쳐 동해안에서 태 백산맥을 넘어서 서쪽으로 고온 건조한 바람이 분다. 이를 높새바람이라 한다.)

개념형 예제 12.10 pV 관계도의 단열 곡선

그림 12.17은 점 1에서 점 2까지 등온 압축되는 기체의 pV 관계도 이다. 급격한 단열 압축에 의하여 기체가 점 1에서 동일한 최종 압력으로 압축되면 pV 관계도에 어떻게 나타나는지 나타내시오.

그림 12.17 등온 압축 과정의 pV 관계도

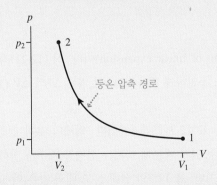

그림 12.18 단열 압축 과정의 pV 관계도

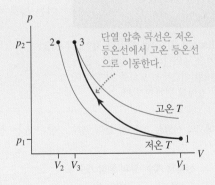

단열 압축 곡선은 저온 등온선에서 고온 등온선 으로 이동한다.

판단 단열 압축하면 기체에 한 일이 열에너지로 바뀌어 기체 온도 가 올라가게 한다. 결과적으로 **그림 12.18**에서 볼 수 있듯이, 단열 압축 곡선은 기체 압력이 p_2에 도달할 때 등온선들을 가로질러 고

온 등온선에서 끝난다.

검토 등온 압축에서는 열에너지가 기체 밖으로 전달되어 기체 온 도는 일정하게 유지된다. 단열 압축에서는 이런 열전달이 일어나 지 않으므로 기체의 최종 온도가 더 높을 것으로 기대한다. 일반 적으로 단열 압축에서 최종점에서의 온도는 초기점보다 높다. 유 사하게 단열 팽창은 더 낮은 등온선에서 끝난다.

12.4 열팽창

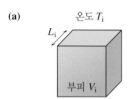

그림 12.19 고체의 온도를 올리면 팽창한다.

(a) 온도 T_i

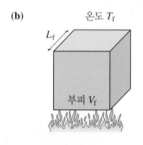

부피 V_i

(b) 온도 T_f

부피 V_f

고체와 액체의 원자 사이의 결합은 고체나 액체가 기체보다 압축력이 훨씬 약하다는 것을 의미한다. 그러나 고체 또는 액체의 온도를 올리면 작지만 측정 가능한 부피 변화가 일어난다. 온도를 측정하기 위해 수은이나 알코올(붉은 액체가 있는 종류)이 들어 있는 온도계를 사용한 적이 있다면 이 원리가 작동하는 것을 보았을 것이다. 온도계 아래 액체가 담긴 둥근 부분을 무언가 따뜻한 것에 담그면 간단한 이유로 액체가 온도계 유리 기둥을 따라 위로 올라간다. 즉 팽창한다. 이 **열팽창**(thermal expansion)은 여러 가지 실질적인 현상의 바탕이 된다.

그림 12.19(a)는 초기에 온도가 T_i인 정육면체 물질을 보여준다. 정육면체의 가장자리 길이는 L_i이고 부피는 V_i이다. **그림 12.19(b)**와 같이 정육면체를 가열하여 온도를 T_f로 증가시킨다. 정육면체 가장자리 길이는 L_f로 증가하고 부피는 V_f로 증가한다.

대부분의 물질의 경우 부피 변화 $\Delta V = V_f - V_i$는 온도 변화 $\Delta T = T_f - T_i$와 선형적인 관계가 있다.

$$\Delta V = \beta V_i \Delta T \qquad (12.21)$$

열적 부피 팽창

상수 β를 **부피 팽창 계수**(coefficient of volume expansion)라 한다. 이 값은 물체를 만드는 재료에 따라 다르다. ΔT는 K 단위로 측정하므로 β의 단위는 K^{-1}이다.

고체의 부피가 증가함에 따라 그 길이도 증가한다. 이 길이의 열팽창에 대하여도 비슷한 표현을 쓸 수 있다. 초기 길이 L_i의 물체가 온도 변화 ΔT를 겪게 되면, 그 길이는 L_f로 바뀐다. 길이 변화 $\Delta L = L_f - L_i$는 다음과 같이 주어진다.

$$\Delta L = \alpha L_i \Delta T \qquad (12.22)$$

열적 선팽창

팽창하는 경간(span) 긴 강철 다리의 길이는 더운 날에는 약간 늘어나고 추운 날에는 줄어든다. 열팽창 대비 연결부는 도로를 휘게 하지 않으면서 다리 길이를 변하게 한다.

상수 α는 **선팽창 계수**(coefficient of linear expansion)이다. 식 (12.21)과 (12.22)는 열수축(thermal contraction)에도 동일하게 적용되며, 이 경우 ΔT와 ΔV (또는 ΔL)는 모두 음수라는 점에 유의한다.

일반적인 재료의 α 및 β값을 표 12.3에 열거하였다. 액체의 부피 팽창을 측정할 수 있지만, 액체가 형태를 바꿀 수 있기 때문에 액체는 선팽창 계수를 말하지 않는다. α와 β는 온도에 따라 약간 변하지만, 표 12.3의 실내 온도 때의 값은 이 교재의 모든 문제에 적합하다. α와 β값은 매우 작기 때문에 길이와 부피의 변화 ΔL과 ΔV는 항상 원래 값에 비하여 작다.

표 12.3 20°C에서의 선팽창 계수 및 부피 팽창 계수

물질	선팽창 계수 α(K^{-1})	부피 팽창 계수 β(K^{-1})
알루미늄	23×10^{-6}	69×10^{-6}
유리	9×10^{-6}	27×10^{-6}
철 또는 강철	12×10^{-6}	36×10^{-6}
콘크리트	12×10^{-6}	36×10^{-6}
에틸알코올		1100×10^{-6}
물		210×10^{-6}
공기(및 다른 기체)		3400×10^{-6}

예제 12.11 **하늘에 얼마나 가까운가?**

시애틀에 있는 철제 관측탑인 스페이스 니들의 높이는 0°C의 겨울날 180 m이다. 온도가 30°C인 더운 여름날에 얼마나 높을까?

준비 강철은 온도가 올라가면 팽창한다.

$$\Delta T = T_f - T_i = 30°C - 0°C = 30°C = 30 \text{ K}$$

풀이 선팽창 계수는 표 12.3에 있으므로 식 (12.22)에 이 값을 대입하여 증가한 높이를 계산할 수 있다.

$$\Delta L = \alpha L_i \Delta T = (12 \times 10^{-6} \text{ K}^{-1})(180 \text{ m})(30 \text{ K}) = 0.065 \text{ m}$$

검토 더운 날이라고 건물이 더 높게 보이지 않을 것이기 때문에

최종 답변은 작을 것으로 예상한다. 높이 변화는 기대했던 대로 건물 높이에 비하여 작다. 최종 답은 물리적으로 합리적이다. 180 m에 비해 6.5 cm의 팽창은 쉽게 알아차릴 수 있는 것이 아니지만 무시할 수도 없다. 손상을 초래하는 응력을 피하기 위하여 설계 시 건물 및 교량의 구조 요소의 열팽창을 고려하여야 한다. 설계사가 시카고에 있는 AON 센터(옛 아모코 빌딩)를 덮고 있는 대리석 패널의 열응력을 제대로 계산하지 못하여 43,000개의 모든 패널을 큰 비용을 들여 교체해야만 했다.

개념형 예제 12.12 **구멍에 무슨 일이 일어날까?**

금속판에 원형 구멍이 있다. 이 금속판을 가열하면 구멍은 커지겠는가, 작아지겠는가?

판단 금속판이 팽창하면 금속이 구멍 안쪽으로 팽창하여 구멍이 줄어들 것이라고 생각할 수 있다. 그러나 금속판을 가져와서 구멍을 뚫을 자리에 원을 그렸다고 가정하자. 가열하면 **그림 12.20**에서 보는 바와 같이 금속판과 표시한 영역이 모두 확장된다. 가열 전후에 표시한 선을 따라 구멍을 뚫을 수 있다. 구멍 크기는 가열 후가 더 클 것이다. 따라서 금속판 팽창에 따라 구멍 크기도 팽창해야 한다.

검토 물체가 열팽창(또는 수축)될 때 모든 크기는 동일한 비율로 증가(또는 감소)된다.

그림 12.20 구멍의 열팽창

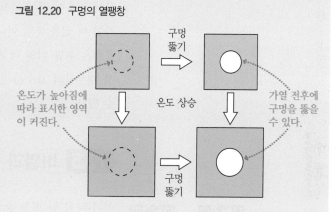

온도가 높아짐에 따라 표시한 영역이 커진다.

온도 상승

구멍 뚫기

가열 전후에 구멍을 뚫을 수 있다.

구멍 뚫기

물과 얼음의 특성

생명을 위한 가장 중요한 분자인 물은 여러 가지 중요한 점에서 다른 액체와 다르다. 0°C의 어는점 쪽으로 냉각하면 부피가 감소할 것으로 예상한다. **그림 12.21(a)**는 온도에 대한 물의 1몰 부피의 그래프이다. 물이 냉각됨에 따라 그 부피가 어느 점까지 실제로 감소하는 것을 볼 수 있다. 물을 4°C 이하로 더 냉각시키면 부피가 증가한다.

물의 이러한 이상한 특성은 물 분자에서의 전하 분포 때문으로 주변 분자들이 서로 어떻게 상호작용하는지를 결정한다. 물이 어는점에 다가감에 따라 분자들은 더 강하게 결합된 클러스터를 형성하기 시작한다. 물 분자는 실제로 그러한 클러스터를 형성하기 위해 조금 더 떨어져야만 하고, 따라서 부피가 증가한다. **그림 12.21(b)**와 같이 물이 얼면 부피가 훨씬 더 증가한다.

그림 12.21 온도에 따른 물 1몰의 부피 변화

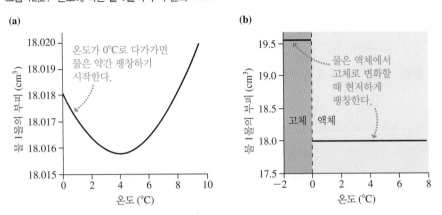

동결 시 이러한 팽창은 중요한 결과를 초래한다. 대부분의 물질에서 고체 상태는 액체 상태보다 밀도가 높기 때문에 고체 물질이 가라앉는다. 물이 얼면 **팽창하기** 때문에 얼음이 액체 물보다 밀도가 높지 않아 물 위에 뜬다. 차가운 음료수에 얼음 조각이 떠 있을 뿐만 아니라 호수 바닥보다 수면에 얼음이 형성되어 얼어붙는다. 이 얼음층은 수면 위의 더 차가운 공기로부터 아래의 물을 보온시키는 역할을 한다. 따라서 대부분의 호수는 단단하게 얼어붙지 않아 혹독한 겨울에도 수생 생물이 생존할 수 있다.

12.5 비열과 변환열

차가운 물 한 잔을 손에 쥐고 있으면 손의 열이 물의 온도를 높인다. 손에서 나오는 열은 얼음 조각을 녹일 것이다. 녹는 현상(용융)은 **상변화**(phase change)의 한 예이다. 온도를 높이고 상태가 변화하는 것은 계를 가열할 때 일어나는 두 가지 결과이며, 물체의 열적 특성을 이해하는 데 중요한 역할을 한다.

영상 학습
데모

영상 학습
데모

비열

1 kg의 물에 4190 J의 열에너지를 더하면 온도가 1 K 상승한다. 운이 좋아 1 kg의 금이 있다면 온도 1 K 올리는 데 129 J의 열만 있으면 된다. 물질 1 kg의 온도를 1 K 상승키는 열의 양을 그 물질의 **비열**(specific heat)이라고 한다. 비열의 부호는 c이다. 물의 비열은 $c_{\text{water}} = 4190$ J/kg·K이며, 금의 비열은 $c_{\text{gold}} = 129$ J/kg·K이다. 비열은 물체를 구성하는 재료에만 좌우된다. 표 12.4에는 일반적인 액체 및 고체의 비열을 나열하였다.

물질 1 kg의 온도를 1 K 올리기 위해 열 c가 필요하다면 질량 M의 온도를 1 K 올리기 위하여 필요한 열은 Mc가, 질량 M의 온도를 ΔT만큼 올리는 데는 $Mc\Delta T$가 필요하다. 일반적으로 ΔT의 온도 변화를 주기 위한 열은

표 12.4 고체와 액체 비열

물질	c (J/kg·K)
고체	
납	128
금	129
구리	385
철	449
알루미늄	900
얼음	2090
포유동물의 몸	3400
액체	
수은	140
에틸알코올	2400
물	4190

$$Q = Mc \Delta T \tag{12.23}$$

질량이 M이고 비열이 c인 물질의 온도를
ΔT만큼 변하게 하는 데 필요한 열

이다. Q는 양수 (온도는 상승) 또는 음수 (온도는 하강) 중 하나이다.

$\Delta T = Q/Mc$이기 때문에 비열이 작은 물질의 온도를 변화시키는 것보다 비열이 큰 물질의 온도를 변화시키는 데 더 많은 열에너지가 필요하다. 물은 비열이 매우 커서 천천히 데워지고 천천히 식는다. 이것이 우리에게는 행운이다. 물의 '열관성'이 크다는 것은 생명의 생물학적 과정에 매우 중요하다.

온화한 호수 물의 비열이 크기 때문에 밤중에 물의 온도가 주변 공기의 온도만큼 내려가지 않는다. 아침 일찍, 따뜻한 호수에서 증발하는 수증기는 호수 위의 차가운 공기에서 빠르게 응축되어 안개를 형성한다. 낮에는 그 반대 현상이 일어난다. 공기가 물보다 훨씬 따뜻해진다.

예제 12.13 **발열에 필요한 에너지**

70 kg의 학생이 독감에 걸려 체온이 37.0°C에서 39.0°C로 올라갔다. 체온을 이만큼 높이려면 얼마나 많은 에너지가 필요한가?

준비 온도를 올리려면 에너지를 더해주어야 한다. 온도 변화 ΔT는 2.0°C 또는 2.0 K이다.

풀이 체온이 올라가는 것은 몸의 신진대사의 화학 반응으로부터 내부적으로 공급되는 에너지를 사용하기 때문이며, 이것이 몸에 열을 전달한다. 몸의 비열은 표 12.4에 의하면 3400 J/kg·K이다. 식 (12.23)을 사용하여 필요한 열에너지를 구할 수 있다.

$$Q = Mc \Delta T = (70 \text{ kg})(3400 \text{ J/kg} \cdot \text{K})(2.0 \text{ K}) = 4.8 \times 10^5 \text{ J}$$

검토 우리 몸의 대부분이 비열이 큰 물이며, 몸의 질량이 크기 때문에 많은 양의 에너지가 필요할 것으로 예상한다. 11장을 다시 보면, 이것은 대략 큰 사과 하나의 에너지 또는 1.6 km를 걷는 데 필요한 에너지에 해당하는 것을 알 수 있다.

상태 변화

냉동고 내부의 온도는 일반적으로 약 −20°C이다. 냉동고에서 얼음 조각 몇 개를 꺼내 온도계가 있는 밀폐된 용기에 넣는다. 그런 다음 **그림 12.22(a)**와 같이 균일한 불꽃 위에 용기를 둔다. 용기를 천천히 가열하여 용기 내부 온도가 항상 한 값으로 균일하다고 가정한다.

그림 12.22(b)는 온도를 시간의 함수로 나타낸 것이다. 1단계에서 얼음은 0°C에 도달할 때까지 녹지 않고 꾸준히 따뜻해진다. 2단계에서 얼음이 녹는 상당한 시간 동안 온도는 0°C로 고정된다. 얼음이 녹을 때 얼음 온도와 액체 물의 온도는 0°C로 유지된다. 계를 가열하여도 얼음이 전부 녹을 때까지 온도가 올라가지 않는다.

2단계가 끝나면 얼음이 완전히 녹아 액체 물이 된다. 3단계 동안 불꽃에 의하여 이 액체 물이 서서히 데워져 100°C에 도달할 때까지 온도가 상승한다. 4단계에서 액체 물은 100°C로 유지된 채 물의 증기인 수증기로 변하고 수증기 온도도 100°C로 유

그림 12.22 물이 고체에서 액체로, 기체로 변할 때 시간에 따른 온도

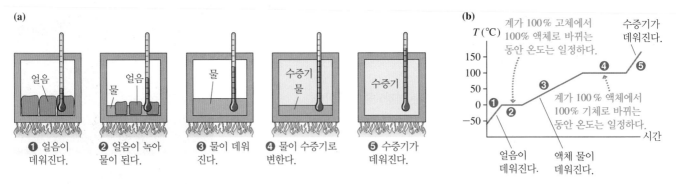

(a)

① 얼음이
데워진다.

② 얼음이 녹아
물이 된다.

③ 물이 데워
진다.

④ 물이 수증기로
변한다.

⑤ 수증기가
데워진다.

(b)

계가 100% 고체에서
100% 액체로 바뀌는
동안 온도는 일정하다.

수증기가
데워진다.

계가 100% 액체에서
100% 기체로 바뀌는
동안 온도는 일정하다.

얼음이
데워진다.

액체 물이
데워진다.

냉동 개구리 BIO 불가능한 것처럼 보이지만 일반적으로 나무숲산개구리는 그들의 몸이 상당히 얼어붙은 채 겨울에 살아남는다. 어떤 물질을 물에 녹이면 물의 녹는점이 낮아진다. 개구리의 몸 속 세포 사이의 액체 물은 얼어붙지만 고농도의 용해된 포도당 때문에 세포 안의 물은 액체 상태로 남아 있다. 이것은 조직의 동결 및 그 다음의 해동에 의한 세포 손상을 방지한다. 봄이 오면 개구리가 해동되고 겨울의 동결 때문에 더 나빠진 것 같지는 않다.

지된다. 계를 가열하더라도 모든 물이 수증기로 변환될 때까지 온도가 다시 상승하지 않는다. 마지막으로 100°C에서 연속적으로 온도가 상승하는 순수 수증기인 5단계가 시작된다.

원자 모형은 지금 일어나는 현상에 대해 이해할 수 있게 해준다. 고체의 열에너지는 진동하는 원자의 운동 에너지와 늘어나고 수축하는 분자 결합의 위치 에너지이다. 고체를 가열하면 어느 순간 열에너지가 매우 커져서 분자 결합이 끊어지기 시작하여 원자들이 돌아다닐 수 있게 된다. 즉 고체가 녹기 시작한다. 계속 가열하면 에너지 때문에 결합이 더 많이 끊어져 더 많이 녹을 것이다. 모든 결합이 끊어질 때까지 온도는 상승하지 않는다. 액체를 고체로 되돌리려면 이 만큼의 에너지를 제거해야 한다.

개념형 예제 12.14 **음료를 냉각하기 위한 전략**

따뜻한 탄산음료를 냉각하고자 할 때 0°C의 액체 물 25 g을 더하는 것과 0°C의 얼음 25 g을 더하는 것 중 어느 것이 더 효과적인가?

판단 0°C의 액체 물을 더하면 열이 탄산음료에서 물로 옮겨져 물의 온도는 올라가고 탄산음료의 온도는 낮아진다. 0°C의 얼음을 넣으면 열이 탄산음료에서 얼음으로 전달되어 0°C 얼음을 0°C 액체 물로 변화시킨다. 그리고 나서 열이 액체 물로 전달되어 물의 온도가 올라간다. 따라서 더 많은 열에너지가 탄산음료에서 제거되므로 액체 물보다는 얼음을 사용하면 최종 온도는 더 낮아진다.

검토 이것은 우리가 실제로 하는 일이라는 것을 알기에 의미가 있다. 음료를 시원하게 하려면 얼음 조각을 넣는다.

고체가 액체가 되는 온도, 또는 열에너지가 감소되어 액체가 고체가 되는 온도를 **녹는점**(melting point) 또는 **어는점**(freezing point)이라고 한다. 용융 및 결빙은 상변화이다. 녹는점에 있는 계는 **상평형**(phase equilibrium)에 있으며, 이는 임의의 양의 고체가 임의의 양의 액체와 공존할 수 있음을 의미한다. 온도를 약간 올리면 전체 계가 곧 액체가 된다. 약간 낮추면 모두 고체가 된다.

그림 12.22(b)에서 100°C인 경우 상평형의 다른 영역을 볼 수 있다. 이것은 액체 상태와 기체 상태 사이의 상평형이며, 이 온도에서는 임의의 양의 액체가 임의의 양의 기체와 공존할 수 있다. 계에 열을 가하여도 온도는 동일하게 유지된다. 추가한 에너지는 액체 분자 사이의 결합을 끊어서 기체 상태로 이동할 수 있게 한다. 기체가 액체로 또는 액체가 기체로 되는 온도를 **응축점**(condensation point) 또는 **끓는점**(boiling point)이라 한다.

개념형 예제 12.15 **빨리 끓을까 아니면 천천히 끓을까?**

화로에서 국수를 요리하고 있다. 물은 천천히 끓는다. 화로에서 불꽃을 크게 하여 물을 빨리 끓이면 국수가 더 빨리 요리되겠는가?

판단 물은 100°C에서 끓는다. 아무리 격렬하게 끓여도 온도는 같다. 요리가 얼마나 빨리 되는가를 결정하는 것은 물의 온도이다.

빠른 속도로 열을 가하면 물은 더 빨리 끓게 되지만 온도는 변하지 않는다. 조리 시간이 바뀌지 않는다.

검토 이 결과는 이상하게 보일지 모르지만 다음에 국수를 요리할 때 실험해볼 수 있을 것이다.

변환열

그림 12.22(b)에서 상변화는 그래프에서 수평선으로 나타난다. 이 선분에서 열은 계로 전달되지만 온도는 변하지 않는다. 열에너지는 상변화 중에 계속 증가하지만, 언급한 바와 같이 증가하는 에너지는 분자 속도를 빠르게 하는 것보다 분자 결합을 파괴시키는 방향으로 나아간다. **상변화는 온도 변화 없이 열에너지의 변화를 특징으로 한다.**

물질 1 kg의 상변화를 일으키는 열에너지의 양을 그 물질의 **변환열**(heat of transformation)이라고 한다. 예를 들어 실험에 의하면 0°C의 얼음 1 kg을 녹이기 위하여 333,000 J의 열이 필요하다. 변환열의 부호는 L이다. 질량 M인 전체 계가 상변화를 겪는 데 필요한 열은

암석이 녹은 용암은 액체 물과 접촉하면 액체에서 고체로 상태가 변한다. 열이 물로 전달되면 물이 액체에서 기체로 상태가 변화한다.

$$Q = ML \tag{12.24}$$

이다.

'변환열'은 모든 상변화를 나타내는 일반적인 용어이다. 두 가지 특별한 변환열은 고체와 액체 사이의 변환열인 **용융열**(heat of fusion) L_f와 액체와 기체 사이의 변환열인 **증발열**(heat of vaporization) L_v이다. 이러한 상변화에 필요한 열은

$$Q = \begin{cases} \pm ML_f & \text{질량 } M \text{을 녹이는 데/얼리는 데 필요한 열} \\ \pm ML_v & \text{질량 } M \text{을 끓이는 데/응축시키는 데 필요한 열} \end{cases} \tag{12.25}$$

이다. 여기서 ±는 녹이거나 끓일 때는 계에 열을 가하고 얼리거나 응축시킬 때는 계에서 열을 제거해야 함을 나타낸다. **필요한 경우 음의 부호를 명시적으로 포함시켜야 한다.**

표 12.5는 변환열을 나열한 것이다. 증발열은 항상 용융열보다 훨씬 크다.

표 12.5 표준 대기압에서의 녹는점, 끓는점 및 변환열

물질	$T_m(°C)$	$L_f(J/kg)$	$T_b(°C)$	$L_v(J/kg)$
질소(N_2)	−210	0.26×10^5	−196	1.99×10^5
에틸알코올	−114	1.09×10^5	78	8.79×10^5
수은	−39	0.11×10^5	357	2.96×10^5
물	0	3.33×10^5	100	22.6×10^5
납	328	0.25×10^5	1750	8.58×10^5

예제 12.16 **얼음과자 녹이기**

−10°C의 냉동고에서 꺼낸 45 g의 냉동 얼음과자를 먹는다. 얼음과자를 신체 온도까지 데우자면 얼마나 많은 에너지가 필요한가?

준비 얼음과자를 순수한 물이라고 가정할 수 있다. 정상 체온은 37°C이다. 얼음과 액체 물의 비열은 표 12.4에 있다. 물의 용융열은 표 12.5에 있다.

풀이 그림 12.22의 1단계에서 3단계에 해당하는 문제로, 세 부분으로 나누어 볼 수 있다. 얼음과자를 0°C로 데우고, 녹인 후, 녹은 물을 체온까지 데워야 한다. 얼음을 $\Delta T = 10°C = 10$ K만큼 올려 녹는점까지 데우는 데 필요한 열은

$$Q_1 = Mc_{ice}\,\Delta T = (0.045 \text{ kg})(2090 \text{ J/kg} \cdot \text{K})(10 \text{ K}) = 940 \text{ J}$$

이다. 이 수식에서 액체 물이 아닌 얼음의 비열을 사용함에 유의하라. 얼음 45 g을 녹이는 데 필요한 열은

$$Q_2 = ML_f = (0.045 \text{ kg})(3.33 \times 10^5 \text{ J/kg}) = 15,000 \text{ J}$$

이다. 이제 액체 물을 체온까지 데워야 한다. 이때 필요한 열은

$$Q_3 = Mc_{water}\,\Delta T = (0.045 \text{ kg})(4190 \text{ J/kg} \cdot \text{K})(37 \text{ K})$$
$$= 7000 \text{ J}$$

이다. 전체 에너지는 세 값의 합이다.

$$Q_{total} = 23,000 \text{ J}$$

검토 예상했던 것처럼 물을 데우는 것보다 얼음을 녹이는 데 더 많은 에너지가 필요하다. 보통 얼음과자의 열량은 40 Cal로, 이는 약 170 kJ이다. 이 얼음과자를 체온까지 데우는 데 얼음과자의 화학적 에너지의 약 15%를 사용한다.

시원하게 하기 BIO 인간(및 소와 말)은 땀샘이 있어 땀을 흘려 피부를 적시고 증발로 몸을 식힐 수 있다. 땀을 흘리지 않는 동물도 시원하게 유지하기 위하여 증발을 사용한다. 개, 염소, 토끼, 심지어 새는 헐떡이며 기도로부터 물을 증발시킨다. 코끼리는 피부에 물을 뿌리고 다른 동물들은 모피를 핥는다.

증발

물은 100°C에서 끓는다. 그러나 물의 개별 분자는 저온에서 액체 상태에서 기체 상태로 변할 수 있다. 이 과정을 **증발**(evaporation)이라 한다. 물은 100°C보다 훨씬 낮은 온도에서 피부의 땀으로 증발한다. 원자 모형을 사용하여 이것을 설명할 수 있다.

기체에서 입자 속도가 다양하다는 것을 알았다. 물과 다른 액체에도 같은 원칙이 적용된다. 어떤 온도에서든 일부 분자는 기체 상태가 되기에 충분히 빠르게 움직일 것이다. 그리고 분자들이 기체가 되며 열에너지를 가져간다. 액체를 떠나는 분자는 가장 높은 운동 에너지를 가진 분자들이므로 증발하고 남아 있는 액체의 평균 운동 에너지(따라서 온도)는 감소한다.

땀과 호흡으로 방출하는 습기의 증발은 신진대사에 의한 과도한 열을 주변으로 배출시켜 체온을 일정하게 유지할 수 있는 방법 중 하나이다. 질량 M의 물을 증발시키는 열은 $Q = ML_v$이며, 이만큼의 열이 신체에서 빠져나간다. 그러나 증발열 L_v는 끓을 때의 값보다 약간 크다. 30°C의 피부 온도에서 물의 증발열은 $L_v = 24 \times 10^5$ J/kg 또는 표 12.5의 100°C 때의 값보다 6% 더 크다.

예제 12.17 땀에 의한 열손실 계산하기 BIO

인체는 분당 약 30 g의 땀을 방출할 수 있다. 땀의 증발로 어느 정도의 열을 배출할 수 있는가?

풀이 정상 체온에서 30 g의 땀을 증발시키기 위하여 열에너지는

$$Q = ML_v = (0.030 \text{ kg})(24 \times 10^5 \text{ J/kg}) = 7.2 \times 10^4 \text{ J}$$

이 필요하다. 이 열은 분당 잃어버리는 열이다. 따라서 열손실률은

$$\frac{Q}{\Delta t} = \frac{7.2 \times 10^4 \text{ J}}{60 \text{ s}} = 1200 \text{ W}$$

이다.

검토 11장에서 열거한 것처럼 다양한 활동에 필요한 대사율을 감안할 때 이 열손실률은 더운 날씨에 운동할 때에도 땀 발생률을 유지하기에 충분한 물을 마시는 한 몸을 시원하게 유지하기에 충분하다.

12.6 열계량법

한두 번 정도는 뜨거운 음료를 빨리 식히기 위하여 얼음 조각을 넣어 본 적이 있을 것이다. 이는 시행착오적 방법으로 계 사이에 전달된 열 또는 화학 반응에서 생성된 열의 정량적 측정, 즉 **열계량법**(calorimetry)이라는 열전달을 실제적으로 경험한 것이다. 그림 12.23에서와 같이 열에너지가 뜨거운 음료에서 차가운 얼음 조각으로 옮겨가 음료의 온도를 낮추는 것을 알 수 있다.

이 정성적인 설명을 좀 더 명확하게 해보자. 그림 12.24는 서로 열을 교환할 수 있지만 그 밖의 다른 모든 것에서 격리되어 있는 2개의 계를 보여준다. 초기에는 서로 온도가 T_1 및 T_2로 다르다고 가정하자. 알겠지만 열에너지는 공통의 최종 온도 T_f에 도달할 때까지 뜨거운 계에서 차가운 계로 이동한다. 그림 12.23의 커피 식히기의 예에서 커피는 계 1, 얼음은 계 2, 단열 장벽은 커피 컵이다.

단열은 열에너지가 주변 환경에서 또는 주변 환경으로 이동하는 것을 방지하므로 에너지 보존 법칙에 의하여 더 뜨거운 계에서 이동하는 모든 에너지는 더 차가운 계로 들어가야 한다는 것을 알 수 있다. 개념은 간단하지만 이 생각을 수학적으로 기술하기 위해서는 부호에 주의하여야 한다.

계 1로 전달된 열에너지를 Q_1이라 하자. Q_1은 에너지가 계 1로 **전달**되면 양수, 계 1로부터 **빠져나가면** 음수이다. 마찬가지로, Q_2는 계 2로 전달되는 에너지이다. 계가 단순히 에너지를 교환한다는 사실 때문에 $|Q_1| = |Q_2|$로 쓸 수 있다. 그러나 Q_1과 Q_2의 부호는 반대이므로 $Q_1 = -Q_2$이다. 주변 환경과 에너지를 교환하지 않으므로 이 관계를 다음과 같이 쓰는 것이 더 합리적이다.

$$Q_{net} = Q_1 + Q_2 = 0 \tag{12.26}$$

그림 12.23 얼음으로 뜨거운 커피 식히기

그림 12.24 두 계가 열적 상호작용을 한다. 계 1에서 계 2로 열이 전달되는 예에서 $Q_2 > 0$이고 $Q_1 < 0$이다.

계 1에서 나가는 열의 크기 $|Q_1|$은 계 2로 들어가는 열의 크기 $|Q_2|$와 같다.

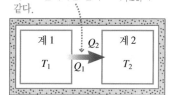

부호가 반대이므로 $Q_{net} = Q_1 + Q_2 = 0$이다.

이 생각은 쉽게 확장된다. 얼마나 많은 계가 열적으로 상호작용하든지 Q_{net}은 0이어야 한다.

문제 풀이 전략 12.1 열계량법 문제

두 계가 열적 접촉되어 있으면 열계량법을 사용하여 둘 사이에서 이동한 열과 최종 평형 온도를 구한다.

준비 각각의 상호작용 계를 확인한다. 그것들이 주변 환경으로부터 고립되어 있다고 가정한다. 알고 있는 정보를 나열하고 필요한 것을 찾아낸다. 모든 수량을 SI 단위로 변환한다.

풀이 에너지 보존 법칙에 의하여 다음과 같다.

$$Q_{net} = Q_1 + Q_2 + \cdots = 0$$

■ 온도 변화가 일어나는 계에서는 $Q_{\Delta T} = Mc(T_f - T_i)$이다. 온도 T_i와 T_f가 올바른지 확인한다.

■ 상변화가 일어나는 계의 경우 $Q_{phase} = \pm ML$이다. 변화 중에 에너지가 계에 들어오고 나가는지 관찰하여 올바른 부호를 사용한다.

■ 어떤 계는 온도 변화와 상변화 모두 일어날 수 있다. 이 변화를 분리하여 다루어야 한다. 열에너지는 $Q = Q_{\Delta T} + Q_{phase}$이다.

검토 최종 온도는 여러 개의 초기 온도의 사이이어야 한다. T_f가 모든 초기 온도보다 높거나 낮다면 무언가 잘못되었다. 일반적으로 부호 오류이다.

예제 12.18 **열계량법으로 금속 식별하기**

미지의 금속 200 g을 90.0°C로 가열한 다음 단열 용기에 담아 20.0°C의 물 50.0 g 중에 떨어뜨린다. 수온이 몇 초 안에 27.7°C로 상승하고 더 이상 변하지 않는다. 어떤 금속인지 식별하시오.

준비 금속과 물은 열적으로 상호작용한다. 상변화는 없다. 모든 초기 온도와 최종 온도를 안다. 온도를 다음과 같이 분류한다. 금속의 초기 온도는 T_m, 물의 초기 온도는 T_w, 공통의 최종 온도는 T_f로 한다. 물의 경우 $c_w = 4190$ J/kg·K은 표 12.4에서 알 수 있다. 금속의 비열 c_m만 모른다.

풀이 에너지 보존에 의하여 $Q_w + Q_m = 0$이다. 각각의 경우 $Q = Mc(T_f - T_i)$를 사용하면

$$Q_w + Q_m = M_w c_w (T_f - T_w) + M_m c_m (T_f - T_m) = 0$$

이다. 이를 미지의 비열에 대하여 풀면 다음과 같다.

$$\begin{aligned}
c_m &= \frac{-M_w c_w (T_f - T_w)}{M_m (T_f - T_m)} \\
&= \frac{-(0.0500 \text{ kg})(4190 \text{ J/kg·K})(27.7°C - 20.0°C)}{(0.200 \text{ kg})(27.7°C - 90.0°C)} \\
&= 129 \text{ J/kg·K}
\end{aligned}$$

표 12.4를 보면 200 g의 금이거나 약간의 실험적 오류가 있었다면 200 g의 납임을 알 수 있다.

검토 미지의 금속의 온도가 물의 온도보다 훨씬 더 많이 변했다. 이것은 금속의 비열이 물의 비열보다 훨씬 작아야 한다는 것을 의미하는데, 이것은 정확히 우리가 발견한 것이다.

예제 12.19 상변화가 있는 경우 열계량법

질량 500 g인 다이어트 탄산음료 500 mL가 실온 20°C에 있어 −20°C 냉동고에서 꺼낸 100 g의 얼음을 넣었다. 얼음이 모두 녹을까? 그렇다면 최종 온도는 얼마일까? 그렇지 않다면 얼마나 많은 얼음이 녹을까? 컵은 단열이 잘 된다고 가정하라.

준비 두 가지 가능한 결과를 구별하여야 한다. 얼음이 모두 녹으면 $T_f > 0$°C이다. 얼음이 모두 녹기 전에 탄산음료가 0°C로 차가워지면 얼음과 액체가 0°C에서 평형이 유지될 수도 있다. 어떻게 풀어야 하는지 알기 전에 이것들을 구별할 필요가 있다. 초기 온도, 질량 및 비열은 모두 알려져 있다. 탄산음료와 얼음이 결합된 계의 최종 온도는 모른다.

풀이 먼저 얼음이 모두 녹아 0°C의 액체 물이 되는 데 필요한 열을 계산한다. 그렇게 하려면 얼음을 0°C로 20 K만큼 온도를 올리고, 그 다음 물로 변화시켜야 한다. 두 단계 과정에서 들어오는 열은

이것은 얼음의 온도를 −20°C에서 0°C로 올리는 에너지이다. $\Delta T = 20$ K

이것은 일단 0°C가 된 얼음을 녹이는 에너지이다.

$$Q_{melt} = \overbrace{M_{ice}c_{ice}(20\,K)} + \overbrace{M_{ice}L_f} = 37{,}500\,J$$

이고 이 수식에서 L_f는 물의 용융열이다.

Q_{melt}는 얼음을 녹이기 위해 더해주어야 하는 열이므로 양의 값이다. 다음으로 500 g의 탄산음료를 0°C까지 완전히 식힐 때 빠져나가야 하는 열에너지를 계산한다.

$$Q_{cool} = M_{soda}c_{water}(-20\,K) = -41{,}900\,J$$

온도가 감소하므로 $\Delta T = -20$ K이다. $|Q_{cool}| > Q_{melt}$이므로 탄산음료에는 얼음을 모두 녹일 수 있는 충분한 에너지가 있다. 따라서 최종 상태는 $T_f > 0$으로 모두 액체일 것이다. ($|Q_{cool}| < Q_{melt}$라면 최종 상태는 0°C에서 얼음과 액체 혼합물일 것이다.)

에너지 보존 때문에 $Q_{ice} + Q_{soda} = 0$이다. 열 Q_{ice}는 얼음을 0°C가 되게 하는 열, 0°C에서 얼음을 녹여 물이 되게 하는 열, 그리고 0°C의 물을 T_f가 되게 하는 열 등 세 가지이다. 마지막 단계에서 이 계는 '얼음 계'이기 때문에 여전히 M_{ice}일 것이다. 그러나 액체 물의 비열을 사용할 필요가 있다. 따라서

$$Q_{ice} + Q_{soda} = [M_{ice}c_{ice}(20\,K) + M_{ice}L_f$$
$$+ M_{ice}c_{water}(T_f - 0°C)]$$
$$+ M_{soda}c_{water}(T_f - 20°C) = 0$$

이다. 이미 일부 계산을 끝냈으므로

$$37{,}500\,J + M_{ice}c_{water}(T_f - 0°C) + M_{soda}c_{water}(T_f - 20°C) = 0$$

으로 쓸 수 있다. T_f에 대하여 풀면

$$T_f = \frac{20M_{soda}c_{water} - 37{,}500\,J}{M_{ice}c_{water} + M_{soda}c_{water}} = 1.8°C$$

이다.

검토 탄산음료에 많은 양의 얼음을 담았으므로 예상했던 것처럼 최종적으로 거의 어는점까지 식는다.

12.7 기체의 비열

이제 기체로 되돌아갈 때이다. 기체를 가열하면 어떻게 되는가? 고체와 액체에서처럼 기체에서도 비열을 정의할 수 있을까? 곧 알게 되겠지만 특정 온도 변화를 주기 위하여 필요한 열은 기체 상태가 변화하는 **과정**에 따라 다르기 때문에 기체의 경우에는 고체 또는 액체보다 결정하기 어렵다.

고체나 액체와 마찬가지로 기체를 가열하면 온도가 변한다. 그러나 얼마나 변할까? **그림 12.25**는 기체에 대하여 pV 관계도의 두 등온선을 나타낸 것이다. T_i의 등온선에서 시작하여 T_f의 등온선에서 끝나는 과정 A와 B는 온도 변화 $\Delta T = T_f - T_i$와 같기 때문에 둘 다 필요한 열의 양은 같을 것으로 예상할 수 있다. 그러나 정적 과정 A는 정압 과정 B보다 열이 더 적게 필요하다는 것이 밝혀졌다. 그 이유는 과정 B에서는 한 일이 있지만 과정 A에서는 한 일이 없기 때문이다.

두 가지 서로 다른 기체의 비열을 정의할 필요가 있다. 하나는 정적 과정용이고 다

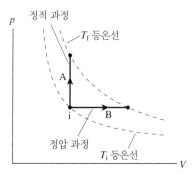

그림 12.25 과정 A와 과정 B는 ΔT와 ΔE_{th}가 같지만 필요한 열의 양은 다르다.

른 하나는 정압 과정용이다. 기체 계산에는 질량 대신에 몰을 사용하기 때문에 비열을 몰 비열로 정의할 것이다. 기체 n몰의 온도를 ΔT만큼 변화시키기 위해 필요한 열의 양은, 정적 과정에서는

$$Q = nC_V \Delta T \tag{12.27}$$

이고 정압 과정에서는

$$Q = nC_P \Delta T \tag{12.28}$$

이다. C_V는 **정적 몰 비열**이고 C_P는 **정압 몰 비열**이다. 표 12.6에 몇몇 흔한 기체의 C_V 및 C_P값을 열거하였다. 단위는 J/mol·K이다. 공기의 경우 N_2값과 본질적으로 같다.

흥미로운 것은 표 12.6의 모든 단원자 기체의 C_P와 C_V가 같다는 것이다. 왜 이럴까? 단원자 기체가 이상적이기 때문에 이상 기체의 원자 모형으로 돌아가 본다. 이상 기체 원자 N개의 열에너지는 $E_{th} = \frac{3}{2}Nk_BT = \frac{3}{2}nRT$이다. 이상 기체의 온도가 ΔT만큼 변화하면 열에너지는

$$\Delta E_{th} = \frac{3}{2}nR \, \Delta T \tag{12.29}$$

만큼 변화한다. 기체의 부피를 일정하게 유지하여 일을 하지 않는다면, 이 에너지 변화는 열에 의해서만 발생하므로

$$Q = \frac{3}{2}nR \, \Delta T \tag{12.30}$$

가 된다. 식 (12.30)을 식 (12.27)의 몰 비열의 정의와 비교하면, 정적 몰 비열은

$$C_V(\text{단원자 기체}) = \frac{3}{2}R = 12.5 \text{ J/mol·K} \tag{12.31}$$

이어야 함을 알 수 있다. 이상 기체 모형으로부터 얻은 이 예측값은 표 12.6에 있는 단원자 기체에 대한 C_V 측정값과 정확하게 같으므로, 이 모형이 올바르다는 것을 확인할 수 있다.

정압 몰 비열은 다르다. 밀폐된 용기에 넣은 기체를 가열하여 부피 변화가 없으면 아무런 일도 하지 않은 것이다. 그러나 피스톤이 있는 실린더의 기체를 가열하며 일정한 압력을 유지하게 하려면 기체가 팽창해야 하고, 팽창하면서 일을 한다. 식 (12.29)에서 ΔE_{th}에 대한 식은 여전히 유효하지만 이제는 열역학 제1법칙을 따라 $Q = \Delta E_{th} + W_{gas}$가 된다. 등압 과정에서 기체가 한 일은 $W_{gas} = p\Delta V$이므로 필요한 열은

$$Q = \Delta E_{th} + W_{gas} = \frac{3}{2}nR \, \Delta T + p \, \Delta V \tag{12.32}$$

이다. 이상 기체 법칙 $pV = nRT$는 p가 일정하고 V와 T만 변화하면 $p\Delta V = nR\Delta T$를 의미한다. 식 (12.32)에서 이 결과를 사용하여, 정압 과정에서 ΔT만큼 온도를 변화시키는 데 필요한 열은

표 12.6 20°C에서 기체의 몰 비열(J/mol·K)

기체	C_P	C_V
단원자 기체		
He	20.8	12.5
Ne	20.8	12.5
Ar	20.8	12.5
이원자 기체		
H_2	28.7	20.4
N_2	29.1	20.8
O_2	29.2	20.9
삼원자 기체		
수증기	33.3	25.0

$$Q = \frac{3}{2}nR\,\Delta T + nR\,\Delta T = \frac{5}{2}nR\,\Delta T$$

라는 것을 알 수 있다. 몰 비열의 정의와 비교하면

$$C_P = \frac{5}{2}R = 20.8 \text{ J/mol} \cdot \text{K} \qquad (12.33)$$

임을 알 수 있다. 이것은 예상한 대로 C_V보다 크고 표 12.6의 모든 단원자 기체에 대하여 완벽하게 일치한다.

예제 12.20 **팽창하는 기체가 한 일**

일반적인 기상 관측용 풍선의 재질은 얇은 고무(latex)이므로 풍선을 펼치는 데 상대적으로 힘이 거의 들지 않아 풍선 내부 압력은 대기압과 거의 같다. 풍선은 공기보다 밀도가 작은 기체, 일반적으로 수소 또는 헬륨으로 채워져 있다. 180 mol의 헬륨으로 채워진 기상 관측용 풍선이 추운 아침 고지대에서 발사하기를 기다리고 있다고 가정하자. 햇볕을 받으면 풍선이 따뜻해져 기체 온도가 0°C에서 30°C로 높아진다. 풍선이 팽창하면서 한 일은 얼마인가?

준비 한 일은 $p\Delta V$와 같다. 그러나 압력을 알지 못하고 (해수면이 아니고 고도를 알지 못함) 풍선의 부피도 알지 못한다. 대신 열역학 제1법칙을 사용한다. 식 (12.19)를

$$W_{gas} = Q - \Delta E_{th}$$

로 다시 쓸 수 있다. 기체의 온도 변화는 30°C이므로 $\Delta T = 30$ K이다. 일정한 압력에서의 온도 변화이기 때문에 온도가 상승함에 따라 풍선으로 얼마나 많은 열에너지가 전달되는지 계산할 수 있고, ΔT를 알기 때문에 기체의 열에너지가 얼마나 증가하는지 계산할 수 있다.

풀이 기체 온도를 높이기 위해 필요한 열은 식 (12.28)로 구한다.

$$Q = nC_P\,\Delta T = (180 \text{ mol})(20.8 \text{ J/mol} \cdot \text{K})(30 \text{ K}) = 112 \text{ kJ}$$

열에너지 변화는 식 (12.20)처럼 온도 변화에 따라 다르다.

$$\Delta E_{th} = \frac{3}{2}nR\,\Delta T = \frac{3}{2}(180 \text{ mol})(8.31 \text{ J/mol} \cdot \text{K})(30 \text{ K})$$
$$= 67.3 \text{ kJ}$$

팽창하는 풍선이 한 일은 이 두 값의 차이이다.

$$W_{gas} = Q - \Delta E_{th} = 112 \text{ kJ} - 67.3 \text{ kJ} = 45 \text{ kJ}$$

검토 숫자가 크지만(열량이 크고 열에너지 변화가 크다) 기체가 많이 들어 있는 큰 풍선이므로 이는 타당한 것 같다.

이제 표 12.6의 이원자 기체를 살펴보자. 단원자 기체보다 몰 비열이 큰데, 원자 모형으로 이유를 설명할 수 있다. 단원자 기체의 열에너지는 원자들의 병진 운동 에너지뿐이다. 단원자 기체를 가열한다는 것은 단순히 원자들이 더 빨리 움직인다는 것을 의미한다. 이원자 기체의 열에너지는 **그림 12.26**에 나타낸 것처럼 단지 병진 에너지뿐만이 아니다. 이원자 기체를 가열하면 분자가 더 빠르게 움직일 뿐만 아니라, 더 빠르게 회전하게 된다. 에너지는 분자의 병진 운동 에너지가 되고(따라서 온도가 올라간다), 일부 에너지는 회전 운동 에너지가 된다. 더해준 열의 일부가 회전 운동으로 이동하기 때문에, 표 12.6처럼 이원자 기체의 비열은 단원자 기체의 비열보다 높다. 이 표는 예상할 수 있는 것처럼, 삼원자 기체인 수증기의 비열이 훨씬 더 높음을 보여준다.

그림 12.26 이원자 기체의 열에너지

이원자 기체의 열에너지는 분자의 병진 운동 에너지와 …

…분자의 회전 운동 에너지의 합이다.

12.8 열전달

차가운 콘크리트 벤치에 앉아 있을 때나 강풍이 불 때 햇볕이 비추면 더 따뜻해진다. 이는 열전달 때문이다. 앞의 두 절에서 열 및 열전달에 대해 많이 언급하였지만 열이 더 뜨거운 물체에서 더 차가운 물체로 전달되는 방법에 대해서는 별로 언급하지 않았다. 다음 표에 나타낸 바와 같이 물체가 다른 물체 또는 주변 환경과 열을 교환하는 네 가지 기본적인 방법이 있다. 증발은 이전 절에서 다루었고 이 절에서는 다른 방법들을 고려할 것이다.

열전달 방법

납땜 인두와 회로 기판과 같이 2개의 물체가 직접 물리적 접촉이 되면 전도에 의해 열이 전달된다. **에너지는 직접적인 접촉으로 전달된다.**

이 특별한 사진은 따뜻한 물 잔 근처의 기류를 보여준다. 유리잔 근처의 공기가 데워져 상승하여 대류라고 알려진 과정에서 열에너지를 가져간다. **에너지는 높은 열에너지가 있는 분자의 전체적인 운동에 의해 전달된다.**

전구는 아래에 모여든 양들에게 빛을 비춘다. 에너지는 전자기파의 한 형태인 적외선 복사에 의해 전달된다. **에너지는 전자기파로 전달된다.**

이전 절에서 보았듯이, 액체의 증발로 상당량의 열에너지를 전달할 수 있다. 코코아 컵 위에 입김을 불면 증발 속도가 빨라지고 빠르게 냉각된다. **높은 열에너지를 가진 분자를 제거함으로써 에너지가 전달된다.**

전도

그림 12.27 고체 막대에서의 열의 전도

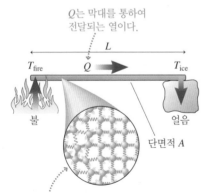

Q는 막대를 통하여 전달되는 열이다.

T_{fire} Q T_{ice}
L
불 얼음
단면적 A

막대 왼쪽에 있는 입자는 오른쪽에 있는 입자보다 더 활발하게 진동하고 있다. 왼쪽 입자는 그들을 연결하는 결합을 통해 오른쪽 입자로 에너지를 전달한다.

뜨거운 커피 잔에 금속 숟가락을 넣으면 숟가락의 손잡이가 곧 따뜻해진다. 열에너지는 숟가락을 따라 커피에서 손으로 옮겨진다. 양 끝의 온도 차이로 **전도**(conduction)라고 알려진 과정에 의하여 열이 전달된다. 전도는 물리적 물질을 통한 열에너지의 직접 전달이다.

그림 12.27은 뜨거운 열 저장체(불)와 차가운 열 저장체(얼음 조각) 사이에 놓인 구리 막대를 나타낸 것이다. 원자 모형을 사용하여 막대의 원자 사이의 상호작용에 의해 열에너지가 막대를 따라 전달되는 방식을 확인할 수 있다. 뜨거운 쪽 끝에서 빠르게 움직이는 원자는 차가운 쪽 끝에서 느리게 움직이는 원자로 에너지를 이동시킨다.

여러 가지 막대를 통해 전달된 열 Q를 측정하기 위한 일련의 실험을 한다고 가정한다. 그 자료에서 다음과 같은 경향을 볼 것이다.

■ 차가운 끝과 뜨거운 끝 사이의 온도 차이 ΔT가 증가하면 Q는 증가한다.

- 막대의 단면적 A가 증가하면 Q는 증가한다.
- 막대의 길이 L이 증가하면 Q는 감소한다.
- (금속과 같은) 어떤 재료는 열을 아주 빨리 전달한다. (목재와 같은) 다른 재료는 열을 거의 전달하지 않는다.

마지막으로 관찰할 수 있는 것은 친숙한 것이다. 화로 위의 뜨거운 국 냄비를 휘저어야 할 때 일반적으로 금속이 아닌 나무 또는 플라스틱 숟가락을 사용한다.

열전도에 대한 이러한 실험적 관찰을 하나의 공식으로 요약할 수 있다. 열 Q가 Δt의 시간 동안 전달되면 열전달률(초당 줄 또는 와트)은 $Q/\Delta t$이다. 단면적이 A이고 길이가 L인 물질이 ΔT의 온도차에 걸쳐 있다면 열전달률은

$$\frac{Q}{\Delta t} = \left(\frac{kA}{L}\right)\Delta T \tag{12.34}$$

온도 차이가 있을 때 열전도율

이다.

재료가 좋은 열전도체인지 아닌지를 나타내는 양 k를 재료의 **열전도도**(thermal conductivity)라고 한다. 열전달률 J/s는 W를 단위로 측정한 일률이므로 k의 단위는 W/m·K이다. 일부 보통 재료의 k값은 표 12.7에 나열하였다. k가 크면 그 물질은 더 좋은 열전도체라는 의미이다.

표 12.7 (20°C에서 측정한) 열전도도

물질	k (W/m·K)	물질	k (W/m·K)
다이아몬드	1000	피부	0.50
은	420	근육	0.46
구리	400	지방	0.21
철	72	나무	0.2
스테인리스 스틸	14	양탄자	0.04
얼음	1.7	모피, 깃털	0.02–0.06
콘크리트	0.8	공기(27°C, 100 kPa)	0.026
판유리	0.75		

은과 구리 같은 우수한 전기 도체는 일반적으로 좋은 열전도체이다. 모든 기체와 마찬가지로 공기도 인접한 원자들 사이에 어떠한 결합도 없기 때문에 나쁜 도체이다.

분자 사이의 결합이 약하기 때문에 대부분의 생물학적 물질은 열전도성이 좋지 않다. 지방은 근육보다 더 나쁜 열전도체이기에 바다 포유류는 두꺼운 단열 지방층이 있다. 육지 포유류는 모피로, 조류는 깃털로 몸을 단열한다. 표 12.7에서 볼 수 있듯이 모피와 깃털 둘 다 상당한 양의 공기를 품고 있어서 열전도도는 공기와 비슷하다.

이 절의 첫 부분에서 차가운 콘크리트 벤치에 앉으면 '차갑게 느낀다'고 했다. '차갑게 느낀다'는 것은 몸에서 상당한 양의 열을 잃는다는 것을 의미한다. 얼마나 많은 열을 잃을까? 10 °C 콘크리트 벤치에 앉아 있다고 가정한다. 거의 단열이 되지 않는 얇은 옷을 입고 있다. 이 경우 벤치의 차가움에서 신체의 심부(온도 37 °C)를 보호하는 단열재 대부분은 벤치에 닿아 있는 신체 부위의 1.0 cm 두께의 지방층이다. (두께는 사람마다 다르지만 합리적인 평균값이다.) 벤치와 접촉하는 부분의 면적의 좋은 추정값은 0.10 m²이다. 이러한 사항들을 감안할 때 전도에 의한 열손실은 얼마인가?

준비 지방층을 통한 전도에 의하여 열이 벤치로 손실되므로 식 (12.34)를 사용하여 열손실률을 계산할 수 있다. 전도층의 두께는 0.010 m이고 면적은 0.10 m²이며 지방의 열전도도는 표 12.7에

있다. 온도 차이는 신체의 심부 온도(37 °C)와 벤치 온도(10 °C)의 차이 27 °C 또는 27 K이다.

풀이 열손실률을 계산하는 데 필요한 모든 자료가 있으므로 식 (12.34)를 사용하여 다음과 같이 구할 수 있다.

$$\frac{Q}{\Delta t} = \left(\frac{(0.21 \text{ W/m} \cdot \text{K})(0.10 \text{ m}^2)}{0.010 \text{ m}} \right)(27 \text{ K}) = 57 \text{ W}$$

검토 57 W는 11장에서 배운 신체의 휴식을 취할 때의 발열량 약 100 W의 절반 이상이다. 신체가 차갑다고 느낄 정도로 심각한 손실이므로 추운 벤치에 상당한 시간 동안 앉아본 적이 있다면 합리적으로 느낄 수 있는 결과이다.

대류

영상 학습 데모

(색깔이 있는) 따뜻한 물은 대류에 의해 움직인다.

공기는 좋지 않은 열전도체임을 기억하라. 실제로 표 12.7의 자료로 공기의 열전도도가 깃털과 비교할 만하다는 것을 알 수 있다. 그런데 왜 추운 날에 오리털 재킷을 입으면 더 따뜻할까?

전도에서는 더 빠르게 움직이는 원자가 인접한 원자에 열에너지를 전달한다. 그러나 물이나 공기 같은 유체에서는 에너지를 이동시키는 더 효율적인 방법이 있는데, 더 빠르게 움직이는 원자가 직접 이동하는 것이다. 화로의 불꽃에 찬물이 든 냄비를 올려 놓으면 냄비 바닥이 가열된다. 가열된 물은 팽창하여 그 위의 물보다 밀도가 낮아지기 때문에 표면으로 올라오고 차갑고 밀도가 높은 물이 아래로 내려가 그 자리를 차지한다. 이러한 유체의 운동에 의한 열에너지 전달을 **대류**(convection)라 한다.

대류는 대개 유체계에서의 열전달의 주된 방법이다. 소규모로는, 대류는 화로 위 냄비의 물을 섞는다. 대규모로는, 대류는 바람을 불게 하고 해류를 순환시키는 역할을 한다. 공기는 열전도성이 매우 좋지 않지만 대류로 에너지를 전달하는 데 매우 효과적이다. 단열을 위해 공기를 사용하려면 대류를 제한하기 위해 공기를 작은 주머니 안에 가두어야 한다. 그것이 바로 깃털, 모피, 이중창 및 유리 섬유 단열재가 하는 일이다. 대류는 공기보다 물속에서 훨씬 빠르므로 18 °C의 물에서 저체온으로 사망할 수 있지만 18 °C의 공기에서는 매우 행복하게 살 수 있다.

◀ **깃털 외투** BIO 펭귄의 짧고 빽빽한 깃털은 다른 새들이 비행하는 데 사용하는 깃털의 역할, 즉 공기를 가두어서 단열재로써의 역할과는 다른 역할을 한다. 깃털은 깃촉 뿌리에 연결된 근육에 의해 납작해져 공기 주머니를 없앤다. 그렇지 않으면 부력이 커서 펭귄이 물속에서 수영할 수 없다.

복사

벽난로의 붉게 달궈진 석탄에서 온기가 느껴진다. 추운 날에는 햇볕이 따뜻하기에 그늘이 아닌 양지에 앉기를 선호한다. 두 경우 모두 열에너지가 **복사**(radiation) 형태로 몸에 전달된다.

복사는 복사선을 방출하는 물체에서 그것을 흡수하는 물체로 열을 전달하는 전자기파(이후 장에서 더 자세히 살펴볼 주제이다)로 이루어져 있다. 모든 따뜻한 물체는 이런 방식으로 복사선을 방출한다. 상온 근처의 물체는 전자기 스펙트럼에서 눈에 보이지 않는 적외선 부분의 복사선을 방출한다. **그림 12.28**의 찻주전자의 열상은 사람의 눈과 반응하지 않는 복사선을 '볼' 수 있도록 하는 특별한 적외선 탐지기가 있는 카메라로 찍은 것이다. 빛나는 불씨와 같은 더 뜨거운 물체는 여전히 적외선에서 대부분의 복사 에너지를 방출하지만, 어떤 것은 눈에 보이는 빨간색 빛으로 방출한다.

그림 12.28 찻주전자의 열상

매우 뜨거운 물체는 복사선의 상당 부분을 스펙트럼의 가시광 부분에서 방출하기 시작한다. 이러한 물체는 '적열'이라고 하고, 충분히 높은 온도에서 '백열'이라고 한다. 백열전구로부터의 백색광은 전류에 의하여 매우 높은 온도로 가열된 가는 선의 필라멘트에서 방출되는 복사선이다.

복사는 우리 몸을 적절한 온도로 유지하도록 해주는 에너지 균형 면에서 중요한 부분이다. 태양이나 주변의 따뜻한 물체로부터의 복사선은 피부에 흡수되어 몸의 열에너지를 증가시킨다. 동시에 우리 몸에서도 에너지를 방출한다. (불 옆에 앉아) 더 많은 복사선을 흡수하거나 (모자와 스카프를 벗어 더 많은 피부를 노출시켜) 더 많은 복사선을 방출하여 체온을 바꿀 수 있다.

물체에 의해 복사 방출되는 에너지는 온도에 따라 크게 다르다. 그림 12.28에서 뜨거운 주전자는 차가운 손보다 훨씬 밝다. 이 장 처음 사진에서 따뜻한 사람 손은 차가운 거미보다 훨씬 더 많은 에너지를 방출한다. 온도에 대한 복사 에너지의 의존성을 정량화할 수 있다. 열에너지 Q가 시간 간격 Δt 동안 표면적이 A이고 절대 온도가 T인 물체에 의해 복사 방출되면, 열전달률 $Q/\Delta t$ (J/s)는

수업 영상

$$\frac{Q}{\Delta t} = e\sigma A T^4 \tag{12.35}$$

온도가 T일 때 복사에 의한 열전달률(슈테판의 법칙)

가 된다. 이 수식의 물리량은 다음과 같이 정의한다.

- e는 복사 효율의 척도인 표면의 **복사율**(emissivity)이다. e의 값은 0에서 1 사이이다. 사람의 피부는 체온에서 매우 효과적인 복사체로 $e = 0.97$이다.
- T는 단위를 K으로 하는 절대 온도이다.
- A는 표면적으로, 단위는 m^2이다.
- σ는 슈테판-볼츠만 상수로, $\sigma = 5.67 \times 10^{-8}$ W/m²·K⁴이다.

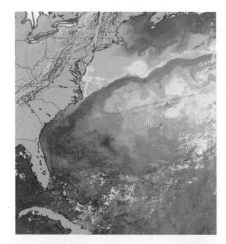

지구상의 열전달 이 위성 사진은 미국 동해안 해역에서 방출되는 복사선을 보여준다. 멕시코 만류의 따뜻한 물을 분명히 볼 수 있다. 복사선은 대기를 지나 우주 공간으로 쉽게 빠져나갈 수 있기 때문에 지구로부터의 이 복사를 인공위성에서 볼 수 있다. 이 복사는 지구가 식힐 수 있는 유일한 방법이기도 하다. 이것은 지구의 에너지 균형에 영향을 미친다.

온도에 따라 크게 변하는 네제곱에 주목하라. 물체의 절대 온도가 2배이면 복사열 전달은 16배로 증가한다!

동물의 몸에서 방사되는 에너지의 양은 놀라울 정도로 클 수 있다. 쾌적한 온도의 방에서 성인의 맨 피부 온도는 약 33°C, 즉 306 K이다. 일반적으로 피부 표면적은 1.8 m²이다. 이러한 값들과 앞에서 언급한 피부의 복사율을 이용하여 피부로부터의 복사에 의한 열전달률을 계산할 수 있다.

$$\frac{Q}{\Delta t} = e\sigma A T^4 = (0.97)\left(5.67 \times 10^{-8} \, \frac{\text{W}}{\text{m}^2 \cdot \text{K}^4}\right)(1.8 \, \text{m}^2)(306 \, \text{K})^4 = 870 \, \text{W}$$

11장에서 공부했듯이, 휴식 상태의 신체는 약 100 W의 열에너지를 생성한다. 몸이 870 W의 에너지를 방출하면 빠르게 냉각된다. 이 복사율에 의하면 체온은 7분마다 1°C씩 떨어질 것이다! 분명히 이렇게 방출되는 복사와 균형을 맞추는 방법이 있어야 하는데, 신체에 의하여 **흡수되는** 복사선이 그것이다.

햇볕 아래 앉아 있으면 흡수하는 복사선 때문에 피부가 따뜻해진다. 비록 사람이 햇볕 아래 있지 않더라도, 주변의 물체에 의해 방출되는 복사선을 흡수한다. 온도 T의 물체가 온도 T_0의 주변 환경으로 둘러싸여 있다고 가정하자. 물체가 열에너지를 복사 방출하는 알짜 복사율, 즉 방출되는 복사선에서 흡수되는 복사선을 뺀 값은

$$\frac{Q_{\text{net}}}{\Delta t} = e\sigma A(T^4 - T_0^4) \tag{12.36}$$

이다. 이것은 의미가 있다. 물체가 주변($T = T_0$)과 열적 평형 상태에 있으면 복사에 의한 알짜 에너지 전달이 없어야 한다. 복사율 e는 흡수에서도 나타난다. 좋은 발광체는 좋은 흡수체이다.

BIO 이 영상은 개가 방출하는 적외선 복사를 찍은 것이다. 개의 차가운 코와 발에서는 신체 다른 부분보다 훨씬 적은 에너지를 방출한다.

예제 12.22 신체에서 복사에 의한 에너지 손실 결정하기 BIO

피부 온도가 33°C인 사람이 24°C의 방에 있다. 복사에 의한 알짜 열전달률은 얼마인가?

준비 체온은 $T = 33 + 273 = 306 \, \text{K}$이고 방의 온도는 $T_0 = 24 + 273 = 297 \, \text{K}$이다.

풀이 식 (12.36)의 알짜 복사율은

$$\frac{Q_{\text{net}}}{\Delta t} = e\sigma A(T^4 - T_0^4)$$

$$= (0.97)\left(5.67 \times 10^{-8} \, \frac{\text{W}}{\text{m}^2 \cdot \text{K}^4}\right)(1.8 \, \text{m}^2)\left[(306 \, \text{K})^4 - (297 \, \text{K})^4\right] = 98 \, \text{W}$$

이다.

검토 이것은 휴식 대사율과 대략 일치하는 합리적인 값이다. 옷을 입고(대류가 거의 안 됨) 나무 또는 플라스틱 위에 앉아 있을 때(전도가 거의 안 됨) 복사는 신진대사에 의한 과도한 열에너지를 제거하는 주요 방법이다.

추운 날에는 호흡이 신체의 에너지를 소비한다. 차가운 공기가 폐의 따뜻한 조직과 닿으면, 신체로부터 전달된 열로 인해 공기가 따뜻해진다. 그림 12.29에서처럼 풍선을 팽창시킨 사람의 열상은 내쉰 숨이 주변 공기보다 약간 따뜻하다는 것을 보여준다.

그림 12.29 추운 날 풍선을 불고 있는 사람의 열상

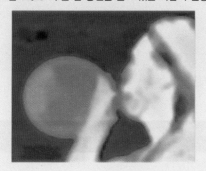

그림 12.30은 서리가 내린 −10°C인 날의 호흡 과정을 보여준다. 들이마신 공기는 거의 체온 37°C까지 따뜻해진다. 숨을 내쉴 때 열의 일부는 몸에 남지만, 대부분 사라진다. 내쉰 공기는 여전히 약 30°C이다.

그림 12.30 호흡이 공기를 따뜻하게 한다.

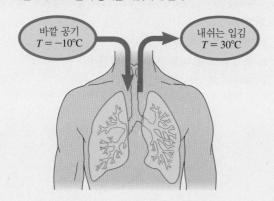

바깥 공기
$T = -10°C$

내쉬는 입김
$T = 30°C$

폐에는 수 리터의 공기가 들어 있지만 매 호흡 중에는 그 공기의 극히 일부만 교환된다. 보통 1분에 12번 숨을 쉬고 매번 0.50 L의 외부 공기를 들이마신다. 공기가 −10°C에서 30°C로 따뜻해진다고 가정할 때 매 호흡에서 내쉬는 공기의 양은 얼마인가? 신체의 휴식 대사율의 얼마나 많은 부분이 공기를 데우는 데 사용되는가? (숨 쉴 때 산소가 이산화탄소와 교환되지만 기체의 원자수, 따라서 몰 수는 일정하게 유지된다.) 폐 조직으로부터 증발로 손실되는 에너지가 아닌 공기를 따뜻하게 데우는 데 필요한 에너지만 고려한다.

준비 문제가 두 부분으로 되어 있으므로, 두 가지 방법으로 해결할 것이다. 먼저 호흡량을 알아내야 한다. 신체가 공기를 따뜻하게 하면 공기 온도가 올라가고 부피도 증가한다. 그림 12.30에 나타낸 초기 상태와 최종 상태는 대기압이므로 이 변화를 정압(일정 압력) 과정으로 다룰 수 있다. 초기 상태와 최종 상태의 절대 온도가 필요하다.

$$T_i = -10°C + 273 = 263 \ K$$
$$T_f = 30°C + 273 = 303 \ K$$

다음으로, 공기 온도를 높이기 위해 얼마나 많은 열에너지가 필요한지 결정할 것이다. 초기 압력과 최종 압력이 같기 때문에 일정한 압력에서 기체 온도를 높이는 데 필요한 열을 계산하여 구하고자 한다. 온도 변화는 +40°C이므로 $\Delta T = 40K$을 사용할 수 있다. 공기는 소량의 다른 기체가 들어 있는 질소와 산소의 혼합물이다. 질소와 산소의 C_P는 유효 숫자가 2개나 같기 때문에 기체의 $C_P = 29 \ J/mol \cdot K$이라고 가정한다.

풀이 폐의 공기량 변화는 정압 과정이다. 0.50 L의 공기를 흡입한다. 이것은 V_i이다. 온도가 올라가면 부피도 증가한다. 기체는 밀폐된 용기 안에 있지는 않지만 전후에 동일한 기체 '덩어리'를 고려하고 있으므로 이상 기체 법칙을 사용하여 온도가 상승한 후에 부피를 구할 수 있다.

$$V_f = V_i \frac{p_i T_f}{p_f T_i} = (0.50 \ L) \times 1 \times \frac{303 \ K}{263 \ K} = 0.58 \ L$$

부피는 0.50 L에서 0.58 L로 10% 조금 넘게 증가한다.

이제 두 번째 부분으로 넘어가 필요한 에너지를 구할 수 있다. 기체의 몰 수는 이상 기체 법칙으로 계산할 수 있다

$$n = \frac{pV}{RT} = \frac{(101.3 \times 10^3 \ Pa)(0.50 \times 10^{-3} \ m^3)}{(8.31 \ J/mol \cdot K)(263 \ K)} = 0.023 \ mol$$

이 계산을 할 때 0.50 L의 부피를 m^3로 변환하기 위하여 $1 \ m^3 = 1000 \ L$를 사용했다. 이제 식 (12.28)을 사용하여 한 번의 호흡을 따뜻하게 하는 데 필요한 열을 계산할 수 있다.

$$Q (1회 호흡) = nC_P \Delta T = (0.023 \ mol)(29 \ J/mol \cdot K)(40 \ K)$$
$$= 27 \ J$$

1분에 12번 숨을 들이마시면 한 번 숨을 쉬는 데 1/12분, 즉 5.0 s가 걸린다. 따라서 들어오는 공기를 데우기 위하여 몸이 제공하는 열의 일률은 다음과 같다.

$$P = \frac{Q}{\Delta t} = \frac{27 \ J}{5.0 \ s} = 5.4 \ W$$

휴식 시 신체는 일반적으로 100 W를 사용하므로 호흡에 사용하는 에너지는 신체의 휴식 대사율의 5%를 약간 넘는다. 매분 상당량의 공기를 들이마시고 이것을 상당히 따뜻하게 한다. 그러나 공기

의 비열은 상당히 작아서 필요한 에너지는 합리적으로 적당하다.

검토 공기가 약간 팽창하고 소량의 에너지가 이 공기를 가열하는 데 들어간다. 추운 날씨에 외부에 있다면 극적인 변화가 일어나지 않으므로 최종 결과는 합리적인 것 같다. 에너지 손실은 눈에 띌 정도지만 합리적으로 적당하다. 추운 날 밖에 있다면 다른 형태의 에너지 손실이 더 크다.

문제의 난이도는 l(쉬움)에서 llll(도전)으로 구분하였다. INT로 표시된 문제는 지난 장의 내용이 복합된 문제이고, BIO는 생물학적 또는 의학적 관심 분야를 의미한다.

QR 코드를 스캔하여 이 장의 문제를 해결하는 데 도움이 되는 영상 학습 풀이를 시작하시오.

연습문제

12.1 물질의 원자 모형

1. l 1 g의 헬륨, 10 g의 질소 또는 50 g의 철 중 mole 수가 가장 큰 것은 무엇인가?

2. llll 과산화수소(H_2O_2) 100 g에는 몇 개의 수소 원자가 있는가?

3. ll 폭이 3000 mm, 깊이가 500 mm, 높이가 40 mm인 나무 상자의 부피를 m^3 단위로 계산하시오.

12.2 이상 기체의 원자 모형

4. ll 온도가 300 K인 이상 기체가 있다. 이 기체가 냉각되어 열에너지가 20 % 감소하였다. 새로운 온도는 몇 °C인가?

5. ll 20°C의 이상 기체가 2.2×10^{22}개의 원자로 이루어져 있다. 이 기체로부터 4.3 J의 열에너지를 제거하면 새로운 온도는 몇 °C인가?

6. l 압력계로 측정한 자동차 타이어의 압력이 2.4 atm이라면 이 타이어의 절대 압력은 얼마인가? 해수면에 있다고 가정한다.

7. llll 전 세계의 많은 문화권에서 아직도 끝이 뾰족한 침이 관 안쪽으로 딱 맞게 들어 있는 취관(blowgun)이라는 단순한 무기를 사용한다. 관의 끝에서 숨을 확 내쉬면 끝이 뾰족한 침이 발사된다. 강제로 숨을 내쉴 때, 건강한 사람은 계기 압력으로 6.0 kPa의 공기를 공급할 수 있다. 이 압력 때문에 지름 1.5 cm의 관 속의 침에 가해지는 힘은 얼마인가?

[BIO]

8. llll 헬륨 7.5 mol이 15 L 실린더에 들어 있다. 실린더의 압력계는 4.4 atm을 가리킨다. (a) 이 기체의 온도(°C)와 (b) 헬륨 원자의 평균 운동 에너지는 얼마인가?

9. ll −120°C의 기체 3.0 mol이 2.0 L의 용기에 채워져 있다. 이 기체의 압력은 얼마인가?

10. ll 헬륨은 응축점이 가장 낮은 물질로 기체는 4.2 K에서 액화된다. 액체 헬륨 1.0 L의 질량은 125 g이다. STP(1기압, 0°C)에서 기체 상태의 헬륨의 부피는 얼마인가?

12.3 이상 기체의 반응 과정

11. llll 0.060 mol의 기체가 그림 P12.11과 같이 쌍곡선 궤적을 따라 변한다.
    a. 어떤 유형의 과정인가?
    b. 초기 온도 및 최종 온도는 얼마인가?
    c. 최종 부피 V_f는 얼마인가?

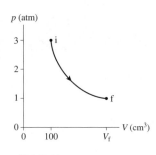

그림 P12.11

12. l 아르곤 기체 0.10몰을 텅빈 20°C의 50 cm^3 용기에 집어넣는다. 그런 다음 이 기체의 압력을 일정하게 유지하며 300°C로 가열한다.
    a. 이 기체의 최종 부피는 얼마인가?
    b. pV 관계도에 이 과정을 나타내시오. 두 축에 알맞은 척도를 표시하라.

13. ll 기체 0.0040몰이 그림 P12.13과 같은 과정을 거친다.
    a. 어떤 유형의 과정인가?
    b. 초기 온도 및 최종 온도는 얼마인가?

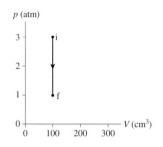

그림 P12.13

14. ‖ 초기 온도가 900°C인 기체가 그림 P12.14와 같은 과정을 거친다.
    a. 어떤 유형의 과정인가?
    b. 최종 온도는 얼마인가?
    c. 기체는 몇 몰인가?

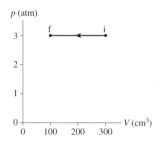

그림 P12.14

15. ‖ 단단한 용기에 기체를 밀봉하고 절대 압력을 측정하여 온도계로 사용할 수 있다. 이런 정적 기체 온도계를 0.00°C의 얼음물통에 넣었다. 열적 평형에 도달한 후 기체 압력은 55.9 kPa이었다. 그런 다음 온도계를 온도를 모르는 물체와 접촉시킨다. 온도계가 다시 평형에 도달한 후 기체 압력은 65.1 kPa이다. 이 물체의 온도는 얼마인가?

16. ‖ 기상 측정용 풍선은 대기 중에서 상승하며 온도가 30°C에서 −10°C로 떨어지면서 부피가 6.0 m³에서 18 m³으로 팽창한다. 풍선 내부의 초기 기체 압력이 0.9 atm이면 최종 압력은 얼마인가?

12.4 열팽창

17. ‖ 철제 빔의 길이는 온도가 22°C에서 35°C로 상승함에 따라 0.73 mm만큼 증가한다. 22°C에서 빔의 길이는 얼마인가?

18. ‖ 강철판의 원형 구멍의 지름이 2.000 cm이다. 구멍의 지름을 2.003 cm로 확장시키려면 철판의 온도를 얼마나 높여야 하겠는가?

19. ‖‖‖ 철제 둥근 판의 온도가 400 K만큼 증가하였다. 부피는 몇 % 증가하겠는가?

12.5 비열과 변환열

20. ‖‖ 20°C의 수은 20 g을 끓는점에서 수은 증기로 바꾸려면 얼마나 많은 열이 필요하겠는가?

21. ‖ 한 학생이 냉동고에서 −10°C의 얼음 10 kg 봉투를 꺼내 트럭 뒤쪽에 놓았다. 불행히도, 그것을 잊어버려 얼음이 녹았다. 얼음을 완전히 녹이기 위하여는 얼마나 많은 열에너지가 필요하겠는가?

22. ‖ 악어나 다른 파충류는 신체 온도를 일정하게 유지하기 위한 충분한 신진대사 에너지를 얻지 못한다. 그들은 밤에는 차가워지고 아침에는 태양 아래에서 따뜻해져야 한다. 이른 아침 체온이 25°C인 300 kg의 악어가 태양으로부터의 복사 에너지를 1200 W로 흡수한다고 가정한다. 악어가 30°C까지 따뜻해지려면 시간이 얼마나 걸리겠는가? (파충류 몸체의 비열은 포유류 몸체의 비열과 같다고 가정한다.)
BIO

23. ‖‖‖ 신체가 스스로를 효과적으로 냉각시키는 방법이 있다는 것은 중요하다. 그렇지 않다면 적당한 운동에 의하여서도 체온이 위험한 수준까지 쉽게 올라갈 수 있다. 70 kg의 남자가 회전식 벨트(treadmill) 위에서 30분 동안 운동할 때 대사 방출 에너지는 1000 W이다. 이 모든 에너지가 몸의 열에너지로 변한다고 가정한다. 그가 땀을 흘리거나 달린 몸을 식힐 수 없다면 운동 중에 체온이 얼마나 상승하겠는가?
BIO

12.6 열량 측정

24. ‖‖‖ 30 g의 구리 덩어리를 300°C의 오븐에서 꺼낸 즉시 단열 컵에 들어 있는 20°C의 물 100 mL에 떨어뜨린다. 새로운 수온은 얼마겠는가?

25. ‖‖‖ 750 g의 알루미늄 냄비를 화로에서 꺼내어 20.0°C의 물 10.0 kg이 채워진 싱크대에 던졌다. 수온이 24.0°C로 빠르게 상승하였다. 냄비의 초기 온도는 얼마겠는가?

26. ‖ 갓 끓인 커피는 종종 바로 마시기에는 너무 뜨겁다. 얼음 조각으로 식힐 수는 있지만 희석된다. 또는 희석하지 않고 커피를 식힐 수 있는 장치를 구입할 수 있다. 200 g의 알루미늄 실린더를 냉동고에서 꺼내 뜨거운 커피 잔에 넣는다. 실린더가 일반적인 냉동고 온도 −20°C로 냉각되었고 85°C의 커다란 커피(본질적으로 질량 500 g인 물) 컵에 떨어 뜨린 경우 커피의 최종 온도는 얼마겠는가?

27. ⫶⫶⫶⫶ 커피를 정말 좋아하지만, 여름에는 뜨거운 음료를 마시고 싶어하지 않는 사람이 있다. 그 사람이 단열이 잘되는 용기에 담긴 80°C의 커피 200 mL를 최종 온도가 30°C가 되도록 하려면 0°C의 얼음을 얼마나 더하여야 하겠는가?

12.7 기체의 비열

28. ⏐ 용기에 8.0 atm의 압력으로 1.0 g의 아르곤 기체가 들어 있다.
    a. 부피를 일정하게 유지하며 100°C만큼의 온도를 높이려면 얼마나 많은 열이 필요하겠는가?
    b. 이만큼의 열에너지가 일정한 압력의 이 기체로 옮겨지면 온도는 얼마나 올라가겠는가?

29. ⏐ 열에너지가 1.0 J만큼 증가하면 단원자 기체 1.0 mol의 온도 변화는 얼마겠는가?

30. ⏐ 0.50 mol의 단원자 기체에 150 J의 열을 가하자 이 기체는 일정한 압력으로 팽창하였다. 이 기체가 한 일은 얼마겠는가?

12.8 열전달

31. ⫶⫶⫶ 4.0 m × 5.5 m의 방에 두께 1.8 cm의 나무판 마루를 설치하였다. 바닥재가 놓여 있는 바닥 아래 부분의 온도는 16.2°C이

며, 실내의 공기 온도는 19.6°C이다. 바닥을 통한 열전도는 얼마겠는가?

32. ⫶⫶⫶⫶ 한 변이 2.0 cm인 금속 정육면체 온도가 700°C라면 한 면에서의 복사에 의한 최대 열전달률은 얼마겠는가? 복사율은 0.20이다.

33. ⫶⫶⫶ 물개는 열창문(thermal window), 즉 몸에 온도가 평균 표면
BIO 온도보다 훨씬 높은 부분이 있어 스스로 냉각시킬 수 있다. 온도 30°C, 면적 0.030 m²의 열창문이 있다고 가정한다. 물개의 주변이 서리가 내리는 −10°C라면 복사에 의한 에너지의 알짜 손실률은 얼마겠는가? 복사율은 인간과 같다고 가정한다.

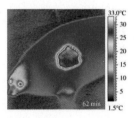

34. ⫶⫶ 전구 속의 발광하는 필라멘트에서 60 W의 일률로 에너지를 방출한다. 필라멘트 온도가 1500°C일 때 복사율은 0.23이다. 필라멘트의 표면적은 얼마겠는가?

13 유체
Fluids

60 kg의 잠수부는 가라앉지만 9000 kg 의 보트는 뜬다. 물체가 뜰지 가라앉을 지를 결정하는 것은 무엇인가?

학습목표 ▶

유체의 정역학적, 동역학적 성질을 이해한다.

유체의 압력

액체의 압력은 깊이에 따라 증가한다. 이 수조 탑 바닥의 높은 압력 때문에 도시 전체에 물을 공급할 수 있다.

유체가 평형에 놓여 있을 때 보이는 거동, 즉 **유체 정역학**을 배운다.

부력

학생들이 콘크리트 카누 경주대회에서 경쟁하고 있다. 어떻게 그렇게 무거운 물체가 떠 있을 수 있을까?

아르키메데스의 원리를 사용하여 유체에 잠긴 물체에 미치는 **부력**을 찾아내는 방법을 배운다.

유체 동역학

운동하는 유체는 물체에 큰 힘을 작용할 수 있다. 거대한 비행기의 양 날개를 지나는 공기는 이 비행기를 공기 중으로 띄울 수 있다.

유체에 적용된 에너지 보존의 표현인 **베르누이 방정식**은 운동하는 유체에 의한 압력과 힘을 계산하는 방법을 알려준다.

이 장의 배경 ◀

평형

5.1절에서 물체가 **정적 평형**에 놓여 있으려면 물체에 미치는 알짜힘이 0이 되어야 한다는 것을 배웠다.

이 산양은 평형 상태에 있다. 자신의 무게는 바위에 의한 수직 항력과 평형을 이룬다.

13.1 유체와 밀도

그림 13.1 기체와 액체의 단순한 원자단위 모형

(a) 기체

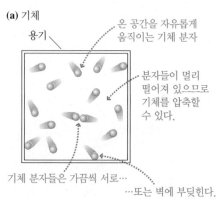

온 공간을 자유롭게 움직이는 기체 분자

용기

분자들이 멀리 떨어져 있으므로 기체를 압축할 수 있다.

기체 분자들은 가끔씩 서로…

…또는 벽에 부딪힌다.

(b) 액체

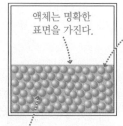

액체는 명확한 표면을 가진다.

분자들은 약한 결합으로 서로 가까이 밀집되어 있어 비압축성을 갖는다.

분자들이 서로 주위를 자유롭게 움직여서 액체는 흐르고, 용기와 같은 모양이 된다.

유체(fluid)는 흐르는 물질이다. 유체는 흐르기 때문에 자신의 모양을 유지하기보다 자신을 담고 있는 용기의 모양을 따른다. 기체와 액체가 아주 다르다고 생각할지 모르지만 둘 다 유체이며, 둘의 유사성이 차이점보다 종종 더 중요하다.

◀◀12.2절에서 배웠듯이 기체는 **그림 13.1(a)**에 나타낸 것처럼 각 분자가 때때로 다른 분자나 용기의 벽에 충돌할 때까지 전 공간을 자유롭게 움직이는 계이다. 가장 친숙한 기체는 공기로, 대부분 질소와 산소 분자의 혼합물이다. 기체는 **압축성**을 지닌다. 다시 말해 기체의 부피는 쉽게 증가하거나 감소하는데, 이는 기체 분자들 사이의 '빈 공간' 때문이다.

액체는 기체나 고체보다 좀 더 복잡하다. 고체처럼 액체도 본질적으로 **압축되지 않는다.** 이 속성은 고체처럼 액체에 있는 분자들은 서로 접촉하지 않으면서 가능한 가까이 모여 있다는 것을 말해준다. 동시에 액체는 용기의 모양에 맞추기 위해 흐르고 변형된다. 액체의 유동성은 분자가 자유롭게 돌아다닌다는 것을 말해준다. 이러한 관찰들을 종합하여 제시된 액체 모형이 **그림 13.1(b)**에 나타나 있다.

밀도

밀도는 거시계를 특징짓는 주요 매개변수 중 하나이다. 크기가 서로 다른 구리 토막 여러 개가 있다고 하자. 각 토막은 서로 다른 질량 m과 부피 V를 가진다. 어쨌든 모든 토막은 구리이므로 다른 물질과 구분하게 해줄 **공통의 값**을 가지는 양이 반드시 존재해야 한다. 그러한 양을 나타내는 매개변수로 부피에 대한 질량의 비율, 즉 **질량밀도**(mass density) ρ(그리스 소문자 로)가 있다.

$$\rho = \frac{m}{V} \tag{13.1}$$

질량 m과 부피 V인 물체의 질량밀도

역으로 질량밀도 ρ이고 부피 V인 물체의 질량은 다음과 같다.

$$m = \rho V \tag{13.2}$$

질량밀도의 SI 단위는 kg/m^3지만 g/cm^3 단위가 널리 사용된다. 대부분 계산하기 전에 g은 kg으로, cm^3는 m^3로 바꿔 SI 단위로 변환시켜야 하는데, 변환 인자는

$$1 \text{ g/cm}^3 = 1000 \text{ kg/m}^3$$

이다.

질량밀도는 물체의 크기와 무관하다. 즉, 질량과 부피는 어떤 물질(말하자면 구리)의 **특정 조각**을 특징짓는 매개변수지만, 질량밀도는 그 물질 자체를 특징짓는다. 구리의 모든 조각은 똑같은 질량밀도를 가지는데, 이 값은 대부분 다른 물질의 질량밀도

와 다르다. 따라서 질량밀도는 특정 구리 조각에 대해 언급하지 않고 일반적인 구리의 성질에 대해 말할 수 있게 해준다.

질량밀도는 혼동의 염려가 없으면 보통 간단히 '밀도'라고 한다. 그렇지만 앞으로 다른 형태의 밀도도 만나게 될 것이고, 어떤 밀도를 사용하고 있는지 명확하게 하는 것이 중요할 때가 있다. 표 13.1은 다양한 유체의 질량밀도에 대한 간단한 목록을 보여준다. 기체와 액체의 밀도가 굉장한 차이를 보이는 것에 주목하라. 기체 분자들은 액체 분자들에 비해 더 멀리 떨어져 있기 때문에 훨씬 낮은 밀도를 가지고 있다. 또한 액체 분자는 항상 가까이 접촉해 있기 때문에 액체 밀도의 온도에 대한 변화폭은 매우 작다. 공기와 같은 기체 밀도는 온도에 따라서 크게 달라지는데, 이는 이미 멀리 떨어져 있는 분자 사이의 거리는 쉽게 변하기 때문이다.

휘발유의 밀도가 680 kg/m^{3}라고 하는 것은 어떤 의미인가? '매(per)'의 의미를 논의했던 1장으로 되돌아가 보라. 이것은 '각각에 대해'를 의미한다. 그래서 매시 2 km는 한 시간마다 2 km씩 간다는 뜻이다. 똑같은 방식으로, 휘발유의 밀도가 매 세제곱미터 680 kg이라고 하는 것은 액체 1 m^{3}마다 680 kg의 휘발유가 있다는 뜻이다. 2 m^{3}의 휘발유가 있다면, 1 m^{3}마다 680 kg의 질량을 가질 것이므로 총 질량은 2 × 680 kg = 1360 kg이 된다. 곱 ρV는 각 m^{3}의 질량 곱하기 m^{3}의 수로 그 물체의 총 질량이다.

표 13.1 1기압에서 유체의 밀도

물질	$\rho\,(\text{kg/m}^3)$
헬륨 기체(20℃)	0.166
공기(20℃)	1.20
공기(0℃)	1.28
휘발유	680
에틸알코올	790
기름(보통)	900
물	1000
바닷물	1030
혈액(전체)	1060
글리세린	1260
수은	13,600

예제 13.1 거실의 공기 무게

크기가 4.0 m × 6.0 m × 2.5 m인 거실의 공기 질량은 얼마인가?

준비 표 13.1은 상온인 20℃에서 공기 밀도를 알려준다.

풀이 거실의 부피는

$$V = (4.0\ \text{m}) \times (6.0\ \text{m}) \times (2.5\ \text{m}) = 60\ \text{m}^3$$

이고, 공기 질량은 다음과 같다.

$$m = \rho V = (1.20\ \text{kg/m}^3)(60\ \text{m}^3) = 72\ \text{kg}$$

검토 아마도 이것은 거의 존재하지 않는 것처럼 느껴지는 물질에 대해 기대할 수 있는 것 이상의 (대략 어른의 질량) 큰 질량이다. 비교삼아 이 크기의 수영장을 고려하면 그 속엔 물 60,000 kg이 들어간다.

13.2 압력

◂◂ 12.2절에서 기체가 그 용기의 벽에 힘을 어떻게 가하는지 배웠다. **그림 13.2**에서 보는 바와 같이 액체도 그 용기의 벽에 힘을 가한다. 그림에서 액체에 의한 힘 $\vec{F}$는 벽의 작은 면적 A를 밀어낸다. 기체의 경우처럼 유체 속의 이 점에 대한 압력은 힘이 작용하는 면적에 대한 힘의 비

$$p = \frac{F}{A} \tag{13.3}$$

그림 13.2 유체가 힘 $\vec{F}$로 면적 A를 누른다.

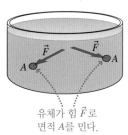

유체가 힘 $\vec{F}$로
면적 A를 민다.

로 정의된다. 이것은 12장의 식 (12.12)와 똑같다. 또한 12장에서 압력의 SI 단위 파스칼을

$$1\text{파스칼} = 1\text{ Pa} = 1\ \frac{\text{N}}{\text{m}^2}$$

으로 정의한 것을 기억할 것이다.

유체의 압력에 의한 힘이 그 용기의 벽뿐만 아니라 유체 자체의 **모든** 부분을 밀어낸다는 점을 이해하는 것이 중요하다. **그림 13.3**처럼 물통에 구멍을 뚫으면 물이 구멍에서 솟아 나온다. 구멍을 통해 물을 앞으로 밀어내는 것은 구멍 뒤에서 작용하는 물의 압력에 의한 힘이다.

그림 13.4(a)와 같이 간단한 압력측정기구를 사용하면 유체 속 임의의 한 지점의 압력을 측정할 수 있다. 용수철 상수 k와 면적 A를 알고 있기 때문에 용수철의 압축을 측정하면 압력을 결정할 수 있다. 제작된 이러한 기구는 그것을 다양한 액체와 기체에 설치하여 압력을 알 수 있게 해준다. **그림 13.4(b)**는 간단한 실험으로 알 수 있는 것을 보여준다.

그림 13.3 압력은 물을 통의 옆면 구멍 밖으로 밀어낸다.

그림 13.4 압력에 관해 배우기

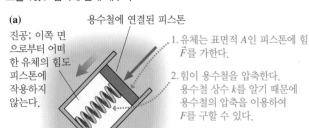

(a)
진공; 이쪽 면으로부터 어떠한 유체의 힘도 피스톤에 작용하지 않는다.

용수철에 연결된 피스톤

1. 유체는 표면적 A인 피스톤에 힘 $\vec{F}$를 가한다.
2. 힘이 용수철을 압축한다. 용수철 상수 k를 알기 때문에 용수철의 압축을 이용하여 F를 구할 수 있다.
3. A를 알기 때문에 $p = F/A$로부터 압력을 구할 수 있다.

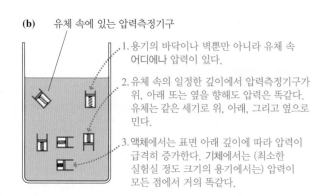

(b) 유체 속에 있는 압력측정기구

1. 용기의 바닥이나 벽뿐만 아니라 유체 속 어디에나 압력이 있다.
2. 유체 속의 일정한 깊이에서 압력측정기구가 위, 아래 또는 옆을 향해도 압력은 똑같다. 유체는 같은 세기로 위, 아래, 그리고 옆으로 민다.
3. 액체에서는 표면 아래 깊이에 따라 압력이 급격히 증가한다. 기체에서는 (최소한 실험실 정도 크기의 용기에서는) 압력이 모든 점에서 거의 똑같다.

영상 학습 데모

그림 13.4(b)의 첫 문장에서 강조하는 점은 압력은 용기의 벽뿐만 아니라 유체 속의 모든 점에 존재한다는 것이다. 장력은 물체에 매달려 있는 줄의 양 끝뿐만 아니라 줄의 모든 점에 존재한다는 것을 기억할 것이다. 장력은 줄의 다른 부분들이 서로 끌어당기는 것으로 이해할 수 있다. 액체의 다른 부분들이 서로 **밀고** 있다는 것을 제외하면 압력도 이와 유사한 개념이다.

액체의 압력

용기에 액체를 넣으면 중력이 액체를 아래로 당겨서 용기의 바닥을 채운다. 이러한 중력, 다시 말해 액체의 무게가 액체의 압력을 발생시키는 원인이 된다. 압력은 액체의 깊이에 따라 증가한다. 왜냐하면 그 아래의 액체는 액체 위의 공기압뿐만 아니라 자신 위에 떠 있는 다른 모든 액체에 의해 눌려지기 때문이다.

액체 표면 아래 깊이 d인 곳의 압력을 결정해보자. 액체는 정지해 있다고 가정한다. 흐르는 유체는 나중에 고려할 것이다. **그림 13.5**에서 짙게 칠해진 액체 원기둥은

표면에서 깊이 d까지 걸쳐 있다. 이 원기둥은 나머지 액체처럼 $\vec{F}_{net} = \vec{0}$으로 정적 평형 상태에 놓여 있다. 원기둥의 무게 mg, 액체 표면의 압력 p_0에 의한 아래 방향의 힘 p_0A, 원기둥 밑에 있는 액체가 원기둥 밑을 밀어 올리는 위 방향의 힘 pA, 그리고 액체가 원기둥 옆면을 밀고 있는 안으로 향한 힘과 같은 여러 가지 힘이 원기둥에 작용한다. 액체가 원기둥을 미는 힘은 액체의 다른 부분들이 서로 밀고 있다는 관찰의 결과이다. 구하려고 하는 양은 원기둥 밑의 압력 p이다.

수평 방향의 힘들은 서로 상쇄된다. 위 방향의 힘은 아래로 향하는 두 힘과 균형을 이루므로

$$pA = p_0 A + mg \qquad (13.4)$$

이다. 그 액체는 단면적 A와 높이 d인 원기둥이므로 부피는 $V = Ad$이고 질량은 $m = \rho V = \rho Ad$이다. 액체의 질량에 대한 이 표현을 식 (13.4)에 대입하면 모든 항에서 면적 A가 사라진다. 그러면 깊이 d인 곳의 액체의 압력은

$$p = p_0 + \rho gd \qquad (13.5)$$

깊이 d인 곳에서 밀도 ρ인 액체의 압력

이다. 유체가 정지해 있다는 가정 때문에 식 (13.5)로 주어진 압력은 **유체 정역학 압력** (hydrostatic pressure)이라고 한다. g가 식 (13.5)에 등장한다는 점은 이 압력의 근원이 액체에 작용하는 중력임을 상기시킨다.

예상한 대로 $d = 0$인 표면에서는 $p = p_0$가 된다. 압력 p_0는 보통 액체 위에 있는 공기나 다른 기체 때문에 생긴다. ◀12.2절에서 말했듯이 해수면에서 대기에 노출되어 있는 액체는 $p_0 = 1\ atm = 101.3\ kPa$이다. 다른 상황에서는 p_0가 피스톤이나 닫힌 표면이 액체의 윗면을 누르는 압력일 수도 있다.

그림 13.5 액체 속 깊이 d에서 압력 측정

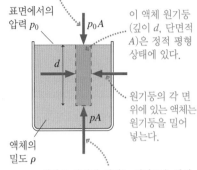

액체 위에 있는 어떤 것이든 원기둥의 꼭대기를 아래로 누른다.

이 액체 원기둥 (깊이 d, 단면적 A)은 정적 평형 상태에 있다.

원기둥의 각 면 위에 있는 액체는 원기둥을 밀어 넣는다.

원기둥 아래의 액체는 원기둥을 밀어 올린다. 깊이 d에서 압력은 p이다.

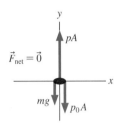

액체 원기둥의 자유 물체 도형. 수평 힘들은 상쇄되므로 나타내지 않았다.

예제 13.2 **잠수함에 작용하는 압력**

잠수함은 300 m 깊이에서 순항한다. 이 깊이에서 압력은 얼마인가? 단위를 Pa과 atm으로 답하시오.

풀이 표 13.1에서 바닷물의 밀도는 $\rho = 1030\ km/m^3$이다. 표면에서는 $p_0 = 1\ atm = 101.3\ kPa$이다. 깊이 $d = 300\ m$에서 압력은 식 (13.5)로부터

$$
\begin{aligned}
p &= p_0 + \rho gd \\
&= (1.013 \times 10^5\ Pa) + (1030\ kg/m^3)(9.80\ m/s^2)(300\ m) \\
&= 3.13 \times 10^6\ Pa
\end{aligned}
$$

이다. 답을 기압으로 바꾸면 다음과 같다.

$$p = (3.13 \times 10^6\ Pa) \times \frac{1\ atm}{1.013 \times 10^5\ Pa} = 30.9\ atm$$

검토 깊은 바다의 압력은 아주 높다. 왼쪽 사진에서 보인 연구용

잠수함 앨빈(Alvin)은 4500 m 정도까지 안전하게 들어갈 수 있는데, 그곳의 압력은 450 atm이 넘는다! 투명한 잠수함의 창은 이 압력에 견딜 수 있도록 90 cm 이상의 두께를 갖는다. 오른쪽 사진에서 볼 수 있는 것처럼 모든 창은 끝이 점점 좁아지는 꼴인데, 넓은 면이 바다 쪽을 향한다. 그러면 수압이 창을 원뿔대에 견고하게 밀어 붙여서 단단히 밀폐시킨다.

그림 13.6 아마도 유체 정역학 평형 상태에 있는 액체의 몇 가지 성질은 예상한 것과 다를 수 있다.

(a)

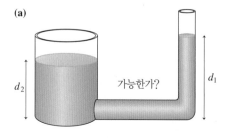

(b)

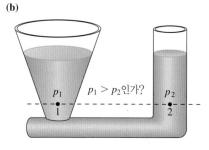

액체의 유체 정역학 압력은 오직 깊이와 표면의 압력에 따라서만 변한다는 사실은 몇 가지 중요한 의미를 지닌다. **그림 13.6(a)**는 연결된 2개의 관을 보여준다. 넓은 관의 더 큰 부피의 액체가 좁은 관의 액체보다 더 무거운 건 명백한 사실이다. 무게의 차로 인한 여분의 무게가 넓은 관보다 좁은 관의 액체를 더 높이 밀어 올릴 것이라고 생각할 수도 있다. 그러나 그렇지 않다. 만약 d_1이 d_2보다 크다면, 유체 정역학 압력 방정식에 의해서 좁은 관 바닥의 압력은 넓은 관 바닥의 압력보다 높다. 이러한 **압력차는 높이가 같아질 때까지 액체를 오른쪽에서 왼쪽으로 흐르게 할 것이다. 따라서 첫째 결론은, 유체 정역학 평형에 있는 연결된 액체는 용기의 열린 부분에서는 모두 같은 높이까지 오른다.** 잘 알다시피 "물은 낮은 곳으로 흐른다".

그림 13.6(b)는 다른 모양의 2개의 관이 연결된 것을 보여준다. 점선 위에 있는 액체는 원뿔 관에 더 많으므로 $p_1 > p_2$라고 생각할 수도 있다. 그러나 그렇지 않다. 두 점은 같은 깊이에 있으므로 $p_1 = p_2$이다. 만약 p_1이 p_2보다 크다면, 왼쪽 관 바닥의 압력은 오른쪽 관 바닥의 압력보다 높을 것이다. 따라서 압력이 같아질 때까지 액체가 흐르게 된다. **둘째 결론은, 유체 정역학 평형에서 한 종류의 액체로 연결된 관 내의 수평선 위의 모든 점에서의 압력은 같다.** (선 위의 다른 점에서 액체가 같은 종류가 아니면 압력은 똑같을 필요가 없다.)

예제 13.3 **닫힌 관의 압력**

그림 13.7과 같이 관에 물이 차 있다. 닫힌 관의 꼭대기에서 압력은 얼마인가?

준비 이것은 유체 정역학 평형 상태에 있는 액체이다. 닫힌 관은 용기의 열린 부분이 아니므로 물은 같은 높이까지 오를 수 없다.

그림 13.7 한쪽 끝이 닫혀 있는 굽은 관

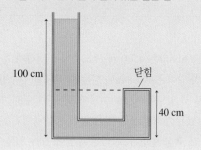

그럼에도 불구하고 수평선 위의 모든 점에서 압력은 여전히 똑같다. 특히, 닫힌 관 꼭대기의 압력은 점선의 높이에 있는 열린 관의 압력과 같다. $p_0 = 1$ atm으로 가정한다.

풀이 열린 관의 바닥에서 40 cm 위에 있는 점은 깊이가 60 cm이다. 이 깊이에서 압력은

$$p = p_0 + \rho g d$$
$$= (1.01 \times 10^5 \text{ Pa}) + (1000 \text{ kg/m}^3)(9.80 \text{ m/s}^2)(0.60 \text{ m})$$
$$= 1.07 \times 10^5 \text{ Pa} = 1.06 \text{ atm}$$

이고, 닫힌 관 꼭대기의 압력과 같다.

검토 이 압력을 만들어낸 물기둥의 높이는 그리 높지 않고, 따라서 압력이 대기압에 비해 약간 높은 것은 타당한 결과이다.

영상 학습 데모

유체 정역학 압력방정식 $p = p_0 + \rho g d$로부터 결론을 하나 더 끌어낼 수 있다. 표면의 압력을 $p_1 = p_0 + \Delta p$로 변화시키면, 다시 말해 Δp가 압력의 변화라고 하면, 깊이 d인 점에서 압력은

$$p' = p_1 + \rho g d = (p_0 + \Delta p) + \rho g d = (p_0 + \rho g d) + \Delta p = p + \Delta p$$

가 된다. 즉, 깊이 d에서 압력은 표면에서 압력이 변한 만큼만 변화한다. 파스칼(압력

의 단위 파스칼은 이 이름을 따서 명명했다)이 이 사실을 처음 발견하여 이것을 파스칼의 원리(Pascal's principle)라고 한다.

> **파스칼의 원리** 비압축성 유체의 한 점에서 압력이 변하면, 유체의 다른 모든 점에서도 압력이 같은 양만큼 변한다.

예를 들어, 예제 13.3의 열린 관 위의 공기 압력을 0.50 atm만큼 증가시켜 1.50 atm의 압력이 되도록 누르면, 닫힌 관 꼭대기의 압력도 1.56 atm으로 높아진다.

대기압

우리는 수 km에 달하는 공기의 '바다' 맨 밑에서 살아간다. **그림 13.8**이 보여주듯이 대기 꼭대기의 경계는 분명하지 않다. 공기는 위로 올라갈수록 밀도가 점점 줄어들다가 우주 공간에서는 0이 된다. 그럼에도 불구하고 대기의 공기 99%는 약 30 km 아래에 있다.

공기와 같은 기체는 압축성이 아주 크다는 것을 상기하면 고도가 올라감에 따라 대기의 밀도가 어째서 점점 작아지는지 알 수 있다. 액체에서는 그 위의 액체 무게 때문에 깊어질수록 압력이 증가한다. 대기의 공기에 대해서도 마찬가지지만, 공기는 압축성을 가지기 때문에 위에 있는 공기의 무게가 아래 공기를 압축하고, 밀도는 증가한다. 높은 고도에서는 위에서 내리누를 공기가 거의 없기 때문에 밀도가 더 작다.

지구 해수면의 평균압력인 **표준 대기압**(standard atmosphere)이 1 atm = 101,300 Pa이라는 것을 12장에서 배웠다. 보통은 간단하게 '대기압'이라고 하며 일반적으로는 표준 대기압을 압력의 단위 atm으로 사용한다. 그러나 이것은 SI 단위가 아니므로 압력과 관련된 계산을 하기 전에 atm(기압)을 Pa(파스칼)로 변환해야 한다.

대기압은 고도뿐만 아니라 날씨에 따라서도 달라진다. 적도의 넓은 지역에 걸쳐서 저기압 공기가 발생한다. 이곳에서 뜨거운 공기가 위로 올라가서 북반구와 남반구의 온대성지방으로 흘러가서 아래로 내려오면서 고기압 지역을 형성한다. 지역풍과 날씨는 압력이 다른 공기 덩어리의 존재와 움직임에 따라서 크게 변한다. 저녁뉴스에서 **그림 13.9**와 같은 일기도를 볼 수 있다. 문자 H와 L은 고기압과 저기압 지역을 나타낸다.

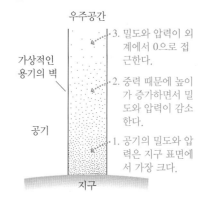

그림 13.8 대기압과 밀도

우주공간

3. 밀도와 압력이 외계에서 0으로 접근한다.

가상적인 용기의 벽

2. 중력 때문에 높이가 증가하면서 밀도와 압력이 감소한다.

공기

1. 공기의 밀도와 압력은 지구 표면에서 가장 크다.

지구

그림 13.9 일기도의 고기압대와 저기압대

13.3 압력의 측정 및 이용

그림 13.4와 같은 용수철-피스톤 측정기는 12장에서 소개된 개념인 실제 혹은 절대 압력 p를 측정한다. 그러나 ◀12.2절에서 배운 것처럼 타이어 압력계 같은 대부분의 압력계는 계기 압력 p_g를 측정한다. 계기 압력은 실제 압력과 대기압의 차이를 뜻한다. 즉 $p_g = p - p_{atmos} = p - 1$ atm이다.

이제 정보가 충분히 있으므로 유체 정역학 문제를 다룰 방식을 체계화해보자.

풀이 전략 13.1 유체 정역학

❶ **그림을 그린다.** 열린 면, 피스톤, 경계, 그리고 압력에 영향을 주는 다른 특징을 보여 준다. 높이와 면적 치수, 유체의 밀도를 포함한다. 압력을 구하는 데 필요한 점을 확인한다.

❷ **표면의 압력 p_0를 결정한다.**

■ 대기에 노출된 면: $p_0 = p_{atmos}$, 대개 1 atm이다.

■ 기체와 접하고 있는 면: $p_0 = p_{gas}$

■ 닫힌 면: $p_0 = F/A$. 여기서 F는 피스톤과 같은 표면이 유체에 가하는 힘이다.

❸ **수평선을 이용한다.** 연결된 (한 종류의) 유체의 압력은 수평선에 있는 모든 점에서 같다.

❹ **계기 압력을 참작한다.** 압력계는 $p_g = p - 1$ atm을 나타낸다.

❺ **유체 정역학 압력방정식을 이용한다.** $p = p_0 + \rho g d$

압력계와 기압계

그림 13.10 압력계는 기체의 압력을 측정하는 데 사용된다.

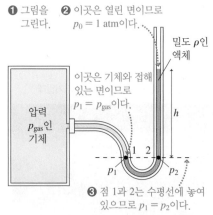

❶ 그림을 그린다.　❷ 이곳은 열린 면이므로 $p_0 = 1$ atm이다.

밀도 ρ인 액체

이곳은 기체와 접해 있는 면이므로 $p_1 = p_{gas}$이다.

압력 p_{gas}인 기체

h

1　2
p_1　　p_2

❸ 점 1과 2는 수평선에 놓여 있으므로 $p_1 = p_2$이다.

기체 압력은 때때로 압력계라 하는 기구로 측정한다. **그림 13.10**에서 보는 것처럼 압력계는 한쪽 끝이 기체에 연결되고 다른 쪽 끝은 공기에 노출된 U자형 관이다. 관은 밀도 ρ인 액체(보통 수은)로 채워져 있다. 액체는 유체 정역학 평형 상태에 있다. 왼쪽보다 위에 있는 오른쪽 액체의 높이 h는 눈금자로 측정한다.

풀이 전략 13.1의 1~3단계를 따르면 압력 p_1과 p_2는 똑같아야 한다는 결론을 얻는다. 왼쪽 표면의 압력 p_1은 단순히 기체의 압력 $p_1 = p_{gas}$이다. 압력 p_2는 오른쪽 액체에서 깊이 $d = h$인 곳의 유체 정역학 압력이므로 $p_2 = 1$ atm $+ \rho g h$이다. 두 압력이 같으므로

$$p_{gas} = 1 \text{ atm} + \rho g h \tag{13.6}$$

가 된다.

또 하나의 중요한 압력측정기구는 기압계인데, 대기압 p_{atmos}를 측정하는 데 사용한다. **그림 13.11(a)**에 그려진 유리관은 밑이 막혀 있고, 액체가 가득 채워져 있다. 위쪽 끝을 임시로 막으면, 관을 뒤집어서 똑같은 액체가 있는 비커 안에 넣을 수 있다. 임시로 막은 것을 제거하면 전부는 아니지만 약간의 액체가 흘러나와서 관 안의 액체 원기둥 높이는 비커 안의 액체 표면에서부터 h가 된다. **그림 13.11(b)**에 나타낸 이러한 기구가 기압계이다. 이 기구가 측정하는 것은 무엇인가? 그리고 왜 관 안의 액체가 모두 다 흘러나오지 않는가?

기압계도 압력계와 같은 방식으로 분석할 수 있다. **그림 13.11(b)**에 있는 점 1은 대기에 노출되어 있어서 $p_1 = p_{atmos}$이다. 점 2의 압력은 관 안의 액체 무게에 의한 압력

과 액체 위에 있는 기체 압력의 합이다. 그러나 이 경우에 액체 위에는 기체가 없다! 관을 뒤집을 때 액체로 가득 차 있었기 때문에 액체가 흘러나온 후 남은 공간은 본질적으로 $p_0 = 0$인 진공이다. 따라서 압력 p_2는 단순히 $\rho g h$이다.

점 1과 2는 수평선에 놓여 있고 액체는 유체 정역학 평형에 놓여 있기 때문에 이 두 점에서 압력은 같아야 한다. 두 압력이 같다고 식을 세우면

$$p_{atmos} = \rho g h \qquad (13.7)$$

를 얻는다. 그러므로 기압계의 액체 원기둥 높이를 측정하여 대기의 압력을 구할 수 있다.

식 (13.7)에 따르면 액체의 높이는 $h = p_{atmos}/\rho g$이다. 기압계에 $\rho = 1000 \text{ kg/m}^3$인 물을 사용했더라면 액체 원기둥의 높이는

$$h = \frac{101,300 \text{ Pa}}{(1000 \text{ kg/m}^3)(9.8 \text{ m/s}^2)} \approx 10 \text{ m}$$

로 비실용적이다. 대신에 보통 밀도가 13,600 kg/m³로 높은 수은을 사용한다. 해수면의 평균 대기압에 의해 기압계의 수은 원기둥 높이는 표면에서 위로 760 mm가된다.

압력을 측정할 때 수은 기압계가 가지는 중요성 때문에 mm 단위로 나타낸 수은원기둥의 높이를 흔히 압력의 단위 mmHg로 사용한다. 이에 따르면 760 mm의 수은(약어로 760 mmHg)은 1 atm의 압력에 해당한다.

그림 13.11 기압계

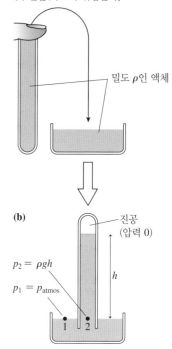

(a) 관을 막고서 뒤집는다.

밀도 ρ인 액체

(b)

진공
(압력 0)

$p_2 = \rho g h$

$p_1 = p_{atmos}$

h

예제 13.4	두 종류의 액체가 채워진 관의 압력

U자형 관이 한쪽 끝은 닫혀 있고, 다른 쪽 끝은 대기에 노출되어 있다. 끝이 닫힌 쪽 관에는 물을 채우고, 대기에 노출된 쪽 관에는 물에 뜨는 기름을 채운다. 두 액체는 섞이지 않는다. 두 액체가 만나는 지점에서 기름의 높이는 75 cm이고, 이 지점에서 닫힌 쪽 관의 높이는 25 cm이다. 닫힌 쪽 기압은 얼마인가?

준비 풀이 전략 13.1의 단계를 따라 **그림 13.12**에 있는 그림을 그리는 것으로 시작한다. 노출된 기름 표면의 압력은 $p_0 = 1$ atm이다. 압력 p_1과 p_2는 같다. 왜냐하면 둘은 같은 유체에 있는 두 점을 연결하는 수평선에 놓여 있기 때문이다. (점 A와 닫힌 끝은 같은 수평선에 놓여 있지만, 점 A의 압력과 p_3는 같지 않다. 왜냐하면 두 점은 다른 유체에 있기 때문이다.)

유체 정역학 압력방정식을 두 번 적용할 수 있다. 압력이 p_0인 열린 끝 아래의 깊이를 알기 때문에 압력 p_1을 구하는 데 한 번 적용하고, 닫힌 끝 아래 거리 d에서 압력 p_2를 알면 닫힌 끝의 압력 p_3를 구하는 데 또 한 번 적용한다. 물과 기름의 밀도가 필요한데, 표 13.1에서 찾아보면 $\rho_w = 1000 \text{ kg/m}^3$와 $\rho_o = 900 \text{ kg/m}^3$이다.

그림 13.12 서로 다른 두 액체가 담긴 관

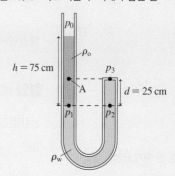

p_0

ρ_o

$h = 75 \text{ cm}$

p_3

A

$d = 25 \text{ cm}$

p_1

p_2

ρ_w

풀이 열린 끝의 아래 75 cm 되는 점 1에서 압력은

$$p_1 = p_0 + \rho_o g h$$
$$= 1 \text{ atm} + (900 \text{ kg/m}^3)(9.8 \text{ m/s}^2)(0.75 \text{ m})$$
$$= 1 \text{ atm} + 6615 \text{ Pa}$$

이다. (이 결과에서 $p_0 = 1$ atm은 따로 유지할 것이다. 왜냐하면 계기 압력을 계산하려면 결국은 정확히 1 atm을 뺄 필요가 있기

때문이다.) 또한 유체 정역학 압력방정식을 사용하여

$$p_2 = p_3 + \rho_w gd$$
$$= p_3 + (1000 \text{ kg/m}^3)(9.8 \text{ m/s}^2)(0.25 \text{ m})$$
$$= p_3 + 2450 \text{ Pa}$$

을 구할 수 있다. 그러나 $p_2 = p_1$이기 때문에

$$p_3 = p_2 - 2450 \text{ Pa} = p_1 - 2450 \text{ Pa}$$
$$= 1 \text{ atm} + 6615 \text{ Pa} - 2450 \text{ Pa}$$

$$= 1 \text{ atm} + 4165 \text{ Pa}$$

이 된다. 관의 닫힌 끝인 점 3에서 계기 압력은 $p_3 - 1 \text{ atm} = 4165$ Pa이다.

검토 기름의 열린 면은 물의 닫힌 면보다 50 cm 더 높다. 밀도가 별로 다르지 않으므로 압력차는 대략 $\rho g(0.50 \text{ m}) = 5000$ Pa이라고 기대할 수 있다. 이 수치는 계산 결과와 별로 차이가 나지 않으므로 결과가 올바르다고 볼 수 있다.

압력 단위

실제로 압력은 다양한 단위로 측정된다. 역사적으로 단위와 약어가 과도하게 생겨난 이유는 다양한 주제(액체, 고압기체, 저압기체, 기상 등)에 대해 연구하던 과학자와 공학자들이 자신들에게 가장 편리한 단위들을 개발해왔기 때문이다. 관습적으로 이러한 단위들이 지속적으로 사용되고 있기 때문에 단위들을 서로 변환하는 데 익숙해질 필요가 있다. 표 13.2에 기본적인 변환들이 주어져 있다.

표 13.2 압력 단위

단위	약어	1 atm의 변환	용도
파스칼	Pa	101.3 kPa	SI 단위: 1 Pa = 1 N/m² 대부분의 계산에 사용
기압	atm	1 atm	일반적임
수은 밀리미터	mmHg	760 mmHg	기체와 기압계의 압력
수은 인치	in	29.92 in	미국 기압계의 압력 일기예보
제곱인치당 파운드	psi	14.7 psi	미국 공학 및 산업계

혈압 BIO

건강검진을 할 때, "혈압이 80에서 120입니다."와 같은 말을 들어보았을 것이다. 이 말은 무슨 뜻인가?

분당 맥박수가 75라고 가정하면, 심장이 약 0.8 s마다 한 번씩 '뛴다'. 심근이 수축하면서 혈액을 대동맥으로 밀어 내보낸다. 이런 수축은 풍선을 누르는 것처럼 심장의 압력을 올린다. 압력 증가는 파스칼의 원리에 따라 모든 동맥을 통하여 전달된다.

그림 13.13은 심장박동 한 주기 동안에 혈압이 어떻게 변하는지 보여주는 압력 그래프이다. 의학적으로 **고혈압**은 대개 최고(심장수축)혈압이 혈액순환에 필요한 것보다 더 높은 상태를 뜻한다. 고혈압은 순환계 전체에 과도한 긴장과 부담을 야기해서 흔히 의학적으로도 심각한 문제를 일으킨다. 저혈압이면 갑자기 일어설 때 현기증이 일

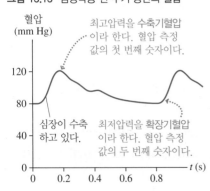

그림 13.13 심장박동 한 주기 동안의 혈압

혈압
(mm Hg)

최고압력을 수축기혈압이라 한다. 혈압 측정값의 첫 번째 숫자이다.

심장이 수축하고 있다.

최저압력을 확장기혈압이라 한다. 혈압 측정값의 두 번째 숫자이다.

어나는데, 이는 혈압이 피를 뇌까지 밀어 올리기에 적당하지 않기 때문이다.

그림 13.14에서 보는 것처럼 혈압은 가압대를 팔에 감고 측정한다. 의사나 간호사는 가압대에 압력을 가하고, 팔의 동맥에 청진기를 대고 압력계를 지켜보면서 천천히 압력을 줄인다. 처음에는 가압대가 동맥을 압박하여 막으므로 혈류가 차단된다. 가압대의 압력이 최고혈압 아래로 떨어지면 매번 심장이 박동할 때마다 압력 고동이 동맥을 잠깐 열어서 분출한 피가 지나가도록 한다. 의사나 간호사가 피가 흐르기 시작하는 소리를 들을 때의 압력을 기록한다. 이 압력이 바로 수축기혈압이다.

가압대의 압력이 확장기혈압에 도달할 때까지 피의 고동은 동맥을 통하여 지속된다. 그러고 나면 동맥은 계속 열린 채로 있어서 피가 부드럽게 흐른다. 이런 전이과정은 청진기로 쉽게 들을 수 있는데, 이때 의사 또는 간호사가 확장기혈압을 기록한다.

혈압은 mmHg 단위로 측정한다. 이것은 계기 압력으로, 1 atm을 초과하는 압력을 나타낸다. 건강한 젊은이의 전형적인 혈압은 120/80인데, 이는 수축기혈압이 p_g = 120 mmHg(절대 압력 p = 880 mmHg)이고 확장기혈압이 80 mmHg라는 뜻이다.

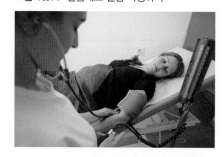
그림 13.14 혈압계로 혈압 측정하기

개념형 예제 13.5 **혈압과 팔의 높이**

그림 13.14에서 환자의 팔은 대략 심장과 같은 높이에 있다. 왜 그런가?

판단 유체 정역학 압력은 높이에 따라 변한다. 비록 흐르는 피는 유체 정역학 평형은 아니지만, 혈압은 심장 아래로 멀리 내려갈수록 증가하고, 위로 올라갈수록 감소한다. 위 팔이 몸통 옆에 있을 때는 심장과 같은 높이가 되므로 이곳 압력은 심장에서 압력과 같다. 환자가 팔을 똑바로 위로 든다면 가압대가 심장보다 약 $d \approx 25$ cm 위에 있기 때문에 혈압은 심장의 압력보다 $\Delta p = \rho_{\text{blood}}\, gd \approx 20$ mmHg만큼 작을 것이다.

검토 평균 혈압과 비교하면 20 mmHg는 상당히 높다. 혈압을 심장보다 높은 위치나 낮은 위치에서 측정하는 것은 환자를 오진하는 원인이 될 수 있다.

기린 머리의 압력 BIO 기린의 머리는 심장에서 2.5 m 정도 위에 있는데, 사람의 머리는 겨우 30 cm 정도에 있다. 이 높이까지 피를 밀어 올리려면 기린 심장의 혈압은 사람보다 170 mmHg 정도 더 높아야 한다. 실제로 기린의 혈압은 사람보다 두 배 이상 높다.

13.4 부력

알다시피 바위는 바위처럼 가라앉는다. 나무는 호수의 수면에 뜬다. 질량이 몇 그램 안 되는 동전은 가라앉지만 무거운 강철 항공모함은 뜬다. 이런 다양한 현상을 어떻게 이해할 수 있는가?

에어 매트리스는 수영장의 수면에 쉽게 뜬다. 따라서 에어 매트리스를 물속으로 밀어 넣는 것이 거의 불가능하다는 것을 알 것이다. 물속으로 밀어 넣으면 물은 밀어 올린다. 이같이 위로 향하는 액체의 힘을 **부력**(buoyant force)이라 한다.

부력의 기본 원리는 쉽게 이해할 수 있다. **그림 13.15**는 액체에 잠긴 원기둥을 보여준다. 액체에서 압력은 깊이에 따라 증가하므로 원기둥 밑면의 압력은 윗면보다 높다. 원기둥의 위아래 면은 면적이 같으므로 힘 $\vec{F}_{\text{up}}$이 힘 $\vec{F}_{\text{down}}$보다 크다(압력은 **모든**

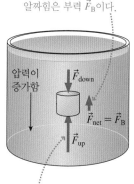
그림 13.15 원기둥 밑면의 액체 압력은 윗면보다 더 크기 때문에 부력이 생긴다.

원기둥에 작용하는 액체의 알짜힘은 부력 $\vec{F}_B$이다.

압력이 증가함

$\vec{F}_{\text{down}}$

$\vec{F}_{\text{net}} = \vec{F}_B$

$\vec{F}_{\text{up}}$

압력은 밑면에서 더 크기 때문에 $F_{\text{up}} > F_{\text{down}}$이다. 그러므로 액체는 위 방향으로 알짜힘을 가한다.

방향으로 민다). 따라서 액체의 압력은 크기가 $F_{net} = F_{up} - F_{down}$인 위 방향의 알짜힘을 원기둥에 작용한다. 이것이 부력이다.

잠긴 원기둥으로 이 개념이 간단히 설명되지만, 결과는 원통이나 액체에 한정되지 않는다. **그림 13.16(a)**와 같이 임의의 모양과 부피를 가진 유체 덩어리를 가상적인 경계를 그려서 분리해보자. 이 덩어리는 유체 정역학 평형 상태에 있다. 따라서 덩어리를 아래로 끌어당기는 무게 힘은 위 방향의 힘과 균형을 맞춰야 한다. 주변의 유체에 의해 이 유체 덩어리에 작용하는 위 방향의 힘은 부력 $\vec{F}_B$이다. 부력은 유체의 무게와 대등하다. 곧, $F_B = w$이다.

이제 **그림 13.16(b)**와 같이 이 유체 덩어리를 제거하고, 정확히 모양과 크기가 같은 물체를 순간적으로 대체하여 집어넣을 수 있다고 상상해보자. 부력은 **둘러싼** 유체에 의해 작용하고, 대체한 새로운 물체를 둘러싼 유체는 변하지 않았기 때문에, 이 물체에 작용하는 부력은 제거한 유체 덩어리에 작용하는 부력과 **정확히 같다.**

그림 13.16 물체에 작용하는 부력은 물체가 밀어낸 유체에 작용하는 부력과 똑같다.

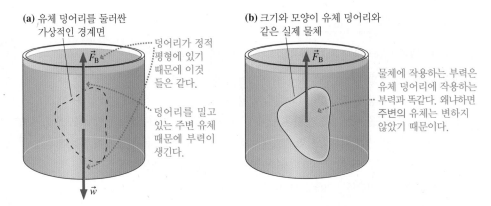

(a) 유체 덩어리를 둘러싼 가상적인 경계면

덩어리가 정적 평형에 있기 때문에 이것들은 같다.

덩어리를 밀고 있는 주변 유체 때문에 부력이 생긴다.

(b) 크기와 모양이 유체 덩어리와 같은 실제 물체

물체에 작용하는 부력은 유체 덩어리에 작용하는 부력과 똑같다. 왜냐하면 주변의 유체는 변하지 않았기 때문이다.

물체(또는 물체의 일부)가 유체에 잠기면 잠긴 부분을 채우고 있던 유체를 **밀어낸다.** 이 유체를 **밀어낸 유체**(displaced fluid)라고 한다. 밀어낸 유체의 부피는 물체가 유체에 잠긴 부분의 부피와 정확히 같다. **그림 13.16**으로부터 위 방향의 부력 크기는 밀어낸 유체의 무게와 대등하다는 결론을 얻는다.

이 생각은 아마도 가장 위대한 고대 그리스 수학자이자 과학자인 아르키메데스 (Archimedes)에 의해 처음 인식되었고, 오늘날 아르키메데스의 원리(Archimedes' principle)로 알려져 있다.

> **아르키메데스의 원리** 유체에 잠겨 있거나 떠 있는 물체에 유체는 위 방향의 부력 $\vec{F}_B$를 작용한다. 부력의 크기는 물체가 밀어낸 유체의 무게와 같다.

유체의 밀도는 ρ_f이고 물체가 밀어낸 유체의 부피는 V_f라고 가정하자. 그러면 밀어낸 유체의 질량은 $m_f = \rho_f V_f$이므로 무게는 $w_f = \rho_f V_f g$이다. 따라서 아르키메데스의 원

리를 식으로 표현하면

$$F_B = \rho_f V_f g \qquad (13.8)$$

이다.

영상 학습
데모

예제 13.6 왕관은 금인가?

전설에 따르면 시러큐스의 히에로 왕은 왕관이 순금인지 아니면 비양심적인 금 세공인이 다른 금속을 섞음질한 것인지 결정해 달라고 아르키메데스에게 요청했다. 그의 이름이 들어간 원리를 이끌어 낸 것이 바로 이 문제였다. 그의 방법을 현대판으로 바꾸면, 무게가 8.30인 왕관이 줄에 매달려 물속에 잠겨 있는데, 줄의 장력을 재보니 7.81 N이었다. 왕관은 순금인가?

준비 왕관이 순금인지 아닌지 알아보려면 왕관의 밀도 ρ_o를 결정하고 알려진 금의 밀도와 비교할 필요가 있다. 그림 13.17에 왕관에 작용하는 힘들이 나타나 있다. 익숙한 장력과 무게 외에도 물은 왕관에 위 방향의 부력을 작용한다. 부력의 크기는 아르키메데스의 원리로 주어진다.

풀이 왕관은 유체 정역학 평형 상태에 있기 때문에 왕관의 가속도와 왕관에 작용하는 알짜힘은 0이다. 뉴턴의 제2법칙을 적용하면

그림 13.17 잠긴 왕관에 작용하는 힘

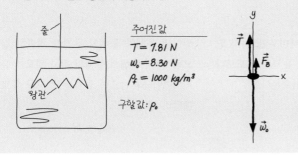

$$\sum F_y = F_B + T - w_o = 0$$

이므로 부력은

$$F_B = w_o - T = 8.30\,\text{N} - 7.81\,\text{N} = 0.49\,\text{N}$$

이다.

아르키메데스의 원리에 따르면 $F_B = \rho_f V_f g$인데, V_f는 밀어낸 유체의 부피이다. 여기서, 왕관이 완전히 잠겨 있는 경우 밀어낸 유체의 부피는 왕관의 부피 V_o와 같다. 이제 왕관의 무게는 $w_o = m_o g = \rho_o V_o g$이므로 그 부피는

$$V_o = \frac{w_o}{\rho_o g}$$

이다. 이 부피를 아르키메데스의 원리에 대입하면

$$F_B = \rho_f V_o g = \rho_f\left(\frac{w_o}{\rho_o g}\right)g = \frac{\rho_f}{\rho_o} w_o$$

를 얻는다. ρ_o에 대해 풀면

$$\rho_o = \frac{\rho_f w_o}{F_B} = \frac{(1000\,\text{kg/m}^3)(8.30\,\text{N})}{0.49\,\text{N}} = 17,000\,\text{kg/m}^3$$

가 된다. 왕관의 밀도는 순금의 밀도 19,300 kg/m³보다 상당히 낮으므로 왕관은 순금이 아니다.

검토 금과 같이 고밀도의 물질로 된 물체에서는 부력이 그 무게에 비해 작다.

뜰까 아니면 가라앉을까?

물체를 물속에 잡고 있다가 놓으면, 물체는 수면으로 떠오르거나 가라앉거나 아니면 물속에 '매달린 채' 머물러 있다. 어느 쪽일지 어떻게 예측할 수 있는가? 수면으로 향할지 바닥으로 향할지는 물체에 작용하는 위 방향의 부력 F_B가 아래 방향의 무게 힘 w_o보다 큰지 작은지에 달려 있다.

수업 영상

부력의 크기는 $\rho_f V_f g$이다. 강철 토막과 같이 균일한 물체의 무게는 단순히 $\rho_o V_o g$이다. 그러나 스쿠버 다이버와 같은 복합물체는 다양한 밀도로 된 부분들로 이루어져 있다. **평균 밀도**(average density)를 $\rho_{avg} = m_o/V_o$로 정의하면 복합물체의 무게를 $w_o = \rho_{avg} V_o g$로 쓸 수 있다.

$\rho_f V_f g$를 $\rho_{avg} V_o g$와 비교하고, 완전히 잠긴 물체에 대해서는 $V_f = V_o$임을 유념하면 유체 밀도 ρ_f가 물체의 평균 밀도 ρ_{avg}보다 큰지 또는 작은지에 따라 물체가 뜰지 가라앉을지 알 수 있다. 밀도가 같으면 물체는 정적 평형 상태에 있고 정지한 채로 매달려 있다. 이것을 **중립부력**(neutral buoyancy)이라고 한다. 이런 조건들은 풀이 전략 13.2에 요약되어 있다.

◀ **수중용 저울** BIO 예제 13.6에서 물속과 공기 중에서 물체의 무게를 측정하여 물체의 밀도를 어떻게 정하는지 보았다. 이 생각은 사람의 체지방 비율을 정하는 정확한 방법의 기초가 된다. 지방은 기름기 없는 근육이나 뼈보다 저밀도이다. 그래서 전체 체밀도가 작아진다는 것은 체지방의 비율이 커진다는 것을 의미한다. 사람의 밀도를 측정하려면, 먼저 공기 중에서 무게를 잰 다음 물속에 완전히 잠기게 해서 다시 무게를 잰다. 표준 표는 체밀도와 지방 비율의 관계를 정확히 알려준다.

풀이 전략 13.2 물체가 뜰지 혹은 가라앉을지 알아내기

❶ 물체가 가라앉는다.

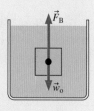

❷ 물체가 뜬다.

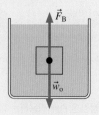

❸ 물체가 중립부력인 상태이다.

밀어낸 유체보다 물체가 더 무거우면, 다시 말해서 물체의 평균 밀도가 유체의 밀도보다 크면 물체는 가라앉는다.

$$\rho_{avg} > \rho_f$$

밀어낸 유체보다 물체가 가벼우면, 다시 말해서 물체의 평균 밀도가 유체의 밀도보다 작으면 물체는 수면으로 떠오른다.

$$\rho_{avg} < \rho_f$$

밀어낸 유체와 물체의 무게가 정확히 같으면, 다시 말해서 물체의 평균 밀도가 유체의 밀도와 같으면 물체는 정지한 채로 매달려 있다.

$$\rho_{avg} = \rho_f$$

그림 13.18 떠 있는 물체는 정적 평형 상태에 있다.

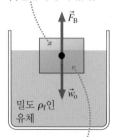

밀도 ρ_o와 부피 V_o인 물체가 밀도 ρ_f인 유체에 떠 있다.

밀도 ρ_f인 유체

물체가 잠긴 부분의 부피는 밀어낸 유체의 부피 V_f와 같다.

예를 들면, 강철은 물보다 고밀도이므로 강철덩어리는 가라앉는다. 기름은 물보다 저밀도이므로 기름은 물에 뜬다. 물고기는 공기를 채운 **부레**를 사용하고 스쿠버 다이버는 무거운 벨트를 사용하여 그들의 평균 밀도가 물과 같아지도록 조절한다. 두 경우 모두 중립부력의 예이다.

물속에서 나무토막을 놓는다면 위 방향의 알짜힘 때문에 토막이 수면까지 솟구친다. 그 다음은? 뜨는 것을 이해하기 위해 **그림 13.18**의 토막과 같은 **균일한** 물체로 시작하자. 이 물체에는 움푹 들어가거나 빈 공간 같은 이상한 것은 없다. 이것은 뜨기 때문에 $\rho_o < \rho_f$인 경우가 틀림없다.

이제 물체는 떠 있고, 정적 평형 상태에 있다. 따라서 아르키메데스의 원리로 정해지는 위 방향의 부력은 아래 방향의 물체 무게와 정확히 균형을 이룬다. 곧,

$$F_B = \rho_f V_f g = w_o = \rho_o V_o g \qquad (13.9)$$

이다. 물체가 떠 있는 경우에 밀어낸 유체의 부피는 물체의 부피와 똑같지 **않다**. 실제로 식 (13.9)에서 떠 있는 균일한 밀도의 물체가 밀어낸 유체의 부피는

$$V_f = \frac{\rho_o}{\rho_f} V_o \qquad (13.10)$$

인데, $\rho_o < \rho_f$ 이기 때문에 이것은 V_o 보다 작다.

▶ **숨겨진 두께** 빙하로부터 떨어져 나온 대부분의 빙산은 밀도가 917 kg/m³인 담수성 얼음이다. 바닷물의 밀도는 1030 kg/m³이다. 따라서

$$V_f = \frac{917 \text{ kg/m}^3}{1030 \text{ kg/m}^3} V_o = 0.89 V_o$$

이다. 밀려난 물의 부피 V_f는 또한 물속에 있는 빙산의 부피이다. 정말로 빙산의 부피 중 90%는 물속에 잠겨 있다는 것을 알 수 있다.

개념형 예제 13.7 **부력은 어느 쪽이 더 큰가?**

쇠토막은 물 통 바닥까지 가라앉는데 같은 크기의 나무토막은 뜬다. 부력은 어느 쪽이 더 큰가?

판단 부력은 밀려난 물의 부피와 같다. 쇠토막은 완전히 잠기므로 그 자신의 부피만큼 물을 밀어낸다. 나무토막은 물에 뜨기 때문에 물속에 있는 일부분의 부피만큼 물을 밀어내는데, 그 부피

는 원래 자신의 부피보다 작다. 따라서 쇠토막의 부력이 나무토막보다 크다.

검토 이 결과는 직관에 반할지 모르지만, 쇠토막은 고밀도 때문에 가라앉고 나무토막은 저밀도 때문에 뜬다는 것을 기억하라. 부력은 더 작지만 뜨기엔 충분하다.

예제 13.8 **모르는 액체의 밀도 측정**

확인되지 않은 액체의 밀도를 측정하려고 한다. 어떤 물체를 이 액체에 담그면 4.6 cm가 이 액체에 잠긴 채 떠 있다. 이 물체를 물에 놓으면 역시 뜨지만 5.8 cm가 잠긴다. 이 액체의 밀도는 얼마인가?

준비 물체는 균일한 조성이라고 가정한다. 물체뿐만 아니라 단면적 A와 모르는 액체에 잠긴 부분의 길이 h_u, 그리고 물에 잠긴 부분의 길이 h_w도 **그림 13.19**에 나타나 있다.

풀이 물체는 떠 있으므로 식 (13.10)을 적용한다. 물체는 모르는 액체의 부피 $V_u = Ah_u$를 밀어낸다. 따라서

그림 13.19 두 액체에 떠 있는 물체

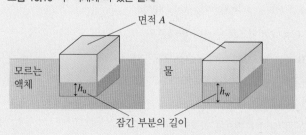

면적 A

모르는 액체

물

h_u

h_w

잠긴 부분의 길이

$$V_u = Ah_u = \frac{\rho_o}{\rho_u} V_o$$

가 된다. 마찬가지로, 물체는 물의 부피 $V_w = Ah_w$를 밀어내므로

$$V_w = Ah_w = \frac{\rho_o}{\rho_w} V_o$$

를 얻는다. 두 가지 유체가 있으므로 유체를 뜻하는 아래 첨자 f 자리에 물은 w를, 모르는 액체는 u를 사용했다. 곱 $\rho_o V_o$는 양쪽 식에 등장한다. 첫째 식에서는 $\rho_o V_o = \rho_u Ah_u$이고, 둘째 식에서는 $\rho_o V_o = \rho_w Ah_w$이다. 오른쪽을 같다고 놓으면

$$\rho_u Ah_u = \rho_w Ah_w$$

를 얻는다. 면적 A는 상쇄되므로 모르는 액체의 밀도는

$$\rho_u = \frac{h_w}{h_u} \rho_w = \frac{5.8 \text{ cm}}{4.6 \text{ cm}} 1000 \text{ kg/m}^3 = 1300 \text{ kg/m}^3$$

이다.

검토 표 13.1과 비교하면 모르는 액체는 글리세린일 것 같다.

수업 영상

보트와 풍선

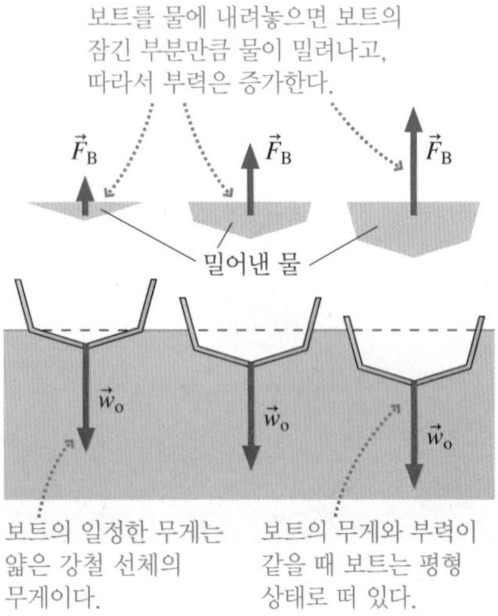

강철덩어리는 가라앉는데 어떻게 선체가 강철로 된 보트는 뜨는가? 알다시피 위 방향의 부력(밀어낸 물의 무게)이 물체의 무게와 균형이 맞으면 물체는 뜬다. 보트는 실제로는 속이 빈 커다란 용기인데, 그 무게는 선체에 있는 강철의 부피에 의해 정해진다. **그림 13.20**에 나타낸 것처럼 보트가 밀어낸 물의 부피는 선체 자체의 부피보다 **훨씬** 크다. 보트를 물에 내려놓으면 밀어낸 물의 무게가 보트의 무게와 정확이 같아질 때까지 보트가 가라앉는다. 그러면 보트는 정적 평형 상태에 있게 되어서 그 높이에서 뜬다.

부력과 부양의 개념은 단지 액체에만 적용되는 것이 아니라 모든 유체에 적용된다. 공기와 같은 기체에 잠긴 물체도 마찬가지로 부력을 느낀다. 공기의 밀도는 정말로 낮기 때문에 이 부력은 일반적으로 무시해도 좋다. 그럼에도 불구하고, 비록 공기에 의한 부력이 작더라도 물체가 밀어내는 공기보다 덜 무거우면 물체는 공기 중에서 뜰 것이다. 이것이 뜨는 풍선에는 보통의 공기를 넣을 수 없는 이유이다. 만약 풍선에 공기를 넣으면 풍선 안에 있는 공기의 무게는 풍선이 밀어낸 공기의 무게와 같을 것이기 때문에 풍선에는 위 방향의 알짜힘이 없을 것이다. 풍선 자체의 무게를 더하면 아래 방향의 알짜힘이 작용할 것이다. 풍선이 뜨기 위해서는 공기보다 **낮은** 밀도를 가진 기체를 풍선에 채워야 한다. 어떻게 작동할지는 다음 예제에 예시되어 있다.

그림 13.20 보트가 어떻게 뜨는가.

보트를 물에 내려놓으면 보트의 잠긴 부분만큼 물이 밀려나고, 따라서 부력은 증가한다.

$\vec{F}_B$ $\vec{F}_B$ $\vec{F}_B$

밀어낸 물

$\vec{w}_o$ $\vec{w}_o$ $\vec{w}_o$

보트의 일정한 무게는 얇은 강철 선체의 무게이다.

보트의 무게와 부력이 같을 때 보트는 평형 상태로 떠 있다.

뜨거운 공기의 상승 열기구는 저밀도의 기체로 채워져 있다. 바로 뜨거운 공기이다! 가열하면 기체는 팽창하므로 밀도는 낮아지는 것을 12장에서 배웠다. 열기구의 상부에 있는 공기는 놀라울 정도로 뜨겁다. 대략 끓는 물의 온도인 100°C이다. 이 온도의 공기 밀도는 상온의 79%에 불과하다. 열기구의 무게가 밀려난 차가운 공기의 무게보다 작아질 때 열기구는 떠오른다.

예제 13.9 풍선은 얼마나 커야 되는가?

헬륨을 채운 풍선이 중립부력으로 뜨려면 지름이 얼마가 되어야 하는가? 빈 풍선의 질량은 2.0 g이다.

준비 풍선을 구로 생각한다. 풍선은 그 무게(빈 풍선 더하기 헬륨의 무게)가 밀어낸 공기의 무게와 같아질 때 뜰 것이다. 공기와 헬륨의 밀도는 표 13.1에 나타나 있다.

풀이 풍선의 부피는 $V_{balloon}$이다. 그 무게는

$$w_{balloon} = m_{balloon}\, g + \rho_{He} V_{balloon}\, g$$

인데, $m_{balloon}$은 빈 풍선의 질량이다. 밀어낸 공기의 무게는

$$w_{air} = \rho_{air} V_{air}\, g = \rho_{air} V_{balloon}\, g$$

이다. 여기서 밀어낸 공기의 부피는 풍선의 부피임을 이용했다. 이들 두 힘이 같아질 때, 곧

$$\rho_{air} V_{balloon}\, g = m_{balloon}\, g + \rho_{He} V_{balloon}\, g$$

이면 풍선은 뜰 것이다. g는 상쇄되고, 풍선의 부피에 대해 풀면

$$V_{balloon} = \frac{m_{balloon}}{\rho_{air} - \rho_{He}} = \frac{2.0 \times 10^{-3}\ \text{kg}}{1.28\ \text{kg/m}^3 - 0.17\ \text{kg/m}^3} = 1.8 \times 10^{-3}\ \text{m}^3$$

이다. 구는 부피가 $V = (4\pi/3)r^3$이므로 풍선의 반지름은

$$r = \left(\frac{3 V_{balloon}}{4\pi}\right)^{\frac{1}{3}} = \left(\frac{3 \times (1.8 \times 10^{-3}\ \text{m}^3)}{4\pi}\right)^{\frac{1}{3}} = 0.075\ \text{m}$$

이다. 풍선의 지름은 이것의 2배인 15 cm이다.

검토 15 cm는 겨우 뜨는 풍선의 지름으로 적절한 크기이다.

13.5 운동하는 유체

머리카락을 스치는 바람, 거품이 이는 강, 유정에서 분출되는 기름은 운동하는 유체의 예들이다. 그동안은 유체 정역학에만 초점을 맞췄지만 이제 유체 **동역학**으로 관심을 돌릴 때가 되었다.

유체흐름은 복잡한 주제이다. 유체의 흐름은 여러 가지 측면에서, 특히 난류와 소용돌이의 형성은 아직도 잘 이해하지 못하고 있으며, 현재 여전히 연구가 진행 중인 분야이다. 단순한 **이상 유체** 모형을 사용하여 이런 어려움을 피할 것이다. 유체에 대한 세 가지 가정으로 이 모형을 표현할 수 있다.

1. 유체는 **압축되지 않는다**. 이것은 액체에 대해서 아주 좋은 가정이지만, 공기처럼 움직이고 있는 기체에 대해서도 상당히 잘 맞는다. 예컨대, 심지어 160 km/h의 바람이 벽에 부딪치더라도 그 밀도는 겨우 1% 정도 변한다.

2. 흐름은 **정상적이다**. 말하자면 유체의 각 지점에서 유체 속도는 시간에 따라 변하지 않는다. 이 조건하에 있는 흐름을 **층흐름**(laminar flow)이라 하며, 난류와 구별된다.

3. 유체는 **점성을 갖지 않는다**. 물은 차가운 팬케이크 시럽보다 훨씬 더 쉽게 흐른다. 왜냐하면 시럽은 아주 끈적끈적한 액체이기 때문이다. 점성은 흐름에 대한 저항이다. 유체의 비점성을 가정하는 것은 입자의 운동에 마찰이 없다고 가정하는 것과 유사하다. 기체는 아주 작은 점성을 가지고 있고, 심지어 많은 액체조차 비점성을 띠는 것으로 근사할 수 있다.

나중에 13.7절에서 가정 3을 완화하고 점성의 효과를 고려할 것이다.

그림 13.21의 상승하는 연기는 매끈한 윤곽에서 알 수 있듯이 층흐름으로 시작했다가 어느 지점을 지나면서 난류로 바뀐다. 층흐름이 난류로 전이하는 것은 유체흐름에서 흔히 일어나는 현상이다. 이상 유체 모형은 층흐름에만 적용될 수 있고 난류에는 적용될 수 없다.

그림 13.21 상승하는 연기는 층흐름에서 난류로 바뀐다.

난류

층흐름

연속 방정식

도관을 지나는 기름이나 동맥을 지나는 혈액과 같이 관을 지나는 유체흐름을 생각해 보자. 그림 13.22에서처럼 관의 지름이 변하면 유체의 속력에는 어떤 일이 일어나는가?

치약 튜브를 짜면 흘러나오는 치약의 부피는 튜브에서 줄어든 부피와 같다. 견고한 관을 통하여 흐르는 **비압축성** 유체도 똑같은 방식으로 행동한다. 유체는 관 안에서 생성되지도 소멸되지도 않고, 관에 유입된 어떠한 여분의 유체도 저장할 장소가 없다. 시간 간격 Δt 동안 부피 ΔV가 관에 들어오면 같은 부피의 유체가 반드시 관을 나가야 한다.

이 개념이 뜻하는 바를 알기 위해 그림 13.22에 있는 유체의 모든 분자들이 단면적

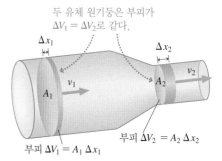

그림 13.22 유속은 점점 가늘어지는 관을 지나면서 변한다.

두 유체 원기둥은 부피가 $\Delta V_1 = \Delta V_2$로 같다.

Δx_1

Δx_2

v_1

A_2 v_2

A_1

부피 $\Delta V_2 = A_2\,\Delta x_2$

부피 $\Delta V_1 = A_1\,\Delta x_1$

이 A_1인 지점에서 속력 v_1으로 앞으로 이동한다고 가정한다. 관을 따라 더 나아가서 단면적이 A_2인 지점에서 분자들의 속력은 v_2이다. 시간 간격 Δt 동안에 넓은 단면에 있는 분자는 거리 $\Delta x_1 = v_1 \Delta t$만큼 나아가고 좁은 단면에 있던 분자는 $\Delta x_2 = v_2 \Delta t$만큼 이동한다. 유체는 비압축성이기 때문에 부피 ΔV_1과 ΔV_2는 같아야 하므로

$$\Delta V_1 = A_1 \, \Delta x_1 = A_1 v_1 \, \Delta t = \Delta V_2 = A_2 \, \Delta x_2 = A_2 v_2 \, \Delta t \qquad (13.11)$$

이다. 양변을 Δt로 나누면 다음과 같이 **연속 방정식**(equation of continuity)을 얻는다.

$$v_1 A_1 = v_2 A_2 \qquad (13.12)$$

비압축성 유체의 속력 v와 유체가 흐르는 관의
단면적 A를 관련짓는 연속 방정식

식 (13.11)과 (13.12)는 **관의 한 부분에 들어오는 비압축성 유체의 부피는 다른 쪽으로 빠져나가는 부피와 반드시 같아야 한다**는 것을 알려준다.

연속 방정식의 중요한 결과는 **흐름은 관의 좁은 부분에서 빨라지고, 넓은 부분에서는 느려진다**는 것이다. 수많은 일상경험으로 이 결과에 익숙할 것이다. **그림 13.23(a)**와 같이 정원용 호스에 노즐을 달면 물이 더 멀리까지 분출된다. 왜냐하면 좁은 노즐의 구멍 때문에 물의 출구속력이 더 커지기 때문이다. **그림 13.23(b)**처럼 수도꼭지에서 흐르는 물은 떨어질수록 속력을 얻는다. 결국 물줄기는 점점 더 '가늘어진다'.

관을 통해 유체가 흐르는 비율은 초당 부피 $\Delta V/\Delta t$이다. 이것을 **부피 흐름률**(volume flow rate) Q라고 한다. 식 (13.11)에서

$$Q = \frac{\Delta V}{\Delta t} = vA \qquad (13.13)$$

임을 알 수 있다. Q의 SI 단위는 m^3/s인데, 실제로는 cm^3/s, L/min을 사용하여 Q를 측정하기도 하고, 미국에서는 gallon/min과 ft^3/min을 사용한다. 연속 방정식의 의미를 달리 표현하면 **부피 흐름률은 관 안의 모든 점에서 일정하다**고 할 수 있다.

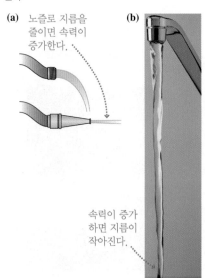

그림 13.23 물의 속력은 물줄기 지름에 반비례한다.

(a) 노즐로 지름을 줄이면 속력이 증가한다.

(b)

속력이 증가하면 지름이 작아진다.

예제 13.10 **호스를 통과하는 물의 속력**

어떤 정원용 호스는 안지름이 16 mm이고, 10 L짜리 물통을 채우는 데 20 s 걸린다.

a. 호스의 끝에서 나오는 물의 속력은 얼마인가?

b. 출구에서 물의 속력이 호스 안에서의 속력보다 4배 커지려면 지름이 얼마짜리인 노즐을 달아야 하는가?

준비 물은 본질적으로 압축되지 않으므로 연속 방정식이 적용된다.

풀이

a. 물의 부피 흐름률은 $Q = \Delta V/\Delta t = (10 \text{ L})/(20 \text{ s}) = 0.50$ L/s이다. 이것을 1 L = 1000 mL = 10^3 cm^3 = 10^{-3} m^3임을 이용하여 SI 단위로 바꾸면, $Q = 5.0 \times 10^{-4} \text{ m}^3/s$이다. 식 (13.13)으로부터 물의 속력은

$$v = \frac{Q}{A} = \frac{Q}{\pi r^2} = \frac{5.0 \times 10^{-4}\ \text{m}^3/\text{s}}{\pi(0.0080\ \text{m})^2} = 2.5\ \text{m/s}$$

이다.

b. 물이 호스를 지나고 노즐을 지나가도 양 $Q = vA$는 일정하게 유지된다. v를 4배 커지게 하려면 A가 4배 줄어들어야 한다. 단면적은 지름의 제곱에 의존하므로, 지름을 2배 줄이면 면적은 4배 줄어든다. 그러므로 필요한 노즐의 지름은 8 mm이다.

수업 영상

예제 13.11 **모세혈관의 혈류** BIO

몸 전체를 순환하기 위해 심장을 떠나는 피의 부피 흐름률은 쉬고 있는 사람인 경우에 약 5 L/min이다. 모든 피는 결국에는 가장 작은 혈관인 모세혈관을 통과해야 한다. 현미경으로 측정해보면 전형적인 모세혈관은 지름이 6 μm, 길이는 1 mm이고 피는 평균속력 1 mm/s로 모세혈관을 통과한다.

a. 몸속의 총 모세혈관 수를 어림하시오.

b. 모든 모세혈관의 총 표면적을 어림하시오.

여러 가지 길이와 면적이 **그림 13.24**에 나타나 있다.

그림 13.24 모세혈관(임의의 척도)

단면적 A_{cap}

표면적

$2r \approx 6\ \mu$m

$L \approx 1$ mm

준비 연속 방정식을 사용할 수 있다. 매분 심장을 통과해가는 5 L의 피는 연결된 모든 모세혈관을 지나는 총 흐름과 같아야 한다.

풀이

a. Q를 SI 단위로 바꾸는 것부터 시작한다.

$$Q = 5\ \frac{\text{L}}{\text{min}} \times \frac{1\ \text{m}^3}{1000\ \text{L}} \times \frac{1\ \text{min}}{60\ \text{s}} = 8.3 \times 10^{-5}\ \text{m}^3/\text{s}$$

모든 모세혈관에 대한 총 단면적은

$$A_{total} = \frac{Q}{v} = \frac{8.3 \times 10^{-5}\ \text{m}^3/\text{s}}{0.001\ \text{m/s}} = 0.083\ \text{m}^2$$

이다. 각 모세혈관의 단면적은 $A_{cap} = \pi r^2$이므로 총 모세혈관 수는 근사적으로

$$N = \frac{A_{total}}{A_{cap}} = \frac{0.083\ \text{m}^2}{\pi(3 \times 10^{-6}\ \text{m})^2} = 3 \times 10^9$$

이 된다.

b. 모세혈관 1개의 표면적은

$A = $ 모세혈관 원주 $\times$ 길이

$= 2\pi r L = 2\pi(3 \times 10^{-6}\ \text{m})(0.001\ \text{m}) = 2 \times 10^{-8}\ \text{m}^2$

이므로 모든 모세혈관의 총 표면적은 약

$$A_{surface} = NA = (3 \times 10^9)(2 \times 10^{-8}\ \text{m}) = 60\ \text{m}^2$$

이다.

검토 모세혈관 수는 굉장히 크고, 총 표면적은 대략 차 두 대를 수용하는 차고의 면적과 같다. 12장에서 보았듯이 산소와 영양소는 느린 확산과정으로 피에서 세포로 이동한다. 확산에 이용할 수 있는 표면적이 아주 커야만 요구되는 기체와 영양소의 교환 비율을 얻을 수 있다.

유체흐름의 표현: 흐름선과 유체요소

유체흐름을 표현하는 것은 입자의 운동을 표현하는 것보다 훨씬 복잡하다. 왜냐하면 유체흐름은 엄청나게 많은 입자들의 집합적인 운동이기 때문이다. **그림 13.25**는 하나의 가능한 유체흐름 표현을 보여준다. 풍동에서 차 주위의 공기흐름을 가시화하기 위해 연기가 사용된다. 흐름의 매끄러움은 이 흐름이 층흐름임을 말해준다. 그렇지만 개개의 연기 자국이 어떻게 서로 구분되는지 또한 주목해야 한다. 연기 자국들은 교차하거나 함께 섞이지 않으면서 유체의 **흐름선**을 표현한다.

그림 13.25 풍동실험에서 차 주변의 공기층흐름을 연기로 확인할 수 있다.

흐름선

층흐름으로 흐르고 있는 물에 색깔을 띠는 물감 한 방울을 떨어뜨리는 것을 상상해보자. 흐름은 정상적이고 물은 비압축성을 지니기 때문에 물감 방울은 함께 따라 흐르면서 자신과 주변을 구분할 것이다. 이 '유체입자'가 따라가는 경로를 **흐름선**(streamline)이라고 한다. 공기입자와 섞인 연기입자 때문에 그림 13.25의 풍동 사진에 있는 흐름선을 볼 수 있다. **그림 13.26**은 흐름선의 중요한 세 가지 성질을 보여준다.

그림 13.26 유체입자는 흐름선을 따라 움직인다.

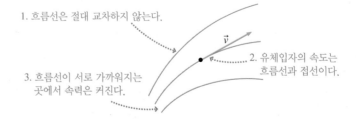

1. 흐름선은 절대 교차하지 않는다.
2. 유체입자의 속도는 흐름선과 접선이다.
3. 흐름선이 서로 가까워지는 곳에서 속력은 커진다.

그림 13.27 유체요소의 운동

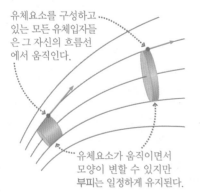

유체요소를 구성하고 있는 모든 유체입자들은 그 자신의 흐름선에서 움직인다.

유체요소가 움직이면서 모양이 변할 수 있지만 부피는 일정하게 유지된다.

유체의 운동을 다루다 보면 작은 유체부피를 고려하는 것이 종종 유용할 때가 있다. 수많은 유체입자가 들어 있는 그 작은 부피를 **유체요소**(fluid element)라고 한다. **그림 13.27**은 유체요소의 중요한 두 가지 성질을 보여준다. 입자와는 달리 유체요소는 실제 모양과 부피를 갖는다. 비록 유체요소 모양은 운동하면서 변할 수 있지만, 연속 방정식에 따르면 그 부피는 일정하게 유지되어야만 한다. 유체요소가 흐름선을 따라 움직이면서 모양이 변해가는 것을 기술하는 것은 유체 운동을 표현하는 또 하나의 유용한 방법이다.

13.6 유체 동역학

그림 13.28 좁아지는 관을 통과하는 유체요소의 운동 도형

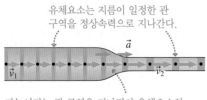

유체요소는 지름이 일정한 관 구역을 정상속력으로 지나간다.

가늘어지는 관 구역을 지나면서 유체요소의 속력이 증가한다. 가속하고 있기 때문에 여기에 작용하는 힘이 있어야 한다.

연속 방정식은 운동하는 유체를 기술하지만 유체가 왜 운동하는지에 대해서는 아무것도 알려주지 않는다. 동역학을 이해하기 위해 **그림 13.28**처럼 왼쪽에서 오른쪽으로 관을 지나가는 이상적인 유체를 생각해보자. 유체는 관의 넓은 부분에서 정상속력 v_1으로 운동한다. 연속 방정식에 따라 관의 좁은 부분에서는 속력 v_2로 더 빠르지만 정상적이다. 관을 통과하는 유체요소를 따라가면 가늘어지는 관 구역에서 v_1에서 v_2로 가속되는 것을 볼 수 있다.

뉴턴의 제1법칙에 의하면 마찰이 없는 경우에 입자는 정상속력으로 영원히 진행한다. 이상 유체는 점성을 갖지 않으므로 마찰 없이 움직이는 입자와 비슷하다. 이것은 그림 13.28의 지름이 일정한 구역을 통과하는 유체요소가 정상속력으로 '진행하기' 위해서는 힘이 없어야 한다는 것을 의미한다. 다른 한편으로 가늘어지는 관 구역을 통과하는 유체요소는 가속하여 속력이 v_1에서 v_2로 높아진다. 뉴턴의 제2법칙에 따르면 유체요소를 가속시키기 위해서는 이 유체요소에 작용하는 알짜힘이 반드시 있어야 한다.

이 힘의 근원은 무엇인가? 외부 힘도 없고, 수평 운동은 중력을 배제한다. 대신에 에워싼 유체, 곧 압력이 양 끝에서 유체요소를 밀고 있다. **그림 13.29**에서 단면적이 A인

유체요소는 오른쪽보다 왼쪽에서 압력이 더 높다. 따라서 왼쪽에서 밀고 있는 유체의 힘 $F_L = p_L A$(오른쪽으로 미는 힘)는 오른쪽의 유체의 힘 $F_R = p_R A$보다 크다. 압력이 높은 쪽에서 낮은 쪽으로 향하는 알짜힘은

$$F_{net} = F_L - F_R = (p_L - p_R)A = A\,\Delta p$$

이다. 다시 말해 두 면 사이에 **압력차** Δp가 있는 경우에 한해서 유체요소에 작용하여 속력을 바꾸는 알짜힘이 나타난다.

　따라서 그림 13.28에 있는 관의 목부분을 통과하는 유체요소를 가속하려면 관의 넓은 구역의 압력 p_1은 좁은 구역의 압력 p_2보다 높아야 한다. 압력이 유체의 한 점에서 다른 점으로 변해가면 그 영역에서 **압력기울기**(pressure gradient)가 있다고 한다. 압력에 의한 힘은 압력기울기 때문에 생긴다고 할 수 있다. 그래서 **이상 유체는 압력기울기가 있는 모든 곳에서 가속된다.**

　결과적으로 **압력은 유체가 느리게 움직이는 흐름선에서는 더 높아지고, 유체가 빠르게 움직이는 흐름선에서는 더 낮아진다.** 이러한 유체의 성질은 18세기에 스위스 과학자 베르누이가 발견했기 때문에 **베르누이 효과**(Bernoulli effect)라고 한다.

　이러한 압력과 유속 사이의 관계를 이용하여 벤투리관(Venturi tube)이라 하는 기구로 유속을 잴 수 있다. **그림 13.30**은 흐르는 액체에 적합한 간단한 벤투리관을 보여준다. 유체가 천천히 움직이고 있는 점 1의 높은 압력은 유체가 수직관에서 총 높이 d_1까지 올라가게 한다. 유체에 수직 운동은 없기 때문에 유체 정역학 압력방정식을 사용하면 점 1에서 압력이 $p_1 = p_0 + \rho g d_1$임을 알 수 있다. 같은 흐름선에 있는 점 3에서는 유체가 더 빠르게 운동하고 압력은 더 낮다. 그러므로 수직관에 있는 유체는 더 낮은 높이 d_3까지 올라간다. 압력차는 $\Delta p = \rho g(d_1 - d_3)$이므로 유체의 높이차를 재면 관의 목 양쪽의 압력차를 알 수 있다. 이 절에서 나중에 이 압력차와 속력의 증가를 관련지을 것이다.

　유체 높이 d_1은 d_2와 같고, d_3는 d_4와 같음에 주목하라. 점성이 없는 이상 유체에서는 관의 넓고 좁은 두 구역처럼 유체가 일정한 속력으로 운동하게 하는 데 압력차가 필요 없다. 다음 절에서 점성이 있는 유체에서는 이 결과가 어떻게 바뀌는지 알아볼 것이다.

베르누이 효과의 응용

그림 13.31처럼 언덕을 넘어가는 공기의 흐름을 생각해보면 베르누이 효과의 다양하고 중요한 활용을 이해할 수 있다. 언덕에서 왼쪽으로 멀리 떨어진 곳에서는 바람이 일정한 속력으로 분다. 그래서 흐름선의 간격은 균등하다. 그러나 공기가 언덕 위로 이동하면서 언덕은 흐름선이 함께 뭉치게 하므로 공기의 속력이 올라간다. 베르누이 효과에 따라 언덕 마루에 저압지대가 존재하는데, 그곳에서 공기는 가장 빨리 움직인다.

　이 개념을 사용하면 **양력**을 이해할 수 있다. 양력은 움직이는 비행기의 날개에 작용하는 위 방향의 힘으로 비행을 가능하게 한다. **그림 13.32**는 왼쪽으로 날고 있는 비

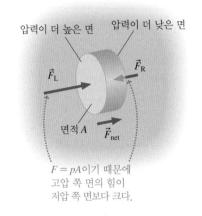

그림 13.29 유체에 작용하는 압력에 의한 알짜힘은 고압에서 저압 쪽으로 향한다.

압력이 더 높은 면　압력이 더 낮은 면

$\vec{F}_L$　　$\vec{F}_R$

면적 A　$\vec{F}_{net}$

$F = pA$이기 때문에 고압 쪽 면의 힘이 저압 쪽 면보다 크다.

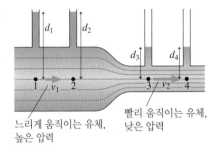

그림 13.30 벤투리관은 유체의 유속을 잰다.

d_1　d_2　　d_3　d_4

1　v_1　2　　3　v_2　4

느리게 움직이는 유체, 높은 압력

빨리 움직이는 유체, 낮은 압력

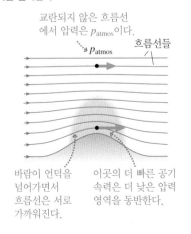

그림 13.31 바람이 언덕 꼭대기에 이르면서 속력은 올라간다.

교란되지 않은 흐름선에서 압력은 p_{atmos}이다.

p_{atmos}　흐름선들

바람이 언덕을 넘어가면서 흐름선은 서로 가까워진다.

이곳의 더 빠른 공기 속력은 더 낮은 압력 영역을 동반한다.

그림 13.32 날개를 지나가는 공기흐름은 위와 아래에 동일하지 않은 압력을 생성하여 양력을 발생시킨다.

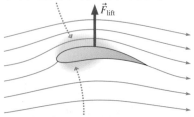

공기가 날개의 꼭대기 위에서 압착되면서 속력이 올라간다. 더 빠르게 움직이는 이 공기와 연관되어 저압지대가 나타난다.

$\vec{F}_{lift}$

공기가 더 천천히 움직이고 있는 날개 아래에서는 압력이 높아진다. 아래의 높은 압력과 위의 낮은 압력의 결과로 위 방향의 알짜 양력이 발생한다.

그림 13.33 바람은 지붕을 얼마나 높이 들어 올리는가.

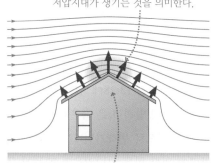

바람이 지붕 꼭대기에서 압착되면서 속력이 증가한다. 이것은 지붕 위에 저압지대가 생기는 것을 의미한다.

건물 안의 압력은 대기압으로 더 높다. 결과적으로 지붕에 작용하는 위 방향의 알짜힘이 나타난다.

행기의 날개 횡단면을 보여준다. 비행기의 기준틀에서 그림을 그렸으므로 날개는 정상 상태로 나타나고 공기는 날개를 지나 오른쪽으로 흐른다. 날개는 그림 13.31의 언덕의 경우처럼 공기의 흐름선이 날개 위를 지나감에 따라 서로 밀착되도록 형성된 모양이다. 증가한 이 속력은 베르누이 효과에 의해 날개 위에 저압지대를 동반한다. 날개 아래의 공기 속력은 실제로 늦어지므로 그 아래에 고압지대가 있다. 이 고압이 날개를 밀어 올리고, 그 위에 저압의 공기는 내리누르지만, 덜 강하게 누른다. 그 결과는 위 방향의 알짜힘, 즉 양력이 발생한다.

베르누이 효과는 또한 허리케인이 건물의 지붕을 어떻게 파괴하는지 설명해준다. 지붕은 바람에 '날리는' 것이 아니다. 지붕은 베르누이 효과로 생기는 압력차에 의해 **떠오르는 것이다. 그림 13.33**은 그 상황이 언덕과 비행기 날개의 상황과 비슷하다는 것을 보여준다. 양력을 일으키는 압력차는 별로 크지 않다. 그러나 그 힘은 지붕의 면적에 비례하는데, 지붕은 아주 넓어서 지붕을 지탱하는 벽에서 떨어져 나오기에 충분히 큰 양력을 발생시킬 수 있다.

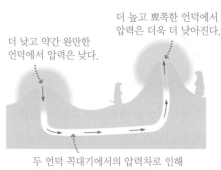

더 높고 뾰족한 언덕에서 압력은 더욱 더 낮아진다.

더 낮고 약간 완만한 언덕에서 압력은 낮다.

두 언덕 꼭대기에서의 압력차로 인해 밀려든 공기가 굴을 통과한다.

자연의 공기조절 프레리도그(Prairie dogs)는 비행기 뜨는 것과 같은 공기역학적 힘과 압력으로 지하의 굴을 환기시킨다. 굴의 두 출입구는 흙무더기에 쌓여있는데, 한쪽이 다른 쪽보다 더 높다. 바람이 이 흙무더기를 가로질러 불면 꼭대기에서 압력은 비행기 날개에서처럼 줄어든다. 흙무더기가 더 높고 그 곡률이 더 클수록 두 출입구의 압력은 더 낮아진다. 그러면 공기는 굴로 밀려들어 압력이 더 낮은 쪽으로 향한다.

베르누이 방정식

유체를 수평으로 가속시키는 원인이 압력기울기임을 알았다. 당연한 이야기지만 유체의 높이가 변한다면 중력도 유체의 속력이 올라가거나 내려가게 할 수 있다. 이것들이 유체 동역학의 핵심 개념이다. 이제 압력, 높이, 그리고 유속에 대한 수치적 관계를 찾음으로써 이 개념들을 정량화시키고자 한다. ◀◀10.6절에서 배운 역학적 에너지 보존을 적용하면 가능한데

$$\Delta K + \Delta U = W$$

이며, 여기서 U는 중력 위치 에너지이고, W는 다른 힘, 이 경우에 압력 힘에 의한 일이다. 여전히 마찰이나 점성이 없는 이상 유체를 고려하고 있다는 것을 염두에 두면 열에너지에 의한 에너지 낭비는 없다.

그림 13.34(a)에 관을 통과하여 흐르는 유체가 나타나 있다. 관이 위로 굽어지면서 관은 단면적 A_1에서 A_2로 좁아진다. 그림 13.34(a)에 짙게 표시된 유체의 넓은 부피에 집중한다. **운동하는 유체의 이 부분은 에너지 보존을 적용하기 위한 계가 될 것이다.**

에너지 보존을 사용하기 위해 전과 후 상황을 묘사할 필요가 있다. '전' 상황은 **그림 13.34(b)**에 나타나 있다. 짧은 시간 Δt 후에 계가 관을 따라 조금 이동한 상황이 **그림 13.34(c)**의 '후' 그림에 나타나 있다. 관의 지름은 균일하지 않으므로 유체계의 양 끝은 Δt 동안에 똑같은 거리를 이동하지는 않는다. 낮은 쪽 끝은 거리 Δx_1을 이동하고, 위쪽 끝은 Δx_2를 이동한다. 따라서 계는 낮은 쪽 끝에서 원기둥 부피 $\Delta V_1 = A_1 \Delta x_1$만큼 빠져나가고 위쪽 끝에서 부피 $\Delta V_2 = A_2 \Delta x_2$만큼 들어온다. 연속 방정식은 두 부피가 똑같아야 한다고 알려준다. 그러므로 $A_1 \Delta x_1 = A_2 \Delta x_2 = \Delta V$이다.

'전' 상황에서 '후' 상황까지 계는 부피 ΔV_1에 원래 가지고 있던 운동 에너지와 위치 에너지를 잃지만 나중에 점유하는 부피 ΔV_2에서 운동 에너지와 위치 에너지를 얻는다(이 작은 두 부피 사이에 있는 영역의 에너지는 변하지 않는다). 작은 부피 각각에 있는 운동 에너지를 구해보자. 원기둥 각각의 유체질량은 $m = \rho \Delta V$인데, ρ는 유체밀도이다. 작은 부피 1과 2의 운동 에너지는

$$K_1 = \frac{1}{2}\rho \underbrace{\Delta V}_{m} v_1^2 \quad \text{그리고} \quad K_2 = \frac{1}{2}\rho \underbrace{\Delta V}_{m} v_2^2$$

이다. 따라서 운동 에너지의 알짜 변화는

$$\Delta K = K_2 - K_1 = \frac{1}{2}\rho \Delta V v_2^2 - \frac{1}{2}\rho \Delta V v_1^2$$

이다. 마찬가지로 이 유체계의 중력 위치 에너지의 알짜 변화는

$$\Delta U = U_2 - U_1 = \rho \Delta V g y_2 - \rho \Delta V g y_1$$

이다.

에너지 보존 표현의 마지막 부분은 나머지 유체가 계에 한 일이다. 유체계가 이동하면서 계의 왼쪽에 작용하는 유체의 압력 p_1으로 인한 힘 $\vec{F}_1$은 계에 양(+)의 일을 하고, 계의 오른쪽에 작용하는 유체의 압력 p_2로 인한 힘 $\vec{F}_2$는 계에 음(−)의 일을 한

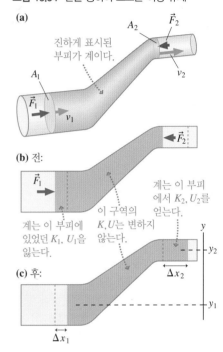

그림 13.34 관을 통하여 흐르는 이상 유체

(a)
진하게 표시된 부피가 계이다.
A_2　$\vec{F}_2$
A_1
v_2
$\vec{F}_1$　v_1

(b) 전:
$\vec{F}_1$　$\vec{F}_2$
계는 이 부피에 있었던 K_1, U_1을 잃는다.
이 구역의 K, U는 변하지 않는다.
계는 이 부피에서 K_2, U_2를 얻는다.

(c) 후:
y_2
Δx_2
y_1
Δx_1

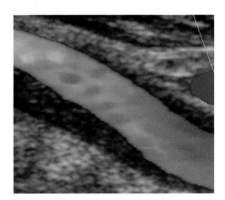

스트레스 받으며 살기 BIO 주요 동맥에 찌꺼기가 축적되면 혈압이 낮아져 위험한 상황이 생길 수 있다. 도플러 초음파는 음파를 사용하여 피의 유속을 측정할 수 있다. 그림은 찌꺼기가 상당히 축적된 경동맥을 지나는 혈류를 보여준다. 노란색은 빨간색보다 피의 유속이 빠른 것을 나타낸다. 혈류의 두 지점에서 속도를 알기만 하면, 베르누이 방정식을 이용하여 압력 저하를 유추할 수 있다.

다. 10.2절에서 배웠듯이 변위 Δx만큼 이동하면서 계에 작용하는 힘 F가 하는 일은 $F\Delta x$이다. 양(+)의 일은

$$W_1 = F_1\,\Delta x_1 = (p_1 A_1)\,\Delta x_1 = p_1(A_1\,\Delta x_1) = p_1\,\Delta V$$

이고, 음(−)의 일도 마찬가지로

$$W_2 = -F_2\,\Delta x_2 = -(p_2 A_2)\,\Delta x_2 = -p_2(A_2\,\Delta x_2) = -p_2\,\Delta V$$

이다. 따라서 계가 받는 알짜일은

$$W = W_1 + W_2 = p_1\,\Delta V - p_2\,\Delta V = (p_1 - p_2)\,\Delta V$$

이다.

이제 ΔK, ΔU와 W에 대한 표현을 사용하여 에너지 방정식을 쓰면

$$\underbrace{\frac{1}{2}\rho\,\Delta V v_2^2 - \frac{1}{2}\rho\,\Delta V v_1^2}_{\Delta K} + \underbrace{\rho\,\Delta V g y_2 - \rho\,\Delta V g y_1}_{\Delta U} = \underbrace{(p_1 - p_2)\,\Delta V}_{W}$$

가 된다. ΔV를 상쇄하고 나머지 항들을 다시 정리하면 흐름선 상의 두 지점의 이상 유체 양들을 관련짓는 **베르누이 방정식**(Bernoulli's equation)을 얻는다.

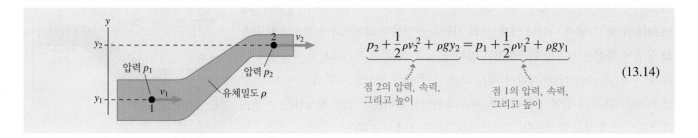

$$p_2 + \frac{1}{2}\rho v_2^2 + \rho g y_2 = p_1 + \frac{1}{2}\rho v_1^2 + \rho g y_1 \tag{13.14}$$

점 2의 압력, 속력, 그리고 높이 / 점 1의 압력, 속력, 그리고 높이

영상 학습 데모

이 절 앞부분에서 사용했던 개념의 정량적인 표현인 식 (13.14)는 실제로 일과 에너지에 대한 표현에 지나지 않는다. 베르누이 방정식을 사용하는 것은 에너지 보존 법칙을 사용하는 것과 아주 흡사하다. '전'과 '후'로 구별하기보다는 흐름선의 두 점으로 구별하는 것이 좋다. 다음 예제에서 보듯이 베르누이 방정식은 흔히 연속 방정식과 결합하여 사용된다.

예제 13.12 관개시설의 압력

물이 **그림 13.35**에 있는 관을 통해 흐른다. 아래쪽 관을 지날 때 물의 속력은 5.0 m/s이고 압력계는 75 kPa을 나타낸다. 위쪽 관에서 압력계는 얼마를 나타내는가?

준비 물을 베르누이 방정식을 따르는 이상 유체로 취급한다. 아래쪽 관의 점 1과 위쪽 관의 점 2를 연결하는 흐름선을 고려한다.

풀이 베르누이 방정식인 식 (13.14)는 점 1과 2의 압력, 유속 및 높이를 관련짓는다. 점 2의 압력 p_2는 쉽게 구해진다.

$$p_2 = p_1 + \frac{1}{2}\rho v_1^2 - \frac{1}{2}\rho v_2^2 + \rho g y_1 - \rho g y_2$$
$$= p_1 + \frac{1}{2}\rho(v_1^2 - v_2^2) + \rho g(y_1 - y_2)$$

우변에서 v_2를 제외한 모든 항의 값을 알고 있다. 연속 방정식을 유용하게 사용할 곳은 v_2이다. 점 1과 2에서 단면적과 물의 속력은

$$v_1 A_1 = v_2 A_2$$

로 연관되어 있으므로

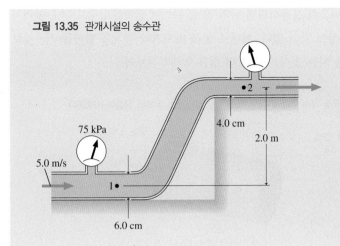

그림 13.35 관개시설의 송수관

$$v_2 = \frac{A_1}{A_2}v_1 = \frac{r_1^2}{r_2^2}v_1 = \frac{(0.030\text{ m})^2}{(0.020\text{ m})^2}(5.0\text{ m/s}) = 11.25\text{ m/s}$$

가 된다. 점 1에서 압력은 $p_1 = 75$ kPa $+ 1$ atm $= 176{,}300$ Pa이다. 이제 p_2에 대한 위의 식을 사용하여 계산하면 $p_2 = 105{,}900$ Pa이다. 이것은 절대 압력이다. 위쪽 관의 압력계는 $p_2 = 105{,}900$ Pa $-$ 1 atm $= 4.6$ kPa로 읽힌다.

검토 관의 크기를 줄이면 $v_2 > v_1$이 되므로 압력이 줄어든다. 높이가 올라가도 압력이 줄어든다.

13.7 점성과 푸아죄유 방정식

여태까지 유체에 관해 알아야 할 것은 오직 유체밀도였다. 밀도는 정적인 유체의 압력이 깊이에 따라 어떻게 증가하는지 결정하고 유체 운동을 기술하는 베르누이 방정식에 나타난다. 그러나 유체가 어떻게 흐르는지 결정하는 데 흔히 유체의 다른 성질이 중요하다는 것은 일상경험으로부터 알고 있다. 꿀과 물의 밀도는 별로 다르지 않지만, 꿀과 물이 흐르는 방식에는 엄청난 차이가 있다. 꿀은 훨씬 '걸쭉하다'. 흐름에 대한 저항을 결정하는 이러한 유체의 성질을 **점성**(viscosity)이라고 한다. 점성이 매우 높은 유체를 쏟으면 천천히 흐르고 관을 통과하기가 어렵다. 유체의 점성은 혈류에서부터 새의 비행에 이르기까지 현실 세계에서 광범위한 유체의 적용을 이해하는 데 아주 중요한 관건이 된다.

점성이 없는 이상 유체는 압력의 변화가 없는 일정한 지름의 관을 통하여 일정한 속력으로 '진행할' 것이다. 그것이 그림 13.30의 벤투리관에서 압력을 측정하는 첫째와 둘째 기둥에서 유체의 높이가 같은 이유이다. 그러나 **그림 13.36**이 보여주듯이, 실

점 1과 2 사이에서 압력은 내려간다.

이 구역에서 압력기울기는 유체의 속력이 올라가는 원인이 된다.

점 3과 4에서 압력은 내려간다.

그림 13.36 점성이 있는 유체가 계속 움직이려면 압력차가 필요하다. 이것을 이상 유체를 나타낸 그림 13.30과 비교하라.

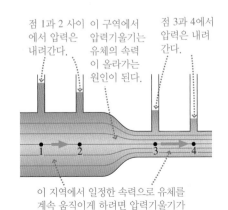

이 지역에서 일정한 속력으로 유체를 계속 움직이게 하려면 압력기울기가 필요하다.

제 유체가 일정한 속력으로 운동하려면 관의 양 끝 사이에 **압력차**가 필요하다. 압력차의 크기는 유체의 점성에 달려 있다. 빨대로 물을 마시거나 공기를 빨아들이는 것보다 진한 밀크셰이크를 빠는 것이 얼마나 더 힘든지 생각해보라.

그림 13.37 유체를 계속 흐르게 하는 데 필요한 압력차는 유체의 점성에 비례한다.

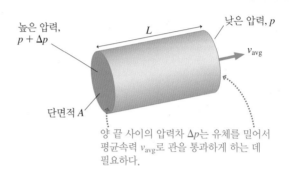

높은 압력, $p + \Delta p$

낮은 압력, p

L

v_{avg}

단면적 A

양 끝 사이의 압력차 Δp는 유체를 밀어서 평균속력 v_{avg}로 관을 통과하게 하는 데 필요하다.

그림 13.37은 점성이 있는 유체가 길이 L과 단면적 A인 관을 통하여 일정한 평균속력 v_{avg}로 흐르는 것을 보여준다. 실험에 따르면 유체가 계속 움직이도록 유지하는 데 필요한 압력차는 v_{avg}와 L에 비례하고 A에 반비례한다. 그러므로

$$\Delta p = 8\pi\eta \frac{L v_{avg}}{A} \tag{13.15}$$

로 쓸 수 있다. 여기서 $8\pi\eta$는 비례 상수이고 η(그리스 소문자 에타)는 **점성계수** (coefficient of viscosity) (또는 점성)라고 한다. (식에 있는 8π는 점성의 기술적 정의에서 비롯된 것으로 중요하지 않다.)

식 (13.15)는 합당한 식이다. 점성이 더 큰 유체는 관을 통해 미는 데 더 큰 압력차가 필요하다. $\eta = 0$인 이상 유체는 압력차가 없이도 계속 흐를 것이다. 또한 식 (13.15)로부터 점성의 단위는 $N \cdot s/m^2$ 또는 동등하게 $Pa \cdot s$이다. 표 13.3은 몇몇 흔한 유체의 η값들을 보여준다. 많은 액체의 점성은 온도에 따라 아주 빠르게 감소한다. 차가운 기름은 거의 흐르지 않지만 뜨거운 기름은 물처럼 쏟아진다.

표 13.3 유체의 점성

유체	$\eta(Pa \cdot s)$
공기(20°C)	1.8×10^{-5}
물(20°C)	1.0×10^{-3}
물(40°C)	0.7×10^{-3}
물(60°C)	0.5×10^{-3}
혈액 전체(37°C)	2.5×10^{-3}
모빌유(−30°C)	3×10^5
모빌유(40°C)	0.07
모빌유(100°C)	0.01
꿀(15°C)	600
꿀(40°C)	20

푸아죄유 방정식

점성은 관을 통한 유체흐름에 큰 영향을 미친다. **그림 13.38(a)**처럼 이상 유체에서는 모든 유체입자가 똑같은 속력 v, 바로 연속 방정식에 있는 그 속력으로 움직인다. 점성이 있는 유체의 경우 **그림 13.38(b)**처럼 유체는 관의 중심에서 가장 빨리 움직인다. 관의 중심에서 멀어질수록 속력은 줄어들다가 관의 벽에서는 0에 도달한다. 즉, 관과 접해 있는 유체의 층은 전혀 움직이지 않는다. 관을 통과하는 물이든지, 동맥을 통과하는 피든지 바깥쪽 가장자리에 있는 유체는 '정체되어' 거의 움직이지 못하기 때문에 그 결과 관의 벽 안쪽에 침전물이 쌓이게 된다.

비록 점성이 있는 액체의 흐름을 단 하나의 속력 v로 특징짓지 못하지만 그래도 평

그림 13.38 점성은 유체입자의 속도를 바꾼다.

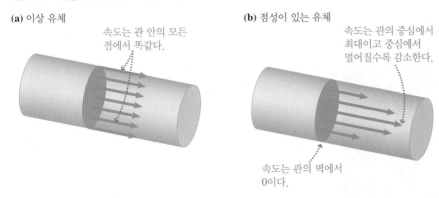

(a) 이상 유체

속도는 관 안의 모든 점에서 똑같다.

(b) 점성이 있는 유체

속도는 관의 중심에서 최대이고 중심에서 멀어질수록 감소한다.

속도는 관의 벽에서 0이다.

균유속을 정의할 수 있다. 점성이 η인 유체가 반지름이 R이고 단면적이 $A = \pi R^2$인 원형 관을 통해 흐른다고 생각해보자. 식 (13.15)로부터 관의 양 끝 사이의 압력차 Δp는 유체가 평균속력

$$v_{avg} = \frac{R^2}{8\eta L}\Delta p \qquad (13.16)$$

로 흐르게 한다. 평균유속은 압력차에 정비례한다. 유체의 속력을 2배 증가시키려면 관의 양 끝 사이의 압력차를 2배가 되게 해야 한다.

식 (13.13)에서 부피 흐름률 $Q = \Delta V/\Delta t$를 정의했고 이상 유체에 대해 $Q = vA$임을 알았다. 점성이 있는 유체의 경우 v가 유체 전체에서 일정하지 않으므로 간단하게 v를 식 (13.16)에서 구한 평균속력 v_{avg}로 대신한다. 원형 관인 경우 $A = \pi R^2$을 사용하면 압력차 Δp로 인한 부피 흐름률은

$$Q = v_{avg}A = \frac{\pi R^4 \Delta p}{8\eta L} \qquad (13.17)$$

반지름 R, 길이 L인 관을 통해 흐르는 점성이 있는 유체에 대한 푸아죄유 방정식

이다. 이 결과는 처음 이 계산을 했던 프랑스 과학자 장 푸아죄유(Jean Poiseuille, 1797~1869)의 이름을 따서 **푸아죄유 방정식**(Poiseuille's equation)이라 한다.

푸아죄유 방정식의 놀라운 결과 하나는 흐름이 관의 반지름에 대해 강한 의존성을 보인다는 것이다. 부피 흐름률은 R의 네제곱에 비례한다. 관의 반지름을 2배로 하면 흐름률은 $2^4 = 16$배 증가할 것이다. 강한 반지름 의존성에는 두 가지 원인이 있다. 첫째, 흐름률은 관의 면적에 의존하는데, 그 면적은 R^2에 비례한다. 큰 관일수록 유체를 더 많이 운반한다. 둘째, 평균속력은 관이 클수록 더 빠르다. 왜냐하면 흐름이 가장 빠른 관의 중심은 벽이 미치는 '끌림'에서 멀리 떨어져 있기 때문이다. 알다시피 평균속력도 R^2에 비례한다. 이 두 항을 결합하면 R^4 의존성이 도출된다.

개념형 예제 13.13 **혈압과 심혈관질환 BIO**

심혈관질환은 혈관 내벽에 찌꺼기 침전물이 쌓여서 동맥이 좁아지는 것이다. 24장에서 배울 자기공명영상장치는 신체 내부구조의 정교한 3차원 영상을 만들 수 있다. 머리에 피를 공급하는 경동맥이 위험하게 좁아진 부분(협착증)을 화살표로 표시한 것이 사진에 나타나 있다.

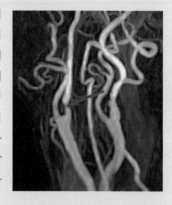

물론 사진에 나타난 협착증만큼은 좁지 않지만, 동맥의 한 부분이 8%만큼 좁아진다면, 같은 비율로 혈류를 유지하기 위해 좁아진 부분의 양 끝 사이의 혈압은 몇 퍼센트 증가해야 하는가?

판단 피의 흐름률 Q가 변하지 않은 채로 있으려면, 푸아죄유 방정식에 따라 동맥의 반지름 R이 줄어든 것을 보정하기 위해서 압력차 Δp가 증가해야 한다. 푸아죄유 방정식을

$$R^4 \Delta p = \frac{8\eta LQ}{\pi}$$

로 쓰면, 동맥이 똑같은 흐름률을 유지하기 위해서는 곱 $R^4 \Delta p$는 변하지 않아야 함을 알 수 있다. 처음 동맥의 반지름과 압력차를 R_i와 Δp_i라고 놓는다. 질환은 반지름을 8% 줄이므로 $R_f = 0.92R_i$이다. 조건

$$R_i^4 \Delta p_i = R_f^4 \Delta p_f$$

를 새 압력차에 대해 풀면

$$\Delta p_f = \frac{R_i^4}{R_f^4} \Delta p_i = \frac{R_i^4}{(0.92R_i)^4} \Delta p_i = 1.4 \Delta p_i$$

이다. 흐름을 유지하려면 압력차는 40% 증가해야만 한다.

검토 흐름률은 R^4에 의존하기 때문에 반지름이 조금 변한 것조차 보정하려면 Δp가 크게 변해야 한다. 혈압을 증가시키거나 아니면 혈류가 현저히 감소하는 것을 견뎌야 한다. 혈압이 증가하면 위험하다. 사진에 나타난 협착증의 경우에 반지름이 8%보다 훨씬 많이 줄어들어 있어서 압력차는 크고 아주 위험할 것이다.

예제 13.14 **모세혈관의 압력강하 BIO**

예제 13.11에서 모세혈관을 통과하는 혈류를 조사했다. 그 예제에 있는 숫자를 사용하여 모세혈관의 양 끝에서의 '압력강하'를 계산하시오.

준비 예제 13.11에는 모세혈관을 통과하는 흐름률을 결정할 수 있는 충분한 정보가 있다. 푸아죄유 방정식을 사용하여 양 끝 사이의 압력차를 계산한다.

풀이 심장을 떠나는 부피 흐름률의 측정값은 5 L/min = 8.3×10^{-5} m³/s이다. 이 흐름은 모든 모세혈관으로 나누어진다. 모세혈관 수는 $N = 3 \times 10^9$이므로 각 모세혈관을 통과하는 흐름률은

$$Q_{cap} = \frac{Q_{heart}}{N} = \frac{8.3 \times 10^{-5} \text{ m}^3/\text{s}}{3 \times 10^9} = 2.8 \times 10^{-14} \text{ m}^3/\text{s}$$

이다. Δp에 대해 푸아죄유 방정식을 풀면

$$\Delta p = \frac{8\eta LQ_{cap}}{\pi R^4} = \frac{8(2.5 \times 10^{-3} \text{ Pa} \cdot \text{s})(0.001 \text{ m})(2.8 \times 10^{-14} \text{ m}^3/\text{s})}{\pi(3 \times 10^{-6} \text{ m})^4} = 2200 \text{ Pa}$$

을 얻는다. 혈압의 단위인 mmHg로 바꾸면 모세혈관의 혈압강하는 Δp = 16 mmHg이다.

검토 심장이 공급하는 평균혈압(최고혈압과 최저혈압의 평균)은 약 100 mmHg이다. 생리학 교과서에 따르면 피가 모세혈관에 들어갈 때는 압력이 35 mmHg이고, 모세혈관에서 정맥으로 빠져나올 때는 17 mmHg이다. 따라서 모세혈관에서의 압력강하는 18 mmHg이다. 유체흐름 법칙과 모세혈관 크기에 대한 간단한 추정에 기초한 계산 결과는 측정값과 거의 완벽히 일치한다.

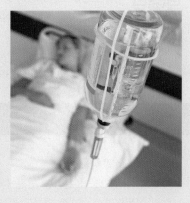

병원에서 환자는 흔히 정맥(IV) 주입을 통해 수액을 공급받는다. 환자 몸 위의 고정된 높이에 수액 백을 둔다. 그러면 수액은 지름이 크고 유연한 관을 타고 카데터(catheter)까지 내려온다. 카데터는 지름이 작은 짧은 관인데 환자의 정맥에 삽입되어 있다.

밀도가 1020 kg/m³이고 점성이 1.1×10^{-3} Pa·s인 식염수 1.0 L를 8.0 h 동안 환자에게 주입할 예정이다. 카데터는 길이가 30 mm이고 안지름은 0.30 mm이다. 환자 정맥의 압력은 20 mmHg이다. 원하는 흐름률을 얻으려면 수액 백이 환자보다 얼마나 높이 있어야 하는가?

준비 그림 13.39는 상황을 스케치하고, 변수를 정의하고, 알고 있는 정보를 나열한 것을 보여준다. 우리의 관심은 점성이 있는 유체흐름에 있다. 푸아죄유 방정식에 따라서 흐름률은 관의 반지름의 네제곱에 반비례한다. 수액 백에서 카데터까지의 관은 지름이 크지만 카데터의 지름은 작다. 따라서 좁은 카데터를 통과하는 흐름이 흐름률을 전적으로 결정하고, 넓은 관의 영향은 무시할 수 있다고 본다.

그림 13.39 IV 수혈의 개요도

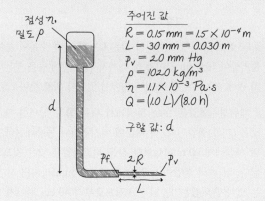

카데터에 대해 푸아죄유 방정식을 사용하려면 카데터 양쪽 사이의 압력차 Δp를 알 필요가 있다. 환자의 정맥에 있는 카데터 끝의 압력은 $p_v = 20$ mmHg 또는 표 13.2를 사용하여 SI 단위로 바꾸면

$$p_v = 20 \text{ mmHg} \times \frac{101 \times 10^3 \text{ Pa}}{760 \text{ mmHg}} = 2660 \text{ Pa}$$

이 된다. 이것은 계기 압력으로 1 atm을 초과한 압력이다. 카데터 쪽 유체의 압력은 수액 백과 카데터까지 이르는 유연한 관을 채우는 식염수의 유체 정역학 압력 때문에 발생한다. 이 압력은 유체 정역학 압력방정식 $p = p_0 + \rho g d$로 주어지는데, d는 수액 백 아래 카데터의 '깊이'이다. 따라서 Δp를 사용하여 d를 구한다.

풀이 원하는 부피 흐름률은

$$Q = \frac{\Delta V}{\Delta t} = \frac{1.0 \text{ L}}{8.0 \text{ h}} = 0.125 \text{ L/h}$$

이다. 1.0 L = 1.0×10^{-3} m³를 사용하여 SI 단위로 바꾸면

$$Q = 0.125 \frac{\text{L}}{\text{h}} \times \frac{1.0 \times 10^{-3} \text{ m}^3}{\text{L}} \times \frac{1 \text{ h}}{3600 \text{ s}} = 3.47 \times 10^{-8} \text{ m}^3/\text{s}$$

가 된다.

점성이 있는 액체의 흐름에 대한 푸아죄유 방정식은

$$Q = \frac{\pi R^4 \Delta p}{8 \eta L}$$

이다. 따라서 원하는 흐름률 Q를 만들기 위해 관의 양 끝 사이에 필요한 압력차는

$$\Delta p = \frac{8 \eta L Q}{\pi R^4}$$

$$= \frac{8(1.1 \times 10^{-3} \text{ Pa} \cdot \text{s})(0.030 \text{ m})(3.47 \times 10^{-8} \text{ m}^3/\text{s})}{\pi (1.5 \times 10^{-4} \text{ m})^4}$$

$$= 5760 \text{ Pa}$$

이다. 이제 Δp는 카데터의 한쪽 끝의 유체압력 p_f와 다른 쪽 끝의 정맥압력 p_v의 차인 $\Delta p = p_f - p_v$이다. p_v를 알고 있으므로

$$p_f = p_v + \Delta p = 2660 \text{ Pa} + 5760 \text{ Pa} = 8420 \text{ Pa}$$

이 된다. 이 압력도 정맥의 압력처럼 계기 압력이다. 카데터의 진짜 유체 정역학 압력은 $p = 1$ atm + 8420 Pa이다. 그러나 유체 정역학 압력은

$$p = p_0 + \rho g d = 1 \text{ atm} + \rho g d$$

이므로 $\rho g d = 8420$ Pa임을 알 수 있다. 환자의 팔 위에 있는 수액 백의 높이를 구하기 위하여 d에 대해 풀면

$$d = \frac{p_f}{\rho g} = \frac{8420 \text{ Pa}}{(1020 \text{ kg/m}^3)(9.8 \text{ m/s}^2)} = 0.84 \text{ m}$$

가 된다.

검토 약 1미터 되는 이 높이는 정맥 수액 백의 높이로 합당해 보인다. 실제로는 유체 흐름률을 조절하기 위해 수액 백을 더 올리거나 낮출 수 있다.

문제의 난이도는 I (쉬움)에서 IIIII (도전)으로 구분하였다. INT로 표시된 문제는 지난 장의 내용이 복합된 문제이고, BIO는 생물학적 또는 의학적 관심 분야를 의미한다.

QR 코드를 스캔하여 이 장의 문제를 해결하는 데 도움이 되는 영상 학습 풀이를 시작하시오.

연습문제

13.1 유체와 밀도

1. II 50 mL 비커에 수은을 가득 채웠다. 수은의 무게는 얼마인가?

2. II 밀도가 $\rho = 1.4 \text{ kg/m}^3$인 공기가 구에 들어 있다. 구의 반지름이 2배가 되어 안에 들어 있는 공기를 옅게 만들면 밀도는 얼마가 되는가?

3. II a. 휘발유 50 g을 물 50 g과 섞는다. 혼합물의 평균밀도는 얼마인가?
   b. 휘발유 50 cm³를 물 50 cm³와 섞는다. 혼합물의 평균밀도는 얼마인가?

4. II 물고기 몸의 평균밀도는 1080 kg/m³이다. 가라앉는 것을 피
BIO 하기 위해 물고기는 부레라고 알려진 내부 공기주머니를 공기로 부풀려 부피를 늘린다. 물고기가 민물에서 중립부력 상태가 되려면 그 부피를 몇 퍼센트나 증가시켜야 하는가? 20°C인 공기의 밀도는 표 13.1에 나타나 있다.

13.2 압력

5. II 긴 실린더에 25 cm의 물이 담겨 있다. 실린더에 기름을 조심스럽게 부으면 기존에 있던 물 위에 뜨게 된다. 액체의 전체 총 깊이가 40 cm가 될 때까지 계속 붓게 되면 실린더 바닥의 계기압력은 얼마인가?

6. III 높이 35 cm, 지름 5.0 cm인 원기둥 비커에 물을 가득 채운다. 물이 비커 바닥에 작용하는 아래 방향의 힘은 얼마인가?

7. IIIII 어떤 연구용 잠수함의 창은 지름 30 cm, 두께 10.0 cm이다. 제작자에 따르면 창은 2.0×10^6 N의 힘을 견딜 수 있다고 한다. 잠수함이 안전하게 내려갈 수 있는 최대심도는 얼마인가? 잠수함 안의 기압은 1.0 atm으로 유지한다.

8. III 그림 P13.8처럼 지름이 60 cm이고 한쪽 끝은 닫혀 있고 다른 쪽 끝은 열려 있는 원기둥 2개를 연결하여 하나의 원기둥을 형성한 뒤 안에 있는 공기는 없앤다.
   a. 각 원기둥의 편평한 끝에 대기가 얼마나 큰

그림 P13.8

힘을 작용하는가?
   b. 위쪽 원기둥을 튼튼한 천정에 볼트로 죈다. 두 원기둥을 떼어놓으려면 아래쪽 원기둥에 100 kg인 축구선수 몇 명이 매달려야 하는가?

13.3 압력의 측정 및 이용

9. II 그림 P13.9에 있는 용기는 기름으로 채워져 있다. 왼쪽은 대기에 노출되어 있다.
   a. 점 A에서 압력은 얼마인가?
   b. 점 A와 B 사이의 압력차는 얼마인가? 점 A와 C 사이는?

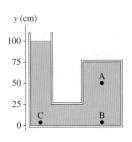

그림 P13.9

10. III 양 끝이 공기에 노출되어 있는 U자형 관에 수은이 들어 있다. 물기둥이 10.0 cm 깊이가 될 때까지 왼쪽 관에 물을 붓는다. 오른쪽 관에 있는 수은은 초기 위치에서 얼마나 위로 솟아오르는가?

11. III 체위성저혈압은 누운 자세에서 너무 빨리 일어설 때 생기는
BIO 낮은 (최고)혈압인데, 이 때문에 어지럽거나 몽롱해진다. 대부분의 사람에게 90 mmHg보다 작은 최고혈압은 낮은 것으로 간주된다. 뇌 속의 혈압이 누워 있을 때 120 mmHg이면 서 있을 때는 얼마가 되겠는가? 뇌는 심장으로부터 40 cm 떨어져 있고 피의 밀도는 $\rho = 1060 \text{ kg/m}^3$이다. 대체로 자세를 바꿀 때 뇌의 혈압을 안정하게 유지하기 위해 혈관이 수축하고 팽창한다.

13.4 부력

12. III 강(민물)으로 항해하기 위해 항구(바닷물)에서 화물바지선에 짐을 싣는다. 사각형 바지선이 3.0 m × 20.0 m이고 항구에서 가라앉은 깊이가 0.80 m이면 강에서 가라앉는 깊이는 얼마가 되겠는가?

13. ∥ 그림 P13.13에 있는 줄의 장력은 얼마인가?

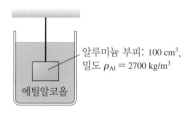

알루미늄 부피: 100 cm³,
밀도 ρ_{Al} = 2700 kg/m³

에틸알코올

그림 P13.13

14. Ⅰ 10 cm × 10 cm × 10 cm 크기의 쇠(ρ_{steel} = 7900 kg/m³)토막이 용수철 저울에 매달려 있다. 눈금은 N 단위이다.
   a. 토막이 공기 중에 있을 때 눈금은 얼마를 가리키는가?
   b. 기름이 담긴 비커 속에 토막을 완전히 잠기게 했을 때 눈금은 얼마를 가리키는가?

15. ⫴ 스티로폼은 밀도가 32 kg/m³이다. 물에 있는 지름이 50 cm인 스티로폼 구가 가라앉지 않게 스티로폼 구에 매달 수 있는 최대 질량은 얼마인가? 매단 질량의 부피는 구에 비해 무시할 수 있다고 가정한다.

13.5 운동하는 유체

16. ⫴ 부피 흐름률이 5.0×10^5 L/s인 북한강은 10.0×10^5 L/s를 운반하는 남한강과 합류하여 한강을 형성한다. 한강의 폭은 150 m이고 깊이는 10 m이다. 한강의 유속은 얼마인가?

17. ⫴ 10,000 L의 어린이풀장을 비우기 위해 펌프를 사용한다. 지름이 3.0 cm인 호스를 통해 5.0 m/s의 속력으로 물이 빠져나간다. 풀장을 비우는 데 얼마나 걸리겠는가?

13.6 유체 동역학

18. ∥ 그림 P13.18에 있는 꼭대기의 압력계는 얼마를 나타내고 있는가?

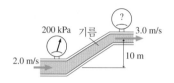

200 kPa 기름 3.0 m/s
2.0 m/s 10 m

그림 P13.18

19. ⫴ 길이 2.0 m, 폭 0.60 m, 깊이 0.45 m인 직각의 여물통이 완전히 물로 차 있다. 여물통의 한 면에는 정확히 바닥 가장자리에 조그만 배수마개가 달려 있다. 마개를 뽑으면 물이 구멍에서 얼마의 속력으로 나오겠는가?

13.7 점성과 푸아죄유 방정식

20. ⫸ 땅에 평형하게 놓여 있는 지름 2.5 cm, 길이 10 m인 정원용 호스를 통해 물이 0.25 L/s로 흐른다. 물의 온도는 20°C이다. 호스로 들어가는 곳의 물의 계기 압력은 얼마인가?

수식 다시보기

대수

지수의 사용

$$a^{-x} = \frac{1}{a^x} \qquad a^x a^y = a^{(x+y)} \qquad \frac{a^x}{a^y} = a^{(x-y)} \qquad (a^x)^y = a^{xy}$$

$$a^0 = 1 \qquad a^1 = a \qquad a^{1/n} = \sqrt[n]{a}$$

분수

$$\left(\frac{a}{b}\right)\left(\frac{c}{d}\right) = \frac{ac}{bd} \qquad \frac{a/b}{c/d} = \frac{ad}{bc} \qquad \frac{1}{1/a} = a$$

로그

밑이 e인 자연로그: $a = e^x$이면 $\ln(a) = x$이다. $\qquad \ln(e^x) = x \qquad e^{\ln(x)} = x$

밑이 10인 상용로그: $a = 10^x$이면 $\log_{10}(a) = x$이다. $\quad \log_{10}(10^x) = x \qquad 10^{\log_{10}(x)} = x$

다음 규칙은 자연로그와 밑이 10인 상용로그 둘 다에 적용된다.

$$\ln(ab) = \ln(a) + \ln(b) \qquad \ln\left(\frac{a}{b}\right) = \ln(a) - \ln(b) \qquad \ln(a^n) = n\ln(a)$$

$\ln(a + b)$는 더 이상 간단히 표현할 수 없다.

선형 방정식

방정식 $y = ax + b$의 그래프는 직선이다.

a는 그래프의 기울기이다. b는 y절편이다.

비례 관계

y는 x에 비례한다. 즉 $y \propto x$라는 것은 a가 상수일 때 $y = ax$를 의미한다. 비례 관계는 선형 방정식 중에서 특수한 경우이다. 비례 관계의 그래프는 원점을 지나는 직선이다. $y \propto x$라면,

$$\frac{y_1}{y_2} = \frac{x_1}{x_2}$$

이다.

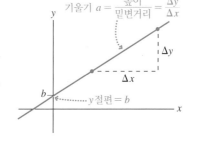

기울기 $a = \dfrac{\text{높이}}{\text{밑변거리}} = \dfrac{\Delta y}{\Delta x}$

y절편 $= b$

2차 방정식

2차 방정식 $ax^2 + bx + c = 0$은 풀이가 둘이다. $\quad x = \dfrac{-b \pm \sqrt{b^2 - 4ac}}{2a}$

기하학과 삼각함수

면적과 부피

직사각형

$A = ab$

직육면체

$V = abc$

삼각형

$A = \frac{1}{2}ab$

직각 원기둥

$V = \pi r^2 l$

원

$C = 2\pi r$

$A = \pi r^2$

구

$A = 4\pi r^2$

$V = \frac{4}{3}\pi r^3$

호의 길이와 각도 rad 단위로 나타낸 θ는 $\theta = s/r$이다.

각 θ에 해당하는 호의 길이는 $s = r\theta$이다.

$2\pi \text{ rad} = 360°$

직각삼각형 피타고라스 정리 $c = \sqrt{a^2 + b^2}$ 또는 $a^2 + b^2 = c^2$

$$\sin\theta = \frac{b}{c} \qquad\qquad\qquad \theta = \sin^{-1}\left(\frac{b}{c}\right)$$

$$\cos\theta = \frac{a}{c} \qquad\qquad\qquad \theta = \cos^{-1}\left(\frac{a}{c}\right)$$

$$\tan\theta = \frac{b}{a} \qquad\qquad\qquad \theta = \tan^{-1}\left(\frac{b}{a}\right)$$

일반적으로 θ의 사인값이 x라면, 즉 $x = \sin\theta$이면 x의 아크사인($\sin^{-1}x$)을 구하여 θ를 구할 수 있다. $\theta = \sin^{-1}x$. 코사인과 탄젠트에도 유사한 관계를 적용할 수 있다.

일반 삼각형 $\alpha + \beta + \gamma = 180° = \pi \text{ rad}$

항등식 $\tan\alpha = \dfrac{\sin\alpha}{\cos\alpha}$ $\qquad\qquad$ $\sin^2\alpha + \cos^2\alpha = 1$

$\sin(-\alpha) = -\sin\alpha$ $\qquad\qquad$ $\cos(-\alpha) = \cos\alpha$

$\sin(2\alpha) = 2\sin\alpha\cos\alpha$ $\qquad\qquad$ $\cos(2\alpha) = \cos^2\alpha - \sin^2\alpha$

확대와 근사

이항근사 $x \ll 1$이면 $(1 + x)^n \approx 1 + nx$이다.

작은 각 근사 $\alpha \ll 1 \text{ rad}$이면 $\sin\alpha \approx \tan\alpha \approx \alpha$ 그리고 $\cos\alpha \approx 1$이다.

작은 각 근사는 $\alpha < 5°$ ($\approx 0.1 \text{ rad}$)에서 잘 일치하며 일반적으로 $\alpha \approx 10°$까지 타당하다.

원소의 주기율표

범례

원자번호	27
원소기호	Co
원자질량	58.9

주기 (세로: 1–7)

1	2	3	4	5	6	7	8	9	10	11	12	13	14	15	16	17	18
1 H 1.0																	2 He 4.0
3 Li 6.9	4 Be 9.0											5 B 10.8	6 C 12.0	7 N 14.0	8 O 16.0	9 F 19.0	10 Ne 20.2
11 Na 23.0	12 Mg 24.3											13 Al 27.0	14 Si 28.1	15 P 31.0	16 S 32.1	17 Cl 35.5	18 Ar 39.9
19 K 39.1	20 Ca 40.1	21 Sc 45.0	22 Ti 47.9	23 V 50.9	24 Cr 52.0	25 Mn 54.9	26 Fe 55.8	27 Co 58.9	28 Ni 58.7	29 Cu 63.5	30 Zn 65.4	31 Ga 69.7	32 Ge 72.6	33 As 74.9	34 Se 79.0	35 Br 79.9	36 Kr 83.8
37 Rb 85.5	38 Sr 87.6	39 Y 88.9	40 Zr 91.2	41 Nb 92.9	42 Mo 95.9	43 Tc [98]	44 Ru 101.1	45 Rh 102.9	46 Pd 106.4	47 Ag 107.9	48 Cd 112.4	49 In 114.8	50 Sn 118.7	51 Sb 121.8	52 Te 127.6	53 I 126.9	54 Xe 131.3
55 Cs 132.9	56 Ba 137.3	71 Lu 175.0	72 Hf 178.5	73 Ta 180.9	74 W 183.9	75 Re 186.2	76 Os 190.2	77 Ir 192.2	78 Pt 195.1	79 Au 197.0	80 Hg 200.6	81 Tl 204.4	82 Pb 207.2	83 Bi 209.0	84 Po [209]	85 At [210]	86 Rn [222]
87 Fr [223]	88 Ra [226]	103 Lr [262]	104 Rf [265]	105 Db [268]	106 Sg [271]	107 Bh [272]	108 Hs [270]	109 Mt [276]	110 Ds [281]	111 Rg [280]	112 Cn [285]	113	114 Fl [289]	115	116 Lv [293]	117	118

전이원소

란탄족 (주기 6, 내부전이원소)

57 La 138.9	58 Ce 140.1	59 Pr 140.9	60 Nd 144.2	61 Pm 144.9	62 Sm 150.4	63 Eu 152.0	64 Gd 157.3	65 Tb 158.9	66 Dy 162.5	67 Ho 164.9	68 Er 167.3	69 Tm 168.9	70 Yb 173.0

아티늄족 (주기 7, 내부전이원소)

89 Ac [227]	90 Th 232.0	91 Pa 231.0	92 U 238.0	93 Np [237]	94 Pu [244]	95 Am [243]	96 Cm [247]	97 Bk [247]	98 Cf [251]	99 Es [252]	100 Fm [257]	101 Md [258]	102 No [259]

괄호 안의 원자질량은 안정된 동위원소가 없는 원소의 수명이 긴 동위원소이다.

원자와 원자핵 관련 자료

원자번호 (Z)	원소	원소기호	질량수 (A)	원자량 (u)	존재비	붕괴양식	반감기 $t_{1/2}$
0	중성자(Neutron)	n	1	1.008 665		β^-	10.4 min
1	수소(Hydrogen)	H	1	1.007 825	99.985	안정	
	중수소(Deuterium)	D	2	2.014 102	0.015	안정	
	삼중수소(Tritium)	T	3	3.016 049		β^-	12.33 yr
2	헬륨(Helium)	He	3	3.016 029	0.000 1	안정	
			4	4.002 602	99.999 9	안정	
			6	6.018 886		β^-	0.81 s
3	리튬(Lithium)	Li	6	6.015 121	7.50	안정	
			7	7.016 003	92.50	안정	
			8	8.022 486		β^-	0.84 s
4	베릴륨(Beryllium)	Be	9	9.012 174	100	안정	
			10	10.013 534		β^-	1.5×10^6 yr
5	브롬(Boron)	B	10	10.012 936	19.90	안정	
			11	11.009 305	80.10	안정	
			12	12.014 352		β^-	0.020 2 s
6	탄소(Carbon)	C	10	10.016 854		β^+	19.3 s
			11	11.011 433		β^+	20.4 min
			12	12.000 000	98.90	안정	
			13	13.003 355	1.10	안정	
			14	14.003 242		β^-	5 730 yr
			15	15.010 599		β^-	2.45 s
7	질소(Nitrogen)	N	12	12.018 613		β^+	0.011 0 s
			13	13.005 738		β^+	9.96 min
			14	14.003 074	99.63	안정	
			15	15.000 108	0.37	안정	
			16	16.006 100		β^-	7.13 s
			17	17.008 450		β^-	4.17 s
8	산소(Oxygen)	O	15	15.003 065		β^+	122 s
			16	15.994 915	99.76	안정	
			17	16.999 132	0.04	안정	
			18	17.999 160	0.20	안정	
			19	19.003 577		β^-	26.9 s
9	플루오린(Fluorine)	F	18	18.000 937		β^+	109.8 min
			19	18.998 404	100	안정	
			20	19.999 982		β^-	11.0 s
10	네온(Neon)	Ne	19	19.001 880		β^+	17.2 s
			20	19.992 435	90.48	안정	
			21	20.993 841	0.27	안정	
			22	21.991 383	9.25	안정	
17	염소(Chlorine)	Cl	35	34.968 853	75.77	안정	
			36	35.968 307		β^-	3.0×10^5 yr
			37	36.965 903	24.23	안정	

원자번호 (Z)	원소	원소기호	질량수 (A)	원자량 (u)	존재비	붕괴양식	반감기 $t_{1/2}$
18	아르곤(Argon)	Ar	36	35.967 547	0.34	안정	
			38	37.962 732	0.06	안정	
			39	38.964 314		β^-	269 yr
			40	39.962 384	99.60	안정	
			42	41.963 049		β^-	33 yr
19	칼륨(Potassium)	K	39	38.963 708	93.26	안정	
			40	39.964 000	0.01	β^-	1.28×10^9 yr
			41	40.961 827	6.73	안정	
26	철(Iron)	Fe	54	54.939 613	5.9	안정	
			56	55.934 940	91.72	안정	
			57	56.935 396	2.1	안정	
			58	57.933 278	0.28	안정	
			60	59.934 072		β^-	1.5×10^6 yr
27	코발트(Cobalt)	Co	59	58.933 198	100	안정	
			60	59.933 820		β^-	5.27 yr
38	스트론튬(Strontium)	Sr	84	83.913 425	0.56%	안정	
			86	85.909 262	9.86%	안정	
			87	86.908 879	7.00%	안정	
			88	87.905 614	82.58%	안정	
			89	88.907 450		β^-	50.53 days
			90	89.907 738		β^-	27.78 yr
53	요오드(Iodine)	I	127	126.904 474	100	안정	
			129	128.904 984		β^-	1.6×10^7 yr
			131	130.906 124		β^-	8 days
54	제논(Xenon)	Xe	128	127.903 531	1.9	안정	
			129	128.904 779	26.4	안정	
			130	129.903 509	4.1	안정	
			131	130.905 069	21.2	안정	
			132	131.904 141	26.9	안정	
			133	132.905 906		β^-	5.4 days
			134	133.905 394	10.4	안정	
			136	135.907 215	8.9	안정	
55	세슘(Cesium)	Cs	133	132.905 436	100	안정	
			137	136.907 078		β^-	30 yr
82	납(Lead)	Pb	204	203.973 020	1.4	안정	
			206	205.974 440	24.1	안정	
			207	206.975 871	22.1	안정	
			208	207.976 627	52.4	안정	
			210	209.984 163		α, β^-	22.3 yr
			211	210.988 734		β^-	36.1 min
83	비스무트(Bismuth)	Bi	209	208.980 374	100	안정	
			211	210.987 254		α	2.14 min
			215	215.001 836		β^-	7.4 min
86	라돈(Radon)	Rn	219	219.009 477		α	3.96 s
			220	220.011 369		α	55.6 s
			222	222.017 571		α, β^-	3.823 days

원자번호 (Z)	원소	원소기호	질량수 (A)	원자량 (u)	존재비	붕괴양식	반감기 $t_{1/2}$
88	라듐(Radium)	Ra	223	223.018 499		α	11.43 days
			224	224.020 187		α	3.66 days
			226	226.025 402		α	1 600 yr
			228	228.031 064		β^-	5.75 yr
90	토륨(Thorium)	Th	227	227.027 701		α	18.72 days
			228	228.028 716		α	1.913 yr
			229	229.031 757		α	7 340 yr
			230	230.033 127		α	7.54×10^4 yr
			231	231.036 299		α, β^-	25.52 h
			232	232.038 051	100	α	1.40×10^{10} yr
			234	234.043 593		β^-	24.1 days
92	우라늄(Uranium)	U	233	233.039 630		α	1.59×10^5 yr
			234	234.040 946		α	2.45×10^5 yr
			235	235.043 924	0.72	α	7.04×10^8 yr
			236	236.045 562		α	2.34×10^7 yr
			238	238.050 784	99.28	α	4.47×10^9 yr
93	넵투늄(Neptunium)	Np	237	237.048 168		α	2.14×10^6 yr
			238	238.050 946		β^-	2.12 days
			239	239.052 939		β^-	2.36 days
94	플루토늄(Plutonium)	Pu	238	238.049 555		α	87.7 yr
			239	239.052 157		α	2.412×10^4 yr
			240	240.053 808		α	6560 yr
			242	242.058 737		α	3.73×10^6 yr
			244	244.064 200		α	8.1×10^7 yr
95	아메리슘(Americium)	Am	241	241.056 823		α	432.21 yr
			243	243.061 375		α	7 370 yr

해답

1장

1.
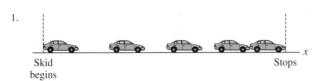
Skid begins — Stops — x

2.
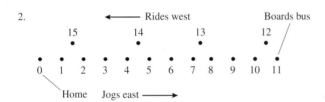
← Rides west Boards bus
15 14 13 12
0 1 2 3 4 5 6 7 8 9 10 11
Home Jogs east →

3. −22 m

4. 800 m

5. Bike, ball, cat, toy car

6. −1.0 m/s

7. 15 s

8. a. 0.20 m   b. 20 m/s   c. 27 m/s

9. a. 3   b. 3   c. 3   d. 2

10. a. 846   b. 7.9   c. 5.77   d. 13.1

11. 3.81×10^2 m

12. We get 6×10^{-9} m/s; your answer should be close.

13. 36 km

14. 487 m

15. (71 m, 45° south of west)

16. 38 km

17. 85 m north and 180 m east

18. 150 cm

19. a. 4.6 m   b. 6.1 m

2장

1. b.
x (m)
1200
900
600
300
0
0 2 4 6 8 10 t (s)

2. a. 8 s   b.
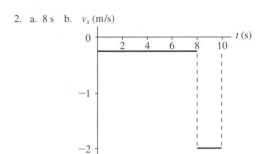
v_x (m/s)

3. a.
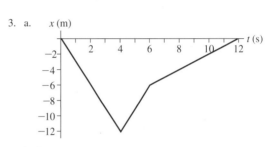
x (m)

b. 0 m

4. 0.43 s

5. a. Beth   b. 20 min

6. 0.44 s

7. a. 15 m   b. 90 m

8. a.
v_x (m/s)
20
10
0
1 2 3 4 t (s)
−10
−20

b. Yes, at $t = 2$ s

9. a. 26 m, 28 m, 26 m   b. Yes, at $t = 3$ s

10.
a_x (m/s^2)
1
0
2 4 t (s)
−1

11. a. Positive   b. Negative   c. Negative
12. 6.1 m/s^2, 2.5 m/s^2, 1.5 m/s^2
13. Trout
14. a. 2.7 m/s^2 b. 0.27g c. 134 m, 440 ft
15. 4d
16. 2.8 m/s^2
17. 33 m/s^2
18. No
19. a. 5 m   b. 22 m/s
20. a. 2.8 s   b. 31 m
21. 10.0 s
22. 0.18 s
23. 52 m
24. 4.6 m/s
25. 7.7 m/s
26. a. 3.0 s   b. 15 m/s   c. -31 m/s, -35 m/s

3장

3. 14 m
4. a. 26°   b. 7.2 m/s
5. 87 m/s
6. a. $d_x = 71$ m, $d_y = -71$ m   b. $v_x = 280$ m/s, $v_y = 100$ m/s
   c. $a_x = 0.0$ m/s^2, $a_y = -5.0$ m/s^2
7. a. 45 m/s, 63°   b. 6.3 m/s^2, $-72°$
8. 7.1 km, 7.5 km
9. 370 m
10. 1.3 s
11. Ball 1: 5 m/s; ball 2: 15 m/s
12. Ball 1: 15 m/s; ball 2: 5 m/s
13. 2.1 km/h
14. a.

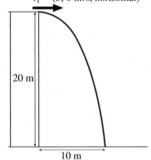

$\vec{v}_i = (5, 0$ m/s, horizontal)   d. 10 m
20 m
10 m

15. 1.1 m
16. a. 0.45 s for both   b. 2.3 m, 1.1 m
17. a. 12 m/s   b. 12 m/s
18. 20 m
19. 10 m/s^2, 1.0g
20. 6.3 m/s^2
21. a. 20.0 m/s^2 b. 2.50 m/s^2
22. 27 m

4장

1. First is rear-end; second is head on
3.

$\vec{F}_1$
$\vec{F}_3$
$\vec{F}_2$

4. Weight, tension force by rope
5. Weight, normal force by ground, kinetic friction force by ground
6. Weight, normal force by slope, kinetic friction force by slope
7. $m_1 = 0.080$ kg and $m_3 = 0.50$ kg
8. 5.2 m/s^2
9. a. 20.0 m/s^2 b. 5.0 m/s^2
   c. 10.0 m/s^2 d. 10.0 m/s^2
10. 6.67 m/s^2
11. 0.25 kg
12. a. No   b. 6 m/s^2 to the left
13. 5.0 h
16.

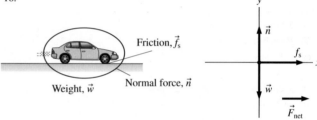

Friction, $\vec{f}_s$
Weight, $\vec{w}$
Normal force, $\vec{n}$
$\vec{n}$
f_s
$\vec{w}$
$\vec{F}_{net}$

17.

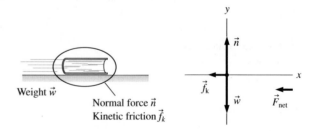

Weight $\vec{w}$
Normal force $\vec{n}$
Kinetic friction $\vec{f}_k$
$\vec{n}$
$\vec{f}_k$
$\vec{w}$
$\vec{F}_{net}$

18.

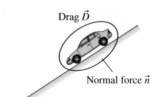

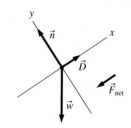

Drag $\vec{D}$
Normal force $\vec{n}$
Weight $\vec{w}$
$\vec{n}$
$\vec{D}$
$\vec{w}$
$\vec{F}_{net}$

19.

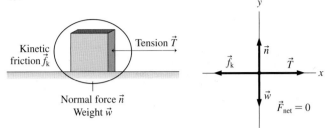

20.

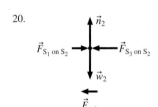

21. Normal force of road on car and of car on road; friction force of road on car and of car on road.

5장

1. $T_1 = 87$ N, $T_2 = 50$ N
2. 110 N
3. 49 N
4. 170 kg
5.

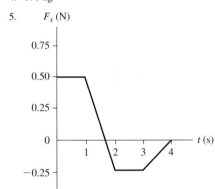

6. $a_x = 1.0$ m/s^2, $a_y = 0.0$ m/s^2
7. a. d b. $4d$
8. 170 N
9. 0 N
10. a. 590 N
    b. 740 N
    c. 590 N
11. a. 780 N
    b. 1100 N
12. 1000 N, 740 N, 590 N
13. b. 180 N
14. 4800 N
15. No

16. a.

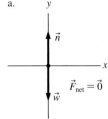

b.

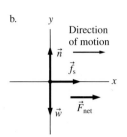

c. 4.9 m/s^2 d. 2.9 m/s^2
17. 63 N
18. 7.0 kg
19. 170 m/s
20. a. 3000 N b. 3000 N
21. a. 6.0 N b. 10 N
22. a. 20 N b. 21 N
23. a. 1.0 N b. 50 N
24. a. 530 N b. 5300 N

6장

1. 3.9 m/s
2. a. 0.56 rev/s b. 1.8 s
3. a. 6.0 ms, 170 rev/s b. 63 m/s c. 6700g
4. a. 3.0×10^4 m/s b. 6.0×10^{-3} m/s^2
5. 5.7 m/s, 110 m/s^2
6. 34 m/s
7. $T_3 > T_1 = T_4 > T_2$
8. a. 3.9 m/s b. 6.2 N
9. 9400 N, toward center, static friction
10. a. 1700 m/s^2 b. 240 N
11. 14 m/s
12. 270 N
13. 3.3 m/s
14. 20 m/s
15. a. 1.8×10^4 m/s^2 b. 4.4×10^3 m/s^2
16. 99 min
17. 1/2
18. 6.0×10^{-4}
19. 3.9 m/s^2
20. a. 3.53×10^{22} N b. 1.99×10^{29} N c. 0.564%
21. a. 3.77 m/s^2 b. 25.9 m/s^2
22. 7000 m/s
23. 4.37×10^{11} m, 1.7×10^4 m/s
24. 0.039 au
25. 11 h

7장

1. a. $\theta = \pi/2$ b. $\theta = 0$ c. $\theta = 4\pi/3$
2. 1.7×10^{-3} rad/s
3. a. 1.3 rad, 72° b. 3.9×10^{-5} rad/s
4. 3.0 rad

5. a. 25 rad   b. -5 rad/s
6. a. 0.105 rad/s   b. 0.00105 m/s
7. 11 m/s
8. a. 160 rad/s^2 b. 50 rev
9. $\tau_1 < \tau_2 = \tau_3 < \tau_4$
10. -0.20 N·m
11. 5.7 N
12. a. 13.2 N·m   b. 117 N·m
13. 5.5 N·m
14. a. 0.62 m   b. 0.65 m
15. 12 N·m
16. -4.9 N·m
17. a. 34 N·m   b. 24 N·m
18. a. 1.70 m   b. -833 N·m
19. 7.2×10^{-7} kg·m^2
20. 120 kg·m^2
21. 1.8 kg
22. 6.0×10^{-3} N·m
23. 8.0 N·m
24. -44 rad/s^2
25. 0.11 N·m
26. 0.50 s
27. a. 14 rad/s   b. 11 m/s   c. 7.9 m/s

8장

1. Right 470 N; left 160 N
2. 15 cm
3. 140 N
4. 12 N·m
5. 1.0
6. 1.4 m
7. 590 N
8. 98 N
9. 16°
10. 40 cm
11. 0.93 m
12. 830 N/m
13. 0.30 N/m
14. a. 390 N/m   b. 18 cm
15. 1.2 cm
16. a. 2 mm   b. 0.25 mm
17. 7900 N
18. a. 980 N   b. 4.0 m
19. 16 cm
20. 0.0078%
21. a. 3.8 mN   b. 8.6 mm

9장

1. 15 m/s
2. 6.0 N
3. 80 kg·m/s
4. a. 1.5 m/s to the right

b. 0.5 m/s to the right
5. -110 N
6. a. -19 kN   b. -280 kN
7. 0.205 m/s
8. 0.31 m/s
9. 1.4 m/s
10. 0.47 m/s
11. 4.8 m/s
12. 2.3 m/s
13. 1.0 kg
14. 37°
15. $(-2$ kg·m/s, 4 kg·m/s$)$
16. 14 m/s at 45° north of east
17. 510 kg·m^2/s
18. 0.025 kg·m^2/s, into the page
19. 1.3 rev/s

10장

1. a. -30 J   b. 30 J
2. Rope 1: 0.919 kJ; rope 2: 0.579 kJ
3. a. 0 J   b. -43 J   c. 43 J
4. The bullet
5. a. 14 m/s   b. Factor of 4
6. 4.0 m/s
7. 0.0 J
8. 1.8 kg·m^2
9. a. 6.8×10^5 J   b. 46 m   c. No
10. 63 kJ
11. 0.63 m
12. 9.7 J
13. 16.5 kJ
14. 110 N
15. a. 13 m/s   b. 14 m/s
16. 31 m/s
17. 3.0 m/s
18. 17 m/s
19. a. The child's gravitational potential energy will be changing into kinetic energy and thermal energy.

b. 550 J
20. 17 kJ
21. 0.86 m/s and 2.9 m/s
22. 1/2
23. a. 1.8×10^2 J   b. 59 W
24. 45 kW
25. 34 min
26. 2.0×10^4 W

11장

1. 1.7 MJ
2. 3.3%
3. 4.2 MJ
4. 230,000 J = 54,000 cal = 54 Cal

5. 490 Cal
6. 1200 km
7. 1800 reps
8. $-269°C$, $-452°F$
9. 1.3
10. 700 J from the system
11. 150 J by the system
12. a. 15 kJ   b. 27%
13. 25%
14. 560 MW
15. 460°C
16. 1.5
17. a. 200 J   b. 250 J
18. a. (b) only   b. (a) only
19. 13%

12장

1. Carbon
2. 3.5×10^{24}
3. 0.024 m^3
4. $-9.3°C$
5. 11°C
6. 47.9 psi
7. 1.1 N
8. a. $-140°C$ b. 2.7×10^{-21} J
9. 1900 kPa
10. 700 L
11. a. $T_f = T_i$ b. $p_f = \frac{1}{2}p_i$
12. a. 98 cm^3
13. a. Isochoric   b. 910 K, 300 K
14. a. Isobaric   b. 120°C   c. 0.0094 mol
15. 45°C
16. 0.30 atm
17. 4.7 m
18. 130 K
19. 0.83%
20. 6.9 kJ

21. 3.5 MJ
22. 71 min
23. 14°F
24. 28°C
25. 272°C
26. 76°C
27. 91 g
28. a. 31 J   b. 60°C
29. 0.080 K
30. 60 J
31. 830 W
32. 24 W
33. 6.0 W
34. $4.7 \times 10^{-4} \text{ m}^2$

13장

1. 1200 kg/m^3
2. 11 kg/m^3
3. a. 810 kg/m^3 b. 840 kg/m^3
4. 8.0%
5. 3.8 kPa
6. 210 N
7. 3.2 km
8. a. 2.9×10^4 N   b. 30 players
9. a. 1.1×10^5 Pa
   b. 4400 Pa for both A–B and A–C
10. 3.68 mm
11. 89 mm
12. 0.82 m
13. 1.9 N
14. a. 77 N   b. 69 N
15. 63 kg
16. 1.0 m/s
17. 97 min
18. 110 kPa
19. 3.0 m/s
20. 260 Pa

찾아보기

번역

고욱희 · 권태송 · 김근묵 · 김말진 · 김성백 · 박희정 · 손영수 · 신재수 · 신홍기

심경무 · 오기영 · 오병성 · 유태준 · 이도경 · 이병학 · 이용산 · 이정재 · 이종용

장영록 · 장원권 · 정양준 · 최용수   (가나다 순)

교정

임천석

감수

김영태

3판

일반물리학 역학편

College Physics
A Strategic Approach, THIRD EDITION

2017년 11월 10일 3판 1쇄 펴냄
지은이 Randall D. Knight, Brian Jones, Stuart Field
옮긴이 김영태 외
펴낸이 류원식 | 펴낸곳 **청문각출판**

편집부장 김경수 | 책임진행 안영선 | 본문편집 신성기획 | 표지디자인 유선영
제작 김선형 | 홍보 김은주 | 영업 함승형 · 박현수 · 이훈섭

주소 (10881) 경기도 파주시 문발로 116(문발동 536-2) | 전화 1644-0965(대표)
팩스 070-8650-0965 | 등록 2015. 01. 08. 제406-2015-000005호
홈페이지 www.cmgpg.co.kr | E-mail cmg@cmgpg.co.kr
ISBN 978-89-6364-345-8 (93420) | 값 30,000원

Astronomical Data

Planetary body	Mean distance from sun (m)	Period (years)	Mass (kg)	Mean radius (m)
Sun	—	—	1.99×10^{30}	6.96×10^{8}
Moon	3.84×10^{8}*	27.3 days	7.36×10^{22}	1.74×10^{6}
Mercury	5.79×10^{10}	0.241	3.18×10^{23}	2.43×10^{6}
Venus	1.08×10^{11}	0.615	4.88×10^{24}	6.06×10^{6}
Earth	1.50×10^{11}	1.00	5.98×10^{24}	6.37×10^{6}
Mars	2.28×10^{11}	1.88	6.42×10^{23}	3.37×10^{6}
Jupiter	7.78×10^{11}	11.9	1.90×10^{27}	6.99×10^{7}
Saturn	1.43×10^{12}	29.5	5.68×10^{26}	5.85×10^{7}
Uranus	2.87×10^{12}	84.0	8.68×10^{25}	2.33×10^{7}
Neptune	4.50×10^{12}	165	1.03×10^{26}	2.21×10^{7}

*Distance from earth

pical Coefficients of Friction

terial	Static μ_s	Kinetic μ_k	Rolling μ_r
ober on concrete	1.00	0.80	0.02
l on steel (dry)	0.80	0.60	0.002
l on steel (lubricated)	0.10	0.05	
od on wood	0.50	0.20	
od on snow	0.12	0.06	
on ice	0.10	0.03	

Melting/Boiling Temperatures, Heats of Transformation

Substance	T_m (°C)	L_f (J/kg)	T_b (°C)	L_v (J/kg)
Water	0	3.33×10^{5}	100	22.6×10^{5}
Nitrogen (N_2)	−210	0.26×10^{5}	−196	1.99×10^{5}
Ethyl alcohol	−114	1.09×10^{5}	78	8.79×10^{5}
Mercury	−39	0.11×10^{5}	357	2.96×10^{5}
Lead	328	0.25×10^{5}	1750	8.58×10^{5}

lar Specific Heats of Gases

s	C_P (J/mol · K)	C_V (J/mol · K)
natomic Gases		
	20.8	12.5
	20.8	12.5
	20.8	12.5
tomic Gases		
	28.7	20.4
	29.1	20.8
	29.2	20.9

Properties of Materials

Substance	ρ (kg/m³)	c (J/kg · K)	v_{sound} (m/s)
Helium gas (1 atm, 20°C)	0.166		1010
Air (1 atm, 0°C)	1.28		331
Air (1 atm, 20°C)	1.20		343
Ethyl alcohol	790	2400	1170
Gasoline	680		
Glycerin	1260		
Mercury	13,600	140	1450
Oil (typical)	900		
Water ice	920	2090	3500
Liquid water	1000	4190	1480
Seawater	1030		1500
Blood	1060		
Muscle	1040	3600	
Fat	920	3000	
Mammalian body	1005	3400	1540
Granite	2750	790	6000
Aluminum	2700	900	5100
Copper	8920	385	
Gold	19,300	129	
Iron	7870	449	
Lead	11,300	128	1200
Diamond	3520	510	12,000
Osmium	22,610		

Indices of Refraction

Material	Index of refraction
Vacuum	1 exactly
Air	1.0003
Air (for calculations)	1.00
Water	1.33
Oil (typical)	1.46
Glass (typical)	1.50
Polystyrene plastic	1.59
Diamond	2.42

Dielectric Constants of Materials

Material	Dielectric constant
Vacuum	1 exactly
Air	1.00054
Air (for calculations)	1.00
Teflon	2.0
Paper	3.0
Cell membrane	9.0
Water	80

Resistivities of Materials

Metals	Resistivity ($\Omega \cdot$ m)
Copper	1.7×10^{-8}
Tungsten (20°C)	5.6×10^{-8}
Tungsten (1500°C)	5.0×10^{-7}
Iron	9.7×10^{-8}
Nichrome	1.5×10^{-6}
Seawater	0.22
Blood	1.6
Muscle	13
Fat	25
Pure water	2.4×10^{5}
Cell membrane	3.6×10^{7}

Constituents of the Atom

Particle	Mass (u)	Mass (MeV/c^2)	Mass (kg)	Charge (C)	Spin
Electron	0.00055	0.511	9.11×10^{-31}	-1.60×10^{-19}	$\frac{1}{2}$
Proton	1.00728	938.28	1.67×10^{-27}	$+1.60 \times 10^{-19}$	$\frac{1}{2}$
Neutron	1.00866	939.57	1.67×10^{-27}	0	$\frac{1}{2}$

Hydrogen Atom Energies and Radii

n	E_n (eV)	r_n (nm)
1	-13.60	0.053
2	-3.40	0.212
3	-1.51	0.476
4	-0.85	0.847

Work Functions of Metals

Metal	E_0 (eV)
Potassium	2.30
Sodium	2.75
Aluminum	4.28
Tungsten	4.55
Copper	4.65
Iron	4.70
Gold	5.10